普通高等教育“十四五”规划教材

面 向 2 1 世 纪 课 程 教 材
Textbook Series for 21st Century

园艺昆虫学

Horticultural Entomology

第3版

唐庆峰　石旺鹏　华红霞◎主　编
韩召军◎主　审

中国农业大学出版社
China Agricultural University Press
·北 京·

内容简介

本书共分12章，前4章系统介绍了昆虫的外部形态、内部解剖结构、生物学特性、系统分类概况、发生与环境的关系、田间调查和预测预报方法，以及害虫的防治原理和基本方法等；第5～11章按照害虫的危害特性归类，重点介绍了240多种主要园艺害虫，包括其分布和危害特点、识别特征、发生规律、测报方法和防治技术；第12章按照园艺作物类别，简要介绍了不同园艺作物上害虫发生危害特点以及综合防治措施。本书力图以简明的体系和精炼的文字，在有限的篇幅内，帮助读者全面、系统地认识和了解各类园艺昆虫，掌握园艺害虫防治的基本原理和技能。本书是园艺学各专业必修课和农学其他专业选修课的教材，也可以作为园艺技术推广及园艺作物种植和管理者的参考书。

图书在版编目(CIP)数据

园艺昆虫学/唐庆峰，石旺鹏，华红霞主编. --3版. --北京：中国农业大学出版社，2023.6

ISBN 978-7-5655-2962-7

Ⅰ.①园… Ⅱ.①唐…②石…③华… Ⅲ.①昆虫学 Ⅳ.①Q96

中国国家版本馆CIP数据核字(2023)第039694号

书　名　园艺昆虫学　第3版
Yuanyi Kunchongxue

作　者　唐庆峰　石旺鹏　华红霞　主编

责任编辑　梁爱荣　　**策划编辑**　梁爱荣
封面设计　李尘工作室
出版发行　中国农业大学出版社
社　址　北京市海淀区圆明园西路2号　　**邮政编码**　100193
电　话　发行部 010-62733489，1190　　读者服务部 010-62732336
编辑部 010-62732617，2618　　出　版　部 010-62733440
网　址　http://www.caupress.cn　　**E-mail**　cbsszs@cau.edu.cn
经　销　新华书店
印　刷　运河(唐山)印务有限公司
版　次　2023年6月第3版　　2023年6月第1次印刷
规　格　185 mm×260 mm　16开本　22.5印张　560千字　彩插4
定　价　72.00元

第3版编委会

主　编　唐庆峰(安徽农业大学)
石旺鹏(中国农业大学)
华红霞(华中农业大学)

副主编　盛成旺(安徽农业大学)
莫建初(浙江大学)
杨亦桦(南京农业大学)
陈茂华(西北农林科技大学)
陆永跃(华南农业大学)
刘玉升(山东农业大学)
高　萍(沈阳农业大学)

参加编写学校和人员(按笔画排序)

山东农业大学　刘玉升　赵海朋
中国农业大学　石旺鹏　谭树乾
华中农业大学　华红霞　赵　景　蔡万伦
华南农业大学　陆永跃　冼继东　岑伊静　易　欣
安徽农业大学　唐庆峰　盛成旺　陈嘉生　解　敏
扬州大学　孔海龙
江西农业大学　王广利　彭英传
西北农林科技大学　陈茂华　彭　雄
西南大学　刘志平
沈阳农业大学　高　萍　李　嘉　秦发亮
河北农业大学　秦秋菊
河南农业大学　王高平　李为争
青岛农业大学　顾松东
南京农业大学　杨亦桦　施　雨
浙江大学　姚洪渭　莫建初
浙江农林大学　刘亚慧
湖南农业大学　丁文兵　薛　进
福建农林大学　王锦达

主　审　韩召军(南京农业大学)

第 2 版编委会

主　编　韩召军（南京农业大学）
　　　　杜相革（中国农业大学）
　　　　徐志宏（浙江大学）

副主编　苏建亚（南京农业大学）
　　　　李照会（山东农业大学）
　　　　贝纳新（沈阳农业大学）
　　　　黎家文（湖南农业大学）

参加编写学校和人员（按笔画排序）

山东农业大学	李照会　薛　明
中国农业大学	刘志琦　杜相革　董　民
石河子大学	李小燕
华南农业大学	吴洪基
扬州大学	祝树德
江西农业大学	魏洪义
西南大学	陈　力
沈阳农业大学	贝纳新　高　萍
河北农业大学	何运转
河南农业大学	王高平　郭线茹
青岛农业大学	张振芳
南京农业大学	苏建亚　杨亦桦　孟　玲　韩召军
浙江大学	施祖华　莫建初　徐志宏
湖南农业大学	黎家文　薛　进
福建农林大学	黄　建

主　审　张孝羲（南京农业大学）

第 1 版编委会

主　编　韩召军（南京农业大学）
　　　　　杜相革（中国农业大学）
　　　　　徐志宏（浙江大学）

副主编　苏建亚（南京农业大学）
　　　　　李照会（山东农业大学）
　　　　　贝纳新（沈阳农业大学）
　　　　　黎家文（湖南农业大学）

参加编写学校和人员（按笔画排序）

上海交通大学	陈文龙
山东农业大学	李照会　薛　明
中国农业大学	刘志琦　杜相革
甘肃农业大学	张新虎
华南农业大学	吴洪基　黄寿山
吉林农业大学	史树森
安徽农业大学	蔡　平
扬州大学	祝树德
江西农业大学	王国红
西南农业大学	陈　力
沈阳农业大学	贝纳新
河北农业大学	何运转
河南农业大学	王高平　郭线茹
南京农业大学	苏建亚　杨亦桦　周威君　韩召军
浙江大学	张大羽　张光美　施祖华　徐志宏
莱阳农学院	张振芳
湖南农业大学	黎家文
新疆农业大学	于江南　孟　玲　赵　莉
福建农林大学	罗　佳　徐金汉　黄　建

主　审　张孝羲（南京农业大学）

第 3 版前言

本书第 2 版出版至今已有 15 年，随着人们生活水平的提高，对园艺产品的品质也提出更高要求，园艺害虫防治更加注重植保技术与生态环境的协调发展，而且随着害虫防治理论的发展和新技术不断应用，防治药剂种类推陈出新，部分药剂已被禁用或限制不得在园艺作物上使用。因此，前版书中的相关内容和知识体系急需更新，同时在使用过程中也发现存在一些不足，需要进一步完善。为此，我们对本书进行了修订再版。

本次再版，保留了按照害虫危害特征归类的编排特色，重点修订了以下三个部分：首先进一步完善了教材的知识体系，增加了现代设施园艺和新型商品园艺作物上害虫发生危害特点以及综合防治措施的有关内容。其次更新了书中的知识内容，尤其是害虫防治使用的杀虫剂品种和近些年新发生的重要园艺害虫种类。最后调整了书中的知识体系，上一版同种害虫被放在分布与危害、识别特征和发生规律等不同标题下介绍。为了系统全面掌握同种害虫生物学特性，新版将同一种害虫的分布与危害、识别特征和发生规律等放在一个标题下介绍。

2022 年 10 月 16 日，习近平总书记在中国共产党第二十次全国代表大会上的报告中进一步强调指出："教育是国之大计、党之大计。培养什么人、怎样培养人、为谁培养人是教育的根本问题。育人的根本在于立德。全面贯彻党的教育方针，落实立德树人根本任务，培养德智体美劳全面发展的社会主义建设者和接班人。""坚持为党育人、为国育才。"为更好宣传贯彻党的二十大精神，进一步提高广大师生思想认识水平，本次修订在相应章节结合教学内容融入了"推动绿色发展，促进人与自然和谐共生"精神，践行绿水青山就是金山银山，全方位、全地域、全过程加强生态环境保护，生态文明制度体系更加健全的理念，希望各位老师、学生在使用本教材时结合实际进一步深入学习贯彻党的二十大精神，把立德树人和立志成才贯穿整个教学与学习过程。

本次修订在编写成员上做了较大的调整，具体由安徽农业大学修订绪论，中国农业大学、西南大学和浙江农林大学修订第 1 章，浙江大学修订第 2 章，江西农业大学修订第 3 章，南京农业大学、扬州大学、青岛农业大学和福建农林大学修订第 4 章，西北农林科技大学修订第 5 章，华中农业大学修订第 6 章，河北农业大学修订第 7 章，湖南农业大学修订第 8 章，山东农业大学修订第 9 章，沈阳农业大学修订第 10 章，河南农业大学修订第 11 章，安徽农业大学和华南农业大学负责编写第 12 章。盛成旺在联系稿件、统筹编排等方面做了大量的工作，全书最后由唐庆峰教授统稿，韩召军教授主审。

本书的再版得到了中国农业大学出版社的大力支持和关心，以及来自 18 所农林院校的 36 位编者的辛勤付出。再版参考了大量文献资料，在此我们对引用文献的作者一并表示真挚的感谢。由于编者水平所限，不足和错误之处在所难免，希望教师和同学们随时指出，以便使本教材在以后的修订中变得更好。

编者

2022 年 12 月

第2版前言

本书首次出版至今已有7年，在我国农科院校的教学中发挥了较好的作用。但随着学科的发展和教学改革，书中的内容和知识体系需要更新，同时在使用过程中也发现存在一些不足，需要进一步完善。为此，我们对本书进行了修订再版。

再版首先进一步完善了教材的知识体系，增加了昆虫内部解剖和螨类学基础知识，拓展了昆虫重要目科的介绍范围，还增加了有机农业与害虫防治的有关内容。其次更新了书中的知识内容，尤其是害虫防治使用的杀虫剂品种。最后由于其他常见害虫的防治主要是参考同类重要害虫的防治方法，因此，为了避免重复，新版书中介绍其他常见害虫的列表，删除了有关防治方法一栏。另外，多数教师和学生反应“汉字关键词索引”作用不大，为了节省篇幅，再版删除了“汉字关键词索引”。

作为国内十几所农业院校联合编写的教材，我们希望本书具有完善的知识体系，并用简练的方式系统介绍园艺昆虫学的基本知识，以及园艺害虫防治和益虫利用的基本原理和基本方法，使本书不仅适合新的教学培养方案，同时在学生的素质教育和技能培养上发挥更好的作用。但由于编者水平所限，不足和错误之处在所难免，希望教师和同学们随时指出，以便使本教材在以后的修订中变得更好。

本书的再版得到了中国农业大学出版社和编者所在学校的大力支持。再版参考了大量文献资料，在此我们对引用文献的作者一并表示真挚的感谢。

再版与第1版编委会相同，但由于工作变动，参与再版的编者有所变化。具体再版编者见第2版编委会。

编者

2007年3月

第 1 版前言

随着高等教育的发展，本科教育已由原来培养一流高级专门人才逐步过渡到培养宽基础、高素质、强能力、具有创新精神的综合性应用型人才。拓宽专业面，提高实践能力，加强对交叉学科和边缘学科的了解和探索，已成为高等教育工作者的共识。为了加强基础素质教育以及交叉学科和边缘学科的基本理论和基本知识的教育，面向21世纪教学改革重新调整本科教学课程体系，减少过细的课程设置，避免课程间的内容重叠。本书就是高等教育面向21世纪教学课程体系——农林高校植物生产类专业本科教学课程(项目号:04—13)的研究成果。

传统园艺昆虫学一般设置为果树昆虫学、蔬菜昆虫学、花卉及园林昆虫学等几门课程，按植物种类介绍不同作物上发生的各种害虫及其防治。大多数害虫均具有一定的取食范围，因而以作物种类分别介绍常造成几门课反复介绍同种害虫，形成内容重复。面向21世纪课程体系为了改革这一弊端，将园艺昆虫学改设为一门课。然而，要实施这一课程体系，巩固教学改革成果，就必须要有一本与之配套，包括果树、蔬菜、花卉及园林昆虫的综合性教材。但目前尚没有这一课程的适宜教材，这是我们编写此书的原因。

园艺昆虫学涉及的作物种类繁多，讲授的课时有限，为了精简内容，避免在不同作物上反复介绍同种害虫，本书没有沿用按作物种类讲授的内容体系，而是采用一种新的教材结构体系，将园艺昆虫学分为上、中、下三篇，上篇介绍园艺昆虫学的基本知识，中篇按害虫种类讲述园艺害虫及其防治，下篇介绍主要园艺作物上害虫的发生特点及其综合治理，以及主要有益昆虫的保护利用。作者试图综合园艺昆虫学各分支学科，将提炼的内容有机地组合，形成一个完整的、循序渐进、便于学习的教材体系，在有限的课时内，为园艺学各专业以及其他专业农科大学生，提供全面系统的有关园艺昆虫学的基本知识和基本技能。

本书上、中、下三篇共分十三章，分别为昆虫形态及其生物学特性、昆虫的发生与环境的关系、害虫的调查与预测预报、害虫防治原理与方法、吮吸式害虫、食叶性害虫、潜叶性害虫、花果类害虫、蛀杆类害虫、地下害虫、螨类害虫、园艺植物害虫综合治理和有益昆虫的利用。具体由南京农业大学、中国农业大学、浙江大学、山东农业大学、沈阳农业大学、湖南农业大学、华南农业大学、福建农林大学、安徽农业大学、新疆农业大学、甘肃农业大学、河北农业大学、江西农业大学、吉林农业大学、西南农业大学、扬州大学、上海交通大学、河南农业大学和莱阳农学院的33名教师共同编写。苏建亚在联系稿件、筛选插图等方面做了大量的工作，全书最后由韩召军统稿，张孝羲主审。

在编写过程中，作者努力使用简练的表达方式，在有限的篇幅内系统介绍园艺昆虫学的基本知识，以及害虫治理和益虫利用的基本原理和基本方法。以权威性工具书为概念依据，并力图反映园艺昆虫学的最新研究进展和发展趋势。同时增加适当数量的图表，以加强读者的直观印象。

本书的编写得到了中国农业大学出版社以及各作者所在院校的大力支持。编写中参考了大量的教材和专著文献，在此对引用教材和专著文献的编著者一并表示真挚的感谢。由于编者的水平所限，本书难免存在疏漏、不足，甚至错误，敬请读者不吝指正。

编者

2001 年 3 月

目录

CONTENTS

绪　论

昆虫(insect)隶属于节肢动物门(Arthropoda)昆虫纲(Insecta),一般具有3对足和2对翅,是地球上种类和数量最多、最繁荣的生物类群。昆虫起源于3.5亿年前的泥盆纪,在漫长的演化过程中,形成了许多独特的适应特性,并分化出众多适应不同生态环境的类群,成为影响地球生态的重要生物因素。

昆虫的多样性和适应性

昆虫是动物界中种类分化最繁多的类群,目前已被命名的昆虫就有100多万种,占地球所有动物种数的2/3。近年的研究表明,地球上的昆虫种类可能超过1000万种。除了种类众多以外,昆虫同种个体的数量也十分惊人。一个蚂蚁群体可以多达50万个体,一棵树上可以有10万头蚜虫。据估计,地球上昆虫的总重量可能是人类的12倍。昆虫在地球上的分布之广,也是其他动物不能比拟的。昆虫遍布地球的各个角落,从赤道到两极,从海洋、河流到沙漠,高至世界屋脊——珠穆朗玛峰,低至几米深的地下土壤,甚至其他昆虫和动物体内,都有昆虫栖息和生存。水蝇可以在55～65 ℃的温泉水里生活,曲蝇可以在石油中生活,盐蝇可以在盐水里生活,马胃蝇的幼虫生活在马的胃部,某些甲虫甚至可以在酒石酸、鸦片、辣椒和马钱素等刺激性或有毒物质中生活。

昆虫是无脊椎动物中唯一的,也是地球上最早出现的具有飞行能力的动物。飞行有利于昆虫的觅食、求偶、避敌、迁移与扩大分布。昆虫个体较小,很少的食物便可以完成个体发育,同时也便于隐藏。昆虫还具有惊人的繁殖力,蜂王一天可以产1000～2000粒卵,一对苍蝇一年可以繁殖出5.5亿个后代,即使自然死亡90%,昆虫仍能保持一定的种群数量。昆虫的食性非常广泛,从植物到动物,从活体到尸体和排泄物,甚至有机矿物等,几乎所有的天然有机物都可以是昆虫的食物。昆虫通过口器的分化适应不同的取食需要,并分化出专门取食植物的植食性昆虫(phytophagous insects),专门取食活体动物的肉食性昆虫(carnivorous insects),专门取食动植物残体和排泄物的腐食性昆虫(saprophagous insects),以及可以同时取食动物、植物和多种有机物的杂食性昆虫(omnivorous insects)。昆虫大都具有惊人的食量,尤其是植食性昆虫,一般每天摄取2～3倍于自身体重的食物,有些蝗虫成虫期甚至可以摄取20倍于自身体重的食物。但在不良环境条件下,昆虫也有很强的耐饥饿能力,臭虫4年不取食,仍能维持生命。这些特性赋予昆虫以强大的适应能力,并使之获得最成功的进化。

昆虫与人类的关系

如此众多且分布广泛的昆虫，在长期的进化过程中，与各种地球生物形成了密切而又十分复杂的关系。早在人类出现之前，昆虫与周围环境中的动植物已经建立了相互依存、相互制约的生存关系。人类出现之后，特别是种植业和养殖业的发展给其他生物带来了巨大的影响，人类在改造和利用自然的过程中，与昆虫形成了非常复杂和密切的关系。从经济和健康的角度，可以把昆虫对人类的影响分为有害和有益的两个方面。

昆虫对人类有害的方面

有的昆虫危害农林作物、禽、畜，有的侵入人类居所，损毁建筑、书籍、衣物，有的传染疾病。这些危害人类及其财产，并能造成严重经济损失的昆虫，被称为害虫(insect pests)。它们不仅给人类造成经济损失，还直接威胁人类的健康和生命安全。历史上蝗灾导致的饥荒，曾夺去了无数人的生命。中国古代对于蝗灾曾有“东自海，西尽河陇，群飞蔽天，旬日不息，所至草木叶及畜毛靡有孑遗，饿殍枕道”“草木兽皮虫蝇皆食尽，父子兄弟夫妇相食，死尸载道”的记载。由跳蚤传播的鼠疫，在欧洲的一次大流行，就曾夺去 2500 万人的生命，占当时欧洲人口的 1/4。疟蚊传播的疟疾在非洲同样造成过类似的灾难。苍蝇、蚊子、蟑螂等卫生害虫都可以传播人、畜多种疾病。据估计，人类传染病中有 2/3 与昆虫传播有关。

有些害虫不仅直接危害植物，而且还能传播植物病害。植物的真菌、细菌和病毒均有以昆虫为传播媒介的，其中有些病毒必须由昆虫传播，如蚜虫、叶蝉、飞虱和蝽类等刺吸式口器的昆虫是重要的植物病原物传播媒介。有时候昆虫传播病害造成的间接经济损失远远大于其取食或产卵等直接危害所造成的损失。

昆虫对人类有益的方面

有一些昆虫是对人类有益的，甚至是必不可少的。昆虫中约有 30%的种类是捕食性或寄生性的，它们多数是害虫的天敌，在害虫种群控制方面发挥巨大的作用。在显花植物中，约有 85%的种类是虫媒植物，一些取食花蜜和花粉的昆虫，通过为植物传粉，为人类创造巨大的财富。昆虫中约有 17%的腐食性种类，它们以动植物残体或排泄物为食，不仅可以清理环境，还可以加速生态系统内的物质循环。还有一些昆虫具有宝贵的药用价值，《本草纲目》和《本草纲目拾遗》中就记载了 80 多种药用昆虫。这些对人类生产和生活有益的昆虫，被称为益虫(beneficial insects)。

还有一些昆虫可以为人类提供必要的工业原料，有的已被驯化饲养。如家蚕被饲养用来生产蚕丝，蜜蜂被饲养用来生产多种蜂产品。白蜡虫雄虫分泌物可以用于生产白蜡，五倍子蚜可以生产五倍子，紫胶虫可以产生紫胶，胭脂虫可以用于提取染料。这些具有重要经济价值的昆虫，又被称为特种经济昆虫(special economic insects)。昆虫还是现代生物学重要的实验动物，由于其种类多，特性各异，而成为选择实验动物的宝库。其中果蝇在现代遗传学中的作用尤为突出，显著加速了现代遗传学的发展。此外，还有许多昆虫，因营养价值高，烹饪后味道好，而成为人类的美食。也有些昆虫因为形态特异，色彩美丽，鸣声动听，成为人们观赏娱乐的对象，我国自古就有“斗蛐蛐”等独特的昆虫文化。

园艺昆虫学的研究内容和任务

昆虫学(entomology)是以昆虫为研究对象的科学,它是人类为了充分利用昆虫资源,发挥益虫的作用,控制害虫的危害,通过长期的实践,逐步发展形成的一门动物学分支科学。随着学科的发展,昆虫学也逐渐形成了众多分支学科,园艺昆虫学(horticultural entomology)就是研究与园艺植物有关的害虫治理和益虫利用的一个应用性分支学科。园艺植物是一类供人类食用或观赏的植物,包括在露地或保护地中栽培的果树、蔬菜、花卉、茶树和食用菌等。园艺植物和其他植物一样,也会受到多种害虫的危害,同时也需要益虫的帮助。

害虫治理是园艺昆虫学研究的主要任务。昆虫中约有一半的种类是植食性的,它们可以通过取食、在作物组织内产卵、引起病菌感染以及直接传播作物病害,对各种植物造成伤害。园艺害虫(horticultural pests)就是以园艺植物为取食寄主,并能造成显著经济损失的害虫。但多数植食性昆虫由于受各种环境因素的影响,在自然界的种群密度较低,且由于植物的抗性和自身补偿作用,一般不能对植物造成显著的影响,这些昆虫常被称为次要害虫(secondary or minor pests)。次要害虫通常并不引起人类的注意,但在环境改变、条件适宜时,种群数量也会上升,对植物的伤害加重,形成经济意义上或生存繁衍上的危害,从而变成主要害虫(major pests),也就是通常所说的害虫。园艺昆虫学中的害虫治理,包括园艺害虫的种类、识别特征、发生和危害规律、调查与预测预报方法及防治策略与防治技术等方面的系统掌握。应当指出的是,园艺害虫除有害昆虫以外,还包括一些其他有害节肢动物和软体动物,主要是一些植食性螨、跳虫、蜗牛和蛞蝓等,它们通常也是园艺昆虫学研究的内容。

园艺昆虫学的另一个研究任务是如何利用益虫为园艺植物生产服务。这通常包括两个内容,即天敌的利用和传粉昆虫的利用。天敌昆虫(natural enemy insects)是取食害虫的昆虫总称,包括捕食性和寄生性两大类,是害虫自然种群控制的主要生物因素之一。传粉昆虫(pollinating insects)则是许多虫媒显花园艺植物繁衍必不可少的益虫,例如设施大棚栽培的草莓、哈密瓜等,都需要借助人工饲养的蜜蜂进行授粉工作。对这些益虫的研究,主要是通过种类的识别鉴定和生物学习性的研究,筛选培育高效品种以及高效简便的利用途径,为园艺植物生产服务。该部分研究内容包含在本书园艺植物害虫生物防治和农业防治措施中。

学习和研究园艺昆虫学的主要目的是了解和掌握有关昆虫的生物学特性及其发生规律,在充分发挥益虫作用的前提下,利用一切有效、合理的方法和途径,安全、经济、有效地控制害虫的危害,保证园艺植物的高产、优质和高效,提高园艺植物生产投入的回报,全方位、全地域、全过程加强生态环境保护,更好地维护人类的生活环境,提高人类的生活质量。

思考题

1. 昆虫为什么能成为地球上最繁荣的动物类群?
2. 人类怎样才能更好地与昆虫共处?
3. 园艺昆虫学的主要研究任务有哪些?

1 昆虫形态及其生物学

昆虫(insects)的种类繁多,不同种类的外部形态变化很大。由于发育时期和性别不同,或地域分布及季节性差异,同种昆虫外部形态也有显著变化。因此,了解昆虫的外部形态特征,掌握其基本结构,对于识别昆虫、掌握昆虫的习性、利用益虫和防治害虫是十分必要的。昆虫的外部形态虽然千差万别,但其基本结构是一致的。

1.1 昆虫的外部形态

1.1.1 昆虫的主要结构特征

昆虫属无脊椎动物中节肢动物门(Arthropoda)最大的一纲——昆虫纲(Insecta or Hexapoda)。昆虫首先具有节肢动物门的一般形态结构特征,即身体左右对称,体躯由若干环节组成,某些体节上着生有成对而分节的附肢,皮肤硬化成外骨骼,附着肌肉,并包藏着全部内脏器官,但没有脊椎动物所具有的内骨骼系统。

1. 具分节和分段的体躯

昆虫体躯是由一系列的体节(somite)组成。这些体节分别集合为三个体段,分别是头、胸和腹。组成头的体节已经愈合,而每个体节上的附肢(appendage)则特化形成口器、1 对触角、1 对复眼和 2～3 个单眼。胸部三个体节分为前、中、后胸,这三节紧密相连,不能自由活动,每节各具一对附肢——足,多数种类还具有 2 对翅;腹部 11 节,其附肢大部分已退化,并且依不同类群保留了一些附肢,如末端着生外生殖器,有时还有 1 对尾须(图 1-1)。

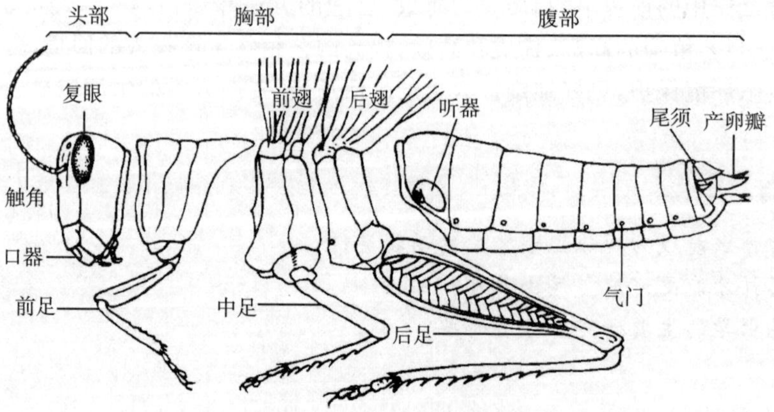

图 1-1 蝗虫体躯侧面观

通过以上特征,很容易把昆虫与其他动物,特别是节肢动物门其他纲的动物相区别,如:蛛形纲(蜘蛛、蝎子)体躯只分为头胸部和腹部两个体段,成熟个体一般有 4 对足,无触角;甲壳纲(虾、蟹)体躯也只分头胸部和腹部两个体段,有足 5 对;多足纲(蜈蚣、马陆)体躯则分为头部和胸腹部(合称胴部)两个体段,胴部多节,每节有足 1~2 对(图 1-2)。

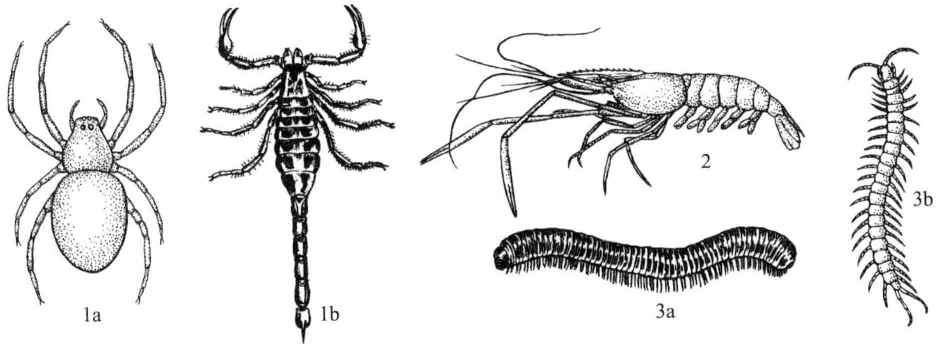

图 1-2 节肢动物门其他类型代表

1. 蛛形纲(1a. 蜘蛛,1b. 蝎子) 2. 甲壳纲(虾) 3. 多足纲(3a. 马陆,3b. 蜈蚣)

2. 具外骨骼

昆虫的整个身体或每一个体节大体呈圆筒形,以肢基节为准,其上面为背面,下面为腹面,两侧着生肢基节的为侧面。成虫体壁大多硬化,称为骨化(sclerotization)。骨化的体壁不仅可以起到保护和支撑身体的作用,而且其上着生肌肉,是重要的运动机械。每个体节的骨化区为:背面的叫背板(tergum or notum),腹面的叫腹板(sternum),两侧的叫侧板(pleuron)。这些骨板上常被褶和膜分割为许多块,相应的叫作背片(tergite)、腹片(sternite)和侧片(pleurite)。为了增强骨板的强度,同时也为了着生肌肉,在骨板上发生了一些皱褶,在表面上留下的褶叫沟(suleus)。沟下的陷入叫内脊(ridge),向下伸达较长或分叉的叫作内突(apodeme)。这些内脊和内突构成内骨骼(endoskeleton)。缝(suture)是由两块骨片相接而留下的分界线。在昆虫中可能仅"外咽缝"和"后颊缝"两条,但并非真正的缝。

3. 具分节的体节

相邻的体节之间形成环状的凹褶(节间褶),可扭曲和伸缩身体,是与胚胎中的分节方式相一致,这种叫初生分节,其节叫初生节(primary segment)。因体壁骨化而产生的分节方式叫后生分节,其节叫后生节(secondary segment),其以节间膜作为相邻体节的分界。在后生节中,包含初生节中的节间褶,但节间褶已经骨化形成一条沟。在背板中,该沟叫前脊沟,内方叫前内脊,沟前骨片叫端背片(acrotergiye),沟后叫主背片。端背片往往仅仅是一个窄条。腹面相对应的为端腹片和主腹片。在初生分节的体节上,其肌肉着生在节间褶上,当肌肉收缩时,整个体节向内收缩变短;在后生分节中,由于体壁已经强烈骨化,无法缩短,当肌肉收缩时,将节间褶特化而形成的前脊沟前的膜质部分向后拉,后节套入前节中,肌肉着生在前内脊上。

4. 具分节的附肢

节肢动物的名称是由其具有分节的附肢(appendage)而来。原始的附肢是用于行走。在胚胎中,除头前叶和尾节外,均具有一对,但在发育过程中,一些消失了。在进化中,一些转作他用,例如触角、口器、生殖器等,它们虽然同源,但功能不同,因而形状差异极大。附肢是身体附器的一部分,但很多附器不是附肢,例如,口器中的上唇、翅、复眼,等等。昆虫的附肢一般不超出 7 节,以足为例,从下向上依次为基节(coxa)、第一转节(first trochanter)、第二转节(second trochanter)、腿节(femur)、胫节(tibia)、附节(tarsurs)和前附节(pretarsus);相当于甲壳纲动物的足的基肢节(coxopodite)、底肢节(basipodite)、坐肢节(ischiopodite)、股肢节(meropodite)、胫肢节(carpopodite)、跗肢节(propodite)和趾肢节(dactylopodite)。每一节在基部都有控制各节活动的肌肉。每一节往往又分为许多亚节,如附节又分为 1～5 节,触角的鞭节可多达 40 节。

5. 昆虫的体向

昆虫体躯的某一结构常常朝向某一方向,常以昆虫重心为中心(一般为胸部)给昆虫的结构定位,按照体躯各部分的位置和方向将昆虫的体向分为前、后、背、腹、侧、头、尾、中、左、右、内、外、基、端等。以靠近着生点的部分为基部,相反,远离着生点的部分叫端部。胸部各节用头向,以靠近头为端来描述前、中、后胸。鞘翅目的翅则以尾向,靠近前胸为基;各种器官以与体躯纵轴比较接近的一边叫内边,远离的一边叫外边。例如,在描述直翅目的听器和天牛的胫节沟位置时,以及哪一边具刺,等等。当附器与体轴垂直时,靠近头的一边为前缘,远离的一边叫后缘,如翅的前缘和后缘。

1.1.2 昆虫的头部

头部(head)是昆虫体躯的最前面的一个体段,由几个体节愈合而成,形成一个坚硬的头壳,并与可收缩的颈与胸部相连。

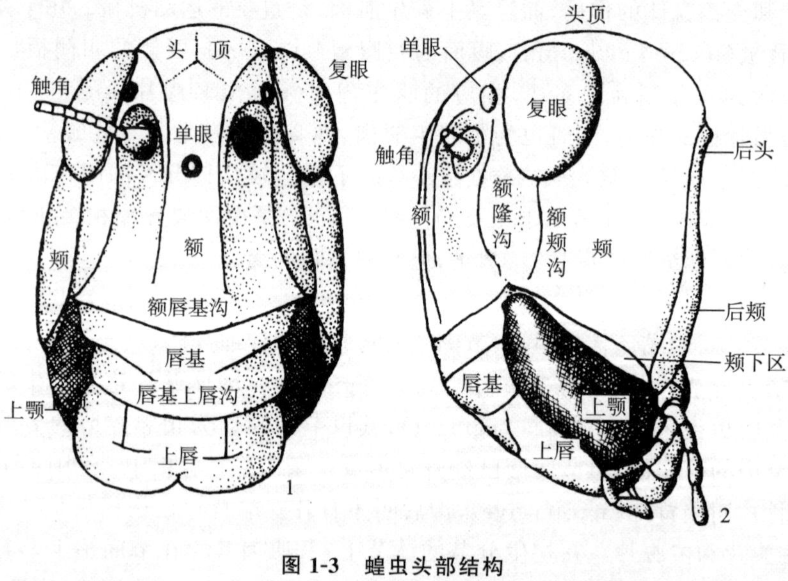

图 1-3 蝗虫头部结构

1. 正面 2. 侧面

1.1.2.1 头部构造

头部一般呈圆形或椭圆形。在头壳的形成过程中,由于体壁的内陷,表面形成许多沟缝,因此将头壳分成许多小区,这些小区都有一定的位置和名称,其中主要的有 5 个部分:在头的前方,界于两复眼之间的部分,叫作额;在额的下方部分,叫作唇基;在额的上方,两复眼之间的部分,叫作头顶;在额的两侧,位于两复眼的下方部分,叫作颊;在头顶和复眼的后方部分,叫作后头。触角、复眼、单眼等感觉器官和取食的口器都着生在头壳上。因此，昆虫的头部是感受和取食的中心(图 1-3)。

1.1.2.2 头部附器

1. 触角

触角(antennae)是一对分节且可以活动的附肢，着生于额区、复眼之间，其上生有各种感器，具有触觉和嗅觉的功能，以利于寻找食物和配偶，是昆虫感受信息的主要器官。舞毒蛾等昆虫，雄蛾凭借触角上的嗅觉感器，可以在方圆 1～4 km 内准确找到待交配的雌蛾。

触角由许多环节组成，基部一节称柄节，第 2 节称梗节，这两节内部都有肌肉着生，以后许多节内部均无肌肉着生，总称为鞭节(图 1-4)。

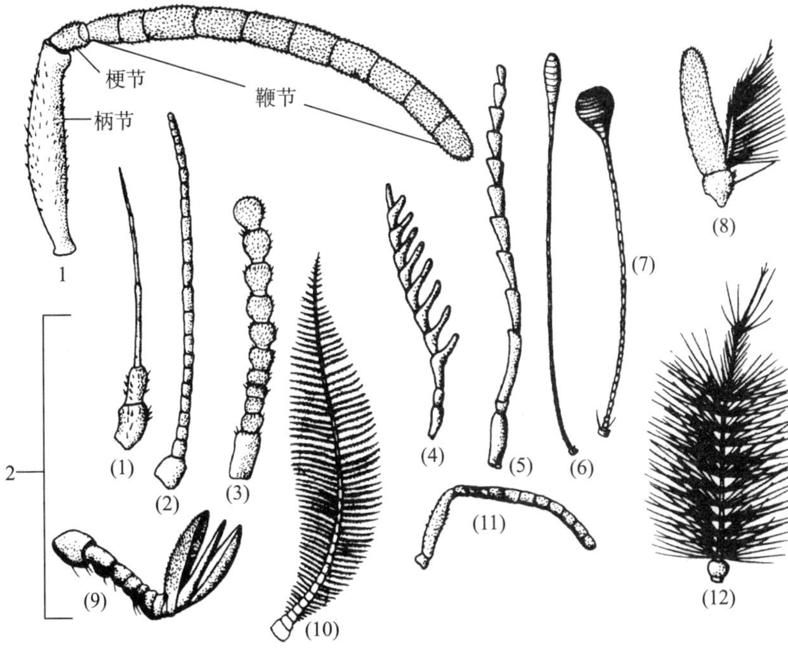

图 1-4 触角的构造与类型

1. 触角的基本构造 2. 触角的类型：(1)刚毛状 (2)丝状 (3)念珠状 (4)栉齿状 (5)锯齿状 (6)球杆状 (7)锤状 (8)具芒状 (9)鳃片状 (10)羽毛状 (11)膝状 (12)环毛状

由于昆虫的种类和性别不同，触角的形状变化很大，常被作为识别昆虫种类的重要依据。常见的昆虫触角类型有：刚毛状(如蝉、蜻蜓)、丝状(如蝗虫和一些蛾类)、念珠状(如白蚁)、栉齿状(如某些叩头虫)、锯齿状(如吉丁虫)、球杆状(如蝶类)、锤状(如小蠹)、具芒状(如蝇类)、鳃片状(如金龟子)、羽毛状(如一些雄蛾)、膝状(如蚁、胡蜂)和环毛状(如雄蚊)等(图 1-4)。

2. 眼

眼(eyes)是昆虫的视觉器官，其在寻找栖息地、食物、配偶及发现敌害等多种活动中起着重要作用。昆虫的眼有复眼和单眼两种(图 1-5)。

复眼(compound eye)位于头的两侧上方，由许多小眼集合而成，外形较大，是昆虫的主要视觉器官，每一小眼独立成像，而由众多小眼成像共同组成一幅完整的画面。复眼用于感知物体的形状。复眼中的小眼面一般呈六角形，其形状、大小、数目在各种昆虫中差异很大。一般复眼越大，小眼数目越多，视觉也越清晰。如蜻蜓的复眼是由 10000～28000 个小眼组成，在蝇类和蜂类的昆虫中，雄性的复眼常较雌性为大，这种差别常可以区分两性。

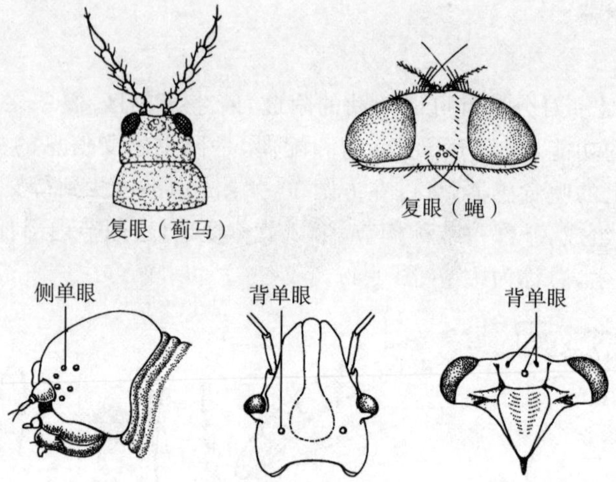

图 1-5　昆虫的眼

昆虫的单眼(ocellus)分背单眼和侧单眼两类(图 1-5)。背单眼一般为成虫和不完全变态的幼虫所具有，与复眼同时存在，着生于额区上方两复眼之间，一般 3 个，排列成倒三角形，有时 1 或 2 个。背单眼的数目和位置，可作为分类特征。侧单眼为全变态昆虫的幼虫所具有，位于头部两侧的下缘。侧单眼的数目，在各类昆虫中不同，一般为 1～7 对，排列也不同，可作为分类的特征。例如，叶蜂幼虫仅 1 对，鞘翅目幼虫一般 2～6 对，有 6 对时排成 2 行，鳞翅目幼虫多数具 6 对，常排列成弧形。单眼只能分辨光线的强弱和方向，不能看清物体本身的形状。单眼主要用于感知光质、光强和方向，不能成像与判别物体。

昆虫对物体形象的分辨能力，一般仅限于近距离的物体，如蝶类只能辨识 1～1.5 m 的物体。昆虫对颜色的分辨能力与其产卵地点和取食植物的颜色有密切关系。很多昆虫都表现出一定的趋绿性或趋黄性，如蚜虫在飞翔活动中，往往选择在黄色的物体上降落。利用黄盘或黄色黏虫板诱蚜，就是这个道理。多种昆虫对于紫外线光波具有较强的感应力，这种光波在人眼看来是暗的，但对许多昆虫却是一种最明亮的光线，所以黑光灯具有强大的诱虫作用。

3. 口器

口器(mouthparts)是昆虫的取食器官，食性和取食方式不同的昆虫，它们的口器在外部形态和构造上有各种不同的特化，形成各种不同的口器类型。

(1)咀嚼式口器(chewing mouthparts)　是昆虫中最基本而原始的口器类型，其他口器类型均是由此演化而成。咀嚼式口器适于取食固体食物，如蝗虫、甲虫、蝶蛾类幼虫等的口器。它包括上唇、上颚、下颚、下唇和舌 5 个部分，其中：上唇片状，位于口器的上方，着生在唇基的前缘，具有味觉器；上颚是位于上唇下方两侧的一对坚硬齿状物，用以切断和磨碎食物，并有御敌的功能；一对下颚位于上颚的后方，生有一对具有味觉作用的分节的下颚须，是辅助上颚取食的机构；下唇片状，位于口器的底部，其上生有一对下唇须，具有味觉和托持食物的功能；舌为柔软袋状，位于口腔中央，具有味觉和搅拌食物的作用，在基部有唾腺开口，唾液由此流出和食物混合(图 1-6)。

咀嚼式口器害虫一般对取食部位的外表破坏性较大，对果树及其他农林作物所造成的机

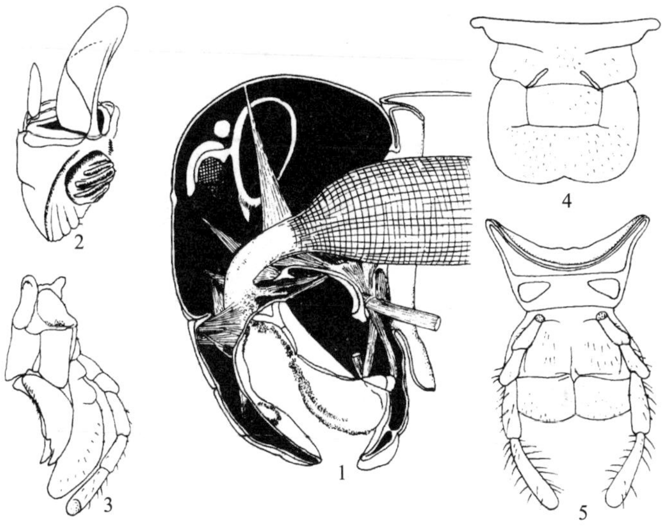

图 1-6 蝗虫的咀嚼式口器

1.头部纵切面,示口器各组成部分围成的腔及食物的进口

2.上颚 3.下颚 4.唇基和上唇 5.下唇

械损伤明显。有的能把植物的叶片咬成缺刻、穿孔或啃叶肉留叶脉,甚至把叶全部吃光,如金龟子和一些鳞翅目的幼虫。有的在果实或枝干内部钻蛀隧道,取食危害,如各种果实的食心虫,危害枝干的天牛、吉丁虫等。有的潜入叶片上下表皮之间或果树表皮下潜食叶肉或皮层,如苹果旋纹潜叶蛾、梨潜皮蛾等。有的吐丝把叶片卷起来在其中取食为害,如各种卷叶虫等。

(2)刺吸式口器(piercing-sucking mouthparts) 能刺入植物的组织内吸取汁液,如蝉、蚜虫、介壳虫等的口器。与咀嚼式口器相比,刺吸式口器有很大的特化,表现在:上唇很短,呈三角形的小片;下唇长而粗,延长成喙,有保护口器的作用;上颚与下颚变成细长的口针,包在喙内,两对口针相互嵌接组成食物道和唾液道,取食时由唾液道将唾液注入植物组织内,经初步消化,再由食物道将植物营养物质吸入体内,因此其食窦(即唇基与舌之间)和咽的一部分形成强有力的抽吸机构(图 1-7)。

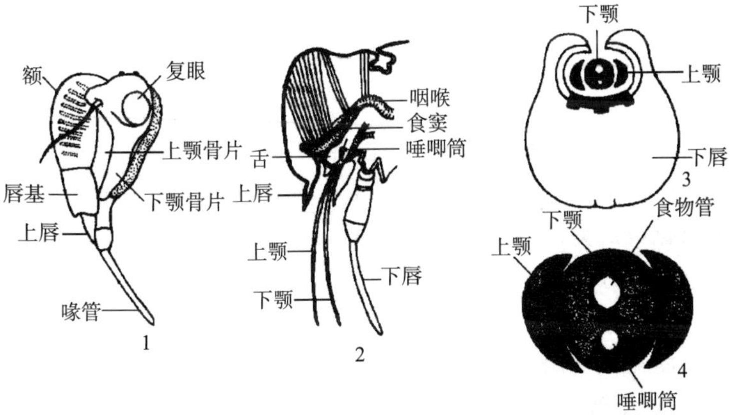

图 1-7 蝉的刺吸式口器

1.蝉的头部侧面 2.头部正中纵切面 3.喙的横切面 4.口针横断面

刺吸式口器的昆虫取食时，以喙接触植物表面，其上、下颚口针交替刺入植物组织内，吸取植物的汁液，造成病理的或生理的伤害，使被害植物呈现褪色的斑点、卷曲、皱缩、枯萎或畸形，或使部分组织因受唾液的刺激，细胞增生，形成膨大的虫瘿。多数刺吸式口器的昆虫还可以传播病害，如蚜虫、叶蝉、飞虱等。

(3)虹吸式口器(siphoning mouthparts)　为蝶蛾类成虫的口器，适于取食植物花蜜，虹吸式口器的特点是上颚完全缺失而下颚则十分发达，延长并互相嵌合成管状的喙，内部形成一个细长的食物道。喙不用时，卷曲在头部的下面，如钟表的发条状，取食时可伸到花中吸食花蜜和外露的果汁及其他液体(图 1-8)。具有这类口器的昆虫，除部分种类如吸果夜蛾能为害果实外，一般不造成危害。

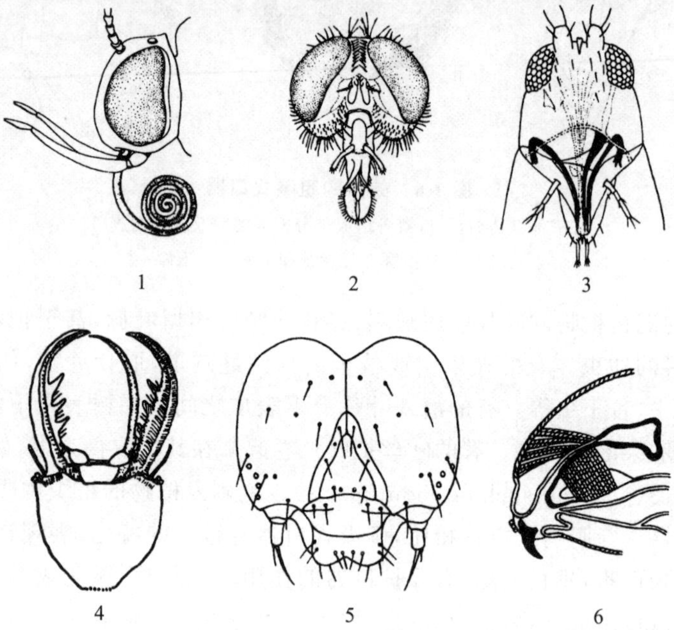

图 1-8　几种较常见的昆虫口器

1. 虹吸式口器　2. 舐吸式口器　3. 锉吸式口器　4. 蚁狮的口器
5. 毛虫的口器　6. 蛆的口钩

(4)舐吸式口器(sponging mouthparts)　为双翅目蝇类所特有，其特点是下唇特别发达，末端为两个半圆形的唇瓣，唇瓣上有许多环沟，与食管相通，取食时唇瓣展开如盘状，贴在食物上，借抽吸作用将液体或半液体食物吸入食管内(图 1-8)。

(5)锉吸式口器(rasping-sucking mouthparts)　为蓟马类昆虫所特有，其特点是上颚不对称，即右上颚高度退化或消失，口针是由左上颚和 1 对下颚特化而成，取食时先以左上颚锉破植物表皮，然后以头部下方的短喙吸吮汁液(图 1-8)。

由于部分幼虫食性与成虫不同，导致有些幼虫的口器类型与成虫有很大的差异(图 1-8)。鳞翅目幼虫的口器基本上是咀嚼式的，其上唇和上颚无变化，但下颚、下唇和舌合并成一个复合体。复合体的两侧为下颚，中央为下唇和舌，在其顶端具有 1 个突出的吐丝器，用以吐丝结茧。膜翅目叶蜂类幼虫的口器与鳞翅目幼虫的口器相类似，但没有突出的吐丝器，仅有吐丝器的开口。蝇类幼虫的口器十分退化，仅有 1 对可以上下活动的口钩，用以刮碎食物，然后将液体和细碎的固体食物抽吸到肠内，故又称刮吸式口器。脉翅目幼虫多能吸食其他昆虫的体液，其口器构造特殊，上、下颚皆弯曲呈镰刀状并互相嵌合，左右各成一管，末端尖锐，用来刺入虫体而吸其体液，称为双刺吸式口器。

不同口器的害虫造成的为害症状不同，常可由其症状推断出被何种害虫为害。咀嚼式：形式为剥食或蚕食，一些可造成虫瘿，例如，栗瘿蜂 *Dryocosmus kuriphilus* Yasumatsu、梨瘿华蛾 *Sinitinea pyrigalla* Yang 等。此类为害往往是直接为害。吸收式：吸取汁液，剥夺营养，造成直接为害，如刺吸和虹吸式。刺吸式口器还可造成间接为害，通过唾液所带毒素，造成失绿、畸形和虫瘿等，如蚜虫、椿象和螨类等。可造成伤口和烂果，还可传播病毒，造成病害，如黄瓜花叶病毒、小麦丛矮病毒、小麦黄矮病毒等。

防治不同口器害虫所使用的杀虫剂类别不同。咀嚼式口器的昆虫是将植物咬碎再吞入肠内进行消化吸收，因此主要使用胃毒剂（如敌百虫等），通过表面喷施（雾、粉、烟、超低）、拌种、毒饵（防治苗期害虫）等方式将药喷撒在作物表面或将毒谷、毒饵撒在害虫经常活动的地方，当害虫取食时即可连同药剂一起吞入消化道内，引起中毒死亡。刺吸式口器的昆虫通过吸取植物组织的汁液取食，因此喷撒在植物表面的胃毒剂不能进入其消化道，也就无法发挥药剂的毒力作用。可以选用能够被植物吸收和体内传导的内吸剂进行毒杀，将内吸性杀虫剂进行表面喷施、根施（如呋喃丹等）、涂干、涂根、或制成种衣剂等。对于舐吸式和虹吸式口器的昆虫，因其主要吸食花蜜或暴露在表面的液体食物，所以可将胃毒剂做成毒液或半流体的毒饵来诱杀，部分也可使用糖醋液诱捕。

1.1.2.3　头部的形式

昆虫头部的形式又称头式（head types）由于口器着生的位置不同造成的，通常可分为 3 种类型（图 1-9）。

1. 下口式（hypognathous）

口器着生在头部的下方，与身体的纵轴垂直，这种头式适于取食植物的茎叶，是比较原始的头式，如蝗虫、蟋蟀和鳞翅目的幼虫等。

2. 前口式（prognathous）

口器着生于头部的前方，与身体的纵轴成钝角或几乎平行，这种头式适于捕食动物或其他的昆虫，如虎甲、步甲、草蛉等。

3. 后口式（opisthognathous）

口器向后倾斜，与身体纵轴成锐角，不用时贴在身体的腹面，这种口器适于刺吸植物或动物的汁液，如飞虱、蚜虫、叶蝉等。

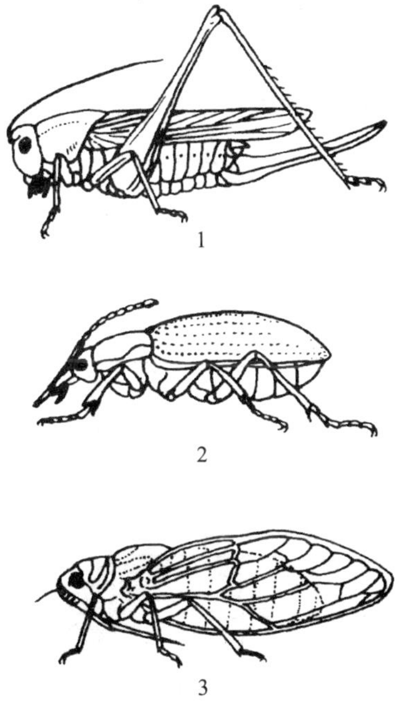

图 1-9　昆虫的头式

1. 下口式（螽斯）　2. 前口式（捕食性甲虫）　3. 后口式（蝉）

1.1.3　昆虫的胸

胸（thorax）是昆虫的第 2 个体段，是运动的中心，由 3 节组成，依次称前胸、中胸和后胸。每个胸节各有 1 对胸足，多数昆虫中胸和后胸还各有 1 对翅。中胸上的称为前翅，后胸上的称为后翅，所以中后胸又称为具翅胸节(pterothorax)。

1.1.3.1　胸的构造

胸因为适应足和翅的运动,需要承受强大的肌肉牵引力,并发挥运动机械作用,所以胸的每个胸节都由高度骨化的 4 块骨板构成,背面的称背板,左右两侧的称侧板,下面的称腹板。骨板的名称按其所在的胸节命名,如前胸的背板称前胸背板,中胸的腹板称中胸腹板等。不同的骨板又被若干沟划分成一些骨片,这些骨片也各有其名称,它们的形状、大小、色泽常作为辨识种类的依据。

1.1.3.2　胸的附器

1. 足

昆虫的足(legs)是胸部的附肢,其着生在胸部每节两侧下方,不同胸节上着生的足依次称为前足、中足和后足,由基节、转节、腿节、胫节、跗节、前跗节组成(图 1-10)。基节为最基部的一节,短而粗,其着生于虫体;转节为基部第 2 节,常是最小的一节,少数昆虫的转节分为 2 节;腿节长而大,常是最大的一节,能跳跃的昆虫腿节特别发达;胫节通常细而长,与腿节间成肘状弯曲,胫节上常具有成排的刺,端部常生有能活动的距;跗节是末端的几个小节,常分为 2～5 个附分节;前跗节为最后一个跗节端部着生的爪状物,有的昆虫有 2 个爪,爪间常有一柔软的中垫,虫体借此抓握和附着物体。有些昆虫的中垫消失而具有刺状或刚毛状的爪间突,有时在两爪下面还有爪垫。跗节、中垫和爪垫都具有感觉器,体壁很薄,所以害虫在喷布有药剂的地方爬行时,易于中毒死亡。

昆虫的胸足大多用于行走,但由于各种昆虫的生活环境和生活方式的不同,足的构造和功能有很大的变化,可以分成许多类型(图 1-10)。

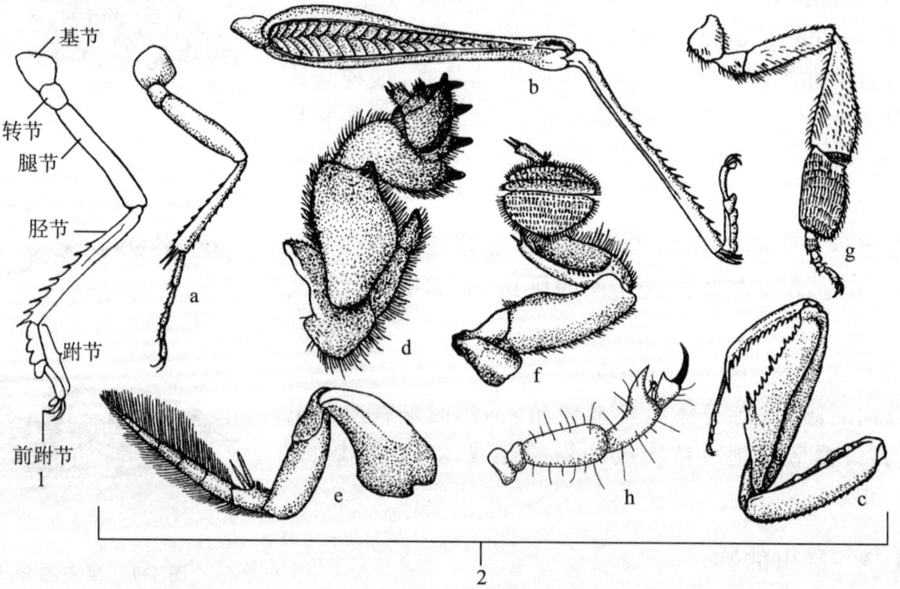

图 1-10　昆虫足的基本构造与类型

1. 足的基本构造　2. 足的类型:a. 步行足(步行虫)　b. 跳跃足(蝗虫的后足)　c. 捕捉足(螳螂的前足)　d. 开掘足(蝼蛄的前足)　e. 游泳足(龙虱的后足)　f. 抱握足(雄龙虱的前足)　g. 携粉足(蜜蜂的后足)　h. 攀缘足(虱子)

(1)步行足　各节无特殊变化，一般比较细长，适于行走，如步行虫、瓢虫和蜚蠊的足。

(2)跳跃足　腿节特别发达，富有肌肉，胫节细长、末端有距，在跳跃时，当腿节内的肌肉收缩时，折在腿节下的胫节突然伸直，使虫体向前和向上跳起，如蝗虫、蟋蟀、跳甲的后足。

(3)开掘足　生活在土壤中的昆虫，前足粗大，胫节宽扁有齿，跗节也常具齿，适于掘土，如蝼蛄、金龟子的前足。

(4)捕捉足　有些捕食性的昆虫，前足特别发达，基节伸长，腿节腹面有槽，槽的边缘有刺；胫节的腹面也有刺，弯曲时正好嵌在腿节的槽内，好像一把折刀，适于捕捉其他昆虫，如螳螂、猎蝽的前足。

(5)游泳足　生活在水中的昆虫，足扁平如桨，具有很长的缘毛，适于游泳，如龙虱、划蝽等的后足。

(6)抱握足　跗节特别膨大，其上有吸盘状的构造，在交配时用以挟持雌虫，如雄性龙虱的前足。

(7)携粉足　胫节扁宽，外侧有凹槽和一圈弯毛，形成一个花粉篮，用以携带花粉，第1跗节特别膨大，内侧有10～12排横列的硬毛，称为花粉刷，适于采集花粉。

(8)攀缘足　寄生于动物体毛上的昆虫，足的胫节末端膨大，并有一个指状突起，跗节末端有强大而弯曲的爪，以便钩住毛发，如虱子的足。

2.翅

昆虫是唯一具翅(wings)的无脊椎动物，翅极大地扩大了昆虫的活动和分布范围，并有利于它们觅食、求偶和避敌等活动。昆虫的翅和鸟类的翅不同，它不是附肢而是由背板向两侧扩展演化而来。昆虫的成虫期一般有两对翅，着生在中胸的称前翅，着生在后胸的称后翅。少数种类只有一对翅，或完全无翅。

(1)翅的基本构造(图1-11)　昆虫的翅多为三角形。在展开时，朝向前面的边缘叫前缘，朝向后面的边缘叫后缘或内缘，朝向外面的边缘叫外缘。与身体相连的一角叫肩角，前缘与外缘所成的角叫顶角，外缘与后缘所成的角叫臀角。多数昆虫的翅为膜质的薄片，由于翅的折叠可将翅面划分为臀前区和臀区。有的昆虫在臀区的后面还有一个轭区。翅的基部则称为腋区。

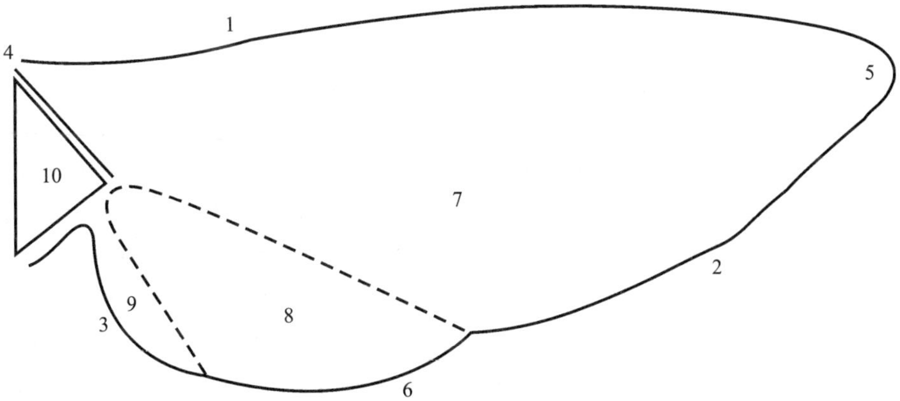

图1-11　翅的基本结构

1.前缘　2.外缘　3.后缘　4.肩角　5.顶角　6.臀角　7.臀前区　8.臀区　9.轭区　10.腋区

(2)假想脉序(hypotheticalvenation)　昆虫翅的两层薄膜之间还常有纵横行走的翅脉(veins)。翅脉有加固翅的机械作用。翅脉在翅面上的分布形式称为脉序或脉相(venation)。脉序在不同种类间变化很大,但也有一定的规律性,在同科、同属内有比较固定的形式,因此常作为分类的依据。昆虫学家根据对多种昆虫(包括化石昆虫)的比较,以及对翅发生学的研究等,假想出来一种原始的脉序,这种脉序虽然不是实际存在的,它却是从实际中抽象出来的,现已普遍为昆虫学者所采用。假想脉序的翅脉分为纵脉和横脉两种,它们各有一定的名称和缩写方法(图 1-12)。

在现代昆虫中,除了毛翅目的脉序与假想脉序相似外,其他昆虫多少有些变化,有的增多,有的减少,有的非常退化。由于各种昆虫的脉序变化很大,而且多少表现在亲缘关系上,因此脉序的应用,在昆虫分类上占有重要的地位。尤其是鳞翅目、双翅目、膜翅目和脉翅目的分科,以及科以下分属和种,脉序的应用更为普遍。

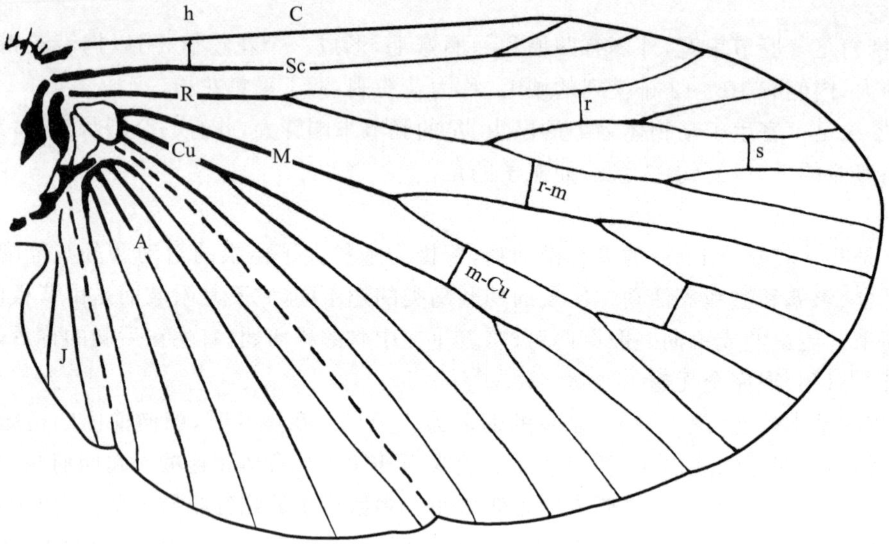

图 1-12　假想脉序

C. 前缘脉　Sc. 亚前缘脉　R. 径脉　M. 中脉　Cu. 肘脉　A. 臀脉　J. 轭脉　h. 肩横脉
r. 径横脉　s. 分横脉　r-m. 径中横脉　m-Cu. 中肘横脉

(3)翅的连锁　半翅目、鳞翅目和膜翅目的昆虫,以前翅为主要的飞行器,后翅一般不太发达,飞行时必须将后翅挂在前翅上,才能保持前后翅行动一致,因此连锁器(wing-coupling apparatus)(图 1-13)就发生在这些昆虫翅上。较低等的鳞翅目昆虫如蝙蝠蛾,前翅后缘基部有一指状突起,称为翅轭,飞行时翅轭伸在后翅前缘之下,使两翅互相连接起来。鳞翅目中大部分蛾类,后翅前缘基部有一根或数根强硬的刚毛状突起,称为翅缰,前翅反面翅脉上有一簇钩状的毛或鳞片,称为翅缰钩。飞行时翅缰插入翅缰钩内,使两翅连接起来。鳞翅目蝶类和部分蛾类如枯叶蛾、天蚕蛾等,没有翅轭或翅缰,但是后翅肩角特别发达,伸到前翅下面形成翅抱,可以使前后翅连接起来。膜翅目的昆虫后翅前缘有一列向上弯的小钩,称为翅钩列,飞行时钩在前翅后缘向下卷的褶内,使前后翅连接起来。半翅目的昆虫,前翅后缘有向下的卷褶,后翅前缘有一个向上卷的短褶,飞行时两褶互相钩住,使两翅同时动作。

(4)翅的类型　翅的主要功能是飞行,但是由于适于特殊的生活环境,各种昆虫翅的功能也有所不同,因而在形态上也发生了变化,形成了不同类型的翅,如:蚜虫、蜂类和蝇类的膜翅,翅膜质透明,翅脉明显;蝶蛾类的鳞翅,翅膜质,翅面上密生鳞片;石蛾的毛翅,翅膜质,翅面上密生细毛;蓟马的缨翅,翅膜质狭长,边缘着生很多细长的缨毛;蝗虫、蝼蛄、蟋蟀等的覆翅,翅革质,半透明,翅脉依然保留,兼有飞翔和保护作用;金龟子、叶甲、天牛等的鞘翅,翅角质坚硬,翅脉消失,具有保护身体的作用;蝽类的半鞘翅,翅的基部为革质,端部为膜质。翅的类型是区分昆虫类群的重要特征。

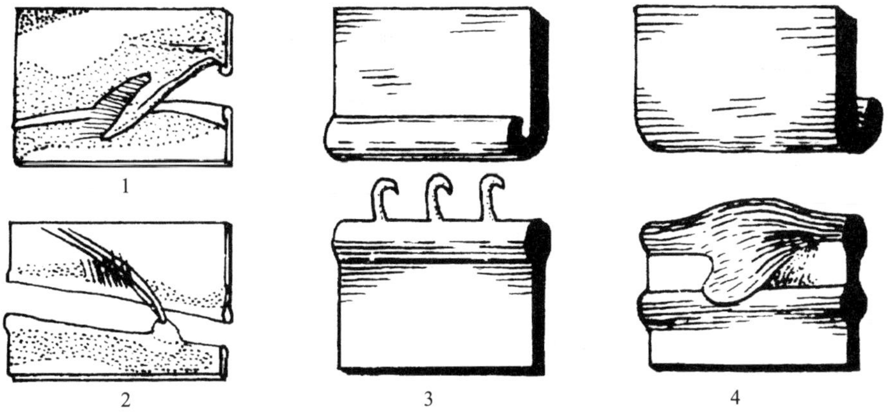

图 1-13 翅的连锁器

1. 翅轭(反面观) 2. 翅缰和翅缰钩(反面观) 3. 后翅的翅钩和前翅的卷褶
4. 前翅的卷褶和后翅的短褶

1.1.4 昆虫的腹部

腹部(abdomen)是昆虫的第 3 个体段,前面与胸部紧密相连,末端有尾须和外生殖器,内脏器官大部分都在腹腔内,因此腹部是新陈代谢和生殖中心。

1.1.4.1 腹部的基本构造

昆虫的腹部通常由 9～11 节组成,除末端几节具有尾须和外生殖器外,一般没有附肢。第 1～8 节两侧常具有气门 1 对。腹节具背板和腹板,两侧只有膜质的侧膜,不像胸部有发达的侧板。由于腹节背板常向下延伸,侧膜往往被背板所覆盖。相邻两腹节的前后缘常互相套叠,节与节间有节间膜相连。由于腹节前后两侧都是膜质,使得腹部有较大的伸缩能力,并有助于昆虫的呼吸、交配、产卵和释放性信息素。

1.1.4.2 腹部的附肢

1. 外生殖器(genitalia)

(1)雌性外生殖器——产卵器(ovipositor) 位于腹部第 8、9 节的腹面,由 3 对产卵瓣组成,第 1 对称腹产卵瓣,第 2 对称内产卵瓣,第 3 对称背产卵瓣。生殖孔开口于第 8、9 腹节之间(图 1-14)。

由于昆虫的种类不同,适应的产卵环境不同,产卵器的外形也有很多变化:蝗虫的产卵器短小呈瓣状;蟋蟀的产卵器剑状;姬蜂的产卵器细长,有的可为体长的数倍;蜜蜂的产卵器则特化为螯针;用产卵器插入植物组织内产卵的昆虫,其产卵器往往呈锯齿状(如叶蜂和蓟马)或为刀状(如蝉、叶蝉),在产卵时能将植物茎枝皮层刺破。但并非所有的昆虫都有产卵器,如蝶、蛾类、蝇类和甲虫，它们的腹部末几节逐渐变细，互相套叠，可以伸缩，形成能够伸缩的伪产卵器，它们只能把卵产在物体的表面、裂缝和凹陷的地方，但实蝇类的腹部末端尖细而骨化，可以刺入果实内产卵。

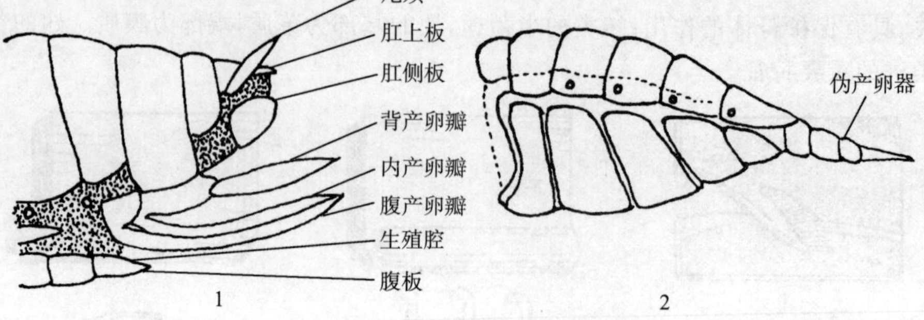

图 1-14　昆虫雌性外生殖器的构造

1. 雌虫产卵器　2. 雌天牛的伪产卵器

(2)雄性外生殖器——交配器或交尾器(copulatory organ)　位于第 9 腹节的腹面，构造较为复杂。主要包括一个将精子输入雌体的阳茎和一对抱握雌体的抱握器(图 1-15)。

阳茎是由第 9 腹节腹板后的节间膜内陷而成。一般呈锥状或管状，多可以自由伸缩，顶端具有射精管的开口或雄性生殖孔。抱握器多由第 9 腹节的一对附肢特化而成，形状变化很大，有叶状、钩状、钳状等，交配时用于抱握雌体。也有一些昆虫没有抱握器。由于昆虫种类的不同，雄性外生殖器外形变化很大，但同种昆虫的雄性外生殖器在结构上具有相对的稳定性，因此在分类上常作为最后鉴别种类的重要依据。

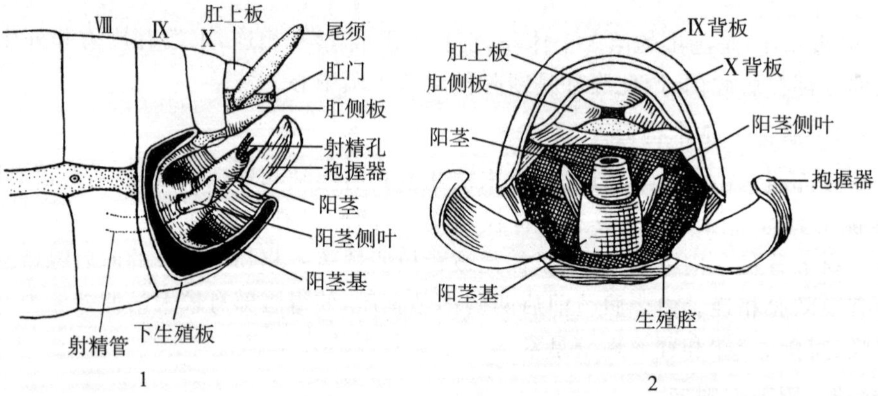

图 1-15　雄性外生殖器的基本构造

1. 侧面观　2. 后面观

2. 尾须

尾须(cerci)为腹部末端的一对须状物，一般着生于腹部第 11 节两侧，分节或不分节，长短不一，具有感觉作用。

3. 幼虫的腹足

鳞翅目和膜翅目叶蜂等的幼虫，腹部具有行动用的腹足(prolegs)，鳞翅目幼虫通常有5 对腹足，着生于第 3～6 腹节和第 10 腹节上，第 10 腹节上的又称为臀足(anallegs)。腹足构造简单，呈筒状，末端具趾钩。膜翅目叶蜂的幼虫从第 2 节开始有腹足，一般 6～8 对，有的多达 10 对，腹足末端无趾钩，可与鳞翅目幼虫区别。

1.1.5 昆虫的体壁

体壁是昆虫身体最外层的组织，它像脊椎动物的骨骼一样，着生肌肉，并且大部分硬化，从而构成昆虫的体壳，所以又称外骨骼。

昆虫的体壁除具有供肌肉着生骨骼的功能外，还具有脊椎动物的皮肤功能，如防止水分的蒸发，保护内脏免于机械损伤，防止微生物及其他有害物质的侵入，同时体壁上还有很多感觉器官，是昆虫与外界环境取得联系的感觉面。

1.1.5.1 体壁的结构与特性

体壁由表皮层、皮细胞层和底膜 3 部分组成(图 1-16)。底膜位于体壁的最里层，是紧贴在皮细胞下的一层薄膜，一般认为它是皮细胞所分泌的非细胞物质。皮细胞层是体壁中唯一活的组织，位于底膜之上，由单层细胞所组成。皮细胞层常有一些细胞特化成刚毛、鳞片和各种形状的感觉器及各种特殊的腺体。表皮层是由皮细胞向外分泌而成，结构复杂，由内向外大致可分为 3 层：内表皮层、外表皮层和上表皮层。其中内表皮最厚，质地柔软而有延展性；外表皮质地坚硬致密，具有坚硬性；上表皮最薄，但结构复杂，一般由内向外分为：角质精层、蜡层和护蜡层 3 层。角质精层和护蜡层都是脂类和蛋白质的复合物，而蜡层主要是蜡质，可以保护体内水分免于过量蒸发，并是防止水溶性物质侵入的主要部分。

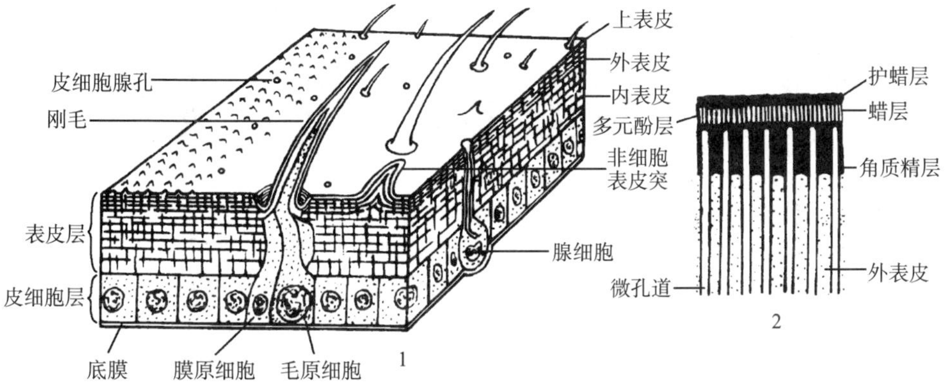

图 1-16 昆虫体壁的构造

1. 体壁的纵切面 2. 上表皮的纵切面

昆虫体壁的延展性、坚硬性和不透性使其兼具骨骼和皮肤的作用，这对昆虫的演化发展和环境适应都具有重大意义。延展性和坚硬性使体壁具备了昆虫外骨骼和运动机械的特点，而不透性不仅避免了体内水分的过量蒸发，使昆虫得以在陆地上成功地生活，并且能阻止病原微生物和杀虫药剂的侵入。因此，在化学防治中，如能破坏体壁的理化性状，就有利于杀虫剂的穿透，并提高杀虫剂的杀虫效果。实验证明，在杀虫剂中加入对脂肪及蜡层有溶解作用的溶剂，或在粉剂中加入对蜡层有破坏作用的惰性粉作为填充剂，都能破坏体壁的不透性，从而提高药剂的杀虫效果。

1.1.5.2 体壁的衍生物

由于适应各种特殊需要，昆虫体壁常向外突出或向内凹陷，形成各种衍生物。一般体壁表面的一些微细的突起或凹陷，是由不同位点表皮沉积形成的，如刻点、脊纹、小疣、小棘、微毛等，是非细胞性的，而较大的刺、距、刚毛、毒毛、鳞片等则是皮细胞向外突出而形成的细胞性外长物(图 1-17)。

体壁细胞性的内陷衍生物也很普遍：一是体壁内陷成各种内脊、内突和内骨，以增加体壁的强度和肌肉着生的面积；二是在皮细胞层的某些地方由一个或多个细胞特化成各种腺体，执行不同的分泌功能，如唾腺、丝腺、蜡腺、毒腺和臭腺等。

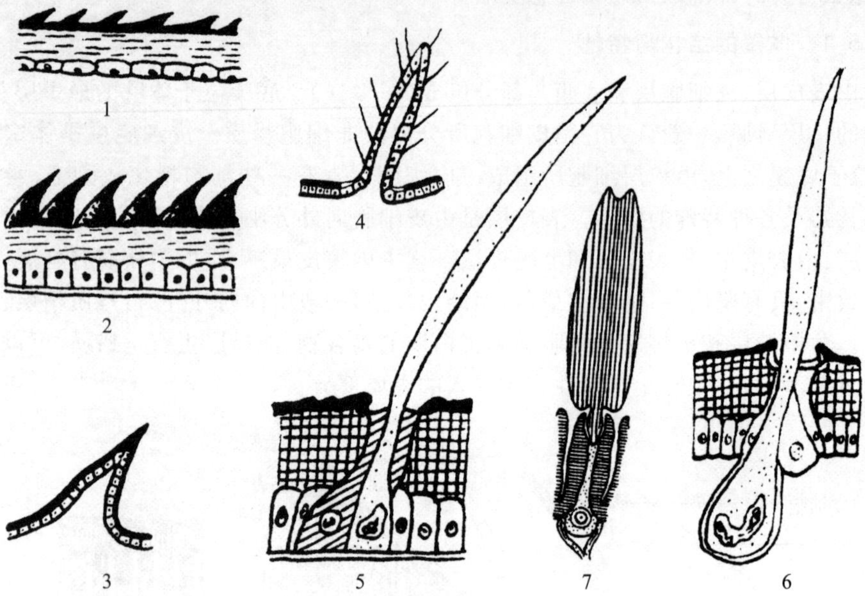

图 1-17 体壁的外长物

1,2.非细胞表皮突起 3.刺 4.距 5.刚毛 6.毒毛 7.鳞片

1.1.5.3 体壁的色彩

昆虫的体壁常具有各种颜色和花纹，这些都是外界的光波与昆虫体壁相互作用的结果。根据体色的性质可分为色素色、结构色和混合色 3 种。色素色又称化学色，是由于存在于体壁中或皮下组织内的某些色素所产生的颜色，这些色素大部分是新陈代谢的副产物，往往受外界环境因素的影响而发生变化。结构色也称物理色，是由体表的特殊结构对光的反射或干涉而产生的色彩，一般具有金属闪光，由于这类色彩是物理作用的结果，所以不会因煮沸或化学药品处理而消失。混合色是由上述 2 种因素综合而成。

1.2 昆虫的内部器官

了解并掌握昆虫的内部器官的基本结构及其功能，不仅有助于理解昆虫生理机制的奥妙，而且能够直接或间接地为利用天敌和控制害虫服务。例如，利用激素或激素类似物可以干扰害虫的生长发育，起到防治作用。

1.2.1 昆虫内部器官的位置

昆虫体躯的外面包被有一层含几丁质的躯壳，即体壁（tegument）。由体壁包成的腔称为体腔（body cavity）。昆虫的体腔是一个纵贯的通腔，血液在循环过程中要流经体腔，所以昆虫的体腔又称为血腔（haemocoele）。昆虫所有的内部器官都位于血腔内，直接浸浴在血液中。

1.2.1.1 血窦

昆虫的血腔通常由肌纤维和结缔组织构成的膈膜将其纵向分隔成 2 个或 3 个小血腔，称为血窦（bloodsinus）（图 1-18）。位于昆虫消化道背面，背血管下方的一层膈膜称为背膈（dorsal diaphragm），它将血腔纵分为上方的背血窦（dorsal sinus）和下方的围脏窦（perivisceral sinus）。消化道、排泄器官和大部分气管系统以及生殖器官、脂肪体等位于围脏窦中。直翅目蝗科、蜻蜓目、脉翅目、膜翅目以及鳞翅目和双翅目的成虫等，在其腹部腹板两侧之间还生有一层膈膜，即腹膈（ventral diaphragm）。腹膈下面的血窦称为腹血窦（ventral sinus），腹神经索纵贯其中。背膈与腹膈两侧都有孔隙作为背血窦与围脏窦、围脏窦与腹血窦之间的通道。

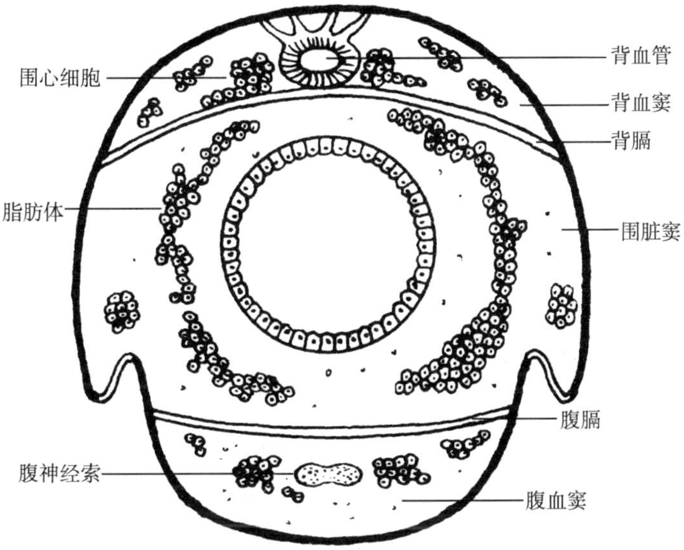

图 1-18　昆虫腹部的横切面（仿 Sondgrass）

1.2.1.2 内部器官及其位置

昆虫的内脏器官主要包括具有营养消化和吸收功能的消化道、具有排泄功能的马氏管、具有循环功能的背血管、构成中枢神经系统的腹神经索和脑、具有呼吸功能的气管系统、具有营养贮存和中间代谢转化作用的脂肪体、提供机械动力的肌肉、分泌激素的各种内分泌腺体和担负繁殖功能的生殖系统（图 1-19）。消化道（alimentary canal）是一条纵贯于体腔中央的管道，它的前端开口于头部的口前腔，后端开口为肛门。马氏管（Malpighian tubules）是一至多条细长的盲管，着生在消化道中肠与后肠的交界处。背血管（dorsal vessel）位于消化道的背面，是一根前端开口、后段略膨大的细管。腹神经索（ventral nerve cord）位于消化道的腹面，纵贯于腹血窦中，前端与头内的脑相连。气管系统（tracheal system）沿两侧气门向内分布在消化道的两侧、背面和腹面的内脏器官之间。脂肪体（fat body）包围在不同的内脏器官周围。昆虫的肌肉系统(muscular system)主要附着于体壁内脊、内脏器官表面、附肢和翅的关节处。昆虫的内分泌腺体(endocrine glands)包括位于头部的心侧体、咽侧体和唾腺,位于胸部前胸气门附近的前胸腺,以及位于腹部的生殖附腺等。昆虫的生殖系统(reproductive system)位于消化道中肠和后肠的背侧面,以生殖孔开口于体外,主要由一对雌性的卵巢与侧输卵管,或一对雄性的睾丸与输精管,以及后肠腹面的中输卵管或射精管构成。

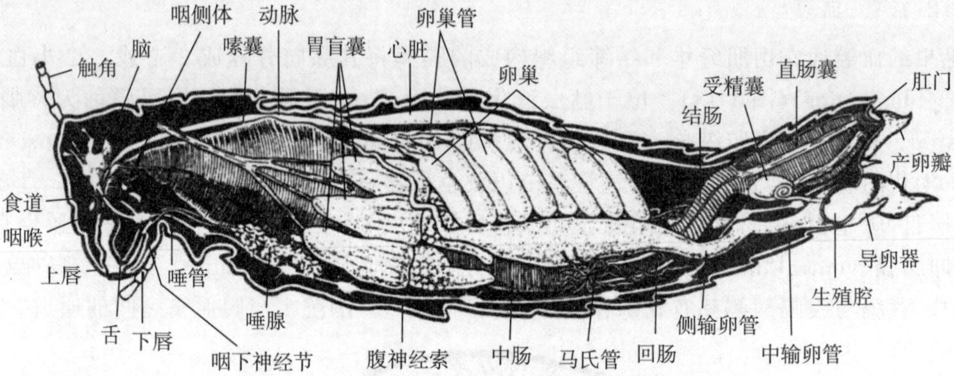

图 1-19　蝗虫内部器官相对位置(仿 Matheson)

1.2.2　昆虫的消化系统

昆虫的消化系统(digestive system)包括纵贯于体腔中央的消化道以及与消化有关的唾腺(salivary gland)(图 1-20)。消化道根据其发生来源和机能的不同,分为前肠(foregut)、中肠(midgut)和后肠(hindgut),前肠与中肠之间有贲门瓣(cardiac valve),中肠与后肠之间有幽门瓣(pyloric valve)。昆虫因取食方式和取食种类不同,其消化道经常发生不同程度的变异。

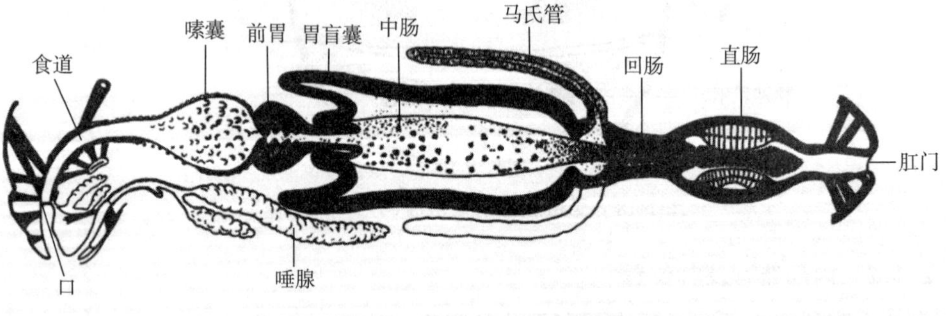

图 1-20　昆虫消化道模式图

1.2.2.1　消化道的一般构造

昆虫的前肠由外胚层内陷而成,由内向外分为内膜(intima)、肠壁细胞层(epithelium)、底膜(basement membrane)、纵肌(longitudinal muscles)、环肌(circular muscles)及围膜(peritoneal membrane)6 层。内膜较厚,对消化产物及消化酶都表现为不渗透性,所以前肠不具有吸收作用。前肠的主要功能是摄取、磨碎和暂时贮存食物。大多数昆虫的前肠从前向后可分为咽喉(pharynx)、食道(oesophagus)、嗉囊(crop)和前胃(proventriculus)4 个部分。

中肠由内胚层形成,由内向外分别有围食膜(peritrophic membrane)、肠壁细胞层、底膜、环肌、纵肌和围膜6层。中肠的主要功能是分泌消化酶、消化食物和吸收养分。多数昆虫中肠肠壁的前端向外突出，形成囊状的胃盲囊(gastric caeca)。胃盲囊的形状和数目及所在部位因昆虫种类不同而异，通常为2～6个，其主要功能是增加中肠的表面积，以利于分泌消化酶和吸收营养物质，此外也有扩大容积和滞留共生物的作用。

后肠的组织结构与前肠相似，但肌肉的层次排列为环肌在内，纵肌在外，其内膜比前肠的薄，易被水分和无机盐渗透。后肠的主要功能是排除食物残渣和代谢废物，吸收水分和无机盐，调节血液渗透压和离子平衡。后肠一般分为回肠(ileum)、结肠(colon)和直肠(rectum)3个部分。

唾腺是开口于口腔中的多细胞腺体，由皮细胞内陷而成，按开口的位置可分为上颚腺(mandibular gland)、下颚腺(maxillary gland)和下唇腺(labial gland)3类，以下唇腺最常见。鳞翅目幼虫的下唇腺特化为丝腺(silk gland)，上颚腺则代替唾腺的作用。唾液的主要功能是湿润口器和溶解食物，同时提供部分消化酶。

1.2.2.2 各类昆虫消化道的变异

不同昆虫消化道的结构变异通常与其食性的分化相适应。一般来说，主要发生在前肠和中肠部分。取食固体食物的昆虫，其消化道一般比较粗短，前胃外面包有强壮的肌肉层，内具齿状或板状突起；中肠多具有胃盲囊的构造，以扩大中肠分泌和吸收的面积。取食液体食物的昆虫常无前胃，前肠前端及口前腔的食窦或咽喉部分常特化为强有力的食窦唧筒或咽喉唧筒，中肠大多比较细长，是消化道的主要部分。蝉、叶蝉、蚜虫和蚧等半翅目昆虫，其中肠的前、后两端与后肠的前端部分紧贴束缚在一起，外包一层结缔组织的围膜，形成"滤室"构造。它可使过多的水分和其他物质直接从消化道的前端进入中肠后端或排入后肠，将所需的营养浓缩，经过中肠时易于消化和吸收。所以，该类昆虫的液体粪便是含有大量未经中肠消化的各种糖类和氨基酸与其他代谢排泄物的混合物，常有甜味，称为蜜露(manna)。

1.2.3 昆虫的循环系统

昆虫属于开放式循环系统(circulatory system)，血液在体内循环时，仅有一段在背血管内，其余均在体腔内和组织器官间流动。昆虫循环系统的主要功能是运输养料、激素和代谢废物，维持正常生理所需的血压、渗透压和离子平衡，参与中间代谢，清除解离的组织碎片，修补伤口，对侵染物产生免疫反应以及飞行时调节体温等。昆虫的循环系统没有运输氧的功能，氧气由气管系统直接输入各种组织器官内，所以昆虫大量失血后，不会危及生命安全，但可能破坏正常的生理代谢。

1.2.3.1 循环系统的构造

昆虫的循环系统主要包括推动血液流动的背血管(dorsal vessel)及辅搏器(accessory pulsatile organ)，另外背膈、腹膈有节律的收缩活动也能使血液沿着一定的方向流动。

背血管位于昆虫背壁的下方，是一条纵贯于背血窦中央的管状器官，一般从腹部伸达头部，由肌纤维和结缔组织组成，可以分为心脏(heart)和动脉(aorta)两个部分，心脏两侧着生有扇状的翼肌(alary muscle)与背膈相连(图1-21)。

心脏是背血管中呈连续膨大的部分，每个膨大的部分称心室(chamber)，心室的两侧有一对心门(ostium)。心门是血液进入心脏的开口，外观为一条垂直或斜的裂缝，边缘向内折入，形成心门瓣(ostialvalve)(图 1-22)。背血管的前端称动脉,直径较小,其前端开口于脑及食道之间形成的血窦内,可使脑及咽侧体浸泡在血液中。翼肌是环状或半环状薄层肌肉,将前、后心门之间的心室腹侧壁连接到两侧的体壁或附近其他组织上。翼肌的数目通常与心室数目一致,其主要功能是协助心脏搏动,并与背膈共同起到固定心脏的作用。

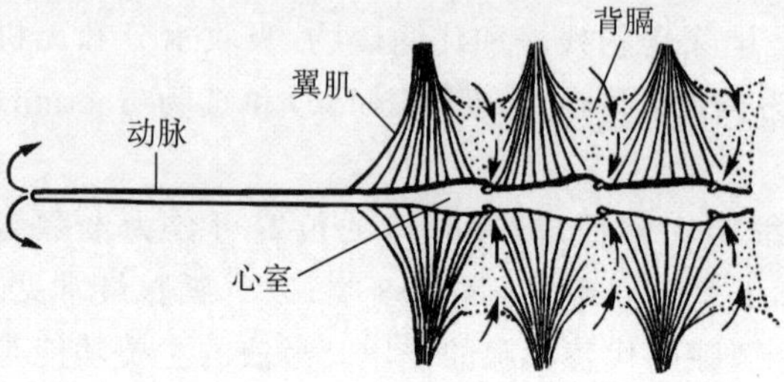

图 1-21　背血管

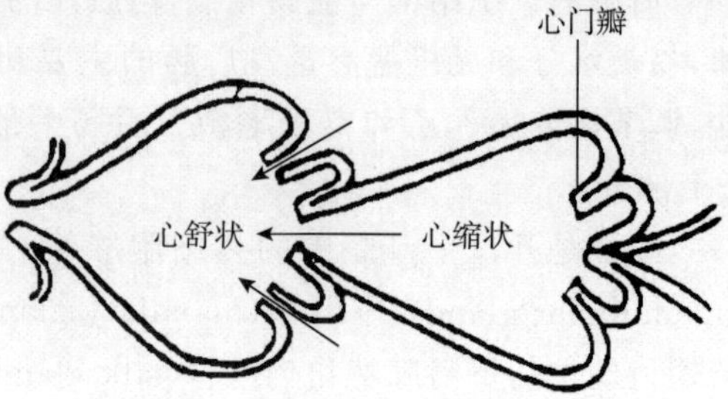

图 1-22　心室

辅搏器是昆虫体内辅助心脏进行血液循环的结构,在多数情况下是一种相对独立的构造,一般与背血管不发生任何联系,通常位于触角、翅和附肢的基部。辅搏器由含肌纤维的薄隔组成,薄隔收缩,可驱使血液流入远离体躯的部位。辅搏器的形状因所在部位而异,有膜状、瓣状、管状或囊状等多种。蝗虫触角的末端,蚜虫足跗节的基部,蜻蜓的胸部等都具辅搏器。

昆虫的造血器官(hemopoietic organ)是昆虫体内不断分化并释放血细胞的囊状构造,周围有膜包被,膜囊有相互交织的类胶原纤维和网状细胞。造血器官除有补充血细胞的功能外,还有活跃的吞噬功能。膜翅目幼虫的造血器官在胸腹部脂肪体附近,鳞翅目幼虫的在翅芽周围,双翅目幼虫的在动脉上。造血器官只存在于昆虫幼期,成虫期退化消失。

1.2.3.2　血液的组成与功能

昆虫的血液是体腔内循环流动的淋巴样液体,故称为血淋巴(hemolymph),一般占虫体容积的 15%～75%,包括血细胞和血浆两部分,除少数昆虫(如摇蚊幼虫)因含血红素而呈红色外,大多数呈黄色、橙色或蓝绿色。

血细胞(hemocytes)是悬浮在血浆中的游离细胞,约占血液的 2.5%,血细胞种类常因观察方法的不同而有较大的差异,但最主要的血细胞可分为原血细胞、浆血细胞、粒血细胞、珠血细胞、类绛色细胞和凝血细胞 6 类。血浆(plasma)是一种浸浴着所有组织和细胞的循环液体,是各器官间化学物质交换以及内分泌物、营养物和代谢物等运输的媒介,其中水分占 85%左右,其他还有无机离子、糖类、脂类、氨基酸、蛋白质、氮素代谢物等,且昆虫的种类、发育阶段和外界因素等都会影响血浆的成分变化。

血液为组织细胞提供一个比较稳定的物理、化学环境,其功能主要有止血作用,对进入体内的病原物和寄生物产生免疫反应,对外源化合物进行解毒作用,阻止天敌捕食以及具有营养、运输和机械作用等功能。

1.2.4　昆虫的排泄器官

昆虫的排泄器官和组织主要包括马氏管(Malpighian tubules)、下唇肾(labial kidney)、围心细胞及脂肪体等。昆虫排泄系统(excretory system)的主要功能是移除体内的代谢废物,以调节体内水分和无机盐的平衡,维持血液一定的渗透压和化学成分,保证各内脏器官和组织进行正常的生理活动。

1.2.4.1 马氏管

马氏管由后肠内陷形成，因意大利解剖学家 Malpighi 于 1669 年首先在家蚕体内发现而得名。马氏管一般着生并开口于中、后肠交界处，顶端盲状，游离并浸浴在血淋巴中，有些种类的顶端埋于直肠组织中，以加强对水分和无机盐的回收作用。马氏管的组织结构为一层管壁细胞，管壁外包有一层坚韧而富弹性的基膜，基膜上分布有很多微气管和螺旋状横纹肌纤维，从而使马氏管可以在血淋巴中伸缩扭动，以保证最大限度地使周围的血淋巴得以流动和更新，便于更广泛地吸收排泄物质。

马氏管的形态和数量在昆虫种间差异较大，同种昆虫的不同发育阶段有时也有差异。弹尾目昆虫和蚜虫等少数种类无马氏管，双尾目、原尾目和捻翅目昆虫的马氏管为原始状态的乳状突起，其余绝大多数昆虫都具有明显的马氏管。马氏管多为偶数，数目特别多时还常常成组排列。马氏管的数目通常与其长度成反比，因而数量多寡并不致影响其排泄效能。

1.2.4.2 其他排泄器官

弹尾目等一些无马氏管的昆虫，其头部内具一对由公共导管开口于下唇基部的管状腺体，类似其他节肢动物的肾管，称为"下唇肾"。这一管状腺体的囊状部分具有扁平的皮细胞层，导管部分具有与马氏管类似的细胞。下唇肾具有吸收和排泄机能，是此类昆虫的主要排泄器官。

昆虫血液中的一部分代谢产物，可以被某些器官和组织吸收并贮存起来，而并不马上排出体外，这一现象称为贮存排泄。昆虫体内的贮存排泄器官(storage excretory organs)，主要有围心细胞(pericardial cell)和脂肪体(fat body)等。

围心细胞来源于中胚层，大多数分布在心脏附近的背膈和翼肌上，不随血液流动。围心细胞能自血腔中选择性吸收马氏管不能排除的大分子物质，特别是各种胶体粒子等，所以又称为"积贮肾"。脂肪体来源于中胚层，是由成团脂肪细胞组成的组织，一般黏附于体壁、内部器官表面或分散于血腔内，呈片状、网状、叶状、块状或条带状等，多为浅黄色、乳白或绿色，幼虫体内尤为显著。昆虫脂肪体类似高等动物的肝脏，有 2 个主要功能，即贮存营养物质和暂时不需要的氮素代谢物，以及进行中间代谢和一些生化合成、转化反应等，包括毒物的解毒代谢。昆虫脂肪体经常由于其内部贮存有尿酸的钾盐或钠盐结晶而形成特殊的尿酸盐细胞(urate cell)。该细胞中的代谢废物是自血淋巴中吸收并逐渐沉积的，常常永久性贮存在脂肪体内，并不排出体外，此时脂肪体就成为贮存排泄器官。在没有马氏管的昆虫中，脂肪体的贮存排泄常常是尿酸排泄的重要途径，而在其他昆虫中，这种贮存排泄方式可与马氏管排泄并存。

1.2.5 昆虫的呼吸系统

昆虫的呼吸系统(respiratory system)又称气管系统(tracheal system)，其主要功能是将O_2输送到需氧的细胞、组织或器官，由微气管进行直接交换，同时排出新陈代谢产生的CO_2。

1.2.5.1 气管系统

昆虫的气管系统包括气门(spiracle)、气管(trachea)、气囊(air sac)和微气管(tracheole)。气门是昆虫气管系统在体外的开口，位于胸部侧板和腹部背板两侧或侧膜上，每个体节最多只有一对气门。最简单的气门是体壁内陷形成气管后留下的一个原始开口，没有开闭构造，称气管口，无翅亚纲昆虫的胸部气门属于这种类型。绝大多数昆虫的原始气管口位于体壁凹陷形成的一个膨大空腔内，这个空腔称气门腔，此腔向外的开口称为气门腔口，气门腔口常围以一块特别硬化的骨片，称围气门片。有气门腔的气门，常具开闭机构来控制气体的出入。有些昆虫，主要是水生昆虫的气门周围，还有皮细胞特化形成的单细胞腺体称气门腺。气门腺可以在气门的表面分泌疏水性物质，防止水分进入。

气管由外胚层内陷形成，内壁具螺旋丝，富有弹性，在活体内呈银白色。通常体节两侧的气门经一小段气门气管后就分成 3 支，分别称为背气管、内脏气管和腹气管(图 1-23)。背气管逐级分支分布于背面的体壁肌和背血管上，内脏气管则分布于消化道、脂肪体、生殖腺和生殖管上(图 1-23)，腹气管分布于腹面肌肉和腹神经索上。另外，各节的气管还有纵向的气管干相连，以便于气管系统协同通风。侧面纵向连接气门气管的称为侧纵干，是气管中最粗的一条，是气体前后贯通的主要通道。纵向连接背气管和腹气管主支的分别称为背纵干和腹纵干，多数昆虫两侧的纵干还有横向的分支相互连接，形成横在背血管背面的背气管连锁和横在腹神经索腹面的腹气管连锁。

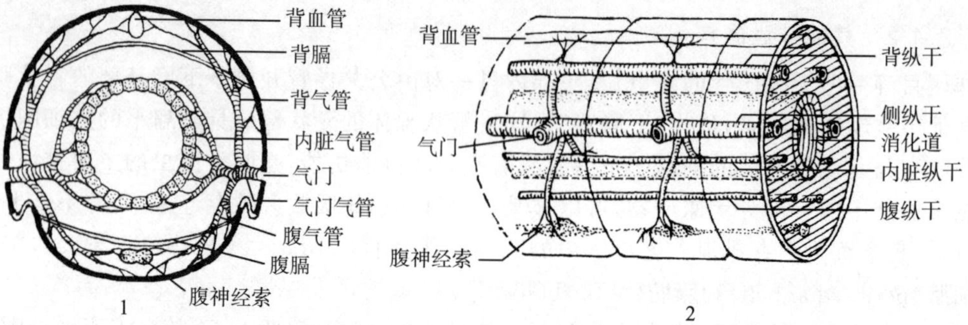

图 1-23　昆虫气管分布模式图(仿 Snodgrass)

1. 体躯横切面，示体节内气管分布　2. 体壁侧面透射，示气管干

许多有翅亚纲昆虫的气管局部有膨大成薄壁的柔软囊状结构，称为气囊。气囊的内壁无明显的螺旋丝，易因气压、血压或体躯弯曲而被压缩或扩张，可以大大加强气管的通风作用。对于飞行昆虫和水生昆虫，气囊还有增加浮力的作用。此外，气囊的胀缩能够促进血液循环，有助于飞行肌内的呼吸作用和提高能量的利用效率。

直径在 1 μm 以下，末端封闭，伸到组织内或细胞间的极其细小的分支气管称为微气管。微气管一般不穿入细胞内。通常，在特别需氧的器官中微气管的分布数量最多，如飞行肌、卵巢、睾丸和神经节表面。

1.2.5.2　昆虫的呼吸方式

昆虫的呼吸方式随着昆虫体躯的结构、生活习性、栖境、发育时期的不同而发生很大的变化。大致有体壁呼吸、气管鳃呼吸、气泡和气膜呼吸、气门和气管呼吸以及寄生昆虫的呼吸方式。有些昆虫没有或仅有不完整的气管系统，气体交换经体壁直接进行，如弹尾目昆虫。一些水生昆虫如蜉蝣目和蜻蜓目的稚虫，利用特化的分布有丰富气管的气管鳃和水中氧的分压差摄取氧气。还有一部分水生昆虫如龙虱和仰泳蝽能利用气泡和气膜进行呼吸，由于在水和空气两相之间，氧气的渗透系数大于氮气，因此，同一时间，从水中扩散进气泡的氧气含量大于气泡扩散出去的氮气含量，气泡的体积不致缩小，其中氧的含量也不会减少，保持物理性鳃的作用。与水生昆虫类似，寄生昆虫的呼吸方式通常靠体壁的渗透作用或借助寄主的气管系统，而绝大多数陆栖昆虫依靠气管系统的通风和扩散作用。

1.2.6 昆虫的肌肉系统

昆虫通过肌肉系统(muscular system)提供动力进行各种运动,包括内部器官的运动和外部机体的运动。蜜蜂等昆虫在寒冷的条件下还可以通过肌肉的收缩提高体温。

1.2.6.1 昆虫肌肉的主要类型

肌肉是肌细胞的总称。因肌细胞呈细长的纤维状,故又将其称为肌纤维(muscle fiber)。肌纤维是一种大型的多核细胞,外面包有肌膜(sarcolemma)。昆虫的肌肉系统起源于中胚层,按其着生部位及作用范围可分为体壁肌(skeletal muscle)和内脏肌(visceral muscle)2 类。

体壁肌由长条形的平行肌纤维组成,着生在体壁下面或体壁内突上,专司体节、翅及附肢的运动,通常具有按体节自然分节的现象。体壁肌按肌原纤维的形状和排列方式分为管状肌(tubular muscle)、束状肌(close-packed muscle)和纤维状肌(fibrillar muscle)3 类。

管状肌的肌纤维呈管状,肌细胞核和肌浆位于中央,沿中轴呈纵向排列,肌原纤维和线粒体呈放射状相间排列,如蜜蜂的足肌。束状肌的肌原纤维和线粒体位于中区,肌细胞核和肌浆位于外周的肌膜下方,如鳞翅目成虫的胸肌和金龟甲的足肌。纤维状肌的肌原纤维直径较粗,细胞核和线粒体都位于肌原纤维之间,肌膜不明显,如蜜蜂的间接翅肌。

内脏肌是包围在内脏器官外面的肌肉,有些是排列比较整齐的纵肌和环肌,另一些是排列不规则的网状肌肉层,这些肌肉的功能是促使昆虫内脏伸缩和蠕动。还有一部分内脏肌混在结缔组织内,形成结缔膜的一部分,如体腔内的膈膜、嗉囊壁和卵巢外面的围膜等。

1.2.6.2 昆虫肌肉的收缩机制

肌原纤维(sarcostyle)是肌纤维的组成单位,是肌细胞内特化的功能细胞器,直径大于11 nm的粗肌丝和直径小于 5 nm 的细肌丝是肌原纤维中的主要组分,分别由肌球蛋白和肌动蛋白组成,因此又称肌球蛋白丝和肌动蛋白丝。它们与其他蛋白质纤丝,结合成一个收缩系统。通过各种蛋白内部的变构作用,在这个结构中引起细肌丝在粗肌丝之间滑动,造成肌肉收缩。

1.2.7 昆虫的神经系统

昆虫的神经系统(nervous system)来源于外胚层,包括中枢神经系统(central nervous system)、交感神经系统(sympathetic nervous system)和周缘神经系统(peripheral nervous system)3 部分。昆虫依靠神经系统和感觉器官与外界环境取得联系,调节机体的各种活动。

1.2.7.1 神经系统的基本构造

神经细胞(nerve cell),又称神经元(neuron),是神经系统的基本组成单位。无数神经元构成大脑和神经节及其神经,组成了神经冲动的传导网络。神经元包括一个神经细胞体(soma)以及由此发出的一至多条神经纤维。神经纤维的主干称轴突(axon),其上可能还有侧枝(collateral)。轴突末端分出许多树根状的细小纤维,其中主要用于接收信息的称树状突(dendrite),主要用于传出信息的称端丛(terminal arborization)。按功能,神经细胞可分为感觉神经元(sensory neuron)、运动神经元(motor neuron)和联络神经元(association neuron)。

神经节(ganglion)是昆虫联系和协调神经系统的最重要部位。昆虫的体神经节是卵圆形或多角形的神经组织,每一节内有左右趋于合并的神经节一对,前后端各以两根神经索与相邻的神经节相连，构成腹神经索。每个神经节还发生若干侧神经伸向运动器官或腺体，并接受来自感受器的神经输入。神经节由很多神经细胞及其神经纤维集合而成，神经细胞体都位于神经节内缘四周，而轴突、侧枝、树状突和端丛等神经纤维则位于神经节中央，形成紧密复杂的神经纤维网络——神经髓(neuropile)(图 1-24)。

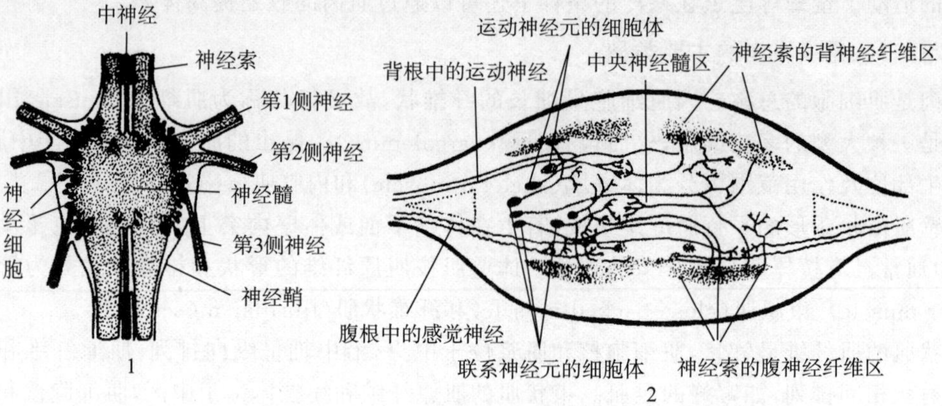

图 1-24　神经节(仿 Zawarzin)

1. 昆虫神经节的模式图　2. 一种蜻蜓稚虫腹神经节横切面

1.2.7.2　中枢神经系统的结构与功能

昆虫的中枢神经系统包括一个位于咽喉背面的脑(brain)和一条位于腹腔内消化道腹面的腹神经索(ventral nerve cord)，是神经冲动和内分泌控制的中心。脑与腹神经索之间以围咽神经索(circumoesophageal connective)相连。连接前后神经节的神经称为神经索(connective)，横连的神经称为神经连锁(commissure)。

昆虫的脑位于头壳内咽喉上方，由头部的 3 对神经节愈合而成，是神经系统中结构最复杂的部分，分为前脑、中脑和后脑。后脑以围咽神经索与咽下神经节(suboesophageal ganglion)相连接。脑是联系和协调的中心，它联系着头部所有感觉器官的神经纤维，以及口区、胸部和腹部的所有运动神经，并调节内分泌腺体的活动，从而协调昆虫的一切活动，包括生长、发育、生殖、休眠及滞育等。

腹神经索位于消化道的下方，由咽下神经节、体神经节以及纵向连接各神经节的神经索组成。咽下神经节位于头壳内咽喉的下面，由 3 对神经节合并而成，是腹神经索中的第 1 个复合神经节。咽下神经节发出的神经分别通向上颚、下颚、下唇、舌、唾管和颈部肌肉等处，其主要作用是控制和协调口器动作，是口器附肢的神经中枢。昆虫的体神经节至多可以有 11 对，即胸部 3 对、腹部 8 对。腹部最后一对神经节是一个复合神经节，至少由腹部第 8～10 节的 3 对神经节合并而成。较为进化的昆虫及全变态昆虫的成虫，其腹神经索常沿着纵轴方向前移和集中，表现出不同程度的愈合现象。神经节对于其所属的体节有相对的“自主性”，并成为各体节的神经中枢。胸部神经节是调节足和翅活动的中心，腹部神经节是控制所在体节呼吸运动的局部神经中心，而最后一个复合神经节则是控制后肠、生殖器官、尾须、产卵器等活动的神经中心。

1.2.7.3　交感神经系统和周缘神经系统

昆虫的交感神经系统主要支配内脏器官的活动，根据其联系的不同器官可分为口道神经系(stomodeal nervous system)、中神经(median nerve)和腹部最后一个复合神经节(同属于中枢神经系统)。

口道神经系一般包括顺序连接的额神经节(frontal ganglion)、后头神经节(occipital ganglion)和1~2个嗉囊神经节(ingluvial ganglion)及其神经分支。额神经节位于脑的前方、咽喉背壁上,由两根额神经索(frontal ganglion connective)与后脑相连,其后端伸出一根逆走神经(recurrent nerve)向后通过脑和背血管下方与后头神经节相接。额神经节发出神经通至唇基、上唇等处,主要控制取食时口器的动作。后头神经节分别与额神经节和嗉囊神经节相连,其神经还分布于咽侧体或心侧体、食道、嗉囊、中肠前端等,有的还通至唾管,为前肠、中肠和背血管的活动控制中心,同时还与昆虫的生长发育、蜕皮、变态等有关。嗉囊神经节主要控制消化道的运动。

中神经在昆虫幼虫体内较为普遍,控制气门和背血管的活动。中神经位于腹神经索前后2个神经节的2条神经索之间,起源于前一神经节内,含有2根很细的感觉神经纤维和2根较粗的运动神经纤维。中神经向后延伸的途中,常分出一对侧支分布到附近的气管、气门及其闭肌上。因此,昆虫各体节气门的控制中心位于前一体节的神经节内。

腹部最后一个复合神经节发出的侧神经通至后肠、生殖器官、气门和尾须等处,控制后肠和生殖器官的活动,因此也具有交感神经的功能。

周缘神经系统包括除去脑和神经节以外的所有感觉神经元和运动神经所形成的神经传导网络。昆虫的周缘神经系统主要分布于昆虫体壁底膜下、肌肉组织中,或别的器官表面,连接着中枢神经系统与交感神经系统,其功能是将感受器和神经末梢感受到的刺激迅速传到中枢神经系统,经信息转换后再由运动神经传出适当指令,使效应器做出相应的行为反应。

1.2.8 昆虫的感觉器

由昆虫体壁的皮细胞演变而来的各种感觉器(sensory organ)是接受环境和体内信息的重要结构。感觉器的基本单元是感受器(receptor),它分布于体躯的各个部位,接受来自体内外的物理或化学刺激,与神经系统协调作用,共同调节和控制着昆虫的生理和行为反应。根据功能,可以将感受器分为机械感受器、化学感受器、温湿度感受器和视觉器四大类。

1. 机械感受器

机械感受器能够感受来自昆虫体内外的机械刺激。机械感受器包括感触器(mechanoreceptor)和听觉器(phonoreceptor)。感触器能够感受分子运动和固体、液体的接触能量,常见种类有毛状感触器(hair sensillum)、钟状感触器(campaniform sensillum)等。听觉器是能够感受压力改变和空气或水振动的结构,昆虫的听觉器有听觉毛(auditory hair)、江氏器(Johnston's organ)和鼓膜听器(tympanal organ)等。

2. 化学感受器

化学感受器能够感知化学物质的刺激,与昆虫觅食、求偶、产卵、选择栖境、寻找寄主及社会性昆虫各型间的协调等行为密切相关。化学感受器在功能上可分为嗅觉器(olfactory sensillum)和味觉器(gustatory sensillum)。

3. 温湿度感受器

昆虫的温湿度感受器能够感受环境温湿度变化的刺激。昆虫是变温动物,其活动与功能受环境温度的影响和调节。昆虫常常能感觉到环境温度的微小变化,如蜜蜂群能感觉到±0.25 ℃的温度变化,臭虫会离开一个发烧的人而选择具有正常体温的人吸血。温度感受器分布于昆虫的整个体躯上，而以端跗节和触角部位最多。湿度感受器常呈锥状、毛状和板状等，能反应空气中水分的饱和、亏缺或蒸气压的变化。有些昆虫对湿度的改变很敏感，如金针虫喜欢高湿环境，库蚊则躲避高湿环境。此外，有些昆虫如蜜蜂能借触角上特殊的感受器找到相当远距离的水源。

4.视觉器

视觉器能够感受光波的刺激，其含有特定色素的感觉细胞能受一定波长范围内的光波(253～700 nm)刺激产生生物电位，并传递给中枢神经系统引起视觉反应。昆虫的视觉器包括复眼(compound eyes)和单眼(ocelli)。它们对昆虫的觅食、求偶、避敌、休眠、滞育、决定行为方向等都有重要作用。

只有成虫和不完全变态的若虫或稚虫才有复眼。复眼由许多小眼组合而成，通过综合不同小眼的刺激效应而成像。单眼分为背单眼(median ocellus)和侧单眼(lateral ocellus)。背单眼为成虫和不完全变态类的若虫或稚虫所具有，侧单眼仅为全变态类的幼虫所具有，它们只能感受光线的强弱与方向，而都无成像功能。

1.2.9 昆虫的激素及外激素分泌器官

昆虫激素(hormone)是由内分泌器官分泌的、具有高度活性的微量化学物质，经血液运输，作用于靶细胞和靶组织，调节和控制昆虫的生长、发育、变态、滞育、交配、生殖、雌雄二型或多型现象和生理代谢等。外激素(ectohormone)即信息素(pheromone)，由昆虫的外分泌腺体产生，是同种昆虫个体间通信的化学物质，散布于昆虫体外，可以调节或诱发同种间其他个体的特殊行为，如集结、标记踪迹、告警自卫及雌、雄间的引诱等，还可对个体发育过程产生特殊的影响，如性成熟的抑制和性别的决定等。

1.2.9.1 昆虫的内分泌器官

昆虫的内分泌器官包括神经分泌细胞(neurosecretory cell NSC)和内分泌腺体两部分，后者主要包括心侧体(corpus cardiacum, CC)、咽侧体(corpus allatum, CA)和前胸腺(prothoracic gland)(图 1-25)。

神经分泌细胞是昆虫中枢神经系统中具有内分泌功能的一群神经细胞，主要包括脑、咽下神经节及其他胸腹部神经节内的神经分泌细胞。其中，位于前脑的脑神经分泌细胞分泌的脑激素(brainhormone, BH)是一种肽类激素，具有激发前胸腺分泌蜕皮激素，控制昆虫幼虫蜕皮的重要作用。

心侧体是位于心脏附近或心脏上的一个或一对乳白色光亮的小球体，内含内分泌细胞和贮存细胞，并有神经与咽侧体和后头神经节相连。心侧体除了贮存脑神经分泌细胞分泌的激素外，也能分泌脂动激素(adipokinetic hormone)、促心搏激素(cardiac acceleratory hormone)、利尿激素(diuretic hormone)、抗利尿激素(antidiuretic hormone)和高海藻糖激素(hypertrehalosemic hormone)等。

咽侧体附着在心侧体的下面，多为一对卵圆形、外被一层薄膜结缔组织和微气管的内分泌器官，经过心侧体的神经一直伸入咽侧体内。但在半翅目昆虫中，左右两个咽侧体常合并为一个中央腺。咽侧体受脑激素的控制，具有合成和分泌保幼激素(juvenile hormone, JH)的功能。

前胸腺是位于昆虫近前胸气门气管上的一对带状透明的细胞群体，有神经与咽下神经节和胸部神经节相连。前胸腺存在于昆虫的幼体、蛹以及无翅亚纲昆虫的成虫体内，有翅亚纲昆

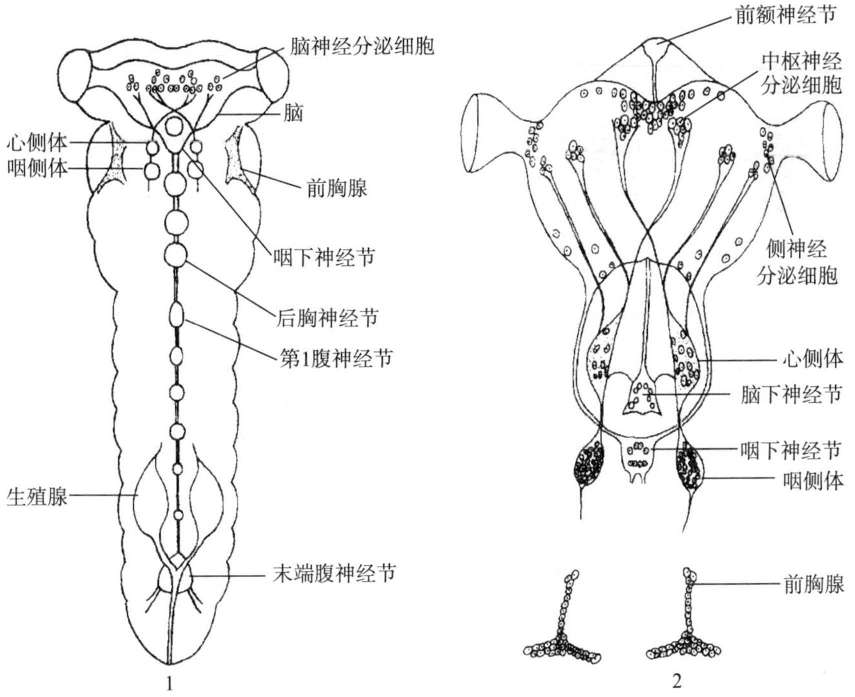

图 1-25　昆虫内分泌系统(仿郭乳)

1.模式结构　2.昆虫头部和胸部内分泌器官中分泌细胞模式图

虫的成虫无前胸腺。前胸腺在脑激素的激发下能分泌蜕皮激素(moulting hormone，MH)。

在双翅目环裂亚目昆虫的幼虫中，心侧体、咽侧体和前胸腺在脑后合并成环绕心脏的环状内分泌腺体，称环腺(ring gland)。

1.2.9.2　昆虫的外分泌腺体

不同昆虫外分泌信息激素都是由昆虫身体上不同部位的外分泌腺体所分泌，腺体的位置各异。一些鞘翅目昆虫的性信息素分泌腺在腹部末端，半翅目昆虫在后胸腹板或在后足胫节上，而蜜蜂的性信息素是由上颚腺所分泌。

1.2.10　昆虫的生殖系统

昆虫的生殖系统(reproductive system)包括外生殖器和内生殖器官(internal reproductive organ)两部分。内生殖器官主要包括由中胚层形成的卵巢(ovary)或睾丸(testes)，侧输卵管(lateral oviduct)或输精管(vasdeferens)和外胚层形成的中输卵管(median oviduct)、阴道(vagina)或射精管(ejaculatory duct)及生殖附腺等。

1.2.10.1　雌性内生殖器

昆虫的雌性内生殖器主要包括一对卵巢、两根侧输卵管及一根中输卵管。除此以外，大多数昆虫还在中输卵管后端连接着由体壁内陷特化形成的生殖腔(genital chamber)或阴道，以及受精囊和附腺等(图 1-26A)。

大多数昆虫的卵巢都由一群管状的卵巢管(ovariole)组成。每个卵巢管前端伸出的端丝(terminal filament)集合成悬带(ligament)，附着于邻近的脂肪体、体壁内面或背膈上，以固定

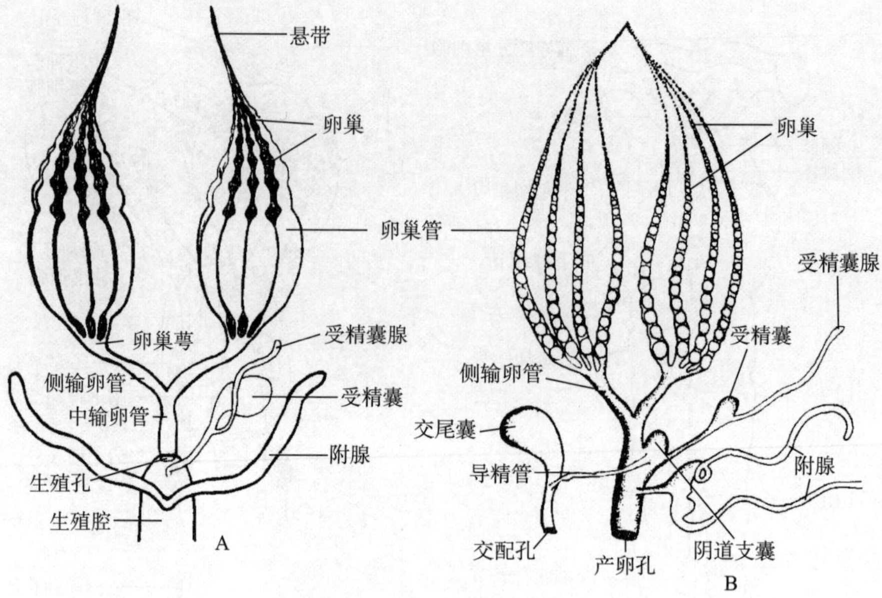

图 1-26 昆虫雌性生殖系统

A. 模式结构(仿 Snodgrass) B. 鳞翅目昆虫雌性生殖系统基本结构(仿 Eidmann)

卵巢。另一些昆虫中,两个卵巢的悬带常连接成一条中悬带(median ligament),附着于背血管的腹壁下。不同类型昆虫卵巢管的数目差异较大,每个卵巢通常由 4～8 根卵巢管组成,一般较低等的昆虫卵巢管数量较少,高等昆虫卵巢管的数量较多。鳞翅目昆虫一般为 4 条、6 条或 8 条,金龟甲为 6 条,棉蚜为 12 条,草蛉为 16 条,多数双翅目或膜翅目昆虫卵巢管的数量可达 200 条。

侧输卵管是连接卵巢和中输卵管的一对管道,由中胚层演变而成。每一侧输卵管前端与卵巢管的连接处,常膨大呈囊状,称卵巢萼(calyx),可暂时贮存卵子。在蝗科中,每一侧输卵管的顶端还伸出一条管状附腺。侧输卵管的外面,常包被有一层由环肌和纵肌组成的肌肉鞘,用以伸缩排卵。

中输卵管由外胚层演变而成,前端与两根侧输卵管相接。中输卵管后端延伸到第 8 腹节后,一般不直接开口于体壁外面,而是开口于由体壁内陷形成的生殖腔或阴道的基端。中输卵管的后端开口称为生殖孔(gonopore),是排卵的通口;而生殖腔或阴道的外端开口称为阴门(vulva),是交配和产卵的通口。大多数昆虫的阴门位于第 8 腹节的后端或第 9 腹节上,同时具有交配和产卵的功能,称为单孔类。但多数鳞翅目昆虫第 8 腹节后端和第 9 腹节上各有一个开口,各自担负着交配和产卵的功能,分别称为交配孔和产卵孔(ovipore),称为双孔类(图 1-26B)。

绝大多数昆虫的生殖腔与 1～3 个暂时贮存精子的受精囊(spermatotheca)相通,受精囊上常有受精囊腺,其分泌的液体可保藏接受的精子。多数昆虫的生殖腔还与成对的雌性附腺(accessory gland)相通,附腺又叫黏腺(colleterial gland),其功能是分泌胶质,保护所产的虫卵。

1.2.10.2 雄性生殖器

昆虫的雄性生殖器包括起源于中胚层的一对睾丸(或称精巢)、一对输精管、来源于外胚层的一条射精管及附腺等。此外,有些昆虫的输精管基部还膨大形成贮精囊(seminal vesicle)。

睾丸由一组精巢小管(testis follicle)组成,借气管和脂肪体固定在消化道背面或侧面,是精子发生和发育的场所。低等昆虫的精巢小管是相互分开的，其外无围膜包被。较高等昆虫的精巢小管则互相紧靠并包被在一层围膜内。各类昆虫精巢小管的数量有很大差异，在鞘翅目肉食亚目中仅有一条，而在蝗科中可多达 100 余条。

输精管是与睾丸基部相连的一对细长精子通道，它相当于雌性的侧输卵管。有些昆虫输精管的一段通常卷成紧密的环圈，称为附睾，如鞘翅目昆虫。而有些昆虫的输精管常有一部分膨大成囊状，用以贮藏成熟的精子团，称贮精囊。两条输精管在下端合成一条公共通道，与射精管相连接。

射精管是由两条输精管汇合而成的细长导管，与阴茎相连接，开口于第 9 腹板与第 10 腹板间的节间膜上，精液经此射入阴道内。射精管的表皮层与体壁相连，管壁外面包有强壮的肌肉层，一般纵肌在内，环肌在外，射精时用以伸缩射精管。

雄性附腺包括输精管上的中胚层附腺（mesodenia）和射精管上的外胚层附腺（ectadenia），一般位于输精管和射精管交界处，呈长形囊状或管状。附腺分泌黏液的主要作用是浸浴和保存精子，或产生包囊以包裹精子形成精珠。

1.3 昆虫的生物学特性

昆虫生物学就是研究昆虫的个体发育史（即包括从生殖、胚胎发育、胚后发育直至成虫的各个时期的生命特征）及昆虫的年生活史（即昆虫在一年中的发生经过或特点）。只有掌握了昆虫的生物学规律，才能科学地保护利用益虫和消灭害虫。

1.3.1 昆虫的生殖方式

昆虫是自然界中分布最广、种类最多、数量最大的动物类群，这与它的繁殖特点是分不开的。昆虫的繁殖特点主要表现在生殖方式多样、繁殖力大、生活史短和所需的营养少等。常见的昆虫生殖方式有两性生殖、孤雌生殖、多胚生殖和卵胎生等。

1. 两性生殖

两性生殖（sexual reproduction）需要经过雌雄交配，雄性个体产生的精子与雌性个体产生的卵子相结合，由雌虫将受精卵产出体外，卵经过孵化成为新个体。绝大多数昆虫进行两性生殖。

2. 孤雌生殖

孤雌生殖（parthenogenesis）是昆虫的卵不经过受精而发育成新个体的生殖方式。通过这种生殖，可以以少量个体和利用少量的生活物质，在短时间内繁殖大量后代，因此是对种的扩散及不良环境条件的一种适应。有些昆虫如家蚕，在正常情况下为两性生殖，只是偶尔出现不受精卵发育成新个体的现象；有些昆虫如蚜虫，随季节以孤雌生殖与两性生殖交替的方式进行生殖，从春到秋连续以孤雌生殖方式繁殖后代，只有在冬季来临之前才出现雄蚜、进行两性生殖；有些昆虫如蜜蜂、蚂蚁等，卵受精不受精都可以发育成新个体，未受精的卵发育成雄性个体，而受精卵发育成雌性个体；还有一些昆虫，如半翅目的某些粉虱、介壳虫，完全或基本上以孤雌生殖进行繁殖，一般无雄虫或很少发现过雄虫。

3. 多胚生殖

多胚生殖（polyembryony）是由一个卵发育成两个或更多的胚胎的生殖方式，是很多内寄生昆虫如膜翅目茧蜂、跳小蜂等,为了适应寻找寄主的困难而进行的生殖方式。在营多胚生殖的昆虫中,一个卵所产生的胚胎数目有 2～100 多个,最多可达 3000 个,主要取决于寄生物的种类和寄主的营养状况。

4. 卵胎生

卵胎生(ovoviviparity)是卵在母体内孵化后,直接产下幼体的生殖方式。昆虫的胎生和高等动物的胎生意义不同,后者胚胎发育时由胎盘从母体血液中吸取营养,而昆虫胚胎发育的营养由卵黄供给,所以叫卵胎生。营卵胎生的昆虫有蚜虫和一些蝇类。胎生可以认为是对卵保护的一种适应,同时由于缺乏独立的卵期,所以完成一个世代所需的时间也比较短,因此有利于广泛分布和在不利条件下保持种群的生存。

1.3.2 昆虫的个体发育与变态

昆虫的个体发育分为两个阶段:第一阶段称胚胎发育(embryonic development),是在卵内完成的,从卵受精开始至卵孵化为止;第二阶段称胚后发育(postembryonic development),是从卵孵化开始发育成长到性成熟为止。昆虫从卵发育一直到羽化为成虫的过程中,一般需经过一系列形态上的和内部器官的变化,这种现象称为变态(metamorphosis)。变态是昆虫个体发育的重要特征。

1.3.2.1 变态及其类型

在长期的演化过程中,随着成虫期和幼期的分化,以及幼期对生活环境的特殊适应,不同昆虫形成了不同的变态类型。

1. 表变态

表变态(epimorphosis)为较原始的变态类型,它的特点是幼体与成虫外形相似,习性相同,到成虫期仍继续蜕皮。昆虫纲中的无翅亚纲大都属于此类变态。

2. 不完全变态

不完全变态(incomplete metamorphosis)为有翅亚纲外翅部昆虫所具有的变态类型。它只经过卵期、幼期和成虫期 3 个发育阶段,翅以翅芽的形式在体外发育,成虫特征随幼期虫态生长发育而逐渐显现,因此成虫期和幼期的形态差异不大,只是翅和性器官发育程度有差别(图 1-27)。不完全变态又可细分为 3 种类型,典型的不完全变态见于直翅目、半翅目,如蝗虫、叶蝉、蝽象等,它们的幼期不同于成虫期的地方主要在于翅未长成、性器官没有成熟,这一变态类型也称为渐变态。其幼期不仅在形态上类似成虫期,而且生活习性也和成虫期相近,它们栖息在相同的环境中,取食相同的食物,称之为若虫。蜻蜓、石蝇的幼期是水生的,而成虫期是陆生的,它们的幼期在形态上和生活习性上较渐变态类更不同于成虫期,因此这种不完全变态类型又称为半变态,其幼期昆虫称为稚虫。缨翅目蓟马、半翅目的粉虱和雄性介壳虫的变态方式是不完全变态中的最高级类型,它们的幼期昆虫在转变为成虫前有一个不食不动类似蛹期的时期,真正的幼期仅为 2～3 龄。这种变态称之为过渐变态,可能是不完全变态向全变态演化的过渡类型。

3. 全变态

全变态(complete metamorphosis)为有翅亚纲内翅部昆虫的变态类型,其特点是具有卵、幼虫、蛹、成虫 4 个不同虫期,翅在体内发育,幼虫在形态上与成虫很不相同,生活习性也显著不同(图 1-28)。

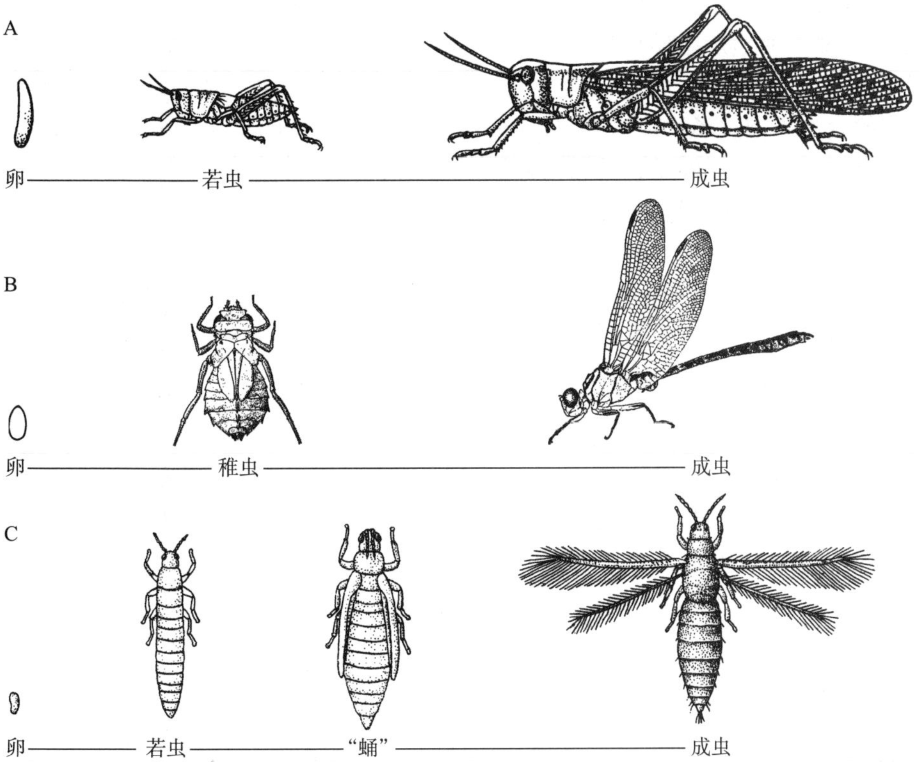

图 1-27 不完全变态类型

A. 东亚飞蝗的渐变态 B. 蜻蜓的半变态 C. 烟蓟马的过渐变态

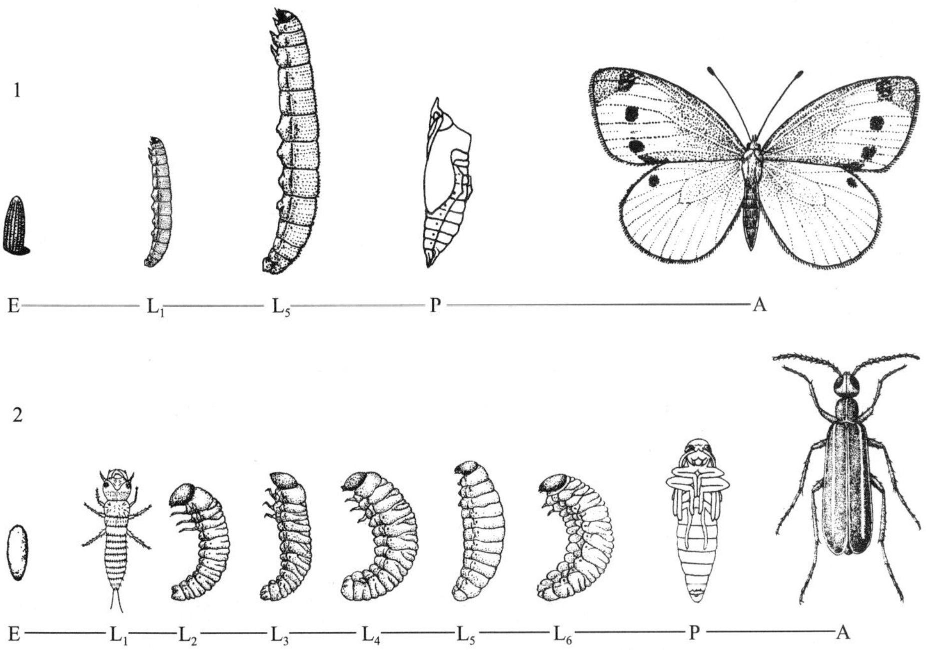

图 1-28 全变态类型

1. 菜粉蝶的全变态 2. 豆芫菁的复变态 E. 卵 L. 幼虫 P. 蛹 A. 成虫

由于全变态昆虫的幼虫与成虫形态差异大，因此必须经过一个蛹的阶段来完成这类形态的转变过程。显著的形态差异是与不同的生活习性相关的。如鳞翅目幼虫多以植物的某部分为食，而成虫以花蜜为食，因此口器构造完全不同。鞘翅目幼虫和成虫的口器虽然都是咀嚼式，但它们的食物或栖息场所多有不同，如危害农作物的金龟子，幼虫为地下害虫，而成虫取食植物的地上部分。寄生性的膜翅目和双翅目昆虫，以幼虫营寄生生活，而成虫营自由生活。由此可见，全变态昆虫的幼虫与成虫因生活习性不同，对农作物的危害情况也是不同的，有的仅成虫危害，有的仅幼虫危害，有的成虫与幼虫均危害，但危害程度常有差别。

全变态类有部分昆虫的幼虫期有截然不同的形态，如鞘翅目芫菁科幼虫第 1 龄为衣鱼型（或称三爪幼虫），第 2～6 龄为蛴螬型，其中第 5 龄为不活动的“拟蛹”。因此，称为复变态。

1.3.2.2 各虫期的特征

1. 卵期

昆虫的卵最初是一个大型细胞（图 1-29），卵的外面有一层卵壳，壳面上常有各种刻纹，卵壳的顶端具有卵孔，是受精时精子进入的通道，又称精孔或受精孔。卵壳内是原生质、细胞核（卵核）和卵黄。卵黄是胚胎发育所需要的营养。

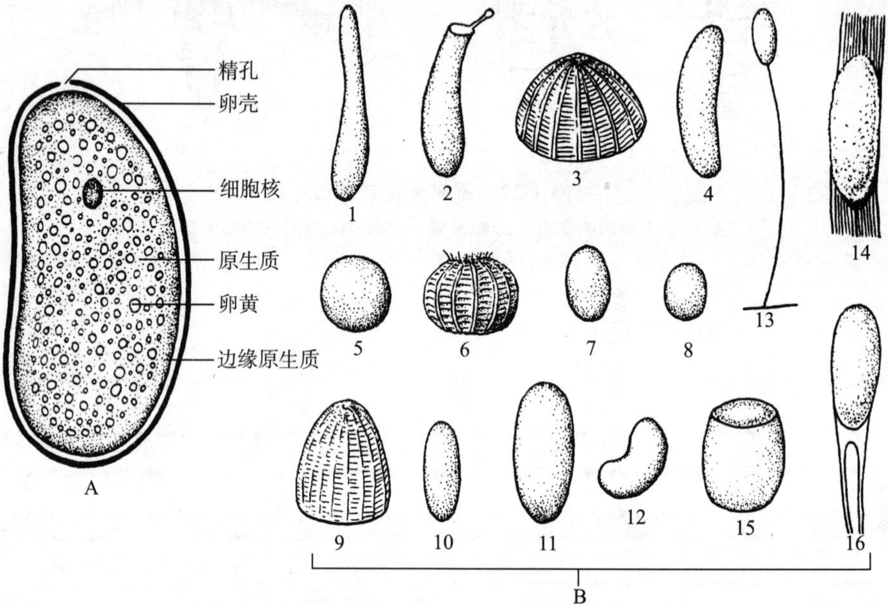

图 1-29　昆虫卵的构造及形状

A. 卵的构造　B. 卵的形状：1. 长茄形（飞虱）　2. 袋形（三点盲蝽）　3. 半球形（小地老虎）　4. 长卵形（蝗虫）　5. 球形（甘薯天蛾）　6. 篓形（棉金刚钻）　7. 椭圆形（蝼蛄）　8. 椭圆形（大黑鳃金龟）　9. 馒头形（棉铃虫）　10. 长椭圆形（棉蚜）　11. 长椭圆形（豆芫菁）　12. 肾形（棉蓟马）　13. 有柄形（草蛉）　14. 被有绒毛的椭圆形卵块（三化螟）　15. 桶形（椿象）　16. 双辫形（豌豆象）

昆虫的卵通常很小，最小的只有 0.02 mm 左右（如卵寄生蜂），最大的长达 9～10 mm（如一种螽斯），一般在 0.5～2.0 mm。不同昆虫卵的形态变化很大，通常是长卵形或肾形，此外，还有圆球形、半球形、扁圆形、纺锤形、瓶形、桶形等（图 1-29）。有的卵还具有长柄。昆虫的产卵方式和场所也常不相同，有的单粒散产（如菜粉蝶），有的集聚成块（如斜纹夜蛾），有的产在暴露的地方(如棉铃虫),有的产在植物组织内(如盲蝽、叶蝉),各种内寄生蜂的卵产在其他昆虫的卵、幼虫或蛹体内。有的卵具有卵囊或卵鞘(如螳螂),有的卵以雌成虫腹末的绒毛覆盖(如多种毒蛾和夜蛾)。了解昆虫卵的大小、形状、产卵方式和场所,对识别害虫种类有一定的作用,同时在害虫防治上也很重要。

卵从产下到孵化所经历的时间叫卵期(egg stage)。昆虫的卵期长短因种类、世代和环境条件而有不同。有的卵寄生蜂卵期只有几个小时,而一化性家蚕则长达 300 多天。

2. 幼虫(若虫)期

当胚胎发育完成以后,昆虫的幼体破卵壳而出的现象叫孵化(hatching)。孵化后开始进入胚后发育阶段。不完全变态类昆虫从卵孵化到变为成虫的整个发育阶段,称为若虫期,全变态类昆虫从卵孵化到变为蛹的整个发育阶段,称为幼虫期(larval stage)。在昆虫的发育史中,幼虫(若虫)期的明显特点是大量取食和以惊人的速度生长。其生物学意义在于大量获取并积累营养,以完成胚胎发育所未能完成的发育过程,即为发育成性成熟的、能生殖的成虫而创造条件。从实践意义来说,由于幼虫(若虫)期是大量取食的阶段,所以很多农林害虫的危害期都是幼虫(若虫)期,因而常常也是防治的重点虫期。而多数天敌以幼虫期捕食或寄生于农林害虫,故植保工作者必须熟悉幼虫期,研究不同昆虫幼虫(若虫)的特性。

幼虫(若虫)刚从卵孵化出来时,虫体很小,取食后虫体不断增大,当增大到一定程度时,由于坚韧的外骨骼限制了它的生长,所以必须脱去旧表皮,重新形成新表皮,才能继续生长,这一过程是由体内的激素控制的,称为蜕皮(moulting),脱下的旧表皮称为蜕(exuvia)。每脱一次皮,虫体就显著增大一次,形态也发生相应的变化。两次蜕皮之间的时间称为龄期,而其虫态称为龄虫或龄。如:从卵孵化出到第 1 次蜕皮之间的时期为第 1 龄期,这时的幼虫称为 1 龄幼虫(或初孵幼虫);第 1 次与第 2 次蜕皮之间的时期为第 2 龄期,这时的幼虫称为 2 龄幼虫,依此类推,最后一龄幼虫又称末龄幼虫或老熟幼虫。昆虫种类不同,龄数和龄期长短也会不同,同种昆虫的幼虫(若虫)期各龄形态也常有差异。掌握幼虫(若虫)虫龄和龄期对害虫预测预报和防治有重要意义,因为据此可较准确地预测成虫的发生期。掌握幼虫(若虫)虫龄对于提高化学防治和微生物农药防治的效果,也比较明显。如对于许多鳞翅目幼虫,3 龄前喷药,防治效果最好。

昆虫的虫龄可以根据头壳大小来识别,因为虽然同龄幼虫的体长和体重都有很大变化,但头壳在同一龄期中几乎是不生长的。早在 1890 年,Dyar 测定了 28 种鳞翅目(蝶类)幼虫后,发现相继各龄幼虫的头壳宽度有规则地按几何级数增加,也就是相继各龄幼虫的头壳宽度之比为一常数。如果我们测量前后两龄幼虫的头壳宽度,计算出它们增长的比例,就可以从已知的一龄或末龄幼虫的头壳宽度推算出其余各龄的大小,反过来,从幼虫头壳宽度也可以推算出幼虫的龄数。例如:已知大菜粉蝶 4 龄幼虫头壳宽为 1.8 mm,5 龄幼虫头壳宽为 3.0 mm,即二者之比为 1.8/3.0=0.6,以此比例推算各龄幼虫的头壳宽度与实测结果相比较,极为接近。

龄数	推算	实测
4	3.0×0.6=1.8	1.8
3	1.8×0.6=1.08	1.1
2	1.08×0.6=0.65	0.72
1	0.65×0.6=0.39	0.4

全变态类昆虫种类不同,其幼虫形态也各不相同,常见的幼虫有原足型、多足型、寡足型和

无足型 4 种类型(图 1-30)。

原足型幼虫见于膜翅目寄生蜂的低龄幼虫,很像一个发育不完全的胚胎,腹部分节或不分节,胸足和其他附肢只是几个突起,这是由于它们生活在寄主的卵或体内,可以在孵化后继续获得充分的养分。多足型幼虫除具有发达的胸足外,还有腹足或其他腹部附肢,如鳞翅目幼虫。寡足型幼虫具有发达的胸足,但无腹足或其他腹部附肢,如一般鞘翅目幼虫。无足型幼虫没有胸足和腹足行动器官,有的甚至头部完全缩入胸部,如双翅目幼虫。

3. 蛹期

蛹期是全变态类昆虫所特有的发育阶段,也是幼虫转变为成虫的过渡时期。幼虫老熟后,停止取食,寻找适当场所,缩短身体,并变得不活动,进入预蛹期(前蛹期),即末龄幼虫化蛹前的静止时期。预蛹蜕皮后变成蛹,这一过程称为化蛹(pupation),从化蛹到变成成虫所经过的时期,称蛹期(pupa stage)。

蛹期的昆虫不食不动,表面静止,但内部进行着激烈的生理变化,一方面分解幼虫原来的内部器官,另一方面则形成成虫所具有的内部器官。昆虫种类不同,蛹的形态也不同,常见的有被蛹、离蛹和围蛹 3 种类型(图 1-31)。

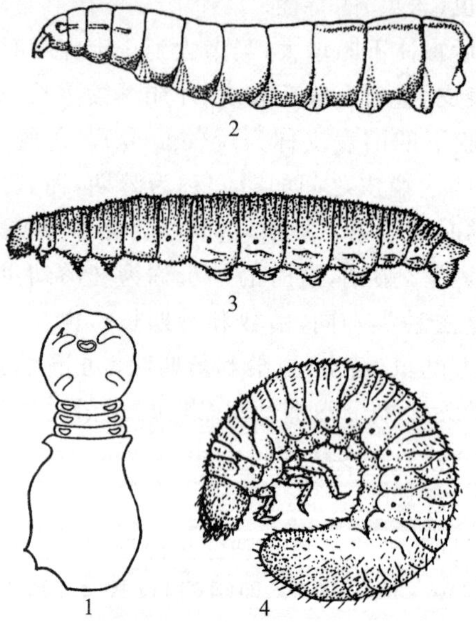

图 1-30 全变态昆虫幼虫的类型

1. 原足型 2. 无足型 3. 多足型 4. 寡足型

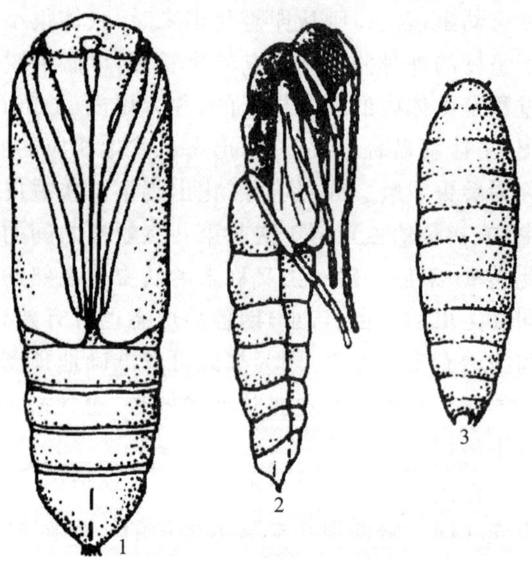

图 1-31 昆虫蛹的类型

1. 被蛹 2. 离蛹 3. 围蛹

昆虫的蛹由于不能活动,易遭受敌害,同时对外界不良环境条件的抵抗力也较差,因此蛹期是昆虫生命活动中的一个薄弱环节,所以昆虫在化蛹前常选择适于化蛹的隐蔽场所,如在树皮裂缝中,在土内做土室,在卷叶内或植物组织内,甚至吐丝作茧,以免遭受敌害的侵袭和气候变化的不良影响。了解蛹期的生物学特性,破坏其生态条件,是消灭害虫的一个途径,如施行翻耕晒土,破坏害虫在土中的土室,将越冬蛹翻至土表暴晒致死,或增加天敌捕食机会。

4. 成虫期

全变态类蛹或不全变态类若虫最后一次蜕皮后,变成成虫的过程叫作羽化(eclosion, emergence)。成虫(adult)是昆虫生命的最后阶段,其主要任务是交配产卵,以繁衍其种群,所以成虫期是昆虫的繁殖时期。

某些昆虫羽化时，生殖腺已发育成熟，不再需要取食，便可交配产卵，它们产卵后不久即死去，所以寿命往往很短。而大多数昆虫的成虫，羽化后需继续取食一个时期方能进行生殖，一般雌性比雄性需要更长的时间才能达到性成熟，这种对性腺发育不可缺少的成虫期的营养称为补充营养(supplementary nutrition)。补充营养对成虫生殖力影响很大，如以花蜜为食的成虫在蜜源植物丰富的地区或年份，产卵量显著增加。由于需要补充营养，不少昆虫不仅在幼虫期危害，而且成虫期也取食危害。因此，了解成虫的补充营养特性，对于预测预报，设置诱集器进行诱杀等，都是重要的根据。

成虫在性成熟后，即开始两性活动——交配和产卵。成虫从羽化到第一次交配的间隔期称为交配前期。由羽化到第一次产卵的间隔期称为产卵前期。多数昆虫的交配和产卵前期都不过几天，但有些昆虫的交配和产卵前期较长，可达十余天。交配和产卵的次数因昆虫种类而异，即使在同一种昆虫中也不是不变的。通常成虫寿命短的昆虫，如很多蛾类、蚜虫、蚧类，一生只交配 1～2 次。成虫寿命长的，如蝗虫、椿象、甲虫等，一生往往交配很多次，在其生活期间，随着卵的发育情况多次产出，产卵期可达十余天至几个月。昆虫的产卵量随种类和环境条件而变化，有的一头雌虫只能产一粒卵(如苹果绵蚜、葡萄根瘤蚜)，而黏虫可产卵几百粒，多至 1800 余粒，甘蓝夜蛾可产卵 2500 余粒。

昆虫的雌雄两性除直接产生性细胞的性腺(内生殖器官)和进行交配、产卵等活动的外生殖器构造截然不同外，雌雄的区别还常常表现在个体大小、体型差异、颜色的变化等方面，这种现象称为雌雄二型(sexual dimorphism)，如介壳虫雄性有翅，雌虫无翅；鞘翅目犀金龟的雄虫前胸背板常有巨大的角状突起，身体也比雌虫大得多(图 1-32)。

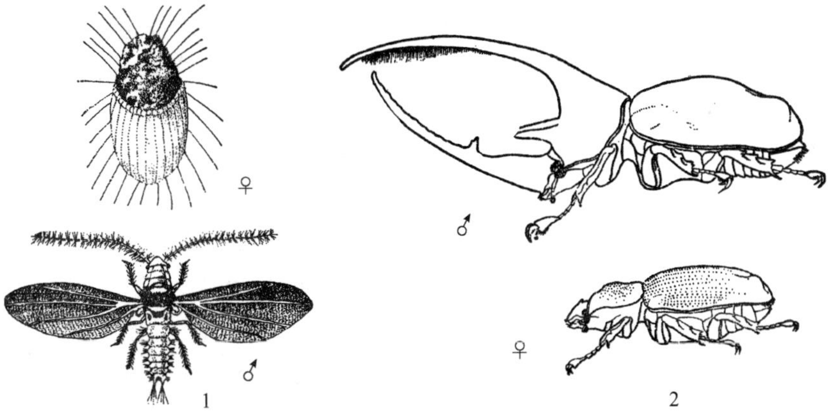

图 1-32 昆虫的雌雄二型

1. 吹绵蚧 2. 犀金龟

除了雌雄二型现象外，同种昆虫同一性别的个体中也会出现具有两种或更多不同类型的现象，称为多型现象(polymorphism)。它不仅出现在成虫期，也会出现在幼虫期；它不仅可以表现在构造、颜色的不同，而且在白蚁、蚂蚁、蜜蜂等社会性昆虫中，还有明显的行为上的差异，甚至有明确的分工。

1.3.3 昆虫的季节发育

昆虫在自然界中的生活史都具有周期性的节律,并与环境条件的季节性变化相适应,表现为对气候条件年变化和食料植物的适应。也就是说,一种昆虫一年中总是在具备其发育繁殖所要求的外界条件(如温度、食物等)时,才能生长、发育和繁殖,在不具备这些条件的时候如寒冷的冬季,就停止发育,并以一定的虫期度过不利的季节。在第二年,当适合其发育的条件出现时,昆虫才又开始了这一年的生长、发育和繁殖。这种生活周期的节律性是昆虫在长期演化过程中,适应环境条件季节性变化的结果。

1.3.3.1 昆虫的世代与年生活史

昆虫由卵到成虫开始产生后代的个体发育史称为一个世代(generation)。一种昆虫在一年内的发育史,即由当年越冬虫期开始活动到第二年越冬结束为止的发育过程,称为年生活史(life history)。

昆虫世代的长短因种类而不同。有些昆虫一年只发生一代,如星天牛、苹果透翅蛾,其世代和年生活史一样。多数昆虫一年发生多代,其年生活史就包括了多个世代,如梨小食心虫(一年 3～5 代),可以依其卵期出现的先后,依次称为第 1 代、第 2 代等。前一年产的卵,翌年出现的幼虫、蛹或成虫,习惯上也称作当年的第 1 代,而前一年留下的过冬幼虫、蛹或成虫,则不能称作第 1 代,而是前一年的最后一代,即越冬代。也有的昆虫要几年才完成一代,如桑天牛 2～3 年完成一代,最长的甚至有十余年完成一代的,如十七年蝉。大多数昆虫的世代长短和一年内发生的代数,除与种的遗传性有关外,还与不同纬度地区的温度条件有关。如梨大食心虫在延边地区一年只发生一代,在辽宁及河北省一年 2 代,在河南省一年发生 3 代。

一年数代的昆虫,前后世代间常有首尾重叠的现象。一般来说,成虫发生期和产卵期短的种类,世代间可以划分得很清楚。相反,成虫发生期和产卵期长的种类,前后世代间会有明显的重叠现象,世代的划分就变得很难,称为世代重叠(generation overlapping)。

另外,大多数一年发生数代的昆虫,它们的各个世代的相应虫态,不论在形态、食性和生殖方式上都是大致相同的,只是在发生期上有差别而已。但也有的昆虫在一年中的若干世代间,存在着生殖方式甚至生活习性的明显差异,通常总是两性世代和若干代孤雌生殖世代相交替(如蚜虫),这种现象,称之为世代交替(alternation of generations)。

1.3.3.2 昆虫的休眠与滞育

昆虫等节肢动物在它们的生活史中,大多有或长或短的生长发育或生殖停滞现象,叫停育,常表现为大家熟悉的越冬或越夏,这实际上是对外界不良环境条件的一种高度适应。根据停育产生的条件和控制机理,可以把停育分为休眠和滞育两类。

休眠(dormancy)常常是不良环境条件直接引起的,当不良环境条件消除时,可以马上恢复生长发育。例如,温带或寒温带地区秋冬季节的气温下降、食物枯萎或热带地区的高温干旱季节,都可以引起一些昆虫的休眠。具有休眠特性的昆虫,有的需在一定的虫态休眠,如东亚飞蝗,都是以卵期进行休眠的;有的则任何虫态(或虫龄)都可休眠,如小地老虎,在江淮流域以南,成虫、幼虫、蛹均可休眠越冬。

滞育(diapause)也是由环境因子引起的,但常常不是不利的环境条件直接引起的。在自然情况下,当不利的环境条件还远未来临以前,昆虫就进入滞育了。而且一旦进入滞育,即使给以最适宜的条件，也不会马上恢复生长发育。所以滞育具有一定的遗传稳定性。凡有滞育特性的昆虫，都各有固定的滞育虫态，在幼虫期表现生长发育的停止，在成虫期表现为生殖的中止。滞育还可以分为兼性滞育和专性滞育两种。兼性滞育的昆虫由于在不同的地理分布区一年发生的世代数不同，滞育可以出现在不同世代，如玉米螟在我国东北一年只发生 1 代，而在广西的南部一年可发生 6～7 代，但均以末代的老熟幼虫滞育越冬。专性滞育又叫绝对滞育，即滞育发生在固定的世代，多为一年 1 代的昆虫，如天幕毛虫。引起滞育的因子有光照、温度和食物等，其中以光照的作用最大，温度次之。昆虫的滞育与光照的关系实际是由光周期决定的。所谓光周期(photoperiod)，就是一昼夜中光照时数与黑暗时数的节律，常用光照时数表示。在自然界中，光周期的变化规律比任何别的因素都稳定，所以从光照刺激的信号意义来说，它比其他环境因素具有更大的优越性，正因为如此，昆虫才有可能在不利的季节(如冬季)来临之前，依照对光周期的反应而进入滞育。关于滞育的生理机制，已逐步证明是由于内分泌系统控制的。

最后，应当指出，掌握昆虫的个体发育和季节发育的规律，即掌握昆虫的繁殖、发育、变态、生活年史及休眠和滞育的特性，可以帮助我们从各种害虫的生物学特性和发生规律中，找到薄弱环节，采取适当的防治措施，达到有效控制它们危害的目的。

1.3.4 昆虫的主要习性

1. 食性

食性(feeding habit)是取食的习性，不同昆虫对食物有不同的要求，通常按照食物的种类分为植食性(herbivorous)、肉食性(carnivorous)、腐食性(saprophagous)和杂食性(omnivorous)。植食性和肉食性通常分别指以植物或动物的活体为食的食性，腐食性则以腐烂的动、植物尸体、粪便等为食的食性。能以各种植物和动物为食的昆虫为杂食性昆虫，如蜚蠊、蚂蚁等。依据食物的范围分为多食性(polyphagous)、寡食性(oligophagous)和单食性(monophagous)3 种类型。多食性害虫可食不同科的多种植物，如棉铃虫可取食茄科、豆科、十字花科、锦葵科等 30 个科 200 多种植物；寡食性害虫以 1 个科或少数近缘科植物为食，如小菜蛾取食十字花科的 39 种植物；单食性只能以某一种植物为食，如豌豆象仅为害豌豆。昆虫的食性具有其稳定性，但也有一定的可塑性。

2. 昼夜节律性

昼夜节律(circadian rhythm)指与自然界中昼夜变化规律相吻合的节律，即生物钟。绝大多数昆虫的活动，如飞翔、取食、交配等等，均有固定的昼夜节律，这是种的特性，是有利于该物种生存和繁育的生活习性。我们把在白昼活动的昆虫，称为日出性或昼出性昆虫，如蝴蝶、蜻蜓等；把夜间活动的昆虫，称为夜出性昆虫，如多数蛾类；还有一些只在弱光下如黎明、黄昏时活动的昆虫，称为弱光性昆虫，如蚊子。

3. 假死性

假死性(thanatosis)是有些昆虫具有的一遇惊扰随即坠地假死的习性，它是昆虫的一种自卫性适应。如金龟子等甲虫的成虫和小地老虎、斜纹夜蛾、菜粉蝶的幼虫，受到突然震动时，可立即做出麻痹状昏迷的反应，这是一种简单的非条件反射，也是在自然选择的过程中被保留下来的防御性反射。在害虫防治中，人们可以利用害虫的假死习性，设计各种方法或器械，把它们从树上振落下来，集中消灭。

4. 趋性

昆虫的趋性(taxis)是指昆虫对某种外部刺激来源如光、温度、化学物质、水等所产生的反应运动。这些运动带有强迫性,有的为趋向刺激来源,有的为回避刺激来源,所以趋性有正、负之分。另外,依照刺激的性质,可以将趋性分为:对于光源的趋光性或避光性;对于热源的趋温性或负趋温性;对于化学物质的趋化性或负趋化性;对于湿度的趋湿性或趋旱性;对于土壤的趋地性或负趋地性等。

在害虫防治中常利用害虫的趋光性(phototaxis)和趋化性(chemotaxis),如灯光诱杀是以趋光性为依据的,潜所诱杀是以避光性为依据的;食饵诱杀是以趋化性为依据的,拒避剂是以负趋化性为依据的。

5. 群集与迁移

群集性(aggregation)是指同种昆虫的大量个体高密度地聚集在一起的习性。许多昆虫具有群集习性,但聚集的时间长短不同,有临时和永久之分。临时性的群集,指在某一虫态和一段时间内群集在一起,过后就分散。如蚜虫、介壳虫、粉虱等,它们常固定在一定部位取食,由于繁殖力较强,活动力较小,因此在单位面积内出现了虫口密度很大的群体,这种群集现象是暂时的,遇到生态条件不适如食物缺乏时,就会分散。还有的是季节性群集,如很多瓢虫、叶甲和椿象,在落叶或杂草下群集越冬,第二年春天又分散到田野中去。永久性群集(又称群栖),指终生或几乎终生的长期性群集在一起,不再分散,必要时(如生态条件不适时)全部个体以密集的群体共同地向一个方向迁移,几乎不可能用人工方法使它们分散,例如飞蝗。

大多数昆虫在环境条件不适或食物不足时,会发生近距离的扩散或远距离的迁移,因此很多具有群集性的昆虫还同时具有成群迁移的习性,这是害虫突然暴发在短期内造成严重危害的重要原因之一,所以研究昆虫的群集、扩散、迁移和迁飞习性,对农业害虫的预测和防治设计有重要的指导意义。

1.4 昆虫的分类

昆虫种类繁多,分布广泛,与人类社会关系密切。如果我们要利用益虫、防治害虫,首先就要识别它们,因此以鉴别昆虫种类和研究其亲缘关系为主要任务的昆虫分类学,是我们进行其他一切昆虫学研究的基础。

1.4.1 昆虫分类的基本方法及系统

昆虫的鉴定与识别以形态学为主要依据,这主要是因为形态的差异比较明显,观察比较方便,但也要结合比较解剖学、生理学、生态学、遗传学、地质学及地理学等的研究,才能正确地揭示昆虫的系统(亲缘)关系。

1.4.1.1 分类阶元与分类单元

昆虫分类上所采取的分类单位与其他动植物分类相同,即界、门、纲、目、科、属、种等排列等级就是分类阶元(category),而位于分类阶元上的具体类群即为分类单元(taxon)。有时为了更精细确切地区分,常添加各种中间阶元如亚级、总级或类、群、部、组、族等。每一种昆虫都有自己的归类,如棉铃虫:

界(Kingdom):动物界 Animalia

门(Phylum):节肢动物门 Arthropoda
纲(Class):昆虫纲 Insecta
目(Order):鳞翅目 Lepidoptera
科(Family):夜蛾科 Noctuidae
属(Genus):实夜蛾属 *Helicoverpa*
种(Species):棉铃虫 *Helicoverpa armigera* (Hübner)

1.4.1.2 种的概念

种或物种既是一个分类学概念,又是生物学概念。种是分类的基本阶元,种的定义是分类学的核心问题之一。它的定义很多,有关判别的标准争议很大。人们普遍接受的是生物学种概念,即“以种群的形式存在的一类昆虫,它们具有相同的形态特征,能自由交配,从而产生具有繁殖力的后代,并与其他种之间有生殖隔离现象。”种是分类的基本单位,很多相近的种集合为属,很多相近的属集合为科,依此向上归纳成为更高的类群。在种的分布区域内,不同地区或不同生态条件下的种群,可以形成不同的类型,称为地理亚种或生态亚种,各亚种间的形态差别往往并不显著,但常具有不同的生物学特性。

1.4.1.3 学名和命名法

一种昆虫在不同地区常有不同的名称,如小地老虎在河南省叫土蚕、地狗子,在陕西省叫土狗子,江南诸省称地蚕。不同的国家和民族,由于语言文化和历史的不同,对同一种昆虫更是有不同的名称,这些都是俗名(vernacular names,common names)。一种昆虫可能有许多俗名,同时一个俗名可能用于不同的昆虫。因为没有固定的规则,很容易造成误会,不便于国内和国际间进行学术交流。因此成立了国际动物命名委员会,规定科学中动物命名只能使用一种语言——拉丁语。按照动物命名法规给动物命名的拉丁语名称就是学名(scientific name)。

每一个种都有个科学名称,即学名。学名由拉丁词或拉丁化的文字表示,每一学名一般由2个词组成,第1个词为属名,第2个词为种名,最后附上定名人。属名和定名人的第1个字母必须大写,种名全部小写,书写时为斜体,定名人用正体。生物的这一双命名法(Binominal nomenclature),是由林奈 Linnaeus(1758)创造的。有时在种名后边还有一个名,这是亚种名,全部小写。命名人姓氏的缩写也不能随便,如“L.”只表示是林奈的姓氏 Linnaeus 的缩写,其他以字母“L”开头的分类学家的姓氏不能再缩略成 L.。

学名举例:菜粉蝶 *Pieris rapae* (L.)

属名　种名　定名人

1.4.1.4 六足总纲的分类系统

六足总纲 Hexapoda 相当于传统的、广义的昆虫纲 Insecta (*s. lat.*),包括传统的“原尾目 Protura、弹尾目 Collembola、双尾目 Diplura”、石蛃目 Microcoryphia、衣鱼目 Zygentoma(石蛃、衣鱼曾经合称缨尾目 Thysanura)和有翅部(Pterygota)。由于石蛃目+衣鱼目+有翅部的单系性已得到充分的证明,而广义的昆虫纲的单系性目前尚存有疑问,近年来越来越多的学者倾向于使用昆虫纲(狭义)Insecta s. str. 代表石蛃目+衣鱼目+有翅部,而使用六足总纲代表传统的、广义的昆虫纲。六足总纲的共同衍征:体躯具明显的胸部和腹部;胸部由3个体节愈合而成,具3对运动足;身体前端的感觉器向头部集中;腹部具尾须等。

1. 原尾纲

原尾纲 Protura：通称原尾虫、蚖。体微小，无翅、无复眼和单眼、无触角，口器内藏。前胸足特别长，通常上举并向前方伸出，生有许多感觉器。腹部 12 节，其中第 1～3 节腹面各有一对小型腹足（刺突），无尾须。生活在土中。

2. 弹尾纲

弹尾纲 Collembola：俗称跳虫、弹尾虫、䖴。体微小，无翅，无复眼，触角 4 节，少数触角 5 节或 6 节，口器缩入头内，适于咀嚼或吸食。腹部 6 节，第 1、第 3 和第 4 腹节上分别生有腹管（或称黏管）、握弹器和弹器三种特化的附肢，善跳跃。无尾须。多生于潮湿的地方。

3. 双尾纲

双尾纲 Diplura：通称双尾虫、铗尾虫。无翅，无复眼和单眼，1 对多节的触角，内口式咀嚼口器。腹部 11 节，一般在第 1～7 节腹板各有 1 对基节囊泡和 1 对刺突。体无鳞片，腹末端具 1 对分节的尾须或单节的尾铗。生活于砖石下、枯树落叶下或土中。

4. 昆虫纲

昆虫纲 Insecta 是根据翅的有无、翅的特征、口器构造、变态类型、触角形状、跗节节数以及与化石昆虫等性状进行的比较分类。但具体目的数目及其分类系统，不同分类学家的意见并不一致，有的分为二十几个目，也有的分为三十几个目。本书采用 Gullan 和 Cranston (2006)提出的分类系统。该系统将昆虫纲分为石蛃目、衣鱼目和有翅部。有翅部又分为蜉蝣目、蜻蜓目和新翅次类（Neoptera）。新翅次类再分为多新翅部（Polyneoptera）、副新翅部（Paraneoptera）和内翅部（Endopterygota）。多新翅部和副新翅部昆虫的发育属于不全变态类，传统上称为外翅部（Exopterygota），包括 14 个目；内翅部昆虫属于全变态类，包括 11 个目。

（1）石蛃目 Microcoryphia　通称石蛃。无翅，体被鳞片。口器咀嚼式，上颚与头壳以单关节连接。触角长丝状。复眼发达，常背面相接。单眼 3 个。胸部背面拱起，中胸和后胸侧面有时有成对侧突，跗节 2～3 节。腹部 11 节，第 1～7 节常有 1～2 对泡囊，第 2～9 节各具 1 对刺突。尾须 1 对和中尾丝 1 条，中尾丝明显长于尾须。表变态。生活于草地或林区的枯枝落叶下、树皮底、枯木中、石头下或峭壁的岩石上。多夜出性。活泼善跳。

（2）衣鱼目 Zygentoma　通称衣鱼。无翅。体被鳞片和毛。口器咀嚼式，上颚与头壳以双关节连接。触角长丝状。复眼退化或消失，背面不相接。单眼 1～3 个或缺。胸部背面扁平，跗节 2～5 节。腹部 11 节，第 7～9 节有成对的刺突和泡囊。尾须 1 对和中尾丝 1 条，二者几乎等长。表变态。喜欢温暖的环境，多夜间活动。野外种类生活在阴湿的土壤、苔藓、朽木、落叶、树皮、砖石的缝隙或蚁巢内，室内种类生活于衣服、书画、谷物、糨糊以及厨柜内的物品间。爬行迅速，但不会跳。

（3）蜉蝣目 Ephemeroptera　通称蜉蝣。体纤弱，触角短，刚毛状。口器咀嚼式，但上、下颚退化，没有咀嚼能力。复眼发达，单眼 3 个。膜翅，薄而柔，翅脉网状，前翅大、三角形，后翅小、近圆形，甚至退化消失，停息时，两对翅竖立于体背。雄虫前足延长，用于在飞行中抓住雌虫。尾须长丝状，有时具 1 条长中尾丝。原变态。稚虫水生。

（4）蜻蜓目 Odonata　体细长，头大，能活动，复眼极其发达，单眼 3 个，触角短，刚毛状。咀嚼式口器。中胸与后胸极大，并愈合成强大的翅胸，向前倾斜。膜翅，翅脉网状，有翅痣和翅结，前后翅大小、形态均相似。雄虫腹部第 2、3 节腹面有发达的次生交配器。尾须短小，不分节。半变态。稚虫水生。如蜻蜓、豆娘。

(5)襀翅目 Plecoptera　通称襀翅虫、石蝇。柔软而略扁。头部宽阔，口器咀嚼式，上颚正常或痕迹状，触角丝状，复眼发达，单眼 2～3 个。前胸大，方形。膜翅，前翅狭长，后翅臀区发达，翅脉多。尾须多长丝状。半变态。稚虫水生。

(6)纺足目 Embioptera　通称足丝蚁、纺足虫。咀嚼式口器，触角丝状或念珠状，复眼肾形，无单眼。雌虫无翅，雄虫常有 2 对大小相似的膜翅、翅脉简单。足短粗，跗节 3 节，前足基跗节膨大，具丝腺，能纺丝筑巢，后足腿节特别膨大。尾须 1 或 2 节。渐变态。生活于热带石下或树皮下。

(7)蛩蠊目 Grylloblattodea　通称蛩蠊，似蜚蠊。无翅。咀嚼式口器，触角长丝状，复眼退化或缺如，无单眼。前胸近方形，大于中胸或后胸。雌虫刀剑状产卵器。尾须长，5～9 节。渐变态。生活于高山。

(8)螳䗛目 Mantophasmatodea　通称螳䗛。这是 2002 年发现的目，因其外形既像螳螂又像䗛而得名。雌雄二型，雄虫一般比雌虫小。头近三角形，口器咀嚼式，触角长丝状，复眼大小不一，无单眼。前胸背板发达，无翅，跗节 5 节。雌虫尾须短，雄虫尾须长，1 节。渐变态。已知种生活于热带非洲山顶的草丛中。现存种类仅分布于非洲，中国尚未发现。

(9)竹节虫目 Phasmida　通称竹节虫、杆䗛或叶䗛。多数体细长似竹条或少数扁似树叶。咀嚼式口器，触角丝状或念珠状，复眼小，单眼仅见于有翅种类。前翅短、皮革质，后翅臀前区革质，其余部分膜质，为半覆翅，臀区大，有些种类无翅。足细长，易脱落。尾须短不分节。渐变态。主要分布于热带和亚热带，有的为森林害虫。

(10)蜚蠊目 Blattodea　通称蜚蠊，包括蟑螂、地鳖、白蚁等。咀嚼式口器，步行足。前胸背板很大，盖住头部，触角长丝状，多数种类雄虫第 9 腹板(下生殖板)具 1 对刺突，腹部背面多具臭腺(蜚蠊)；前胸背板不发达，不盖住头部，触角念珠状，雄虫下生殖板无刺突(白蚁)。前翅为覆翅，后翅扇状可以纵褶、臀区大(蜚蠊)；前后翅形状及脉纹相似，翅基部有基缝，翅可沿此缝脱落(白蚁)；或无翅。具尾须。渐变态。蜚蠊白天多藏于石下、枯枝落叶下或室内隐蔽处。白蚁营社会性生活，为多型性昆虫，危害木材。

(11)螳螂目 Mantodea　头大，三角形，可作 300°转动。咀嚼式口器，触角长丝状，复眼发达，向两侧突出，单眼 3 个。前胸极度延长，前足捕捉足，前翅覆翅，后翅膜翅、臀区大。尾须线状，多节。渐变态。捕食小虫，为益虫。

(12)直翅目 Orthoptera　体粗壮，咀嚼式口器，前胸背板发达，呈马鞍状，前翅覆翅，后翅膜翅，后足多为跳跃足或前足为开掘足，有尾须。渐变态。如蝗虫。

(13)革翅目 Dermaptera　通称蠼螋。咀嚼式口器，有复眼，无单眼。有翅或无翅，有翅的种类前翅甚短，坚韧如革，后翅膜质扇状，翅脉呈放射状，休息时折叠于前翅下。尾须短，坚硬，钳状。多夜间活动，白天藏于石下、土中、树皮下或杂草间。渐变态。食性杂。

(14)缺翅目 Zoraptera　通称缺翅虫。体小型，触角 9 节，念珠状，咀嚼式口器。无翅(缺复眼或单眼)，或有膜翅(复眼发达，单眼 3 个)，狭长，易脱落，翅脉简单，前翅比后翅大。跗节 2 节。尾须短小，不分节，末端有 1 根长鬃。渐变态。主要分布于热带或亚热带。

(15)啮虫目 Psocoptera　通称啮虫、书虱。体小柔软，触角长，丝状。咀嚼式口器，后唇基特别发达，呈球状突出。多数种类复眼发达，向两侧突出，少数种类复眼退化，单眼 3 个或缺。长翅、短翅或无翅，具翅者前翅显著大于后翅，翅脉较少，多少弯曲，停息时两对翅屋脊状叠放于体背。跗节 2～3 节。无尾须。渐变态。如书虱，危害书籍。

(16)虱目 Phthiraptera　包括传统的食毛目 Mallophaga 和虱目 Anoplura。通称鸟虱和兽虱,简称虱。体横扁,口器咀嚼式或刺吸式,复眼小或退化,无单眼,无翅,足为攀握足,无尾须。渐变态。外寄生在鸟类或哺乳类,咀嚼式口器的种类基本上只寄生鸟类,如鸟虱,刺吸式口器的种类只寄生哺乳类,如人虱、猪虱。

(17)半翅目 Hemiptera　包括传统的半翅目和同翅目 Homoptera。刺吸式口器,触角丝状或刚毛状,复眼发达或退化,单眼 2～3 个,部分种类缺单眼。前翅为半鞘翅、覆翅或膜翅,后翅膜翅。无尾须。渐变态。如蝽、缘蝽、蚜虫、叶蝉、蝉。

(18)缨翅目 Thysanoptera　通称蓟马。体微小,触角丝状,复眼为聚眼式,口器锉吸式,不对称,右上颚缺如或退化。翅极狭长,并且具长缘毛,缨翅,翅脉极少,或无翅。无尾须。过渐变态。

(19)广翅目 Megaloptera　通称齿蛉、鱼蛉或泥蛉。咀嚼式口器,雄虫的上颚常特别延长。触角丝状、念珠状、锯齿状或双栉状。前胸方形,翅膜质,翅脉网状,且一般在翅缘不分叉,前翅宽大,后翅臀区发达。跗节 5 节。无尾须。全变态。幼虫水生,如泥蛉、鱼蛉。

(20)脉翅目 Neuroptera　体柔软,头活动灵便。咀嚼式口器,触角形态不一,多数为丝状。复眼发达,多数种类无单眼,少数有 3 个单眼。前胸较短,两对翅的大小、形状和翅脉均相似,膜翅,翅脉网状,并在翅缘常 2 分叉。足为步行足,仅螳蛉前足为捕捉足。无尾须。幼虫为捕食性,如草蛉、蚁蛉。

(21)蛇蛉目 Raphidioptera　通称蛇蛉。咀嚼式口器,触角丝状,前胸极度延长如颈,翅膜质,有翅痣,翅脉网状,在翅缘的纵脉有时二分叉。雌虫具细长如针的产卵器。无尾须。全变态。幼虫树栖。

(22)长翅目 Mecoptera　通称蝎蛉。头向下延长如喙,咀嚼式口器,位于喙的末端,触角长,丝状。两对膜翅狭长,大小、性状、翅脉均相似,常有翅痣和斑纹,翅脉原始型,部分种类翅为短翅或无翅。足细长,适于捕捉。雄虫有显著的外生殖器,在蝎蛉科中膨大呈球状,并上举,状似蝎尾。尾须短,1～3 节。全变态。成虫常捕食小虫。

(23)毛翅目 Trichoptera　通称石蛾。外形似蛾,触角长丝状。上颚不发达,为退化的咀嚼式口器。翅表具毛为毛翅,翅脉原始型。静止时翅呈屋脊状。全变态。幼虫通称石蚕,水生,有少数种类危害水稻。

(24)鳞翅目 Lepidoptera　虹吸式口器,体、翅具鳞片,如蛾、蝶。

(25)双翅目 Diptera　舐吸式、刺吸式或切吸式口器,只具前翅,后翅退化成平衡棒。如蚊、虻、蝇。

(26)蚤目 Siphonaptera　通称跳蚤。体小,能爬善跳。侧扁,刺吸式口器,复眼无或由 1 个小眼组成,缺单眼,后足跳跃式,无翅,尾须短。全变态。寄生于鸟类及哺乳动物体外,如跳蚤。

(27)膜翅目 Hymenoptera　咀嚼式口器或嚼吸式口器,膜翅,后翅小,前缘有小钩与前翅相连,翅脉变异大,雌虫产卵器发达,如蜂、蚁。

(28)鞘翅目 Coleoptera　通称甲虫。体坚硬,咀嚼式口器,前翅为鞘翅,后翅膜翅。如瓢虫、金龟子、天牛。

(29)捻翅目 Strepsiptera　通称捻翅虫,简称蝙。咀嚼式口器,雌雄异型,雄虫仅具后翅一对,宽大,扇状,翅脉放射状,前翅变成拟平衡棒。雌虫幼虫型(原蝙科 Mengenillidae 除外,它有足、复眼和触角等,自由生活),无眼、无翅、无足,终生不离寄主。无尾须。复变态。寄生于膜翅目、半翅目、直翅目和双翅目昆虫体上,如捻翅虫。

1.4.2 园艺昆虫主要目与科

1.4.2.1 直翅目 Orthoptera

小型至大型昆虫。口器咀嚼式。触角丝状或剑状,单眼 2～3 个。前胸背板发达,常向侧下方延伸盖住侧区,呈马鞍状。前翅狭长,覆翅、革质,常覆盖在后翅上,后翅膜翅,能够作扇状折叠,翅脉多是直的。有些种类翅短或无翅。后足多发达,适于跳跃,或前足为开掘足。雌虫多具发达的产卵器。腹部 10 节,有尾须。雄虫大多能发音,凡发音的种类都具有听器。不完全变态。

本目昆虫多数生活在地上,也有生活在土中的(如蝼蛄)。成虫多产卵于土中(如蝗虫、蝼蛄、蟋蟀)或植物组织内(如螽斯)。多为植食性,其中很多是农作物的重要害虫,常见的有蝗虫、蝼蛄、蟋蟀等。

(1)蝗科 Acrididae　俗称蝗虫、蚱蜢。体粗壮。触角短,除少数种类外,均不超过体长,多呈丝状、剑状。前胸背板马鞍形,跗节 3 节。多具 2 对发达的翅,少数具短翅或无翅,后翅常有鲜艳的颜色。雄虫能以后足腿节摩擦发音,听器位于腹部第 1 节背板两侧。产卵器粗短,瓣状。本科昆虫均产卵于土中,农业害虫很多。飞蝗(如东亚飞蝗 *Locusta migratoria manilensis* Meyen)是我国主要的害虫,各地也有很多种土蝗,亦常造成严重危害。

(2)蝼蛄科 Gryllotalpidae　俗称拉拉蛄。触角显著短于体长。前足开掘足,后足腿节不发达,非跳跃式,跗节 3 节。前翅甚小。后翅长且纵褶,伸出腹末呈尾状。尾须长。前足胫节上的听器退化,状如裂缝。产卵器退化。此类昆虫以土栖为主,具较强的趋光性,夜间活动,咬食植物的根茎,为重要的农业害虫。常见种类有华北蝼蛄 *Gryllotalpa unispina* Saussure 和东方蝼蛄 *G. orientalis* Burmeister。

(3)蟋蟀科 Gryllidae　俗称蟋蟀或蛐蛐。粗壮,色暗。触角长于体长。跗节 3 节。尾须长,不分节。产卵器细长,呈剑状或镰状。雄虫发音器在前足近基部,听器在前足胫节上。夜出性昆虫。食性杂,多取食植物近地面柔嫩部分,危害幼苗。少数种类为肉食性。不少种类雄虫性凶残,常搏斗,有互相残杀现象。本科常见的种类有南方油葫芦 *Teleogryllus mitratus* (Burmeister)等。

1.4.2.2 蜚蠊目 Blattodea

包括传统意义的蜚蠊目和等翅目 Isoptera。咀嚼式口器。前胸背板很大,盖住头部,触角长丝状,前翅为覆翅,后翅扇状可以纵褶,多数种类雄虫第 9 腹板具 1 对刺突,腹部背面多具臭腺(蜚蠊);前胸背板不发达,不盖住头部,触角念珠状,雄虫下生殖板无刺突,前后翅形状及脉纹相似,翅基部有基缝,翅可沿此缝脱落(白蚁)。或无翅。具尾须。

本目白蚁常集体生活,有较复杂的“社会”组织和分工。每年春夏,天气闷热或雨后,从蚁巢中飞出大量新羽化的长翅繁殖蚁,经短时间集群飞翔后,降落地面,翅脱落,成对追逐交尾,然后钻入土中,共筑新巢。一个巢穴内通常只有一对具翅的蚁王和蚁后负责生殖,而无数的无翅工蚁和兵蚁分别担负各项工作和保卫的职责,兵蚁的上颚常高度特化,或直或弯,有时还有少数短翅或无翅的生殖蚁补充或取代衰老或死亡的蚁王和蚁后。

按习性白蚁可以分为两类:一类生活在土中,在地下筑巢,或在地面将巢筑成塔状——蚁家，取食活的或死的植物；另一类生活在木材中，成为木质建筑物和树木的大害，如我国南方严重危害建筑物的台湾乳白蚁 *Coptotermes formosanus* Shiraki 和危害农作物的黑翅土白蚁 *Odontotermes formosanus*（Shiraki）。

1.4.2.3 缨翅目 Thysanoptera

通称蓟马，是一类微小型的昆虫。成虫体长 1～2 mm，体细长略扁。多数黑色、褐色或黄色。触角短，6～9 节，丝状，略成念珠状。复眼为聚眼式。锉吸式口器，左上颚发达，右上颚缺如或退化。前后翅狭长，翅脉稀少甚至消失，翅的周缘具长缨毛，故称缨翅目。有的种类无翅（无翅者无单眼）。跗节 1～2 节，具 1～2 爪，中垫泡囊状。腹部 10～11 节。无尾须。雌虫腹末圆锥形，产卵器锯状、柱状或无。过渐变态，若虫似成虫，但触角节数少，不如成虫活泼，通常白色、黄色或红色。

多数植食性，危害农作物的花、叶、枝、芽等，而以花上最多，如烟蓟马 *Thrips tabaci* Lindeman；少数捕食性，可捕食蚜虫、粉虱、螨类或其他种类的蓟马（如塔六点蓟马 *Scolothrips takahashii* Priesner）。

1.4.2.4 半翅目 Hemiptera

体小至大型，略扁。刺吸式口器，喙从前足基节间伸出，或从头部前下方或后下方伸出。触角丝状或刚毛状。复眼发达或退化，单眼 2～3 个或无。前胸背板甚大，中胸小盾片发达。多数具 2 对翅，前翅为半鞘翅、覆翅或膜翅，后翅膜翅，部分种类只有 1 对前翅或无翅；半鞘翅的基半部硬化的部分可分成革片、爪片、缘片、楔片和膜片（端部的膜质部分），膜片常具翅脉（图 1-33）。翅静止时平叠于体背，或呈屋脊状放于体背。蝽类胸部腹面常有臭腺，可散发出恶臭。胸足发达，有步行足、开掘足、捕捉足、跳跃足或游泳足，跗节一般 3 节。除粉虱及雄介壳虫属于过渐变态外，均为渐变态。

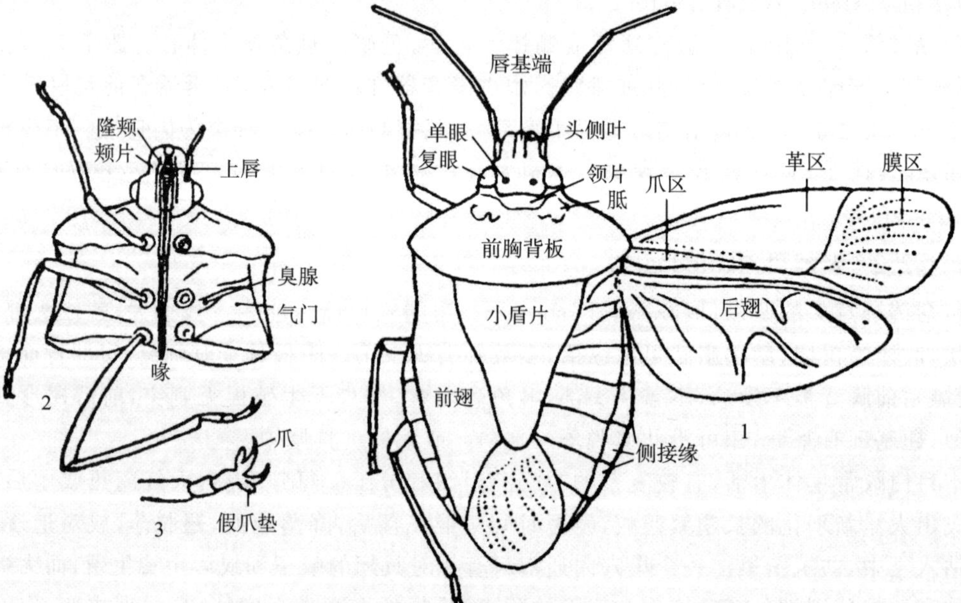

图 1-33　半翅目身体构造模式及前翅示意图

1. 蝽的背面观　2. 头、胸部腹面观　3. 后足端部

本目昆虫大多为植食性，其中不少种类是重要的园艺害虫，危害农作物、果树、森林，刺吸茎叶或果实的汁液，有的并能传播植物的很多病害，如蚜虫、叶蝉、木虱等能传播植物病毒。亦有不少种类分泌蜜露，诱致煤污病，如蚜虫、介壳虫、粉虱等。也有部分种类吸食害虫的汁液，为益虫，如猎蝽、长蝽的一些种类。

(1)蝽科 Pentatomidae　触角 5 节(极少数 4 节)，单眼 2 个，少数缺，喙 4 节。前翅分为革片、爪片、膜片 3 部分，膜片上具 5 条纵脉，多从一基横脉上发出。中胸小盾片大，三角形，超过爪片。跗节 3 节。臭腺发达。本科种类很多，一般植食性，如云南菜蝽 *Eurydema pulchra* (Westwood)危害十字花科蔬菜，荔枝蝽 *Tessaratoma papillosa* (Drury)为荔枝的大害虫。

(2)缘蝽科 Coreidae　体一般较狭，两侧缘略平行。触角 4 节。单眼 2 个。喙 4 节。中胸小盾片小，短于爪片，爪片结合缝明显。前翅分革片、爪片及膜片 3 部分，膜片有从一基横脉上分出的 8 条以上的纵脉。跗节 3 节。本科均为植食性，常见种类可危害瓜、豆及果树。

(3)猎蝽科 Reduviidae　又称食虫蝽，体小型至大型。触角 4 节或 5 节。喙坚硬，仅 3 节，基部不紧贴于头下，而弯曲成弧形。前翅分为爪片、革片和膜片 3 部分，膜片基部有 2 个翅室，从其上发出 2 条纵脉。跗节 3 节。腹部中段常膨大。绝大多数为捕食性，捕食其他昆虫、马陆等，是农林害虫的天敌。常见的有黑红赤猎蝽 *Haematoloecha nigrorufa* (Stål)等。

(4)盲蝽科 Miridae　小型或中型昆虫。触角 4 节，无单眼，喙 4 节。前翅分为革片、爪片、楔片及膜片，在膜片基部有 1～2 个小翅室，其余翅脉均消失。同一种类有长翅型、短翅型和无翅型。本科有植食性的，如危害果树或大田作物的三点盲蝽 *Adelphocoris taeniophorus* Reuter，也有捕食性的，捕食小型昆虫和螨类，为益虫，如食蚜盲蝽 *Deraeocoris punctulatus* (Fallen)。

(5)花蝽科 Anthocoridae　小型种类，体扁长卵形。与盲蝽相似，但单眼 2 个，前翅除革片、爪片、膜片外还具明显的缘片和楔片，膜片具不明显的纵脉 2～4 条或缺翅脉。触角 4 节，喙 3～4 节。跗节 3 节。雌虫有针状产卵器。一般为捕食性，以蚜虫、蓟马、木虱、介壳虫、粉虱及螨类等为食，属有益昆虫。常见种类有东亚小花蝽 *Orius sauteri* (Poppius)等。

(6)网蝽科 Tingidae　小型种类，体扁。无单眼。触角 4 节，第 3 节最长，第 4 节膨大。喙 4 节。无单眼。前胸背板向后延伸盖住小盾片，有网状花纹，前翅质地均一，不分革片与膜片，翅脉网状。跗节 2 节。成虫和若虫生活在叶的背面，常在主脉的两侧危害，被害处常积集斑点状的褐黑色分泌物及蜕皮壳。如危害梨树的梨冠网蝽 *Stephanitis nashi* Esaki et Takeya。

(7)蝉科 Cicadidae　俗称知了。多为大型昆虫，复眼发达，单眼 3 个。触角短，刚毛状。两对翅为膜翅，翅脉发达。前足开掘足，腿节常具齿或刺。雄虫具发音器，位于腹部两侧。雌蝉产卵器发达。若虫土中生活，其前足腿节及胫节特别粗大。成虫以刺吸汁液和产卵危害果树和树木枝条，若虫吸取根部汁液。我国常见种类有黑蚱蝉 *Cryptotympana atrata* (Fabricius)，在柑橘、梨、苹果、桃等果树枝条上产卵。

(8)叶蝉科 Cicadellidae　俗称浮尘子。体小型至中型。单眼多为 2 个，触角鞭节分节甚多，后足胫节有棱脊，棱脊上生有三四列刺状毛，这一特征可以区别于近缘科昆虫。前翅覆翅，后翅膜翅。本科为半翅目的一个大科，危害大田作物、蔬菜、茶、果树及林木。雌虫具齿状产卵管，产卵于植物组织内。有些种类是植物病毒的传播者，如大青叶蝉 *Cicadella viridis* (L.)。

(9)蜡蝉科 Fulgoridae　中型至大型昆虫，善跳跃。触角短，末端具一刚毛，位于复眼的下方。部分种类头部形态奇异，额与颊膨突。单眼 2 个。前后翅端区翅脉呈网状，多分叉和横脉。一般体色美丽如蝶蛾，有些种类额延长如象鼻，还有些种类分泌绵状的白蜡。我国常见种类有危害果树及园林树木的斑衣蜡蝉 *Lycorma delicatula*（White）和龙眼鸡 *Pyrops candelaria*（L.）。

(10)木虱科 Psyllidae　体细小，能飞善跳，触角10节，末节端部有2条长短不一的刚毛，单眼3个。前翅常比后翅坚实，前翅基部有一条基脉，中途三分叉（R、M、Cu三脉），每支再二分叉，无横脉。这种脉序为本科的显著特征之一。跗节2节。成虫、若虫常分泌蜡质，盖在身体上。本科昆虫多危害木本植物，我国常见的有危害果树的柑橘木虱 *Diaphorina citri* Kuwayama和梨木虱 *Cacopsylla pyrisuga*（Förster）。

(11)粉虱科 Aleyrodidae　成虫体纤弱而小。体及翅上常有白色蜡粉，触角7节。单眼2个。翅脉简单，仅具1～2条纵脉。成虫与若虫腹面有皿状孔，为本科昆虫的最大特征。卵有短柄，附在植物上。第1龄若虫有触角和足，可自由活动，第2龄起足及触角退化，固定不动。体壁变硬，分类上称为"蛹壳"。粉虱若虫寄生于植物上吸取汁液，危害蔬菜、花卉、果树和林木。我国重要种类有柑橘粉虱 *Dialeurodes citri*（Ashmead）和温室白粉虱 *Trialeurodes vaporariorum*（Westwood）等。

(12)蚜科 Aphididae　体细小，柔软。触角长，通常6节，很少5节或4节，末节中部突然变细，故又分为基部和鞭部两部分，第3～6节基部常有圆形或椭圆形的感觉圈，它的数目和分布可作为分种的依据。前翅有翅痣，有Rs、M、Cu_1和Cu_2脉4条斜脉，M脉分叉1～2次。跗节2节。多数蚜虫的腹部第5节或第6节背侧有1对"腹管"，腹部末端的突起称为尾片，腹管及尾片的形状为分类上的重要特征。蚜虫具有翅或无翅的个体，繁殖方式有孤雌生殖及两性生殖，卵胎生和卵生。蚜虫因多数发生在植物的芽、嫩茎或幼叶而得名，又因常分泌大量蜜露，而被称为"腻虫"。蚜虫不仅直接刺吸取食危害植物，而且还是许多病毒病的传播者。重要种类有桃蚜 *Myzus persicae*（Sulzer）和棉蚜 *Aphis gossypii* Glover等。

(13)介壳虫总科 Coccoidea　形态非常特化，一般为小型昆虫，体长0.5～7 mm。大多数介壳虫以固定不动吸取植物汁液的方式危害，同时体表常盖有介壳或各种粉状、绵状等蜡质分泌物。雌成虫与雄成虫的外形差别很大。雌虫身体没有明显的头、胸、腹3部分的区分，无翅，大多数被各种蜡质分泌物所遮盖，属渐变态。雄虫过渐变态，真正的幼虫期一般仅2龄，接着是"前蛹""蛹"，继而羽化为成虫。雄成虫体长形，只有一对薄的前翅，具分叉的翅脉，后翅特化成平衡棒。雄虫寿命短，交配后即死去。

介壳虫多数为害虫，以危害木本植物为主，许多种类是果树及林木的重要害虫，如危害柑橘的吹绵蚧 *Icerya purchasi* Maskell等。但也有些种类是益虫，如紫胶虫和白蜡虫。

1.4.2.5　鞘翅目 Coleoptera

微小至大型种类。口器咀嚼式，上颚发达，触角形状多样，多为11节，无单眼。前胸发达，前胸背板完整且高度骨化。前翅强烈骨化、坚硬，无翅脉，为鞘翅，两鞘翅盖住中后胸和大部分或全部的腹部，但中胸小盾片多露出。后翅膜质，休息时折叠于鞘翅之下，翅脉减少。少数种类无后翅。跗节多为5节或4节，很少3节。无尾须。全变态。幼虫多属寡足型，头部发达，咀嚼式口器，一些钻蛀性种类完全无足。蛹多为裸蛹，如天牛、叶甲、金龟子等，另有一些种类为被蛹，如隐翅虫。此外，瓢虫科和几种叶甲，以其尾端附着于蛹化物上化蛹，并有一硬化的外壳（末龄幼虫的蜕）包围。

本目通称甲虫，为昆虫纲第1大目。食性较复杂，有肉食性，如步甲科、虎甲科等，植食性的种类占大多数，其中有的取食植物地上部分，或取食植物的根部，或潜叶或钻蛀入植物组织内,或取食植物的种子及花果部分,还有一些以真菌为食者,此外也有腐食性、粪食性、尸食性及少数寄生性的种类。

本目除龙虱、水龟虫等少数几个科是水生的,大多数种类是陆生的。陆生种类多生活在各种植物上,也有些种类在仓库内危害贮藏农产品。所以,本目昆虫与人类关系密切。

本目分为原鞘亚目、肉食亚目、藻食亚目和多食亚目 4 个亚目(图 1-34),其中肉食亚目和多食亚目和园艺植物的关系紧密。前者腹部第 1 腹板被后足基节窝分割成 3 部分,中间不相连,前胸背板与侧板间有明显的分界线,为捕食性或肉食性种类,如步甲和虎甲等。后者腹部第 1 腹板完整,中间不被后足基节窝所分割,前胸背板与侧板之间无明显的分界线,多愈合在一起,食性不一,包括鞘翅目的大部分的科,如瓢虫科、天牛科、叩头虫科、吉丁虫科等。

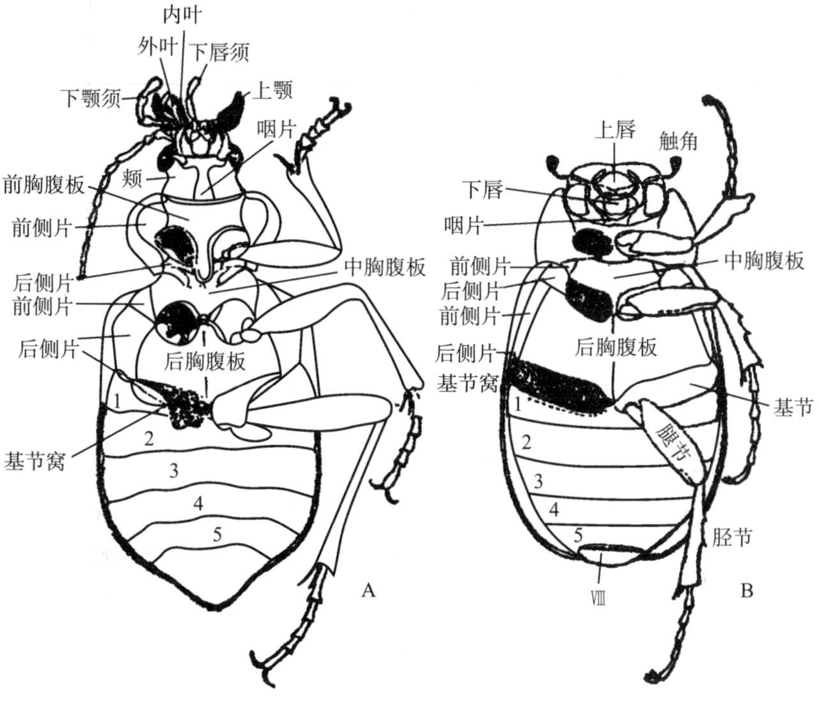

图 1-34 步甲和金龟子腹面

A. 步甲 B. 金龟子

(1)步甲科 Carabidae 小型或大型昆虫,通称步行虫。一般为黑色或褐色,多数种类有金属光泽。头常较前胸狭,前口式。触角细长,丝状,着生于上唇基部与复眼之间,触角间距大于上唇宽度。鞘翅表面具纵沟或刻点行,多数种类成虫后翅退化,左右鞘翅愈合,不能飞行,少数后翅发达,有较强的飞翔能力。跗节 5 节。步甲成虫和幼虫多为捕食性,是重要的天敌类群之一,但也有少数种类取食植物的幼芽,危害农作物。步甲属 *Carabus* 昆虫与环境质量关系密切,在不少国家已被列为重点保护对象。

(2)虎甲科 Cicindelidae 中等大小,体形与步甲相似。一般有鲜艳的光泽,常有金绿、赤铜、纯黑等色斑。头较大,前口式。复眼大而突出。触角丝状,11 节,触角间距小于上唇宽度。上颚大,锐齿状。跗节 5 节。鞘翅上无沟或刻点行,后翅发达,能飞行。成虫白天活动,步行迅速并可做短距离的飞翔。常在道路或沙滩上飞行,捕食各种昆虫。幼虫在地下穴居,捕食蚂蚁及小虫，为农业生产上的益虫。常见种类：中华虎甲 *Cicindela chinensis* De Geer。

(3)叩头虫科 Elateridae　小型至大型甲虫，体狭长，两侧平行。触角丝状、锯齿状或栉齿状。前胸很发达，前胸与后胸衔接不紧密，能上下活动，前胸背板后角锐刺状，前胸腹板后缘中央有一强大的突起向后延伸到中胸腹板的深凹窝中，可弹跳。跗节5节。幼虫大多数生活于土中，通称金针虫。体细，长筒形，具3对相仿的胸足，体壁坚硬而光滑，大多数为黄色或黄褐色。以植物的地下部分为食，对种子、幼苗及根危害大，是重要的地下害虫，如沟金针虫 *Pleonomus canaliculatus* Faldermann。

(4)吉丁虫科 Buprestidae　成虫与叩头虫的体形相似，大多数有美丽的金属光泽。体长形，末端尖削。头较小，嵌在前胸上，触角多为锯齿状，11节。前胸腹板有大型的后突，嵌于中胸腹板的凹陷内，但前胸与后胸紧密相连，不能上下活动，前胸背板的后角不向后突出。跗节5节。幼虫又称爆皮虫和串皮虫，体细长扁平，乳白色，无足，前胸扁阔如大头，胴部其他部分狭长，钻蛀危害枝干，故为果树、园林的一类重要蛀杆害虫。如危害柑橘的柑橘小吉丁虫 *Agrilus auriventris* Saunders。

(5)瓢虫科 Coccinellidae　小型或中型昆虫，体背隆起呈半球形或半卵形，鞘翅上常有红、黄、黑等斑纹。头小，一部分隐藏在前胸背板下。触角棒状。前胸背板横宽，窄于鞘翅。鞘翅盖住腹端，缘折发达。第1腹板腹面有后基线。跗节隐4节(即第3节特别小，看起来好像3节，又称拟3节)。幼虫活泼，体上常有枝刺、毛瘤、毛突等外被物，或覆盖有绵状蜡质分泌物。此科大多数种类是有益的，成虫和幼虫都捕食蚜虫、介壳虫、粉虱等，如七星瓢虫 *Coccinella septempunctata* L.。小部分种类危害植物，如马铃薯瓢虫 *Henosepilachna vigintioctomaculata* (Motschulsky)、茄二十八星瓢虫 *H. vigintioctopunctata* (Fabricius)等。

(6)拟步甲科 Tenebrionidae　小型至大型甲虫，黑色或赤黑色，一般没有其他色泽的斑点。头较小，部分嵌入前胸背板前缘内。触角11节，丝状或锤状。此科与步甲科很相似，两者最大区别在于拟步甲跗节是5—5—4，而步甲则是5—5—5，同时两科属于不同亚目，拟步甲第1腹板后缘完整，不被后足基节窝所分割。幼虫细长，略呈圆筒形，具3对胸足，外形似金针虫，故有拟金针虫之称。它与金针虫的区别在于上唇明显，前足一般比中后足粗，而金针虫则上唇退缩，3对足等长。拟步甲一般为植食性，幼虫土栖，以植物的地下部分为食，危害玉米、高粱、大豆等大田作物，也有危害果树幼苗的，如网目拟步甲 *Opatrum subaratum* Faldermann。本科还有些种类是重要的仓库害虫，如黄粉虫 *Tenebrio molitor* L.。

(7)芫菁科 Meloidae　中等体型，鞘翅较柔软，有微毛。头下口式，头的后部急剧收缩如颈状。触角11节，丝状或锯齿状。前胸无明显的侧缘，较鞘翅狭窄。跗节5—5—4，爪裂为两叉。芫菁为复变态，1龄幼虫活泼，体壁坚硬，为蛃型幼虫，称三爪蚴。它寻找寄主，以直翅目和膜翅目针尾组的卵为食，找到寄主后，脱皮成为软体、短足的伪蠋式幼虫；第3龄起胸足退化，体壁坚韧，进入不动期，称为“拟蛹”。成虫植食性，如白条芫菁 *Epicauta gorhami* Marseul 除危害大豆和其他豆科植物外，还危害番茄、辣椒等蔬菜。芫菁成虫含有斑蝥素，是一种强烈的发泡剂，并有利尿等作用，中药中的斑蝥即为本科昆虫。

(8)金龟子科 Scarabaeidae　中型至大型，体粗壮，卵圆形或长形，背凸。触角8～11节，鳃叶状，鳃叶部分的各节可以活动，能将鳃叶张开或闭合。前足有开掘作用，其胫节常变扁，外缘具数个距及锐齿，跗节5—5—5式。鞘翅不完全覆盖腹部，末节背板常外露。幼虫为蛴螬，体白色，头部橙黄或褐色。体呈圆筒形，腹部末节向腹面弯曲成“C”形。具发达的胸足，腹部后端肥大。在土室中化蛹，离蛹。本科可分为粪食性和植食性两大类群，前者为粪金龟，俗称屎壳郎，后者属狭义的鳃金龟子科 Melolonthidae，包括许多园林和果树害虫及危害农作物的地下害虫，如铜绿丽金龟 *Anomala corpulenta* Motschulsky。

(9)锹甲科 Lucanidae　大型甲虫，通称锹形甲。体长椭圆形，较扁，黑色或褐色，表面有光泽，体壁坚硬。雌雄二型现象十分显著，雄虫的上颚大而突出如鹿角状，雌虫上颚较小。触角膝状，11 节，末端 3 节成扇状。跗节 5 节，第 5 节最长。幼虫蛴螬型，肥大，乳白色至黄白色，与金龟子幼虫相似，但各体节上无明显的皱褶。生活于朽木或腐殖质中，多发生于森林地带。危害果树的种类有扁锹形虫 *Serrognathus titanus*(Boisduval)。

(10)天牛科 Cerambycidae　中型至大型种类，体狭长。触角 11～12 节，线状，通常与体等长或超过体长，着生在触角基瘤上，其中第 2 节特别短，仅为第 1 节长度的 1/5。复眼肾形，环绕在触角基部。跗节隐 5 节(或称拟 4 节，即第 4 节很小，所以看起来好像 4 节)，跗节式 5—5—5。此科主要是木本植物的害虫，以幼虫蛀食树干、枝条和根部。幼虫乳白色或黄色，长圆柱形，体柔软，头圆，缩入前胸，胸足 2～4 节或退化。腹部背面具步泡突，常见种类有星天牛 *Anoplophora chinensis*(Förster)。

(11)叶甲科 Chrysomelidae　小至中型，卵形或长形，体色鲜艳或有金属光泽，故有金花虫之称。触角丝状或末端稍膨大，11 节，长不及体长之半。复眼圆形。跗节隐 5 节。幼虫具 3 对胸足，身体中部或近后端处较肥大而稍隆起，也有细长的。成虫和幼虫均为植食性，为农业生产上的重要害虫，如危害葡萄的葡萄十星叶甲 *Oides decempunctata*(Billberg)。

(12)象甲科 Curculionidae　微小至大型，头部额和颊向前延伸成明显的喙，口器位于喙的顶端。触角大多呈膝状弯曲，末端 3 节呈锤状。跗节隐 5 节。幼虫身体柔软，肥胖而弯曲，无足。成虫和幼虫均取食植物，有食叶的，有钻茎的，有钻根的，有蛀果实或种子的，也有卷叶或潜入叶的组织中的。常见的有危害果树的梨虎 *Rhynchites foveipennis* Fairmaire。

(13)豆象科 Bruchidae　体小型，卵圆形，坚硬，被有鳞片。头向略前延伸成宽短的喙。触角锯齿状、梳状或棒状。复眼圆形，下缘具深的"V"字形凹陷。鞘翅短，末端截形，露出腹部末端。跗节隐 5 节。老熟幼虫白色或黄色，柔软肥胖，向腹面弯曲，足退化成疣状突起。豆象主要在豆类的嫩荚上产卵，幼虫孵化后钻入豆粒内危害。因为蛀入伤口很快愈合，所以从外表看不出来。成虫羽化后从豆粒里出来。常见的有绿豆象 *Callosobruchus chinensis* (L.)、豌豆象 *Bruchus pisorum* L. 等。

1.4.2.6 鳞翅目 Lepidoptera

本目包括了所有的蝶类和蛾类，主要特点是体、翅及附器均被有鳞片，这些小鳞片组成不同的斑纹。触角有丝状、羽毛状、棒状等。口器虹吸式。全变态，幼虫为多足形，或称蠋形，蛹多为无颚被蛹，极少数为强颚离蛹。

此目成虫除少数种类(如吸果夜蛾口器端部具锐齿，可刺入果内吸取汁液，引致落果)外，一般不危害农作物。但幼虫口器咀嚼式，绝大多数为植食性，或食害植物的叶、芽，或钻蛀在茎、根、果实内，或在叶的上下表皮间潜食叶肉，或危害贮藏的粮食。少数种类的幼虫是捕食性或寄生性的。

鳞翅目成虫的分类，主要根据翅的脉序、斑纹等特征(图 1-35)。前翅翅脉有 13～14 条，最多 15 条，脉序与假想脉序很接近，但中脉(M)基部基本退化或消失，而空出一个大的翅室——"中室"，以中室为中心来识别各脉则较容易。一般中脉 3 条出自中室端部，M_1 在中室上角，

M_3在中室下角，M_2有时靠近 M_1，有时靠近 M_3，是分科常用的特征；径脉(R)则出自中室的前缘，一般分为 5 条(R_1～R_5)，有时减少合并；亚前缘脉(Sc)则自中室上方翅基伸出；肘脉(Cu)2 条出自中室后缘，即 Cu_1 与 Cu_2；臀脉(A)则从中室下方的翅基伸出，1～3 条不等，其数目、基部是否分叉也是分类常用的特征。后翅最多只有 10 条脉纹，亚前缘脉和第 1 径脉合并($Sc+R_1$)，径分脉(Rs)不分支，其余和前翅一样。

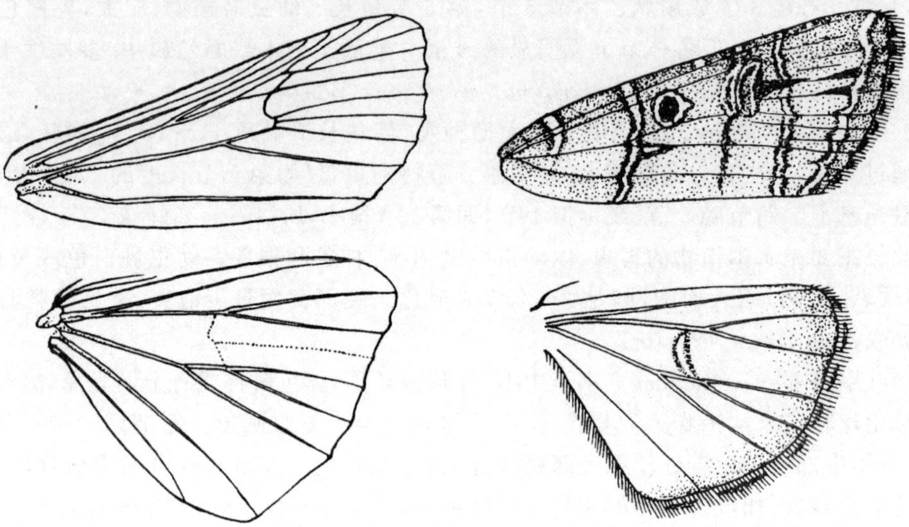

A　　　　B

图 1-35　鳞翅目成虫翅的脉序和斑纹

A. 脉序　B. 斑纹

翅上的花纹，可分为线纹及斑纹两类，其分布有一定的规律。根据线纹在翅上的位置分为基横线、内横线、中横线、外横线、亚缘线、外缘线，斑纹有楔状纹、环状纹、肾状纹、剑状纹。

幼虫的分类特征主要是体表的外被物、腹足及趾钩。鳞翅目幼虫身体各部具有各种外被物，最普通的是刚毛，还有毛瘤、毛撮、毛突和枝刺等。幼虫体上的刚毛可分为原生刚毛、亚原生刚毛和次生刚毛。原生刚毛和亚原生刚毛是幼虫分别在第 1 龄与第 2 龄时出现的，其数目和位置是固定的，具有一定的排列，称为毛序(chaetotaxy)，是分类的重要依据。而次生刚毛的数目和位置都不固定，故没有命名。

鳞翅目幼虫一般有 5 对腹足，位于第 3～6 腹节及第 10 腹节上，腹足的数目有时减少，如尺蛾科一般仅在第 6 腹节及第 10 腹节上各有一对。腹足的端部具有鳞翅目幼虫所特有的趾钩(foot hooks)，以帮助行动。趾钩的排列有各种形式(图 1-36)，通常为一排，少数为 2 排，也有 3 排或更多的，一排的称单行，2 排的称为双行，3 排或更多的称为多行。一排中的趾钩若长度相等，称单序，若趾钩的长短交替称双序，若有 3 种不同长度更替排列的称三序。趾钩排列的形状也有各种形式，如环形、缺环、中带(趾钩排成一与身体纵轴平行的弧形)、二横带(趾钩排成与身体纵轴垂直的两列)等。趾钩的排列方式是幼虫分科的重要特征。

鳞翅目包括蝶类和蛾类，二者成虫的主要区别在于：蝶类触角棍棒状，静止时翅直立于体上，无翅缰，白天活动；蛾类触角非棍棒状，形状不一，少数种类触角的末端仅略膨大。静止时翅呈屋脊状，多数具翅缰，夜间活动。

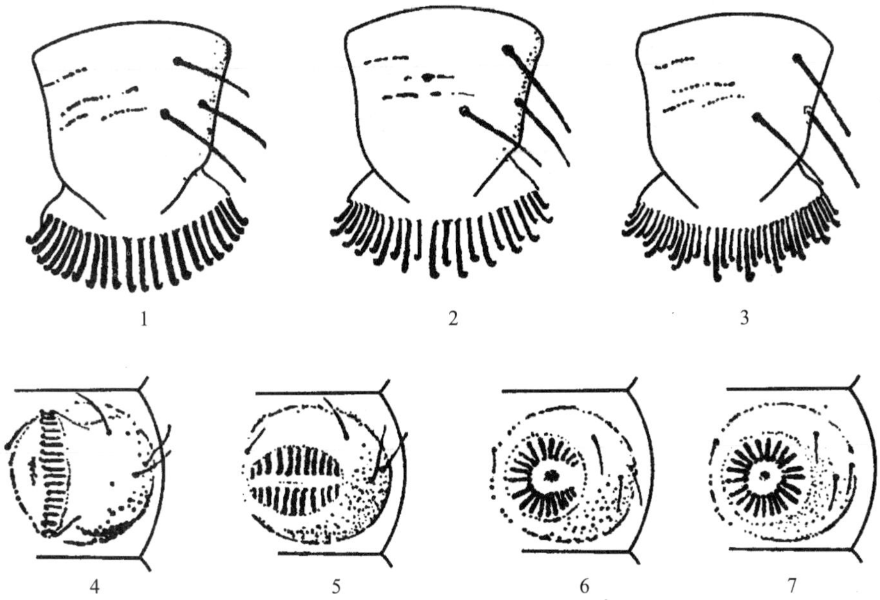

图 1-36 鳞翅目幼虫腹足趾钩的排列方式

1. 单序 2. 双序 3. 三序 4. 中带 5. 二横带 6. 缺环 7. 环形

(1)粉蝶科 Pieridae 体中型,通常白色、黄色或橙色,常有黑色斑纹。前足正常,并不比中后足小,爪两分叉,具齿。前翅 R 脉 3 或 4 条,甚至 5 条,M_1 与 R_{4+5} 脉长距离愈合,A 脉 1 条,后翅 A 脉 2 条。幼虫圆筒形,长而细,头比前胸小。体表有很多小突起及次生刚毛,每一体节常分为几个小环。趾钩为双序或三序中带。幼虫食叶,常见的有危害十字花科蔬菜的菜粉蝶 *Pieris rapae* (L.)和危害果树的山楂粉蝶 *Aporia crataegi* (L.)。

(2)凤蝶科 Papilionidae 中型或大型的美丽蝴蝶。翅三角形,后翅外缘波状,并常有一尾状突。翅黑色有蓝、绿、红色斑纹,或黄色、绿色而有黑色斑纹。前翅 R 脉 4～5 条,R_4 与 R_5 脉常共柄,A 脉 2 条,第 2 条很短,中室与 A 脉基部有 1 条横脉相连;后翅 Sc 与 R 脉在基部形成 1 个小基室,M_3 脉常延伸形成尾突,A 脉 1 条。前翅 Cu 脉似分为 4 支,A 脉 2 条,中室下与 A 脉间有一小横脉相连。后翅 A 脉 1 条,肩部有一钩状肩脉位于小室(亚前缘室)上。前足正常,有胫突。幼虫体光滑无毛,前胸前缘有臭"丫"腺,受惊动即伸出,极易识别,后胸明显隆起。缢蛹,头部具 2 叉突。幼虫食叶,常见的种类有危害柑橘的玉带凤蝶 *Papilio polytes* L. 等。

(3)蛱蝶科 Nymphalidae 中型至大型的蝴蝶,翅的颜色常极鲜明,前足退化,短小。雌蝶跗节 4～5 节,雄蝶跗节 1 节。触角腹面有 3 条纵脊,锤状部分特别膨大。R 脉 5 支,中室闭式。后翅中室多开式或为一条不明显的脉所封闭。幼虫体圆筒形,上有成列的枝刺。腹足趾钩多为三序中带,很少双序。幼虫食叶,危害果树的有桂花蛱蝶 *Kironga ranga* Noore 等。

(4)弄蝶科 Hesperiidae 小型至中型。体较粗,头大,触角基部远离,末端呈钩状,是本科的显著特征。R 脉 5 支,均分离,直接由中室伸出,翅常为黑褐色或茶褐色而有透明斑。幼虫纺锤形,趾钩三序环形。幼虫生活在卷叶中危害。成虫飞行迅速。本科危害果树的有香蕉弄蝶 *Erionota torus* Evans 等。

(5)灰蝶科 Lycaenidae 一般为小到中型的蝶类。眼缘及触角各小节有白色环纹。翅表面常为蓝色、古铜色、黑褐或橙色，有金属闪光，翅反面常为灰色，有圆形眼点微细条纹，为分类上常用的特征。后翅常有纤细的尾突。雌蝶前足正常，雄蝶前足跗节常退化，末端具一爪。后翅翅基无肩脉，M_1 从中室顶角或附近伸出。幼虫体扁而短，蛞蝓型。趾钩为中断的中带，近中断处有一匙形肉质叶。一般为植食性，多嗜好豆科植物，也有危害果树的，如荔枝小灰蝶 *Deudorix epijarbas* (Moore)。少数为捕食性，以蚧、蚜虫为食。

(6)天蛾科 Sphingidae　一般为大型，体粗壮，前后两端较小，似梭形。触角中部加粗，末端形成一细钩。前翅狭长，外缘倾斜，后翅较小，一般鳞片厚而密。后翅的 $Sc+R_1$ 和 Rs 在靠近中室中部有一横脉相连。常具翅缰和翅缰钩。幼虫大而粗壮，没有明显的毛。各腹节又分为 6～8 小环。在第 8 腹节背面常有一个尾角，最易识别。成虫日间、傍晚或夜间飞行，飞翔能力强。幼虫食叶。危害果树的有桃天蛾 *Marumba gaschkewitschi* Bremer et Grey 等。

(7)天蚕蛾科 Saturniidae　体特别大，成虫颜色常鲜艳。触角双栉状，翅中央常有透明的窗斑，中室较大，无翅缰。前翅 R 仅有 3～4 支，一般 R_2 与 R_3 共柄；后翅仅一臀脉，有的种类有尾突。幼虫体被很多枝刺或有延长的突起，腹足趾钩双序中带。老熟幼虫结茧化蛹。本科有些种类是树木和果树的害虫，如乌桕天蚕蛾 *Attacus cynthia* Drury 是最常见的种类，危害柑橘。但也有的种类是经济益虫，如柞蚕 *Antheraea pernyi* (Guerin-Meneville)等。

(8)舟蛾科(天社蛾科)Notodontidae　体中至大型，口器不发达。雄蛾触角多为双栉状，少数为锯齿状，雌蛾多为丝状。有些种类前翅后缘中央有 1～2 个齿形毛簇，静止时两翅后折呈屋顶状，毛簇竖起如角。前翅 R_2～R_5 共柄，后翅 M_2 基部在 M_1 与 M_3 之间，Cu 脉似分 3 支，A 脉 2 条，$Sc+R_1$ 与中室前缘平行或与中室前缘合并至中室中部或超过中室。幼虫臀足不发达或仅留痕迹，或呈枝状，休息时头尾常举起似舟，故称舟蛾，胸背具峰突，体形奇特，较易识别。成虫夜出活动，有趋光性，幼虫食叶，多危害果树及林木，如苹果舟蛾 *Phalera flavescens* Bremer et Grey 等。

(9)灯蛾科 Arctiidae　中型蛾子，色泽较鲜明，常为白色、黄色、灰色、橙色，有黑点斑，腹部各节背中央常有一个黑点。常有单眼。触角丝状或栉齿状。后翅 $Sc+R_1$ 与 Rs 在基部愈合，几乎延达中室之半，但不超过中室末端。幼虫体上有突起，生有浓密的、长短一致的长毛。幼虫食叶，危害柑橘的有红缘灯蛾 *Aloa lactinea* Cramer，危害苹果的有隐纹灯蛾 *Spilosoma seriatopuncta* Motschulsky。美国白蛾 *Hyphantria cunea* (Drury) 可为害 317 种以上的阔叶果树和行道树，是著名的检疫害虫。

(10)夜蛾科 Noctuidae　中至大型。体粗壮，一般暗灰色，翅的斑纹丰富。一般有单眼，喙发达。触角丝状，雄蛾有时栉齿状。前翅三角形，有副室，肘脉似分 4 支。后翅肘脉似分 4 支或 3 支类型，$Sc+R_1$ 与 Rs 在中室基部仅有一点接触，又复分开。幼虫通常粗壮，仅具原生刚毛，常具 5 对腹足，但有些种类第 1、2 对腹足退化，趾钩单序中带。成虫均在夜间活动，通常趋光性强，对糖、蜜、酒、醋有特别嗜好。成虫除吸果夜蛾外，一般不危害农作物。幼虫多为植食性，有少数捕食性。一般夜间取食活动，白天蜷曲潜伏土中，有少数种类则全天暴露在植物上，日夜活动。本科有许多危害农作物的食叶害虫、钻蛀害虫和地下害虫，如棉铃虫 *Helicoverpa armigera* (Hübner)、斜纹夜蛾 *Spodoptera litura* (Fabricius)、小地老虎 *Agrotis ipsilon* (Hufnagel)等。

(11)毒蛾科 Lymantriidae　中等至大型蛾类，体粗壮多毛。喙退化。无单眼。雄虫触角双栉状。雌虫有时翅退化或无翅。雌虫腹部末端有成簇的毛，产卵时用以遮盖卵块。前翅

R_2～R_5共柄，常有一副室，M_2接近 M_3；后翅 Sc＋R_1与 Rs 在中室基部约 1/3 处相连或有一横脉相接。本科与夜蛾科极相似，但缺单眼，而且雄虫触角双栉状，这些特征可区别于夜蛾科。幼虫体多毛，在某些体节常有成束的、紧密的毛簇，毛有毒，刺人剧痛。幼虫腹部第 6、7 腹节背面有翻缩腺。幼虫食叶危害，如危害苹果、梨、桃等果树的舞毒蛾 *Lymantria dispar* L.。

(12)枯叶蛾科 Lasiocampidae　中至大型，体很粗壮，被粗密的毛。喙完全退化。雄虫触角为双栉状。无单眼。前翅 R_2与 R_3具长柄，R_5与 M_1连有短柄，R_4常从柄的基部伸出，M_2从中室下角伸出。后翅无翅缰，肩角宽大，有肩脉。幼虫粗壮，多长毛，次生刚毛长度不等，长的可为短的 10 倍，趾钩双序中带。幼虫食叶危害，常见的有危害松树的松毛虫 *Dendrolimus* sp.、危害果树的天幕毛虫 *Malacosoma neustria testacea* (Motschulsky)。

(13)尺蛾科 Geometridae　小至大型，体细弱，而翅较宽大，质薄，静止时四翅平展。有的雌虫无翅或翅退化。前翅 R_5、R_4与 R_3、R_2共柄，M_2位于 M_1与 M_3之间(与夜蛾不同，夜蛾的前翅 M_2与 M_3接近)。后翅 Sc 基部急剧弯曲，臀脉一条。幼虫体细长，通常除 3 对胸足外，只在第 6、10 腹节各有腹足一对，行动时，身体弯成一环，一曲一伸，似以尺量物，所以称"尺蠖"或"步曲"。本科多为危害果树及林木的害虫，如柿星尺蠖 *Percnia giraffata* Guenée。

(14)刺蛾科 Limacodidae　中型蛾子，密生厚鳞毛，一般黄褐色或绿色，有红色或暗色简单的斑纹，雌蛾触角丝状，雄蛾双栉状。口喙退化。翅较宽，前后翅的中室内有 M 的主干存在。前翅 R_3～R_4共柄，M_2靠近 M_3，后翅臀脉 3 条，Sc 与 Rs 分离，仅在基部与 R 略相合。幼虫短肥，椭圆形或蛞蝓型，其上生有枝刺或毒毛，或光滑无毛，或具瘤。一般颜色鲜明。头小，能缩入前胸内。胸足小或退化，腹足小。多危害果树及林木，如黄刺蛾 *Cnidocampa flavescens* (Walker)是苹果、梨、桃、柑橘等的害虫。

(15)斑蛾科 Zygaenidae　中或大型蛾，身体狭长，颜色鲜艳，有些种类有金属光泽。口器发达，有单眼，触角丝状或棍棒状，或雄蛾为栉齿状。翅宽大，有些在后翅上有尾突，形如蝴蝶。前后翅均有 M 主干，后翅 Sc 与 Rs 于中室前缘中部相连。成虫白天飞翔。幼虫蛞蝓型，头部能收缩于前胸内，趾钩为单序中带。本科幼虫多危害果树及林木，梨星毛虫 *Illiberis pruni* Dyar 是我国常见的一种果树害虫。

(16)蓑蛾科 Psychidae　中型蛾子，又称袋蛾和避债蛾，雌雄有显著的二型现象。雄蛾具发达的翅，善飞翔，翅面鳞片稀少，无斑纹。口器退化，下唇须甚短。触角双栉状，M 脉在中室可见，并常有分支。雌成虫一般无翅，很像幼虫。有些种类触角、口器及足缺如，终生栖息在袋内，并在袋内交尾产卵。幼虫前胸气门为横椭圆形，趾钩为单序缺环。幼虫能吐丝做袋，上面粘着各种断枝残叶，造成各种形式的囊袋。幼虫在囊袋内，行动时将头胸伸出，负囊前进，老熟幼虫在袋内化蛹。幼虫食叶，危害多种植物，常见的有大蓑蛾 *Clania variegata* Snellen、小蓑蛾 *Clania minuscula* Butl. 等，危害柑橘、苹果、梨和其他多种果树、林木。

(17)螟蛾科 Pyralidae　小或中型的蛾子，具细长的足。触角丝状，有单眼，下颚须及下唇须发达，下唇须常突出。前翅近三角形。具腹部鼓膜器。本科最显著的特征是 Sc 与 Rs 接近，平行或越过中室后有一小段合并。幼虫体长 10～35 mm，仅具原生刚毛，腹足较短，具环形单行双序或三序的趾钩，或具一对横带趾钩。幼虫常生活在隐蔽场所，钻蛀茎秆或果实、种子，或卷叶危害。成虫有强的趋光性。多危害禾本科植物，亦有一些危害果树，如桃蛀螟 *Conogethes punctiferalis* Guenée 危害桃、苹果、梨等果树。

(18)卷蛾科 Tortricidae　小型蛾子，前翅近方形，前缘弯曲，外缘较直，与后缘形成明显的角度，静止时两翅合拢呈钟罩状。有单眼，触角丝状。下唇须第 2 节被鳞毛，略呈三角形，第 3 节较短而钝，下颚须退化。身体多为褐色或棕色。前翅花纹分为基斑，中带和顶角的端斑，在臀角上有圆形且带金属光泽的肛上纹。后翅无斑纹。有些种类前翅有前缘褶。前翅翅脉都从基部或中室直接伸出，不合并成叉状。Cu_2 从中室下缘近中部处分出。本科分为卷蛾和小卷蛾两个亚科。小卷蛾亚科前翅前缘具有一列白色的钩状纹，后翅中室下缘肘脉基部有栉状毛，而卷蛾亚科没有。幼虫圆柱形，体长 10～25 mm，多为绿色，亦有粉红色、紫色的。趾钩环状，通常为双序或三序，很少单序；肛门上常有臀棘，可以此区别于螟蛾科幼虫。幼虫卷叶、缀叶及钻蛀果实危害，常见种类有梨小食心虫 *Grapholitha molesta* (Busck)等。

(19)蛀果蛾科 Carposinidae　小型蛾子，与卷蛾科十分相似，区别是本科前翅 Cu_2 从中室下角或接近下角伸出。后翅无 M_1，有时 M_2 也缺如。幼虫趾钩环形单序。幼虫蛀果危害，重要的种类有桃小食心虫 *Carposina niponensis* Walsingham，是苹果、桃、梨、杏、李、枣等的重要害虫。

(20)透翅蛾科 Sesiidae　小至中型蛾子，一般黑色、暗青色，有红、黄等斑纹，常有金属光泽。触角棍棒状，顶端生一毛丛，很少呈栉齿状。具单眼。本科最显著特征是翅面透明、缺少鳞片，前翅狭长无臀脉。腹部末端鳞片排成扁形，外形似胡蜂。成虫白天活动，飞翔迅速，常到花丛间取食花蜜。幼虫圆柱形，白色或淡青色，腹足趾钩为二横带单序，臀足仅具趾钩一列。幼虫多危害果树及林木，蛀食枝干或树根。常见的有苹果透翅蛾 *Conopia hector* Butler 和葡萄透翅蛾 *Paranthrene regalis* Butler。

(21)举肢蛾科 Heliodinidae　小型的蛾子，翅狭长而尖，多为褐色，前翅外缘常有浅色纹。后足的胫节和跗节有刺毛，静止时后足常竖立在身体的两侧，高出翅背。M_1 与 R_5 共柄。幼虫趾钩环形、单序或双序，蛀果或潜叶，多为果树、林木害虫，如核桃举肢蛾 *Atrijuglans hetaohei* Yang。

(22)细蛾科 Gracilariidae　成虫为微小的蛾子，有灰褐、金黄、银白、铜色等色泽。触角和前翅等长或更长。下颚须、下唇须向上弯曲。前翅中室直长，占翅的 2/3～3/4；Sc 短，R_1 近翅基，M_2 与 M_3 常合成一脉。后翅狭长，如锋状，无中室，前缘近基角膨大。成虫在傍晚飞行，休息时以前足和中足将身体的前部撑起，使身体和所站物面成一角度。触角伸向前方，颇易识别。幼虫头扁平，体长不超过 5 mm。胸足、腹足一般退化，如有腹足，只存在于第 3、4、5 节和第 10 节上，第 6 节上无腹足。趾钩二横带或缺环。幼虫常潜入叶、树皮或果实内危害，如金纹细蛾 *Lithocolletis ringoniella* Matsumura 在我国北方危害苹果、樱桃、梨、桃等多种果树。

(23)潜蛾科 Lyonetiidae　微小蛾子，外形似细蛾科。头有粗鳞毛。触角第 1 节阔大，形成眼盖，静止时覆盖于复眼上半部。后足胫节背面有长刚毛。前翅披针形，尖端常延长，向上或向下弯曲。后翅线状，有长缘毛，无中室。幼虫体扁，胸足 3 对，腹足完整(与细蛾科幼虫腹部第 6 节无腹足不同)或退化，如有腹足，趾钩单序。幼虫多潜入叶组织内危害，如桃潜蛾 *Lyonetia clerkella* (L.)。

(24)菜蛾科 Plutellidae　小型蛾子，成虫在休息时触角伸向前方，极易区分。下唇须向上弯曲，末端甚尖。翅狭，前翅披针形，后翅菜刀形，后翅 M_1 与 M_2 共柄。幼虫细长，通常绿色，腹足细长。趾钩单序或双序，排成一简单的环，或 2～3 列。行动敏捷，常取食植物叶肉。重要害虫有危害十字花科蔬菜的小菜蛾 *Plutella xylostella* (L.)。

1.4.2.7 膜翅目 Hymenoptera

本目包括各种蜂和蚁，体极微小至中等大小，少数为大型种类。主要特征为：口器咀嚼式或嚼吸式；具膜翅两对，后翅小于前翅，其翅缘具翅钩一列以钩住前翅，翅脉相当特化，纵脉很弯曲，有的翅脉非常简单甚至无翅脉；腹部第1节多向前并入胸部，称为并胸腹节，第2节常缩小成细腰，称为腹柄，也有一些种类腹部与并胸腹节相连处甚宽，在分类上把它们分为细腰亚目和广腰亚目两个类群；雌虫具发达的产卵管，常呈锯状或针状，有时变为螯刺；全变态或复变态。幼虫具发达的头，通常无足，体软而色淡，但叶蜂类幼虫具3对胸足及6对以上腹足，腹足自第2节开始有，端部无趾钩，可以与鳞翅目幼虫相区别。蛹为裸蛹，许多种类化蛹于茧中。

本目昆虫食性复杂，很多种类是寄生性的，也有捕食性及植食性种类。从整个目来看，益虫比害虫多，有害种类不多，只有一些食叶的叶蜂和钻蛀树干的茎蜂、树蜂等。有益种类大多是寄生蜂类，在自然界中对抑制害虫的大量发生有重大意义。蜜蜂采集花粉及花蜜，对农作物起到传粉增产的作用，又能为人们生产蜂蜜等产品。本目有些种类如蚂蚁、蜜蜂等有复杂的"社会组织"，在行为方面是特别进化的。

(1)叶蜂科 Tenthredinidae　体较粗短，腹部没有细腰。触角丝状。前胸背板后缘深深凹入，前翅有粗短的翅痣，前足胫节有2个端距，可区别于树蜂、茎蜂，雌虫有锯状产卵器。孤雌生殖在本科中很普遍。成虫以锯状产卵器锯破植物组织，产卵于小枝条或叶内。幼虫形如鳞翅目幼虫，但头部每侧只有1个单眼，除3对胸足外，还有腹足6～9对，腹足无趾钩。幼虫食叶、卷叶、潜叶、蛀果及作虫瘿危害多种作物、果树和林木。常见种类有危害梨树的梨实蜂 *Hoplocampa pyricola* Rohwer。

(2)茎蜂科 Cephidae　小型种类，体细长，腹部没有细腰。触角丝状，15～35节。前胸略呈方形，前翅翅痣狭长，前足胫节具一端距。前翅前缘室狭窄或缺，后翅至少具5个闭室。腹部侧扁，产卵管短，能收缩。体多为黑色，有些种类间有黄色。幼虫无胸足，腹足退化成瘤状。头每侧一个单眼。腹部末端有尾状突起。幼虫钻蛀茎干危害。蛹有薄茧，栖居于幼虫孔道内。我国常见种类有梨茎蜂 *Janus piri* Okamoto et Muramatsu。

(3)姬蜂科 Ichneumonidae　小型至大型，体细长。触角丝状，常为16节或更多。前胸背板伸达翅基片。转节2节。前翅有明显的翅痣，翅近端部有一个特别小的四角形或五角形的小翅室，它的下面所连的一条横脉称第2回脉(recurrent vein)。前翅有小翅室和第2回脉是姬蜂科与茧蜂科的主要区别。腹部细长，常为头胸长的2～3倍；腹部末端纵列，产卵器从末端之前伸出。大部分姬蜂的幼虫为内寄生，少数为外寄生。卵产在鳞翅目、鞘翅目、膜翅目的幼虫和蛹的体内或体外，如寄生于梨小食心虫和梨大食心虫的褐腹瘦姬蜂 *Trathala flavoorbitalis* (Cameron)。

(3)茧蜂科 Braconidae　小型或微小的寄生蜂，体长2～12 mm，有些种类的产卵器与身体等长。触角丝状，不少于16节。特征与姬蜂相似，最显著的区别是没有第2回脉，小翅室多数无或不明显。幼虫为内寄生或外寄生，寄主主要是鳞翅目及鞘翅目幼虫，也有寄生于膜翅目、半翅目和双翅目的种类。常见的有寄生蚜虫的麦蚜茧蜂 *Ephedrus plagiator* (Nees)等。

(5)小蜂总科 Chalcidoidea　体微小至小型，一般体长为0.2～5.0 mm。触角多呈膝状。前胸背板不达翅基片。转节2节。翅脉极少，外观上仅1～2条。产卵器均发自腹端之前。本总科包括许多科，如金小蜂科、赤眼蜂科、跳小蜂科、蚜小蜂科、小蜂科等，多数寄生在其他昆虫各种虫态中，少数为植食性，在植物上形成虫瘿或食害种子。在害虫生物防治中最著名的，也是应用最为广泛的是赤眼蜂科(Trichogrammatidae)。它体型微小,仅长0.3～1 mm,体色有黑、黄、棕等色,触角膝状,翅宽,具长的缘毛,以后翅后缘的最长,翅面上的微毛呈带状排列。全部为卵寄生蜂。

(6)胡蜂科 Vespidae 俗称马蜂或黄蜂,中型至大型,多黄色,有黑色或深褐色斑纹。触角长,前胸背板达翅基片,前翅第1中室通常很长,翅在休息时纵褶,中足胫节有2个端距,爪简单。本科有一些具简单的"社会组织"的种类及独栖种类。有些种类的成虫危害果实,如桃胡蜂 *Vespa mandarinia* Smith,有些为蜜蜂的重要害敌,另有一些有益的种类可捕食多种鳞翅目幼虫。

(7)蚁科 Formicidae 体长2～20 mm,触角常为膝状,部分雄蚁为丝状,雄蚁触角10～13节,工蚁和后蚁10～12节。前胸背板发达,侧观近方形,前胸背板突伸达或几乎伸达翅基片。有翅或无翅,有翅型的后翅无轭叶,具1个或2个闭室。跗节5节。腹部第1节或第1～2节特化成结节状或驼峰状,最易识别。营"社会生活",有明显的多型现象,每一巢中有常具翅的雄蚁和雌蚁以及生殖系统发育不全、常无翅的雌性工蚁,有些种类还有上颚发达的兵蚁。著名种类:黄猄蚁 *Oecophylla smaragdina* (Fabricius)。

(9)蜜蜂科 Apidae 体黑色或褐色,生有密毛,后足具有花粉篮和花粉刷,腹末具螯针。头胸部的毛分枝或羽状,这是本科主要特征。口器嚼吸式。触角膝状,雌蜂12节,雄蜂13节。前胸背板突不伸达翅基片,前翅和后翅均具数个闭室,后翅具轭叶。前足基跗节具净角器,胫节无端距。蜜蜂喜在树洞或岩洞内作巢,巢由腹板上腺分泌的蜡质造成。具有很高的社会性与勤劳习性。一个巢群内,有蜂后(女王)、雄蜂和工蜂3型,蜂后只负责产卵,一切工作由工蜂担任。中国蜜蜂 *Apis cerana* Fabricius 和意大利蜜蜂 *A. mellifera* L. 都是普遍饲养的益虫。

1.4.2.8 双翅目 Diptera

成虫具膜质翅一对,翅脉简单,后翅退化成平衡棒。口器刺吸式、舐吸式或刺舐式。前、后胸小,中胸大。跗节5节。全变态。

本目包括各种蚊、虻、蝇、蠓、蚋,幼虫虽均为无足的蛆式,但头部骨化程度有所不同,蚊类的多有骨化的头骨,为全头型;虻类多头壳背面略骨化,能缩入前胸,称为半头型;蝇类幼虫头部完全不骨化,头不明显或完全无头,只有1～2个口钩,故称无头型。幼虫食性复杂,大致可分为4类:植食性的,幼虫蛀果、潜叶或造成虫瘿等,如实蝇、花蝇、潜叶蝇等;腐食性或粪食性的,取食腐败动植物体和粪便,如毛蚊科等;捕食性的,专食蚜虫和小虫,如食虫虻科、食蚜蝇科;寄生性,可寄生于昆虫或家畜体内。

成虫有吸取动物血液或植物汁液(主要是花蜜)的,也有取食腐败物质的,所以本目昆虫与人类关系甚为密切。

(1)瘿蚊科 Cecidomyiidae 外形似蚊,体小柔弱,触角念珠状,10～36节,每节具环状毛。足细长,被毛和鳞片,胫节无距,具中垫和爪垫。翅宽,翅脉退化,前翅仅有3～5条纵脉,横脉很少或无。成虫一般不取食。幼虫有各种食性:捕食性的,可捕食蚜虫、介壳虫等;植食性的,可取食花、果、茎或其他部分,能造成虫瘿,如柑橘花蕾蛆 *Contarinia citri* Barnes;极少数为腐食性的,取食腐败的植物质。

(2)食虫虻科 Asilidae 又称为盗虻科。中型至大型,体细长多毛鬃。头顶在两复眼间向下凹陷,是本科的重要特征。触角3节,爪间突刺状,腹部细渐尖。翅脉R分为4支,R_1与R_{2+3}于近翅缘处合并,R_4与R_5分别伸至翅缘。成虫捕食各种昆虫,如胡蜂、蝗虫、蝇类等。幼虫生活在土壤、昆虫蛀道、朽木或垃圾中，食软体动物、蛴螬，或寄生直翅目、鞘翅目、双翅目和膜翅目的幼虫，少数幼虫食植物根系。常见的有长足食虫虻 *Dasypogon japonicum* Bigot、中华盗虻 *Cophinopoda chinensis* Fabricius。

(3)食蚜蝇科 Syrphidae　体中型，有的外形似蜂。具黄、黑两色相间的斑纹。触角 3 节，扁形，具触角芒，主要特征是在翅上有一条两端游离"伪脉"位于 R 与 M 之间，端横脉通常与翅缘平行。成虫飞行迅速，常在花上或空中悬飞。幼虫蛆式，很多种类可捕食蚜虫，也有生活于社会昆虫的巢中的或腐食性种类。我国常见的有黑带食蚜蝇 *Episyrphus balteatus* (De Geer)、斜斑鼓额食蚜蝇 *Scaeva pyrastri* (L.)等。

(4)实蝇科 Trypetidae　小型至中型，体常杂有黄、棕、橙、黑等色。头比胸略宽，或几乎等宽；复眼大，单眼有或无；翅上常有褐色斑纹；亚前缘脉的末端几乎呈直角弯向前，随后消失，径脉 3 支直达翅缘，中脉 2 支，其后面有一个带尖角的臀室(A)。幼虫植食性，生活于果实、种子、叶、芽、枝条及茎内和菊科植物的花序内，有些形成虫瘿。本科有不少重要的果实害虫，如地中海实蝇 *Ceratitis capitata* (Wiedemann)，危害柑橘及其他果树，是重要的检疫对象。

(5)潜蝇科 Agromyzidae　体小或微小，长 1.5～4 mm，黑或黄色。触角芒着生在第 3 节基部背面，光裸或具毛。具单眼。C 脉只在 Sc 端部折断 1 次，Sc 退化或端部与 R_1 合并，M 间有 2 个闭室，臀室小。为植食性，幼虫潜叶，取食叶肉而残留上下表皮，造成各种形状的隧道，不少种类危害农作物，如豌豆潜叶蝇 *Phytomyza atricornis* (Meigen)、美洲斑潜蝇 *Liriomyza sativae* Blanchard 等。

(6)果蝇科 Drosophilidae　小型蝇类，体长 3～4 mm，通常淡黄色。头部有许多刚毛。触角 3 节，椭圆形，触角芒羽状，有时呈梳齿状。复眼鲜红色。翅 Sc 和 R_1 很短，前缘脉的边缘常有缺刻。成虫常见于腐败的植物及果子周围，产卵于其中。幼虫孳生于腐败植物质(如水果)中。危害果树的种类有淡黄褐果蝇 *Drosophila suzukii* (Matsumura)，在我国东北危害苹果。

(7)寄蝇科 Tachinidae　小至中型，外形似家蝇，体多毛，暗灰色，有褐色斑纹。触角芒光滑。胸部在小盾片的下方有呈垫状隆起的后小盾片，为本科的主要特征。腹末端多刚毛。中脉第 1 支极度向前弯曲。本科幼虫多寄生于鳞翅目幼虫及蛹内，也可寄生于鞘翅目、直翅目、半翅目等其他昆虫的体内，除少数寄生于家蚕的，多数为益虫。我国农业害虫生物防治的益虫有日本追寄蝇 *Exorista japonica* (Townsend)等。

(8)花蝇科 Anthomyiidae　小至中型，与家蝇和寄蝇相似，体通常黑色、灰色或黄色。翅 M_{1+2} 不向上弯曲。成虫常在花草间活动。幼虫蛆式，大多数属于腐食性，也有一些种类植食性，如种蝇 *Delia platura* (Meigen)，除危害棉、麻、蔬菜外，还危害苹果、梨等果树。

1.4.2.9 脉翅目 Neuroptera

体小型至大型，柔软。咀嚼式口器。触角细长，多节，一般为丝状或念珠状，少数末端膨大，前后翅均膜质而略相似，翅脉网状，在边缘多分叉。少数种类翅脉较简单，但翅覆白粉。跗节 5 节，步行足，仅螳蛉前足为捕捉足。无尾须。全变态。卵多数为长卵形，有的有小突起或有长柄。幼虫有 3 对胸足，捕吸式口器，但上颚与下颚左右各合成尖锐的长管，适于刺入其他昆虫体内吸食体液。蛹为裸蛹，有丝质的茧。本目成虫和幼虫均为捕食性，以蚜虫、介壳虫、粉虱、蚁等小型昆虫为食，多为益虫，少数为寄生或水生。

(1)草蛉科 Chrysopidae　中等大小，多为草绿色、黄色。复眼古铜色或金色，有金属光泽。触角长，丝状。前后翅形状及脉序相似，翅脉绿色或黄色。前翅 Rs 从主干伸出，端部 Sc 与 R_1

不愈合,前缘区横脉不分叉。卵长约 1 mm,有丝质长柄,单个或几个产在有蚜虫的寄主植物上。幼虫又称蚜狮,体纺锤形,两侧多生有瘤状突起。常见种类有大草蛉 *Chrysopa pallens* (Ramber)。

(2)粉蛉科 Coniopterygidae　为脉翅目中体型最小的类群,体长仅 2～3 mm。体及翅上覆盖白色蜡粉。前后翅翅脉简单,到翅缘不再分叉。幼虫纺锤形,头部每侧通常有 5 个小眼合成的单眼。触角 2 节。幼虫捕食粉虱、蚜虫、介壳虫、螨等小昆虫。常见的种类有广重粉蛉 *Semidalis alyerodiformis* (Stephens)。

1.4.3　螨类概述

螨类不是昆虫,但由于其与昆虫近缘,发生危害也类似昆虫,所以植物保护学通常将其与农业昆虫一起讨论。螨类属于节肢动物门 Arthropoda 蛛形纲 Arachnida 蜱螨亚纲 Acari 的一个类群。蛛形纲包括蜘蛛、蝎子、蜱、螨等,体躯分为头胸部及腹部,4 对足,无触角、无翅。蜱螨与蜘蛛的区别在于:蜱螨的头胸部和腹部紧密愈合为一,而蜘蛛的头胸部和腹部有一短柄相连;蜱螨有足 4 对或 2 对,而蜘蛛均为 4 对。蜱螨目通常为圆形或椭圆形,但蜱类体形较螨类为大。蜱类多寄生于各种动物的体外,可传带很多疾病,而螨类则多数是植食性的,对农业生产有害,有些为捕食性的,是捕食植物上害螨的益螨,还有些可寄生于其他节肢动物及脊椎动物体上。

螨类的身体分区不明显,仅能分为颚体与躯体两部分。颚体相当于昆虫的头部,只生有口器。口器由一对螯肢、一对须肢和口下板组成。躯体由生有足的足体(相当于昆虫的胸部)和足后的末体(相当于昆虫的腹部)构成,足体有时又被一缢缝分为生有第 1、2 对足的前足体和生有第 3、4 对足的后足体。足一般由基节、转节、腿节、膝节、胫节、跗节和前跗节组成,跗节末端 1 爪、2 爪或无爪。多数螨类的身上还长有很多刚毛,其数目、位置、长度等常是种类鉴定的依据。

螨类大都营两性卵生繁殖,具有变态,可分为卵、幼螨、若螨(又常分为第 1 若螨期和第 2 若螨期)及成螨几个发育阶段。幼螨只有 3 对足,若螨和成螨具有 4 对足。某些种类,当第 1 若螨期生活在不良条件下时,可转变为特殊的若螨阶段,称为休眠体。休眠体不取食。这些休眠体对高温、低温及干旱具较强的抵抗力,经过几个月甚至几年可以保存生活力,一旦遇到适当的环境条件,休眠体便蜕皮变为若螨,进入第 2 若螨期。与园艺关系密切的重要科大约有 5 个。

(1)叶螨科 Tetranychidae　体微小,体长 1 mm 以下,圆形或卵圆形。雄虫腹部尖削。常为红色或暗红色,有时为黄色或暗绿色。口器刺吸式,口针置于针鞘内。跗爪具黏毛,爪间突有不同形状。背刚毛 24 或 26 根,成横排分布,24 根刚毛的分 6 排(2＋4＋6＋4＋4＋4),26 根的分 7 排(2＋4＋6＋4＋4＋4＋2)。植食性,通常在叶的背面吸取汁液。有些种类在叶面吐丝结网。孤雌生殖或两性生殖。常见的有危害果树的苹果叶螨 *Panonychus ulmi* (Koch)、山楂叶螨 *Amphitetranychus viennensis* (Zacher)等,而棉叶螨 *Tetranychus urticae* Koch 可危害各种蔬菜、果树和大田作物。

(2)苔螨科 Bryobiidae　与叶螨近似。口器刺吸式。须肢的跗节刚毛有 7 根,形态很少变异。背刚毛有 26、30、32 根,分 7 横排,分布在边缘或在虫体的中央;肛门刚毛 3 对。植食性,常单个在叶表面活动,不吐丝结网。常见的有危害苹果、梨的果苔螨(苜蓿红蜘蛛) *Bryobia rubrioculus* (Scheuten)。

(3)瘿螨科 Eriophyidae 仅有足两对,位于体躯的前部,第2对的正后方有横向的生殖孔。口器刺吸式,螯肢针状,藏在槽内,可以伸出;须肢简单,紧贴于颚体。体细长,具许多环纹。足毛简单,跗节具有背毛两根、腹毛一根,跗爪缺如;爪间突由一个放射形的刷状器官代之,在背面,爪间突之上有一根棍状毛。本科很多种类是果树及园林上的重要害螨,多在叶、芽或果实上吸取汁液,常引起畸形或形成虫瘿。常见的有柑橘锈螨(柑橘锈壁虱)*Phyllocoptruta oleivora* (Ashmead)。

(4)跗线螨科 Tarsonemidae 体微小,体长约0.2 mm,卵圆形,多为乳白色至褐色,雌螨比雄螨小。雌螨前足体有圆球形感觉器一对。第4对足很细,末端有两条长毛。雌螨体末端有呈心脏形的生殖乳突。本科螨类以植物、真菌及昆虫为食。有些种类为农业害虫,如危害多种蔬菜的茶黄螨 *Polyphagotarsonemus latus* (Banks)。

(5)植绥螨科 Phytoseiidae 体小,一般椭圆形,白色或淡黄色。须肢跗节上有二叉的特殊刚毛。背板完整,着生有20对或20对以下的刚毛。雌雄成螨腹面都有大型的肛腹板一块,雌成螨还有一块后端呈截头形的生殖板。雌雄两性可根据螯肢区分,雌螨螯肢为简单的剪刀状,雄螨螯肢的跗节生有一个似鹿角的导精趾。本科是重要的捕食性螨类,能大量捕食叶螨和瘿螨,是农业害螨的天敌。最值得注意的是智利小植绥螨 *Phytoseiulus persimilis* Athias-Henriot,从智利引入欧洲、美国,用于防治温室中的害螨。

思考题

1. 简述昆虫主要附器及其功能。
2. 简述昆虫足和翅的主要类型。
3. 简述昆虫体壁的主要功能及其与化学防治的关系。
4. 与哺乳动物相比,昆虫的循环系统有哪些特点?
5. 从相关内部器官的形态和功能角度,阐述陆生昆虫如何适应干燥的环境条件,保存体内水分,求得生存?
6. 取食固体食物和液体食物的昆虫在消化道结构上有哪些不同?
7. 调节昆虫生长发育和繁殖的激素主要有哪几类?
8. 简述昆虫感受器的基本结构及其功能。
9. 神经元有哪几部分构成? 并阐述神经传导的机制。
10. 举例说明全变态和不完全变态昆虫的主要区别?
11. 昆虫的生殖方式有哪些? 在进化上有什么生物学意义?
12. 什么是龄和龄期? 了解龄和龄期有何实践意义?
13. 昆虫的习性有哪些? 举例说明这些习性在害虫防治中的应用。
14. 昆虫分类学的意义和任务分别是什么? 由高到低的分类基本阶元有哪些?
15. 掌握昆虫和螨类与园艺植物有关的重要目、科的分类特征。

2 昆虫的发生与环境的关系

在自然界，昆虫与其周围环境有着紧密的联系。研究昆虫与环境相互关系的科学称为昆虫生态学。它是害虫预测预报和防治的理论基础。有关环境的概念具有很多不同的提法，一般认为环境是指一定时间内对有机体生活、生长发育、繁殖以及对有机体数量具有影响的空间条件，包括有机环境和无机环境。通常所说的环境因子包括生物因子和非生物因子，后者主要包括气候因子和土壤因子等。

2.1 环境因子对昆虫的影响

2.1.1 生物因子对昆虫的影响

影响昆虫的生物因子主要有食物与天敌两方面，包括昆虫的寄主生物、捕食性天敌、寄生性天敌和病原微生物等。生物因子与昆虫之间是协同进化关系。其中，生物因子对昆虫的作用通常受到昆虫种群密度的制约，因此属于密度相关因子。

2.1.1.1 昆虫与植物的关系

植物是植食性昆虫的主要寄主和食物之一。在长期的自然选择过程中，昆虫与植物之间出现了相互选择和适应。如芥子油(mustard oil)是种刺激剂，对动物组织能引起严重伤害，也能抑制菌类生长，但小菜蛾 *Plutella xylostella* L. 和黄条跳甲 *Phyllotreta cruciferae*(Goeze)等却能取食富含这种物质的十字花科蔬菜。植食性昆虫都有其适宜的食物。尽管寡食性或多食性昆虫能够取食多种植物，但每种昆虫都有其最喜好的取食植物。取食嗜好植物时，昆虫表现出发育快、死亡率低、生殖率高等特点。

有些植物品种，由于生物化学特性、形态特征、组织解剖特性、生长发育特征或物候特征等，使某些昆虫趋避产卵或取食、取食后不能正常生长发育或能正常生长发育但对植物不造成危害，即这些植物对昆虫具有良好的适应性。植物这种免受害虫危害的特性，称为抗虫性(plant resistance to insects)。抗虫性是植物与害虫在外界环境条件下长期斗争的结果，表现为不选择性、抗生性(antibiosis)和耐害性。

2.1.1.2 昆虫与动物的关系

在自然界中，昆虫和动物的关系错综复杂。有些动物是昆虫的寄主，对昆虫的影响与寄主植物类似。有些动物以昆虫为食，进而抑制昆虫种群数量的增长。这些食虫动物就是昆虫的天敌(natural enemies)，可分为捕食性和寄生性两类。

捕食性天敌包括捕食性昆虫、蜘蛛、两栖类(蟾蜍和蛙)、蜥蜴、鱼类、鸟类和兽类等,其中种类最多、数量最大的是捕食性昆虫。许多捕食性昆虫已经被用于生产上大面积的害虫防治,如澳洲瓢虫 *Rodolia cardinalis*(Mulsant)被用于防治柑橘吹绵蚧 *Icerya purchasi* Maskell。在捕食作用的长期影响下,被食者也相应地产生了一系列的适应,主要表现为保护色、拟态、多态现象、防御、机械和化学保护作用等。

寄生性天敌主要是寄生性的膜翅目和双翅目昆虫,种类众多,其中生产上大面积用来防治害虫的有赤眼蜂等。

2.1.1.3 昆虫与微生物的关系

微生物广泛分布于自然界中,与昆虫形成复杂的互作关系。微生物不仅侵入昆虫体内寄生,使其发病致死,而且栖息在昆虫肠道中形成共生互利关系,参与宿主的营养消化、免疫、解毒和生殖等重要生命过程,还能以昆虫为媒介完成侵染循环。能引起昆虫感病而大量死亡的微生物称为病原微生物,主要包括病原真菌、病原细菌和病毒等。

1. 昆虫病原真菌

昆虫病原真菌又称虫生真菌,种类多、数量大、生理特性各异、能侵染各类昆虫和昆虫的各个发育阶段。不少种类能大量产生孢子并扩散流行。真菌通常从昆虫体壁侵入,菌丝在体内增殖,然后贯穿各个组织和器官,引起昆虫死亡。有些真菌能分泌毒素使寄主死亡。当昆虫感染真菌病后,常出现行动迟缓、食欲锐减、体表变色等。死于真菌病的昆虫,体表常有不同色泽的霉状物,且尸体都有硬化现象,因此被称为"僵虫"。在自然条件下,真菌病的流行蔓延需要合适的环境条件,主要取决于温度和湿度。在适温和高湿条件下,最易流行。在害虫的综合治理系统中,昆虫病原真菌是一类十分重要的控制因子。其中,应用较为成功的真菌有球孢白僵菌 *Beauveria bassiana*。该菌属于半知菌亚门、丝孢纲、丛梗孢目、丛梗孢科。由于其分布广、寄主多、易于工厂化生产,国内外已广泛用于防治松毛虫、玉米螟和大豆食心虫等 20 多种害虫。

2. 昆虫病原细菌

昆虫病原细菌种类和品系非常多,繁殖极快。尽管不同细菌导致的病理症状不尽相同,但仍有其共同的特征,即当昆虫感病后,行动迟缓、食欲减退、烦躁不安,口腔和肛门常有排泄物等。病原细菌侵入昆虫体腔后导致败血症,死后虫体一般变为褐色或黑色,且大多软化腐烂,内部组织溃烂并带有难闻气味。根据寄主的专一性和作用方式,病原细菌可分为专性病原菌、兼性病原菌和潜在性病原菌等类型。

在已经发现和描述的昆虫病原细菌中,世界产量最大、应用最广泛的为苏云金芽孢杆菌 *Bacillus thuringiensis*(Bt)。Bt 是革兰氏阳性菌,广泛存在于昆虫、植物叶表和根际、土壤、水、仓库粉尘等自然环境中。Bt 对鳞翅目、鞘翅目、双翅目、膜翅目昆虫以及螨类、线虫等均有杀虫活性,具有特异性高、选择性强、对人畜安全等优点,广泛用于粮食作物、蔬菜、瓜果和林木等害虫的生物防治。Bt 形成芽孢时产生的杀虫晶体蛋白(Insecticidal crystal protein,ICPs),被敏感昆虫吞食后,在肠道碱性环境和蛋白酶作用下释放产生活性蛋白,进而与中肠上皮细胞特异受体结合,引起细胞膜穿孔,最终造成虫体死亡。目前世界上已经分离得到 Bt 菌株超过 4 万株,分离和鉴定了 800 多个 ICPs 基因。此外,大量转基因 Bt 工程菌被构建,成为第三代 Bt 产品。目前,利用 ICPs 基因开发的转 *Bt* 基因抗虫棉,已在生产上广泛推广应用。

3. 昆虫病毒

病毒是一类比较原始的、具有生命特征的、能自我复制和专性活细胞内寄生的非细胞生物。一种病毒只含有一种类型的核酸：脱氧核糖核酸(DNA)或核糖核酸(RNA)。完整的、有感染力、能增殖的病毒颗粒又称为病毒粒子(virion)。昆虫病毒粒子一般呈球形、杆状等，由核酸及其外面包被的蛋白质衣壳(capsid)组成，形成多边形或多角形的包含体、裸露或被囊膜(envelope)包裹。昆虫感染病毒后，通常表现食欲减退，腹足紧抓树梢下垂而死，虫体内部组织解体液化，破皮后流出大量病毒液体，无异味。

昆虫病毒具有较强的寄主特异性，对人畜和天敌安全。在应用上，一方面在大力开发利用昆虫病毒资源来防治害虫。病毒制剂已成为一种新的生物杀虫剂，在害虫综合防治中发挥越来越大的作用，如斜纹夜蛾核型多角体病毒(nuclear polyhedrosis viruses 或 nucleopolyhedrovirus, NPV)制剂等。另一方面，也在加强研究家蚕、蜜蜂等有益昆虫的病毒病防治。此外，随着分子生物学的发展，以杆状病毒为表达载体、昆虫或昆虫细胞为受体的基因工程病毒杀虫剂研究也进展迅速，前景广阔。

2.1.2 气候因子对昆虫的影响

气候因素是重要的非生物因子，对昆虫具有极为重要的生态学意义。气候不仅直接影响昆虫本身，而且对其他环境因素也有很大影响。气候因子包括温度、湿度、降水、光、气流、气压等，其中以温度和湿度的影响最大。

2.1.2.1 温度

1. 温度对昆虫的生态学意义

昆虫是变温动物，维持其体温的热能主要来自太阳辐射热。虽然昆虫新陈代谢能产生一定的化学热，但远不足以让其能调节和保持体温，这导致昆虫体温随周围环境温度的变化而发生变动。由于昆虫生命活动要在一定的温度条件下才能实现，因此温度不仅是昆虫进行生命活动的必需条件，也是对昆虫影响最为显著的气候因子。

昆虫对温度的反应如图 2-1 所示。昆虫的生长发育、繁殖等生命活动在一定的温度范围内进行，这个范围称为昆虫的适宜温区(optimal temperature range)或有效温区(effective temperature range)。不同昆虫的适宜温区不同，在 8～40 ℃。在有效温区内包括最适于昆虫生长发育和繁殖的温度范围，称为最适温区，在 22～30 ℃。此外，还包括低适温区在 8～15 ℃；高适温区在 35～40 ℃或更高些。

昆虫能生存和活动的最低温度，称为发育起点(threshold temperature)，又称最低有效温度(minimum effective temperature)、临界低温点(critical cold point)和发育零点(development zero)等。昆虫在发育起点以下的一定温度范围内并不死亡，但因温度低而呈昏迷状态(chill coma)或体液开始结冰。此时温度如能在短时间内上升到适宜温区，昆虫仍可恢复生长发育；如持续时间过长，则有致死作用。这个温度范围被称为停育低温区或亚致死低温区(zone of low sublethal temperature)。温度再下降，昆虫因过冷而死亡，该温度范围称为致死低温区(zone of low lethal temperature)。

昆虫在高温范围活动异常增加，到高温临界(critical high temperature)以上则发育停滞，此温度范围被称为停育高温区或亚致死高温区(zone of high sublethal temperature)。如温度再升高，昆虫因过热而死亡，即进入致死高温区(zone of high lethal temperature)，在 45 ℃以上。

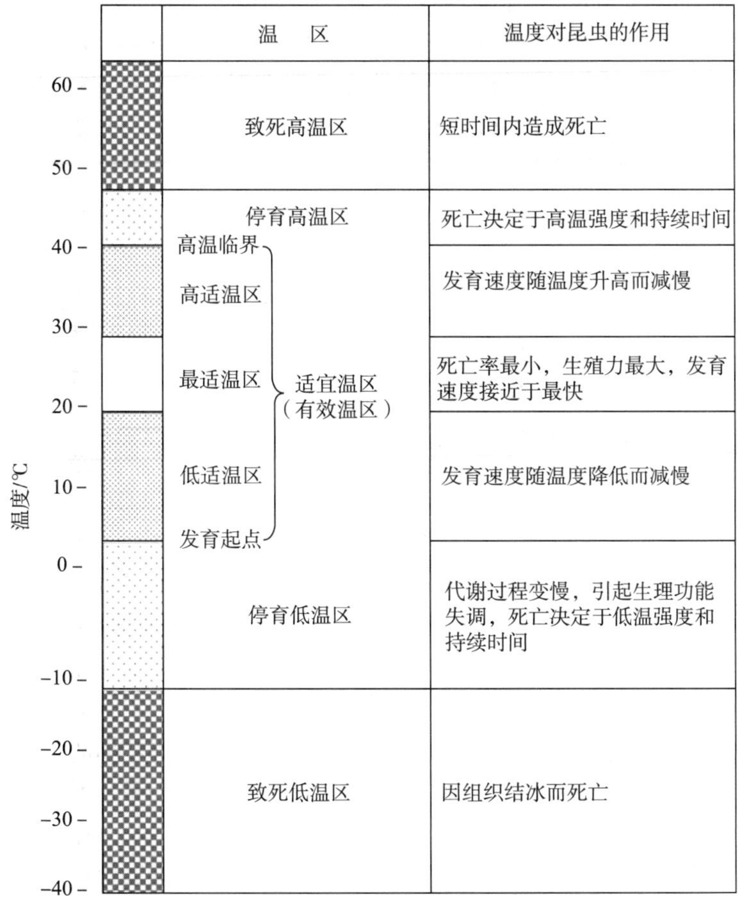

图 2-1 温区的划分和温带地区昆虫对温度的反应

2. 温度对昆虫发育的影响

在一定温度范围内，昆虫的发育速率和温度成正比，温度增高则发育速率加快(图 2-2)，而相应的发育所需时间则缩短，即发育时间和温度成反比。

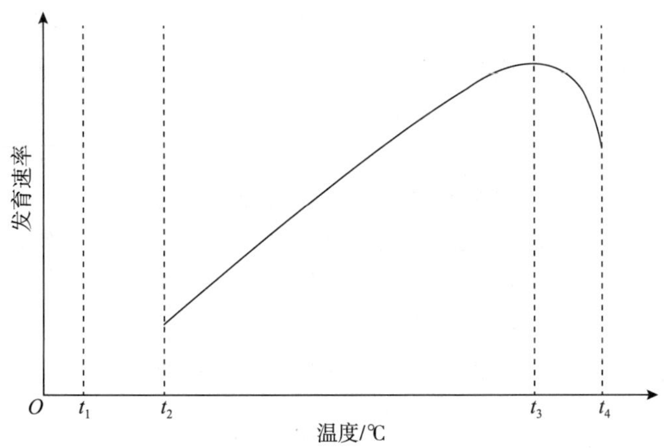

图 2-2 变温动物发育速率与温度的关系模式图

昆虫完成一定的发育阶段(一个虫期或一个世代)需要一定的热量累积,并且完成一个阶段所需的温度累积值是一个常数,这就是有效积温法则(law of effective accumulated temperature)。应该指出的是,对昆虫发育起作用的温度是发育起点以上的温度,即有效温度(effective temperature),有效温度的累积值称为有效积温(effective accumulated temperature),以日度为单位,可以用下面的公式表示:

$$K=N(T-C) \text{或}$$

$$N=\frac{K}{T-C}$$

式中:K 为有效积温,日度或小时度,为一个常数;N 为发育历期,天或小时;T 为实测的温度,C 为发育起点温度,$(T-C)$为发育平均有效温度,℃。

发育速度 V 是 N 的倒数,如果将 N 改为 V,则得到:

$$V=\frac{T-C}{K} \text{或}$$

$$T=C+KV$$

生态学上常根据在不同温度下,昆虫完成阶段发育所需时间的观测值,用"最小二乘法"求出昆虫某阶段发育的起点温度 C 和有效积温 K 值。同样,知道昆虫某阶段发育的起点温度 C 和有效积温 K 值后,就可以根据环境温度确定昆虫的发育速度。推算获得有效积温和发育起点温度后,可用来推测一种昆虫在不同地区可能发生的世代数,估计昆虫的地理分布界限,预测害虫的发生期等。有效积温在应用时需注意可能出现的偏差现象。

3. 温度对昆虫其他方面的影响

温度对昆虫的生殖、寿命、活动等方面都有影响。温度对昆虫生殖的影响也是多方面的,不仅影响昆虫的交尾和产卵,还影响昆虫繁殖的数量。昆虫的生殖力在适温范围内一般随温度升高而增强。过低温度可致使成虫性腺不能成熟或不能进行性活动而减少产卵;过高温度常引起不孕,特别是雄性不育。一般情况下,昆虫的寿命随温度的升高而缩短。在适温范围内,昆虫的活动速度亦随温度升高而增强,尤以飞行对温度的反应更为敏感。此外,温度也是影响昆虫分布和区系构成的重要因素之一。

2.1.2.2 湿度

广义上,湿度问题就是水的问题。水是生物体进行生命活动的基础。昆虫的一切新陈代谢活动都以水为介质,如体内营养物质的输送、代谢产物的转运、废物的排除和激素的传递等都只有在液体状态下才能实现。昆虫和其他陆生动物一样,主要从周围环境中获得水分,包括从食物中直接获取水分、直接饮水和通过体壁吸收水分等。此外,昆虫还能利用有机物质在消化过程中分解时所产生的水分。昆虫主要通过排泄作用失去水分,其次是通过体壁和气门散失水分。陆生昆虫,尤其是干旱地带的昆虫,为了保持体内生存必需的水分,在形态、生理和习性上产生了各种适应性变化,包括加厚体壁和增加蜡质,以增强体壁不透水性;增强直肠垫回收水分的作用,避免在排泄粪便时大量失水;关闭部分气门,减少呼吸失水通道;寻找湿度适宜的栖境等。

1. 湿度对昆虫的影响

湿度主要通过影响虫体含水量和水分平衡,引起虫体的体温和代谢速度等变化,进而影响昆虫存活、生长发育和繁殖。昆虫在孵化、蜕皮、化蛹和羽化时，新生表皮的保水能力较差，如果环境湿度过低，往往会导致其大量失水而死亡。此外，干旱会影响昆虫的性腺发育，也能影响昆虫的交尾、雌虫的产卵量和昆虫在土壤中化蛹的羽化率。

2. 降水对昆虫的影响

大气中的湿度高低主要取决于降水，而小气候的湿度还与河流、灌溉、地下水和植被状况等有着密切关系。因此，某一地区的湿度情况常由该地区的降水量来确定。降水属于不稳定因素，不仅因地理区域不同而存在较大差异，而且即使在同一地理环境，不同时间段的降水量亦有较大变化。降水除了可以通过改变大气或土壤的湿度来影响昆虫外，还能对昆虫造成直接的机械杀伤作用，如大雨或暴雨对昆虫的卵和初孵幼虫、蚜虫和蓟马等小型昆虫、以及飞蛾等冲刷致死。毛毛细雨对昆虫活动的影响较小，大雨常阻止昆虫的活动。

2.1.2.3 温湿度的综合作用

1. 温湿度系数及其应用

在自然界中，温度和湿度总是同时存在，相互影响，共同作用于昆虫。温度和湿度的联合作用较为复杂，不同的温湿度组合对昆虫的孵化率、幼虫死亡率、蛹羽化率和成虫产卵量等影响程度各不相同。对一种昆虫来说，适宜的温度范围可因湿度条件变化而发生改变；反之，适宜的湿度范围也因温度的变化而变化。在评价温湿度对昆虫的综合作用时，常采用的指标是温湿度比值，即温湿度系数(temperature-humidity index)，其计算公式为：

$$Q=\frac{P}{\sum T}\text{或}Q=\frac{RH}{T}$$

式中：Q 为温湿度系数，P 为降水量，$\sum T$ 为有效积温，RH 为平均相对湿度，T 为平均温度。

温湿度系数的应用必须限制在一定的温度和湿度范围内，因为不同的温湿度组合可能得到相同的温湿度系数，但不同组合对昆虫的作用存在较大差异。

2. 气候图及其应用

为了研究温湿度组合对昆虫地理分布和发生量的影响，可以根据一年或数年中各月温湿度组合来绘制气候图(climatic graph)，借以研究温湿度对昆虫数量和地理分布的影响。绘制气候图时，以纵轴代表月平均温度，横轴代表月总降雨量或平均相对湿度，将一年 12 个月的温湿度组合用线连接起来，注明月份即制成气候图。通过气候图不仅可以比较不同地区气候条件的差异情况，还能分析昆虫在新地区分布的可能性和不同年份的发生数量。由于气候图只是根据温度和湿度 2 个因素绘制，所以在应用上有一定局限性。

2.1.2.4 光对昆虫的作用

光可以直接影响昆虫的生长发育、生殖、存活、活动、取食和迁飞等，其中主要影响昆虫的活动和行为，协调昆虫的生活周期。光对昆虫的作用主要取决于光的波长、光周期、光的强度和辐射热。昆虫能感受的光谱范围在 250～700 nm，但不同种类的视觉光区存在差异。许多昆虫都有趋光性，并与光的波长有密切关系。据此，人们利用昆虫对光波的选择性，设计诱虫灯诱杀害虫。光周期的变化能对昆虫的滞育和世代交替产生影响。光强不仅对昆虫的活动有明显的刺激或抑制作用，还能控制不同昆虫的昼夜活动节律。

2.1.2.5 风对昆虫的作用

风对昆虫的扩散与迁飞等活动具有显著的影响。许多昆虫主动或被动借助风力进行长距离传播。昆虫的迁飞，尤其是小型昆虫如褐飞虱 *Nilaparvata lugens*（Stål）等长距离迁飞明显受台风和季风的影响。风对昆虫地理分布的影响主要表现在飞行的类群上，经常刮大风的地方，无翅型昆虫比例高。此外，风还与蒸发量的关系密切，可对环境温湿度产生影响，进而影响昆虫。

2.1.3 土壤因子对昆虫的影响

土壤是一类特殊的生态环境，是自然界植物赖以生长的基础。大约有98%以上的昆虫种类在生活史中都与土壤发生或多或少的联系，有些昆虫终生生活在土壤中，有些昆虫以一个虫期或几个虫期生活在土壤中。土壤是由固体相（岩粒、土粒等）、液体相（水）和气体相（空气）组成，这三种状态的不同组合构成了土壤不同的特性，并影响着生活在土壤中的昆虫。

2.1.3.1 土壤温度

土壤温度主要来自太阳的辐射热，而土壤中有机质的腐烂也可产生少量的热量。土壤温度对昆虫的影响作用与气温的基本相同，但土壤温度的变化与气温的变化不完全一致，并受土层深度、土壤性质、坡度和方向、以及植被等影响。白天太阳照射土表，热由土表向土下传导，晚上土表辐射散热。土壤表层温度变化大，随着土壤深度增加而变化趋小。在离土表1 m深处，昼夜几乎没有温差。土栖昆虫在土中随着适温层的变化而垂直迁移。秋季温度下降，向下迁移，气温越低潜伏越深；春季天气渐暖，向上移动。

2.1.3.2 土壤湿度

土壤湿度包括土壤水分和土壤缝隙内的空气湿度，主要来源为降水和灌溉。土壤空气中的湿度，除表层外总是处于饱和状态，因此土栖昆虫不会因湿度过低而死亡。许多昆虫的不活动期（如卵、蛹）常常以土壤作为栖息地，避免了大气干燥的不利影响。

土壤的干湿程度影响着土栖昆虫的分布和危害。如细胸金针虫 *Agriotes fuscicollis* Miwa主要分布在含水量较多的低洼地，沟金针虫则主要分布在旱地草原。在春季干旱年份，如果土壤表层缺水，会影响沟金针虫幼虫的上升活动。但对多数土栖昆虫来说，土壤水分过高，不利于其生活。

2.1.3.3 土壤化学特性和结构

土壤因氢离子和氢氧根离子含量不同，表现出不同的酸碱度。据此，土壤可分为酸性土、中性土和碱性土。土壤的酸碱度会影响昆虫的分布。土壤的其他化学特性，如含盐量等对昆虫的分布也有影响。此外，土壤的有机质含量和腐熟程度，对土栖昆虫的分布、种群数量和种类组成具有较大影响。

根据组成颗粒的大小，土壤可分为沙土、壤土和黏土等类型。土壤的机械组成主要影响土栖昆虫的种类分布和活动。如葡萄根瘤蚜 *Daktulosphaira vitifoliae* Fitch 能在结构疏松的团粒土壤和石砾土壤中严重危害葡萄根部，因为土壤中的空隙为1龄若虫活动与蔓延提供了足够空间。蝼蛄喜欢生活在含沙质多且湿润的土壤中，尤其是经过耕犁而施有厩肥的松软土壤，而在黏性大且板结的土壤中则少有发生。

2.2 昆虫的种群与群落生态

2.2.1 昆虫种群生态

2.2.1.1 种群的定义

种群(population)是指在特定的时间里、占据一定空间的同种个体的集合,是物种存在的基本单位。种群不是同种个体的简单叠加,而是通过种内关系组成的一个有机统一整体。同一种群内的个体之间较不同种群的另一些个体更为密切。种群是一个自动调节系统,通过自动调节,使其能在生态系统内维持自身的稳定性。在自然界,种群是物种存在和物种进化的基本单元,也是生物群落和生态系统的基本组成单元。种群既反映了构成该种群个体的生物学特征,包括出生(或死亡)、寿命、性别、年龄(虫态或虫期)、基因型、繁殖和滞育等性状,又具有群体的生物学属性,包括出生率(或死亡率)、平均寿命、性比、年龄组配、基因频率、繁殖率、迁移率和滞育率等,反映了群体的概念,是个体相应特征的统计量。此外,种群作为更高一级的结构单位,还有个体所不具备的特征,包括种群密度(数量)和数量动态、种群的集聚和扩散、空间分布型等。

2.2.1.2 种群的数量动态特征

昆虫种群数量的变动特征主要包括种群密度、出生率、死亡率、增长率、迁移率和种群平均寿命等。

1.种群密度

种群密度指单位空间内同种昆虫的个体数,通常用单位面积或单位植物上的昆虫个体数表示,如每平方米虫数、每株虫数、百丛虫数和百叶虫数等。

2.出生率

出生率是种群数量增长的固有能力。在没有任何生态因子限制且只受生理状况影响的理想条件下,种群的最高出生率称为生理出生率,这是一个理论常数。在特定的生态条件下的种群实际出生率称为生态出生率,又叫实际出生率。出生率常以单位时间内种群新出生的个体数表示,也有以单位时间内平均每个个体所产生的后代个体数来表示,这种出生率又称特定出生率。

3.死亡率

昆虫个体死亡对种群数量的影响常用死亡率或存活率来描述。死亡率也有生理和生态死亡率(或存活率)之分。在理想条件下,种群每个个体都是自然老死的死亡率称为生理死亡率,又称最低死亡率,为理论常数。在实际生态条件下的死亡率称为生态死亡率,或实际死亡率,其数值随生态条件变化而不同。死亡率常以单位时间内种群死亡的个体数表示,也有用特定时间内种群死亡个体数与种群总虫体数之比来表示。种群存活率是指单位时间内种群存活的个体数或特定时间内种群存活个体数与种群总虫体数之比。

4.种群增长率

种群增长率是指在特定生态条件下特定时间内种群的消长状况,可通过种群出生率减去死亡率计算得到,用 R_0 表示,称为净增殖率。在理想环境条件下,允许种群无限制增长时的种群出生率称为内禀自然增长率(intrinsic rate of natural increase)。对于一个年龄结构稳定的种群,内禀自然增长率是一个常数,用 r_m 表示,称为种群的生殖潜能。

5. 迁移率

迁移率是指在一定时间内迁出和迁入个体数量之差占总体的百分率。昆虫个体尤其是具翅成虫的活动性,常影响一个地区的种群数量变动。一般情况下种群无明显的扩散和迁移,其迁移率可视为零。

6. 种群平均寿命

种群的平均寿命就是种群所有个体寿命的平均值。种群的生理寿命指在理想条件下,所有个体都是自然老死时的种群平均寿命;种群的生态寿命是指在特定生态条件下的种群平均寿命。

2.2.1.3 种群的结构特征

种群由许多个体组成,因此个体状况不同,种群的组成也就不同。昆虫的种群结构即昆虫种群的组成,是指种群内在形态、生物学特性、或对环境适应能力等方面不尽相同的各类个体群在总体中的比例分布。昆虫的种群组成特征主要有性比和年龄组配。对某些具有多型现象的昆虫来说,其各型个体的比例也是种群结构的重要指标。

1. 性比

性比(sex ratio)就是一个种群内雌雄个体的比率。就大多数昆虫的自然种群而言,雌雄个体的比率接近 1∶1。在环境异常或营养不佳等情况下,种群正常的性比会发生变化。有些昆虫一生能多次交配,即一头雄虫常可与多头雌虫进行有效的交配,此时种群中雌性个体数量可能显著大于雄性个体数量。有些昆虫(如蚜虫、介壳虫、螨类等)可营孤雌生殖,在全年的大部分时间只有雌性个体存在,而雄性只在短暂的有性生殖阶段出现。对于这类昆虫,在进行种群组成分析时,可以不考虑其性比。

2. 年龄组配

年龄组配(age structure)是指种群内各年龄组(不同发育阶段或同一发育阶段不同发育进度)的相对百分比。种群的年龄组配随着种群的发展而变化。对于连续增长且世代重叠的种群来说,年龄组配是反映种群发育阶段,预示种群发展趋势的一个重要指标。同样,昆虫种群中成虫的性比、滞育个体比率和处在生殖阶段的个体数量等,对于昆虫种群的数量动态也有重要影响。

2.2.1.4 种群的增长模型

在特定的环境条件下,种群的数量动态会呈现出规律性变化。这是种群发生的出生、死亡、迁移等生态过程,以及种群遗传特性和种群结构对数量影响的综合表现。目前用来描述昆虫种群随时间而增长的理论模型主要有不连续增长和连续增长两大类。

1. 不连续增长模型

对于一年只发生一代或者世代分明的昆虫,其种群增长规律可用如下数学模型描述:

$$N_{t+1} = R_0 N_t$$

式中:N_t 为第 t 世代的种群数量;N_{t+1} 为第 $t+1$ 世代的种群数量;R_0 为净增殖率。

2. 连续增长模型

对于发生世代重叠的昆虫,通常用连续增长模型来描述,即表达的生长曲线是连续的。根据环境有无限制作用,连续增长模型又可分为两种情况。一种是在无限环境中的增长模型。这类模型假定环境对种群的增长没有限制,可用如下数学方程描述:

$$N_t = N_0 e^{rt}$$

式中:N_t为在时刻 t 的种群数量;N_0为种群数量的初始值;t 为时间;r 为种群的内禀自然增长力。该方程表达的是指数增长(exponential growth),即"J"形增长曲线(图 2-3)。常常适用于生活周期很短、繁殖很快的蚜虫和蓟马等昆虫及螨类。对其他昆虫在一定时间间隔内有时也有应用这类模型。另一种是在有限环境中的增长模型。在实际环境中,昆虫种群生活的空间和资源往往是有限的。随着种群数量的增加,种内竞争加剧,种群死亡率增加而繁殖率减少,种群增长率则相应降低。当种群数量达到环境资源所能维持的最大限度时,种群不再增长,即增长率为零。可用如下数学模型描述:

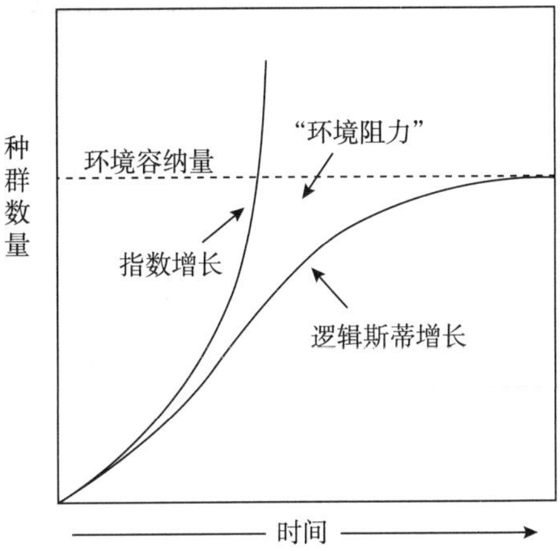

图 2-3 种群的连续增长模型

$$N = \frac{K}{(1 + e^{a-rt})}$$

式中:N 为种群数量;K 为环境容纳量(carrying capacity),即 N 的上限;r 为种群实际增长率;t 为时间;a 为模型参数。这就是著名的逻辑斯蒂方程(logistic equation),表达的是"S"形增长曲线(图 2-3)。当 $N<K$ 时,种群增长;$N>K$ 时,种群衰退;$K=N$ 时,种群稳定。这表明种群密度和增长率之间存在反馈调节效应。

2.2.1.5 种群的生态对策

在自然条件下,有机体所处的环境条件各不相同。就稳定程度而言,有的极为短暂,有的相对持久(如热带雨林等)。在这些生境中的昆虫也向着两个不同方向演化。一个极端是有机体体型往往较大,寿命和世代较长,繁殖能力较小,具有完善的后代保护机制,种群有可能达到近似于环境容纳量(K)的水平。这类有机体适应于较为持久的栖境,称为 K 类有机体或 K-对策者(K-strategic)。另一个极端是有机体体型往往较小,寿命和世代较短,繁殖能力强,但没有完善的后代保护机制,因此子代死亡率高,具有较强的扩散和迁移能力。这类有机体适应于多变、短暂的栖境,被称为 r 类有机体或 r-对策者(r-strategic)(表 2-1)。根据种群的不同生态对策,可制定相应的害虫防治策略。

2.2.2 昆虫群落生态

2.2.2.1 群落的定义

群落(community)是在一定空间或一定的生态环境里各种生物种群相互松散结合的群体单元。在由群落及其赖以生存和活动的无机环境通过物质、能量和信息的流动而组成的生态系统(ecosystem)中,群落是所有生命部分的组合,包括植物、动物和微生物等各个物种的种群。每个群落都有其分布区,而且形成具有一定完整性的结构,可相对独立区别于邻近的群落。

表 2-1　*k*-对策者和 *r*-对策者的特征

项目	*K*-对策者	*r*-对策者
气候条件	稳定的或可预测的	多变的或不可预测的
死亡率	较为直接的,密度制约的	常常是灾变的,非密度制约的
存活曲线	Deevey 氏Ⅰ或Ⅱ型	Deevey 氏Ⅲ型
种群大小	不随时间变化,平衡态达到或接近环境容纳量	时间上可变,非平衡态远远低于环境容纳量
	饱和状态	群落的不饱和部分
	不必重新形成	生态真空,每年需重新形成
种内和种间竞争	通常是激烈的	通常为松弛的
选择有利性	1. 发育较慢,竞争力强	1. 发育较快,竞争力较弱
	2. 资源阈值低	2. 高繁殖力
	3. 繁殖延迟	3. 繁殖早
	4. 体型较大	4. 体型较小
	5. 繁殖多次	5. 繁殖一次
寿命	较长,通常长于 1 年	短,通常短于 1 年
导致	繁殖效率低	高效繁殖

在一个群落中,各个种群不是孤立地偶然散布在一定的空间范围内,而是通过食物和能量转换的联系,形成复杂而有序的关系。因此,群落的特征绝不是其组成物种或种群特征的简单总和。群落有其特有的一些特征,包括物种的多样性和相对丰富度、群落的优势种、群落的生长形式及其结构、群落的营养结构和群落演替等。

2.2.2.2　群落的组成和结构

1. 群落的结构和分化

群落的物种结构和物种丰富度不但是群落分类的依据,而且还体现了群落与环境的关系。大多数群落都有垂直分化或分层现象,即在不同的水平高度分布着不同的物种,物种的垂直分布主要决定于生境小气候与食物的选择。如在森林中,就昆虫种群分布来讲,危害树冠部分的大多是食叶性鳞翅目和吸汁性半翅目昆虫,危害树干的为蛀茎的鞘翅目、膜翅目昆虫,而蚂蚁、跳甲、步行虫等种类主要栖息在地表的枯枝落叶层。在自然群落中,由于亲代的散布、环境的差异、种间相互关系等原因,使得物种形成明显的水平分化。此外,群落中的物种,在时间上也会有一定的分化。如在同一块田里,不同季节的昆虫群落结构不同。

2. 生境梯度和种群的分布

生境又称栖境(habitat),指有机体的生活栖息场所。一般生境的生态梯度包括海拔、温度、湿度、土壤、风和光等因素。在生境梯度中,不同植物的分布经常影响动物的分布,而昆虫的分布则更易受到其栖息地和食物即植物分布的影响。在群落中,由于生境梯度与物种生物学特征的不同,物种的种群空间分布格局主要有三类:第一类是物种交错重叠、相互制约;第二类为物种间产生明显的分界线,互不干扰;第三类是有些物种相互交错,而有些物种则具有明显分界线。由此,可从群落内物种结构的不同来比较生境的相似程度,并作为划分自然环境的指标。

3.群落中物种数量分布及其决定因素

一个群落通常由多个物种组成,其性质不仅取决于各物种的质的特征,而且取决于量的特征。量的特征包括物种数量和各物种种群中的个体数量。在群落中,决定量的因素有:历史因素、潜在移居物种的数量、与潜在移居物种原居住地的距离、环境容纳量的大小、物种间的相互关系等。其中,潜在移居物种相关的因素为重要的外因,涉及物种的来源,而环境容纳量和种间关系则是群落本身结构与环境关系的问题,前者是自然资源的质和量,后者是生物物种之间的相互联系。

在考虑物种数量的同时,还需考虑每个物种的个体数量。自然资源的质和量是一个极为重要的影响因素,即环境资源对这些物种的负荷量。就环境资源的质方面,其幅度影响所负荷的物种数量,而环境资源量的幅度则影响着每一个物种种群的大小,即个体数量的多少。

4.物种在群落中的重要性

生态位(niche)是指有机体所占的物理空间在其所处群落中的功能与地位,其中特别强调该物种与其他物种的营养关系。生态位是物种的特性,每个物种都有一定的生态位。在生态位中,垂直高度、时间分化、被捕食者的大小等都是群落中每个物种生存所需选择的生态特征。众多生态位的梯度特征组成了群落的超维空间(hyperspace)。每个群落中的每个物种都占据了生态位超维空间中的一小部分,形成所谓的物种超体积。这些物种的超体积中心都散布在生态位超维空间之内。群落中经常有些重要的优势种(dominant),在群落中起着关键性作用,不仅在群落中占有广泛的生态位、利用较多的资源,而且生物量多、个体数量高,体现了群落较大部分的生产力和能量流。优势种是群落的分类依据之一。

2.2.2.3 群落的发展和演替

1.群落演替的类型

群落的生态演替又称群落演替(community succession),是指群落经过一定的发展历史时期以及物理过程和环境条件的改变,从一种群落类型转变成另一种群落类型的顺序过程。群落的演替在时间、空间上是不可逆的,具有定向性。在生态学中,研究群落演替具有十分重要的理论和实际意义。根据群落演替的机理和规律,可通过适当人为干预,使群落朝着有利于人类的方向发展。

根据演替出现的起始点,可以将群落演替分为两种类型。一种是演替发生在从未占据过的区域。这种演替通常发展较慢,称为初级演替或原生演替(primary succession)。另一种是发生在曾被占据过但已经被移走的区域。这种演替发展较快,称为次级演替或次生演替(secondary succession)。园艺生态系统中的群落演替,一般都是次级演替,如果园的建立。

2.群落演替的过程

群落的演替过程可以分为三个阶段。首先,侵入定居阶段。一些先锋物种的最先进入并获得成功,从而改善小气候、改变土壤结构和营养状况等,对以后相继进入的物种起着极为重要的作用。其次,竞争平衡阶段。当有一定数量的物种进入后,资源的利用由不完善发展到尽可能地利用,种内种间的竞争由激烈逐渐趋于平衡。最后,顶极平衡阶段。优势种的特征已相对地稳定下来,群落与环境之间保持着动态平衡。

3. 群落演替的顶极

生态系统中，群落演替到达最后阶段则趋于稳定，形成所谓的顶极群落(climax community)。顶极群落具有物种种类最多、结构最完善、总生物量最高、信息最丰富、稳定性最强等特性。

2.3 生态系统与园艺生态系统

2.3.1 生态系统

生态系统(ecosystem)是指在一定时空范围内所有生物与其环境之间通过物质循环、能量流动和信息联系等过程所形成的统一的有机整体。生态系统是开放系统，需要不断输入能量来维系自身的稳定。生态系统虽然具有自我调节能力，并在一定时期内处于相对稳定的动态平衡状态，但其调节能力是有限的。当外界干扰超过限度时，生态系统就会遭到破坏。

生态系统的范围可大可小，相互交错。无论大小，生态系统都是由生物与无机环境共同构成。其中，各种生物按照在生态系统中的地位和功能可分成生产者(producer)、消费者(consumer)和分解者(decomposer)。生产者是能从简单的无机物制造食物的自养生物，包括绿色植物、藻类以及光合细菌和化合细菌等，是生态系统的基本成分。绿色植物不仅通过光合作用将太阳能固定为生物能，输入生态系统，还能为其他生物提供栖息和繁殖的场所。消费者是直接或间接利用生产者所制造的有机物质作为食物的异养生物，主要包括各种食草和肉食动物以及某些寄生微生物。消费者虽然不是生态系统的必要成分，不能为生态系统制造有机物和能量，但能推动系统的物质循环和能量流动，有效控制生产者数量以维持在环境可承受范围内，并有助于生产者传粉受精和种子传播。分解者是特殊的异养生物，能将死亡的生物残体逐步分解为简单化合物或无机物，释放回到环境中供生产者重新利用，完成物质的循环。分解者主要包括细菌、真菌、原生动物，也包括腐生性生物如白蚁和蚯蚓等，是生态系统的必要成分。生产者、消费者和分解者之间相互关联、相互依存。生产者和分解者是联系生物群落和无机环境的桥梁纽带；生产者与各级消费者以取食关系建立的食物链(food chain)和食物网(food web)是物质循环和能量流动的渠道。食物链中的每个环节称为营养级(trophic level)。植物为第一营养级，昆虫往往处于第二、三级，是食物链中极其重要的组成部分，起到承前启后的作用。当食物网的某个环节受到破坏，特别是起点第一营养级和某些重要的中间营养级，就会影响到整个食物网的种类及种群数量变动，并通过食物网之间的间接关系而影响整个生物群落，最终影响整个生态系统，可能导致生态平衡的失调。

无机环境包含所有的非生物物质与能量，如水、矿物质、有机物、空气及太阳能等基础物质。无机环境是生态系统的基础，直接决定了生态系统的复杂程度以及其中生物群落的丰富度。生物群落在生态系统中能反作用于无机环境，一方面不断适应环境，另方面在改变着环境，如生物群落的初生演替能促进生态系统的发育与演变。

生物与生物之间、生物与无机环境之间的共同演化形成生物多样性，即物种多样性、遗传多样性和生态系统多样性。任何生物都赖以适宜的环境才能生存，因此生态系统多样性是物种多样性和遗传多样性的保证。生态系统按环境成分的性质，可分为陆地生态系统和水生生态系统；按生物成分的类别，可分为植物生态系统、动物生态系统、微生物生态系统和人类生态系统;按人类对生态系统的影响,可分为自然生态系统和人工生态系统,其中人工生态系统又可分为农业、城市等生态系统。

2.3.2 农业生态系统

农业生态系统(agricultural ecosystem 或 agroecosystem)是人类从事农业生态活动所形成的生态系统。广义的农业生态系统包括种植业、饲养业和农畜产品加工业等活动所形成的系统。狭义的农业生态系统是以农作物群体为中心,形成作物—害虫—天敌—微生物—环境系统,如稻田生态系统、菜地生态系统、果园生态系统等。

农业生态系统是在人类农业生产活动的主动干扰下,其目的为了获取最大的生产力,并以在生产量最大时中断物质循环与能量流动为特征。与自然生态系统相比,农业生态系统的净生产量较高,但由于栽培植物种类单一、生长时间相对较短,加上耕作、灌溉、施肥和施药等农事操作极大改变原来的化学和物理环境,导致系统中生物多样性低,食物链简单,生物群落演替时间短或不连续,系统的自我调节能力和稳定性差。同时,人类为满足不断增长的对农产品的需求,通过减少作物的竞争者和消费者来创造有利于作物生长的环境,却极大降低了生态系统对害虫的自然制约能力。此外,土壤改良和作物良种繁育,不仅提高作物的产量和品质,也为害虫提供良好的营养和繁衍条件。这些都促进了害虫在农业生态系统中的暴发和危害。

2.3.3 园艺生态系统与园艺害虫

园艺生态系统(horticultural ecosystem)是以园艺植物为中心,由人类从事园艺生产活动所形成的生态系统。园艺植物种类繁多,包括在露地或保护地中人工栽培的蔬菜、果树、花卉、草坪、观赏树木、香料和部分特用经济作物以及食用菌等。园艺生产是农业生产和城乡绿化的重要组成部分,既不同于以生产粮油作物为主的大田作物种植业,也不同于生产树木等林产品为主的林业。园艺生态系统按生物成分,可分为蔬菜生态系统、果树生态系统、花卉生态系统、草坪生态系统和园林生态系统等;按环境的人为控制程度,可分为露地生态系统和设施生态系统。根据设施条件和设施内环境因子的控制水平,园艺生产设施类型主要包括小拱棚、塑料大棚、日光温室、连栋温室和植物工厂(plant factory)等。通常,随着设施内环境因子控制精度的提高,设施园艺生产过程受到自然环境影响的程度降低,集约化程度增加,生产效能和系统稳定性提高。植物工厂是环境因子控制精度最高的设施园艺类型,物质与能量输入都被控制集中在生产者,实现最高生产量,是未来设施园艺发展的必然趋势和顶级阶段。

园艺生态系统与农业生态系统都属于人工生态系统,在范围上既有共性重叠,又有交错区别。例如,蔬菜露地生态系统属于农田生态系统,具有农业生态系统的结构特征和功能特点,同时,露地蔬菜作物系统的栽培品种多、茬口复杂、间套种形式多样、作物布局规律性差,直接影响生物类群分布和群落演替。蔬菜温室生态系统虽也属于农业生态系统,但受人类的控制程度高,系统开放性差,生物多样性低。果园生态系统兼有农业生态系统与林业生态系统的特点,而园林绿化生态系统则属于城市生态系统中的自然系统部分,与社会和经济系统相互联系、相互影响。

2.3.3.1 蔬菜设施生态系统与害虫发生

设施菜地系统是一个封闭或半封闭的生态系统,环境相对稳定,具有温湿度高,光照弱,空气流动缓慢等特点。在保护设施中,蔬菜四季栽培,植株相对柔嫩,为害虫持续提供食物来源,有利于害虫的越冬和繁衍。温度增高是影响害虫发生的主要因子。一些在露地有休眠、越冬习性的害虫,如长江中下游地区的菜粉蝶 *Pieris rapae* L. 和小菜蛾等,冬季在保护地中还能继续繁殖,导致发生基数增加,发生世代增多。一些在露地活动越冬但死亡率较高的害虫,如桃蚜 *Myzus persicae*(Sulzer)、萝卜蚜 *Lipaphis erysimi*(Kaltenbach)、瓜蚜 *Aphis gossypii* Glover 和螨类等,在保护地中的存活率和繁殖力均大幅度提高,大量发生危害期提前。一些在露地不能越冬的害虫,如北方寒冷地区的白粉虱 *Trialeurodes vaporariorum*(Westwood),冬季在温室中能继续繁殖并形成虫源地。

在保护地中,一方面自然天敌往往被隔离在外,而且暴雨和大风等自然致死因子的控害作用被极大减弱,另方面蔬菜作物的生长特点以及温湿度条件又有利于害虫增殖,导致体型小、繁殖力高、世代重叠的 *r*-对策害虫如蚜虫、粉虱、蓟马、潜叶蝇和螨类等极易暴发成灾,呈现"小虫闹大灾"现象。

保护地栽培对害虫的发生也有一定抑制作用。防虫网等覆盖材料可有效阻止害虫的侵入或产卵。作物生长期提早可避开害虫的发生期或减轻危害程度。近年来,随着设施蔬菜有机农业产业规模品质的不断提升,以天敌释放为主的生物防治已经成为设施蔬菜有机生产植物保护技术体系中的核心。为了兼顾天敌昆虫的可持续控害与经济/生态成本控制,现已开始依托主动景观生态管理途径实现保护型生物防治,从而达到有机生产保质增效的目的。通过在有机温室蔬菜生态系统内外合理布局利用各类功能景观,包括采用温室棚间天敌储蓄及保护植物、温室边际害虫趋避植物、温室入口处高秆隔离植物、温室内伴存蜜源植物以及温室间的廊道助迁植物等功能植被保护助迁天敌昆虫群落、害虫动态诱集趋避等技术,提升区域内的生物多样性,提高对害虫短时暴发的容纳度,极大增强天敌昆虫的控害效率,减少天敌昆虫的净投入,并降低生态风险。

2.3.3.2 果园生态系统与害虫发生

果园生态系统是人工生态系统,兼有农业生态系统与经济林生态系统的特点。经济林是指以获取某种林产品为目的的森林,是陆地森林生态系统的重要组成部分。与森林生态系统相比,果园生态系统结构较为单一,且受人为干扰严重,因此系统的稳定性和恢复能力较差。在果园生态系统中,由果树、防护林植物、间作植物和草类等具有不同高度、生长型和生物型的植物共同构成在垂直方向上的层序性结构。地上部分主要有乔木层、灌木层、草本层和地被层,分别为不同类群的消费者所栖居、觅食和活动,自然表现为生物群落在果园生态系统中的分层结构。此外,果园生态系统的垂直层序结构也表现在光照、温度、湿度和二氧化碳等环境因子的垂直变化、以及地下生物类群的倒金字塔形成层分布。果园生态系统的水平结构主要指果园中有机个体、种群或群落之间的水平格局,其因果树的栽培制度、栽培方式、栽培密度、整形方法和树形大小等表现出不同的类型,进而影响果树的光能利用、间隙空间、间作与机械操作等。

在传统的果园生态系统中,由于长期的土壤清耕管理和农药化肥滥用,导致生态环境和生态平衡受到破坏,生物多样性降低,果园生态系统功能减弱,果园产出的持续性和稳定性差,果园生产能力和果品品质下降。传统果园的果树品种单一,且系多年生植物,为害虫发生提供了较为稳定的生态环境,成为害虫繁衍与爆发的有利场所。而且,清耕管理的果园植被单一,不仅不利于土壤营养的合理利用和分摊,而且导致生物多样性低,物种间竞争力弱,相依性差,极大限制了有益生物的生存和繁衍,为害虫的暴发提供了有利条件。随着果树品种的布局和结构的调整，果树品种更新，特别是外来品种、引进品种的推广，加上近两年气候异常，导致果园生态系统发生改变、害虫种类与群落出现演替变化。具体表现为果树专食性害虫减少，杂食性害虫增加；咀嚼式口器害虫数量下降，刺吸式口器害虫数量上升；个体大、虫体裸露的害虫数量下降，个体小、保护机制完善的昆虫数量上升；传入害虫数量增加，次要害虫危害加剧。如北方果园中的梨小食心虫 *Grapholita molesta* (Busck)、苹果蠹蛾 *Cydia pomonella* L.、龟蜡蚧 *Ceroplastes japonicus* Green、叶蜂和瘿螨等，南方果园中的粉虱、木虱、粉蚧、蓟马、实蝇、瘿蚊、小蠹、潜叶蛾、吸果夜蛾和螨类等，这些害虫的大量发生，对生产造成严重危害与损失。

近年来，国家坚持绿水青山就是金山银山的理念，全方位、全地域、全过程加强生态环境保护，同时发展乡村特色产业，拓宽农民增收致富渠道，建设生态果园已成为现代果园发展的新趋势。生态果园建设已成为现代果园发展的新趋势。生态果园是指在生态学和系统学原理指导下，通过生物种群与群落结构的科学配置，以及园区光、热、水、土、养分和大气资源等环境因子的合理利用，建成为以果树产业为主导、生态合理、经济高效、环境优美、能量流动和物质循环通畅的能够可持续发展的果园生产体系。生态果园是以果园生态系统的结构完整、功能完善、物质输出多样、生物多样性丰富等为特征，通过改善果园生态条件，采取果园种草、自然生草或种植绿肥作物等方式，增加土壤有机质含量，增加有益微生物种群，改善果园生态条件和温湿度条件；调整优化复层植物群落组合和生物种群结构，扩张果园立体生态位，增加生态容量，增强系统自我调节和自我控制能力，减少农药化肥等外来投入，使各组分相互协调，有益和有害生物和谐共存，并能持续、稳定、高效输出多种农产品，实现经济效益、社会效益和生态效益的统一和提高。

2.3.3.3 食用菌生态系统与害虫发生

食用菌多属腐生真菌，在自然生态系统中承担分解者角色，起到分解有机质、实现物质闭环循环的作用。当前，食用菌产业主要分为野生食用菌保育促繁与人工食用菌栽培开发两个发展方向。其中，野生食用菌生态系统脆弱，而且面临因掠夺式采集所导致的野生食用菌资源缩减甚至枯竭的威胁。食用菌人工栽培以农业上的各种作物秸秆、玉米芯、棉籽壳、棉秆、谷壳、花生壳、畜禽粪便等，林业上的木屑、树木、树枝、野草，工业上废酒糟、废棉、废渣如甘蔗渣和糠醛渣等为原料，主要由纤维素、半纤维素、木质素和蛋白质等大分子有机化合物组成。人工栽培食用菌一方面独自形成特殊的小型生态系统，仅由食用菌（分解者）和环境组成，通过人工输入有机基质作为其生长的物质与能量来源；另一方面以分解者这一重要组成部分构建现代农业生态系统（图 2-4），即以食用菌栽培为中间环节，以某区域的自然地域范围为系统边界，

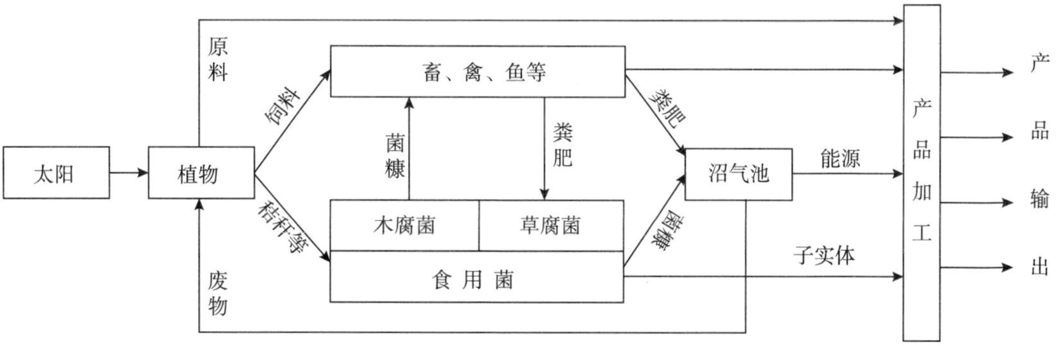

图 2-4 食用菌农业生态系统模式图

以水稻、小麦、玉米、大豆、花生、棉花和蔬菜等各种绿色植物为初级生产者，包括牛、猪、羊、鱼和家禽等为次级生产者，同时农作物秸秆及农产品加工副产品构成食用菌生产的主要原料，通过食用菌多层次转化纤维素废物，减少环境污染，增加产品输出，加快生态循环，充分利用生物能源，提高整个生态系统的生产能力以及生态和经济效益。这种以食用菌生产为主体的农业生态系统可称为食用菌农业生态系统。

人工栽培食用菌生态系统属设施生态系统，结构单一，且食用菌栽培周期短，易受到体型小、隐蔽性强和繁殖快的食用菌害虫危害，至少涉及包括菇蝇、菇瘿蚊、黑粪蚊、蠼螋和螨等在内的 11 目 44 科 90 余种害虫。食用菌的子实体缺乏保护组织，且营养丰富，这为害虫的生长和繁殖提供了良好的食物来源。大部分食用菌害虫立体分布于培养基、菇床、段木以及整个栽培场。此外，大量在自然生态系统中长期以野生杂菌和腐烂物质为食的腐食性昆虫、部分农作物害虫及其他腐食性动物侵入食用菌生态系统中，转主危害食用菌。

思考题

1. 试述有效积温法则及其应用。
2. 何谓生态系统？园艺生态系统有哪些特点？
3. 试从生态学原理角度举例论述“大面积栽培单一品种，有利于害虫暴发”。

3 害虫调查与预测预报

害虫调查与预测预报是害虫综合治理的重要基础和前提，是监测昆虫种群动态及未来发生趋势的一项重要工作。防治害虫必须了解田间害虫的发生期、发生量和可能造成的危害，做好适当的准备，才能及时进行防治，避免虫灾损失和防治上的浪费。害虫调查就是要弄清田间虫情，再依据害虫生物学特性和各种环境因子状况来预测害虫的发生状况，为防治决策服务。害虫的田间调查和预测预报是做好害虫防治的关键环节，但要使调查结果更符合实际，虫情预测更为准确，则需要综合利用多个学科的知识。本章主要介绍害虫调查和预测预报的一些基本原理和方法。

3.1 害虫调查的方法

3.1.1 田间害虫调查的原则

为了进行准确的虫情预测，田间害虫调查的内容可以是多种多样的，除直接调查害虫外，还可调查影响害虫发生的天敌、寄主等。如调查某一地区的害虫和益虫的种类，调查某种害虫或益虫的地理分布、寄主范围、越冬虫态及场所、危害程度、发生数量、防治效果、害虫发育进度等。但所有田间调查都必须遵循以下原则，即明确调查的目的和内容，采取正确的取样和统计方法，调查时要实事求是，正确反映客观事实，获得田间害虫发生的基本情况，指导害虫的防治工作。

3.1.2 调查取样单位及数量

由于田间害虫发生面积广、数量大，田间调查往往不能一一清查，因此必须采用一定的抽样调查方法，对总体进行统计估算。如要调查一个果园或一块甘蓝地上某种害虫的数量，则可将这个果园中发生的害虫如柑橘潜叶蛾或甘蓝地上发生的甜菜夜蛾作为一个总体。只要从总体中抽取有代表性的一定数量的样点，对所取样点内的这种害虫进行观察统计，就能推断出这个果园或这块甘蓝地上某种害虫的数量。

样本具有单位，即取样单位，它是人为规定的，可因昆虫种类、虫态、生活方式、作物种类及种植方式、抽样方式等而有所不同。常用的取样单位有：

(1)面积　对于土栖昆虫、密植作物的害虫，可用面积作为取样单位。如 1 m^2 内的昆虫数。当然对于土栖昆虫的调查，还必须注意调查的土层深度。

(2)长度　适用于条播的密植作物，如1 m行长内的昆虫数或作物受害株数。

(3)植株或植株的某一部分　对于虫体小、不活泼、数量多或有群集性的害虫，如蚜虫、介壳虫、红蜘蛛、锈壁虱、花蕾蛆等，可取植株的某一部分（叶片、枝条、花蕾、果实）或枝条的一定长度作为取样单位。对于稀植作物，则常以植株作为取样单位，如每株甘蓝上的小菜蛾、菜青虫、斜纹夜蛾、甜菜夜蛾的数量等。

(4)容积或重量　适用于仓库害虫的调查，如每升或每千克豌豆种子中的害虫数量。

(5)时间　常用于调查比较活泼的昆虫，以单位时间内采到的或目测到的虫数来表示。

(6)器械　如对于飞虱、叶蝉、跳甲成虫、盲蝽等活动性较强昆虫的调查，可用捕虫网等器械扫捕，统计每百网虫数；对于金龟子、叶甲等有假死习性的害虫，也可用拍打或震落一定次数所获得的虫数或平均单次虫数作单位，或在驱赶后从单位面积、单位株数中起飞的虫数来统计。

(7)诱集物为单位　如应用诱虫灯或诱芯诱虫，以一定时间内诱捕的虫数为计算单位，可用平均虫数/诱虫灯、平均虫数/诱芯来表示。

(8)时间单位　用于调查活动性大的害虫。如观察单位时间内经过、停息或捕获的害虫数量。

样本数量，即从总体中抽取的样本的多少，如在调查某块田里某种害虫的数量时，在各样点所取的样本总和，即为样本数量。害虫调查一般取5个、10个、15个或20个样点，每个样点可取多个样本。以植株为单位时，最小取样数量不得低于30株，一般取50～100株，即样本数为50～100个。样点和样本数的多少主要根据调查田块的大小、地形、作物生长整齐度、田块周围环境以及昆虫的田间分布型来确定。面积小、地形一致、作物生长整齐、四周无特殊影响、随机分布型昆虫，取样时可以少取一些样点。反之，样点和样本数应多一些。

3.1.3　昆虫的分布型

每种昆虫或同种昆虫的不同虫态在田间都有一定的分布形式，被称为分布型（spatial distribution pattern）。分布型是种的生物学特性，是物种对环境条件长期适应的结果。一般在相同的环境里，特定昆虫的分布型是固定的，但如地形、土壤、寄主植物种类和栽培方式发生变化时，昆虫的空间分布型可能会随之而变。了解昆虫种群的空间分布型有助于制定正确的抽样方案与种群的数量估计。常见的昆虫分布型有随机分布型（random distribution）、核心分布型（clumped distribution）和嵌纹分布型（mosaic distribution）（图3-1）。虽然昆虫中也有呈均匀分布型的，但极少见。

活动力强的昆虫在田间的分布型往往呈随机分布，如菜螟卵在萝卜地的分布，黄曲条跳甲在白菜地的分布，都属于随机分布。

活动力弱的昆虫或虫态在田间往往呈分布不均匀的多数小集团，形成一个个的核心，并从核心作放射状蔓延，称核心分布型，如菜螟在十字花科蔬菜地常呈核心分布。很多产卵方式为块产的昆虫，其初孵的幼虫或若虫常聚集在卵块的周围，从而形成核心分布，如斜纹夜蛾、甜菜夜蛾初孵幼虫的分布就呈核心分布。但这些核心又可以呈随机分布或呈其他分布型。

有的昆虫是从田间杂草过渡来的，在田间呈不均匀的疏密相间分布，称嵌纹分布型。白粉虱成虫在温室蔬菜上的分布，从邻田迁来的红蜘蛛，均属于这一分布类型。

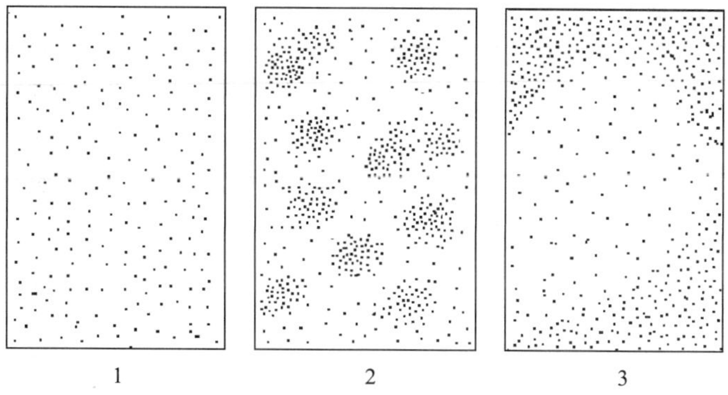

图 3-1 昆虫种群田间分布型示意图

1.随机分布 2.核心分布 3.嵌纹分布

3.1.4 调查取样方法

抽样的方式很多,采用何种抽样方式,取决于调查的目的和调查对象的特性。不同种类的昆虫,其分布型不同,采取的抽样方式有所不同。果园和菜地的作物相差很大,其昆虫调查所采用的抽样方式也有所差异。在菜地条播的密植植物与单株种植的作物的抽样方式也应有所差异。抽样时还要考虑调查的方便、田块的形状。确定抽样方式的原则是要使抽样调查的结果能够最大限度地逼近调查估计的总体。在昆虫的田间调查中常用的抽样方式有如下几种(图 3-2):

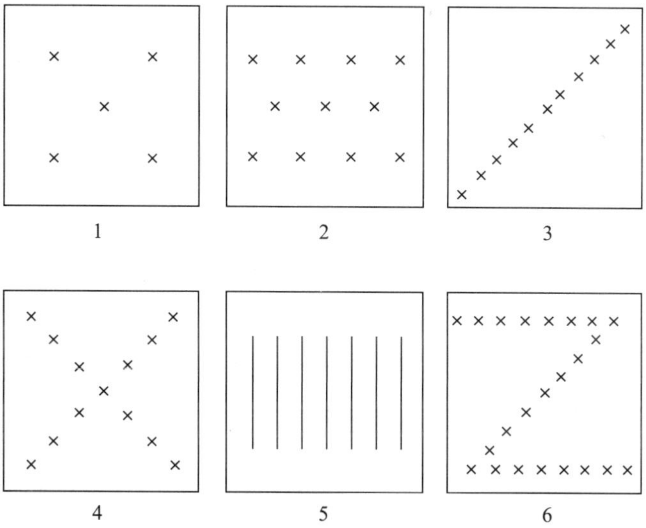

图 3-2 田间调查抽样法示意图

1.五点式抽样 2.棋盘式抽样 3.单对角线式抽样 4.双对角线式抽样
5.平行线式抽样 6."Z"字形抽样

(1)五点式抽样 适于密植的或成行的植物及随机分布型的昆虫,可以面积、长度或植株作为抽样单位。

(2)对角线式抽样 适于密植的或成行的植物及随机分布型的昆虫。它又可以分为单对角线式和双对角线式两种。

(3)棋盘式抽样　适于密植的或成行的植物及随机分布型或核心分布型的昆虫。

(4)平行线式抽样　也称分行式抽样,适于成行的植物及核心分布型的昆虫。

(5)“Z”字形抽样　适于嵌纹分布型的昆虫。

此外,还有等距抽样、分层抽样、多级抽样、序贯抽样、双重抽样和成团抽样等。请参考《中国农业百科全书》(昆虫卷)及有关抽样技术方面的书。

3.1.5 调查结果的表示方法

3.1.5.1 调查数据的统计

调查和实验数据的表示法,通常有列表法、图解法和方程法,各种方法各有优缺点。但无论用哪一种方法,都需要将调查获得的原始数据加以整理分析。常用的一些统计数有平均数、众数、中位数等,但它们表示的是观察值的平均位置、出现频次最多的位置和中间位置,不能表示一群数据的分散程度和变动范围。有时两群数可能有相同的平均数,但变动情况却差异很大。如有甲乙两群数据如下:

甲　4.0　4.7　5.0　5.7　5.6

乙　0.5　2.2　3.0　10.0　9.3

两群数的算术平均数都是5.0,但实际上甲群数比较集中,变动范围较小,而乙群数比较分散,变动范围较大。由此看来仅用平均数来表示,不能准确地反映调查的实际情况。因此,为了更全面地描述样本,除了确定其平均数以外,还必须度量其变异度。表示变异度的统计数有极差、方差、标准差和变异系数,其中最常用的是标准差和变异系数。

3.1.5.2 植物受害情况的表示方法

(1)虫口密度　单位虫子的数量,可折算为虫数或植株受害数/单位,即

$$虫口密度=\frac{调查总虫数}{调查面积}$$

$$每株虫数=\frac{调查总虫数}{调查总株数}$$

也可换算成百株虫量。

根据调查取样单位,也可以用虫数/网、虫数/诱虫灯等来表示。

(2)被害株率(P)　通过大田抽样,调查田间受害株(n)占总调查株数(N)的百分率:

$$P=\frac{n}{N}\times 100\%$$

(3)划分等级　当调查目标害虫体积小、数量多,不可数时,就划分等级。例如棉蚜划分等级为:0级为每株0头,1级为1～10头,2级为11～50头,3级为50头以上。

对于食叶害虫,根据叶片被取食面积进行分级,然后计算“受害严重度”:

1级:叶片被取食5%;

2级:叶片被取食5%～25%;

3级:叶片被取食25%～50%;

4 级：叶片被取食 50%～75%；

5 级：叶片被取食 75%以上；

$$受害严重度 = \frac{\sum(株数 \times 被害级数)}{\sum 株数} \times 100$$

(4)损失系数(Q)　分别测定健株单株平均产量(A)和受害株单株平均产量(E)：

$$Q = \frac{A - E}{A} \times 100$$

3.1.5.3　田间药效实验结果的统计分析

田间药效试验的结果调查和统计是植保工作者经常面临的问题。就杀虫剂的药效而言，常常可用害虫的死亡率、虫口减退率来表示杀虫剂对害虫的防治效果。当调查结果时能准确地查到样点内所有死虫和活虫时，可用死亡率表示。计算公式如下：

$$死亡率 = \frac{死亡个体总数}{供试总虫数} \times 100\%$$

当调查结果时只能准确地查到样点内活虫而不能找到全部死虫时，一般用虫口减退率表示。计算公式如下：

$$虫口减退率 = \frac{防治前的活虫数 - 防治后的活虫数}{防治前的活虫数} \times 100\%$$

死亡率和虫口减退率包含了杀虫剂所造成的死亡和自然因素所造成的死亡。如自然死亡率(这里指不施药的对照区的死亡率)很低，则虫口减退率基本上可反映杀虫剂的真实效果。但当自然死亡率较高，大于 5%时，则上述死亡率和虫口减退率就不能客观地反映杀虫剂的真实效果。因此，应予以校正。常用校正防效来表示。计算公式如下：

$$校正防效 = \frac{对照存活率 - 处理存活率}{对照存活率} \times 100\%$$

$$存活率 = \frac{防治后的虫口}{防治前的虫口} \times 100\%$$

3.2　害虫的预测预报

根据害虫的发生发展规律，田间调查资料，结合当地、当时的植物生长发育情况及气象预报资料，联系起来加以分析，对害虫未来的发生动态作出判断，并向有关部门和人员提供有关害虫未来发生动态的信息报告，以便做好害虫防治的准备工作和指导工作，这项工作就叫作害虫预测预报(pest prediction)。

害虫预测预报是以昆虫生态学为理论基础的一门应用科学，它在充分了解某种害虫内因与外因矛盾统一规律的基础上，揭示害虫发生发展的趋势和动态。根据预测时间的长短，害虫预测预报可分为短期预测和中、长期预测。短期预测(short-term prediction)主要预测近期虫情动态，一般为一个虫态的预测或 20 天以内的虫情预测；中期预测(medium-term prediction)

主要预测一个世代以上的虫情或期限为 20 天到一个季度的预测；长期预测(long-term prediction)主要预测某种害虫当年的发生情况。

害虫预测预报的内容包括：发生期预测，即预报害虫发生的大致时间段，以便确定采用某项防治措施的有利时机；发生量预测，即预报害虫发生数量的多少和危害性的大小(包括天敌参数)，以便确定是否进行防治和采取多大力度进行防治；预报害虫的发生范围，以便确定重点防治地段和田块，确定防治规模，做到经济、安全、有效地防治害虫。此外，还包括迁飞害虫预测和危害程度预测等。

3.2.1 害虫预测预报的方法

关于害虫预测的方法很多，按其基本做法可大致分为 3 类。

1. 统计法

根据多年观察积累的资料，探讨某种因素如气候因素、物候现象等与害虫某一虫态的发生期、发生量的关系，或根据害虫种群本身不同世代、不同虫态的发生期、发生量之间的相关关系，进行相关回归分析，或数理统计计算，组建各种预测式。

2. 实验法

应用实验生物学方法，主要是求出害虫各虫态的发育速率和有效积温，然后应用当地气象资料预测其发生期。另外，用实验方法探讨营养、气候、天敌等因素对害虫生存、繁殖能力的影响，可以提供发生量预测的依据。

3. 观察法

观察法是指直接观察害虫的发生和作物物候变化，明确其虫口密度、生活史与作物生育期的关系，应用物候现象、发育进度、虫口密度和虫态历期等观察资料进行预测，为目前我国最通行的预测方法。主要预测发生期、发生量和灾害程度。此外，根据昆虫生殖系统的发育观察结果，亦可做出预测。

3.2.2 发生期预测

发生期预测是关于害虫某一虫态出现时期的预测，例如何时羽化、何时孵化、何时化蛹、何时迁飞等。发生期预测的准确与否，对于抓住关键时期防治害虫甚为重要。如番茄上的棉铃虫以在卵期释放草蛉或在初孵幼虫期施农药防治效果最好；甘蓝上的菜粉蝶以在幼虫盛发期施用青虫菌的效果最好。

发生期预测是以害虫虫态和发育历期在一定条件下需经历一定时间的资料为依据的。在掌握虫态和发育资料的基础上，只要知道前一虫期的出现期，考虑近期环境条件(如温度)，便可推断后一虫期的出现期。

在害虫发生期预测中，常将某种害虫的某一虫态或某一虫态的特定时期的发生期，按其种群数量在时间上的分布进度划分为始见期、始盛期、高峰期、盛末期及终见期。关于始盛期、高峰期和盛末期划分的数量标准各学者有不同见解。有将发育进度百分率达 16%、50%、84%左右分别当作划分始盛期、高峰期和盛末期的数量标准的，也有将发育进度百分率达 20%、50%、80%时分别作为划分始盛期、高峰期和盛末期的数量标准的。一般将害虫的始盛期到盛末期统称为盛发期。害虫盛发期的数量指标有时还可根据具体情况做一些具体调整，如扩大到 5%～95%，特别是某些发生数量很大，防治的虫态或虫龄或发育历期较短而虫态或虫龄的发生时间较长的害虫。此外,害虫的食性、寄主和虫源的多少、危害性大小及防治要求的高低等也可以作为调整盛发期长短(数量指标)的依据。

发生期预测的方法很多,包括发育进度预测法、物候预测法、有效积温预测法、经验性温度指标法、害虫趋性诱测法、回归统计预测法等。其中发育进度预测法又可分为期距预测法、历期预测法、分龄分组推算法。下面介绍 3 种常见的方法。

3.2.2.1 期距、历期预测法

期距预测法和历期预测法的本质区别在于二者含义上的差异。期距是指某种害虫(群体)2 个世代之间或同一世代各虫态出现期之间的间隔期的经验值。而历期是害虫不同个体各虫态出现期之间的时间距离的平均值,通常通过单头饲养观察多个个体来求得。但有时期距与历期又是混合应用的。2 种预测方法都是根据实查的田间害虫发育进度(基准线)和气温条件,参考历史资料,将实查的害虫发生日期加上到出现相应虫态的历期或期距,来推算以后虫期的发生日期。

预测结果是否可靠,首先取决于是否测准了"基准线",其次取决于是否运用了符合当地、当时环境条件下的历期或期距。某种昆虫的各虫态历期、世代或虫态间的期距可能因地区、季节、世代、寄主食料等的不同而不同。在应用历史资料时对此应加以注意。如各地饲养棉铃虫的历期资料见表 3-1。

表 3-1 各地棉铃虫各虫态历期资料 d

世代	卵期			幼虫期			蛹期		
	郑州	荆州	长沙	郑州	荆州	长沙	郑州	荆州	长沙
1	3.5	3		20		14.1	10.0～17.0	14.0	14.2
2	2.5	2	2.5	16～18	14	13.3	9.0～11.0	10.5	9.4
3	2.5	2	2.5	16～18	12	14.9	5.6～8.0	11.0	10.4
4		2	2.0	21～26	13	14.8		14.5	12.3
5		5	3.0		22	20.1		22.9	

了解虫态历期或期距的方法有:

1. 搜集资料

从文献搜集有关主要害虫的一些历期与温度关系的资料,做出发育历期与温度关系曲线,或分析计算出直线回归或曲线回归式备用。在预测时结合当地、当时气温预告值,求出所需的适合的历期资料。

2. 饲养法

从人工控制的不同温度下,或在自然变温条件下饲养一定数量的害虫,观察、记录其各世代、各虫态、各龄期和各发育阶段在其生长发育过程中的特征,从而总结出它们的历期与温度间关系的资料。

3. 田间调查法

从某一虫态出现前开始田间调查,每隔 1～3 天进行一次(虫期短的间隔期短),统计各虫态所占百分比,将系统调查统计的百分比排队,便可看出发育进度的变化规律。根据前一虫态与后一虫态盛发期相间的时间,即可定出"高峰期距",其他类推。例如,鳞翅目害虫化蛹百分

率、羽化百分率可按下式统计：

$$化蛹百分率=\frac{活蛹数+蛹壳数}{活幼虫数+活蛹数+蛹壳数}\times 100\%$$

$$羽化百分率=\frac{蛹壳数}{活幼虫数+活蛹数+蛹壳数}\times 100\%$$

田间害虫发育进度调查还可按各虫态分级标准进行发生期预测。如根据田间总卵量，将卵按其发育进度不同而色泽变化不一来分级，统计各级卵的百分率。或根据田间幼虫总量及各龄幼虫所占百分率，或根据田间蛹总量及各级蛹百分率(将蛹按其发育进度不同表现色泽变化不一而分级)，然后分别按各虫态或各级(龄)历期，预测发生期，其准确度比较高。

累积几年上述田间调查资料，就可求得平均值，用于测报。

4.诱集法

很多害虫对某些信息具有趋性，本法就是利用它们的生物学特性，如趋光性、趋化性、觅食和潜伏等习性来获得历期或期距资料。如用黑光灯诱集各种夜蛾、螟蛾、金龟子等，用杨树枝诱测棉铃虫、烟青虫成虫，用糖醋酒液诱集地老虎成虫，用性诱剂诱集斜纹夜蛾，用黄板诱集蚜虫等。在害虫发生期前开始，采用性诱剂监测，逐日统计所获雌、雄虫量或总虫量，据此可看出当地当年各代成虫始见期、始盛期、高峰期、盛末期和终见期。将上下两代的始见期、盛发期、终见期分别求出期距。当获得多年的数据资料后，便可分析总结出具有规律性的资料用于期距预测。同时，这些诱捕器诱集的虫数也可作为验证预测值是否准确的依据。此外，还可利用诱捕器有目的地搜集活蛾，解剖观察卵巢发育级别及交配次数，按自然积温与虫量发生关系求得积温预测式等资料。

3.2.2.2 物候预测法

应用物候学知识预测害虫发生期，这种方法叫作“物候预测法”。物候学是研究自然界的生物与气候等环境条件的周期性变化之间相互关系的科学。生物有机体的生育周期和季节现象是生物长期适应其生活环境的结果，各现象之间有着相对稳定的联系。物候法预测害虫的发生就是利用这个特点。许多害虫生长发育的阶段性经常与寄主植物或其他非寄主植物的发育期相吻合。如东北地区，大豆食心虫成虫发生期总是与大豆结荚期相联系；陕西武功地区，小地老虎越冬代成虫盛发期总是与连翘盛花期相联系；河南地区对小地老虎的观察，则有“桃花一片红，发蛾到高峰；榆钱落，幼虫多”的说法。因此，我们可根据这些物候现象来预报某些害虫的发生期。

物候关系是靠多年的观察结果，相关性越好，预测结果越可靠。物候预测具有严格的地域性，不可机械地搬用外地资料。甚至在同一个地区，所选用的指示动植物也会受地势、土质、地形、树龄、品种及营养状况等差异的影响。因此，物候预测法虽然简便易行，易被群众掌握，也只能预测一个趋势，或作为确定田间调查期的一个依据。

3.2.2.3 有效积温预测法

根据有效积温法预测害虫发生期，在国内各地早已研究应用。在适宜害虫发生的季节里，害虫出现的早迟、发育速度的快慢以及虫口数量的消长等均受到气温、营养等环境因素的综合影响。其中以温度影响害虫的发生期、发生量更为明显。有效温度，即昆虫发育起点以上对昆虫发育起作用的温度。有效积温，即有效温度的累积值。有效积温法则，就是昆虫未来完成某一发育阶段(一个虫期或一个世代),需要一定的热量积累,这个热量积累是一个常数(K)。当获知害虫某一虫态、龄期或世代的发育起点(C)和有效积温(K)后,就可根据田间虫情、当地常年的平均气温(T)或近期气象预报,利用积温公式来计算到下一虫态、龄期或世代出现所需的天数(N)。计算公式如下:

$$N = \frac{K}{T - C}$$

然后将田间调查日期加上到所预测的虫态、龄期或世代出现所需的天数,即为它们的发生期。

有效积温法则可用于推测一种昆虫在不同地区可能发生的世代数,预测昆虫在地理分布上的界限,应用于天敌的引进、保存和利用,预测害虫发生期和来年发生程度。例如,7 月 10 日为深点食螨瓢虫的产卵盛期,7 月中旬预报平均气温 28 ℃,该虫卵的 C 和 K 分别为 15.46 ℃和 58.04 ℃,则预测该虫第一龄幼虫盛发期为何时?根据公式,$N=4.6$,即 7 月 15 日左右为 1 龄幼虫盛发期。如果未来的气温变化幅度较大,也可根据发育速率公式逐日计算发育速率 V_1, V_2,…,V_n 直至 $V_1+V_2+\cdots+V_n=1$ 的那一天,即某虫态完成发育的时间。

$$V_i = \frac{T_i - C}{K}$$

发育起点和有效积温的资料,可通过文献资料搜集;也可在不同的恒定温度下饲养害虫,获得各温度下的发育历期,然后应用统计学方法求得;还可以在多级人工变温下分期、分批或在自然变温下饲养害虫,从而获得多组不同平均气温下的发育历期资料,最后求得发育起点和有效积温。

有效积温在应用上具有一定的局限性,如按公式推算的有效积温,常与实际发育起点温度偏高或偏低;一些昆虫在温度与发育速率的关系曲线上有出现发育恒定区的可能性;室内观察取得的有效积温材料与自然界存在一定偏差;生理上有滞育或夏蛰的昆虫,有效积温不适用;昆虫不同地理种群的发育起点温度不完全相同。

3.2.3 发生量预测

害虫发生数量的预测是决定防治地区、防治田块、防治面积和防治次数的依据。目前,虽然有不少关于发生量预测的资料,但其总的研究进展仍远远落后于发生期预测。害虫数量增减是比较复杂的问题,一方面取决于害虫的虫口基数、繁殖力、存活率和迁入迁出率,生态可塑性等内在因素,另一方面受气候条件、天敌和食料条件等环境因素的影响。

数量预测有多种方法,包括有效基数预测法、气候图预测法、经验指数预测法、形成指标预测法等。最常用的是有效基数预测法。

有效基数预测法是根据田间当代虫口密度调查或诱捕器捕获虫量的资料,与历史资料进行对比分析,判断下一代害虫发生数量的趋势,以及危害程度的“轻”“中”“重”等。此法对一代性(一年发生一代)害虫或一年发生世代数少的害虫的预测效果较好,特别是在耕作制度、气候、天敌寄生率等较稳定的情况下应用效果较好。对许多害虫来说,可在越冬后、早春时进行有效虫口基数调查,作为预测第一代发生量的依据之一。根据害虫当代的有效虫口基数推算后一代的发生量,常用下式计算:

$$P = P_0(R\frac{f}{m+f}S)$$

式中：P 为下一代的发生量；P_0 为当代的虫口基数；R 为每头雌虫平均产卵数；f 为当代雌虫数；m 为当代雄虫数；S 为当代虫态至下一代预测虫态的生存率。

例：某地秋蝗残蝗密度为 450 头/hm^2，雌虫占总虫数的 45%，雌虫产卵率为 90%，每 100 头雌虫有 90 头能产卵，每头雌虫平均产卵 240 粒，越冬死亡率为 55%，预测来年夏蝗蝗蝻密度。

根据公式，夏蝗蝗蝻密度＝450×240×45%×90%×90%×(1－55%)＝17714.7(头/hm^2)。

3.2.4　分布蔓延预测

分布蔓延预测具有两方面的意义：①了解某种害虫各虫态所要求的生存条件后，即可根据不同地域是否具备这些条件来预测害虫的分布区域。如利用有效积温预测分布时，当地如果具有完成一个世代以上的有效积温，从气温条件来说，这些害虫可能在该地分布。②对于某些具有扩散迁移习性的害虫，根据害虫的种群数量、种型变化、气候资料和地形限制等因素，分析该虫在某一时期内可能扩散蔓延的范围，例如黏虫，可根据前一世代在迁出地的发生情况，预报下一世代在迁入地发生的范围和时期。对于这类远距离迁飞性害虫的分布蔓延预测，需要省际协作，因为迁出地的发生期和发生量经常影响迁入地的发生期和发生量，单靠在本地调查不可能准确地进行预测。

3.3　现代信息技术在害虫预测预报中的应用

进入 21 世纪以来，基于计算机科学技术的现代信息技术(information technology)已融入人类生活，为人们提供快捷方便的信息处理和传播工具，极大地促进了人类社会的发展。信息时代的到来也同时促进着农业科技的革命、农业信息化以及智慧农业的发展。在信息技术的推动下，植物保护学科与计算机技术、移动互联网技术、大数据分析、人工智能等多学科深度交叉融合，逐步发展形成了现代植物保护信息技术体系。在害虫预测预报中，利用信息技术进行害虫的智能识别和监测，极大地提升了测报精度和效率，由此构建的测报技术体系为害虫的监测预警提供了坚实的保障。

3.3.1　智能化监测预报技术

利用昆虫的趋性(趋光、趋化和趋色)制作相应的灯光诱集、信息素诱集和色板诱集等诱虫装置，应用于田间害虫发生状况监测，是一种能客观且有效反映田间虫情的手段。

灯光诱集由于其简便易操作且诱虫谱广、效率高而成为生产上广泛使用的手段。其中，高空测报灯的使用更是大大提升了大区域迁飞性害虫的测报效率。与此同时，针对不同害虫对不同光谱波长的趋性，制作相应的特异性波长灯光诱集装置，极大地提高了靶标害虫的诱集效果和效率。与灯光诱集类似，色板诱集利用昆虫对特定波长颜色的趋性。色板可就地取材，且使用方便，是一种较为常用的害虫监测工具。

信息素诱集是利用昆虫对特殊化学物质的趋性，人工合成相应的化学物质释放于田间进行小范围区域害虫诱集，具有极高的专一性，诱集效果高且不伤益虫。鉴于信息素诱集害虫物种较为单一，在实践中操作更为简便，不需要对害虫进行分类鉴定，适用于基层害虫监测。

传统的诱集监测装置需要耗费大量人工来进行害虫的种类鉴定和计数，且对从业人员的专业素质要求较高，鉴于基层工作人员不足及专业水平所限，使得有害昆虫的监测预警工作面临诸多困难。随着信息化时代的到来，计算机视觉、数字图像处理、数字控制技术和人工智能融入诱集监测装置中，集成组建智能化虫情监测装置，实现害虫自动识别、分类、鉴定和计数监测。我国自 2017 年以来要求实现病虫疫情智能化、自动化、信息化监测。其中，智能虫情测报灯集现代光、电、数控技术于一体，实现了光源自动控制、远红外杀虫、定时收集虫体、光控和雨控整灯自动运行等功能，还可通过定期拍摄功能，结合机器学习对所拍摄虫体进行智能鉴定、识别、计数和信息自动传送。目前使用昆虫雷达可对草地螟等迁飞昆虫进行有效的监测，利用高空探照灯可对草地贪夜蛾的发生进行监测预警。由于昆虫自动识别技术受限于昆虫形态等多个因子的影响，能够达到自动识别且识别结果较为准确的昆虫种类目前还是较少，对特定昆虫的专项识别及监测结果相对较为可靠，如稻飞虱等农业重大害虫的专项虫情监测，在高清摄像技术上做了改进并加大了自主识别的训练，使得自动识别结果可满足生产实践要求。在监测预警系统中如果再辅以专家复核，其效果将会有更大提升。智能虫情测报性诱捕装置由于其专一性更强，相对更容易实现对目标害虫的自动计数，可实现重大农业害虫的精准实时监测和预警。

3.3.2 人工神经网络监测预报技术

人工神经网络(artificial neural network，ANN)是由大量的、简单的处理单元(或称神经元)广泛地互相连接而形成的复杂网络系统。ANN 是抽象、简化与模拟大脑生物结构的计算模型，是一种大规模并行处理和自学习、自组织非线性动力系统。ANN 模拟人类神经网络结构来构造人工神经元，反映了人脑智能的许多基本特征但并不是人脑神经元联系网的真实写照，而只是对其作某种简化、抽象和模拟。

误差反向传播人工神经网络(back propagation，BP)是病虫害监测预警中应用最广泛的人工神经网络。BP 采用误差反向传播算法，适用于非线性模式识别和类型预测的问题。典型的 BP 人工神经网络是一种单向传播的多层前向网络，由输入层、中间层(隐含层)和输出层 3 个部分构成，各层之间实行全连接，层内神经元之间无连接，模仿生物神经网络构造。在正向传播过程中，输入信息从输入经隐含层逐层计算传向输出层，每一层神经元的状态只影响下一层神经元的状态。如果网络输出与期望输出存在误差，则计算输出层的误差变化值，然后转向反向传播，通过网络将误差信号沿原来的连接通路反传回来修改各神经元的权值直至达到期望目标。BP 人工神经网络层与层之间相互连接，各层之间神经元节点互不联系，相邻层之间通过权连接，进行分布式信息处理。

影响病虫害流行发生的因素包括气象条件、自然环境、农业生态条件、本身表现出的密度和非密度制约因素等物理因子和环境因子，各个因子之间相互作用，每个因子对病虫害发生流行的影响是复杂的、非线性的。因此，传统的数理统计和分析方法很难训练出适用的模型，在对病虫害的发生流行情况进行预测应用时受到较大的限制。BP 人工神经网络可模拟人脑思维结构，具有较强的自学习、自组织、自适应和容错性等特点，适用于处理非线性问题，在农业病虫害预警与监测中有广泛应用。BP 可对害虫发生的自然因子与其种群动态进行非线性拟合，对害虫发生期、发生量、危害级别、入侵风险等进行模拟分析，实现害虫监测预警。

3.3.3 “3S”监测预报技术

“3S”技术是遥感系统(remote sensing，RS)、地理信息系统(geography information system，GIS)和全球定位系统(global positioning system，GPS)技术的统称。“3S”技术是集成空间技术、传感器技术、卫星定位与导航技术和计算机技术、通信技术，多学科有机融合的现代信息技术。

遥感即遥远的感知，在不接触物体的情况下，利用物体因种类或所处环境等特征不同而反射或发射完全不同辐射特征的磁波的原理，识别物体的属性、特征、状态等，对目标或自然现象进行远距离探测和感知的技术。在害虫测报中使用最多的遥感技术是雷达，雷达可通过发射无线电波，并收集从目标物体反射回来的回波能量，从而监测物体的方位。金属和水都是雷达信号比较理想的反射体，而飞行动物包括昆虫体内通常具有较高的含水量，因而可将雷达用于迁飞性害虫的动态监测。常用的昆虫雷达有扫描雷达、机载雷达、毫米波雷达、谐波雷达、跟踪雷达和垂直波束雷达(VLR/IMR)等。遥感技术还可通过携带高光谱传感器的高分卫星，在高空实现对病虫害的发生情况进行大范围的区分和监测。通过收集植物受不同病虫害胁迫的发射光谱特征，可对特定病虫害的发生情况进行监测；获取不同数量病虫害级别的特征光谱，构建高光谱指数模型，结合卫星获取大尺度遥感影像，通过分区制图，实现对病虫害的发生或感染程度进行分级监测。随着高光谱技术、信号处理技术和智能识别技术的发展，高精度、高分辨率、多谱段、覆盖广的时空连续病虫害监测体系的构建，促进了病虫害的精准监测和预警。

地理信息系统是一种采集、存储、管理、处理、检索、分析、显示与应用整个或部分地球表面与空间和地理分布有关数据的计算机系统，是分析和处理海量地理数据的通用技术。它以地理空间数据库为基础，采用空间查询、空间分析和地理模型分析方法，适时提供多种空间的、动态的地理空间信息管理与处理加工功能，为地理研究及地理决策服务。自从第一个地理信息系统——加拿大地理信息系统(CGIS)诞生以来，随着计算机技术的发展，开发了包括 ArcGIS 在内的许多功能强大的 GIS 软件应用系统。在农林病虫害监测管理中，GIS 可将地形地势、土壤类型、植被类型、水系分布等地理环境信息建成空间数据库，结合病虫害危害程度、发生数量、各种气象因子等流行规律，利用 GIS 的空间数据操作、图形处理和模型分析等功能，产生关于病虫害适应性分布以及暴发、危害、迁飞、扩散等信息，实现对病虫害发生的时空动态进行监测和预警。

全球定位系统是全球导航卫星系统(GNSS)的主要代表，GPS 是 1973 年美国国防部立项资助建立的全球第一个用于定位导航的卫星系统。GPS 由若干个卫星组成，可随时随地测定地面任意一点的三维坐标。除 GPS 以外，GNSS 还可利用俄罗斯的格洛纳斯(GLONASS)、欧洲的伽利略(GALILEO)和我国的北斗(BEIDOU)等卫星导航系统中的一个或多个系统进行导航定位，并同时提供卫星的完备性检验信息和足够的导航安全性告警信息。在农林病虫害的调查和测报中，GPS 主要起辅助定位或面积测量作用，实现对病虫害的发生地点和面积进行精确测量和数据采集。

“3S”集成技术将 RS、GIS、GPS 三个独立的技术有机结合，或将其与其他高新技术整合，在优势互补的基础上构成一体化的应用技术系统。“3S”集成技术中，RS 具有强大的数据采集和信息获取能力，是 GIS 的一个重要数据源和强有力的数据更新手段；GIS 作为一种空间数据储存、查询、管理、分析的有效技术，为RS空间信息分析提供支持；而GPS具有全球性、全天候、高精度的实时定位功能，可为RS、GIS系统中空间数据处理提供精准的空间坐标信息。在农林病虫害监测管理中，RS收集的植物反射光谱图像将作为监测数据源，通过软件对RS图像进行分析，对病虫害程度进行分级及发生范围进行分区；利用GIS对RS收集的图像进一步通过专家系统和数据分析，确定病虫害发生点的精确地理坐标和发生面积等信息；GPS作为空间地理位置精确坐标的定位工具，可帮助找到病虫害不同发生点的准确位置。经过不断地发展，"3S"集成技术将可以实现在时间和空间上连续监测植物健康情况和病虫害的发生动态，精准、快速、高效、自动获取农林病虫害监测信息。

3.3.4 人工智能监测预报技术

人工智能(artificial Intelligence，AI)是计算机科学的一个重要的研究领域。AI具有智能化处理能力，是一种能够和人一样感知、认知、决策、执行的人工程序或系统。随着物联网、图像识别和大数据技术的成熟与发展，人工智能在农业领域得到了广泛应用。特别是大数据与人工智能的融合应用，可以实现农业海量数据的精准分析与快速反应决策，指导农业生产、经营和管理。在病虫害监测预警中，人工智能技术可利用图像识别、红外传感器检测、声音特征检测、雷达检测等技术，采用特定的计算机算法和模型，对农业的光谱或图像信号进行挖掘，对农业病虫害进行识别和监测预警，还可为病虫害防治提供参考解决方案。

专家系统(expert system，ES)是人工智能在农业领域发展最为成熟且广泛应用的技术，具有特定领域的专业知识和决策能力，可以模仿类似人类专家推理思维，来解决复杂的、具体的问题，实现了人工智能从理论向实践应用的突破。1978年美国伊利诺伊大学开发的大豆病虫害诊断专家系统(CPLANT/ds)是世界上应用最早的农业专家系统，经过三十多年的发展，专家系统与农业的产、供、销体系紧密结合，逐步构建形成典型农业大数据智能决策分析系统。

专家系统通常由知识库、推理机、用户界面三个基本结构组成，高级的专家系统还包括知识库管理系统、知识获取器、解释器和网络接口等结构。专家系统具体的体系结构会随着专家系统的功能、类型和规模的不同而有所差异。例如病虫害预测预报专家系统的组成结构主要包括系统知识库、系统推理机、预测预报模块、知识库管理模块、案例库管理模块和预测结果解释模块等。生产实际中，病虫害种类以及其发生很容易受人类活动、地理位置、环境条件等因素的影响，这就要求系统的知识库、数据库、模型库是动态变化的，由此开发的开放、动态的预测预报专家系统可吸收专家的输入经验和知识，通过不断地自学习进行更新，适应病虫害动态监测预警。

随着大数据时代的到来，人工智能在处理海量数据、智能筛选有效信息等方面发挥着至关重要的作用，由此推动着精准农业和智慧农业的逐步发展和完善。其中，"3S"技术与ES的集成是当前农业专家系统的重点发展方向。"3S"技术可提供海量的基础数据，为农业专家系统基础数据库、知识库和模型库的建立提供了数据支持，缓解了农业专家系统中知识源、数据源的缺乏问题；"3S"技术还可提供动态的、可更新的数据，赋予了知识库、数据库、模型库强大的自学习、自我更新能力。

昆虫自动识别的APP小程序目前开始出现，但由于昆虫种类繁多、形态各异、数据量不足、训练难度大等原因，在识别准确率上还是不高，尤其对那些体型微小且不常见的昆虫，APP难以实现准确鉴定，即使是体型大、特征明显的常见种类，其识别结果也常需人工辅正。尽管如此，但昆虫识别 App 网络上相关识虫程序的出现，说明随着科技进步和人工智能的快速发展，昆虫智能化监测预警技术装置及其专家系统的研发与高效应用，将是未来发展的必然趋势。自 2009 年以来，我国农作物重大病虫害监测预警信息化建设快速发展，初步建成了国家农作物重大病虫害数字化监测预警系统平台；2019 年，西北农林科技大学成立了中国首个作物病虫草害监测预警研究中心，为病虫草害监测预警研究的深入开展奠定了基础；2022 年，全国开展草原有害生物普查、农林外来入侵生物普查均采用手机 App 进行数据采集，获得了全国病虫草害分布及发生现状的大数据，这一系统将成为了解全国林草有害生物发生发展的重要监测平台，为预防林草重大有害生物发生发展及科学治理提供重要的决策依据。

随着信息技术的日益发展，人工智能、大数据、物联网、多媒体、虚拟现实等技术日益成熟，为先进集成技术的发展奠定了重要基础，同时也对人工智能专家系统的发展有着至关重要的作用。农业专家系统与这些技术进行集成，是智慧农业发展的核心驱动力，在农业应用领域具有广阔的应用前景。

思考题

1. 调查一块菜地或一个果园某种害虫的发生情况，应考虑哪些因素？
2. 昆虫预测预报的内容及其测报方法有哪些？应如何进行？
3. 阐述有效积温法则，指出其在害虫预测预报中可应用于哪些方面？有何局限性？
4. 昆虫空间分布有哪些类型？适用于哪些调查方法？
5. 昆虫的调查方法有哪些？试举例说明昆虫的调查及其结果的科学分析。

4 害虫防治原理与方法

在园艺生态系中，许多生物都会影响园艺植物的生长。一些生物是有益的，而另一些则会对园艺植物造成伤害。这种伤害有时只是生物学上植物完整性的破坏，并不影响人类的利益。如许多果树的叶片，被害虫少量取食后，并不影响水果的产量和品质。只有影响园艺作物产量和品质的伤害，才会造成经济意义上的危害。这显然与害虫的取食部位、危害程度以及植物的种类和自身补偿能力有关。园艺害虫(horticultural pests)就是指那些危害园艺作物，并能给人类造成显著经济损失的昆虫、螨类以及其他节肢动物和软体动物。主要害虫(major pests)也就是通常所说的害虫，一般来说是指在同一地区相同作物上，危害作物且造成明显经济损失的害虫。而在同一地区的相同作物上，有些害虫虽然危害作物，但一般不造成明显的经济损失，这些害虫被称之为次要害虫(secondary or minor pests)，但是在环境改变、条件适宜时，次要害虫的种群数量也会上升，对植物的伤害加重，形成经济意义上或生存繁衍上的危害，从而变成主要害虫。有些害虫仅是偶尔造成经济危害，被称为偶发性害虫(accidental pests)；而另一些则是经常造成经济危害，被称为常发性害虫(common or normal pests)；还有一些虽然是偶发性的，但一旦发生，就暴发成灾，这一类又被称为间歇暴发性害虫(intermittent pests)。

4.1 害虫防治的基本原理

园艺害虫防治并非要消灭所有的害虫，而主要是通过多种有效措施，在充分保护物种多样性和稳定性的前提下，降低害虫危害造成的经济损失，使园艺生产获得最大的经济效益、生态效益和社会效益。害虫危害是否造成显著的经济损失，与多种因素有关。首先是园艺生态系中是否有害虫存在，其次是害虫种群数量的大小，最后是害虫取食活动给植物造成伤害的性质，即是否影响园艺植物的产量和品质。因此，害虫防治可以通过 3 条基本途径达到防治的目的，即控制园艺生态系中生物群落的物种组成、控制害虫种群数量、控制害虫的危害。

1. 控制园艺生态系中生物群落的物种组成

即尽可能减少园艺生态系中害虫的种类，增加有益生物的种类。在自然界，由于害虫分布和栖息场所的局限性，通过阻止其传播侵入，可以有效地保护园艺作物不受危害。如在大范围内，由于地理阻隔和害虫扩散能力的限制，不少危险性害虫不会自然侵入新的分布区，只要阻止人为的传播，便可以保护作物不受危害。为此，人类已发展了一项有效的植物保护方法——植物检疫。在小范围内，人们利用设施园艺，通过大棚防虫网等物理防治方法，或利用驱避剂等化学防治方法，均可以有效地阻止害虫的入侵，减少田间害虫。同时利用引进和释放天敌的方法，也可以增加田间有益生物的种类和数量。

2. 控制害虫种群数量

因为只有足够数量的害虫，才能造成显著的经济损失。因此，控制害虫种群数量是害虫防治的又一条基本途径。害虫种群数量的增长，首先要有一定的种群基数，并在适宜的环境条件下自然繁殖才能实现。因此，除控制入侵外，对已有的害虫采用适当的方法，压低害虫的种群基数、恶化其生存繁殖环境或直接消灭害虫，都能有效地控制害虫的种群数量。目前植物保护上使用的主要方法都是以控制害虫种群数量为目的，如农业防治、生物防治、化学防治和部分物理机械防治。

3. 控制害虫危害

由于同种害虫对不同作物或作物品种造成的危害是不同的，即使是同一作物品种，由于生育期不同，害虫的取食危害方式不同，同样数量的害虫造成的经济损失也不相同。因此，可以在适于某种害虫大发生的地域种植不适于其取食危害的作物或作物品种，调整作物播种期，使作物易受害造成经济损失的敏感期错开害虫的发生期，可以减少害虫危害造成的损失。农业上调整作物布局和耕作制度、利用抗虫品种均属于这一途径。

基于这 3 条基本途径，人类已开发了一系列的害虫防治措施，按性质大致可以归纳为植物检疫、农业防治、生物防治、物理机械防治和化学防治等五大类。

4.2 植物检疫

植物检疫(plant quarantine)又叫法规防治。它是国家或地区政府，为防止危险性有害生物随植物及其产品的人为引入和传播，以法律手段和行政措施强制实施的预防性植物保护措施，与其他有害生物防治技术措施具有明显不同。首先，植物检疫具有法律的强制性，植物检疫法不可侵犯，任何集体和个人不得违犯，否则应依法论处。其次，植物检疫具有宏观战略性，不计局部地区当时的利益得失，而主要考虑全局的长远利益。最后，植物检疫的防治策略是对有害生物进行全种群控制，即采取一切必要手段，将危险性有害生物堵在国门之外或控制在局部地区，并力争彻底消灭。植物检疫是一项根本性的预防措施，加强生物安全管理是防治外来物种侵害的主要手段之一。但由于植物检疫仅针对人为传播的危险性有害生物，因此在农业害虫防治中，具有一定的局限性。

4.2.1 植物检疫的重要性

植物检疫在防止植物危险性病、虫、杂草及其他有害生物的传播蔓延，保护农林作物安全生产，保障外贸顺利发展，维护国际信誉上都具有重要意义。

害虫的分布具有明显的区域性，但也存在着扩大分布的可能性。害虫在原产地由于和天敌协同进化的关系常常受到多种天敌的制约，加上植物的抗虫性和长期形成的农业生态体系的抑制，其发生和危害性常不足以引起人们的重视。但如果传到新地区，当地的气候、食料及其他环境条件适宜它的生活，又缺少适当天敌对其控制，经过一段时间的发展，这种传入害虫的危害就会比在原产地更为严重。例如，蚕豆象就是在抗日战争期间随日本军队从马料中传入我国的。又如，1979 年首次在辽宁发现美国白蛾，随后传入山东、陕西等地，成为严重威胁我国林果生产的危险性害虫，近年来在北京、天津等地区发生危害，甚至影响 2008 年北京“绿色奥运”。还有被称为“水果毁灭者”的苹果蠹蛾，于19世纪50年代前后由中亚地区传入我国新疆，80年代时传入甘肃，并一直持续向东扩散至黑龙江。苹果蠹蛾幼虫一般从果实胴部蛀入，可转果危害，造成果实脱落，影响品质，甚至不能食用，并于2020年被农业农村部列入一类农作物病虫害名录。因此，为了保障农业生产的安全，为本国对外贸易提供必要和充足的资源，以支持国家经济建设，必须做好植物检疫工作。植物检疫是植物保护中预防、杜绝或铲除的措施之一，它从根本上杜绝危险性病、虫、杂草及其他有害生物的来源和传播，最能体现贯彻“预防为主、综合防治”的植保工作方针，在当今交通发达、国际贸易往来频繁以及旅游业兴起的时代，植物检疫工作显得尤为重要。

4.2.2 植物检疫的内容

植物检疫所针对的有害生物是本国、本地区未发生或分布未广的危险性有害生物。因此，植物检疫的重点是及时掌握国内外危险性有害生物的分布、发生、危害情况等情报资料，对这些危险性有害生物作风险性分析，并在此基础上作出检疫决策，同时有针对性地研究这些有害生物的生物学特性、检测技术与鉴定标准、处理方法等。植物检疫可分为对外检疫和对内检疫2类。

1. 对外检疫

对外检疫也称国际检疫。又分为进口检疫、过境检疫和出口检疫3种。对外检疫是由国家在对外港口、国际机场以及其他国际交通要道设立检疫机构，对进出口及过境物资、运输工具等进行检疫和处理，其目的是防止从国外输入的植物及农产品中带有危险性病、虫、杂草等有害生物，以保护国内农业生产。按国际规定，对出口的植物及农产品，需按输入国的要求，禁止危险性病、虫、杂草等有害生物由国内输出，以满足对外贸易的需要，维护国际信誉。

2. 对内检疫

对内检疫也称国内检疫。目的是防止国内各省（自治区、直辖市）之间由于交换、调运种子、苗木及其他农产品等传播危险性病、虫、杂草等有害生物。由各省（自治区、直辖市）检疫机构会同交通、邮政及有关部门，根据政府公布的国内植物检疫条例和检疫对象，执行检疫，采取措施，将局部地区发生的检疫性有害生物封锁在一定范围内，及时把它们消灭在原发地。

4.2.3 检疫性有害生物的确定

根据最新的《植物检疫条例》规定，凡局部地区发生的危险性大、能随植物及其产品传播的病、虫、杂草，应定为植物检疫对象。检疫性有害生物的确定是根据害虫的生物学特性、地理分布、本国或本地区的自然条件、农作物布局的具体情况，不同的国家或地区为保护本国或本地区农业生产的实际需要和病、虫、杂草发生的特点而制定的。不同国家或地区所制定的检疫性有害生物是不同的。为此，必须有计划、有步骤地对当地病虫害进行普查、抽查或专门调查，了解国内外病、虫、杂草的种类、分布范围和危害情况，从而确定检疫性有害生物的对象。因此，调查研究和情报资料的收集是开展植物检疫工作的基础。

4.2.4 植物检疫的执行步骤

1. 划定和宣布疫区与非疫区

在确定检疫性有害生物之后，根据检疫性有害生物发生分布的地区划定疫区、非疫区、低度流行区和受威胁性地区等几种。局部地区发生植物检疫对象的，应划为疫区(area of infestation)，采取封锁、消灭措施，防止植物检疫对象传出；发生地区已比较普遍的，则应将未发生地区划为保护区，防止植物检疫对象传入。疫区应根据植物检疫对象的传播情况、当地的地理环境、交通状况以及采取封锁、消灭措施的需要来划定，其范围应严格控制。疫区和保护区的划定，由省(自治区、直辖市)农业主管部门、林业主管部门提出，报省(自治区、直辖市)人民政府批准，并报国务院农业主管部门、林业主管部门备案。在发生疫情的地区，植物检疫机构可以派人参加当地的道路联合检查站或者木材检查站；发生特大疫情时，经省(自治区、直辖市)人民政府批准，可以设立植物检疫检查站，开展植物检疫工作。有害生物低度流行区是指经主管部门认定，某种有害生物发生水平低，并已采取了有效的监督控制或根除措施的地区，这可以是一个国家的全部或部分地区，也可以是几个国家的全部或部分地区。受威胁地区是指生态因素适合某种有害生物的定殖，该有害生物的定殖发生将会造成重大经济损失的地区。非疫区即有科学证据证明未发现某种有害生物并由官方维持的地区。

2. 疫情处理

疫情(epidemic situation)泛指某一单位范围内，植物或植物产品被有害生物感染或污染的情况。在发现疫情、划定疫区之后，就要从全局出发，发动群众，对该地区检疫性有害生物进行封锁、隔离并予以扑灭。

3. 检疫及处理

对植物及其产品的检验，可分为产地检验、抽样检验及试种检验。凡种子、苗木及其他繁殖材料，不论是否列入应施检疫的植物、植物产品名单和运往何地，在调运之前应向有关植物检疫机构申请，经检疫合格并取得植物检疫证书后方可调运；发现有检疫对象的，经检疫处理合格后方可调运；无法消毒处理的，不能调运。各种子、苗木和其他繁殖材料的繁育单位，应按照无检疫对象要求建立种苗基地，植物检疫机构应实施产地检疫。从国外引进种子、苗木，引进单位应当向所在地的省(自治区、直辖市)植物检疫机构提出申请，办理检疫审批手续。从国外引进、可能潜伏有危险性病、虫的种子、苗木和其他繁殖材料，必须隔离试种。植物检疫机构应进行调查、观察和检疫，证明确实不带危险性病、虫的，方可分散种植。

1954 年由外贸部颁发的“输出输入应施检疫种类与检疫对象名单”是我国公布的第一个植物检疫对象名单，其中规定有 30 种病虫害作为对外检疫对象。农业部接管对外植物检疫工作后，于 1966 年颁布了新的外检对象名单，包括 34 种病虫，其中 17 种害虫。在新时代，随着检疫工作的发展情况，2021 年农业农村部、海关总署在《中华人民共和国进境植物检疫性有害生物名录》中增补 5 种有害生物，使名录涵盖有害生物总数增加到 446 项。其中包括昆虫 148 种，软体动物 9 种。在检疫性昆虫中，其中鞘翅目昆虫 72 种，半翅目昆虫 25 种，鳞翅目昆虫 24 种，双翅目昆虫 14 种，膜翅目昆虫 8 种，等翅目和缨翅目昆虫分别为 4 和 1 种。

4.3 农业防治

农业防治是利用一系列栽培管理技术，有目的地改变农作物生态系统中的某些因子，以达到控制害虫的发生，保护作物生长的目的。它主要包括种植抗虫品种、合理轮作和间作种植、合理安排种植和采收时间、调整园艺作物布局、加强田园清洁和翻耕、加强水肥管理等措施。这些措施的实施不仅可以从外界环境方面创造不利于害虫生长发育的条件，还可以影响作物的内在因素，增加作物自身的抗虫能力。大量的事实证明，农业防治是一项既经济有效、又能长期稳定地控制害虫的防治手段。

1. 种植抗虫品种

利用作物抗虫品种防治害虫是一种经济有效的措施。首先，这一措施使用方便，潜在效益大。其次，该措施对环境影响小，也不影响其他植保措施的实施，具有很好的协调性和环境相容性。最后，利用抗虫品种防治作物害虫具有很强的后效应，即使是中低水平的抗性，由于其持续作用，可以使害虫种群数量持续下降，通过累积效应，甚至可以在一定时期后达到根治的水平。因此，广泛开展抗虫品种的选育和应用，对维护生态环境，保障作物高产具有十分重要的现实意义。

利用作物抗虫品种防治害虫也有较大的局限性。一是可用的抗虫基因资源较少；二是害虫通过改变生物型以适应抗虫品种；抗虫品种解决了主要害虫的危害问题，而适应的次要害虫开始上升危害。此外，抗虫品种的选育，通常需要较长的时间。因此，在害虫治理中，要合理应用抗虫品种，并与其他防治措施相结合，同时通过不同抗性品种的轮作、镶嵌式种植等保护措施，延长抗虫品种的使用寿命，充分发挥其在害虫治理中的作用。

2. 合理轮作和间作种植

轮作是农业防治中历史最长也是最成功的方法，它能使某些害虫失去食物而导致生命衰竭，也使害虫的生命活动周期受到人为干扰，生存能力下降，种群数量下降，从而使植物免受害虫危害。蔬菜轮作时，前后茬尽量选用亲缘关系较远的菜种，对于单食性和寡食性害虫而言，可起到恶化营养条件的作用。此外，合理的轮作还可使土壤中有机质得到补偿，蓄肥能力增强，提高作物的抗虫能力。间作和套作能改变田间小气候，增强植株的抗病虫能力。广东地区在蔬菜病虫害防治时，采用十字花科蔬菜周边种植葱蒜、韭菜等非十字花科蔬菜的种植方法，小菜蛾的发生危害明显减轻。辣椒地里套种苋菜或空心菜，可避免地老虎的危害。莴苣或芹菜同瓜类间作，可减少黄守瓜的危害。在温室中每隔一定距离点种蒜苗，对白粉虱、蚜虫有驱避作用。

3. 合理安排采收和种植时间

合理安排种收日期的目的是将作物的受害敏感期与昆虫的产卵或取食危害期错开，使作物免受虫害。害虫的发生期与其寄主的敏感期虽然都较短，但长期的协同进化使二者之间常常吻合，如通过品种选育和耕作技术进行适当的早播或迟播，引起的“时间差”就会破坏这种自然吻合，使作物对害虫的敏感期很快越过，或敏感期到来时害虫种群处于极低的水平状态。如调节播种期，使开花期避开向日葵螟 *Homoeosoma nebulellum* 成虫的产卵盛期，能大大减轻秋季向日葵螟的为害。云南省推迟整季蚕豆播种节令，禁种秋早蚕豆，能有效防治蚕豆斑潜蝇 *Liriomyza huidobrensis*。

4. 调整园艺作物布局

一个地区同期作物种植布局或同种作物行间距的结构均会影响害虫的发生和发展。在大棚附近栽培芹菜、白菜、萝卜、韭菜、蒜黄等作物，棚内避免黄瓜、番茄、青椒、茄子、豆角混栽，可大幅度地减轻温室白粉虱 *Trialeurodes vaporariorum*（Westwood）的发生。我国关中地区在根蛆严重发生的低湿地带，种小麦或辣椒，在蒜地周围不种葱、韭菜、洋葱等寄主植物，能减少葱蝇 *Delia antiqua* 和种蝇 *D. platura* 的发生。前茬作物种植棕黄蓟马非嗜食植物如芹菜、茼蒿，可降低保护地蔬菜大棚内的虫源。云南大理州通过调整作物布局，在不减少夏粮面积的情况下，适当压缩蚕豆种植面积，特别是蚕豆斑潜蝇虫源地或靠近虫源地的蚕豆田，改种小麦、大麦、油菜等作物，形成不利于害虫发生的隔离带，可直接减少蚕豆受害。在栗园附近减少栗属或栎类植物，改种其他树种，消灭栗大蚜的过渡寄主，能减轻来年蚜害。烟草田远离桃、李、杏、梅等果树种植区，能减轻烟蚜、烟青虫、小地老虎的发生。

5. 加强田园清洁和翻耕

清除农作物的残留物，破坏害虫繁殖和越冬的场所，是控制害虫危害的重要措施。实施这种方法要求熟悉害虫的生物学、生态学特性，制定出有效的防治措施。蔬菜采收后，遗留于田间的残株败叶，苗地用剩的余苗，是多种蔬菜害虫如白粉虱、茶黄螨、蚜虫、棉铃虫、韭蛆、斑潜蝇、甜菜夜蛾、斜纹夜蛾繁衍的主要场所，应及时清除以减少田间虫口数量。对一些乔木和灌木植物，如能及时地修剪荫枝、枯枝、弱枝和病虫危害枝，不仅可改善树木的通风透光条件，增强树势，还可集中处理废枝，减轻蚧类、螨类、蛀杆性害虫等的危害。广东省防治荔枝主要害虫荔枝蝽 *Tessaratoma papillosa* Drury、荔枝蛀蒂虫 *Conopomorpha sinensis*、荔枝龟背天牛 *Aristobia testudo* Voet、荔枝叶瘿蚊 *Dasineura* sp.、荔枝瘿螨 *Eriophyes litchii* Keifer 时，秋、冬季修剪带有果蛀虫类、瘿螨或瘿蚊等的害枝和害梢，并清除地上的残枝落叶，减少虫源，荔枝放梢时，剪除弱枝和虫枝，并捡拾落果以清除藏匿其中的幼虫，在新叶、花穗抽发期和幼果期，结合疏花疏果剔除虫苞、卷叶、卵块和被害的幼果等，防效十分显著。

翻耕可以毁灭农作物残留物、自生苗和杂草，破坏害虫的栖食和隐藏场所。深耕还可以把害虫埋到很深的土中，使其窒息而亡。如枣尺蠖喜在树冠下土中化蛹越冬，冬季在树干周围刨树盘，可将蛹翻到地面因失水干死、冻死，或被鸟、鸡等啄食。番茄、茄子移栽前，深翻土地，精细整地，可减轻棕榈蓟马、美洲斑潜蝇的危害。此外，土地深耕还可将有机质迅速还到土里并改良土壤的物理性状，获得作物高产。

6. 加强田园水肥管理

水的管理直接影响到作物与害虫生长的小气候，抑制或杀死害虫。如长期干旱有利于草坪中叶蝉、蓟马等刺吸式和锉吸式口器害虫的繁殖和危害，冬灌充足能够破坏地下害虫的越冬生境，减少虫口密度。在种蝇危害大棚内勤浇水，能杀灭地下大量种蝇幼虫。适时冬灌或春灌可消灭大蒜田韭菜迟眼蕈蚊 *Bradysia odoriphaga* Yang et Zhang 的部分越冬幼虫和蛹。

植物营养对害虫取食、寿命和繁殖力影响极大。不同植物或不同的施肥体系对作物害虫的影响不一致。桃树、樱桃和仁果类缺磷能明显地影响朱砂叶螨的存活量、发育速度和生殖力；降低土壤钾素水平能增加甘蓝上的桃蚜、菜蚜 *Brevico rynebrassicae* 的生殖力；植物缺氮有利于红蜘蛛的大发生，而氮素过多，植物疯长，则有利于蚜虫和棉铃虫等多种害虫的大发生。Singh 总结出植物营养条件对植食性昆虫和螨类的影响规律，即缺少氮、磷、钾对蚜虫和红蜘蛛的生长有显著影响，其中缺氮的影响最大。缺磷钾对叶片组织中的氮和碳水化合物含量有间接影响，从而影响植物对昆虫的抗性。因此，采用科学的配方施肥方法，注意土壤中氮、磷、钾及其他营养元素的养分平衡，不仅可改善土壤的团粒结构，提高土壤肥力，还能增强作物的抗虫和耐害补偿能力。如在蔬菜棚内，施用碳氨、氨水等化肥，其释放的氨气对地下害虫具有驱避作用。但偏施氮肥或施肥过量会引起蔬菜品质下降，抗虫能力削弱。应坚持增施有机肥为主，化肥为辅的施肥策略。在施用有机肥时，要充分腐熟，并可适量加入少量农药，以减轻多种地下害虫对蔬菜幼苗的危害。

4.4 生物防治

生物防治法是利用有益生物及其代谢产物控制害虫的方法。多年来,生物防治的内容一直在拓展,目前除了捕食性昆虫天敌、寄生性昆虫天敌、昆虫病原微生物以及蜘蛛、鸟、蛙等其他类天敌的利用,还包括了植物源杀虫剂、微生物源农药、生化农药在内的生物农药以及以抗病虫害为主要目的的基因工程。生物防治法现已成为害虫综合治理及绿色农产品生产中害虫防治的重要方法。

4.4.1 传统的生物防治

1.利用捕食性昆虫天敌控制害虫

利用捕食性昆虫天敌防治害虫的历史悠久,早在3000年前,《诗经》中就记载了胡蜂捕食鳞翅目幼虫的现象;公元304年,广东等地的人们利用当地的黄猄蚁防治柑橘害虫。新中国成立后,也有很多成功的例子,如湖北用大红瓢虫防治柑橘吹绵蚧;北京用草蛉防治温室白粉虱;河南、山西用马蜂防治棉田棉铃虫;山东用套种油菜上的瓢虫防治麦蚜等均获得很好的效果。

捕食性昆虫天敌种类丰富,如螳螂、蜻蜓、瓢虫、草蛉、食蚜蝇、猎蝽、花蝽、胡蜂、泥蜂、土蜂、步甲、虎甲等。它们捕食的范围广,食量大,对害虫有很强的控制作用;但在自然界中,因为天敌种群的盛发期往往滞后于害虫,常常达不到理想的控制效果,所以需要人类适当介入,以提高它们的种群数量。常用的方法有:①释放饲养的昆虫天敌;②营造有利于天敌的越冬场所;③利用农业技术措施如套种、间作等保护天敌;④合理选择、使用农药,避开天敌高峰期施药等。

2.利用寄生性昆虫天敌控制害虫

寄生性天敌很多,大约有5个目90多个科,其中最重要的是膜翅目中的寄生蜂和双翅目中的寄生蝇两大类。常见的有赤眼蜂、姬蜂、茧蜂、蚜茧蜂、蚜小蜂、金小蜂、跳小蜂、平腹小蜂、肿腿蜂、寄蝇等昆虫。

我国对赤眼蜂研究和应用比较多。从20世纪30年代开始,我国对赤眼蜂就有了一定的研究,并进行了少量的田间试验。1951—1954年我国科研人员发现了蓖麻蚕卵可大量繁殖赤眼蜂,有力地推动了赤眼蜂的应用和发展。此后,南方各省纷纷进行赤眼蜂防治稻纵卷叶螟、二化螟等害虫的试验,东北各省则进行了亚洲玉米螟、大豆食心虫及马尾松毛虫等害虫的防治,都取得了可喜的成果。

除了赤眼蜂,一些寄生性的其他蜂类也已进行研究并推广,比如南方多地利用平腹小蜂防治荔枝蝽;天津利用白蛾周氏啮小蜂防治美国白蛾;安徽合肥利用肿腿蜂防治林木天牛,均显示出蜂类具有广阔的发展前景。

3.利用昆虫病原微生物控制害虫

昆虫病原微生物是指能寄生并能致死昆虫的细菌、真菌和病毒等微生物的总称,是害虫的主要天敌之一。利用昆虫病原微生物及其代谢产物来防治害虫的方法称为微生物防治法。病原微生物在适宜条件下,经过传播和再侵染,可在整个害虫种群中扩散,形成疾病流行,从而对害虫种群起到抑制作用。在自然条件下,以病毒性流行病最为常见,真菌性流行病次之,细菌性流行病较少,其他仅偶尔可见。

影响昆虫疾病流行的因素主要有病原微生物的致病力、易感昆虫以及外部环境条件，其中，外部环境条件与多数病原微生物的扩散和传播有关。温度、湿度和阳光均可影响昆虫疾病的流行。不同病原对温度的要求有所不同，但多数要求高湿，而直射阳光则易使病原失去活性而阻断流行。此外，土壤、昆虫的寄主植物、昆虫的密度等因素也与病原微生物的流行有关。

与化学农药相比，利用昆虫病原微生物防治害虫具有很多优点：①不污染环境；②有较强选择性，对脊椎动物无害；③不易产生抗性；不引起次要害虫暴发；④病原物可自我繁衍，持续控制害虫种群。但昆虫病原微生物的缺点也很明显：①作用比较缓慢；②防治目标比较狭窄，且需在适期使用；③多数昆虫病原微生物在干旱下侵入力下降，达不到理想的效果。尽管如此，现在仍有不少国家和地区利用昆虫病原微生物治理农林害虫，对保护和改善生态环境发挥了有益的作用。

4. 利用其他动物控制害虫

蜘蛛是自然界中害虫的重要捕食者之一，其种类多，分布广，适应性强，在农业害虫控制中占有重要位置。以稻田为例，我国稻田蜘蛛多达 90 多种，占稻田捕食性天敌总数的 60%～80%，估计数量多达 40 万～300 万/hm²。蜘蛛能捕食多种害虫，如飞虱、叶蝉、各种螟虫、稻苞虫幼虫等。据研究，早稻田中蛛虫比达到 1∶(4～5)时，就可以控制叶蝉或飞虱的危害。我国南方一些省份利用蜘蛛防治水稻害虫已成为常态。湖南湘阴县为保护稻田蜘蛛专门留出绿肥留种地作为蜘蛛的“安全岛”，以减少化学农药的杀伤，从而保证蜘蛛的种类和数量。

鸟类对控制害虫的数量有很大作用。我国有 1000 多种鸟类，其中绝大多数是捕食性鸟类，捕食的种类主要有鳞翅目害虫、蝗虫、金龟子、象甲、椿象等。中科院动物研究所 1967 年在河北昌黎果区中调查发现主要的食虫鸟类有 53 种，其中 37 种几乎完全以昆虫为食。食虫鸟也是森林害虫的重要天敌。我国很多林区采用了悬挂鸟巢箱招引啄木鸟来防治害虫。经研究，一对灰头绿啄木鸟就可以保护 20～30 hm²的森林免受蛀虫危害。

青蛙、蟾蜍、蜥蜴、壁虎和蝙蝠等有益动物均可作为害虫的捕食者，甚至家养的鸡鸭在蝗虫大发生的时候，也可以发挥作用。只要有利于害虫防治的任何动物，在权衡利大于弊的情况下，都可能成为生防物种。

4.4.2 生物农药

生物农药是指利用生物资源开发的农药。它具有作用方式特殊，效果好，毒副作用小，对环境兼容性好的特点。目前我国的生物农药总量正在快速增长，具有很好的发展趋势。

1. 植物源农药

植物源杀虫剂是人类历史上最古老的生物农药。早在公元前 5～7 世纪，我国就用莽草等植物杀灭害虫；后魏时期贾思勰的《齐民要术》中记载以藜芦根煮水治虫；明代时期李时珍的《本草纲目》中也记载了狼毒、雷公藤、苦参、巴豆和川楝等植物均可杀虫。

植物资源丰富，易取材，易降解，对作物安全，一般不产生药害；其杀虫机理多种多样，不容易使害虫产生抗性。但植物中所含的有效成分太少，所以直接应用杀虫效果并不好。现在用化学方法将植物所含的杀虫剂提取出来并制成剂型，如鱼藤酮乳油、烟碱水剂、苦参碱水剂、茴蒿素水剂等，都有不错的防虫效果。有的植物如除虫菊，含有的杀虫物质具有很高的杀虫活性，于是人们就模拟其成分人工合成了与其结构相似的拟除虫菊酯类杀虫剂，有力地促进了农业生产，说明有些植物不仅是农药资源，也为新农药的开发提供了先导物质。

植物源农药品种主要有苦参碱、烟碱、鱼藤酮、印楝素、川楝素、藜芦碱、狼毒素、茴蒿素、苦皮藤、茶皂素、蓖麻油等。随着化学农药开发难度的不断增大，植物源杀虫剂将成为新的研究靶点。

2. 微生物农药

微生物源农药是指以细菌、真菌、放线菌、病毒等微生物及其代谢产物加工制成的农药。这类农药选择性强，对人畜安全，不杀伤天敌，也不易产生抗性。

细菌类农药主要以苏云金芽孢杆菌 *Bacillus thuringiensis*（简称 Bt）为最多。Bt 是一种分布广泛的革兰氏阳性细菌，是研究最深入、应用最广的杀虫芽孢杆菌。Bt 在生长过程中可以形成伴孢晶体，即杀虫晶体蛋白，与杀虫毒力关系密切。我国于 20 世纪 50 年代中期从法国引入一种 Bt 粉剂，后分离出菌株，将其繁殖后，对玉米螟进行了生防实验；此后引入、分离、繁殖的菌株更多，生产的厂家也逐渐增多。80 年代，我国又进行了杀虫晶体蛋白克隆等方面的研究；90 年代后期转 *Bt* 基因棉花获得成功，将 Bt 的研究和应用推向了高潮。

真菌类农药以白僵菌和绿僵菌研究和生产的较多，其中又以白僵菌为最多。我国自 20 世纪 80 年代以来普遍采用双相发酵生产工艺大量生产白僵菌制剂，生产量和推广面积均居世界首位。20 世纪 90 年代以来，白僵菌制剂防治松毛虫面积就达 166 万～200 万 hm^2。

昆虫病毒是一类非细胞的生物体，专一性强，对人畜无害，而且还有长期调节害虫种群数量的特性，因此受到人们的青睐。现在已知有 20 余类的昆虫病毒，其中发现最早、研究历史最长、应用最广的是杆状病毒科中的核多角病毒（NPV）、颗粒体病毒（GV）以及呼肠孤病毒科中的质多角病毒（CPV）。目前我国已批准登记的有棉铃虫、斜纹夜蛾、甜菜夜蛾等害虫的 NPV 制剂；小菜蛾、菜粉蝶、黄地老虎、茶小卷叶蛾等害虫的 GV 制剂以及马尾松毛虫等害虫的 CPV 制剂，在各地已有相当面积的推广。

3. 生化农药

生化农药主要是经人工合成或从自然界的生物源中分离提取的对害虫行为和生长发育有调节作用的天然化合物，当前应用较多的防虫生化农药是昆虫性信息素。

信息素又称昆虫外激素，有很多种类，如性信息素、聚集信息素、示踪信息素、报警信息素等，但在测报和防治上起重要作用的是性信息素。大多数昆虫是雌性分泌性信息素，引诱雄虫前来交配。早在 1932 年，美国科学家就利用从雌舞毒蛾腹尖提取的性信息素来监测舞毒蛾的分布和发生范围。20 世纪 80 年代后，性信息素技术发展迅猛，各国都有长足的进步，现在我国已经能人工合成 100 多种昆虫性信息素，在农林害虫测报和防治中进行了广泛的应用。

性信息素在虫情监测方面应用得最为广泛。它具有灵敏度高、费用低廉和使用方便等优点，在各地害虫测报中大量应用。测报人员根据性信息素诱捕器的捕获情况，掌握目标害虫的羽化数量及变化趋势，为化学施药提供指导。

性信息素也可干扰昆虫的交配。当接近害虫大量羽化时，田间普遍设置性信息素散发器，使雄虫分不清雌虫的具体位置，从而错过交配期。我国科研人员对棉红铃虫、枣黏虫和甘蔗条螟等害虫分别应用此法进行防治，取得了理想的效果。

4.4.3 植物抗虫基因工程

1983 年世界上首次报道转 Bt 杀虫晶体蛋白基因的烟草获得成功，开启了植物抗虫基因工程的序幕，各国纷纷进行转抗虫基因工程的研究。到 20 世纪 90 年代，抗虫基因工程开始迅猛发展。1995 年转抗虫基因马铃薯进入商品化生产;1996 年转抗虫基因棉花和转基因玉米也进入商品化生产。世界转抗虫基因作物的种植面积迅速增加,2002 年全世界已超过 1400 万 hm^2;至 2007 年全球转抗虫基因作物累计种植面积达到 69 亿 hm^2。

转抗虫基因新品种具有以下优点:①保护作物具有连续性,可控制植物整个生长期内免受害虫的侵害;②对整个植株均有保护作用;③杀虫蛋白存在于植物体内,不易被环境破坏,不会对环境造成污染;④对益虫没有伤害;⑤减少了劳动力,降低了成本。我国在 1997 年后大面积推广转 Bt 抗虫棉,有效控制了棉铃虫的危害,减少了化学农药的使用,增加了经济效益和生态效益。

抗虫基因工程是现代生物技术研究领域的重要成果,为害虫的防治提供了新的途径。随着科学的不断进步,转基因技术的逐渐成熟,转基因抗虫必将在害虫控制中占据越来越重要的位置。

4.5 物理机械防治

物理机械防治就是利用各种物理因子、人工或器械防治有害生物的方法。常用的方法有诱杀法、阻隔分离法、温湿度利用以及机械捕杀法等。这类措施一般简便易行,不污染环境,容易和其他方法协调,既可用于害虫大量发生危害前,也可以在已经大量发生时使用。有的物理措施如果实套袋,效果明显,现已被我国各地人们广泛使用。

4.5.1 诱杀法

1. 灯光诱杀

多数夜间活动的昆虫有趋向黑光灯的习性,因此可利用害虫的趋光性,人为设置灯光来诱杀害虫。近年来已发展出了很多灯光诱杀装置,如高压杀虫灯、频振式杀虫灯、双波诱虫灯、高压汞灯等。不同波长的灯光可以诱杀的害虫种类不同。据王克臻等(2021)报道,在南方的雷竹林区用频振式杀虫灯诱虫,365 nm 波长杀虫灯对竹林内鳞翅目害虫诱杀效果最好;395 nm 波长杀虫灯对叩甲、圆蝽、缘蝽等鞘翅目和半翅目害虫诱杀效果最好;520 nm 波长杀虫灯对膜翅目害虫诱杀效果最好。因此在用灯光诱杀害虫之前要做好调查,针对发生的主要害虫设置不同波长的杀虫灯才会有更好的诱杀效果。

杀虫灯也可能诱杀一些益虫,如草蛉、瓢虫、姬蜂、茧蜂等,但从诱杀的种类和数量上看,害虫的数量远远超过了天敌的数量。尽管如此,在安装诱虫灯装置前还是要做好益虫栖息场所和发生高峰的调查,尽量避免杀伤天敌。

2. 色板诱杀

色板诱杀法是利用某些昆虫的成虫对某种颜色敏感,具有强烈趋向的特性,制成诱捕器进行物理诱杀的方法。不同昆虫对色彩的趋性有特定的选择和爱好,如各种蚜虫、温室白粉虱、美洲斑潜蝇、黄曲条跳甲对黄色敏感;棕榈蓟马、灰地种蝇、直纹稻弄蝶对蓝色敏感;小菜蛾、金纹细蛾对绿色敏感。根据目标害虫的种类和对颜色的敏感程度,制作粘虫色板悬挂于田中,可起到很好的诱捕效果。

悬挂色板诱集不同害虫时,还要考虑害虫的基本活动习性。美洲斑潜蝇喜欢在作物顶部上下迁飞,所以在诱集该蝇时,黄板水平置于作物顶部诱集的虫量明显多于黄板垂直置于作物顶部诱集的虫量，也明显多于水平置于其他高度时诱集的虫量。

对于不同种类的害虫，色板的颜色、形状、悬挂的高度以及悬挂的密度，都要经过一系列的试验才能确定，以达到最好的防治效果。

3. 其他诱杀方法

除了灯光诱杀和色板诱杀以外，还有诱饵诱杀、潜所诱杀、植物诱杀等。

诱饵诱杀是指利用害虫的趋化性诱杀害虫。例如小地老虎成虫喜食糖醋液；蝼蛄喜食马粪和炒得半熟的谷子等。潜所诱杀是指人为制造一些特定的场所引诱害虫越冬并将其杀灭或直接在害虫越冬场所采用一定的措施消灭害虫的方法。例如山楂叶螨在越冬成螨下树前，在主干上绑上草把，诱集其前来越冬，到冬季再解下来烧掉；在枣黏虫末代幼虫化蛹前，于主干分叉处绑上草把，引诱幼虫到草中化蛹，然后收集草把集中处理即可。植物诱杀是指利用害虫对某些植物有特别的嗜食习性或隐藏习性，人为地种植该植物来诱杀害虫。例如要防治夏棉田中的棉铃虫，可于早春在棉田周围种植一些苘麻，引诱棉铃虫成虫在此躲藏和产卵，再寻找适当时机，集中歼灭。每一种害虫都有特定的习性，研究并利用这些习性，就能取得理想的防治效果。

4.5.2 阻隔分离法

根据害虫的活动规律，设置适当的障碍物，阻止害虫扩散、蔓延和危害的方法称作阻隔分离法。例如果实套袋可阻止食心虫类在果实上产卵，同时还减少了农药残留，保证了果面的洁净；在树干上涂胶、刷白，除了防冻外，还可防止星天牛和桃红颈天牛在树干上产卵；在树干周围堆沙或围扎塑料薄膜可以阻止梨尺蠖、枣尺蠖的雌蛾上树（雌蛾无翅，必须从地面爬上树干）。蔬菜生产上也常利用阻隔分离法，如对出口蔬菜经常利用防虫网来阻挡甜菜夜蛾、斜纹夜蛾、小菜蛾和菜青虫等害虫的迁入。

4.5.3 温湿度的利用

利用低温防治害虫常用于仓库储粮。玉米蟓在 0 ℃时，成虫经 7～8 天就全部死亡，而绝大部分虫卵在－5 ℃下经 120 h 全部死亡；粉斑螟在 0 ℃时，经过一周各虫态全部死亡，在－1 ℃时，1 d 即被冻死；锯谷盗在－6.7～－3.9 ℃时，经过一周各虫态全部死亡。因此在北方晴天可将粮仓门窗打开，结合通风并利用自然低温，消灭部分害虫。

利用高温防治害虫最常见的方法是日光晒粮。夏季太阳直射，可使粮食温度上升高达 50 ℃左右，几乎所有的贮粮害虫均可杀死。日光晒粮还可以降低粮食中的水分。贮粮害虫所需水分完全来自粮食，如果粮食含水量低于 12%就不利于害虫的发生。高温晒粮不仅能杀死当时粮食中的害虫，还可预防后期贮粮害虫的危害。

4.5.4 人工及机械捕杀

人工及机械捕杀是根据害虫的栖息特点和生活习性，利用人工或各种器械捕杀害虫的方法。例如在桃红颈天牛成虫盛发期，利用其假死性的特点，早晨或雨后用钩子摇动树枝，将其震落杀死；在发现幼虫钻蛀时，可以用铁丝伸入虫道将幼虫戳死。朝鲜球坚蚧、桃白蚧经常为害桃树和杏树，可以结合冬季修剪，将危害重的枝条剪除。苹小卷叶蛾小幼虫、梨小食心虫老熟幼虫均在树皮裂缝中越冬，冬季可以用刮树皮的方法清除。茄科蔬菜上，茄二十八星瓢虫和马铃薯瓢虫的幼虫和成虫均不活跃,可以直接将其杀死。大葱上甜菜夜蛾的卵块多产在尖部,轻易地就可抹掉。人工或机械捕杀操作简单,但容易疏漏,且比较费工,对多数害虫来说,目前只能作为防治辅助措施。

4.5.5 其他新技术的应用

应用γ射线、X射线、红外线、紫外线、激光等进行害虫的辐射、诱杀及检疫检验等方面,都已开展了试验研究。例如用红外线处理产品,60 ℃经过 10 min 害虫全部被杀死;用钴 60 作为γ射线源,一定时间内可使大部分害虫死亡;还有高频辐射,对害虫也有比较好的效果。但这些做法都有一定的局限性,而且费用比较高,并不适宜于推广。目前昆虫的不育技术是各国研究的热点。

(1)射线不育 就是利用一定剂量的射线照射昆虫的某一个虫态,使其性染色体断裂或者易位,形成致死的配子,但又不损伤其体细胞的一种技术。利用这种技术,将不育的雄性昆虫释放到野外,通过竞争交配权,使害虫种群衰弱或灭绝。美国曾用该技术将库拉松岛上的羊皮螺旋锥蝇完全灭绝。

(2)闪光不育 国外有人用普通照相的闪光灯照射昆虫,昆虫也有不育的现象。

(3)高温或低温不育 温度达 35 ℃,可使茄二十八星瓢虫、斜纹夜蛾不产卵;一种皮蠹在温度−8 ℃经 30 h 即不育。上述研究为进一步防治害虫提供了新的思路。

4.6 化学防治

化学防治(chemical control)是指用化学农药防治农林作物害虫、病菌、线虫、螨类、杂草及其他有害生物的一种方法。它在害虫防治方法中占有重要的地位。化学防治方法的优点:①高效。大多数杀虫剂仅用少量药剂就能有效地防治许多重要害虫,表现出效率高的特点。②速效。害虫一旦大发生,往往来势很猛,使用杀虫剂就可以在短期内进行防控,见效快。例如暴食性斜纹夜蛾、甜菜夜蛾大发生时,只能及时采取化学防治作为应急措施。③特效。有些害虫,目前尚无其他方法可以防治,只有化学防治才能有效地控制其为害。例如采用毒饵法防治蝼蛄、蟋蟀等地下害虫。但是,化学防治也存在以下缺点:①长期过量及不合理使用化学农药,会造成害虫产生不同程度的抗药性。②对害虫天敌产生危害。广谱性杀虫剂比较普遍,在消灭害虫的同时,常常对天敌也具有较高毒性,干扰了生态系统中自然种群的平衡,造成一些害虫的再猖獗。③污染环境。有些农药由于它的理化性质稳定,不易分解,微量残留就能污染环境(土壤、水和大气等),还可以通过食物链和生物富集等造成残留毒性,对人畜安全和生态环境造成威胁。因此,使用农药必须注意发挥它的优点并克服它的缺点,且与其他防治方法互相配合,才能最终获得良好的效果,达到保护园艺植物的目的。

4.6.1 杀虫剂的分类

杀虫剂(insecticides)是指用来防治农业、林业、卫生、仓储及畜牧等害虫的药剂。杀虫剂品种较多,使用广泛,根据作用方式可以分为以下 9 类:

(1)胃毒剂(stomach poisons) 害虫取食喷施过药剂的植物或混有药剂的毒饵以后,药剂随同食物进入害虫消化道,被肠壁细胞所吸收,最后到达作用靶标引起害虫中毒死亡。如敌百虫等。

(2)触杀剂(contact poisons) 药剂与虫体接触后,透过昆虫体壁进入体内,或封闭昆虫的气门,或腐蚀虫体表皮蜡质层,最终使昆虫中毒或窒息死亡。如辛硫磷和石油乳剂等。

(3)熏蒸剂(fumigants) 药剂由液体或固体气化为气体,通过害虫呼吸系统进入虫体,使之中毒死亡。如磷化铝和敌敌畏等。

(4)内吸剂(systemic insecticides) 药剂施用到植物上或土壤里,被植物枝叶或根部所吸收,传导到植株的各部分,害虫(主要是刺吸式口器害虫)吸取有毒的植物汁液而引起中毒死亡。如吡虫啉等。

(5)忌避剂(repellents) 药剂分布于植物后,害虫嗅到某种气味即避开取食,这种作用称为忌避作用。如雷公藤根皮粉和香茅油等。

(6)不育剂(sterilants) 化学不育剂是害虫接触或取食后,使雄性或雌性或雌雄两性的生殖器官发育受影响,或使精子或卵子不能正常发育,通过影响害虫的繁殖从而实现对害虫种群数量的控制。如噻替派和六磷胺等。

(7)拒食剂(antifeedants) 药剂被害虫取食后,正常生理机能遭到破坏,食欲减退或很快停止进食,引起害虫饥饿死亡。如拒食胺和印楝素等。

(8)昆虫生长调节剂(insect growth regulators,IGRs) 主要是昆虫体内激素的类似物、几丁质合成抑制剂等,这类药剂并不直接、快速杀死害虫,它使昆虫的生长发育和变态等行为受到阻碍和抑制,从而达到控制害虫危害以至逐步消灭害虫的目的。如灭幼脲和氟啶脲等。

(9)引诱剂(attractants) 引起昆虫定向移动或聚集从而利于对其集中歼灭。根据诱集源的不同又可分为性引诱剂、信息素诱集剂、食诱剂等,有的只能引诱异性昆虫,有的雌雄同诱。生产上使用的引诱剂可以是单一组分,但更多的是复合组分。如葡萄透翅蛾性诱剂、梨小食心虫性诱剂和食诱剂、实蝇类害虫食诱剂、梨酯、异烟酸甲酯等。

4.6.2 农药的剂型及其使用方法

工厂生产的未经加工的高含量有效成分杀虫剂一般称为原药,呈固体状态叫原粉,液体状态称为原油。农药实际使用过程中单位面积上需要的原药量很少,且除少数品种如敌百虫、杀虫双等可溶于水外,大多数有机合成的原药难溶于水,不能直接兑水施用。要使少量的原药能均匀散布在植物上和环境中,就必须要将其加工制成一定的药剂形态(即剂型),然后通过合理的施用方式,使之达到一定的分散度并能适用于不同器械和环境,以利于发挥药剂的杀虫效力。因此,农药剂型加工对其科学合理使用十分重要。

农药剂型加工即是将原药加入填料或溶剂和各类辅助剂(湿展剂、乳化剂、分散剂、稳定剂等),制成含有一定有效成分、一定规格的各种不同剂型的制剂。商品农药大多是成分较复杂的混合物,制剂的名称由有效成分的质量百分数、有效成分的通用名称和剂型三部分组成。常用的农药剂型有几十种,按物理性质可以分为固态、半固态和液态,按施用方法分类有直接施用、稀释后施用等。目前生产上常见的剂型主要有:

(1)粉剂(dust powders,DP) 粉剂是原药、填料(膨润土、高岭土等)和少量其他助剂,经过机械粉碎而制成的粉状混合物。按照有效成分比例,可分为含量大于10%的浓粉剂、含量小于10%的田间浓度粉剂。根据粉粒细度又可分为20～25 μm的低漂移粉剂、10～12 μm的一般粉剂和小于5 μm的微粉剂。粉剂可供大田喷粉或用于拌种、制毒饵和土壤处理用。

(2)可湿性粉剂(wettable powders,WP) 可湿性粉剂是原药、填料、辅助剂(湿润剂、分散剂等),经机械粉碎而制成的粉状混合物。可湿性粉剂加水搅拌可悬浮在水中,成为稳定且分散性良好的悬浮液供喷雾使用。该剂型有效成分较高,通常可达20%~50%,且便于贮存运输,同时避免了有机溶剂的使用,在果树等作物上使用时可以防止有机溶剂对果实表皮细胞的伤害,有助于提高果实品质。

(3)乳油(emulsifiable concentrates,EC) 乳油是将原药用溶剂溶解后,加入乳化剂混合制成的透明单相油状液体混合物。乳油加水稀释,可自行乳化而分散成为相对稳定的不透明乳液(乳剂)供喷雾和泼浇使用。根据兑水后的物理状态,可分为可溶性乳油(原药溶于水)、溶胶状乳油(油珠颗粒粒径小于0.1 μm)和乳浊状乳油(油珠颗粒粒径0.1~10 μm)。大多数脂溶性农药均可加工成乳油,该剂型有效成分高,加工工艺简单,贮存稳定性好,使用方便,是目前我国主要的农药加工剂型之一,也是相对高效的剂型。但由于其中含有有机溶剂,有易燃易爆的风险,且不当使用易造成环境污染、人畜中毒或者作物药害,已经逐步减少使用。

(4)粒剂(granules,GR) 粒剂是用原药、辅助剂和载体制成的粒状物。粒剂可分为遇水解体及遇水不解体两种。制造方法有:包衣法、吸附法、挤压法。载体有矿物性(如细砂、煤矸石、土粒等)和植物性(木屑等)二类。粒剂制剂通常含有效成分为3%~10%。根据制成固体颗粒的大小,粒剂可分块粒剂、大粒剂或称丸剂、颗粒剂、微粒剂与细微粒剂等。该剂型是一种低毒化剂型,用时直接撒施颗粒且可以控制药剂有效成分释放速度,减少环境污染,避免危害天敌并减少对作物产生药害的风险。例如呋喃丹颗粒剂可施于播种沟内,用于防治蔗螟、甘蔗蚜虫、甘蔗蓟马等甘蔗害虫。

(5)可溶性粉剂(soluble powders,SP) 可溶性粉剂是水溶性原药、水溶性填料及少量吸收剂制成的水溶性粉状物,要加水稀释后才能使用。这种剂型是高浓度可溶性粉剂或水溶性制剂,具有使用方便、分解损失小、包装和贮运经济、安全,又无有机溶剂对环境污染等优点。如把水溶性的敌百虫加工成可溶性粉剂。这类制剂特别适宜于在水果、蔬菜、茶叶以及卫生防疫上使用。

(6)悬浮剂(suspension concentrates,SC) 悬浮剂俗称胶悬剂,是将不溶于水或难溶于水的固体原药、分散剂、湿展剂、载体(硅胶)、消泡剂和水,用砂磨机进行超微粉碎后制成的黏稠性悬浮液,是一种具有流动性的糊状物,使用前用水稀释易与水混合形成稳定的悬浮液。悬浮剂的细度为99%通过300筛目,平均粒径1~4 μm,悬浮率90%。通常有效成分含量为40%~60%。悬浮剂在加工过程中有大量的微小气泡附着在药粒的表面(只有在显微镜下才可看到),故有较好的悬浮性。可以加水进行地面或飞机常量、低量、超低量喷雾。悬浮剂兼有可湿性粉剂和乳油两种剂型的优点,且以水为分散介质,成本低,与环境相容性好。该剂型为不溶于水和有机溶剂的农药提供了广阔的应用前景,也是目前田间应用最多的剂型之一。

(7)缓释剂(controlled release formulations,CRF) 缓释剂是利用控制释放技术,将原药通过物理或化学的加工方法,使其贮存于农药加工品之中,制成可使有效成分缓慢释放的制剂。主要包括微胶囊剂、塑料结合剂、多层带剂、纤维片缓释剂、吸附包衣型控释剂和化学型控释剂等类型。缓释剂可实现高毒农药低毒化,使农药持效期延长,减少使用次数;同时使液体农药固形化,便于包装、贮存和使用,减少对环境的污染,符合当前杀虫剂的发展趋势,也是将传统杀虫剂进行改进的一个重要方向。

(8)超低容量喷雾剂(ultra low volume agents,ULV) 超低容量喷雾剂一般是含农药有效成分 20%～50%的油剂，其中包含溶剂及助溶剂或化学稳定剂，不需稀释而直接喷洒。配制超低量油剂的关键是选择好溶剂；有的制剂中需要加入少量助溶剂，以提高对原药的溶解度；有的还需加入一些化学性质稳定或其他对植物药害低的物质等。超低量喷雾剂的使用需要有配套的超低量喷雾设备，比较适宜在公共卫生和林业害虫等需要大面积防治的环境中使用。

(9)烟剂(fumigant，FU)　烟剂又称烟雾剂，是用农药原药、燃料、氧化剂等配制成的粉状制剂。点燃时药剂受热气化在空气中凝结成固体微粒，起杀虫杀菌作用。烟剂适合大棚等相对密闭的设施园艺作物害虫的防治，如敌敌畏烟剂。

(10)热雾剂(hot fogging concentrates，HN)　热雾剂是利用溶剂(溶剂多为柴油、太阳油、变压油或煤焦油中的蒽油)将原药配制成油溶性药剂，应用机械法或机械热力联合法，将油溶性油剂分散成烟雾状的细小点滴，通过高温高压气流将杀虫剂喷入大气中。适用于果园害虫防治。

(11)种衣剂(seed dressing，SD)　种衣剂是将高纯度农药与成膜剂(松香、聚乙烯醇等天然或人工合成高分子化合物)和警戒色(水溶性颜料)按一定比例混合后处理种子，在其表面形成具有一定包覆强度的保护层，用以防治害虫。种衣剂直接用于处理作物种子，并且由于成膜剂对农药的固定和缓释作用，因而具有高效、经济、安全及持效期长的特点。

4.6.3 园艺植物常用杀虫剂

4.6.3.1 有机磷杀虫剂

有机磷杀虫剂是二次大战以后发展起来的一类含磷有机化合物，主要作用机制是抑制神经系统胆碱酯酶活性而破坏正常的神经冲动传导，从而引起急性中毒致死。有机磷类杀虫剂品种多，杀虫谱广，分解快，在自然界和生物体内残留少，因此，被广泛用于防治各类害虫。但不少种类属剧毒农药，使用不当易引起人畜中毒，目前有的品种正被逐步淘汰。

1. 敌百虫

敌百虫(trichlorfon)纯品为白色结晶，易溶于水，但溶解速度慢，也能溶于多种有机溶剂，但难溶于汽油。在室温下存放相当稳定，但易吸湿受潮，配成水溶液后会逐渐分解失效。敌百虫在弱碱条件下，可脱去一分子氯化氢而转变为毒性更大的敌敌畏，然后再分解为无毒的化合物。敌百虫为高效、低毒、低残留、广谱性杀虫剂，胃毒作用强，兼具有触杀作用。主要加工剂型有 80%、90%可溶性粉剂和 30%、40%乳油等。对鳞翅目幼虫如梨小食心虫、桃小食心虫、松毛虫、刺蛾、袋蛾、菜青虫、瓜螟等有很好的防治作用，也用于防治蔬菜上的其他害虫。

2. 敌敌畏

敌敌畏(dichlorvos)纯品为略带芳香气味的无色油状液体，工业品淡黄色，纯度可达 95%～98%，微溶于水，能溶于大多数有机溶剂。挥发性较强，在高温下挥发更快；在水中会缓慢地进行消解，特别是在碱性和高温条件下消解更快，并变为无毒物质。敌敌畏对高等动物的毒性比敌百虫大 6～7 倍。对昆虫具有触杀、胃毒和强烈的熏蒸作用，为广谱性杀虫剂。主要加工剂型有 80%和 50%乳油，也可制成 2%、15%、30%烟剂。由于其击倒力强、药性短，适宜于防治果树、蔬菜、桑、茶及多种花木等害虫，如蚜虫、卷叶蛾、金花虫、叶蝉、菜青虫、菜螟等。但对高粱会产生严重药害，对玉米、豆类、瓜类的幼苗也易引起药害。不能与碱性农药和肥料混用。

3. 马拉硫磷

马拉硫磷(malathion)又名马拉松。纯品为无色油状液体,略带酯味;工业品为棕色液体,具有强烈大蒜臭味。微溶于水,能溶于多种有机溶剂,遇酸碱均易分解,在水中或长期暴露于潮湿空气中也能缓慢消解。马拉硫磷对人、畜毒性较低,对害虫具有触杀、胃毒和微弱的熏蒸作用。主要加工剂型有45%和25%乳油、3%粉剂。可防治蚜虫、刺蛾、吹绵蚧、红蜡蚧等,但残效期短,在低温情况下施药效果较差,宜适当提高药液浓度。

4. 辛硫磷

辛硫磷(phoxim)纯品为浅黄色油状液体,工业原油为棕黄色液体,易溶于有机溶剂,难溶于水,在酸性介质中较稳定,遇碱、遇光易分解。辛硫磷为高效、低毒、无残毒危险的有机磷杀虫剂,有触杀和胃毒作用。主要加工剂型有40%乳油和5%颗粒剂等。适于防治地下害虫,对鳞翅目幼虫高效,也适用于喷雾防治果、蔬、茶、桑、烟草等害虫,如卷叶蛾、尺蛾、粉虱类等。不与碱性农药混用,配好药剂不能在阳光下久置,贮藏要放在阴凉避光处。

4.6.3.2 氨基甲酸酯类杀虫剂

氨基甲酸酯是在天然毒扁豆碱结构的基础上,衍生出的一系列具有杀虫活性的人工合成杀虫剂。这类化合物大多数品种对温血动物和鱼类低毒,在自然界易分解,不易污染环境,分子结构与毒性大小及选择性密切相关,杀虫作用迅速,可以用来防治对有机磷药剂产生抗药性的一些害虫,但一般不能用于防治螨类和介壳虫,对蜜蜂有较高的毒性。

1. 西维因

西维因(carbaryl)又名甲奈威。纯品为白色结晶,工业品为灰色或粉红色粉末。微溶于水,可溶于有机溶剂,对光、热和酸性介质稳定,遇碱水解失效。对人畜低毒,一般使用浓度下对作物无药害。剂型有25%可湿性粉剂。西维因具有触杀兼胃毒作用,杀虫谱广,能防治多种作物上的咀嚼式及刺吸式口器害虫,可用于防治园林植物上的刺蛾、食心虫、潜叶蛾、蚜虫等。

2. 抗蚜威

抗蚜威(pirimicarb)又称辟蚜雾。纯品为白色无臭结晶体,易溶于水及醇、酮、酯、芳烃等有机溶剂,性状较稳定,但在强酸和强碱中煮沸能分解,水溶液遇紫外光亦能分解。本品为高效、中等毒性、低残留的选择性杀蚜虫剂,具有触杀、熏蒸和内吸作用。植物根部吸收后,可向上输导。有速效性,持效期不长。主要加工剂型为50%可湿性粉剂。可用于防治果树、豆类、油菜、花卉及一些观赏植物上的蚜虫。

3. 异丙威

异丙威(isoprocarb,MIPC)又称叶蝉散、灭扑散。纯品为白色结晶,不溶于水和卤代烷烃,难溶于芳烃,溶于丙醇、甲醇、乙醇等有机溶剂,酸性条件下稳定。该药对飞虱、叶蝉科害虫具有强烈的触杀作用,击倒力强,药效迅速,但该药的残效期较短,一般只有3～5天。主要加工剂型有2%/4%粉剂、20%/25%乳油、40%可湿性粉剂和10%烟剂等。可用于防治果树、蔬菜、水稻等作物的飞虱、叶蝉等害虫。

4. 硫双威

硫双威(thiodicarb)又名拉维因,是新一代的双氨基甲酸酯杀虫剂。纯品为白色结晶,原药为浅棕褐色晶体,不溶于水,溶于有机溶剂,常温下稳定,强碱性下易分解,有轻度硫黄味。具有内吸、触杀、胃毒作用,经口毒性高但经皮毒性低,具有高效、广谱、持久、安全等特性。主要加工剂型为75%可湿性粉剂和37.5%胶悬剂等。对棉铃虫、烟青虫、甜菜夜蛾、斜纹夜蛾等鳞翅目害虫有较好的防治效果。

5. 茚虫威

茚虫威(indoxacarb)又名安打、安美,也可以被归类为噁二嗪类杀虫剂。原药为浅绿色固体,略带甲苯气味,水中溶解度较低,在丙酮和甲醇等有机溶剂中溶解度高。对昆虫主要有触杀和胃毒作用。茚虫威在虫体内被代谢成N-去甲基羰基代谢物(DCJW)阻断神经细胞膜上的钠离子通道,导致昆虫麻痹、行为失调而死亡。对哺乳动物、家畜以及非靶标昆虫低毒,用药第二天即可采收。主要加工剂型有30%水分散粒剂和150 g/L悬浮剂等。田间主要用于防治十字花科蔬菜上的鳞翅目害虫如菜青虫、甜菜夜蛾、小菜蛾等。

4.6.3.3 拟除虫菊酯类杀虫剂

拟除虫菊酯类杀虫剂仿照天然除虫菊素的化学结构,人工合成的一类杀虫剂,强烈的触杀作用,无内吸作用,且光稳定性好、高效、低毒,田间残效期5~7天,用于防治多种农业害虫和卫生害虫,在引入氟原子后,也对害螨产生较高毒力。但该类杀虫剂连续使用易导致害虫产生抗性,故要与其他农药轮换使用。

1. 氯菊酯

氯菊酯(permethrin)又名二氯苯醚菊酯、除虫精。原药为暗黄至棕色的黏稠液体,易溶于有机溶剂,在酸性和中性条件下稳定,在碱性介质中水解较快。具有触杀和胃毒作用,杀虫谱广,属低毒杀虫剂。主要加工剂型有10%乳油等。可用于防治蔬菜、茶叶、果树及花卉上多种害虫,尤其适用于卫生害虫的防治,也可用于贮粮害虫防治。

2. 溴氰菊酯

溴氰菊酯(deltamethrin)又名敌杀死、凯素灵。纯品为白色斜方形针状晶体,不溶于水,溶于丙酮、二甲苯等芳香族溶剂,在酸性介质中较稳定,在碱性介质中不稳定。以触杀和胃毒作用为主,有一定的驱避和拒食作用,无内吸作用,杀虫谱广,击倒速度快,对鳞翅目幼虫及蚜虫效果好。主要加工剂型有2.5%乳油等。可用于防治棉铃虫、桃小食心虫、菜青虫、小菜蛾、黄守瓜、茶尺蠖、茶小绿叶蝉、大豆食心虫等。

3. 氯氰菊酯

氯氰菊酯(cypermethrin)又称兴棉宝、安绿宝等。工业品为黄色或棕色黏稠液体或固体,能溶于水和多数有机溶剂,对光、热稳定,在酸性介质中稳定,在碱性介质中易分解。对害虫有触杀和胃毒作用,并有拒食作用,但无内吸作用,杀虫谱广,药效迅速,是一种高效、中毒、低残留农药,对人、畜安全。主要加工剂型有10%乳油等。可防治园林、果树、蔬菜上的多种鳞翅目害虫、蚜虫及蚧壳虫等。

4. 高效氯氰菊酯

高效氯氰菊酯(beta-cypermethrin)为氯氰菊酯的高效异构体。纯品白色至奶油色结晶,在强碱性下易水解,热稳定性好,属中毒农药。对昆虫有很高的胃毒和触杀作用,击倒性强,且具杀卵活性,在植物上稳定性好,能抗雨水冲刷。主要加工剂型有5%、10%乳油、2%烟剂等,防治对象同氯氰菊酯。

5. 甲氰菊酯

甲氰菊酯(fenpropathrin)又名灭扫利。纯品为白色结晶,原药为棕黄色液体或固体,不溶于水,溶于有机溶剂,在日光、热、湿条件下较稳定,碱性条件下易分解。有较强的拒避和触杀作用，为具有选择作用的杀虫杀螨剂，毒性中等。主要加工剂型有20%乳油等。对鳞翅目害虫、叶螨、粉虱、叶甲等均有较好防治效果。

6. 氯氟氰菊酯

氯氟氰菊酯(cyhalothrin)又名功夫菊酯。工业品为黄色至棕色黏稠油状液体，难溶于水，溶于有机溶剂，酸性稳定，碱性易分解。具胃毒和触杀作用，活性高，杀虫谱广，持效长。主要加工剂型有2.5%和5%乳油等。对鳞翅目害虫、蚜虫、叶螨等均有较好的防治效果。

4.6.3.4 特异性昆虫生长调节剂

1. 灭幼脲

灭幼脲(chlorbenzuron)又叫灭幼脲3号、苏脲1号。原粉为白色结晶，不溶于水.易溶于吡啶等有机溶剂，遇碱和较强的酸易分解，常温下贮存较稳定。本品主要是胃毒作用，触杀作用次之，能抑制和破坏昆虫新表皮中几丁质的合成，从而使昆虫不能正常蜕皮而死。属低毒杀虫剂，对人畜和天敌昆虫安全。主要加工剂型为25%悬浮剂等。灭幼脲施药后3～4天始见效果，需适当提早使用，也不宜与碱性物质混合。田间残效期15～20天。用于防治黏虫、松毛虫、美国白蛾、柑橘全爪螨、菜青虫、小菜蛾等。

2. 除虫脲

除虫脲(diflubenzuron)又叫灭幼脲1号、敌灭灵，是最早开发的苯甲酰脲类几丁质合成抑制剂。纯品为白色结晶，原药为白色至浅黄色结晶粉末，微溶于水，溶于丙酮，易溶于乙腈等极性溶剂，在非极性溶剂如乙醚、苯、石油醚等中很少溶解。对光、热较稳定，遇碱易分解。对昆虫主要是胃毒和触杀作用，抑制几丁质的合成，使幼虫蜕皮时不能形成新表皮，虫体畸形而死。属低毒药剂。主要加工剂型有20%悬浮剂等。用于防治黏虫、玉米螟及蔬菜、园林上的鳞翅目幼虫，也可防治柑橘木虱。

3. 氟啶脲

氟啶脲(chlorfluazuron)又名定虫隆、抑太保。纯品白色结晶，不溶于水，溶于有机溶剂，是高效，低毒的昆虫几丁质合成抑制剂。胃毒作用为主兼有触杀性，对鳞翅目幼虫有特效，但一般用药后3～5天才能见效，与其他杀虫剂无交互抗性，对家蚕高毒。主要加工剂型有5%乳油等。对小菜蛾、菜青虫、甜菜夜蛾、斜纹夜蛾等多种对有机磷、拟除虫菊酯产生抗性的鳞翅目害虫有较好防治效果。

4. 噻嗪酮

噻嗪酮(buprofezin)又名扑虱灵，稻虱净。纯品为白色结晶，在酸碱溶液中稳定，易溶于丙酮、苯和甲苯等有机溶剂，也溶于水(20 ℃，9 mg/L)。噻嗪酮是一种杂环类昆虫几丁质合成抑制剂，破坏昆虫的新生表皮形成，干扰昆虫的正常生长发育。其杀虫作用为胃毒和触杀，无熏蒸作用，具有药效高、残效期长、残留量低和对天敌较安全的特点。主要加工剂型为25%可湿性粉剂和50%悬浮剂等。该杀虫剂选择性较强，对半翅目飞虱科、叶蝉科、粉虱科中一些害虫有特效，具一定杀卵作用，主要作用于若虫。

5. 灭蝇胺

灭蝇胺(cyromazine)纯品为无色结晶，工业品为白色固体。20 ℃在水中溶解度为11 g/L，稍溶于甲醇。灭蝇胺具内吸、触杀和胃毒作用。按我国农药毒性分级标准，灭蝇胺为低毒的昆虫生长调节剂。主要加工剂型有50%可溶性粉剂和75%可湿性粉剂。主要用于蝇的繁殖地喷洒，防治蝇的滋生，防治潜叶蝇的效果显著。

6. 虫酰肼

虫酰肼(tebufenozide)又名米满(Mimic)。外观为灰白色粉末,水中溶解度<1 mg/L(25 ℃),微溶于有机溶剂,高温下稳定,不易光解。是一种新型非甾族昆虫生长调节剂,能与蜕皮激素受体结合启动鳞翅目幼虫产生不完全的蜕皮过程,进而导致幼虫脱水、饥饿而死亡。对鳞翅目昆虫有高度的选择性和药效,对非靶标生物安全。主要加工剂型有20%悬浮剂和10%乳油等。可用于防治蔬菜、果树、林木上的甜菜夜蛾、卷叶蛾等害虫。

4.6.3.5 新烟碱类杀虫剂

新烟碱类杀虫剂(又称氯化烟酰类杀虫剂)是天然烟碱的仿生物,可以选择性结合神经系统的烟碱型乙酰胆碱受体,从而阻断乙酰胆碱与该受体的结合,进而使昆虫麻痹而致死。具有高效、低毒、广谱、选择性强和对环境安全等特点,同时具备很好的内吸活性,在植株内传导迅速。对哺乳动物低毒,是取代对哺乳动物毒性高、环境污染性强的有机氯、有机磷、氨基甲酸酯、拟除虫菊酯等杀虫剂的最佳药剂之一。该类型杀虫剂从20世纪80年代开始,经过三代的发展,目前已经在生产上得到广泛的应用。

1. 吡虫啉

吡虫啉(imidacloprid)又名蚜虱净,为第一代新烟碱类杀虫剂的代表。纯品为无色晶体,有微弱气味,水中溶解度为0.51 g/L(20 ℃)。具有触杀、胃毒作用,有内吸性,尤其具有优异的根部内吸传导作用。主要加工剂型有5%乳油、10%可湿性粉剂、600 g/L悬浮剂和70%水分散粒剂等。主要施用方法为兑水后整株喷雾。主要用于防治刺吸式口器害虫,如飞虱、叶蝉、蚜虫和蓟马等;也可用来防治白蚁、土壤害虫和韭蛆,对鞘翅目和鳞翅目的一些种类也具有不同程度的杀伤作用,但目前暂未发现对线虫和螨虫的防治效果。对蜜蜂高毒,要避免在作物花期施用,不要与碱性农药或其他碱性物质混用,不宜在强光下喷雾,以免药效降低。

2. 噻虫嗪

噻虫嗪(thiamethoxam)又名阿克泰、快胜,是一种硫代烟碱类杀虫剂,为第二代新烟碱类高效低毒杀虫剂的代表。纯品为白色结晶粉末,水中溶解度为4.1 g/L(20 ℃),易溶于丙酮等有机溶剂。有胃毒、触杀和内吸活性,且具备更高的杀虫活性、更好的安全性和更长的持效期等优点。主要加工剂型有0.5%颗粒剂、21%悬浮剂、25%水分散粒剂和35%悬浮种衣剂等。主要施用方法为叶面喷雾和灌根。施药后可以迅速被内吸并传导至植株各部位,对果树、蔬菜、花卉等作物上的刺吸性害虫,如蚜虫、蓟马、飞虱、粉虱等,以及部分咀嚼式口器害虫具有良好防效。

3. 呋虫胺

呋虫胺(dinotefuran)又名呋啶胺、护瑞,一种呋喃烟碱类杀虫剂,为目前唯一在生产上应用的第三代新烟碱类杀虫剂。水中溶解度较高,20 ℃下达40 g/L。呋虫胺的四氢呋喃基取代了以前的氯代吡啶基、氯代噻唑基,并且不含卤族元素。毒理机制和作用特点与一代和二代产品类似,但可以结合更多的受体位点,所以与第一和第二代新烟碱类杀虫剂以及其他类型杀虫剂有较低的交互抗性风险。呋虫胺同时还表现出更广谱的杀虫作用(比如对二化螟和蚊子高毒)和更高的杀虫活性。主要加工剂型有10%液剂、20%可溶粒剂、20%水分散粒剂、25%可湿性粉剂、20%悬浮剂等。主要施用方法为兑水喷雾。

4.6.3.6 双酰胺类杀虫剂

双酰胺类杀虫剂是一类具有双酰胺结构的广谱型杀虫剂,对鳞翅目、鞘翅目中多种害虫具有较好的防治效果。该类杀虫剂以触杀和胃毒作用为主，大多作用于昆虫肌肉中鱼尼丁受体(ryanodine receptor，RyR)，可以激活该受体后打开钙离子通道，使肌肉细胞过度释放钙离子，进而引起昆虫肌肉调节衰弱、麻痹，使之停止活动和取食，最终瘫痪死亡。由于该类杀虫剂杀虫机理独特，目前与其他杀虫剂无交互抗性。该类杀虫剂还具有明显的选择性，对哺乳动物和其他脊椎动物安全性较高。根据化学结构特点，双酰胺类杀虫剂主要分为三类：邻甲酰胺基苯甲酰胺类(氯虫苯甲酰胺、溴氰虫酰胺、环溴虫酰胺、四唑虫酰胺)、邻苯二甲酰胺类(主要包括氟苯虫酰胺、氟虫双酰胺和氯氟氰虫酰胺等)和间甲酰胺基苯甲酰胺类(溴虫氟苯双酰胺)。

1. 氯虫苯甲酰胺

氯虫苯甲酰胺(chlorantraniliprole)纯品为白色结晶，常温下在水中溶解度为1.023 mg/L。氯虫苯甲酰胺对鳞翅目害虫幼虫杀虫活性高，杀虫谱广。该化合物渗透性较强，可以很快渗透进植株体内并通过木质部传导至施药部位，且耐雨水冲刷，持效性高。主要加工剂型有200 g/L悬浮剂、35%水分散粒剂等。田间作业常采用迷雾或细喷雾效果较好。多用于小地老虎、玉米螟、甘蔗蔗螟、苹果树金纹夜蛾和桃小食心虫等园艺害虫的防治。对多数天敌无毒，但对家蚕剧毒，采桑期间要避免在桑园及蚕室附近使用。

2. 氟虫双酰胺

氟虫双酰胺(flubendiamide)原药为白色结晶粉末，水中溶解度较低，pH 4～9 范围内稳定。作用方式和杀虫谱和氯虫苯甲酰胺类似。由于含有氟元素，其具备更高的杀虫活性，对鳞翅目害虫有广谱的防效，持效期长，作用速度快。主要加工剂型有20%水分散粒剂等。田间施药时用量较低，配药时需采用二次稀释法，先配成母液，之后再导入喷雾器中加水进一步稀释。对蜜蜂和家蚕等经济昆虫具有毒性，在植物花期以及蚕室和桑园附近禁用。

3. 溴虫氟苯双酰胺

溴虫氟苯双酰胺(broflanilide)是第一个在生产上应用的间甲酰胺基苯甲酰胺类双酰胺杀虫剂。纯品为白色晶体粉末，不溶于水但易溶于极性溶剂。作用机制与其他双酰胺类杀虫剂不同，IRAC(insecticide resistance action committee)的杀虫剂作用方式分类中将该杀虫剂归为 GABA 门控氯离子通道变构调节剂，认为其作用靶标为 γ-氨基丁酸受体(gamma-aminobutyric acid receptor，GABAR)。溴虫氟苯双酰胺具有较强的触杀活性，对多种园艺害虫如小菜蛾、甜菜夜蛾、斜纹夜蛾、菜青虫、蓟马、粉虱、叶蝉等都具有较好的防治效果。常见的加工剂型有5%可湿性粉剂、10%/30%悬浮剂等，田间常喷雾施药。对水生生物、家蚕、蜜蜂等高毒，要在包含这些动物的区域禁用。

4.6.3.7 抗生素类杀虫剂

抗生素类杀虫剂是从细菌或放线菌的发酵液中提取，或提取后经过化学修饰获得的具有杀虫活性的化合物。本节主要介绍几种生产中常用的大环内酯类杀虫剂。

1. 阿维菌素

阿维菌素(abamectin)又名螨虫素、杀虫丁、齐螨素等，是从土壤的灰色链霉菌发酵液中分离的一类化合物。目前市售的成分为阿维菌素 B1a 和阿维菌素 B1b 的混合物，前者杀虫活性更高，比例不低于80%。原药为白色或黄色结晶，无味，水中溶解度较低，易溶于有机溶剂。该化合物作用于昆虫神经细胞中的多个氯离子通道(谷氨酸门控氯离子通道、GABA 氯离子通道等)，使通道延长开放从而让氯离子涌入膜内，破坏神经信号正常传导，阻断神经末梢与肌肉的联系，最后导致昆虫麻痹、不活动、不取食而死亡。阿维菌素有触杀和胃毒作用，对哺乳动物毒性较低,对植株叶片有很强的渗透性,残效期长。主要加工剂型有 0.5～5%乳油、1.8～5%微乳剂、0.5～1.8%可湿性粉剂等,主要施用方法为兑水喷雾。可用于防治园艺、观赏等作物上的叶螨及小菜蛾、菜青虫、梨木虱、潜叶蝇、美洲斑潜蝇、潜叶蛾等多种类型害虫。

2. 甲氨基阿维菌素苯甲酸盐

甲氨基阿维菌素苯甲酸盐(emamectin benzoate)简称甲维盐,是在阿维菌素结构基础上,通过 5 步合成获得的衍生物,与苯甲酸结晶后形成的相对最稳定且水溶性最好的盐酸盐。外观为白色或淡黄色结晶粉末,微溶于水,溶于丙酮等有机溶剂,不溶于己烷。其作用方式为胃毒与触杀,对螨类的防治效果不及阿维菌素,但对鳞翅目害虫的毒力高,明显高于阿维菌素和其他类型杀虫剂,生产上用于防治蔬菜和其他作物上鳞翅目害虫。此外,甲维盐在常规剂量下对人、畜、天敌等的毒性更低。主要剂型有 0.2%、0.5%、1%/1.5%乳油等。

3. 多杀菌素

多杀菌素(spinosad)又称多杀霉素、菜喜,是从刺糖多胞菌发酵液中提取的一类结构类似的大环内酯类杀虫剂,目前市售成分为具有杀虫活性的 spinosad A 和 spinosad D。多杀菌素的作用靶标目前被认为是烟碱型乙酰胆碱受体(nAChR)和 γ-氨基丁酸受体(GABAR),但与新烟碱类杀虫剂的作用位点不同。多杀菌素原药为白色晶体,水中溶解度为 235 mg/L (pH7),叶片渗透性较强,对害虫具有触杀和胃毒作用,可以使其快速麻痹、瘫痪后死亡,能有效防治鳞翅目、双翅目和缨翅目中多种害虫,并对鞘翅目和直翅目中一些大量取食叶片的害虫具有较好防效,对刺吸式害虫和螨类防效较差,对蜜蜂高毒,对多数天敌昆虫毒性较低。主要剂型有 5%、25 g/L、480 g/L 悬浮剂,20%水分散粒剂等。在多杀菌素基础上升级的第二代产品乙基多杀菌素(spinetoram)通过将甲基醚替换成乙基醚,获得了更高的杀虫活性、更广的杀虫谱以及光稳定性。

4.6.3.8 杀螨剂

杀螨剂(acaricides)是指专门用来防治害螨的一类选择性的有机杀虫剂。

1. 螺螨酯

螺螨酯(spirodiclofen)为季酮酸类杀螨剂。原药为白色粉末,20 ℃时水中溶解度为 0.05 g/L,易溶于正己烷、二氯甲烷、异丙醇等有机溶剂。具有触杀作用,没有内吸性。通过抑制螨的脂肪合成,阻断螨的能量代谢,对螨的各个发育阶段都有效,杀卵效果优异。加工剂型主要为 240 g/L 悬浮剂。田间用于防治柑橘、蔬菜、梨果、核果、葡萄、草莓、咖啡、橡胶、坚果等作物上的害螨,如全爪螨、锈螨、瘿螨、叶螨等。

2. 噻螨酮

噻螨酮(hexythiazox)是一种噻唑烷酮类新型杀螨剂。原药为浅黄色或白色结晶,微溶于水,能溶于甲醇、二甲苯、丙酮等有机溶剂。对多种害螨具有强烈的杀卵、杀幼螨、杀若螨的特性,对成螨无效,但接触药剂的雌成螨所产的卵不能孵化。加工剂型为 5%乳油和 5%可湿性粉剂。残效期长,药效可保持 50 天左右。主要用于防治叶螨,对锈螨、瘿螨防效较差。

3. 炔螨特

炔螨特(propargite)为低毒广谱性有机硫杀螨剂。原药为黑色黏性液体,易燃,易溶于有机溶剂,不能与强碱、强酸相混。具有触杀和胃毒作用,对成、若螨有效,杀卵效果差。加工剂型为 73%乳油。使用时在 20 ℃以上可提高药效,20 ℃以下随温度下降而递减。可用于防治蔬菜、果树、茶、花卉等多种作物的害螨。

4. 溴螨酯

溴螨酯(bromopropylate)又名螨代治。一种杀螨谱广、持效期长、毒性低、对天敌和作物比较安全的杀螨剂。原药为无色结晶,溶于有机溶剂,在中性及微酸性介质中稳定。触杀性强,对成、若螨和卵均有一定的杀伤作用,适用于各类作物防治多种害螨。主要加工剂型为50%乳油。害螨对该药和三氯杀螨醇有交互抗性,要注意分开使用。

5. 螨卵酯

螨卵酯(chlorfenson)又名 K-6451。纯品为白色结晶,工业品为稍带棕色的固体,难溶于水,可溶于乙醇、丙酮、二甲苯等有机溶剂,化学性质稳定,但遇强碱会分解。本品对螨卵和幼螨触杀作用强,对成螨防治效果很差。加工剂型有 20%可湿性粉剂和 25%乳剂。可与各种农药混用,用以防治朱砂叶螨、果树红蜘蛛、柑橘锈壁虱等。

4.6.3.9 微生物类杀虫剂

1. 核型多角体病毒

核型多角体病毒(nuclear polyhedrosis viruses,NPVs)是一种昆虫病毒类杀虫剂,具有胃毒作用,毒性低,持效期长。病毒经口或伤口侵染害虫,进入虫体的病毒被胃液消化,游离出杆状病毒粒子,通过中肠上皮细胞进入体腔,侵入细胞,在细胞核内增殖,之后再侵入健康细胞,直到昆虫致死。病虫粪便和死虫再传染其他昆虫,使病毒病在害虫种群中流行,从而控制害虫危害。病毒也可通过卵传到昆虫子代。核型多角体病毒专一性较强,一种病毒往往只对一种昆虫有致死作用,对人及其他动物无害。目前登记的核型多角体病毒主要针对甘蓝夜蛾、甜菜夜蛾、斜纹夜蛾、棉铃虫、茶尺蠖和苜蓿银纹夜蛾等害虫,有悬浮剂、可湿性粉剂和水分散粒剂等剂型。主要通过兑水稀释,在卵孵化高峰期及低龄幼虫期喷洒在植物叶片上进行防治。

2. 苏云金杆菌

苏云金杆菌(*Bacillu thuringiensis*,Bt)是应用最为广泛的一类具有明显杀虫作用的细菌,可制成对人、畜禽、水生生物和自然环境安全的微生物杀虫剂。苏云金杆菌为革兰氏阳性土壤芽孢杆菌,在形成芽孢的同时,其芽孢囊内会产生具有杀虫活性的伴胞晶体,即 Bt 毒素。Bt 毒素被昆虫取食后,在昆虫中肠的碱性环境下被胰蛋白酶活化为活化毒素,进一步破坏肠道细胞造成肠道穿孔,造成昆虫死亡。目前应用于害虫防治的商品化制剂主要有 Bt 的 4 个不同亚种,是一种孢子和毒素的混合物。苏云金杆菌杀虫谱广泛,除了用于防治鳞翅目害虫幼虫如菜青虫、小菜蛾、各类夜蛾、玉米螟、二化螟、松毛虫、茶毛虫、茶尺蠖、豆荚螟外,部分亚种或菌株也用于防治根结线虫、孑孓、韭蛆、甲虫等。主要剂型有 8000、16000、32000 IU/mg 可湿性粉剂;4000、6000、8000 IU/μL 悬浮剂等。苏云金杆菌制剂适用范围非常广泛,可应用于十字花科蔬菜、茄果类蔬菜、瓜类蔬菜、茶树、苹果、梨、桃、枣、柑橘、香蕉、杧果、荔枝、玉米、高粱、大豆、花生、甘薯、棉花等多种农作物及森林、草原。主要施用方法为兑水喷雾。

3. 球孢白僵菌

球孢白僵菌(*Beauveria bassiana*)是一种真菌类杀虫剂。其菌落呈绒毛或从卷毛状,外观为粉色、白色至淡黄色。其分生孢子存活于寄主表皮或气孔、消化道上,遇适宜条件便开始萌发,产出芽管,同时产生脂肪酶等酶类溶解昆虫表皮,之后芽管入侵虫体,在虫体内生长繁殖,消耗寄主体内养分的同时产生大量菌丝并分泌各种毒素。害虫感病 4~5 天后死亡,虫体长满粉状孢子并随风飘散,继续感染其他害虫个体。主要加工剂型有 400 亿孢子/g 可湿性粉剂和 150 亿孢子/g 颗粒剂等,兑水喷雾使用。主要防治对象为林木松毛虫以及园艺作物上的斜纹夜蛾、小菜蛾、草地贪夜蛾、茶小绿叶蝉、韭蛆、白粉虱等。

4.6.3.10 植物源杀虫剂

植物体内的很多生理活性物质对昆虫具有很好的毒杀、拒食或者趋避等作用，这些化合物在生产上常作为低毒的绿色生物农药用于害虫的防治，减少了高毒农药的使用以及化学农药对生态环境的污染。下面介绍几种经典的植物源杀虫剂。

1. 印楝素

印楝素(azadirachtin)是从印楝树种仁中分离出来的一类四环三萜类化合物，化学结构与昆虫蜕皮激素类似。目前鉴定出的印楝素类似物有十余种，商品化制剂成分中以印楝素A和印楝素B为主。印楝素原药外观为深棕色半固体，难溶于水、石油醚和正己烷等溶剂，易溶于丙酮、甲醇、乙醇等溶剂，对光热不稳定。印楝素具有杀虫、杀菌、杀线虫等生物活性，其杀虫作用方式主要为拒食活性、趋避活性和生长发育抑制作用，通过抑制食欲神经元信号传递、抑制蜕皮激素的合成和分泌、影响昆虫正常呼吸节律等途径干扰昆虫正常的生长发育。主要加工剂型有0.3%、0.5%、0.7%、0.8%乳油等。对鳞翅目、鞘翅目、膜翅目等十余目中400～500种害虫都具有明显作用，园艺作物上常用于小菜蛾等蔬菜害虫的防治。

2. 鱼藤酮

鱼藤酮(rotenone)是从豆科藤本植物根部提取的一种黄酮类化合物。纯品为无色六角板状晶体，微溶于水、矿物油和四氯化碳，易溶于极性有机溶剂。光照、高温、碱性等条件下均易降解或氧化。鱼藤酮属于高毒广谱农药，主要作为呼吸抑制剂抑制昆虫细胞电子传递链上的元件，从而使害虫无法获得能量，行动迟滞，麻痹而死。该杀虫剂具有强烈的胃毒和触杀活性，无内吸性，无残留，对天敌安全。主要加工剂型有2.5%、4%、7.5%乳油等。对15目137科的800多种害虫具有一定的毒杀活性，对白背飞虱、桑毛虫、桃蚜、柑橘全爪螨、菜青虫和蚜虫等害虫具有良好的防效。

3. 烟碱

烟碱(nicotine)又名尼古丁，是从茄科烟草属植物中提取的一种吡啶型生物碱。纯品为无色至淡黄色透明油状液体，有臭味，易溶于水以及乙醇、乙醚、氯仿等多种有机溶剂。烟碱属于高毒广谱农药。对害虫有胃毒、触杀、熏蒸作用，具有杀卵活性。主要加工剂型有10%乳油等。该杀虫剂易挥发，残效期短，在田间可用于防治果树蚜虫、叶螨、叶蝉、卷叶虫、食心虫、潜叶蛾等害虫。烟碱是新烟碱类杀虫剂结构设计的蓝本。

4. 除虫菊素

除虫菊素(pyrethrin)是从天然除虫菊花中分离萃取的一类具有杀虫活性的化合物，主要成分包括除虫菊素Ⅰ、除虫菊素Ⅱ、瓜菊素Ⅰ、瓜菊素Ⅱ、茉莉菊素Ⅰ和茉莉菊素Ⅱ等。外观为浅黄色油状黏稠物，难溶于水，易溶于醇类、氯化烃类、硝基甲烷等有机溶剂，在碱性条件下易分解。除虫菊素属于低毒广谱杀虫剂，主要作用于昆虫神经细胞的钠离子通道，使昆虫过度兴奋后死亡，对几乎所有农业害虫、卫生害虫以及螨虫表现出良好的毒杀活性。主要加工剂型有1.5%水乳剂等。拟除虫菊酯类杀虫剂就是参照该类化合物结构为骨架进行设计和衍生的。

4.6.3.11 其他类型杀虫剂

1. 吡蚜酮

吡蚜酮(pymetrozine)属于吡啶类或三嗪酮类杀虫剂，是全新的非杀生性杀虫剂。原药为白色或淡黄色固体粉末,水中溶解度为0.27 g/L(20 ℃),易溶于乙醇等有机溶剂,对光热稳定,强碱性条件下易分解。具有内吸、触杀和胃毒作用,可以通过木质部和韧皮部传导,既可以用作叶面喷雾也可以用于土壤处理。该杀虫剂作用于昆虫弦音感受器,产生不可逆的口针阻塞效应,使害虫在取食后立刻停止进食,最终饥饿而死。主要加工剂型有25%可湿性粉剂,50%水分散粒剂等。对大部分刺吸式口器的同翅亚目害虫,如蚜虫、粉虱科、叶蝉科及飞虱科害虫具有优异的防治效果,同时可以有效防止病毒通过昆虫进行传播,适用于蔬菜、果树等园艺作物的害虫防治。

2.丁烯氟虫腈

丁烯氟虫腈(flufiprole)为苯基吡唑类杀虫剂,是对因高毒而禁用的氟虫腈进行结构修饰获得的低毒衍生物。纯品为白色粉末,水中溶解度为0.02 g/L(25 ℃),易溶于有机溶剂,常温下在酸性、碱性和中性介质中稳定。杀虫谱广,具有触杀、胃毒及弱内吸性,对鱼的毒性要远小于氟虫腈。通过结合昆虫神经细胞的γ-氨基丁酸受体,阻断该受体调节的氯离子通道,从而干扰昆虫正常的神经信号传递,引起昆虫麻痹后死亡。常用剂型有5%乳油、80%水分散粒剂等。田间用于防治多种水果、蔬菜、水稻上鳞翅目、双翅目和鞘翅目害虫,其中对菜青虫、小菜蛾、螟虫、黏虫、叶甲等具有高杀虫活性。

3.唑虫酰胺

唑虫酰胺(tolfenpyrad)为新型吡唑杂环类杀虫杀螨剂,微溶于水,在正己烷、甲苯、甲醇等有机溶剂中溶解度高。主要通过阻碍线粒体的电子传递使昆虫不能获得和储存能量而死亡,被称为线粒体电子传递复合体阻碍剂(METI)。主要剂型为15%乳油。杀虫谱广,对各种鳞翅目、半翅目、鞘翅目、膜翅目、双翅目、蓟马以及螨类均有防效,对小菜蛾幼虫和蓟马有特效,还具有杀卵、抑食、抑制产卵、杀真菌等作用。

4.氰氟虫腙

氰氟虫腙(metaflumizone)又名艾法迪。原药呈白色晶体粉末状,微溶于水,在丙酮、乙酸乙酯等有机溶剂中溶解度较高。氰氟虫腙是新型缩氨基脲类杀虫剂,主要通过结合神经细胞的钠离子通道受体,抑制神经冲动,使虫体过度放松、麻痹而亡,目前与拟除虫菊酯类和其他类杀虫剂无交互抗性。该杀虫剂以胃毒为主,具有微弱触杀活性,无内吸作用。主要加工剂型有22%悬浮剂等,主要施药方式为兑水喷雾。可以有效防治各龄期的鳞翅目害虫,如小菜蛾、甘蓝夜蛾以及一些鞘翅目害虫。

5.虫螨腈

虫螨腈(chlorfenapyr)又名溴虫腈。一种芳基取代吡咯化合物,属低毒杀虫剂。原药为淡黄色固体,可溶于丙酮、乙醚等,不溶于水。它作为氧化磷酸化解偶联剂,作用于昆虫体内细胞线粒体,抑制二磷酸腺苷(ADP)向三磷酸腺苷(ATP)的转化。具有胃毒及触杀作用,有一定的内吸性。主要加工剂型有10%悬浮剂等。可用于防治对氨基甲酸酯、有机磷和拟除虫菊酯杀虫剂产生抗性的昆虫和某些螨类,对小菜蛾、甜菜夜蛾、斜纹夜蛾有较高的防效,并对蚜虫有一定的抑制作用。

6.四聚乙醛

四聚乙醛(metaldehyde)又名灭蜗灵。纯品为无色菱形结晶,难溶于水,可溶于苯和氯仿。存放期间如保管不当,容易解聚。主要加工剂型有6%颗粒剂和80%可湿性粉剂等。灭蜗灵主要用于防治蜗牛和蛞蝓,与硅酸钙或氟硅酸钠混合使用效果更好。可配成含2.5%～6%有效成分的豆饼或玉米粉的毒饵，傍晚施于田间诱杀。

7. 石油乳剂

石油乳剂(petroleum emulsion)是石油、乳化剂和水按比例制成的。主要杀虫方式为触杀。石油乳剂能在虫体或卵壳上形成油膜，使昆虫及卵窒息死亡。该药剂是最早使用的杀卵剂。供杀卵用的含油量一般在0.2%～2%。一般来说，分子量越大的油，杀虫效力越高，对植物药害也越大。不饱和化合物成分越多，对植物越易产生药害。防治园艺植物害虫的油类多属于煤油、柴油和润滑油。该药剂可用来防果树林木的介壳虫。使用时注意不要污染环境，不要对植物产生药害。

8. 石硫合剂

石硫合剂(lime sulphur)用于防治病虫害的历史悠久，直至现在还是一个较好的既能杀菌又能杀虫、杀螨的无机硫制剂。石硫合剂的配方通常为：生石灰1份(熟石灰用量增加30%)、硫黄粉1.3～1.4份、水13份。煮制方法：把称出的块状洁白的生石灰放在瓦锅或生铁锅中，泼入少量水使生石灰消解成粉末后，再加入少量水搅成糊状，把硫黄粉徐徐投入石灰浆中，边投入边搅拌，使混合均匀；最后加足水量，记下水位线，加火熬煮；沸腾后开始计算时间，整个反应时间为50～60 min(反应过程注意保持沸腾，并应在反应完成前15 min加热水补充其损失水量)。滤液呈红棕色。原液具臭蛋气味，碱性，遇酸性易分解。主要成分为多硫化钙($CaS \cdot Sx$)和一部分硫代硫酸钙，并含少量硫酸钙和亚硫酸钙。以微细硫黄和放出少量硫化氢杀虫杀菌。因呈强碱性，有侵蚀昆虫表皮蜡质层的作用，对介壳虫和螨类有较好的防治效果。可用于防治介壳虫、螨类等。可与其他有机杀虫剂交替使用防治螨类，以减少因长期使用同一种类有机杀虫剂而产生抗性的可能。

4.6.3.12 农药的科学使用

科学合理地使用农药是害虫防治成功的关键。实践中必须结合生产实际和自然环境综合分析，针对害虫发生的具体情况，灵活选用不同农药品种、剂型，采用合理的施药技术和用药策略，有效提高防治效果，避免药害、残留污染和对非靶标生物和环境的损害，并注意避免和延缓害虫对药剂抗性的产生和发展。

1. 药剂种类的选择

每种农药均有一定的防治对象范围，且常对不同的害虫表现出毒力差异，甚至同种农药对不同地区和环境里的同一种害虫也会表现出不同的防治效果。因此，有必要根据有关资料和当地的田间药效结果来选择合适的防治药剂品种。此外，在生产上常常把两种或两种以上的农药混合起来施用，有的直接制成复配制剂。农药复配可以扩大防治对象，减少用药次数，提高防治效果，延缓害虫抗药性的产生，节本省工，减少环境污染。

2. 药剂剂型的选择

不同的农药剂型均具有其最优使用场景，根据具体情况选择合适的剂型，可以有效地提高防治效果，同时减轻对天敌等非靶标害虫的伤害和减少对环境的污染。例如，将内吸杀虫剂加工成颗粒剂定向施于植物种植的土壤，则可以避免接触到天敌而造成伤害，也减少对周围环境的影响。剂型加工的发展将会更加注意减量增效和保护环境。

3. 充分利用农药的选择性

害虫、天敌和非靶标生物都可能受到杀虫剂的毒杀作用，所以合理用药必须充分利用农药的选择性，减少对天敌、非靶标生物和环境的危害。施药时要充分考虑和利用农药的选择毒性、时差和位差等生态选择性。例如，昆虫生长调节剂、微生物类杀虫剂往往靶标专一性比较突出，在合适的情况下优先考虑使用这些杀虫剂；对蜜蜂高毒的杀虫剂要注意避免在花期施用等。

4. 选择合适的防治时期

各种有害生物在其生长和发育过程中，均存在易受农药攻击的薄弱时期，如低龄幼虫期、钻蛀性害虫钻蛀前等。适期用药不仅可以提高防治效果，还可以避免药害和对天敌及其他非靶标昆虫的影响。

5. 采用适宜的施药方法

不同的防治对象和保护对象需要不同的施药方法进行处理，选择合适的施药方法，不仅可以得到满意的效果，杀死害虫并保护天敌，还可以减少农药用量和漂移污染。例如局部施药代替全田喷药，可以为天敌提供避难所，有助于田间天敌昆虫种群的恢复。

6. 充分考虑环境因素的影响

科学合理用药，必须考虑温湿度、雨水、光照、风、土壤性质和作物长势等环境因素。这些因素都会直接影响药剂毒力的发挥和持效期。要依据环境因素，选择适当的剂型、施药方法和时间，来避免不利因素的影响，达到合理用药的目的。

7. 抗药性治理

害虫对药剂产生抗性是必然趋势，但通过杀虫剂的科学合理使用，可以延缓抗药性的发生和发展，延长农药使用寿命。如避免长期单一使用一种农药，采用多种药剂搭配或轮换使用；选择最佳防治时期，提高防效，减少农药使用次数等。

8. 纳入综合防治体系

化学防治要与其他综合防治措施配套，充分发挥各种措施的作用，以便控制农药的使用量，减少农药的残留污染、有害生物抗药性等问题。

9. 农药的安全使用

农药除了对有害生物具有毒性以外，对人类和其他非靶标生物也具有不同程度的毒性。所以，在农药的贮运、施药及施药后，要严格遵守《农药安全使用规范》等有关规定，避免农药或农药残留对人类、植物和其他非靶标生物产生毒害作用。

4.7 害虫综合治理

4.7.1 综合治理的概念

害虫综合治理(integrated pest management，IPM)是防治害虫的一种基本战略。这一战略的提出始于20世纪60年代。当时主要针对害虫防治中片面依赖化学杀虫剂而出现的3R问题，即抗性(resistance)、残毒(residue)、再猖獗(resurgence)而提出的战略方针。这一战略对人类害虫防治的思路和战术发展产生了重要影响，并在实践中取得了辉煌成就。

有关IPM的定义有多种解释，我国也有多种定义。1966年联合国粮农组织(FAO)及生物防治国际组织(IOBC)联合召开了一次会议，首次提出“综合治理”一词。1967年FAO在一次会议上对害虫综合治理的定义为：害虫的综合治理是害虫的治理系统，这个系统考虑到害虫的种群动态及其有关环境，利用所有适当的方法与技术尽可能互相配合的方式，把害虫种群控制在低于经济危害的水平。1975 年春，我国召开了全国植保工作会议，会议确定了“预防为主、综合防治”的植保方针。考虑到综合防治概念也适用于农业以外的森林、牧场和卫生害虫的特点，因此对“综合防治”一词做了如下解释：从生物与环境的总体观点出发，本着预防为主的指导思想和安全、有效、经济、简易的原则，因地因时制宜，合理运用农业的、化学的、生物的、物理的方法以及其他有效的生态学手段，把害虫控制在经济允许受害水平之下，以达到保护人畜健康和增加生产的目的。

4.7.2 综合治理的基本观点

尽管大家对 IPM 有不同的定义和理解，但对“害虫综合治理”的基本观点是一致的，可概括为以下 4 个方面：

(1)生态学观点　害虫防治要以生态学原理为基础，把害虫作为生态系统中的一个分量研究和控制，这与“以生态学为基础的害虫治理”(ecologically based pest management，EBPM)内涵是一致的。在害虫防治中既要考虑农林产品的优质、增产，又要建立最优农业生态系，保证农业的可持续发展。

(2)多战术观点　对害虫的防治要提倡多战术的战略，强调各种战术的有机协调，尤其强调最大限度地利用自然控制因素，尽量少用化学农药，有条件的地区甚至免用化学农药，逐步实现农产品无公害的目标。

(3)协调共存的观点　即容忍哲学、共存哲学。它并不要求彻底根绝害虫或盲目地追求完全铲除害虫，而是容许人类、植物与害虫协调共存，仅要求害虫种群不达到经济阈值水平。

(4)经济学观点　防治措施的决策应考虑经济效益、社会效益和生态效益。

4.7.3 害虫综合治理决策

我国农业害虫的综合防治可分为三类：单一害虫为对象的综合防治，如小菜蛾综合防治、美洲斑潜蝇综合防治；以作物为对象的综合防治(包括整个农作物生育阶段的害虫)，如十字花科蔬菜害虫综合防治，梨树害虫综合防治等；以农田生态系为对象(包括作物的前后茬及间套种)的综合防治，如保护地蔬菜害虫综合防治等。不管哪种类型的害虫综合治理，在制订规划时，必须考虑到多种因素，如害虫种群密度、作物受害程度、天敌种群数量、天气趋势、产品经济效益和利用价值等。因此，害虫综合防治中的决策，一般要有以下几个程序。

1. 确定靶标害虫的经济阈值

经济阈值(economic threshold，ET)即防治指标(controlaction threshold，CT)，是害虫种群增长到造成经济损失而必须防治时的种群密度临界值。制定合理的防治指标是害虫综合治理的关键。综合防治的目的是把害虫的种群控制在一定的数量之下，害虫的种群数量高低不仅决定了是否要防治，而且决定着用何种措施防治。当然，在害虫种群暴发时，不得不采取化学防治方法。害虫种群数量及发生趋势，往往决定用药次数和用药量，这又直接关系到天敌的殃及程度。因此，根据防治指标，尽量少施化学农药，保护天敌，以维持农田生态平衡。显然，经济阈值的确定是非常复杂的问题，它不仅要考虑经济效益，即害虫危害可能造成的损失与防治投入的差值，还要考虑生态效益和社会效益，有时候几种害虫同时发生还要考虑到几种害虫的复合防治指标，做到多虫兼治，一药多用。

2. 做好虫情监测、压低关键性害虫的种群密度

做好虫情监测，即做好害虫的预测预报工作，掌握害虫发生的种群动态，这是实施害虫综合治理的基础。另外，综合治理要求尽量控制环境条件，以便降低关键性害虫的平衡位置，使其长久地保持在经济阈值水平之下。为此，有3种方法可供决策：①考虑引进或新建自然天敌种群（包括寄生者、捕食者、病原物等）；②采用抗虫或拒虫品种；③改善生态环境条件，助增各种生物防治因素的效能，破坏害虫繁殖、取食和隐蔽场所。这3种措施可单独或联合运用。值得注意的是，有些防治措施可能提高害虫的平衡密度。如杀虫剂的应用，杀伤天敌，其平衡密度会提高。

3. 选择适宜的应急防治措施

在应急情况下，应采取对生态系统破坏性最小的防治措施。一般情况下，利用自然天敌、抗性品种、控制生态条件的相互配合，可以有效控制害虫种群。一旦害虫暴发，必须采用有效的控制措施，通常不得不使用化学杀虫剂。化学杀虫剂的使用应注意以下几点：①利用选择性农药，改进施药技术，保护天敌；②调整用药时间，选择对天敌影响小、杀虫效果好的时期用药；③选用无交互抗性的药剂轮换应用或选用高效低毒的复配剂农药，避免因害虫抗药性而加大用药剂量，杀伤天敌。应用化学农药一定要解决好化学农药与有益生物的矛盾，把对生态系的破坏减小到最低限度。

4. 构建害虫综合治理系统模型

模型的构建是害虫综合治理中一个重要的组成部分。它可以把影响害虫种群的各种因子、各种防治措施的效应、害虫的动态经济阈值等，以数量的方式表达为生态系统的输入与输出之间的相互关系，并可以提供所控制的生态系统的状况信息，作为选择综合治理对策的依据。模型的类型较多，常见的有昆虫种群模型、管理模型、对策模型等。通过各种模型的建立，把与害虫有关的各种生态系统的子系统有机地综合起来，对害虫进行综合的系统管理，可以提高综合防治水平。

思考题

1. 简述植物检疫与生活的关系及其重要性。
2. 性信息素为什么能广泛应用在测报上？
3. 抗虫转基因工程的前景如何？
4. 物理机械防治是否是低级的防治方法？
5. 简述采用化学防治的原因以及该手段对生物和环境的影响。
6. 分别根据作用方式以及化学结构，列举几个生产中常用的化学杀虫剂类型，并简述作用特点。
7. 如何做到科学合理地使用农药？
8. 冬季为什么提倡刮除果树老皮？

5 吮吸式害虫

吮吸式害虫泛指以取食植物汁液而造成危害的害虫。本章主要介绍蝉类、木虱类、粉虱类、蚜虫类、介壳虫类、蝽类、蓟马类等园艺作物上常见的重要害虫类群。这些害虫中除蓟马类的口器是锉吸式外,其他均为刺吸式。吮吸式害虫数量众多,分布很广,对园艺作物危害严重。有些种类除直接危害外,还可传播植物病原,严重时造成毁灭性灾害。

5.1 蝉类害虫

5.1.1 蝉类害虫的种类与寄主

蝉类属半翅目,其种类繁多,其中蝉科的黑蚱蝉 *Cryptotympana atrata* Fabricius,蜡蝉科的斑衣蜡蝉 *Lycorma delicatula* White,蛾蜡蝉科的白蛾蜡蝉 *Lawana imitata* Melichar,叶蝉科的大青叶蝉 *Cicadella viridis* L.、桃一点叶蝉 *Erythroneura sudra* Distant、棉叶蝉 *Empoasca biguttula* Shiraki、小绿叶蝉 *Empoasca flavescens* Fab.、桑斑叶蝉 *Eryithroneura* sp.、葡萄二斑叶蝉 *Erythroneura apicalis* Nawa.,和广翅蜡蝉科的八点广翅蜡蝉 *Ricania speculum* Walker 等常见种类,在我国不同地区的园艺植物上造成了不同程度的危害。蝉类害虫除以刺吸式口器刺入植物组织吸取汁液对植物造成危害外,某些种类的独特产卵方式对植物的危害有时比其取食危害更为严重。此外,*Empoasca* 属的叶蝉还能传播植物病毒病。黑蚱蝉、大青叶蝉、斑衣蜡蝉属世界性分布害虫,我国各地分布极普遍,寄主范围十分广泛,可以危害多种园艺植物。本节重点介绍黑蚱蝉、大青叶蝉、斑衣蜡蝉 3 种。

5.1.2 重要蝉类害虫

5.1.2.1 黑蚱蝉

1. 分布与危害

黑蚱蝉以成虫刺吸植株枝条汁液,影响树木长势,尤其喜好在一年生枝条中产卵,其产卵瓣刺破枝条皮层与木质部,造成其产卵部位以上枝梢失水枯死。若虫生活于土中,刺吸寄主根部汁液,严重影响苗木生长。该虫在我国分布广泛,目前在上海、江苏、浙江、河北、陕西、山东、河南、安徽、湖南、福建、台湾、广东、四川、贵州、云南等地区均有分布。

2. 识别特征(图 5-1)

黑蚱蝉卵呈梭形,初产时乳白色,渐变淡黄色,成排产于一年生枝条木质部。每卵孔有卵

6～8 粒。老熟若虫体长 33～38 mm，黄褐色，有光泽。前足明显特化为开掘足。成虫体长 40～48 mm，翅展 122～130 mm，体黑色，有光泽。复眼较大，向两侧突出。头比中胸背板基部稍宽，头的前缘及额顶各有一块黄褐色斑。中胸背板长于前腹背板，有明显呈红褐色的“×”形隆起。翅透明，翅脉隆起，黄褐色。

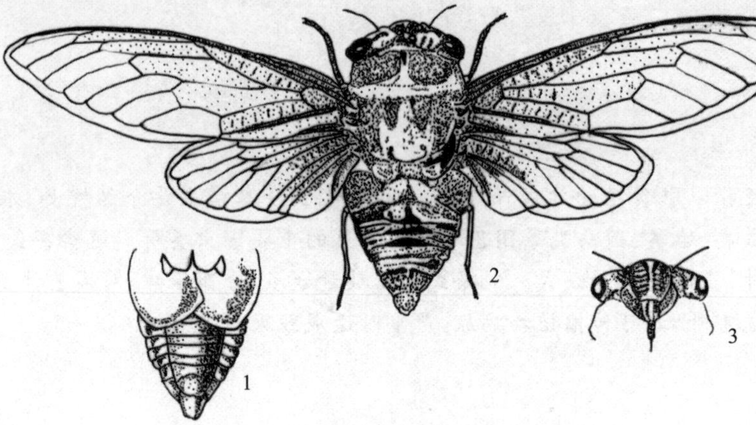

图 5-1　黑蚱蝉

1. 雄虫腹部末端　2. 成虫　3. 头部腹面观

3. 发生规律

黑蚱蝉数年发生 1 个世代，以若虫在土壤中越冬，或以卵在寄主枝条内越冬。若虫有 5 个龄期，在地下寄主根部刺吸汁液危害，经多年发育至老熟若虫。当旬平均气温达到 22 ℃以上，老龄若虫于雨日后的傍晚钻出地面，爬至树干或附近植物茎秆上蜕皮羽化。羽化后静止 2～3 h，即爬行或飞翔，刺吸取食树木汁液补充营养，交尾繁殖。成虫具群居性和群迁性，每天 8～11 时成群由大树向小树迁移，18～20 时又成群从小树迁向大树。雄成虫好鸣。产卵期自 7 月中下旬开始，8 月为产卵盛期。成虫主要产卵于直径 4～5 mm 的当年生枝条上，用产卵器刺破枝条直达髓部，造成爪状裂口。被产过卵的枝条留下点点刺伤痕迹，且常有木质碎条露出表面，几天后产卵痕以上枝条失水枯死。以卵越冬，翌年 6 月间越冬卵孵化为若虫，并落地入土，营地下生活。各龄若虫在土中越冬时，均筑一椭圆形土室。土室内壁光滑坚硬，外壁紧靠植物根系，1 虫 1 室。

成虫期天敌有 10 多种，常见鸟类及捕食性节肢动物。若虫期有虫草真菌寄生形成中药材“蝉花”。

5.1.2.2　大青叶蝉

1. 分布与危害

大青叶蝉的分布范围较为广泛，日本、朝鲜、马来西亚、印度、加拿大和欧洲各国均有分布；在我国黑龙江、海南、江苏、山东、西藏、新疆也有分布。大青叶蝉成虫、若虫均刺吸寄主植物的枝梢、茎、叶汁液，尤以成虫产卵造成的危害更为严重。成虫于秋末将越冬卵产于幼树枝干皮层内，产卵时锯破表皮，直达形成层。被害枝条遍布伤痕，经冬春寒冷及干旱大风，导致枝干枯死或全株死亡，对果树苗木及幼树造成严重危害。

2. 识别特征(图 5-2)

成虫：体长 8～9 mm，黄绿色。复眼三角形，绿色或黑褐色；触角窝上方、两单眼之间具黑斑一对。前胸背板浅黄绿色，后半部深绿色。前翅绿色带青蓝光泽，前缘淡白色，端部透明，翅脉青绿色，具狭窄淡黑色边缘。后翅烟黑色半透明。腹部两侧、腹面及胸足均为橙黄色。

若虫：初孵时灰白色，微带黄绿色头大腹小。3 龄后体黄绿色，胸、腹背面及两侧具褐色纵列条纹 4 条，直达腹部末端。老熟若虫翅芽明显，形似成虫。

卵：长卵形稍弯曲，长 1.6 mm，宽 0.4 mm，乳白色，表面光滑，近孵时黄白色，可见红黑透明色眼点。

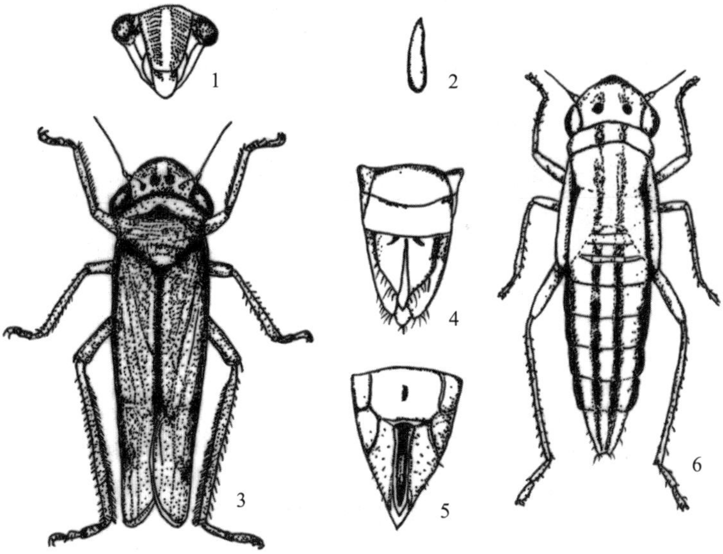

图 5-2 大青叶蝉

1.头部腹面观 2.卵 3.成虫 4.雄虫腹部末端 5.雌虫腹部末端 6.5 龄若虫

3.发生规律

大青叶蝉在我国长江流域及河北省以南地区，1 年 3 代；在甘肃、新疆、内蒙古等地 1 年 2 代。以卵越冬。在 3 代发生区，越冬卵在 4 月孵化，若虫孵化 3 天后由产卵寄主迁移至禾本科等作物上繁殖危害。5—6 月出现第 3 代成虫。第 2、3 代成虫、若虫主要危害麦类、豆类、玉米、高粱以及秋季蔬菜类作物至 10 月中旬，成虫开始迁至果树上产卵，10 月下旬为产卵盛期，并以卵在树干、枝条皮下越冬。

成虫、若虫均喜好栖息于潮湿背风地段。成虫有较强的趋光习性，喜欢扑灯。若虫常群集于嫩绿的寄主植物上危害。产卵时，雌成虫先用锯齿状产卵器在寄主表皮锯成一月牙形产卵痕，再将卵粒成排产于植物表皮下。每个卵块 2～15 粒。每头雌虫产卵 30～70 粒。夏季卵多产于芦苇、野燕麦、早熟禾、牛筋草、拂子茅、芨芨草、小麦、玉米、高粱等禾本科植物的茎秆和叶鞘上；越冬卵产于林、果树木幼嫩光滑的枝条和主干上，以直径 15～50 mm 的枝条着卵密度最高。在一二年生苗木及幼树上，卵块多集中产在 0～1 m 高处的主干上，越靠近地面，卵块密度越高。在三四年生幼树上，卵块多集中于 1.2～3.0 m 高处的主干与侧枝上，以低层侧枝上着卵密度为高。幼树枝干上产卵痕密布，常在越冬期间死亡。第 1、2 代平均卵历期分别为 12 天和 11.2 天。若虫 5 个龄期，第 1 代若虫期平均 43.9 天，第 2、3 代均为 24 天左右。

5.1.2.3 斑衣蜡蝉

1. 分布与危害

斑衣蜡蝉广泛分布在我国的陕西、辽宁、山东、山西、河南、河北、北京、江苏、四川、浙江、广东及台湾等地。斑衣蜡蝉若虫和成虫均喜聚集在嫩枝或叶片背面，通过刺吸植物嫩叶和枝干汁液为害，遇到外界惊扰后快速移动或跳飞，若虫跳跃力极强。栖息时头翘起，有时可数十头群集在新梢上，排列成一条直线。该虫成、若虫吸食汁液后能从肛门排出透明的蜜露，易引起霉污病，影响植株光合作用和树体的生长发育。嫩叶受害后常萎缩变形，严重的叶片破裂，树皮干裂，甚至死亡。

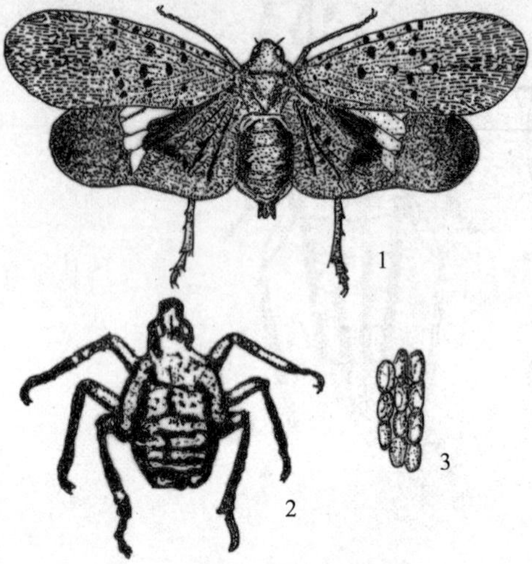

图 5-3 斑衣蜡蝉

1. 成虫 2. 4 龄若虫 3. 卵

2. 识别特征(图 5-3)

成虫：体长 14～22 mm，翅展 40～45 mm，全身灰褐色。头部小，头顶向上翘起呈短突角状；触角红色，刚毛状。体、翅表面覆有白色蜡粉；前翅长卵形，革质，基部约 2/3 为淡灰褐色，上散生多个黑色斑点，端部约 1/3 为深灰褐色，脉纹色淡呈灰白色；后翅膜质，基部约 1/3 红色，上散布 6～10 个黑褐色斑点。

若虫：共 4 龄，头尖足长，身体扁平，褐色；体壁覆有蜡质；初孵化时白色，不久即变为黑色。体背着生许多白色斑点，4 龄后体背呈红色，体表有黑色和白色斑点。

卵：长圆柱形，长 3 mm，宽 2 mm，表面覆盖灰色蜡质，状似麦粒，卵背面两侧有凹入线，中部呈纵脊隆起。

3. 发生规律

斑衣蜡蝉 1 年发生 1 代，以卵块在枝干上越冬。翌年 4 月下旬，寄主植物发芽时卵开始孵化，5 月上旬为孵化盛期。若虫期约 60 天，蜕皮 3 次，6 月中、下旬羽化为成虫。天气转凉后，成虫 8 月中、下旬开始在夜间交尾产卵，不同地区的种群产卵盛期存在一定的差异。卵多产于树干阳面，呈块状，卵粒排列整齐，卵上覆盖蜡粉，以卵越冬。成虫寿命长达 3～4 个月，10 月中、下旬成虫陆续死亡。

成虫有群集性，跳跃能力强，飞翔能力较弱，常以跳助飞，遇惊扰快速移动躲避或跳跃飞开。以 8～10 时和 17 ～19 时最为活跃，正午多聚集栖息于枝叶的隐蔽处。该虫主要在 7～11 时进行羽化和产卵。产卵期的成虫行动迟缓，单粒产卵耗时 5 min 左右。自然环境下若虫的发育历期约 60 天，其具有很强的群集性。若虫前期多聚集，一般不大移动，尤其初孵若虫活动能力极弱；随着龄期增大，活动能力增强。斑衣蜡蝉的卵期从上年的 9 月开始一直到翌年的 4 月中旬，长达 8 个月左右。卵孵化过程需用时 35～45 min，整块卵全部孵化完成一般历时 3 天，孵化高峰在 7:30～8:30。

暖冬及开春早有利于斑衣蜡蝉的发生和繁殖。当秋季低温、多雨，斑衣蜡蝉成虫寿命显著缩短，可能还未产卵就提前死亡。此外，在此条件下该虫的产卵量和卵孵化率也显著降低，使翌年虫口下降。

5.1.3 其他常见蝉类害虫

其他常见蝉类害虫见表 5-1。

表 5-1 其他常见蝉类害虫

种类	分布与危害	识别特征	发生规律
棉叶蝉	分布于华北、东北、西北、西南、华中、华东各地。主要危害锦葵科、菊科、葡萄等植物	成虫体长 3 mm 左右，淡黄绿色。前胸背板前缘有 3 个白色圆斑，前翅淡黄色，后缘 1/3 处有黑褐色斑点 1 个	每年 8～14 代，主要在秋季危害严重
小绿叶蝉	分布于华东、中南、华南、东北、西北等地。主要危害蔷薇科、锦葵科植物，能传播病毒病	成虫体长 3～4 mm，淡绿色。头顶中央有一白纹，其两侧各有一黑点。中胸小盾片上有 3 个纵白纹。前翅细长，绿色半透明，无斑纹	年发生 9～17 代。以成虫越冬，全年 2 次发生高峰，分别为 5 月下旬至 6 月中旬和 10 月中旬至 11 月中旬。趋光性强，喜温凉干爽，怕高温高湿
葡萄二斑叶蝉	分布于古北区、东洋区。主要危害葡萄、樱桃、苹果、山楂、梨、蜀葵、桃、桑树等植物	成虫体长 2.9～3.7 mm，体色有红褐及黄白 2 型。头顶有 2 个明显的圆斑，小盾片基缘侧角处各有一块大黑斑，翅透明淡黄色，有不规则褐色斑纹	在我国北方 2～3 代/年，成虫越叶冬。危害发生于 6—10 月，大叶型品种及通风不良果园受害重
桑斑叶蝉	分布于晋、冀、鲁、豫、苏、川等地。成、若虫取食柿、枣、桃、李、葡萄、桑树叶片汁液	成虫体长 3 mm，淡黄白色，头部圆锥形突出，有黄绿色纵条斑 2 个。前胸背板有橘黄色斑 2 个，后缘有“山”形纹，小盾片有“V”字形纹 1 个。前翅黄白色，基、中、端部各有一橘红色斜斑纹	在山东 2 代/年，产卵于枝条内越冬。成虫盛发期为 5 月和 7 月
桃一点叶蝉	主要分布于陕西、江苏等地。主要寄主是桃、杏、李、中国樱桃、贴梗海棠、苹果和梨等。成虫、若虫刺吸花木的嫩叶、花萼和花瓣汁液，形成半透明斑点。落花后，集中于叶背危害，受害叶片形成许多灰白色斑点。严重时全树叶片苍白，提早脱落，树势衰弱	成虫体长 3.0～3.3 mm。全体淡黄、黄绿或暗绿色。头顶钝圆，其顶端有一黑点(种名由此而起)，黑点外围有一白色晕圈。复眼黑色。前翅淡白色半透明，翅脉黄绿色。后翅无色透明，翅脉淡黑色。雄虫腹部背面具黑宽带，雌虫腹背仅为一黑斑。若虫共 5 个龄期，体长 2.4～2.7 mm，全体淡墨绿色，复眼紫黑色，翅芽绿色	在南京地区 1 年 4 代，在福建、江西等地 1 年 6 代。均以成虫在桃园附近的常绿林、落叶、杂草、树皮缝隙中越冬。成虫喜温暖，厌潮湿低温，有群集危害习性，无趋光习性。卵主要产在叶背主脉内，以近基部主脉处为多，少数产于叶柄内。若虫喜好群集于叶片背面危害，受惊动则快速横行爬动

续表 5-1

种类	分布与危害	识别特征	发生规律
白蛾蜡蝉	属东洋区分布种类。危害龙眼、荔枝、杧果、扁桃、人面果、黄皮、沙田柚、桑、菠罗蜜、木犀榄、香梓楠、苏木、格木、石榴等 40 科 90 多种植物	成虫体长 19～25 mm。白色或淡绿色。体被白色蜡粉。前翅近三角形。顶角近直角。臀角向后呈锐角，外缘平直。卵长椭圆形，淡黄白色，上有网纹。若虫体长 7～8 mm，扁平，体白色，密布棉絮状蜡絮	1 年发生 2 代，成、若虫均取食寄主嫩枝汁液，夏秋多雨季节发生危害较重。天敌也多
八点广翅蜡蝉	分布于东洋区。寄主有枣、苹果、柑橘、柿、栗、油茶等多种植物	成虫体长 11.5～13.5 mm，翅展 23.5～26.0 mm，体黑褐色，被白色蜡粉。前翅宽大，略呈三角形，翅上有 6～7 个白色透明斑。若虫体长 5～6 mm，尾端有长蜡丝	1 年 1 代，以卵在枝条内越冬，取食影响树势，产卵造成枝条枯死，9—10 月为产卵盛期

5.1.4 蝉类的防治方法

1. 农业防治

果园或绿化树种植时，尽量做到寄主植物不邻作，降低虫源密度减轻危害。例如，在果园苗圃应避免种植秋季蔬菜或冬小麦，以免诱集大青叶蝉成虫上树产卵；建果园时应合理配置树种，避免与臭椿、苦楝和花椒等寄主植物邻作，不种植黑蚱蝉和斑衣蜡蝉喜食寄主。

2. 物理防治

(1)灯光诱杀。利用成虫趋光性强的特性，在成虫发生期，利用黑光灯、白炽灯或双色灯进行诱杀，其诱捕量可兼作发生期与发生量预测、监测依据。黑蚱蝉和大青叶蝉具有趋光性，可以利用这一特性进行防治。

(2)人工灭卵。结合冬季或早春修剪，彻底剪净黑蚱蝉枯凋的产卵枝，集中焚烧灭卵，以减少其落卵量。大青叶蝉在树上产卵后会留下月牙形卵痕，人工挤压卵块，可以杀死越冬卵。斑衣蜡蝉的卵块多集中在树干上，结合冬季修剪刮除卵块，集中烧毁或深埋可以有效减少害虫基数。

(3)网扑。早晨温度低湿度大时，大青叶蝉不活跃，可以利用捕虫网进行捕杀。斑衣蜡蝉成虫产卵期行动迟缓，可以用捕虫网或拍子进行人工捕杀，能够显著降低越冬卵基数。

3. 生物防治

保护自然天敌，增强天敌的自然控制作用，对控制虫口密度具有重要作用。黑蚱蝉的天敌比较多，仅鸟类就有山雀、画眉、布谷、鹰、喜鹊、乌鸦、麻雀等 10 多种，捕食性天敌有蚂蚁、螳螂、蜘蛛等。此外，成虫、卵、若虫都有寄生蜂、寄生菌等。

大青叶蝉卵期天敌有小枕异绒螨 *Allothrombium pulvinum* Ewing、华姬猎蝽 *Nabis sinoferus* Hsiao 和双刺胸猎蝽 *Pygolampis bidentata* Goeze 等，成虫期和若虫期天敌有亮腹黑褐蚁 *Formica gagatoides* Ruzsky、罗斯尼刺结蚁 *Lepisiota rothneyi* Forel 等。

斑衣蜡蝉的寄生性天敌主要有斑衣蜡蝉平腹小蜂 *Ananstatus sp.*、中华螯蜂 *Dryinus sinicus* Olmi 和卵跳小蜂 *Ooencyrtus kuvanae* Howard。捕食性天敌主要有：小黄家蚁 *Monomorium pharaonis* L.、中华大刀螂 *Paratenodera sinensis* Saussure、棒络新妇 *Nephila clavata* Koch 和大腹圆蛛 *Araneus ventricosus* Koch。布氏螯蜂 *Dryinus browni* Ashmead 既可以寄生也可以捕食斑衣蜡蝉。微生物大孢巴科霉 *Batkoa major* 和球孢白僵菌 *Beauveria bassiana* 能够导致斑衣蜡蝉大量死亡。

4. 化学防治

合适的化学药剂和用药时期是化学防治的关键。主要在若虫盛发期或雌成虫产卵前喷药防治，5 月为黑蚱蝉若虫上树羽化高峰期；9 月上中旬，大青叶蝉开始进入产卵期；5 月斑衣蜡蝉若虫聚集；在这些时期进行喷药防治效果比效理想。常用化学药剂主要有 5%高效氯氰菊酯 2000～3000 倍液、10%吡虫啉 2000～3000 倍液、1.9%甲维盐微乳剂 3000～4000 倍液、2.5%氯氟氰菊酯乳油 2000 倍液、10%氯氰菊酯乳油 2000～2500 倍液、10%啶虫脒可溶粉 5000～6000 倍液、50%马拉硫磷 1000 倍液等。

5.2 木虱类害虫

5.2.1 木虱类害虫的种类与寄主

木虱(psyllids)属半翅目木虱科。主要种类有中国梨木虱 *Psylla chinensis* Yang et Li、柑橘木虱 *Diaphorina citri* Kuwana、梧桐木虱 *Thysanogyna limbata* Enderlein 等，其中柑橘木虱和中国梨木虱危害最严重，以下重点介绍。

5.2.2 重要木虱类害虫

5.2.2.1 中国梨木虱

1. 分布与危害

中国梨木虱分布于我国北方的辽宁、内蒙古、甘肃、陕西、宁夏、山西、河北、河南、山东和浙江等地。主要危害梨树，尤以鸭梨、蜜梨、黄花梨和慈梨受害严重。

2. 识别特征(图 5-4)

成虫：有冬型和夏型。冬型体长 2.8～3.2 mm，体褐色。中胸背板有 4 条橙红色纵纹。翅透明，翅脉褐色，前翅臀区有明显的褐斑。夏型体长 2.3～2.9 mm，体色多变。绿色者仅中胸背板与腹部末端黄色，小盾片具黄褐色带，余为绿色；黄色者除胸部背面黄褐色外，余为黄色；其他腹部多为绿色，足黄色。头或头胸部黄色。

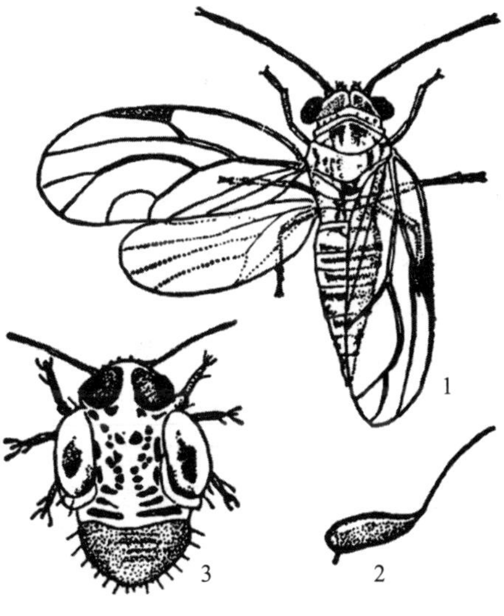

图 5-4 中国梨木虱

1. 成虫 2. 卵 3. 若虫

若虫：初龄若虫白色或浅黄色，后变绿色。体椭圆形。翅芽向前和向外突出。复眼红色。

卵：冬卵黄色，夏卵白色。一端钝圆，具短柄；一端尖细，具细丝。

3. 发生规律

中国梨木虱在我国 1 年 3～6 代，以冬型成虫在寄主树皮缝隙内、落叶、杂草及土缝中越冬。翌年寄主花芽膨大时越冬成虫开始出蛰危害，交尾和产卵。4～5 代区，第 1 代成虫发生于 5 月上旬至 6 月上旬，第 2 代发生于 6 月上旬至 7 月中旬，第 3 代发生于 7 月上旬至 8 月下旬，第 4 代发生于 8 月上旬至 9 月，第 5 代发生于 9 月下旬，世代重叠严重。9 月下旬至 10 月成虫转入越冬，翌年早春温度在 0 ℃以上开始活动。浙江年发生 6 代，越冬成虫于 2 月中下旬开始出蛰，第 1 代卵始见于 2 月下旬至 3 月上旬。以 5 月和 7—8 月 2 个时期危害较重。生殖力强，每雌可产卵 300 余粒，单产或 2～3 粒在一起。产卵前期 4～6 天，产卵期 7～10 天，越冬代产卵期 15～20 天。第 1 代卵产于短果枝叶痕及芽缝处，以后各代产在幼嫩部位的茸毛间、叶面主脉的侧沟内和叶缘锯齿间。第 1 代若虫孵化后钻入刚绽开的花丛或已裂开的芽内，或在嫩叶及新梢上危害，以后各代多在叶面危害。成虫活泼善跳。

中国梨木虱的发生与湿度及天敌关系极大。在干旱季节发生重，降雨多的季节发生轻。在河北中南部梨区雨季前危害比较严重。天敌颇多，已知有花蝽、草蛉、寄生蜂及捕食性螨类、瓢虫、蓟马等，卵期被捕食率达 18%左右，尤以花蝽和寄生蜂的抑制作用较大。

5.2.2.2 柑橘木虱

1. 分布与危害

柑橘木虱在国内分布于云南、四川、贵州、广西、广东、福建、浙江、海南和台湾等省区。国外分布于印度、菲律宾等国家。寄主有枸橼、柠檬、雪柑、甜橙、椪柑、蕉柑、红橘、酸橘、南丰蜜橘、温州蜜橘、十月橘、罗浮、代代、柚、枸枳、吴茱萸、九里香和黄皮等芸香科植物。柑橘木虱以成虫和若虫吸食芽、叶及嫩梢汁液，使新梢萎缩，叶片早落，成虫还可在成熟的叶片上吸食危害。若虫分泌蜜露于下层叶面，招致煤污病，影响光合作用，污染果面，影响品质。柑橘木虱还是柑橘黄龙病的传播媒介，比其直接危害所造成的损失更大。

2. 识别特征(图 5-5)

成虫：体长 2.8～3.2 mm，青灰色，具褐色斑纹，被有白粉。头部前方的 2 个颊锥突出明显，复眼暗红色，单眼橘红色。触角 10 节，端部有 2 条不等长的硬毛。前翅半透明，散布褐色小点，前、后缘后半部及外缘颜色较深，形成一条在顶角处断开的褐带，近外缘处有 5 个半月形透明斑。后翅透明。腹部背面灰黑色，腹面灰绿色，怀卵时腹面呈橙黄或橙红色。

若虫：橙黄色，杧果形，大的一端具短柄，通常插在嫩芽的缝隙中。1、2 龄黄色，3 龄起各龄后期体色有黄褐相间。5 龄后期，头黑色，中后胸背面两侧具黄褐色斑纹，腹部前 4 节两侧具黄褐色横纹，但头部至腹部第 4 节的背中线为黄色或绿色带。第 5 节以后黑褐色，腹部周缘有 52～56 条分泌蜡质物的微管。

卵：椭圆形，背面略隆起。

3. 发生规律

柑橘木虱在浙江 1 年 6～7 代，广东、四川、海南、台湾、福建 8～14 代，世代重叠。在浙江、福建柑橘区以成虫在叶背越冬。在华南地区则因不同果园而异，有冬梢的果园能在冬梢上继续繁殖，在无冬梢果园仅以成虫在叶背过冬。成虫寿命长，在浙江越冬雌虫最长达 234 天，平均 198.3 天；雄虫寿命最长达 246 天，平均 201.6 天。其他世代平均寿命 31.2～61.7 天，最长达 199 天。

柑橘木虱的性比为 1.06∶1，只能进行两性生殖，可多次交尾。成虫只在寄主的嫩芽缝隙

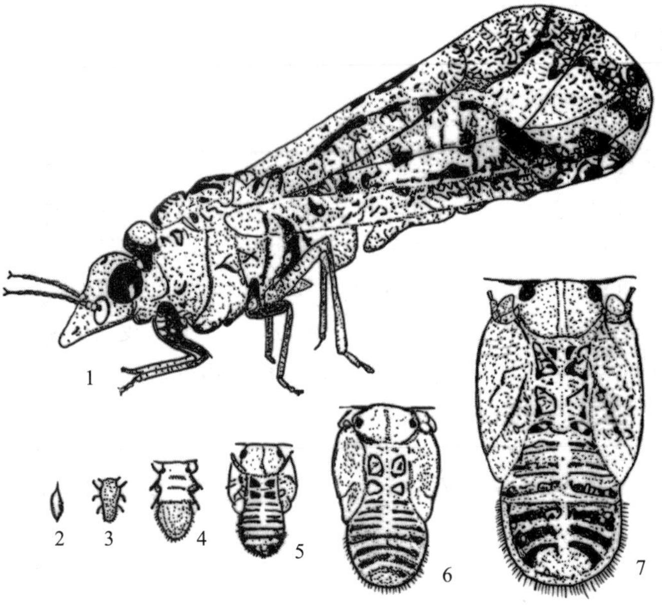

图 5-5 中国柑橘木虱

1.雌成虫 2.卵 3.1龄若虫 4.2龄若虫 5.3龄若虫 6.4龄若虫 7.5龄若虫

处产卵，有时一嫩芽卵数多达200粒。叶缘已分离的嫩叶不着卵。产卵期可连续28～33天，也有间歇几十天至几个月后才产卵的。如没有嫩芽，即使怀卵也不会产卵，直到有嫩芽才产卵。其繁殖能力很强，一头雌虫最多可产卵1431粒，平均每雌产卵500多粒。卵孵化率极高，观察3546粒卵，孵化率达95.8%。孵化后若虫只在芽和嫩梢上吸食危害，但成虫可在各绿色部位取食，取食时虫体与附着部位成45°角。

柑橘木虱属喜温性昆虫，其发育起点温度，卵为8.5 ℃，若虫为15.6 ℃，雌虫为10.89 ℃，雄虫为10.87 ℃。一个世代的有效积温为482.7日度。在日平均温度为22～28 ℃时，完成一个世代需22～24天；在19.6 ℃时需53天。卵和若虫在30 ℃以下随温度的升高发育速率加快，发育历期缩短；超过30 ℃发育速度减慢。耐低温能力较差，浙南越冬成虫在12月下旬至翌年2月上旬平均气温为8.8 ℃时，越冬存活率为53.33%；在同期平均温度为5.7 ℃时，越冬存活率为24.14%。如气温骤降至−7.7 ℃，经5天其存活率仅为2.6%。个别低温年份甚至100%死亡。果园和植株通风透光有利于其发生，在向阳及一些常落叶和长芽的弱势植株上数量较多，弱势树的着卵量为健壮树的8.16倍。光照时间越长，光强度越强，产卵雌虫率越高，产卵前期越短，产卵量越大，死亡率越低。

田间种群密度与柑橘梢期密切相关。种群数量最多时是秋梢期，其次为夏梢期，再次为春梢期。福建柑橘梢期为2—4月、5—7月和8—9月，柑橘木虱的峰期为3月中旬至4月，5月下旬至6月下旬和8—9月。在浙南地区春、夏、秋梢期分别为3—4月、5—7月、8—9月，柑橘木虱产卵高峰期为4月上旬、5月下旬至7月下旬和8月中旬至9月中旬。

柑橘木虱发生与海拔高度、雨水及天敌有关。在浙南海拔500 m以上地区的柑橘尚未找到柑橘木虱，而500 m以下的柑橘园均有分布。降雨会影响其种群数量，在3天内降雨198.8 mm，雨后木虱种群数量的自然下降率为41.12%。柑橘木虱的天敌有寄生蜂、瓢虫、草

蛉和圆果大赤螨 *Anystis baccarnm* L.等，对柑橘木虱的发生有一定的影响，特别是寄生蜂的作用，若虫被寄生率常达30%～50%。

5.2.3 其他常见木虱类害虫

梧桐木虱也是常见害虫，主要分布在陕西、山西、河北、河南、山东、安徽、江苏、浙江、福建和贵州等地。单食性，仅危害梧桐。陕西武功年发生2代，以卵在枝干表皮粗糙处越冬。越冬卵于4月下旬至5月初孵化，若虫于6月羽化，6月下旬为羽化盛期。产卵前期为12～13天，卵产于叶背，为散产，每雌一生可产卵50粒左右，产卵期为10～12天。第2代若虫发生于7月中旬至8月上中旬，成虫于8月下旬开始产卵，产于枝干表皮处。成、若虫常群集于嫩梢或枝叶上取食；若虫在危害过程中能分泌白色蜡质絮状物覆盖虫体。成虫飞翔力差，只能飞1～2 m距离，但跳跃力强，能弹跳30 cm以上。

5.2.4 木虱类害虫的防治方法

加强种苗生产单位的检疫工作，防止带虫树苗对外销售，加强田间有效隔离和防虫措施落实。黄龙病是威胁世界柑橘产业发展的头号“杀手”，并且黄龙病病菌能在木虱体内增殖，在成虫交配过程中也可以相互传染。柑橘木虱已成为黄龙病最为重要的传播媒介。因此，应该加强植物检疫，严禁从疫区内调运带虫的苗木。

1. 农业防治

(1)清园　越冬期清除园内枯枝、落叶、落果和杂草，集中烧毁，刮除树体的老翘皮，可减少中国梨木虱的越冬虫源。

(2)摘除虫梢　5月底至6月初，梨木虱第2代若虫集中危害新梢，发生严重的园区，结合夏季修剪，摘去新梢顶部5～6片叶片，并立即深埋，消灭若虫。坚持抹芽放梢，摘除零星的柑橘新梢，抹除夏梢和晚秋梢，砍除弱势病树等可减少柑橘木虱危害。

(3)加强栽培管理　做好疏花疏果，适当控制树体负载量，增强树势。通过疏除过密枝、控制氮肥使用量、雨季及时排除积水等措施，抑制树体旺长，改善果园的通风透光条件，恶化木虱的生存环境。

(4)营造防护林带　种植防护林可以创造不利于木虱繁殖与扩散的环境条件，也可在果园周边和行间种植高秆绿肥，以阻碍木虱的迁飞和传播。

2. 物理防治

悬挂黄色粘虫板。梨木虱和柑橘木虱喜欢黄色或者淡黄色的幼嫩组织，每亩悬挂25～30片黄色诱虫粘板能够有效地诱捕木虱。性诱剂诱杀，即通过性诱剂诱杀木虱，可以有效降低木虱的危害数量。

3. 生物防治

给天敌营造栖息场所，保护利用木虱的天敌，有利于加强对木虱的控制。木虱的捕食性天敌有瓢虫、草蛉、蜘蛛和蓟马等，其中包括异色瓢虫 *Harmonia axyridis* Pallas、龟纹瓢虫 *Propylea japonica* Thunberg、七星瓢虫 *Coccinella septempunctata* L.、中华大草蛉 *Chrysopa stnica* Tjeder、丽草蛉 *Chrysopa perla* L.等。寄生性天敌有啮小蜂和跳小蜂等。其中柑橘木虱啮小蜂 *Tamarixia radiata* Waterston 和阿里食虱跳小蜂 *Diaphorencyrtus aligarhensis* (Shafee, Alam et Argarwal)是2种目前被普遍认可的柑橘木虱寄生蜂。梨木虱跳小蜂 *Psyl-*

ladintus insidiosus Crawford和木虱跳小蜂 *Prionomitus mitratus* Dalman对梨木虱也有很好的防效。病原真菌玫烟色拟青霉 *Isaria fumosorosea* Wize、蜡蚧轮枝菌 *Lecanicillium lecanii* Viegas、球孢白僵菌 *Beauveria bassiana* Bals. 和橘形被毛孢 *Hirsutella citriformis* Speare等都可以用于木虱的防治。据报道，中国梨木虱第1、2代有63.3%的个体死亡是天敌寄生所致。柑橘木虱若虫在夏秋期间被寄生率达30%～50%。

4.化学防治

对于中国梨木虱关键是加强早期防治，3月上旬越冬成虫出蛰高峰期、第1代若虫集中发生期（梨花谢70%～80%时），以及5月初第1代成虫集中发生期，是化学防治梨木虱的3个关键时期。对于柑橘木虱，在有柑橘黄龙病的果园中应加强药剂防治，在每次梢的抽发期喷药防治；在没有柑橘黄龙病的果园，防治其他害虫时兼防。

防治木虱常用药剂有：10%吡虫啉可湿性粉剂2500倍液，2.5%溴氰菊酯乳油2500倍液，4.5%高效氯氰菊酯乳油1500倍液，1.8%阿维菌素乳油4000倍液，22.4%螺虫乙酯悬浮剂5000倍液，25%噻虫嗪水分散粒剂5000～10000倍液等。

5.3 粉虱类害虫

5.3.1 粉虱类害虫的种类与寄主

粉虱（whiteflies）属半翅目粉虱科。常见的粉虱有10余种，如黑刺粉虱 *Aleurocanthus spiniferus* Quaintance、陈氏粉虱 *A. cheni* Young、贺氏粉虱 *A. woglumi* Ashby、四川粉虱 *Aleurolobus szechwanensis* Young、姬粉虱 *Bemisia gifairdi* Kotinsky、烟粉虱 *B. tabaci* Gennadius、柑橘粉虱 *Dialeurodes citri* Ashmead、云翅粉虱 *D. citrifolii* Morgan、柑橘绿粉虱 *D. citricola* Young、温室白粉虱 *Trialeurodes vaporariorum* Westwood等。其中尤以温室白粉虱、烟粉虱、黑刺粉虱在园艺作物上发生危害十分严重，为本节介绍的重点。

5.3.2 重要粉虱类害虫

5.3.2.1 温室白粉虱

1.分布与危害

温室白粉虱原产于北美，现已传至世界各国。我国分布于辽宁、吉林、黑龙江、河北、北京、天津、山西、新疆、甘肃、山东、河南、江苏、浙江、四川等地，但主要在我国北方地区发生危害。已知其寄主达210多种，包括蔬菜、果树、花卉、药材等，尤以蔬菜类的黄瓜、菜豆、茄子、番茄、辣椒、冬瓜、莴苣、生菜、萝卜等受害严重。20世纪70年代在我国北方一些地区造成毁灭性灾害，成为蔬菜生产上的大敌。温室白粉虱以若虫和成虫群集在叶背吸食植物的汁液，被害叶片变黄、萎蔫，甚至全株枯死。温室白粉虱可分泌蜜露，引起煤污病，影响植物的呼吸作用和光合作用。此外，还可传播病毒病。

2.识别特征（图5-6）

成虫：体淡黄色，翅面有白色蜡虫粉，外观呈白色。雌成虫停息时两翅平坦合拢，雄成虫则翅内缘向上翘，呈屋脊状。

若虫：长卵圆形，扁平，淡绿色，外虫表有白色长短不齐的蜡丝，2根尾须较长。

卵：椭圆形，有细小卵柄，初产时淡黄色，孵化前变黑。每卵块一般有卵 15～20 粒。

伪蛹：椭圆形，扁平，中央略高，黄蛹褐色，体背有 5～8 对长短不齐的蜡丝，体侧有刺。

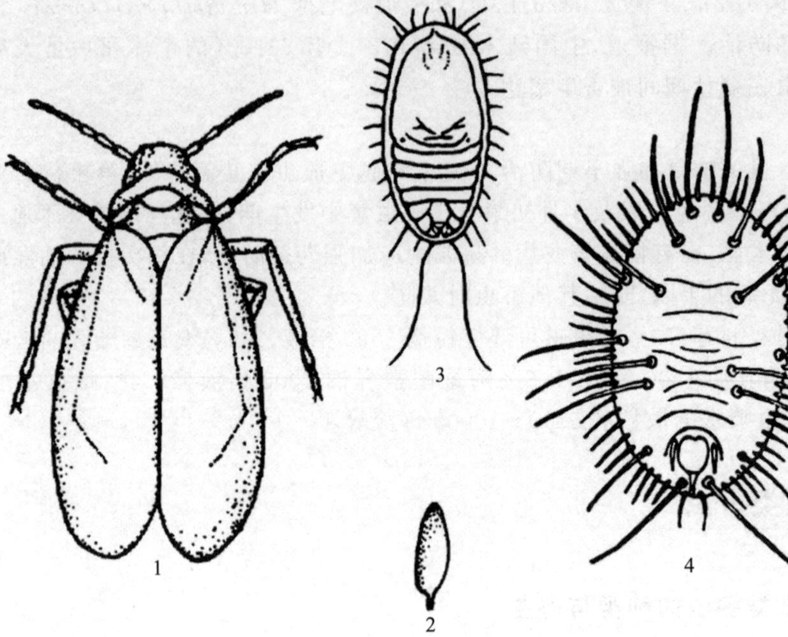

图 5-6　温室白粉虱

1. 成虫　2. 卵　3. 若虫　4. 蛹背面观

3. 发生规律

温室白粉虱在温室条件下 1 年可发生 10 余代。世代重叠，同一时期可见到各种虫态。在北京市郊区各虫态可以在温室蔬菜上越冬，或同时继续危害。翌年春季后，多从越冬场所向阳畦和露地蔬菜上逐渐迁移扩散危害。开始虫口密度增长比较缓慢，7—8 月虫口密度增长较快，8—9 月危害十分严重。10 月下旬后因气温下降，虫口数量逐渐减少，并开始向温室内迁移危害或越冬。所以温室和大棚栽培常较露地栽培受害严重。在我国北方地区，由于温室和露地蔬菜生产紧密衔接和相互交替，故可使温室白粉虱周年发生。

温室白粉虱喜群集于嫩叶上取食危害，成虫对黄色、绿色有趋性，喜产卵于上部嫩叶上。据天津市资料报道，在温室内，1 cm^2 叶片面积上产卵量可达 2700 多粒，这种发生程度是其他昆虫少见的。由于该虫在蔬菜上发生数量大，危害严重，一旦发生又不易防治，造成的经济损失极大，国内有关单位建议将其作为国内检疫对象。

成虫有两性生殖和孤雌生殖的能力，前者所产生的后代均为雌虫，后者均为雄虫。成虫羽化后很快就可交配，雌雄常成对并列排在一起，一生可交配多次。交配后经 1～3 天产卵，卵散产，有一小卵柄从气孔插入叶片组织内，与寄主植物保持水分平衡，极难脱落。每雌产卵 300～600 粒。

初孵幼虫先在叶背面爬行数小时或更长时间，寻找适当取食场所，当口器插入叶组织后就失去了爬行的机能，开始营固定生活。1 龄幼虫有足、触角及尾须，2 龄后其足、触角、尾须均退化。3 龄幼虫脱下皮壳化蛹，并包被在蛹壳下。成虫羽化时蛹壳背面前半部出现"T"字形裂口，成虫从此裂口中钻出。羽化多在清晨进行，整个羽化过程 20～25 min。初羽化的成虫翅尚未完全展开，蜡粉不显著，不能飞行，但能迅速取食，不久便分泌全身白色蜡粉，第 2 天便可正常飞行。成虫活动适温为 25～30 ℃，当温度达到 40.5 ℃时，成虫活动能力明显下降。在 24 ℃时，成虫历期 15～17 天，卵历期 7 天，幼虫历期 8～10 天，蛹历期 6～8 天。其发育历期为：18 ℃时 31.5 天，24 ℃时 24.7 天，27 ℃时 22.8 天。卵的发育起点温度为 7.2 ℃。

5.3.2.2 烟粉虱

1. 分布与危害

烟粉虱适应性更强，在我国大部分地区均有分布，其寄主范围比温室白粉虱更为广泛，在园艺作物中主要有瓜类、番茄、茄子、甘薯及多种花卉。已知烟粉虱可以危害 600 多种植物，在我国北方一些地区对甘蓝、花椰菜等十字花科蔬菜造成十分严重的危害，在南方地区对瓜类作物造成毁灭性灾害。除直接危害外，尚可传播植物病毒病、分泌蜜露、诱发煤污病，严重影响寄主的光合作用和经济价值。

2. 识别特征（图 5-7）

成虫：体形较温室白粉虱小。雌虫体长 0.91 mm，翅展 2.13 mm；雄虫体长 0.85 mm，翅展 1.81 mm。虫体淡黄色到白色，前翅脉 1 条不分叉，左右翅合拢呈屋脊状。

若虫：外形似温室白粉虱，但体缘无蜡丝。

卵：卵色由白到黄或琥珀色，孵化前变为褐色。卵长梨形，具光泽，有小柄。

伪蛹：蛹壳平坦，无或极少的蜡质分泌物。镜检背面无乳突，皿状孔长三角形，舌状突长匙状。

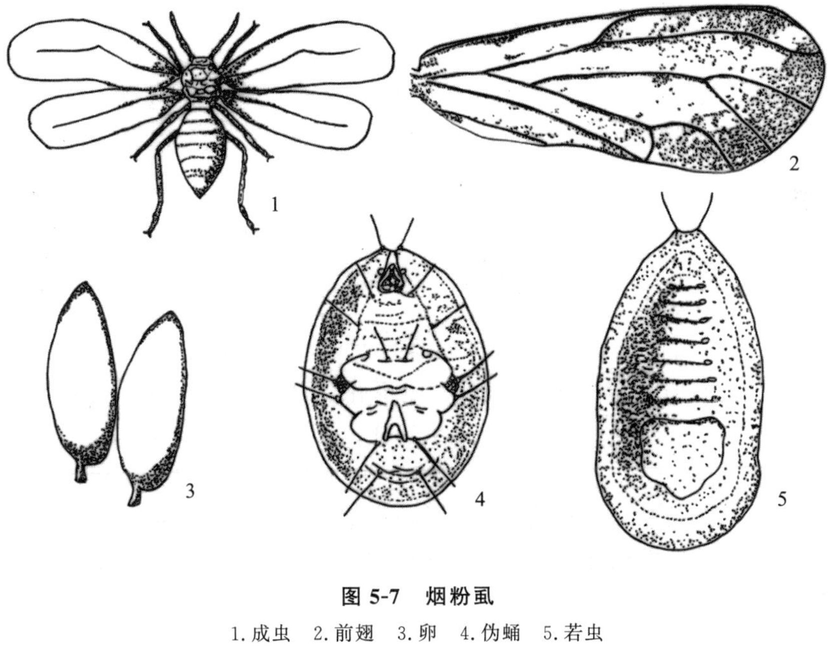

图 5-7 烟粉虱

1. 成虫 2. 前翅 3. 卵 4. 伪蛹 5. 若虫

3. 发生规律

烟粉虱作为一个快速进化的复合种，至少包含 40 个隐种。我国土著烟粉虱资源较为丰富，目前已经发现有 17 个本土烟粉虱隐种。早在 20 世纪 40 年代在我国华南地区已有记载，但在很长一段时间，烟粉虱都未造成大的危害，故没有列入主要害虫。在众多烟粉虱隐种中，起源于中东—小亚细亚地区的隐种 1(Middle East-Asia Minor 1,MEAM1),即“B 型烟粉虱”,目前已随着全球花木贸易入侵到世界多个国家和地区,给农林业造成非常严重的损失。最早的入侵记录是 20 世纪 80 年代中期该虫在美国佛罗里达州温室栽培的一品红等观赏植物上大量发现,随后在很短时间内 B 型烟粉虱从佛罗里达州扩散到得克萨斯州、亚利桑那州以及加州。在我国,B 型烟粉虱首次于 1997 年出现在上海的甘蓝作物上,随后十几年中该隐种在我国的各地广泛传播并造成巨大的经济损失。由于 B 型烟粉虱的入侵广泛且迅速,并在诸多入侵地迅速取代危害并不严重的土著烟粉虱种群,对农业和园艺生产造成了重大危害,因而被世界自然保护联盟列入全球 100 种最危险入侵生物。

Q 型烟粉虱是起源于地中海和非洲北部地区的隐种 MED(Mediterranea)。自 B 型烟粉虱入侵成功后,Q 型烟粉虱也开启广泛入侵模式,成为入侵世界各地的第二个烟粉虱隐种,目前在摩洛哥、意大利、美国、墨西哥、危地马拉、以色列、叙利亚、中国、日本和韩国等国家和地区已广泛分布。在我国,Q 型烟粉虱首次于 2003 年出现在云南昆明,到 2015 年 MED 隐种已经在全国各省市都有分布,并且 Q 型烟粉虱和 B 型烟粉虱发生竞争取代,MED 隐种已成功成为我国烟粉虱的优势隐种。

烟粉虱和温室白粉虱在外形上很相似,如不仔细观察,极易混淆。温室白粉虱成虫体长稍大略粗壮,烟粉虱成虫体长稍小较纤细;温室白粉虱前翅脉有分叉,左右翅合拢较平坦,烟粉虱前翅脉不分叉,静止时左右翅合拢呈屋脊状;温室白粉虱 1～3 龄若虫体缘有蜡丝,烟粉虱体缘无蜡丝;温室白粉虱 4 龄若虫(伪蛹)蛹壳边缘厚,蛹白色至淡绿色,半透明,周缘排列分布均匀、有光泽的细小蜡丝,而烟粉虱蛹壳边缘扁薄,淡绿色或黄色,无周缘蜡丝。烟粉虱的寄主范围较温室白粉虱更广泛,传播植物病毒能力更强,可以传播 30 多种植物上的 70 多种植物病毒。同时烟粉虱的适应性也很强,它原产于热带、亚热带地区,适应沙漠性气候,能忍受 40 ℃以上的高温。在热带和亚热带地区,烟粉虱一年发生 11～15 代,世代重叠现象严重。在 25 ℃条件下,从卵发育到成虫需 18～30 天。其最适发育温度为 26～28 ℃,在此温度条件下,卵历期约为 5 天,若虫期约为 15 天,成虫历期为 30～60 天,完成一个世代需 19～27 天。在北京地区该虫的盛发期在 8—9 月。在华北地区,夏季高温干旱有利于烟粉虱种群的增长,而在冬季由于温室、大棚等保护地迅速发展又给它提供了食物及越冬场所。由于连年种群数量的大量累积导致该虫逐年大暴发,以致成灾。

烟粉虱成虫产卵于叶背面,卵柄通过产卵器插入叶表裂缝中,卵小柄与叶面垂直。1 龄若虫足和触角发达,2、3 龄时触角退化成小棒状,足退化仅剩余基部 2 节。1 龄若虫一旦找到适宜取食部位,就固定不动,直到成虫羽化。成虫多在白天羽化,羽化后约经 3 天开始交配产卵,每雌可产卵 30～300 粒。成虫在 14.9 ℃时停止产卵。成虫对黄色物质趋性强。

烟粉虱寄生性天敌有 19 种,主要有蚜小蜂科的桨角蚜小蜂 *Erelmocerus* spp. 和恩蚜小蜂 *Encarsia* spp.。其捕食性天敌有 18 种,主要有捕食性瓢虫、草蛉和花蝽。此外,还报道有 4 种真菌病原菌。

5.3.2.3 黑刺粉虱

1. 分布与危害

黑刺粉虱主要分布在四川、云南、贵州、湖南、湖北、江西、浙江、江苏、广东、广西、福建、台湾等地。主要危害柑橘,尚可危害月季、苹果、梨、葡萄、柿、枇杷、茶、柳、香樟等数十种植物。以幼虫群集在叶片背面吸食汁液,被害处形成黄斑。黑刺粉虱可分泌蜜露,诱发煤污病,导致植物枝叶发黑，甚至枯死，对柑橘的产量影响很大。我国南方一些地区柑橘类常受害严重，甚至连年成灾。

2.识别特征(图 5-8)

成虫：初羽化时朱红色，以后渐现蜡粉，呈灰褐色，前翅翅面上有 7 个不规则的花斑，后翅缘有细小齿突。复眼玫瑰红色。

若虫：体椭圆形，扁平。有 3 龄。1 龄初为淡黄色，渐变灰色至黑色，有触角和足，能爬行，体上有黄色刺毛 4 根。2 龄时触角和足均退化，体黄黑色，周围分泌有白色蜡质物，体背有 6 对刚毛。3 龄时漆黑色，刚毛增加到 14 对。

卵：香蕉形，有一短柄，顶端较尖，中部略弯曲。初产时淡黄色，近孵化时变紫褐色，常数十粒群集直立在叶片上。

伪蛹：卵圆形，漆黑色，有光泽，周围有一圈白色蜡质物，刺黑色，雄性体缘有刺 10 对，雌性 11 对。背盘区有刺 19 对。

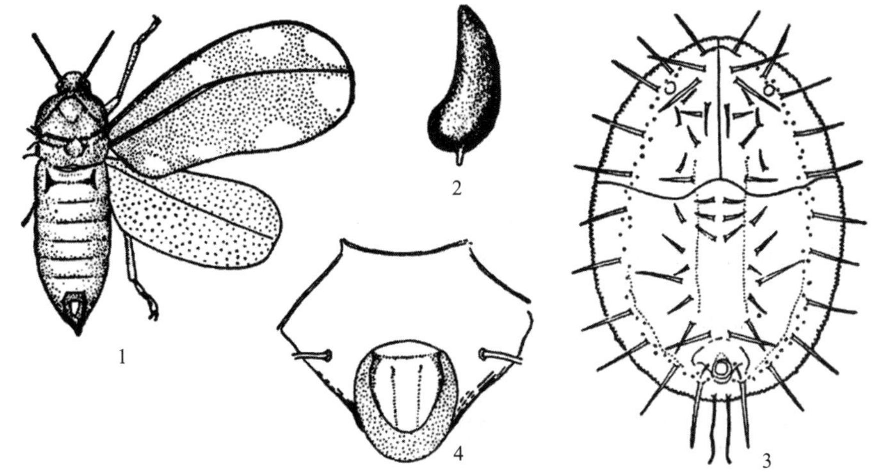

图 5-8　黑刺粉虱

1.成虫　2.卵　3.蛹壳　4.管状孔

3.发生规律

黑刺粉虱在湖南、四川、福建 1 年 4～5 代，浙江、江苏等地 4 代，世代不整齐，多以 2～3 龄幼虫在叶背越冬，翌年 3 月越冬幼虫化蛹。在浙江、江苏第 1 代成虫 4 月中旬至 5 月上旬发生，4 月下旬为盛发期；第 2 代成虫 6 月下旬至 7 月上旬发生，6 月下旬为盛发期；第 3 代成虫于 8 月上旬至 9 月上旬发生，8 月中旬为盛发期；第 4 代成虫 9 月下旬至 10 月上旬发生，9 月下旬为盛发期。在重庆越冬幼虫于 3 月上旬至 4 月上旬化蛹，3 月下旬至 4 月上旬大量羽化为成虫，随即产卵，从 3 月中旬至 11 月下旬在受害柑橘上各个虫态均可发现。

成虫喜较阴暗的环境，常在树冠内幼嫩的枝叶上活动，能借风力传播。成虫羽化后即可交配产卵，卵多产在背面，散生或密集呈圆弧形，一般数粒到数十粒产在一起，多者一片橘叶上有数百粒卵。每雌可产卵数十粒至百余粒。卵的孵化率一般在 80%左右。初孵幼虫常在卵壳上停留 1～2 min，然后开始活动，但爬行不远，多在卵壳附近吸食。2～3 龄幼虫固定生活，发生严重时，排泄物增多，并导致煤污病的发生。幼虫蜕皮 3 次，蜕皮后将皮留在体背上。到蛹期体背上有 3 层皮，药液不易直接接触虫体，天敌昆虫也不易向其进攻，故蛹期是该虫抵抗药剂和天敌昆虫最强的时期。

天敌有寄生蜂、寄生菌、瓢虫、草蛉等，其中刺粉虱黑蜂 *Amitus hesperidum* Silv.、黄色跳小蜂 *Prospaltella* sp.、斯氏寡节蚜小蜂 *P. smithi* Silv. 的寄生率高，分布广，是其主要有效天敌。在四川刺粉虱黑蜂田间自然寄生率平均可达 71.7%。此外，刀角瓢虫 *serangium japonicum* Chapin、黑缘红瓢虫 *chilocorus rubldus* Hope、芽枝霉菌 *clado sporioides*(Fresen.)G. A. de Vries 也对其控制效果较好。

在四川各代历期如下：第 1 代 53 天左右(4 月中旬至 6 月中旬)，第 2 代约 46 天(6 月中旬至 7 月下旬)，第 3 代约 34 天(7 月下旬至 8 月下旬)，第 4 代 54 天左右(8 月下旬至 10 月下旬)，第 5 代 208 天左右(9 月上旬至翌年 4 月中旬)。各虫态历期：卵历期在平均温度 23 ℃时为 16 天，29 ℃时为 9 天。幼虫历期在平均温度 21 ℃时为 23 天，28 ℃时为 18 天。蛹期在平均温度 12 ℃时为 112 天，19 ℃时为 22 天，24 ℃时为 13 天。成虫在 21～24 ℃时寿命为 6～7 天。

5.3.3 其他常见粉虱类害虫

柑橘绿粉虱又名通草粉虱、橘黄粉虱，分布于柑橘产区，危害柑橘、丁香、女贞、柿等植物，主要危害柑橘春梢、夏梢叶片，引起叶片脱落，同时可导致煤污病。在我国 1 年可发生 3～6 代，均以若虫、蛹越冬。发生 3 代的地区各代成虫发生期为：越冬代成虫 4 月，第 1 代成虫 6 月，第 2 代成虫 8 月。成虫产卵于叶片背面，有一短柄固着。每头雌虫可产卵 120 余粒。若虫孵化后，固定在叶背取食。防治方法参见柑橘黑刺粉虱。

5.3.4 粉虱类的防治方法

1. 植物检疫

烟粉虱有多种生物型，其中 B 和 Q 型烟粉虱近 20 年多年来在全球许多国家和地区主要是通过观赏植物传播扩散的，因此，在烟粉虱未发生地区，要实施严格的植物检疫，杜绝其随花木等植物传出或传入，加强疫情监测工作。

2. 农业防治

对温室白粉虱和烟粉虱的防治，应以农业防治为主，首先应注意培育“无虫苗”，把苗房和生产温室分开，育苗前彻底熏杀残余虫口，彻底清除杂草残株，在通风口密封尼龙纱，控制外来虫源。在温室、大棚附近避免种植黄瓜、番茄、菜豆等白粉虱发生危害严重的蔬菜，提倡种植白粉虱不喜食的十字花科蔬菜、芹菜、蒜等，以减少虫源。烟粉虱可在多种寄主植物上繁殖，在收获后、入冬前，往往会集中在温室周边、田边、路边或沟边的杂草上，成为下一季作物的暴发虫源，因此清除杂草可大大降低烟粉虱种群基数，减少危害。同时，清理作物残枝败叶，切断虫源。在农作物收获后，烟粉虱的卵、若虫或成虫会留在田间或温室的残枝败叶中，不能随意丢弃或堆积，应及时清理，集中烧毁或掩埋，切断其在不同作物间的传播，减少暴发概率。柑橘园管理不善，通风透光不好，荫蔽，有利于黑刺粉虱的生活繁殖。因此，剪除密枝及虫口过多的枝叶，使橘园通风透光良好，可减轻黑刺粉虱的危害。农户在生产中要合理布局，避免粉虱嗜好的寄主植物连片种植、利用抗虫品种可以降低粉虱的为害程度。

3. 物理防治

悬挂黄色粘虫板。温室白粉虱、烟粉虱和黑刺粉虱对黄色有强烈趋性，可在温室内或者室外果园、茶园设置黄板诱杀成虫。每亩设置32～34块。当粉虱粘满时,应及时重涂黏油,一般7～10天重涂1次。在相对独立的种植空间可以使用防虫网,可以有效阻止粉虱的危害。

4. 生物防治

保护利用粉虱的天敌。第2茬番茄上,当粉虱成虫在0.5头/株以下时,每隔2周放1次,共3次释放丽蚜小蜂 *Encarsia formosa* Gahan 成蜂15头/株,可在温室内建立种群并能有效地控制温室白粉虱的危害。烟粉虱的天敌种类很多,其中已经研究报道过的寄生性天敌昆虫有20多种,捕食性天敌种类有21种。通过天敌的大量繁殖和释放防治温室作物上的烟粉虱已经取得很多成果。例如,丽蚜小蜂、小黑瓢虫 *Delphastus catalinae* Horn、丽草蛉 *Chrysopa formosa* Brauer 和烟盲蝽 *Nesidiocoris tenuis* Reuter 等已经商业化生产使用,其中应用最广、效果最好的当属丽蚜小蜂,原则上丽蚜小蜂的释放量应为烟粉虱的3倍左右,要均匀地将蜂卡分成小块,置于植株上即可,最好是成蜂和蛹混合释放。

黑刺粉虱天敌有方斑瓢虫 *Propylaea quatuordecimpunctata* L.、红点唇瓢虫 *Chilocorus kuwanae* Silvestri、中华通草蛉 *Chrysoperla sinica* Tjeder、刺粉虱黑蜂 *Amitus hesperidum* Silvertri、斯氏寡节蚜小蜂 *Prospaltella smithi* Silvestri、长角广腹细蜂 *A. longicnis* Foster 等,对其发生均有明显的抑制作用,应加以保护、引移和繁殖利用。尤其是刺粉虱黑蜂防治黑刺粉虱效果十分显著。据四川资料报道:该蜂1年内繁殖4～5代,产卵于黑刺粉虱1～2龄幼虫体内,至寄主蛹期羽化出蜂,人工引移释放,迁飞扩散能力较强,能有效控制黑刺粉虱的危害。

5. 化学防治

温室白粉虱和烟粉虱发生期间世代重叠现象十分严重,在同一时间内可存在各种虫态,而杀虫剂不是对所有的虫态都有防治效果,这给防治造成了困难,因此,必须连续几次用药。对黑刺粉虱的防治应掌握其1～2龄若虫的盛发阶段进行施药,或掌握其卵孵化盛期(30%)及高峰期各喷1次药,效果较好。25%扑虱灵可湿性粉剂(100 L水加50～70 g喷雾)、1.8%阿维菌素乳油450～600 mL/hm^2、10%吡虫啉可湿性粉剂37.5～75 g/hm^2、3%啶虫脒乳油37.5～75 mL/hm^{2}均对粉虱有特效,2.5%联苯菊酯乳油、2.5%功夫菊酯乳油、4.5%高效氯氰菊酯乳油、25%噻虫嗪水分散性粒剂等亦有较好的效果。温室中用药时可采用熏蒸法或烟雾法。

5.4 蚜虫类害虫

5.4.1 蚜虫类害虫的种类与寄主

园艺植物上常见的蚜虫有蚜科的桃蚜 *Myzus persicae* Sulzer、萝卜蚜 *Lipaphis erysimi* Kaltenbach、甘蓝蚜 *Brevicoryne brassicae* L.、瓜蚜(棉蚜)*Aphis gossypii* Glover、豆蚜 *A. craccivora* Koch、苹果瘤蚜 *M. malisuctus* Matsumura、苹果黄蚜 *A. citricola* van der Goot、梨卷叶蚜 *Schizaphis piricola* Matsumura、桃瘤蚜 *M. momonis* Mats.、桃粉蚜 *Hyalopterus arundinis* Fabricius、月季长管蚜 *Macrosiphum rosivorum* Zhang、菊小长管蚜 *Macrosiphoniella sanborni* Gillette、莲缢管蚜 *Rhopalosiphum nymphaeae* L.、橘蚜 *Toxoptera citricidus* Kirkaldy,绵蚜科的苹果绵蚜 *Eriosoma lanigerum* Hausmann、苹果卷绵蚜 *Prociphilus crataegicola* Shinji,根瘤蚜科的葡萄根瘤蚜 *Phylloxera vitifoliae* Fitch、梨黄粉蚜 *Aphanostig-*

ma jakusuiense Kishida，以及紫藤蚜 *Aulacophoroides hoffmanni* Takahshi 等。蚜虫的基本形态特征如图 5-9 所示，本节重点介绍桃蚜、萝卜蚜、瓜蚜和葡萄根瘤蚜。

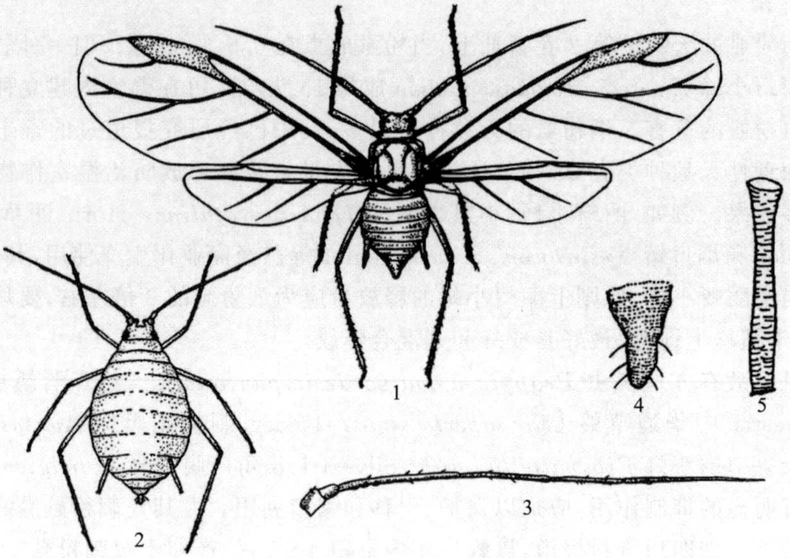

图 5-9 蚜虫的基本形态特征示意图

1.成虫 2.若虫 3.触角 4.尾片 5.腹管

5.4.2 重要蚜虫类害虫

5.4.2.1 桃蚜

1.分布与危害

桃蚜在世界上危害广泛，在亚非欧及北美等地均有发生，在我国主要分布在辽宁、黑龙江、山东、河北、内蒙古、甘肃、新疆、云南、四川、浙江、江苏、台湾、福建、安徽、江西、湖南等。桃蚜寄主范围广，寄主种类已知达 352 种，可以危害桃、李、杏、梅、郁金香、菊花以及十字花科蔬菜和杂草。桃蚜体型很小，危害时间长，繁殖世代数多，当桃蚜大量寄生于嫩叶背面及幼枝上吸食汁液时，不仅会使植物损失大量的养料和水分，致使幼叶畸形卷缩，还会造成植物体内碳水化合物缺乏以及可溶性氮增加，使植物营养恶化而致使植物器官及组织提前早衰，严重造成植物生长发育不良；而且桃蚜大量分泌的蜜露会引发煤污病，影响植物正常生长发育；此外，该虫造成危害最严重的是其能够传播多种植物病毒，导致植物病毒病的发生，从而造成植物的产量及质量下降。

2.识别特征

有翅胎生雌蚜：头、胸部均黑色，腹部淡暗绿色，背面有淡黑色的斑纹。复眼赤褐色。额瘤很发达，且向内倾斜。腹管绿色，很长，中后部稍膨大，末端有明显的缢缩。尾片绿色而大，具 3 对侧毛。

无翅胎生雌蚜：全体绿色，但有时为黄色至樱红色，额瘤和腹管同有翅蚜。

3.发生规律

桃蚜在我国华北地区 1 年发生 10 余代，长江中下游地区 20 余代，华南地区达 30 余代，主要在桃枝梢、腋芽及缝隙和小枝杈等处产卵越冬，也可以成虫、若虫、卵在蔬菜、油菜、蚕豆的心叶及叶背越冬。翌年早春2—3月当桃树萌发时，越冬卵开始孵化，先群集在嫩芽上危害，以后转至花和叶上危害。另有部分成虫可以从越冬寄主上迁移到桃树及观赏植物上危害，同时行孤雌胎生繁殖3～4代，以春末夏初时繁殖危害最盛，5—6月间产生有翅蚜，迁飞到夏季寄主上，如十字花科蔬菜、马铃薯、烟草及一些禾本科植物上繁殖危害。5月以后桃蚜在桃树上的数量逐渐减少。到10—11月产生有翅性母蚜迁飞回桃树上并产生雌雄性蚜，然后交配产卵越冬。冬季在蔬菜上越冬的桃蚜不经过寄主转迁，它们是春季蔬菜上的主要虫源。

桃蚜的生长发育最适温度为17 ℃左右，在此温度条件下繁殖最快。当气温超过28 ℃时，种群数量会迅速下降。相对湿度低于40%或高于80%时均不利于其生长繁殖。桃蚜的发育起点温度为4.3 ℃，有效积温为137日度。桃蚜的天敌种类较多，如异色瓢虫、七星瓢虫、二星瓢虫 *Adalia bipunctata* L.、四斑月瓢虫 *Chilomenes quadriplagiata* Swartz、草蛉、食蚜蝇、烟蚜茧蜂 *Aphidius gifuensis* Ashmead、蚜虫跳小蜂 *Aphidencyrtus aphidivorus* Mayr、日本蚜茧蜂 *Lysiphlebia japonica* Ashmead、菜少脉蚜茧蜂 *Diaeretiella rapae* Mintosh 等。

5.4.2.2 萝卜蚜

1.分布与危害

萝卜蚜，又名菜蚜，是世界性害虫，国内分布极普遍，危害十分严重。萝卜蚜的寄主有30余种，但主要危害白菜、菜心、樱桃萝卜、芥蓝、青花菜、紫菜薹、抱子甘蓝、羽衣甘蓝、薹菜等十字花科蔬菜，尤其喜欢取食白菜、萝卜等叶片上有毛的蔬菜。萝卜蚜主要分布在华北、华中、江南、华东、华南等地。该虫以成虫和若虫刺吸植株汁液，造成叶片褪绿、变黄、萎蔫，甚至整株枯死。同时其排泄的蜜露可诱发霉污病的发生，影响叶片的光合作用，更重要的是还能传播多种蔬菜病毒病。

2.识别特征

有翅胎生雌蚜：头、胸部均黑色，腹部黄绿色至绿色，第1、2节背面及腹管后各有2条淡黑色横带，腹管前两侧具黑斑。复眼赤褐色。翅脉黑色。腹管暗绿色较短，约与触角第5节等长，中后部稍膨大，末端稍缢缩，额瘤不显著。

无翅胎生雌蚜：全体黄绿色或稍覆白色蜡粉。胸部各节中央有一黑色横纹，并散生小黑点。腹管和尾片同有翅蚜。

3.发生规律

萝卜蚜在我国北方地区1年10～20多代，在华南地区可发生46代。在温暖地区以无翅雌蚜在蔬菜心叶等隐蔽处及杂草上越冬，在华北等寒冷地区则以卵在秋白菜上越冬，在重庆地区，冬季最冷的1月份，蔬菜上亦可见到雌虫，没有明显的越冬现象。在华南地区除5—7月外，萝卜蚜均可在菜地发生危害。在众多地区一般越冬卵到翌年3—4月孵化为干母，在越冬寄主繁殖几代后，产生有翅蚜，并向其他蔬菜上转移蔓延，扩大危害，到了晚秋继续胎生繁殖，或产生雌、雄蚜交配产卵越冬。萝卜蚜繁殖力强，发育历期短，世代重叠现象严重，甚至无法分清其世代。在温室内，终年可在蔬菜上胎生繁殖，不进行越冬。萝卜蚜繁殖适温为15～26 ℃，适宜的相对湿度为75.8%以下。在9.3 ℃时，若虫发育期为175天；在27.9 ℃时，发育期为4.7天。

萝卜蚜一般都在春、秋两季大发生，在早春由于气温较低，蚜虫增量缓慢，春末夏初蚜量迅速上升。夏季时温度过高，其发生又受到抑制，秋季气温降低后蚜虫又大量繁殖，形成危害高峰，晚秋气温下降，蚜虫数量又逐渐减少。夏季蚜虫发生少，除受高温抑制外，暴雨、台风以及十字花科蔬菜种植面积较少，对其发生也有抑制作用。食蚜蝇、草蛉、瓢虫、蚜茧蜂、蚜霉菌等天敌因子对萝卜蚜的发生有明显的抑制作用。

5.4.2.3 瓜蚜

1.分布与危害

瓜蚜的寄主多达74科285种，在园艺植物中主要危害瓜类、茄科、豆科、十字花科、菊科、唇形科、鼠李科、芸香科等，越冬寄主有木槿、花椒、石榴、鼠李、紫花地丁、苦菜等。研究发现瓜蚜种群发生了寄主专化现象，有瓜类寄主型和棉花寄主型，棉花寄主型瓜蚜对瓜类植株的选择性差，即使人工转接到黄瓜叶片上，生存和产仔能力也很差，无法建立稳定种群，反过来瓜类寄主型的棉蚜也无法在棉花上建立种群。蚜虫均以成蚜和若蚜刺吸植物汁液，被害部失绿变色、皱缩卷曲或形成虫瘿，常致枝叶干枯，其分泌的蜜露可引起煤污病，有的种类还能够传播植物病毒病。

2.识别特征

有翅胎生雌蚜：体黄色或浅绿色，前胸背板及胸部黑色，腹部背面两侧有3～4对黑斑。触角6节，比体短。翅无色透明，翅痣灰黄色或青黄色，前翅中脉3支。腹管黑色，较短，呈圆筒形，基部略宽，上有瓦砌纹。尾片黑色，两侧各具毛3根。

无翅胎生雌蚜：体色随季节而变化，夏季多为黄绿色，春、秋季多为深绿色。体表常有霉状薄蜡粉。腹管、尾片同有翅胎生蚜。

3.发生规律

瓜蚜在辽河流域1年10～20代，在黄河、长江流域1年20～30代。在我国中部及北部地区以卵在花椒、木槿、石榴、木芙蓉、鼠李的枝条和夏枯草、紫花地丁等杂草的基部越冬。翌年春天2—3月间，当寄主植物开始萌芽时，或5日平均气温达6 ℃以上时，越冬卵开始孵化为干母(fundatrix)，越冬卵的孵化期一般多与越冬寄主叶芽的萌发期相吻合，如石榴、花椒树芽的萌发始期，木芙蓉萌发和新叶初展时，常是越冬卵的孵化期。干母所产生的后代称为干雌(fundatrigenia)。干雌在越冬寄主上生活2～3代，在4月至5月初，干雌产生有翅蚜，从越冬寄主上向侨居寄主上迁飞，这种有翅蚜叫迁移蚜(migrant)。在侨居寄主上不断进行孤雌生殖，产生有翅或无翅雌蚜扩散危害。秋末冬初由于气温下降，侨居寄主逐渐枯老，不适合瓜蚜生活时便产生有翅性母(sexupara)，又迁回越冬寄主。迁飞时期在东北地区，一般为9月，最迟可到10月上旬；黄河流域大都在10月上旬，长江流域多在10月下旬至11月。它们在越冬寄主上产生性蚜(sexuales)，即无翅雌蚜和有翅雄蚜，雌雄交配产卵，以卵越冬。瓜蚜生活史如图5-10所示。

由于瓜蚜无滞育现象，在冬季只要环境条件适合，无论南方或北方均可周年发生。如在北方地区冬季温室栽培的瓜类作物上，在重庆的蜀葵上，在广西锦葵科的野棉花上都可继续繁殖发生；在云南和华南地区一年四季都可生长繁殖，无越冬现象。

瓜蚜在早春和晚秋完成一个世代需15～20天，夏季只需4～5天。一头成蚜一天最多可胎生8头，平均约5头，一生可胎生若蚜60～70头。从若蚜到成蚜需经4次蜕皮。

瓜蚜的生长发育与温、湿度关系密切，其繁殖最适温度为16～22 ℃。我国北方地区温度在25 ℃以上，南方地区在27 ℃以上时，其发育便会受到抑制。当5日平均气温在25 ℃以上

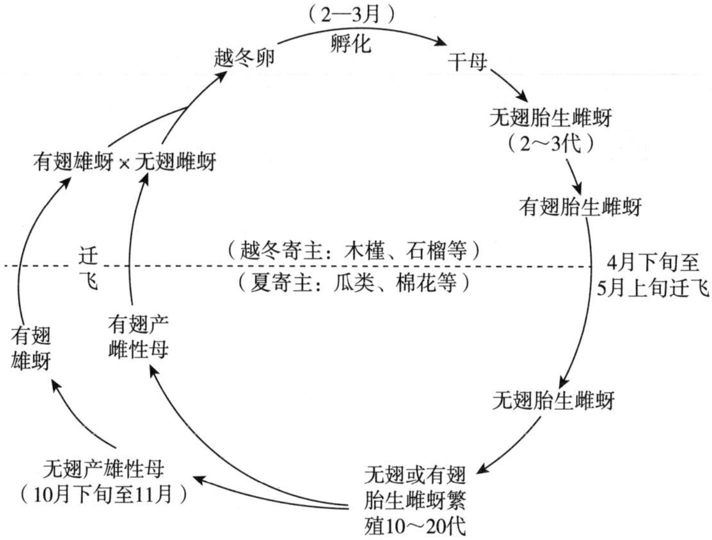

图 5-10 瓜蚜的生活史示意图

及平均相对湿度在 75%以上时虫口密度下降，对其繁殖极为不利。当湿度达到 75%以上时，瓜蚜大发生的可能性小，而干旱气候条件适合于其大发生，故我国北方地区瓜蚜危害较南方地区严重。

瓜蚜的自然天敌多达数十种，其中起主导作用的是蚜茧蜂、瓢虫和草蛉等。有研究证明只要停止大面积普遍多次施用化学农药，这些天敌的种群数量就会很快得到恢复，就能比较有效地控制瓜蚜的发生危害。此外，暴雨能直接冲刷蚜虫，迅速降低虫口密度。用氮肥过多能促使瓜蚜数量增加。

5.4.2.4 葡萄根瘤蚜

1.分布与危害

葡萄根瘤蚜原产于北美东部，后随苗木传至欧洲、澳洲、美洲等许多国家，我国于 1892 年以后从法国和美国随苗木引种而传入，最早在烟台发生危害，现在我国的台湾、辽宁、山东、陕西等地的部分县市均有发生。

葡萄根瘤蚜为国内检疫对象，单食性害虫，仅危害 *Vitis* 属植物(葡萄)。在原产地寄生在野生葡萄 *Vitisriparia* 上，因野生葡萄对其有很强的抗虫性，所以危害不明显。葡萄根瘤蚜危害美洲系葡萄品种时，既能危害叶，又能危害根。叶部受害后，在葡萄叶背形成许多粒状虫瘿，称为“叶瘿型”；根部则以新生须根受害为主，也可危害近地表的主根，被害须根端部膨大成比小米粒稍大的瘤，主根上形成较大的瘤状突起，称为“根瘤型”。对欧洲系葡萄品种，主要危害根部，根瘤常发生腐烂，一般受害植株树势衰弱，造成黄叶、落叶，甚至整株死亡。葡萄根瘤蚜在葡萄园内首先是在一株或几株上发生危害，形成中心受害株，然后呈环波状向四周扩散蔓延，最终使整个园地所有植株均感染受害。

2. 识别特征(表 5-2)

表 5-2 葡萄根瘤蚜不同虫型特征比较

虫态		无翅处女型		有翅型	有性型
		根瘤蚜	叶瘿型	(有翅产性型)	
成虫	大小	长 1.2～1.5 mm 宽 0.75 mm	长 0.9～1.0 mm	长 0.8～0.9 mm 宽 0.45 mm	雄:长 0.35～0.5 mm 宽 0.16 mm 雌:长 0.32 mm 宽 0.13 mm
	体色	污黄,略带淡绿色	黄色	淡黄至橙黄。中后胸赤褐色。触角、足黑色	淡黄色至黄褐色。足、触角黑灰褐色。有黑色背瘤
	触角	第 3 节端部有 1 个感觉孔,顶端有刺毛 3 根	第 3 节端部有 1 个感觉孔,顶端有刺毛 5 根	第 3 节端部和基部各有 1 个感觉圈,顶端有 5 根刺毛	雌触角第 3 节长约为第 1、2 节总长的 1 倍,端部有 1 个感觉孔,顶端有 5 根刺毛
	其他	体背有黑色瘤,头部 4 个,胸节各 6 个,腹节各 4 个,瘤上有毛 1～2 根	无瘤。腹末有长毛数根		雄外生殖器孔突状,突出腹部末端
卵		长 0.3 mm,宽 0.15 mm。长椭圆形,淡黄至暗黄色	似根瘤型,较根瘤型明亮。卵壳较薄,长椭圆形	长 0.36～0.5 mm,宽 0.18 mm	长 0.27 mm,宽 0.11 mm。长椭圆形,橄榄绿色
若虫		1 龄若虫椭圆形,淡黄色。头胸大。腹小。眼红,触角 3 节,直达腹末,端部有感觉圈。2 龄后体卵圆形	初龄若虫与根瘤型相似,但体色浅	1 龄若虫似根瘤型。2 龄虫体较根瘤型狭长,背瘤黑色明显。3 龄体侧可见灰黑翅芽	无若虫阶段

注:有翅产性型产的卵长 0.281 mm,宽约 0.137 mm,可孵出 3 种不同结构(类型)的个体(雌、雄、仔蚜,仔蚜全体长约 0.3 mm,宽 0.150 mm),与初孵根瘤蚜幼虫相同。

3. 发生规律

葡萄根瘤蚜完整的生活史为:根瘤型每年 5～8 代,叶瘿型每年 7～8 代,以有性雌蚜和有性雄蚜交配后产卵越冬。国内发生的葡萄根瘤蚜绝大部分属根瘤型,以初龄若虫及少量卵在枝干或根部越冬。据文献记载,葡萄根瘤蚜只在美洲野生种葡萄及美洲系葡萄品种或一部分用美洲葡萄作砧木的欧洲葡萄品种上才有完整的发育循环,即有叶瘿型→根瘤型→有翅产性型→有性型(雌×雄)→越冬卵→干母→叶瘿型。在大多数情况下,欧洲系葡萄栽培地,如我国的山东、辽宁等地,葡萄根瘤蚜的生活周期是不完整的。完整的生活周期一般只发生在美国东部、南部及欧洲地区。

葡萄根瘤蚜主要以孤雌生殖进行繁殖,只是在秋末,才进行两性生殖。葡萄根瘤蚜孤雌生殖时，母蚜产出来的不是若虫而是卵，这与其他蚜科昆虫不同。春季从越冬卵孵出的干母，在叶片上取食危害并形成虫瘿。干母以孤雌生殖方式产卵，卵孵出的若虫(并发育为成虫)，在叶片上危害繁殖，形成虫瘿，即为叶瘿型。叶瘿型以孤雌卵生在叶上繁殖7～8代，在繁殖过程中每代均有一部分若虫自叶上爬到葡萄植株的根部，在根部取食而形成根瘤，即转变为根瘤型。叶瘿型的最后一代则全部转入根部形成根瘤型。根瘤型蚜虫可以孤雌生殖，产卵在根部，繁殖5～8代，到秋末以4龄若虫钻出土面，然后蜕皮变成有翅产性型根瘤蚜，以孤雌生殖产卵在茎蔓上或叶背面。卵有大、小2型，大型卵孵化成无翅雌蚜，小型卵则孵化为有翅雄蚜，即产生有性型根瘤蚜。这种有性型根瘤蚜雌、雄均无喙，不取食，从卵内孵化出来后就能交配产卵，卵一般产在根、枝部的翘皮下越冬。

根瘤型葡萄根瘤蚜在山东省烟台地区，全年能发生8代。主要以1龄若虫及少量卵在10 mm以下的土层中、二年生以上的粗根杈缝隙被害处越冬。翌年4月以后越冬若虫开始活动，并危害粗根，5月下旬开始产第1代卵。在烟台地区田间虫口密度以5月中旬到6月底及9月这两段时期蚜量较多。进入雨季后，前期被害粗根开始腐烂，此时根瘤蚜可沿根和土壤缝隙爬到表层须根上取食危害，从而造成根瘤，尤以7月上中旬形成的根瘤为最多。8月以后开始出现有翅产性若蚜，以8—9月发生最多。在烟台仅有12%～35%的根瘤型蚜能转变为有翅产性型，有翅型产的卵可以孵化出3类不同的个体(雌蚜、雄蚜及有正常口器的仔蚜)，雌蚜和雄蚜的形态特征，除雄蚜体型较小、腹内无卵外，其他无明显差异。仔蚜的形态与根瘤型初孵幼蚜相同。

葡萄根瘤蚜的发育繁殖与土壤、气候因素有密切关系，尤其是土壤因子影响最为显著。质地疏松具有团粒结构的土壤，土内水分多，空气流通，土温比较稳定，土壤间隙大，适于根瘤蚜的发育繁殖和活动，因此发生多而危害重；反之，沙质土壤可避免其危害，或少发生危害。这是因为沙土保水性差，温度变化大，不利于根瘤蚜的发育繁殖和活动。葡萄根瘤蚜的卵和若虫有很强的耐寒能力，在−14～−13 ℃时才死亡。土温上升到13 ℃时开始活动。4—10月月平均温度为13～18 ℃，降水量平均在100～200 mm，最适合葡萄栽培，也最适合于葡萄根瘤蚜的发生与繁殖。7—8月降水量过多，影响其繁殖，虫口密度迅速下降。而气候干旱能引起猖獗危害。

葡萄根瘤蚜叶瘿型若蚜可以钻出虫瘿，根瘤型若蚜也可以钻出土面，有性蚜一般在土面活动为主，故可以被水流、风力和劳动工具等携带和传播，扩散到发生区附近的葡萄园内。我国的葡萄栽培品种一般偏重于欧洲系品种或美欧系杂交品种，葡萄根瘤蚜主要为根瘤型。一年中除在6—9月间有少量有翅产性成蚜爬出土面活动外(占根瘤蚜的12%～35%)，其他时间均在土内根部取食。所以，国内根瘤型蚜的主要传播途径是从疫区调运有虫苗木，将其传播到远离疫区以外的地方。由国外引入葡萄时，苗木、枝条、砧木是传播的主要途径，因此在调运苗木、枝条、砧木时首先必须仔细观察葡萄叶面上是否有蚜虫和虫瘿，枝条上是否有卵和成虫、若虫，主根、支根、须根上是否有根瘤。

5.4.3 其他常见蚜虫类害虫

其他常见蚜虫类害虫见表 5-3。

表 5-3 其他常见蚜虫类害虫

种类	分布与危害	识别特征	发生规律
苹果瘤蚜	主要危害苹果、海棠、山荆子、沙果等植物，广泛分布于我国东北、华北、华中、华东等地区。危害苹果时，以成蚜和若蚜群集在新芽、嫩叶或幼果上吸取汁液，初期被害嫩叶不能正常展开，后期被害叶皱缩，叶边缘向背面纵卷，叶片常出现红斑，随后变为黑褐色而干枯死亡。幼果被害后，果面出现许多凹陷不规则形红斑	卵为长椭圆形，黑绿色而有光泽。若虫体小，体淡绿色。有翅胎生翅蚜体长 1.5 mm 左右，卵圆形；头胸部暗褐色，具有明显的额瘤；口器末端可达中足基部。腹部暗绿色，背面腹管以前各节有黑色横纹；腹管长圆筒形；基部黑色，端部灰黑色。翅透明。无翅胎生翅蚜体色为暗绿色或褐绿色，头部淡黑色，具有明显的额瘤，复眼暗红色。口器末端黑色，伸达中足基部，触角比体短。胸腹部背面均具黑色横带。腹管长圆筒形，末端稍细，腹管和尾片均为黑褐色	在辽宁南部 1 年 10 多代，以卵在树梢腋芽、枝条交叉处和卷叶里越冬。翌年发芽时（一般 4 月上旬）开始孵化，群集在芽、叶片上危害。4—6 月产生有翅蚜，迁飞扩散，以 5—6 月发生最多，危害最重。自春季至秋季，都以孤雌胎生繁殖。10—11 月间出现有性蚜，有性蚜交配后产卵于枝梢芽腋间及被害卷叶、缝隙中越冬
梨卷叶蚜	分布很广，几乎国内各梨区均有发生，主要危害梨、白梨、棠梨、杜梨等植物。危害梨叶时，群集叶面上吸食，致使被害叶由两侧向正面纵卷成筒状，早期脱落，影响产量和花芽分化，使树势衰弱	无翅胎生蚜长约 2 mm，绿色，体被有白色蜡粉；有翅胎生蚜略小，呈长卵形，灰绿色。前翅中脉分二叉，故又名梨二叉蚜。卵椭圆形。若蚜与无翅胎生蚜相似，体较小，绿色	梨卷叶蚜生活周期类型属乔迁式，一年中以 4 月下旬至 5 月危害最甚。1 年 20 代左右，以卵在梨树的腋芽、叶痕或小枝裂缝里越冬。翌年当梨树的芽膨大露绿叶时开始孵化，6 月中旬以后已转移至夏寄主。秋季 9—10 月间又产生有翅蚜由夏寄主迁回到梨树上繁殖危害，随后产卵越冬
甘蓝蚜	常发生于北方地区，为新疆菜蚜中的优势种。以成蚜、若蚜危害十字花科蔬菜，尤其喜在叶面光滑、蜡质较多的甘蓝、花椰菜上取食危害，还可传播病毒病	有翅蚜体长约 2.2 mm，头、胸部黑色，复眼赤褐色。腹部黄绿色，有数条不很明显的暗绿色横带，两侧各有 5 个黑点，全身覆有明显的白色蜡粉。无翅蚜体长约 2.5 mm，虫体暗绿色，被有较厚的白蜡粉	在北京、内蒙古等地 1 年发生 10 余代，一年中春、秋可形成 2 次发生危害高峰期

续表 5-3

种类	分布与危害	识别特征	发生规律
豆蚜	豆蚜分布广泛，世界各国均有分布，我国除西藏外，其余各地都有发生。以成蚜、若蚜危害豇豆、菜豆、扁豆、豌豆、蚕豆等豆科作物，刺吸嫩叶、嫩茎、花及豆荚的汁液，使叶片卷缩发黄，严重损害豆荚的商品价值	无翅胎生雌蚜体黑色、浓紫色、少数墨绿色，体披均匀蜡粉。触角6节。中额瘤和额瘤稍隆。腹管长管状。尾片长圆锥形。有翅胎生雌蚜体黑绿色或黑褐色。触角6节，第三节有感觉圈4～7个，排列成行。腹部第1、7节两侧各有1对侧突。腹管圆筒状。尾片长乳突状	我国华北地区1年发生约20代，华中地区20余代，广东、福建等地30余代。主要以无翅蚜在苜蓿、紫花地丁等寄主上越冬，在北方地区也有少量以卵越冬，在华南地区可终年营孤雌生殖危害。当翌春气温回升，豆蚜在越冬寄主上繁殖几代，产生有翅蚜迁移到附近的豌豆、蚕豆，以及刺槐和国槐等植物上取食，于5—6月及10—11月大量发生，豆类蔬菜开花结荚期是为害盛期，秋季发生严重
苹果绵蚜	20世纪初传入中国，目前在西藏、云南、辽宁、山东、河北、河南、安徽、山西、陕西、贵州、新疆和甘肃等多个省区均有分布。以成虫和若虫群集在苹果新梢叶腋、短果枝的叶丛中、树皮缝隙、各种伤口及根部危害。被害组织形成平滑的肿瘤，以后变黑坏死。幼树被害严重时可造成毁灭性灾害	无翅孤雌蚜体卵圆形，黄褐色至红褐色，背面有大量白色长蜡毛。体表光滑，体背蜡腺明显，呈花瓣形，腹管半环形。有翅孤雌蚜体椭圆形，头胸部黑色，腹部橄榄绿色，全身被白粉。有性蚜长雌蚜长约1 mm，除腹部为赤褐色外其余部位颜色为淡黄绿色；雄蚜长约0.7 mm，黄绿色	山东青岛1年17～18代，辽宁大连13代以上。3月下旬至4月上旬开始活动，5月中旬至7月中旬盛发，约8天繁殖一个世代，危害至11月下旬，秋后成虫全部死亡。多以1～2龄若虫越冬
苹果黄蚜	我国苹果产区常见和危害比较严重的一种叶面害虫，以若虫、成虫吸食新梢嫩芽及叶片汁液，受害叶片向叶尖、叶背横卷皱缩，提早脱落，新梢生长受抑	无翅胎生雌蚜纺锤形，体色黄色、黄绿色或绿色。其中春季常见的为黄色或黄绿色，夏季则多呈鲜黄色，腹管圆柱形，末端渐细黑色。有翅胎生雌蚜体略小于无翅胎生雌蚜，头胸部和腹管、尾片均为黑色，腹部呈黄绿色或绿色两侧有黑斑。若虫鲜黄色，触角、复眼、足和腹管均为黑色。卵椭圆形，长0.57 mm，黑色，两端微尖	1年10余代，以卵在枝条的芽侧和树皮裂缝中越冬。翌年苹果萌芽时，越冬卵开始孵化取食，经10天左右产生胎生无翅雌蚜。从春季到秋季主要以孤雌胎生方式繁殖，以6—7月繁殖最快、危害最重。在群体密度大或营养不适时，可产生有翅蚜迁飞扩散。10月开始产生性蚜，交配产卵越冬

续表 5-3

种类	分布与危害	识别特征	发生规律
苹果根绵蚜	又名山楂卷叶绵蚜，苹果卷叶绵蚜，它不但危害苹果和山楂，亦可为害梨树，夏秋季节仅危害根部，生成白色蜡质绵状物。新叶被害后，叶缘向背面卷合。春季还可以在枝干皮层上吸食树液，被害部变黑坏死	无翅胎生雌蚜：体长 1.4～1.6 mm，体灰绿色，被覆白色蜡质绵毛。有翅胎生雌蚜：体长 1.3～1.5 mm，胸黑褐色，腹灰褐色，被覆白色蜡粉，前翅中脉不分叉，而苹果绵蚜中脉分叉。卵：卵形，淡黄褐色，有光泽，外部附有白色绵毛	在山东烟台 1 年 9 代，以卵在苹果树干粗皮裂缝、伤口等处越冬，也有以根部无翅胎生蚜在土内越冬。越冬卵 4 月上旬开始孵化，5 月下旬发生大量有翅蚜，6 月上旬无翅(根型)若蚜开始向地下土层迁移危害。至 10 月下旬有翅蚜大量发生，到 11 月苹果落叶时，有翅蚜出土结束，飞到苹果等枝干上产生有性雌蚜和雄蚜，交配产卵越冬
梨黄粉蚜	食性单一，只危害梨，以成蚜、若蚜在嫩皮等处吸食汁液，以后转至果实上吸食，被害部初期出现黄色凹陷斑，渐扩大变成大黑疤或黑腐瘤	卵极小，长约 0.3 mm，椭圆形，麦黄色，常成堆似一团黄粉。若蚜与成蚜相似，但体型较小，淡黄色。干母、普通型及性母的成虫均为雌性，形态相似。雌蚜体长 0.7～0.8 mm，卵圆形，麦黄色，无翅体上有蜡腺，无腹管。有性型成蚜有雌雄 2 性，雌蚜体长 0.5mm 左右，雄蚜 0.35 mm 左右，长椭圆形，鲜黄色，无翅及腹管	1 年 8～10 代，以卵在梨树翘皮裂缝下越冬。翌年梨树开花时，越冬卵孵化，若虫在翘皮下取食危害。在河北 6 月下旬转到果上危害，辽西在 7 月上旬转到果上危害，被害果面上呈一堆堆黄粉状。其生长繁殖期行孤雌生殖，越冬时产生性母，孤雌产雌、雄，然后产生有性卵越冬
月季长管蚜	分布于东北、华北、华东、华中等地；为害月季、野蔷薇、玫瑰、七里香、梅花等；在春、秋两季群居危害新梢、嫩叶和花蕾，使花卉生长势衰弱，不能正常生长，乃至不能开花，并招致煤污病和病毒病的发生	无翅孤雌蚜：体型较大，头部土黄色或浅绿色，胸腹部草绿色，有时橙红色。体表光滑。缘瘤圆形。头部额瘤隆起，并明显地向外突出呈“W”形。触角 6 节，丝状，淡色。喙粗大，多毛，达中足基节，腹管黑色，长圆筒形。尾片圆锥形，淡色，表面有小圆突起构成的横纹，尾板末端圆形。有翅孤雌蚜体稍带草绿色，中胸土黄色，腹部各节有中斑、侧斑、缘斑、横带斑。腹管末端有网纹。尾片长圆锥形，中部收缩，端部稍凹，尾板圆馒头形。其余特征与无翅孤雌蚜相似	一年发生 10～20 代，以成蚜和若蚜在枝梢上越冬。春季月季萌发后，越冬成蚜在新梢嫩叶上繁殖，从 4 月上旬起开始危害嫩梢，花蕾及叶反面有时可盖满一层。4 月中旬起有翅蚜陆续发生，被害株率和虫口密度都明显上升，5 月中旬是第一次繁殖高峰，7—8 月高温对此虫不适应，虫口密度下降。9—10 月发生量又增多

续表 5-3

种类	分布与危害	识别特征	发生规律
桃瘤蚜	又名桃瘤头蚜、桃纵卷瘤蚜，主要危害桃、杏、李、樱桃、梅等核果类果树，也可危害艾蒿等菊科植物。以成蚜及若蚜群集叶背吸食，被害叶缘向叶背纵卷，受害叶片组织增厚，凸凹不平，后变红褐色干枯脱落，形成桃缩叶病	成虫有无翅胎生蚜和有翅胎生蚜之分。无翅胎生雌蚜体长 2.0～2.1 mm，长椭圆形，较肥大，体色多变，有深绿、黄绿、黄褐色，头部黑色。额瘤显著，向内倾斜。触角丝状 6 节，基部两节短粗。复眼赤褐色。中胸两侧有瘤状突起，腹背有黑色斑纹，腹管圆柱形，有覆瓦状纹，尾片短小，末端尖。有翅胎生蚜体长 1.8 mm，翅展约 5 mm，淡黄褐色，额瘤显著，向内倾斜，触角丝状 6 节，节上有多个感觉孔。翅透明脉黄色。腹管圆筒形，中部稍膨大，有黑色覆瓦状纹，尾片圆锥形，中部缢缩	1 年发生 10 余代，有世代重叠现象。以卵在桃树的枝梢、腋芽和枝梢贴叶处越冬。翌年桃树萌芽后，越冬卵开始孵化，爬至嫩叶背面刺吸危害，刺激叶片从叶缘向叶背卷曲，蚜虫群集在卷叶内危害、繁殖。5—6 月，谢花后的新梢生长期为桃瘤蚜危害盛期。春梢停止生长后，产生有翅蚜迁往杂草和农作物上危害。10 月下旬产生有翅蚜飞回桃树上继续危害，并产生有性蚜，交尾后产卵越冬
桃粉蚜	又名桃粉大尾蚜、桃粉绿蚜等，主要危害桃、碧桃、杏、李、梨、樱桃、梅等核果类果树。在湖南，桃树的生长过程中几乎必有桃粉蚜发生。成蚜和若蚜群集叶背吸食，被害叶片纵卷，以后脱落，枝梢枯萎	卵为椭圆形，长约 0.6 mm，初产时黄绿色，后变为黑色，有光泽。无翅孤雌蚜的体长为 2～3 mm，长卵圆形；体绿色，被有白色蜡粉；触角光滑，为体长的 3/4。有翅孤雌蚜的体长约 2.2 mm，长卵形；头、胸部黑色，腹部黄绿色，有白色蜡粉；触角为体长的 2/3；腹管基部收缩。其他特征与无翅蚜相似	1 年一般发生 10～20 代，长江流域以卵在枝梢、腋芽等处越冬。翌年 3 月份越冬卵孵化，先在芽上危害，以后转至花及叶片上，尤以嫩叶上最多。受害叶片叶肉增厚，并引起烟煤病大发生。行孤雌生殖，以 5 月上中旬繁殖最盛，危害最严重
菊小长管蚜	主要危害菊花，从苗期到花期均有危害，被害叶片卷曲畸形，甚至脱落。被害花不能正常发育或脱落。还能传播菊环脉病毒病，诱发烟煤病	由于寄主植物的营养状况和蚜虫的种群密度，同龄蚜虫的体长和体宽存在显著差异。无翅孤雌蚜体长 1.5 mm，呈纺锤形，赭褐色至黑褐色，具光泽。触角比体长。有翅孤雌蚜长约 1.7 mm，2 对翅。触角长是体长的 1.1 倍	在广州 1 年发生 20 余代，以无翅孤雌蚜在留种菊株或附近杂草上越冬，翌年 3 月上旬开始繁殖，以 4—5 月和 9—10 月发生严重。夏季高温时虫口密度下降。北方寒冷地区则以卵越冬
紫藤蚜	主要危害紫藤，集中在嫩梢上危害，常盖满 5～8 寸枝，甚至 1～2 尺内嫩梢周围，造成生长停滞	无翅孤雌蚜个体较大，呈棕褐色，卵圆形，长约 3.3 mm，宽约 2.0 mm。有翅孤雌蚜体卵圆形，头、胸黑色，腹部褐色有黑斑，大小与无翅孤雌蚜相似	紫藤蚜发生时间较长，在山东省一般于 4 月底开始出现，其间 6 月温度较高时会发生小规模的迁飞，9 月下旬至 10 月秋凉季节又大量迁回，在秋梢上密度繁殖，而且其他季节几乎不见有翅蚜，直至 10 月才陆续进入越冬状态

续表 5-3

种类	分布与危害	识别特征	发生规律
莲缢管蚜	除分布于俄罗斯、朝鲜、韩国、日本等国外，在我国主要分布于湖南、湖北、台湾、江苏等地。越冬寄主常为核果类果树，包括桃、李、杏等；夏寄主大部分是水生或沼泽型植物，包括莲藕、菱角、芡实、慈姑、香蒲、睡莲等20余种	无翅孤雌蚜体长2.5 mm，体色褐色、褐绿至黑褐色，被白粉。头、胸部深黄褐色。体背毛短而尖锐，尾片长锥形，中部收缩，先端钝，有小圆刺突扬成的横纹。有翅孤雌蚜头、体亦为褐色、褐绿至黑褐色。触角第三节有圆形次生感觉圈21～23个。喙长大，超过后足基节。足黑色。翅透明，翅脉色暗。体侧有乳头状突起。腹管亦为缢管形，前后斑愈合	全年发生25～30代，世代重叠现象明显。冬季以卵在李、桃等果树上越冬，翌年3月初，越冬卵孵化，干母羽化当天即产若蚜。在冬寄主上繁殖4～5代后，4月下旬翅蚜迁至莲、泽泻、慈姑等夏寄主上繁殖20～25代，至10月中旬左右出现有翅性蚜，迁回越冬寄主，于11月上中旬雌、雄性蚜交尾产卵
褐色橘蚜	在我国分布极广，是橘园的常常发性害虫，常群集在柑橘春梢嫩叶、嫩枝上吸食汁液。嫩叶受害后，叶面出现凸凹不规则的皱缩，并能引起烟煤病	无翅蚜虫体整个漆黑色，复眼呈红褐色，触角有6节，呈灰褐色。足胫节端部为黑色，腹管呈管状，尾片乳突状。有翅蚜，翅2对白色透明，前翅中脉分三叉，翅痣呈淡褐色。无翅雄蚜与雌蚜相似，全体深褐色，后足膨大	在浙江黄岩1年发生20代左右，以卵在枝条上越冬。翌年2月下旬至3月越冬卵孵化，在嫩枝上胎生繁殖。一年中以5—6月及9—10月繁殖最盛，危害最重。夏季高温，死亡率大，繁殖率低，寿命短。11月产生有性蚜，交配产卵越冬。在福建南部及广东无休眠现象

5.4.4 蚜虫的防治方法

1. 植物检疫

葡萄根瘤蚜属检疫对象，必须严格执行检疫法规，实行疫区封锁，严禁从疫区调运苗木、插条、砧木等。特殊情况经有关部门批准从疫区或可疑地区调运苗木、插条、砧木时，必须进行药剂消毒处理。处理苗木的方法是：每10～20枝苗木或插条捆成一把，去掉苗木上的土，放于50%辛硫磷1000倍液中浸1 min。热水浸泡未发芽的苗禾、插条杀蚜效果较好。将苗木、插条放在40 ℃热水中浸泡5～7 min后取出，再放入50～52 ℃热水中浸泡7 min即可。用溴甲烷熏蒸葡萄砧木，在26.7 ℃下用药量为305.18 g/m^3，在13.6～21.1 ℃时，用药量为204 g/m^3，密闭3 h，可以杀灭各虫态。手持葡萄栽培设备和鞋类使用2% NaClO溶液浸泡60 s，可灭杀55%以上葡萄根瘤蚜。

2. 农业防治

(1)选择好育苗地　培育"无虫苗"，十字花科等蔬菜的苗床地应尽量远离十字花科菜地、留种地以及桃、李等果园，以防蚜虫就近迁入苗床，危害幼苗。

(2)合理施肥与灌溉　采用配方施肥技术，禁止过量施用氮肥，合理灌溉可以改善作物的营养条件，提高植株的抗害能力，加速虫害伤口的愈合，恶化害虫生活条件。

(3)加强田间管理,清理田园　作物收获后及时彻底清除残枝落叶,减少桃蚜、萝卜蚜和瓜蚜的繁殖场所并消灭部分虫卵。

(4)生产上大面积防治葡萄根瘤蚜　应注意培育抗蚜品种,选择好砧木,培育高产优质、抗性强的良好原始材料。同时改良土壤结构,实行沙地栽培,因为沙土地不适于葡萄根瘤蚜的生长发育,发生少或根本不发生,烟台地区沙地建园的经验值得大力推广。葡萄园内间作烟草可以持续有效地降低葡萄根瘤蚜的种群数量,而且烟草水提物能显著降低葡萄根瘤蚜的存活率、寿命、繁殖量等。

3. 物理防治

(1)银灰色塑料薄膜避蚜　桃蚜、萝卜蚜、瓜蚜对银灰色有负趋性的特点,用银灰色塑料薄膜遮盖育苗,可以达到育苗阶段避蚜的目的,尤其对预防蚜虫早期传播病毒病效果较好。此法也可用于大田。

(2)黄色粘虫板诱杀　利用桃蚜、萝卜蚜和瓜蚜对黄色有明显趋向性,可在作物附近设置黄板诱杀成虫。

4. 生物防治

保护利用蚜虫的天敌。蚜虫不仅有捕食性天敌也有寄生性天敌。保护好七星瓢虫、食蚜蝇、草蛉、蚜茧峰和蚜小蜂等蚜虫天敌,发挥天敌的自然控制作用。葡萄根瘤蚜主要是利用昆虫病原线虫、捕食螨、昆虫病原真菌(如白僵菌、绿僵菌等)进行生物防治,目前已取得了一定的效果。

5. 化学防治

由于蚜虫繁殖快,蔓延迅速,所以化学防治必须及时、准确、周到。可以选择下列农药:50%抗蚜威 500～800 g/hm^2,此药选择性极强,对蚜虫有特效,且对天敌昆虫无害,但对瓜蚜效果不好;10%吡虫啉可湿性粉剂 200～300 g/hm^2,3%啶虫脒乳油 600～750 mL/hm^2,这2种药有内吸作用,用于拌种,可维持药效 30～40 d;2.5%溴氰菊酯 300～400 mL/hm^2,2.5%功夫菊酯 150～300 mL/hm^2,10%氯氰菊酯乳油 250～450 mL/hm^{2}等,效果均较好。

对于葡萄根瘤蚜的防治,地上部分一般主要用 10%吡虫啉可湿性粉剂 1500 倍液进行喷雾防治。地下部分按照不同的树龄可用 25%噻虫嗪水分散粒剂 2000 倍液或者 50%辛硫磷乳油 600 倍液等药剂在 4 月底至 5 月初虫口密度较小时加水溶肥淋根 1 次,压低虫口基数,减少产量损失。也可以将药剂进行拌土处理,每公顷用药量为 50%辛硫磷 3.75～7.50 kg,每0.5 kg 均匀拌细土 50 kg,于下午 4 时后施药,随即将药土锄入土内。

5.5　介壳虫类害虫

5.5.1　介壳虫类害虫的种类与寄主

危害园艺植物的介壳虫种类很多,都属于半翅目蚧总科,其中以红蜡蚧 *Ceroplastes rubens* Maskell、梨圆蚧 *Quadraspidiotus perniciosus* Comstock、桑白蚧 *Pseudaulacaspis pentagona* Targioni-Tozzotti、矢尖蚧 *Unaspis yanonensis* Kuwana 的危害更为严重,是本节介绍的重点。其他常见介壳虫类有:栗绛蚧 *Kermes nawae* Kuwana、草履蚧 *Drosicha corpulenta* Kuwana、吹绵蚧 *Icerya purchase* Maskell、日本龟蜡蚧 *Ceroplastes japonicus* Green、朝鲜球

坚蚧 *Didesmococcus koreanus* Borchs、褐盔蜡蚧 *Parthenolecanium corni* Bouche、菠萝洁白粉蚧 *Pseudococcus brevipes* Cockerell、康氏粉蚧 *P. comstocki* Kuwana、柿绒蚧 *Eriococcus kaki* Kuwana、紫薇绒蚧 *E. lagerostroemiae* Kuwana、红圆蚧 *Aonidiella aurantia* Maskell、椰圆蚧 *A. destructor* Signoret、褐圆蚧 *Chrysom phalusficus* Ashmead、黑点蚧 *Parlatoria zizyphus* Lucas、糠片蚧 *P. pergandii* Comstock、长白蚧 *Leucaspis japonica* Cockerell、拟蔷薇白轮蚧 *Aulacaspis rosarum* Borchsenius、栗链蚧 *Asterolecanium castaneae* Russell 等共 19 种，按其共性列表简介于后。

5.5.2 重要介壳虫类害虫

5.5.2.1 红蜡蚧

1. 分布与危害

在我国，红蜡蚧主要分布于江苏、上海、浙江、河北、陕西、山东、安徽、江西、湖南、四川、福建、广东、广西等地，国外如日本、印度、韩国、澳大利亚等地也有严重发生。主要寄主植物有枸骨、香樟、桂花、柑橘、山茶、杜英、雪松、黄杨、茶、白玉兰、栀子、虾脊兰、苏铁、水团花、蒲桃、木棉、柿、月桂、冬青、月季、蔷薇、南天竹、米兰、石榴等 100 多种植物。红蜡蚧的成虫和若虫密集寄生在植物枝干和叶片等部位，雌虫多以刺吸植物汁液的方式在植物枝干和叶柄部位危害，雄虫多在叶柄和叶片部位危害，嫩枝被害严重时可密布此虫，诱发煤污病，致使植株长势衰弱，树冠萎缩，枝叶一片乌黑，既影响光合作用，加速植物的衰老，又严重影响植物本身的观赏价值，严重时导致全株死亡。

2. 识别特征(图 5-11)

雌成虫呈椭圆形，背面覆盖的蜡壳较厚。蜡壳暗红色，长 4 mm、高 2.5 mm，顶部凹陷，形如脐状。有 4 条白色蜡带，从腹面卷向背面。全体隆起如红豆状。虫体紫红色。雄成虫，体长 1 mm 翅展 2.4 mm 暗红色。前翅白色半透明，单眼黑色。触角、足及交尾器淡黄色。初孵若虫扁平椭圆，暗红色，体长 0.4 mm，腹端有 2 根长毛。2 龄期呈广椭圆形，稍突起，体表被白色蜡质，3 龄期蜡质物增厚。蛹蜡壳暗红色，长形。蛹体长 1.2 mm，淡黄色。茧椭圆形，暗红色，长 1.5 mm。卵椭圆形，淡红色，长 0.3 mm。

3. 发生规律

每年 1 代，以受精雌虫越冬。5 月下旬至 6 月上旬为越冬雌虫产卵盛期。雌若虫蜕皮 3 次，第 1 龄龄期 20 天，第 2 龄 23～25 天，第 3 龄 30～35 天。9 月上旬性成熟交尾后进入越冬状态。

雄性若虫第 1 龄若虫期 20 天，第 2 龄 40～45 天，前蛹期 1～2 天，蛹期 2～6 天。雄成虫 8 月中旬至 9 月上旬羽化，寿命 1～2 天，雌虫产卵于体下，产卵历期达 2 个月。单雌产卵量为 200～500 粒。初孵若虫涌散至新梢上，群集于向阳的外侧新叶嫩枝上寄生危害。

若虫在新梢上定居后即开始吸取汁液，并在虫体背面和胸部两侧分泌粉白色蜡质。雄虫在前蛹期停止蜡质的分泌，化蛹时分泌一层较薄的白色蜡茧，并在其中化蛹。

对寄主植物的危害，以当年生春梢上虫口为最多，5—6 月间危害最盛。10 月至翌年 5 月危害较轻。

红蜡蚧的自然天敌较多，除著名的捕食性天敌大红瓢虫、澳洲瓢虫外，寄生性天敌也很多，包括跳小蜂科、啮小蜂科、蚜小蜂科及缨翅小蜂科的多种寄生蜂。

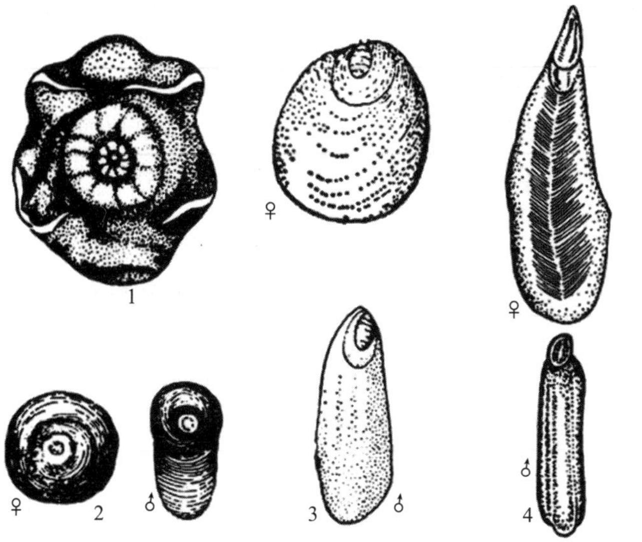

图 5-11 重要介壳虫的介壳形状

1.红蜡蚧 2.梨圆蚧 3.桑白蚧 4.矢尖蚧

5.5.2.2 梨圆蚧

1.分布与危害

梨圆蚧分布于世界各地,食性极杂,已知寄主植物在 150 种以上,在北方果树中主要为害梨、苹果、山楂、枣、桃、李、杏、樱桃、葡萄、柿、核桃、榛树等。常以成虫、若虫多聚集于树干、主枝、嫩枝、叶片及果实表面吸取汁液养分,吸食量大,枝条受害后易衰弱枯死,甚至造成整株死亡。在果实上寄生,多集中在萼洼和梗洼处,围绕介壳形成紫红色斑点,使果实失去商品价值。近年来,随着果业的发展,通过苗木、接穗、果品的运输途径,梨圆蚧大量侵入,加之不合理地大量使用化学农药,造成梨圆蚧大面积危害,个别地段甚至暴发成灾。

2.识别特征(图 5-11)

雌介壳斗笠形,蟹青色至灰白色。中央隆起处从内向外为灰白、黑、灰黄色的 3 个同心圆,隆起外围的介壳亦有暗色轮纹;介壳直径 0.7～1.7 mm,壳点脐状,位于介壳中心。雄介壳长圆形,灰白色,一端隆起,一端扁平,壳点偏于一端,长 0.75～0.95 mm,宽 0.35～0.95 mm;冬季型雄介壳为圆形,比雌介壳小。

雌成虫卵圆形,长 0.8～1.4 mm,乳黄至鲜黄色,臀板褐色雄成虫体长 0.6～0.8 mm,体宽 0.25 mm,翅展 1.3 mm。触角 10 节,念珠状。前翅膜质半透明,由翅基部中央伸出 1 条带分叉的简单翅脉。

初孵若虫椭圆形,乳黄色,体长 0.25～0.27 mm,宽 0.18～0.19 mm。触角 5 节,足发达,腹末有 1 对白色尾毛。固定后分泌灰白色圆形介壳,直径 0.25～0.40 mm,2 龄若虫触角和足退化,雌性若虫体形与雌性成虫相似,黑色;介壳直径 0.65～0.9 mm。雄若虫体形与介壳至 2 龄呈长圆形或圆形。

3.发生规律

梨圆蚧在中国南方 1 年 4～5 代,北方 2～3 代。以 2 龄若虫和少量受精成虫在植物枝干上越冬。翌年春季开始取食,介壳内虫体由黄褐色变为鲜嫩的乳黄色,介壳外观也出现雌雄性别差异。梨圆蚧营卵胎生生殖，单雌产仔数平均100多头。雌性比率随年世代数增加而下降。一般在(2.5～1.2)∶1。

梨圆蚧种群的自然控制因子主要为越冬期死亡、自身密度拥挤性死亡和天敌的寄生与捕食。越冬期死亡，在中国东北地区可达36.4%。国外报道，单位面积内虫口密度过高也会引起种群死亡率增高，当虫口密度达149头/cm^2时，死亡率高达86.5%。此外，高温、干旱季节常引起固着不久的若虫大量死亡。

在中国梨圆蚧的天敌有50多种，故在常发生地区会被天敌自然控制而不形成明显的危害。捕食性天敌以盔唇瓢虫属的种类为主，如红点唇瓢虫和肾斑唇瓢虫 *Chilocorus renipustulatus* Scriba 是其原产地广泛分布的常见种类。二双斑瓢虫 *Chilocorus bijugus* Mulsant 也是分布在新疆专食盾蚧类的天敌，捕食率可达80%。黑背唇瓢虫 *Chilocorus melas* Weise 是辽宁省的优势种。寄生性天敌主要有梨圆蚧恩蚜小蜂 *Encarsia perniciosi* Tower 和短缘毛姬小蜂 *Aphytis proclia* Walker 等种类。黄蚜小蜂属(*Aphytis*)寄生蜂在新疆对梨圆蚧的自然寄生率达30%以上，陕西省也有此属的种类寄生梨圆蚧。辽宁调查发现有5种寄生蜂寄生梨圆蚧。

5.5.2.3　桑白蚧

1. 分布与危害

桑白蚧国外主要分布于欧洲地区的英国、法国、意大利等；南美洲地区的哥伦比亚、委内瑞拉、秘鲁等；北美洲地区的美国、墨西哥、巴拿马等；大洋洲地区的澳大利亚、新西兰、斐济等；非洲地区的埃及、马达加斯加、坦桑尼亚、南非、塞舌尔、毛里求斯、佛得角、圣多美；亚洲地区的中国、朝鲜、韩国、日本、马尔代夫等国家。国内主要分布在北京、河北、天津、浙江、江苏、广东、广西、湖南、河南、福建、安徽、山东、辽宁、吉林、内蒙古、江西、四川、云南、山西、陕西、甘肃、宁夏、新疆、台湾等地。桑白蚧危害桃、李、梨、梅、杏、枇杷、板栗、桑、茶等多种果树和园林植物。在北方诸省每年发生2代，华南地区一般1年发生4～5代，以受精雌成虫在树干上越冬。主要以雌成虫及若虫固定在主干与枝条上以口针刺入皮层吸食汁液，严重时整树枝条，布满蚧壳，皮层易松动剥离，削弱树势，甚至整株枯死。

2. 识别特征(图5-11)

雌成虫介壳圆形，略隆起，直径1.8～2.5 mm。白色或灰白色，壳点枯黄色偏心。雄性介壳长形，两侧缘平行，长1.2 mm，白色，有3条纵脊，壳点橘黄色，居端。

雌成虫橙黄或橘红色，体长1.0 mm，宽卵圆形，扁平。触角短小，退化呈瘤状，上有粗大刚毛1根。雄成虫体长0.65～0.7 mm，翅展1.32 mm。橙色至橘红色，体略呈长纺锤形。

初孵若虫淡黄褐色，扁卵圆形。眼、触角、足齐全。触角5节，足发达，能爬行。腹末具尾毛2根。两眼间有2个腺孔，分泌绵毛状物质遮盖身体。蜕皮后眼、触角、足、尾毛均消失，开始分泌介壳。第1次的蜕皮附于介壳上，偏于一边，称为壳点。

椭圆形，长径0.25～0.3 mm，短径0.1～0.12 mm。初产时粉红色，渐变为淡黄褐色，孵化前橘红色。

3. 发生规律

每年发生世代数随纬度降低而增多。广东5代，江浙3代，北方各省2代。均以当年末代受精雌成虫越冬。

雌虫产卵量以越冬代为最高，平均每雌产卵120粒左右。卵产于雌虫身体后面，堆积于介壳下方，相连呈念珠状。因卵粒堆积，使其介壳略微翘起而有缝隙。

若虫孵化后在介壳下停留几小时后逐渐爬出扩散，多于2～5年生枝条上固定取食，尤其是在枝条分杈处和背阴面，固定取食的个体密度较大。1龄若虫取食5～7天后开始分泌出绵毛状白色蜡粉覆盖于体上，并逐渐加厚。若虫蜕皮时自腹面裂开。虫体后移而脱出，并继续分泌蜡质形成介壳。雄若虫蜕皮2次而形成蛹，而后羽化为成虫。雌若虫蜕第2次皮后即为成虫。

桑白蚧喜好荫蔽多湿的小气候条件，所以在通风不良、透光不足的园林中发生危害重。高温干旱、通风透光则不利其发生。但在若虫分散转移期降雨，对若虫有冲刷淋洗作用而减轻其发生危害。不同受害植株上若虫的性比不同，一般新感染植株上，雌虫数量较多；感染已久的植株上，雄虫数量逐渐增多，严重时，雄介壳密集重叠，枝条上好像覆盖了一层棉絮。

对桑白蚧种群密度的自然控制中，自然天敌桑盾蚧褐黄蚜小蜂对其的寄生率可达35%。此外，红点唇瓢虫等捕食性天敌对其的捕食量亦能达到一个较高的比率。

5.5.2.4 矢尖蚧

1. 分布与危害

矢尖蚧在我国各柑橘产区均有分布，主要危害柑橘、无花果等。矢尖蚧最初发生时呈明显的中心分布。在同一橘园中，常先从某一处或几处生长荫蔽的橘树内膛发生，并通过相邻枝、叶向上、向外逐渐扩散到邻近枝、叶或橘树(部分也可经风吹等扩散)，但一般很少导致全园普遍发生。矢尖蚧以雌成虫、若虫固着于叶片、果实和嫩梢上吸食汁液，被害处形成黄斑，导致叶片畸形、卷曲、枝叶干枯，果实受害处成黄绿色，外观差、果味酸，严重的影响树势、产量和果实品质，还可诱发烟煤病。

2. 识别特征(图5-11)

雌虫介壳细长，长2～3.5 mm紫褐色，周围有白边。前端尖，后端宽，状如矢尖，故名"矢尖蚧"。介壳中央有一纵脊，蜕皮位于前端。雄虫介壳白色，蜡质，近长方形，长1.3～1.6 mm。介壳背面有3条纵脊，蜕皮位于前端。

雌成虫长椭圆形，橘黄色，长2.5 mm左右。胸部长、腹部短，前胸与中胸分节明显。第1、2腹节边缘外突。雄成虫橘黄色，体长0.5 mm，翅展1.7 mm，交尾器针状。

初龄橙黄色，鞋底形，触角明显，足发达，眼紫褐色。2龄若虫椭圆形、淡黄色，后端黄褐色，体长0.2 mm左右。

卵椭圆形，橙黄色，长约0.2 mm。

3. 发生规律

在主要发生地区1年3～4代。多以受精雌成虫越冬，少数以若虫和产卵雌成虫在叶背及嫩枝上越冬。越冬代雌成虫于翌年日平均温度达19 ℃时开始产卵。第1～3代1龄若虫盛发期分别为：5月上旬、7月中旬、9月下旬。每雌产卵量为130～190粒。

初孵若虫爬行活泼，经1～2 h后即固着于寄主上刺吸危害。取食后第2天即开始分泌棉絮状蜡质，并逐渐形成介壳。若虫在树体上危害常群集成片。

矢尖蚧寄生性天敌常见的有金黄蚜小蜂 *Aphytis chrysomphali* Mercet、短缘毛蚜小蜂 *Aphytis proclia* Walk、长缘毛蚜小蜂 *Aphytis aonidiae* Mercet 等。瓢虫类捕食性天敌对矢尖蚧种群也有较大的自然控制作用。

5.5.3 其他常见介壳虫类害虫

其他常见介壳虫类害虫见表 5-4。

表 5-4 其他常见介壳虫类害虫

种类	分布与危害	识别特征	发生规律
栗绛蚧	栗绛蚧广泛分布于华北、华东、西南各主要板栗产区,主要危害板栗和多种壳斗科(Fagaceae)树木。以若虫和雌成虫寄生于板栗一年生枝梢上吸汁危害,被害树轻则延迟萌芽和长叶,重则造成枯枝和树木枯死	雌成虫体长 5.7～6.7 mm,宽 5.5～7.0 mm,体表深褐色有光泽,上有黑褐色不规则的圆形或椭圆形斑,腹部末端有 1 个大而明显的圆形黑斑。腹末有 1～3 根白色卷曲的蜡丝。触角 7 节,足棕黄色。雄成虫体长 1.5 mm,体棕褐色,触角 10 节,口器退化,前翅淡棕色,胸足发达,腹部可见 8 节,第 7 节两侧各有 1 根细长的白色蜡丝。若虫体椭圆形,初孵为肉黄色,之后为肉红色。卵长椭圆形	1 年 1 代。以 2 龄的若虫在树枝的裂缝、芽痕等隐蔽处越冬。翌年 3 月上旬越冬若虫恢复取食,3 月中旬以后,部分若虫蜕皮变为雌成虫,继续取食危害,是栗绛蚧主要的危害期。4 月下旬为雄成虫羽化盛期。雌雄成虫交尾后,5 月下旬为孵化盛期。卵在母体内孵化,初孵若虫 5 月中旬至 6 月下旬陆续从母蚧体内爬出并扩散
草履蚧	国内分布于华南、华中、华北、华东、西南、西北。危害苹果、梨、桃、桑、柑橘、荔枝、月季等。若虫、成虫密集于细枝芽基部刺吸危害,使芽不能萌发,或发芽幼叶枯死,常暴发成灾	雌成虫体长 10 mm,背面有皱褶,扁平椭圆形,似草鞋,周缘、腹面淡黄色,体被白色蜡粉。雄虫体长 5～6 mm,翅展 10 mm,体紫红色,头胸部淡黑色。卵椭圆形,黄白色渐呈赤黄色,产于白色绵状卵囊内。若虫形似成虫	一年发生一代,以卵在树盘表土层或根颈部翘皮缝隙越冬,卵期为 7 月中下旬至翌年 3 月中下旬。3 月中下旬越冬卵陆续孵化,大量若虫聚在低矮杂草的茎叶部或柑橘树的根颈部,靠取食柑橘树枝干皮层组织汁液生长。5 月中旬成虫开始上树为害。雌成虫有假死现象。6 月中下旬雌雄成虫交配,7 月中旬雌成虫陆续下树产卵,一直持续到 8 月底。雌成虫产完卵后死亡
吹绵蚧	原产澳大利亚,现广布于甘肃、陕西、辽宁、河北、山西、山东、福建、湖南、湖北、广东、广西、四川、贵州、云南、台湾等热带和温带地区。主要危害芸香科、蔷薇科、豆科约 250 种植物。危害时群集在寄主叶背面、枝条、新梢上刺吸汁液,削弱树势,甚至引起全株枯死	雌成虫橘红色,椭圆形,长 4～7 mm,宽 3～3.5 mm,腹面扁平,背面隆起,呈龟甲状,体外被白色蜡粉及絮状纤维,腹末有白色半卵形卵囊。囊表有脊状线条。雄成虫橘红色,体长 2.9 mm,翅展 6 mm。卵长椭圆形,黄色或橘红色,密集于卵囊中。若虫卵圆形,橘红色	一年发生 2～3 代,多以若虫和部分雌成虫越冬,一般 4—6 月发生严重。第 1 代卵一般 3 月上旬开始出现,5 月下旬为若虫孵化盛期,成虫于 7 月中旬最盛。第 2 代卵于 7 月上旬至 8 月中旬发生,8 月上旬最盛,若虫于 8—9 月为盛期,成虫于 10 月中旬发生,或以若虫越冬。繁殖力强,产卵期长达 1 个月

续表 5-4

种类	分布与危害	识别特征	发生规律
日本龟蜡蚧	国内分布于华北、华中、华东、华南、西北、西南等地。主要危害枣、柿、柑橘、松等果树、林木。寄生于枝干和叶片，受害枝干上常密布蜡壳不见树皮而呈白色。引起提早落叶，树势衰弱，果树减产，甚至植株死亡	雌成虫卵圆形，紫红色，背面隆起。体表被厚层白色蜡壳，蜡壳背面隆起，表面具龟甲状凹陷，周缘蜡层厚而弯曲，内周缘有 8 个小角状突起。雄成虫蜡壳白色，星芒状，中间为长椭圆形突起的蜡板，周围有 13 个放射状排列的大型蜡角。卵橙红至紫红色，椭圆形。若虫至 3 龄期分性别而与成虫形似	1 年 1 代，行两性和孤雌产雄生殖。此虫在华北越冬死亡率高达 30%～40%，捕食性天敌有 20 余种。寄生性小蜂类寄生率高达 50%，捕食性瓢虫的捕食量也较高，天地的自然控制作用明显
朝鲜球坚蚧	分布于东北、西北、华北、华东、华中地区。对桃、杏危害严重。刺吸枝条汁液，引起生长不良，招致吉丁虫危害。果树受害后树势衰弱，产量下降	雌成虫体近球形，后端直截，前端及身体两侧的下方弯曲。直径 3～4.5 mm，高 3.5 mm。初期介壳质软，黄褐色，后期硬化，红褐色至黑褐色，表面皱纹不明显背面有纵列点刻 3～4 行或不成行。腹面与树枝贴接处有白色蜡粉。雄成虫体长 2 mm，介壳长扁圆形、蜡质，表面光滑	1 年 1 代，以 2 龄若虫越冬，单雌产卵量平均 1000 粒左右。主要天敌为黑缘红瓢虫，对其若虫捕食量较大，是其种群的重要自然控制因子
褐盔蜡蚧	国内分布于辽宁、河北、河南、山东、山西、江苏、陕西等省。寄主有桃、枣、苹果、梨、葡萄等。尤以桃、葡萄、刺槐受害为重。以成若虫刺吸危害枝条与果实	雌成虫卵圆或近圆形。体背稍隆，黄褐色，体缘倾斜并具放射状隆起线。体背中央有 4 列纵排断续的凹陷。凹陷两侧形成 5 条隆脊。腹末具臀裂缝。若虫越冬期体色赤褐色，扁平椭圆形。越冬后沿纵轴隆起，体背周缘起皱褶	1 年 1～2 代，因寄主和地区而异。营孤雌生殖，单雌产卵量 1400～2700 粒。天敌的自然控制作用强，一般瓢虫捕食率达 53%，寄生蜂寄生率达 10%～25%
菠萝洁白粉蚧	分布于华南、西南等地，主要危害菠萝。雌成虫、若虫刺吸菠萝叶、茎、根、果实的汁液，被害叶变黄，被害根变黑色，被害果实失去光泽，且能诱发煤污病	雌成虫体椭圆形，长 2.0～3.0 mm，桃红色或灰色，被有白色蜡粉，周缘有蜡粉质刺状突起(大小长短相似)。雄成虫黄褐色，前翅无色透明。卵产出相聚成块(1～12 粒/块)，附有白色絮状蜡质物。若虫形似雌成虫	此虫以孤雌胎生产雌生殖方式为主，偶有两性生殖及产卵生殖。在华南地区每年 7～8 代。5—9 月危害最烈。多湿对其发生不利，蚁类与之共生，助其扩散

续表 5-4

种类	分布与危害	识别特征	发生规律
康氏粉蚧	此虫起源于东亚。国内分布于东北、华北、西南地区。危害果树、瓜、菜及多种林木。以成若虫刺吸寄主的幼芽、嫩枝叶片、果实及根部汁液。嫩枝受害后叶片肿胀,或形成虫瘿。果实受害后畸形	雌成虫体长 3～5mm,体粉红色,体外被白色蜡质分泌物,体缘具 17 对白色蜡刺。体前端蜡刺稍短,后端稍长,最末 1 对与体长等长。卵椭圆形,常数十粒成块,外被白色蜡粉而成囊状。若虫与雌成虫相似	1 年发生 3 代,主要以卵在树皮缝、土壤缝隙等隐蔽处越冬。果树发芽时越冬卵孵化,初孵若虫爬到枝、芽、叶等幼嫩部位上危害,体表逐渐分泌蜡粉。在华北梨区,第 1 代若虫发生盛期为 5 月上中旬(套袋前),第 2 代若虫发生盛期为 7 月上中旬,第 3 代若虫发生盛期为 8 月中下旬
柿绒蚧	分布于在我国山东、山西、河南、河北、广西、贵州、四川等地均有发生。主要危害柿树。以若虫、雌成虫群集枝梢、叶背、叶柄、果实及柿蒂与果实相结合的缝隙处危害,刺吸汁液。柿叶受害出现多角形黑斑,叶柄受害则变黑而脱落,果实受害则引起落果	雌成虫体长 1.5 mm,卵形,紫红色,腹缘有白色细蜡丝,老熟时被包于一白色如大米粒状的绵状蜡囊中,尾部卵囊白色,絮状。雄成虫体长 1.2 mm,紫红色。介壳卵形,质地与雌性的介壳相同。卵产于卵囊内,紫红色。若虫卵圆形,紫红色,周身具短的刺状物	每年发生 4～6 代,4 代区以第 3 代若虫危害最重。以被有薄层蜡粉的初龄若虫在树皮裂缝、枝条轮痕、叶痕及干柿蒂上越冬。翌年 4 月下旬柿子新梢长出 4—5 片小叶时开始出蛰,5 月上旬达到出蛰盛期,第 1 代若虫 6 月初开始孵化。第 2 代若虫在 6 月底至 7 月初孵化。第 3 代若虫 8 月中旬孵化,下旬为盛期。第 4 代若虫 9 月底出现,10 月上旬为盛期,10 月下旬至 11 月初若虫开始越冬
紫薇绒蚧	分布于山西、山东、江苏、辽宁、贵州、安徽、北京、天津、沈阳等地,危害紫薇、石榴、扁担杆子、叶底珠,是城市园林和果树大害虫。严重时枝条布满虫体,引起黄叶落叶,枝条干枯,甚至全株死亡	雌成虫卵圆形,体长 3 mm,最宽处 2 mm,末端比头端稍尖。体紫红色,遍生微细刚毛,被有白色蜡粉,外观略呈灰色。体背有少量白色蜡质。近产卵时分泌蜡质形成白色毡绒状蜡囊,虫体与卵包被于其中。雄成虫体长 1.2 mm,紫或褐色。卵淡紫红色,越冬若虫体长 1 mm,紫红色	每年发生 2～3 代,以若虫和雌成虫在树干、树皮的缝隙内越冬,翌年 3 月 10 日前后开始出蛰。雌若虫发育至性成熟时才分泌白色蜡丝,形成包被虫体的毡绒状蜡囊。越冬雌成虫 5 月上旬开始产卵,5 月中下旬开始孵化成若虫。通常第 2 代若虫在 8 月上旬出现,第 3 代若虫在 10 月上旬出现,取食到 11 月气温下降时寻找适合地点越冬

续表 5-4

种类	分布与危害	识别特征	发生规律
红圆蚧	国内分布于两广、浙江、福建、台湾、云南、四川、新疆，国外分布于欧洲、美国、澳大利亚。为杂食性害虫，寄主有 61 科 372 种。危害热带亚热带植物。喜于茂密背阴处的枝梢、叶和果实上群集固着危害	雌虫介壳圆形或椭圆形，淡褐色或土黄色，蜕皮壳橘红色。雌成虫产卵前虫体卵形，胸部第 1 节和第 2 腹节的一部分为虫体最大部分，呈椭圆形，腹部逐渐变尖，背腹面高度硬化	年发生 2～4 代，以二龄幼虫或受精雌虫在枝叶上越冬。翌年春继续危害，生殖方式为卵胎生。6 月上中旬开始产仔，若虫分散转移，8 月间发生第 1 代成虫，10 月中旬发生第 2 代成虫，交配后雄虫死亡，雌成虫越冬
椰圆蚧	分布于全世界，寄主有 72 种，主要寄生于叶片危害，广泛分布于中国长江以南产茶区，对茶树危害较重。大多数集中在叶背面，少数在叶正面，极少危害花托和茶籽。雌、雄蚧的危害部位有差异，雄蚧大多危害中、老叶片，雌蚧大多危害新叶和新梢	雌介壳圆形，淡褐色，薄而透明，壳点位于中央或近中央。雄介壳椭圆形，褐色，稍小。雌成虫介壳近圆形，色灰白，扁平，透明而薄，直径约 1.8 mm，壳点为杏仁形，略呈黄色。雄成虫体黄色，翅透明，全体长约 0.7 mm。雄介壳长形，长约 1.1 mm，较雌者略厚，若虫蜕皮偏于一端。卵近椭圆形，淡黄色。若虫共 2 龄	椰圆蚧 1 年发生 4 代，每年 11 月中旬以受精的雌成虫在叶背越冬，翌年 3 月开始产卵，卵在雌介壳下孵化。第 2、3、4 代卵始见期分别出现在 5 月下旬、7 月中旬、9 月上旬
褐圆蚧	华南地区发生极为普遍。主要危害柑橘、柠檬、椰子、香蕉、茶树等。夏秋季危害较严重，危害树干、枝、叶和果实。枝干受害，表现为表皮粗糙，树势减弱；嫩枝受害后生长不良；叶片受害后叶绿素减退，出现淡黄色斑点；果实受害后，表皮有凹凸不平的斑点，品质降低	介壳圆形，扁平，紫褐色。第 1 次蜕皮壳位于中央，如帽顶状。第 2 次蜕皮壳颜色稍淡。两壳点均在中央相互重叠。雄介壳色泽质地同雌介壳，长卵形，略小	每年发生 3～6 代。在遵义市 1 年发生 3～4 代，大多以第 4 代二龄若虫在寄主叶片上越冬，少量以第 3 代雌成虫、雄蛹越冬。翌年 3 月中旬前后开始危害树木，越冬代于 4 月下旬开始产卵。第 1 代雌成虫于 7 月上旬开始产卵。第 2 代雌成虫于 8 月下旬开始产卵。10 月下旬以后出现第 4 代若虫，12 月上旬开始进入越冬状态
黑点蚧	国内广布于柑橘产区，危害柑橘类，尤以橙、柑、橘受害为重。尚危害枣、椰子、月桂等。若虫和成虫常群集于叶和果上危害，严重时影响果实品质和外观	雌介壳近长方形，黑色。第 1 次蜕皮壳位于第 2 次蜕皮前端，椭圆形。第 2 次蜕皮壳背面有 2 条纵脊，后面有灰白色薄蜡状物。雄介壳小而窄，长形，突出于灰白色蜡壳前端	1 年 3～4 代，以郁闭衰弱果园受害重。黑点蚧主要以雌成虫和卵越冬。以卵在雌介壳下越冬。世代重叠。4 月下旬初孵幼蚧开始向当年生春梢迁移固定危害；6—8 月在叶片和果实上大量发生危害；7 月上旬以后果上虫口日渐增加；8 月中旬又转移到夏梢叶片上危害

续表 5-4

种类	分布与危害	识别特征	发生规律
糠片蚧	国内分布于长江以南及山东、河北等地。寄主有柑橘、苹果、山茶、茉莉、楝等多种。成若虫刺吸汁液影响树势及果实品质	雌成虫介壳形状和色泽似糠壳，多为不端正的椭圆形，灰褐色或淡黄褐色。雌成虫淡紫色，近圆形或椭圆形，长约0.8 mm。雄虫介壳灰白色或灰褐色，狭长形，长约1 mm。雄成虫淡紫色，有触角和翅各1对，足3对，腹末有针状交尾器。卵淡紫色，椭圆形或长卵形，长约0.3 mm。若虫初孵时体扁平，有足3对，触角和尾毛各1对	每年发生3～4代，7—10月危害重。糠片蚧除雄成虫外，其他各虫态均可越冬，但以雌成虫及其腹下的卵为主。卵陆续产出排在腹末介壳下。若虫以口针插入植物组织内吸取汁液，第二天起体表开始分泌白色绵状蜡质覆盖虫体
长白蚧	分布于华北、华中、中南、东北。危害杨、苹果、李、柑橘等树干大枝。受害枝常布满介壳不见树皮。主要寄生于主干、枝条等部位刺吸汁液，引发橘树枝枯叶落、树势衰退，严重的则造成植株整株枯死	雌介壳暗棕色，纺锤形，上覆一层厚的白蜡，壳点在头端突出，介壳直或略弯曲。雄介壳长形，且小，壳点在头端。卵为椭圆形状，淡紫色。卵壳白色。初孵化的若虫扁椭圆形，淡紫色。固定取食后，体背分泌白色的蜡质介壳	每年发生2～3代。12月上旬后进入越冬期。翌年2月中旬，虫体继续发育。3月中下旬为雄虫羽化交配高峰期，4月中旬逐渐进入成虫产卵期，第1代若虫孵化期一般从5月初延续至6月中旬。第2代若虫孵化期从7月上旬一直延续至10月下旬。第3代若虫孵化期从10月上旬至12月上旬
拟蔷薇白轮蚧	分布于长江以南地区，主要危害蔷薇科植物，也可危害梨属、悬钩子属和绣球属植物，以雌成虫、若虫在植物的枝梢和叶片上刺吸危害，吸食汁液。受害重的植株大量叶片枯黄、脱落，甚至整株枯死	雌介壳白色或灰白色，近圆形，壳点偏离介壳中心，第1壳点近介壳边缘，叠于第2壳点之上，淡褐色；第2壳点近介壳中心，黑褐色。介壳直径2～2.4 mm。雄介壳长形，有2条纵脊，白色溶蜡状，壳点1个，位于端部。介壳长0.8～1.0 mm，宽0.3 mm	1年发生2～3代，在华北地区年发生2代，以受精雌成虫和2龄若虫在枝干处越冬。翌年4月上中旬开始活动，一般将卵产于壳下，孵化盛期在5月上中旬和8月中下旬。成虫、若虫常群集于2年生以上枝干或皮层裂缝处危害，发生严重时可被一层白色絮状物
栗链蚧	分布于江西、安徽、江苏、湖南。危害板栗和栗属其他树种，枝干受害表皮下陷，新枝受害的表皮干裂，叶片受害后出现枯黄斑点	雌介壳圆形或因拥挤而不规则。黄绿色或黄褐色。直径0.9～1.0 mm。有3条不明显的纵脊和多条横脊，体缘有粉红色刷状蜡丝。雄介壳长椭圆形，淡黄色，长1.1 mm，有1条较明显的纵脊，体缘有粉红色刷状蜡丝	林分郁闭度大，管理粗放的栗园受害重。在遵化每年发生1次，以受精雌成虫在板栗树枝干表皮上越冬，翌年4月开始活动，5月初开始产卵。雌虫群集在主干上，雄虫化蛹羽化后与雌虫交尾

5.5.4 介壳虫的防治方法

1. 植物检疫

由于介壳虫类自身的扩散传播能力较差，因而实施苗木检疫处理可以杜绝其随同苗木传播。凡发现有介壳虫寄生的苗木，可用溴甲烷熏蒸，溴甲烷熏蒸后不影响苗木的生活力，这是防治蚧壳虫扩散蔓延的重要措施。

2. 农业防治

加强田间管理，清理田园。合理修剪，增强树势，保持果园通风透光。剪除受害枝叶，带出果园集中烧毁。

3. 生物防治

介壳虫类的自然天敌种类多，数量大，保护、利用有效的自然天敌，如大红瓢虫 *Rodolia rufopilosa* Muls.、黄金蚜小蜂 *Aphytis chrysomphali* Mercet 等，实施生物防治，是实现介壳虫生态控制的有效途径。

4. 化学防治

第 1 代若蚧孵化盛期是化学防治的关键时机和最佳时期，后期则世代重叠、龄期不一，防治难度加大。因此应做好田间虫情调查，及时进行防治。防治药剂：25％噻嗪酮可湿性粉剂 1500～2000 倍液、3.5％的甲维盐 1500 倍液、10％啶虫脒可溶粉 4000～5000 倍液，0.2％～0.4％柴油黏土乳剂或用 0.2～0.3 波美度石硫合剂喷洒，喷药时一定要均匀细致，特别是树冠下部和叶背，间隔 5～7 天，连续用药 2 次。

5.6 蝽类害虫

5.6.1 蝽类害虫的种类与寄主

蝽类害虫属于半翅目。对园艺植物造成危害的主要种类有梨冠网蝽 *Stephanitis nashi* Esaki etTakeya、荔枝蝽 *Tessaratoma papillosa* Drury、茶翅蝽 *Halyomorpha halys* Stal、河北菜蝽 *Eurydema dominulus* Scopoli、杜鹃冠网蝽 *Stephanitis pyriodes* Scott、绿盲蝽 *Lygus lucorum* Mayer-Dür.、斑须蝽 *Dolycoris baccarum* L.、麻皮蝽 *Erthesina fullo* Thunberg 等，其中又以梨冠网蝽、荔枝蝽、茶翅蝽的危害最为严重，是本节的介绍重点。

5.6.2 重要蝽类害虫

5.6.2.1 荔枝蝽

1. 分布与危害

荔枝蝽在国内主要分布于广东、广西、福建、江西、云南、贵州等地，国外分布于东南亚及印度等地。主要危害荔枝、龙眼等热带、亚热带果树。成虫、若虫均刺吸果树的嫩梢、花穗、幼果汁液，导致落花落果。荔枝蝽成虫硕大，受惊扰时会喷射臭液自卫。其臭液量大且有毒，对人的眼睛和皮肤有刺激性，并可使果树的花蕊、嫩叶及果皮变成焦褐色。大发生时严重影响果树产量。

2. 识别特征(图 5-12)

成虫:雌虫长 24～28 mm,宽 15～17 mm,黄褐色,近似盾形。雄虫略小。单眼 1 对,鲜红色,位于复眼内方,触角 4 节。胸部腹面中后胸交界处有臭腺开口。腹面被有白色蜡粉,易脱落。雌虫腹末腹面中央分裂;雄虫腹末背面有一下凹的交尾构造。

若虫:共 5 龄。1 龄椭圆形,5 mm,鲜红色变为深蓝色;2 龄长方形,8 mm,橙红色;3 龄 10～12 mm,体形体色同 2 龄;4 龄体长 14～16 mm;5 龄体长 18～20 mm,色泽略淡。

卵:近圆形,长 2.5～2.7 mm,初产时淡绿色,渐变为黄褐色至灰褐色。卵粒常 14 粒相聚成块。

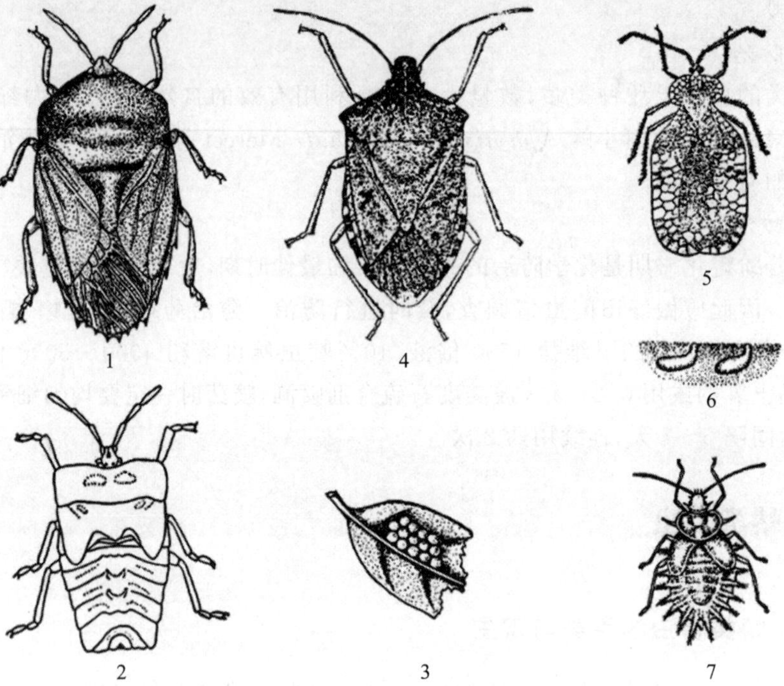

图 5-12　荔枝蝽、梨冠网蝽和茶翅蝽

荔枝蝽:1. 成虫　2. 若虫　3. 卵块　茶翅蝽:4. 成虫　梨冠网蝽:5. 成虫　6. 卵　7. 若虫

3. 发生规律

荔枝蝽在华南地区 1 年 1 代,以成虫在树冠浓密处或屋檐下越冬,翌年 3 月中下旬迁移至枝梢或花穗上活动取食,交尾产卵。成虫产卵盛期在 4—5 月,落卵部位以叶背居多,约占 80%。卵历期长短与气温高低有关,3 月中旬平均气温 18 ℃时,卵历期 20～25 天,4 月上旬平均气温 20 ℃时,卵历期 17～19 天,4 月中下旬气温在 22 ℃左右时,卵期 7～12 天。平均单雌产卵 5～10 块,每块平均 14 粒,总量 70～140 粒。若虫于 4 月初开始陆续孵化,5—6 月为若虫盛发高峰期。此时正处于荔枝、龙眼树的发梢、花穗、幼果阶段,椿象若虫大量刺吸取食,常引起严重的花果脱落而减产。若虫的耐药性随着龄期的增大而增强,以 5 龄若虫的最高。当年羽化的新成虫于 6 月陆续出现,越冬成虫也在此时陆续死亡,新旧成虫有一段共存时间。7—8 月以后,荔枝园中大多为当年羽化的新成虫。成虫寿命 203～371 天,平均 311 天。荔枝蝽成虫、若虫均有趋嫩绿的习性,春夏季节多发于花果、新梢多的荔枝、龙眼树上。秋季的新成虫为准备越冬而大量取食,脂肪积蓄多,耐药性强;而越冬后的成虫,一旦开始取食即表明其卵巢已经发育成熟，此时成虫的呼吸代谢旺盛，耐药性显著降低，是化学防治的有利时机。荔枝蝽卵期天敌主要种类有平腹小蜂 *Anastatus* sp.、卵跳小蜂 *Ooencyrtus corbetti* Ferr.；一种真菌性荔枝菌 *Penicillium lilacinum* Thom.、及线虫，可寄生其成虫和若虫，鸟类也是重要的捕食性天敌。

5.6.2.2 梨冠网蝽

1.分布与危害

梨冠网蝽在国内的华北、华东、华中、华南、东北、西南均有分布。成虫、若虫均在寄主叶背栖息并刺吸危害。被害叶片正面苍白色，背面锈黄色。受害严重时，果树提早落叶，影响树势和产量。梨冠网蝽主要危害梨、苹果、桃、杏等蔷薇科果树和园艺植物。

2.识别特征(图 5-12)

成虫：体长 3.5 mm，暗褐色。头小，复眼黑色，触角丝状 4 节。前胸背板有纵隆起，向后延伸如扁板状，盖住小盾片，两侧向外突出呈翼片状。前翅略呈长方形，具黑褐色网纹，静止时两翅叠起，黑褐色斑纹呈“X”状。

若虫：共 5 龄。初孵若虫乳白色，渐变成深褐色。3 龄后有明显的翅芽，腹部两侧及后缘有一环黄褐色刺状突起。成长若虫头、胸、腹部均有刺突。

卵：长椭圆形，一端略弯曲，长径 0.6 mm。初产淡绿色半透明，后变为淡黄色。

3.发生规律

梨冠网蝽的年发生世代数在长江流域为 4～5 代，北方果区为 3～4 代。各地均以成虫越冬。翌年春季 4—5 月陆续出蛰取食活动。5 月中旬后果园中各种虫态同时出现，世代重叠。一年中以 7—8 月危害最为严重。成虫产卵于叶背面的叶肉内，常数粒至几十粒相邻、单产于叶片主脉两侧的叶肉内。每雌产卵 15～60 粒。卵期 15 天左右。初孵若虫有群集习性，2 龄后逐渐扩散。成、若虫均喜欢群集于叶背主脉附近危害，被害处叶面呈现出黄白色斑点，随着危害的加重斑点扩大，至全叶苍白，引起提早落叶。叶背和下边叶面上常落有黑褐色带黏性的分泌物和粪便，并可诱发煤污病，影响树势和来年结果。10 月中旬后成虫开始越冬。

5.6.2.3 茶翅蝽

1.分布与危害

茶翅蝽在全国均有分布，国外分布于东南亚一带，局部地区危害较重。食性庞杂，主要危害梨、苹果、桃、无花果、石榴、柑橘等果树，榆、桑、大豆等树木和作物。成虫、若虫吸食叶片、嫩梢和果实的汁液，尤其是梨果受害后形成表面凹凸不平的畸形果，俗称疙瘩梨，严重影响品质与产量。

2.识别特征(图 5-12)

成虫：体长 15 mm，宽 8～9 mm。扁椭圆形，灰褐色略带紫红色，触角丝状。前胸背板前缘有 4 个黄褐色小点横列，小盾片基部有 5 个小黄点横列。腹部两侧各节间均有 1 个黑斑。

若虫：与成虫相似，无翅。前胸背板两侧有侧突。腹部各节背面中部有黑斑，黑斑中央两侧各有一黄褐色小点，各腹节两侧节间处均有 1 个黑斑。

卵：常 20～30 粒并排成列。卵粒短圆筒状，形似茶杯，灰白色，近孵化时黑褐色。

3.发生规律

茶翅蝽 1 年 1 代，以成虫越冬。在河北省梨区，越冬成虫 5 月份出蛰，先危害桑树，再转害柿树,6月上旬转到梨树上危害,并产卵繁殖。6月中旬至8月中旬为产卵盛期。卵历期10～15天,若虫于7月中旬后陆续羽化为新成虫。以7月至8月上旬梨树果实受害最为严重。9月下旬成虫开始越冬。

5.6.3 其他常见蝽类害虫

其他常见蝽类害虫见表5-5。

表5-5 其他常见蝽类害虫

种类	分布与危害	识别特征	发生规律
菜蝽	菜蝽种类多,分布广。主要危害十字花科蔬菜,成、若虫均刺吸危害,并可携带十字花科细菌性软腐病的病菌。菜蝽喜光趋温,降雨对其种群有抑制作用	若虫腹背方深色刻点大小较均一,最大刻点面积约为第2对臭腺孔区域的1/4。3龄若虫期,菜蝽前胸背板中部仅具一橘黄细纵纹,中胸背板有时具一对黄斑。4龄若虫前胸背板仅具一个近三角形黄斑。5龄若虫前胸背板背方侧缘的黄色条带的内缘较直,条带的宽度较一致	一年发生1～3代,以成虫在石块下、土缝、落叶枯草或保护地中越冬。翌年2月下旬至3月上旬即可活动,4月下旬开始交配产卵。产卵末期也可延至8月上旬。5—9月为成、若虫的主要危害时期
杜鹃冠网蝽	国内分布于浙江、台湾、广东,国外分布于英国、美国等地。主要危害杜鹃花科的园艺植物	成虫,体长3.5 mm左右,体形扁平,黑褐色。触角丝状,4节。前胸背板中央纵向隆起,向后延伸成叶状突起,前胸两侧向外突出成羽片状。前翅略呈长方形。前翅、前胸两则和背面叶状突起上均有很一致的网状纹。卵,长椭圆形	在长江流域一年发生4～5代,华北地区3～4代,以成虫在枯枝、落叶、杂草、树皮裂缝以及土、石缝隙中越冬。4月上中旬越冬成虫集中到叶背取食和产卵。卵产在叶组织内,上面附有黄褐色胶状物。第一代成虫6月初发生
绿盲蝽	分布广,在我国除海南、西藏外的其他省份均有分布。寄主范围非常广,主要危害菊科、木棉科等多种花卉,对菊花的危害较重	成虫绿色,密被短毛,前胸背板绿色,不规则分布有黑色小斑点,前翅绿色,膜质部暗灰色。头部三角形,黄绿色,复眼黑色突出,无单眼,卵长约1 mm,长口袋形,端部钝圆形,卵盖奶黄色,无附属物。幼虫五龄,初孵时体色绿色,复眼红色	北方年生3～5代,江西6～7代。以卵在棉花枯枝铃壳内或果树皮或断枝内越冬。第二年3—4月卵开始孵化。第1～2代多生活在绿肥田中,6月上中旬侵入棉田,在7月时入侵程度达到最高;8月中下旬迁至其他寄主上危害蔬菜或果树

续表 5-5

种类	分布与危害	识别特征	发生规律
斑须蝽	广泛分布于亚洲和欧洲各国。在我国各省均有分布。斑须蝽寄主植物种类多，属广食性害虫，主要为害大豆、棉花、小麦、烟草和多种果树，具有分布广和寄主植物种类多等特点	成虫椭圆形，黄褐或紫色，密被白绒毛和黑色小刻点；触角黑白相间；喙细长，紧贴于头部腹面。小盾片末端钝而光滑，黄白色。小盾片近三角形，末端钝而光滑，黄白色。前翅革片红褐色，膜片黄褐色，透明，超过腹部末端。胸腹部的腹面淡褐色，散布零星小黑点，足黄褐色，腿节和胫节密布黑色刻点。卵粒圆筒形，初产浅黄色，后灰黄色，卵壳有网纹，生白色短绒毛	在鲁西南1年发生3代，危害多种作物及苗木，以成虫越冬。越冬菜包叶夹缝、植物根际、枯枝落叶、树皮及房屋缝隙处是其主要越冬场所。成虫具有弱趋光性，雄性略大于雌性
麻皮蝽	全世界分布。食性极广，可危害多种园艺植物。危害桃、樱花、海棠、山茶、柳、柑橘、泡桐、石榴等植物。果树的果实受害后硬化畸形	成虫黑褐色，密布黑色刻点及细碎不规则黄斑。头部狭长，触角5节黑色，喙浅黄4节。头部前端至小盾片有1条黄色细中纵线。前胸背板前缘及前侧缘具黄色窄边。胸部腹板黄白色，密布黑色刻点。卵灰白色，顶端有盖，周缘具刺毛。若虫自头端至小盾片具一黄红色细中纵线	以成虫越冬，1年1～2代，河北、山西1年发生1代，江西2代。春季寄主萌芽后开始出蛰活动危害。山西太谷5月中、下旬开始交尾产卵，6月上旬为产卵盛期，此时可见到若虫，7—8月间羽化为成虫

5.6.4 蝽类的防治方法

1. 农业防治

加强果园管理，合理施肥，促进树体健壮生长；合理整形修剪，增强通风透光能力；理通沟渠，及时排水，增加田间通透性，降低田间湿度；创造不利于蝽类害虫发生的环境条件。清除果园内及附近的枯枝、落叶，刮除枝干的粗翘皮，集中烧毁或深埋，减少害虫的栖息场所。

2. 物理防治

利用该虫聚集越冬的习性，采用在树干绑扎瓦楞纸等越冬装置诱集成虫，集中诱杀越冬期越冬成虫；在果园中，进行果实、果穗套袋可以减轻其危害程度。

3. 生物防治

荔枝蝽可以利用平腹小蜂 *Anastatus japonicus* Ashmead 开展生物防治。平腹小蜂现在已经可以利用柞蚕卵商品化大量生产。在每年的早春，荔枝蝽产卵的初期开始放蜂，以后每隔10天放蜂1批，共放蜂3次即可。具体放蜂量视虫口密度而定，当每棵荔枝树有荔枝蝽150头左右时，放蜂600头。当荔枝蝽密度大于每株400头时，则应先用化学杀虫剂压低成虫密度，而后再放蜂。

茶翅蝽沟卵蜂 *Trissolcus halyomorphae* Yang 是茶翅蝽卵期的优势天敌，此外平腹小蜂对茶翅蝽卵也有很高的寄生率，且已经规模化繁殖并应用，二者混合使用可以达到 90%的寄生效果。捕食性昆虫草蛉、七星瓢虫和捕食蝽类 *Podisus maculiventris* Say 也可有效防治茶翅蝽。

4. 化学防治

对三种蝽类害虫的化学防治关键在于适时。早春越冬成虫出蛰后尚未大量产卵时以及第 1 代若虫孵化盛期应该及时喷药防治。喷药时应重点防治外部叶片，注意使药液均匀喷洒在叶片背面。目前我国已正式登记的用于荔枝蝽、梨冠网蝽和茶翅蝽防治的农药主要是氯氰菊酯、溴氰菊酯、高效氯氟氰菊酯、敌百虫、阿维菌素等，其中拟除虫菊酯类农药是当前我国用于蝽类防治的主要药剂，而所用药剂的主要剂型则为乳油。防治时可喷洒 2.5%溴氰菊酯乳油 3000 倍液，25%噻虫嗪水分散粒剂 2000 倍液，5%高效氯氰菊醋乳油 1500 倍液，2.5%高效氯氟氰菊酯乳油 1500～2000 倍液，40%啶虫脒水分散粒剂 2000 倍液，25%吡蚜酮可湿性粉剂 2000～3000 倍液，25%呋虫胺可分散油悬浮剂 1500 倍液，或 1.8%阿维菌素乳油 4000 倍液。

5.7 蓟马类害虫

5.7.1 蓟马类害虫的种类与寄主

危害园艺植物的蓟马通常有蓟马科的花蓟马 *Frankliniella intonsa* Trybom、瓜亮蓟马 *Thrips flavus* Schrank、葱蓟马 *Thrips tabaci* Lindeman、黄胸蓟马 *T. hawaiiensis* Morgan、端带蓟马 *Megalurothrips distalis* Karny、茶黄蓟马 *Scirtothrips dorsalis* Hood、温室蓟马 *Heliothrips haemorrhoidalis* Bouche 和管蓟马科的中华管蓟马 *Haplothrips chinensis* Priesner 等。本节重点介绍危害较为严重的瓜亮蓟马、葱蓟马和花蓟马。

5.7.2 重要蓟马类害虫

5.7.2.1 瓜亮蓟马

1. 分布与危害

瓜亮蓟马国内分布于华中、华南各省区，尤以广州、深圳地区发生严重。主要寄主有冬瓜、西瓜、苦瓜、黄瓜、丝瓜、节瓜、番茄、茄子、菜豆、枸杞等，在广州地区尤以瓜类受害最重，常造成毁灭性灾害。以成虫、若虫锉吸植物的心叶、嫩芽、幼果的汁液，被害植株心叶不能张开，生长点萎缩，出现丛生现象。瓜类幼果被害后，毛茸变黑，表皮变为锈黑色，瓜果畸形，生长缓慢，甚至脱落，产量和质量受到很大影响。

2. 识别特征(图 5-13)

成虫：体淡黄色，复眼稍突出，褐色；单眼 3 只，红色，排成三角形。触角 7 节，第 5～7 节灰黑色。前翅上脉基鬃 7 根。

若虫：体黄白色，1～2 龄若虫无翅芽；3 龄触角向两侧弯曲，复眼红色，鞘状翅芽伸达第 3、4 腹节；4 龄触角往后折于头背上，鞘状翅芽伸达腹部近末端。

卵:长椭圆形,淡黄色,产于嫩叶组织内。

3. 发生规律

瓜亮蓟马在广州、深圳1年20代以上,多以成虫潜伏在土块、土缝下或枯枝落叶间越冬,少数以若虫越冬,也有少量以第4龄若虫(拟蛹)在表土越冬。越冬成虫在翌年春气温回升至12 ℃时,开始活动,先在冬茄上取食并繁殖,待瓜苗出土后,即转至瓜苗上危害。当气温上升到27 ℃以上时,繁殖较快。一年中以7月下旬至9月间发生数量最多,危害夏植节瓜最为严重,除危害瓜叶外,多在瓜果上危害,常造成毁灭性灾害。

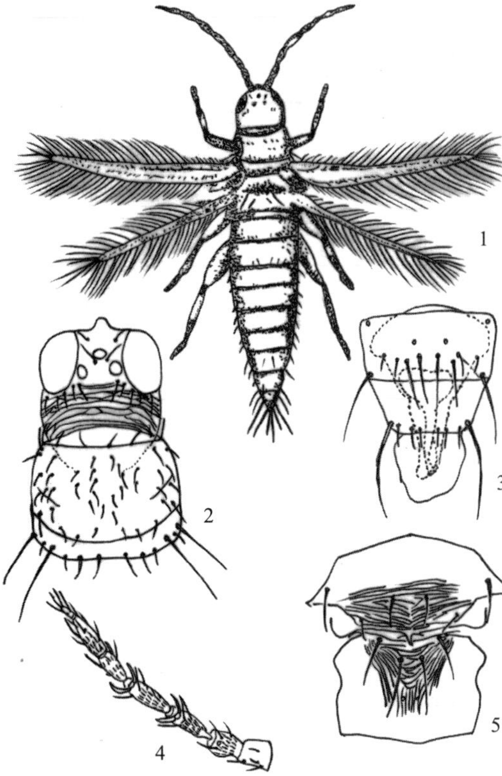

图 5-13 瓜亮蓟马

1. 成虫 2. 头及前胸背板 3. 雄虫腹节Ⅷ-Ⅹ背片 4. 触角 5. 中后胸盾片

瓜亮蓟马发育最适温度为25～30 ℃。发生危害程度与降雨量关系密切。尤其是大暴雨,使土壤板结,对若虫入土和成虫羽化极不利,发生数量明显减少。土壤含水量在8%～18%,化蛹和羽化率均较高。所以春季低温且雨水多的环境条件均不利于其生长,发生数量少,而夏、秋季的土壤温度能满足其要求。一般沙壤土有利于若虫入土和成虫羽化,故发生危害较黏土田严重。

成虫能飞善跳,畏强光,白天多潜伏在嫩叶丛中、花器内或幼果的毛茸内,尤其喜欢在植株生长顶端的嫩叶上取食和产卵。成虫有两性生殖和孤雌生殖的能力,其孤雌生殖所产生的后代能连续几代进行孤雌生殖。成虫产卵时,以锯状的产卵器锉刺叶片,然后产卵于叶肉内,每雌产卵量为30～70粒。

初孵若虫体乳白色透明,经2～3分钟后开始爬行取食。若虫共4龄,初孵若虫行动活泼,2龄若虫有自然往下掉的习性,落于地面后很快从土裂缝钻入土中,入土深度3～5 cm。3～4龄若虫不食不动,称为预蛹和拟蛹。

成虫历期最长可达50多天,产卵期12～30天。卵历期3～8天。若虫历期:在15～21 ℃时为7～12天,在23 ℃时为5天,在27 ℃以上时为3～4天。

瓜亮蓟马的天敌有花蝽和草蛉,尤其是花蝽的取食量大,据研究,1头花蝽每天可取食10多头瓜亮蓟马,对其有很大的抑制作用。

5.7.2.2 葱蓟马

1. 分布与危害

葱蓟马又名烟蓟马,国内外分布极普遍。主要危害葱、蒜、马铃薯、棉花、烟草等,成虫大多在寄主上部嫩叶反面取食危害,若虫则在叶脉两侧危害。嫩叶片被害后常呈肥大、皱缩或破碎状,嫩头被害后会形成多头,被害叶片背面呈银灰色条斑或斑点。

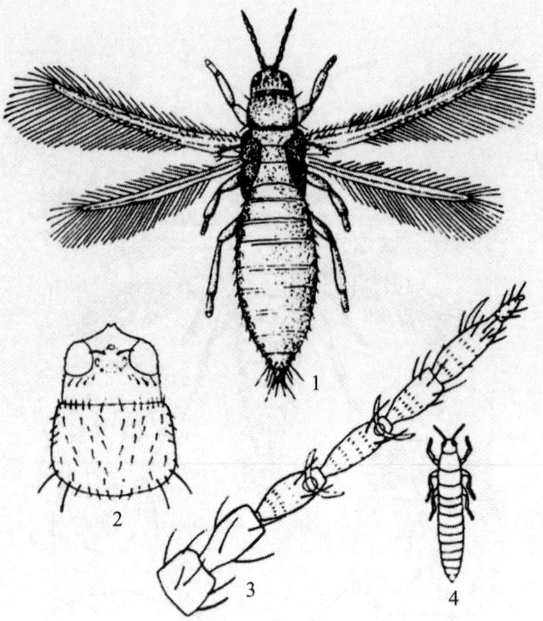

图 5-14　葱蓟马

1.成虫　2.头及前胸背板　3.触角　4.若虫

2.识别特征(图 5-14)

成虫:淡褐色,背面黑褐色,复眼紫红色,触角 7 节。前翅上脉基鬃 7～8 根,端鬃 4～6 根,下脉鬃 14～17 根,均匀排列。

若虫:体淡黄色,复眼暗红色;触角 6 节,第 4 节具微毛 3 排。各体节细微褐色点上生有粗毛。

卵:乳白色至黄白色,可见红色眼点,侧看似肾形。

3.发生规律

葱蓟马在东北地区 1 年 3～4 代,山东 6～10 代,华南地区 20 代以上。据河北、山东、湖北、江西报道,主要以成虫(也有若虫)在土块缝隙及葱、蒜叶鞘内侧及枯枝落叶中越冬,也有以蛹在土表层越冬。翌年春季 3—4 月开始活动,先在冬寄主上繁殖,后迁至花卉、果树及杂草上危害,一年中以 4—5 月发生数量多,危害严重。在华南地区葱蓟马无越冬现象,冬季仍可见在葱、蒜类作物上危害。

成虫极活泼,善飞,怕阳光,多躲在植株叶背面,早晚及阴天可在叶面上活动。田间雌雄性的数量差异很大,雄虫数量极少,雌虫可进行孤雌生殖。成虫多在寄主上部嫩叶反面取食和产卵,卵产于嫩组织的表皮下或叶脉内,每头雌成虫产卵量为 21～178 粒,平均 50 粒。初孵若虫活动力不强,多在叶背沿叶脉两侧取食危害,2 龄后潜入土中蜕皮为前蛹,再次蜕皮为伪蛹。一般夏季发生一代约需 15 天。在干旱年份发生严重,久旱不雨是葱蓟马大发生的预兆。在 25 ℃以下,相对湿度在 60%以下时发生数量多,危害严重。气温在 27 ℃以上,对葱蓟马有抑制作用。在常温 25～28 ℃下,卵历期 5～7 天,若虫(1～2 龄)6～7 天,前蛹期 2 天,“蛹期”3～5 天。成虫寿命 8～10 天。

葱蓟马的主要天敌有小花蝽 *Orius minutus* L.、华姬猎蝽 *Nabis sinoferus* Hsiao 及纹带蓟马 *Aeolothrips fasciatus* L.等,对其种群有一定的抑制作用。

5.7.2.3　花蓟马

1.分布与危害

花蓟马又称台湾花蓟马,在我国 26 个省份及世界大部分地区都有分布。花蓟马为杂食性害虫,其寄主范围十分广泛,能危害茄科、葫芦科、蔷薇科、菊科、豆科、禾本科等 48 科 161 种寄主植物,对多种农作物、蔬菜和花卉植物都造成了严重危害。以成虫、若虫锉食植物的茎、叶、嫩芽、花、果实等器官,多以群体形式聚集于花朵内部取食为害,受害花瓣白化,危害严重会导致花蕾无法正常开放,花朵萎蔫凋谢,叶片受害后出现变小、皱缩、干枯等症状,直接导致农产品生产减产、产品商品价值降低,造成严重经济损失。同时花蓟马还是番茄斑萎病毒(Tomato spotted wilt virus,TSWV)和凤仙花坏死斑病毒(Impatiens necrotic spot virus,INSV)等多种植物病害的传播载体。

2.识别特征(图 5-15)

成虫:长翅,身体棕色,复眼较长,单眼间鬃非常发达,位于前后单眼内缘连线之间,单眼鬃 1 对,复眼后鬃 5 对。触角 8 节,前翅颜色较淡,翅脉鬃颜色较深,前脉鬃 18～21 根,后脉鬃 10～15 根。

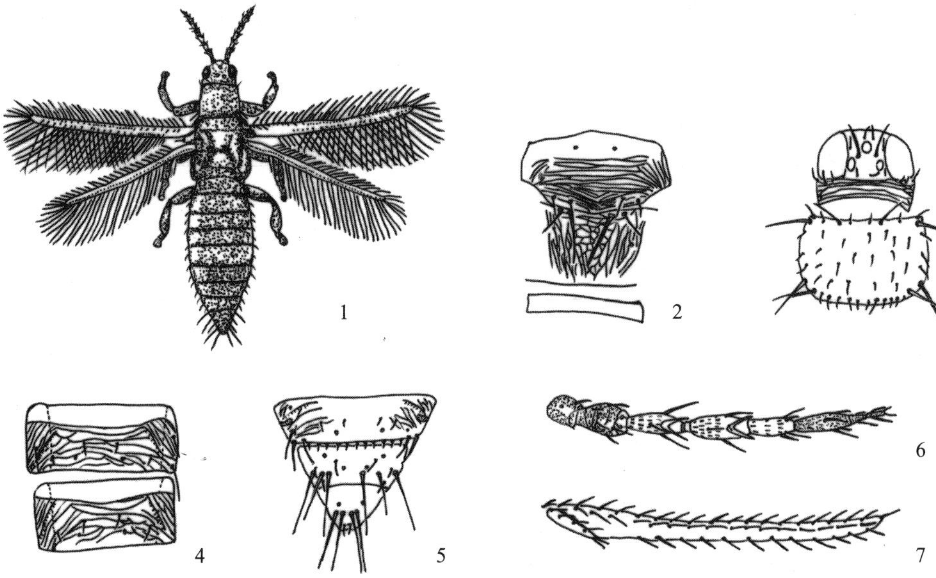

图 5-15 花蓟马

1.成虫 2.中后胸盾片 3.头和前胸 4.腹节Ⅴ-Ⅵ背片 5.雌虫腹节Ⅷ-Ⅹ背片 6.触角 7.前翅

若虫:体黄色,复眼红色,触角 7 节,第 3 节有覆瓦状环纹,第 4 节有环状排列的微鬃,胸、腹部背面体鬃尖端微圆钝。

卵:肾形,长 0.2 mm,宽 0.1 mm。孵化前显现出两个红色眼点。

3.发生规律

花蓟马主要危害菊花、剑兰、玫瑰、兰花、柑橘、扁豆、白菜及辣蓼等植物。成虫活泼,怕阳光,多躲在植株叶背面,早晚及阴天可在叶面上活动,3～4 龄不再取食。在 20 ℃恒温条件下完成一代需 20～25 天,世代重叠严重,在南方各城市一年发生 11～14 代,在华北、西北地区年发生 6～8代。以成虫在枯枝落叶层、土壤表皮层中越冬。翌年 4 月中、下旬出现第一代,首先在蚕豆花中危害和繁殖,以后逐渐迁到花卉上危害,以 5 月中下旬至 6 月上中旬危害严重,6 月下旬后危害减轻,8—9 月下旬也是该蓟马的危害高峰期,10 月下旬、11 月上旬进入越冬代。10 月中旬成虫数量明显减少。该蓟马成虫羽化后 2～3 天开始交配产卵,全天均进行。成虫对花有明显的趋向性,多在花内大量发生危害,卵也大部分产于花内,一般是产在花瓣上,有的产于花丝上,如大、小蓟或合欢的花丝,一根花丝上可产 2～3 粒卵,有卵处花丝稍膨大。除花瓣外,还有的产于包裹子房的花膜上,例如蚕豆、蝶形花等。花蓟马也产卵于十字花科植物的花柄或叶片上,例如在棉苗、桑及小过路黄上 *Lysimachia congestiflora* Hemsl,卵就产于叶片上。每雌可产卵 77～248 粒,产卵历期长达 20～50 天。

5.7.3 其他常见蓟马类害虫

其他常见蓟马类害虫见表5-6。

表5-6 其他常见蓟马类害虫

种类	分布与危害	识别特征	发生规律
黄胸蓟马	长江以南地区均有分布。主要危害菊花、兰花、玫瑰、茉莉、月季、白兰、夹竹桃、晚香玉等。以成虫、若虫危害花，被害花出现灰白色的点点食痕和产卵痕，危害严重时造成花瓣卷缩而不能顺利伸展开	体长1.2mm。胸部橙黄色，腹部黑褐色。触角7节褐色，前胸背板前角有短粗鬃1对，后角2对。前翅灰色，有时基部稍淡。腹部腹板具附鬃。雄虫黄色，体较雌虫略小。卵淡黄色，肾形，细小	1年10～20多代，温室栽培可常年发生。卵产于花瓣或花蕊的表皮下，或一半埋在表皮下，一半露在外面。其食性较杂，可转换危害多种寄主。高温干旱有利于其大发生，多雨季节则发生少
中华管蓟马	南方各地均有分布。主要危害菊花、玫瑰、兰花、大叶紫薇、柑橘、桃、枇杷、杧果等。以成虫、若虫取食幼芽、嫩叶、花和幼果的汁液，受害嫩叶卷曲。花和芽梢受害后凋萎	成虫暗褐色至黑褐色，前足胫节及全部跗节黄色，翅无色，触角8节。口锥短宽，端部较窄，口针细。腹面前下胸板大。前基腹板近三角形。中胸前小腹板无纹，中峰前缘不高而尖。卵长椭圆形，黄色	在北方年发生5～6代，在长江以南年约发生8～9代，越冬代成虫于3月下旬，4月上旬开始活动。在早春禾本科杂草上繁殖一至两代。待6月中旬或7月上旬成虫便大量迁入花内危害。至10—11月中、下旬花谢后成虫陆续迁飞至禾本科杂草叶鞘下或枯枝落叶下越冬
褐蓟马	又名褐带蓟马，分布于广东、广西、台湾、浙江、江苏等地。主要危害山茶、玫瑰、枇杷、柑橘、荔枝、杧果、龙眼、凤梨等。主要危害花，取食花器汁液，尤以山茶花、玫瑰受害最烈，严重时使花提早凋谢，影响观赏	体褐色，前翅上脉基鬃和端鬃明显分开，端鬃2根。触角7节，前胸背板前缘无长鬃，后缘鬃5对。后胸前侧片有鬃2根，中胸腹板内骨具小刺，腹部第5～8节背板两侧有栉齿列	一年中以5—6月发生数量多，危害严重
端带蓟马	又名端大蓟马，国内分布很广。主要危害豇豆、扁豆、蚕豆、葱、蒜、菊花、紫云英等，尤以豆类作物花期受害最烈。以成虫、若虫锉吸花器汁液，致使落花、落荚，被害叶片呈现斑点状，卷曲以致枯萎	雌成虫黑棕或黄棕色。触角8节，全暗棕色，各节有长的叉状感觉锥。单眼间鬃长，靠近后单眼，位于3个单眼中心连线内缘。下颚须3节。前胸后角有2对长鬃。前翅暗棕色，基部和近端处色淡。雄成虫比雌成虫体显小而色淡，触角也细	在江西1年6～7代，以成虫在萝卜、油菜、葱、蒜、紫云英等作物上越冬。春季越冬成虫开始活动，卵多产在花蕊和花梗组织内。若虫孵化后在花器中取食，3～4龄若虫入土化蛹，一般在5～10 mm深的表土层中。一年中以4—5月和9—10月发生危害严重

续表 5-6

种类	分布与危害	识别特征	发生规律
黄蓟马	国内分布于江苏、浙江、福建、湖南等地。主要危害葡萄、杧果、草莓、银杏、茶树等植物。以成虫、若虫危害新梢、芽及叶片，多在叶片背面取食。银杏被害后，叶片失绿，严重时叶片灰白色，并造成大量落叶	成虫体黄色，单眼间鬃间距小，位于前、后单眼的内缘连线上。触角 7 节，后胸背板有一对钟形感觉孔，位于背板后部。中胸腹板内叉骨具长刺，后胸腹板内叉骨无刺。雄成虫相似于雌成虫，但较小而淡黄，腹部第 3～7 腹板有横腺域	在江苏邳州市 1 年 4 代，成虫产卵于嫩叶背面侧脉或叶肉内，孵化后在嫩叶背面锉吸汁液。成虫善弹跳，畏强光，阴凉天气多在叶面活动，中午强阳光下多栖息在嫩芽内花丝间。以6—8 月发生数量多，旱季危害严重
温室蓟马	国内分布于四川、福建、台湾及华南地区。主要危害桃、杧果、柿、葡萄、槟榔、柑橘、香樟、柳、金鸡纳、桑等植物。以成虫、若虫在植物叶反面主脉两侧取食危害，被害叶片变白，以后呈褐色斑，果实受害失去光泽，严重影响商品价值	雌虫长约 1.3 mm，体棕色。腹部末端或全腹部较淡；足和翅黄色。颊在复眼后收缩，后缘收缩呈颈。头背面布满大网纹，单眼区在复眼间前半部。头鬃均小。单眼间鬃在前后单眼中心连线上。触角 8 节	完成 1 代约需 3 周至 1 个月时间。若虫行动迟钝，有群集性。热带和亚热带地区发生多

5.7.4 蓟马类的防治方法

1. 农业防治

冬季彻底清除田间杂草及枯枝落叶，深耕土壤，消灭越冬虫源。遇旱及时灌水，小水勤灌，以提高田间湿度，可有效抑制蓟马的发生。入冬前期对棚室及土壤进行药物消毒灭虫，减少越冬虫源基数。

2. 物理防治

利用蓟马趋蓝色的习性，可在田间设置蓝色粘板，诱杀成虫，每 667 m^2 悬挂 20～30 张，悬挂高度为距离植株生长点 10～15 cm。

3. 生物防治

充分发挥巴氏新小绥螨、东亚小花蝽、草蛉、猎蝽等自然天敌对蓟马的抑制作用。

4. 化学防治

瓜亮蓟马、葱蓟马和花蓟马虫体微小，早期危害不容易发现，因此，必须加强田间调查，及时喷药防治。喷药时除对植株上部喷雾外，还应对植株所属的地面喷药，这是因为瓜亮蓟马的若虫有自然落地化蛹的习性，只有实行地面和植株同时喷药，才能达到较好的防治效果。常用喷雾药剂有：50%辛硫磷乳油 2500～3000 倍液、2.5%溴氰菊酯乳油 2500～3000 倍液、2.5%多杀菌素悬浮剂 3000 倍液、10%氯氰菊酯乳油 1000～2000 倍液、10%吡虫啉可湿性粉剂 2000 倍液和 1.8%阿维菌素乳油 2000 倍液。当蓟马发生数量少，危害轻时可用肥皂水或洗衣粉水冲刷。均匀喷雾，以叶片湿而不滴为宜，喷药时间以下午 5 时后为宜，阴天可全天喷雾，每隔 7～10 天喷雾 1 次，连喷 2～3 次。采收前 15 天停止用药。

思考题

1. 简述蝉类的主要危害种类及其危害特点。
2. 简述木虱类的主要危害种类及其防治方法。
3. 比较温室白粉虱、烟粉虱、黑刺粉虱的形态特征和危害特征。
4. 简述桃蚜、萝卜蚜和瓜蚜的形态特征和发生规律。
5. 介壳虫的防治中,生物防治为什么特别重要?
6. 试比较介壳虫与螨类害虫危害与防治上的异同点。
7. 简述蝽类的主要危害种类及其防治方法。
8. 比较瓜亮蓟马、葱蓟马和花蓟马的形态特征和发生规律。

6 食叶性害虫

广义的食叶性害虫(leaf-feeding insects)泛指取食叶片而造成危害的各种害虫,包括取食叶片的吮吸式害虫、潜食叶肉的潜叶性害虫、各种蚕食叶片和卷叶危害的害虫。前两者已分别另列章节讲述,本章主要讲述以蚕食叶片和卷叶危害为主的害虫。这类害虫均具咀嚼式口器,蚕食叶片形成缺刻,严重危害时,常将叶片吃光,仅剩下茎秆或主叶脉,并取食嫩头、花蕾或啃食果皮。它们大都裸露于叶片上危害,仅少数卷叶、缀叶筑巢,虫口数量受环境因子影响较大。加之该类害虫繁殖力强,且往往具有主动迁移、迅速扩大危害的能力,因而常形成间歇性暴发危害。此外,由于该类害虫大都裸露于叶片上取食,故易用药剂防治。但鉴于叶菜类等农药残留问题,科学绿色高质量防控食叶性害虫对于提升产业链供应链韧性和安全水平具有重要意义。

食叶性害虫主要是鳞翅目害虫,此外还涉及膜翅目叶蜂科、直翅目和一些鞘翅目甲虫类。其中有些甲虫,如金龟子,其幼虫在地下取食,主要危害虫态为幼虫,本书将这类以幼虫危害为主的甲虫列入地下害虫,而将以成虫危害为主的食叶甲虫如黄守瓜、黄曲条跳甲等列入本章,以便系统了解食叶性害虫。

6.1 蓑蛾类害虫

蓑蛾属鳞翅目蓑蛾科,又名袋蛾(bagworm moth),俗称"避债蛾""吊死鬼"。全世界已知800余种,国内已知17种。园艺植物上发生的主要有大蓑蛾 *Clania variegata* Snellen、小蓑蛾 *C. minuscula* Butler、白囊蓑蛾 *Chalioides kondonis* Matsumura 等。现以大蓑蛾作重点介绍。

6.1.1 大蓑蛾的分布与危害

大蓑蛾又名大袋蛾,几乎遍布全国各地,其中以黄河以南较为常见,长江及其以南各省受害较重。幼虫主要危害苹果、梨、柑橘、桃、杏、龙眼、葡萄、核桃、板栗、桑、茶、泡桐、刺槐、樱花、冬青、杨、柳、榆等。

6.1.2 大蓑蛾的识别特征

大蓑蛾的识别特征如图6-1所示。雌成虫无翅、无足,形状似蛆,体长25 mm左右,头部黄褐色,胸、腹部黄白色多绒毛,腹部第7节有褐色丛毛环。雄蛾有翅,体长16 mm左右,翅展35～44 mm,触角双栉齿状,体黑褐色,前、后翅均暗褐色,前翅近外缘有4或5个长形透明斑。

卵椭圆形、淡黄色、有光泽。

幼虫共5龄,3龄起雌雄二型明显。末龄雌虫体长28～38 mm,头部赤褐色,胸部黄褐色,前、中胸背板有4条暗褐色纵带。末龄雄虫体长18～28 mm,头部黄褐色,中央有白色"人"字形纹,前、中胸背板中央有一白色纵带。

雌蛹体长25～30 mm,赤褐色,纺锤形,尾部有3根小刺。雄蛹为被蛹,体长18～24 mm,暗褐色,臀棘分叉,叉端各有钩刺一枚。蓑囊50～80 mm,长纺锤形,囊外附有较大的破碎叶片和残梗小枝,排列不整齐。

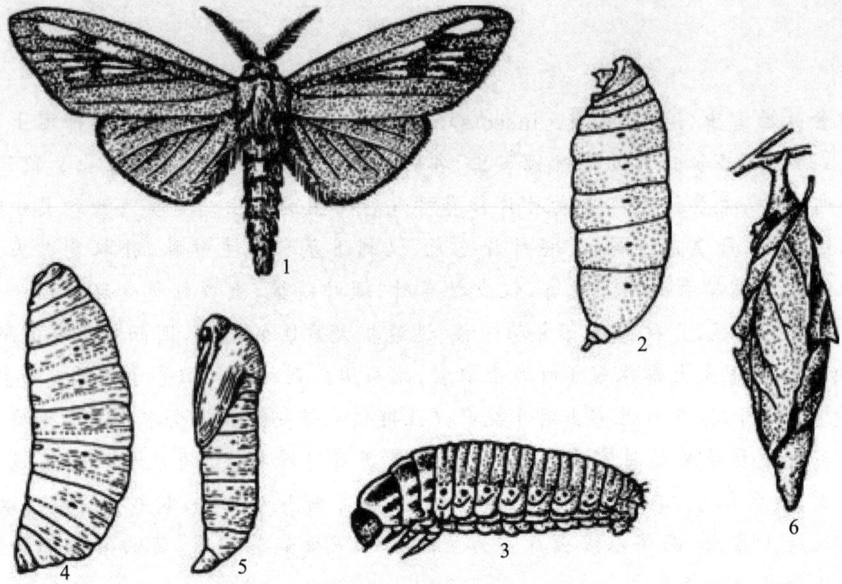

图6-1　大蓑蛾

1.雄成虫　2.雌成虫　3.幼虫　4.雌蛹　5.雄蛹　6.袋囊(蓑囊)

6.1.3　大蓑蛾的发生规律

大蓑蛾在黄河流域和长江流域每年发生1代,偶有2代。若发生2代,第2代幼虫多不能越冬,在广州年发生2代。多以蓑囊中的老熟幼虫挂在枝条上越冬。翌年春天一般不再活动取食,环境适宜时便开始化蛹。雌蛹历期在合肥为12～26天,在南昌平均17天;雄蛹历期在合肥24～33天,在南昌为40天。各地发生期见表6-1。

表6-1　大蓑蛾在各地发生期

地区	化蛹期	成虫羽化期	幼虫孵化期	幼虫越冬
山东	5月上旬至6月中旬	5月下旬至6月下旬	6月中旬至7月中旬	10月上旬
河南	4月下旬至6月下旬	5月中旬至7月上旬	5月下旬至7月下旬	10月中下旬
上海	4月上中旬	5月上旬至6月上旬	5月下旬至6月中旬	10月下旬至11月
浙江	4月下旬	5月上中旬	5月下旬	10月下旬至11月
江西	3月下旬至5月上旬	4月下旬至5月下旬	5月中下旬至6月上旬	10月中下旬至11月

成虫多在傍晚羽化。雄蛾黄昏后飞翔最为活跃,趋光性强。灯下诱蛾以20～21时数量最多,占全夜诱蛾量的80%左右。雌蛾羽化后仍留在蓑囊内分泌性信息素,雄蛾飞至将腹末伸

入蓑囊内与之交配。卵产于蓑囊内，单雌产卵量数百至4000余粒不等。卵期12～22天。

初孵幼虫滞留在蓑囊内取食卵壳，3～4天后爬出蓑囊，吐丝下垂，随风漂散，觅食危害。随着幼虫的取食、蜕皮、长大，蓑囊也逐渐增宽加长，并以大叶碎片、小枝残梗零乱地缀贴于蓑囊外。幼虫喜欢聚集于枝梢和树冠顶部危害，受惊扰时可吐丝下垂，稍停又沿丝上树。1、2龄幼虫啃食叶肉残留表皮，3龄后蚕食叶片成孔洞或仅留叶脉，4龄后分散转移到树冠外围的叶背危害，5龄进入暴食期，食量最大，危害最烈。7—9月间是幼虫危害的高峰期。10月中旬后，老熟幼虫陆续迁向枝梢端部，吐丝固定蓑囊于小枝上，封闭囊口，开始越冬。越冬幼虫抗寒力较强，越冬死亡率较低。在合肥幼虫期210～240天，在南昌300～320天。

大蓑蛾属间歇性发生的害虫，其间歇周期为3～5年。一般7—8月间气温偏高又持续干旱的年份危害猖獗。多雨或大雨影响幼虫孵化，并易引起病害流行，使虫口密度下降，不易成灾，而6—8月份降水量低于300 mm以下，易暴发成灾。

大蓑蛾的天敌主要有蓑蛾瘤姬蜂 *Sericopimpla sagrae sauteri* Cushman、舞毒蛾黑瘤姬蜂 *Coccygomimus disparis* Viereck、家蚕追寄蝇 *Exorista sorbillans* Wiedemann、筒须追寄蝇 *Exorista humilis* Mesnil、灰喜鹊 *Cyanopica cyana interposita* Hartert、大山雀 *Parus major* L.等，病原菌主要有苏云金杆菌 *Bacillus thuringiensis* Berliner、白僵菌 *Beauveria bassiana* Vuillemin等。

6.1.4 其他常见蓑蛾类害虫

其他常见蓑蛾类害虫见表6-2。

表6-2 其他常见蓑蛾类害虫

害虫种类	识别要点与发生情况
小蓑蛾	又名茶蓑蛾。雌成虫无翅，蛆形，头小腹大，第4～7腹节周围有黄色茸毛。雄成虫有翅，前翅外缘有长方形透明斑2个。幼虫胸部背面有长形斑相连而成的4条褐色纵带，腹部背面各节有黑色突起4个，排列成“八”字形。蓑囊橄榄形，小枝梗整齐平行纵列于囊的外层。以幼虫危害茶、苹果、梨、桃、柑橘、樱桃、石榴、枣、葡萄、桑、法桐等的叶片，南方地区受害较重。在江苏、贵州每年发生1代，湖南、江西2代，广西、福建3代，以3～4龄幼虫在枝条上蓑囊内越冬。幼虫6～7龄，成虫习性与大蓑蛾相似
白囊蓑蛾	又名白茧蓑蛾。雌成虫无翅，蛆形，体黄白色。雄成虫有翅，前后翅均透明，身体和后翅基部被白毛。幼虫中、后胸背板各分成两块，各块上均有深色点纹。腹部各节背面两侧均有褐色点纹。蓑囊灰白色长圆锥形，丝质紧密、表面光滑，无小枝叶黏附于囊外。以幼虫危害梨、桃、柑橘、核桃、石榴、苹果、茶、法桐、合欢、木槿等的叶片，南方地区受害较重。每年发生1代，以低龄幼虫在枝条上或地面落叶上蓑囊内越冬。幼虫盛发期为8—9月。幼虫随落叶落至地面，于越冬前或翌春再爬上树越冬或继续危害。其余习性似大蓑蛾

6.1.5 蓑蛾类害虫的防治方法

1. 摘除蓑囊

冬季结合修剪、整枝、造型，人工摘除蓑囊、消灭越冬幼虫，压低虫口基数。

2. 诱杀成虫

利用诱虫灯、性诱剂诱杀雄蛾，效果显著。

3. 生物防治

(1)招引益鸟、保护天敌,充分发挥天敌的自然控制作用。

(2)苏云金杆菌(*Bt*,含孢量100亿/mL)制剂1.5～2.0 L/hm² 或大蓑蛾核型多角体病毒(含PIB 10^9/g)制剂1.5～3.0 kg/hm²,加水1500～2000 kg喷雾。

4. 化学防治

在初龄幼虫阶段,选用30%茚虫威水分散粒剂0.1～0.15 kg/hm²、5%甲维盐0.3～0.6 kg/hm²,也可选用20%杀铃脲悬浮剂300～500 mL/hm²、25%灭幼脲悬浮剂1.5～2.0 L/hm²、50%辛硫磷乳油2.5～3.0 kg/hm²、4.5%高效氯氰菊酯乳油1.5～2.0 L/hm²,加水1500～3000 kg喷雾。要求喷雾细致均匀、喷湿蓑囊,特别要照顾到树冠顶梢部。

6.2 刺蛾类害虫

刺蛾(slug caterpillars)属鳞翅目刺蛾科。因其幼虫体上生有枝刺和毒毛,故称刺蛾。又因其幼虫触及皮肤,轻者红肿疼痒,重者淋巴发炎甚至皮肤溃疡,故俗称"洋辣子"。全世界已知1000余种,国内已知90余种。园艺植物上发生的重要种类是黄刺蛾 *Cnidocampa flavescens* Walker、褐边绿刺蛾 *Latoia consocia* Walker、褐刺蛾 *Setora postornata* Hampson和扁刺蛾 *Those asinensis* Walker等。现以黄刺蛾作重点介绍。

6.2.1 黄刺蛾的分布与危害

黄刺蛾是东洋、古北、新北区系的共有种,国内大部分省份有分布。主要危害苹果、梨、山楂、桃、杏、核桃、枣、柑橘、石榴、板栗、杨、榆、桑、茶、刺槐、法桐、海棠、樱花等植物。低龄幼虫啃食叶肉成网状,大龄幼虫蚕食叶片成缺刻,仅残留主脉和叶柄,发生量大时全树叶片被吃光,严重影响树势和果品产量,甚至造成树木枯死,是我国果树、园林、风景区、防护林和特种经济林的重要害虫种类之一。

6.2.2 黄刺蛾的识别特征

黄刺蛾的识别特征如图6-2所示。成虫体长13～16 mm,前翅基半部为黄色,内有2个褐色圆点;端半部为褐色,翅面有2条暗褐色斜线,在翅尖处汇合于一点,呈倒"V"字形,内面一条伸到中室下角,成为黄色与褐色的分界线。卵扁椭圆形、薄膜状、淡黄色,数粒排成卵块。末龄幼虫体长约25 mm,黄绿色,体背具一哑铃形紫褐色大斑,体中部两侧有蓝色纵纹,枝刺以胸部6个和臀节2个特别大。蛹体长约12 mm,肥胖,椭圆形,黄褐色。茧长12～15 mm,坚硬形似雀蛋,其上有数条白色与褐色相间的纵条斑。

6.2.3 黄刺蛾的发生规律

黄刺蛾在东北、西北等地每年1代,华北地区1～2代,中南地区2代,均以老熟幼虫在枝条上、枝杈处结茧越冬。在1代发生区:越冬幼虫一般于5月下旬至6月上旬化蛹,6月中下旬成虫羽化,并产卵于叶背,数粒卵排成卵块,卵期7～10天,幼虫于7月上旬至8月下旬发生危害,8月上旬至9月上旬结茧越冬。在2代区:越冬幼虫一般于5月中下旬化蛹,5月末至6月上中旬成虫羽化;第1代幼虫于6月上中旬至7月中旬发生,7月中下旬结茧化蛹,7月末至

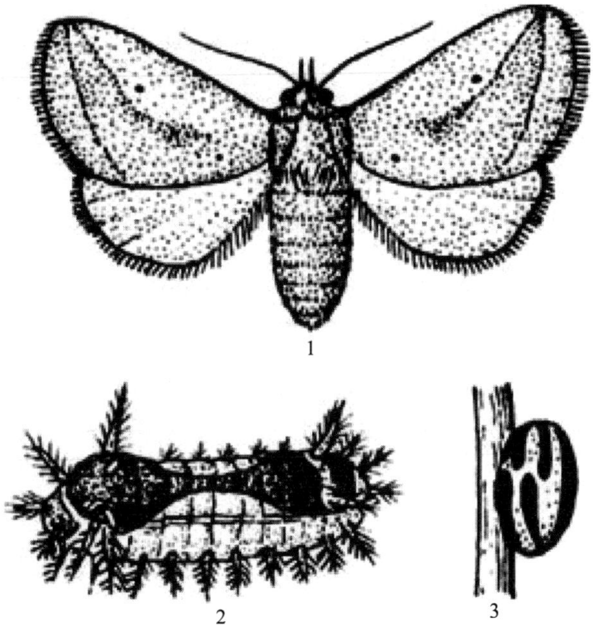

图 6-2 黄刺蛾

1.成虫 2.幼虫 3.茧

8 月上旬第 1 代成虫羽化;第 2 代幼虫于 8 月上旬至 9 月中旬发生,9 月中下旬陆续结茧越冬。各地发生期见表 6-3。

表 6-3 黄刺蛾在各地发生期

地区	越冬代成虫	第 1 代			第 2 代	
		孵化	结茧	羽化	孵化	结茧
辽宁	6 月中旬至 7 月中旬	7 月上中旬	8 月中旬至 9 月下旬			
宁夏	6 月中旬至 7 月中旬	6 月下旬至 7 月下旬	8 月下旬至 9 月上旬			
山东	6 月上中旬至 6 月下旬	7 月上旬	8 月中旬	8 月中下旬	8 月下旬	9 月中下旬
南京	5 月下旬至 6 月中旬	6 月上中旬	7 月下旬至 8 月上旬	8 月上中旬	8 月中下旬	9 月下旬至 10 月上旬
合肥	5 月下旬至 6 月	6 月上旬	7 月中旬至 8 月	7 月中旬至 8 月	8 月	9 月上旬至 10 月中旬
四川	6 月中旬至 6 月下旬	6 月中下旬	7 月中下旬	7 月下旬至 8 月中旬	8 月上旬	9 月中下旬

蛹的复眼之间具有一个匙形突起状破茧器,突起的边缘排列着 18～20 个小齿。由于蛹的腹节蠕动,使身体在茧内可以旋迴,同时破茧器便在茧壁摩擦,如此逐渐在茧壁上刻画成一圆周。成虫多在傍晚前后羽化,腹节伸长顶开刻画的圆盖形成洞口,成虫自圆孔逸出。白天静伏于叶背

面，晚间活动、交配、产卵。卵成块产于叶背近叶尖处，单雌产卵量 50～70 粒。成虫具趋光性。

初孵幼虫先食卵壳，再群集叶背啃食下表皮及叶肉，残留上表皮形成透明筛网。3 龄后逐渐分散危害；4 龄后蚕食叶片成孔洞；5～7 龄进入暴食期，可食尽叶片，仅存主脉、叶柄。老熟后结茧需要 2～4 h，第 1 代幼虫结的茧小而薄，第 2 代幼虫结的越冬茧大而厚。

黄刺蛾的天敌主要有上海青蜂 *Chrysis shanghaiensis* Smith 和刺蛾广肩小蜂 *Eurytoma monemae* Ruschka 等。上海青蜂茧期寄生率很高，控制效果显著。

6.2.4 其他常见刺蛾类害虫

其他常见刺蛾类害虫见表 6-4。

表 6-4 其他常见刺蛾类害虫

害虫种类	识别要点与发生情况
绿刺蛾	又名褐边绿刺蛾。成虫前翅绿色，翅基角深褐色，外缘具褐色波状宽条带。幼虫蛞蝓型，翠绿色，中胸至腹部第 8 节各节着生 4 个棕色枝刺，腹部第 8、9 节各着生蓝黑色绒球状毛丛 1 对。主要危害苹果、梨、桃、杏、柿、枣、核桃、柑橘、板栗、石榴、桑、杨、柳、榆、香椿、法桐等。东北、华北、西北地区每年发生 1 代，长江流域年发生 2 代，江西 3 代，均以老熟幼虫在树冠下浅土层内结椭圆形茧越冬。在 1 代区，幼虫 7—8 月发生。在 2 代区，幼虫分别于 6—7 月、8—9 月间发生。幼虫共 8 龄。其他习性类似于黄刺蛾
褐刺蛾	又名桑褐刺蛾。成虫前翅棕褐色，翅前缘 2/3 处向后缘基角和臀角各引出一条深褐色弧线，臀角附近有一近三角形棕色斑。幼虫蛞蝓型，黄绿色，背线蓝色，中胸至腹部第 9 节各节着生 4 个枝刺，而中胸、后胸及第 1、5、8、9 腹节的枝刺特别长。主要危害梨、桃、柑橘、柿、板栗、法桐、桑、茶、玉兰、桂花、樱花、月季等。长江流域每年发生 2 代，以老熟幼虫在树冠下土层内结椭圆形茧越冬。第 1、2 代幼虫分别于 6 月中旬至 7 月中旬、8 月中下旬至 9 月下旬发生。其余习性与绿刺蛾相似
扁刺蛾	又名扁棘刺蛾。成虫前翅灰褐稍带紫色，翅前缘近顶角处一条暗褐色斜纹经中室前方斜向后缘。幼虫扁椭圆形，黄绿色，背线白色，体周缘环生 20 个瘤状带刺毛长突起。主要危害梨、枣、桃、苹果、柑橘、柿、核桃、桑、法桐、香樟、山茶、桂花等。在黄河流域每年发生 1～2 代，长江中下游地区年发生 2～3 代。均以老熟幼虫在树冠下土层内结圆形茧越冬。在 1 代区，幼虫于 6—7 月间发生。在 2 代区，第 1、2 代幼虫分别于 6 月中旬至 7 月中旬、8 月上旬至 9 月中旬发生。成虫卵多散产于叶片正面。其余习性与绿刺蛾相似

6.2.5 刺蛾类害虫的防治方法

1. 摘除冬茧

冬季寄主落叶后，结合修剪、整枝、造型，摘除越冬茧，集中销毁；也可将冬茧集中投入养虫笼中，次年将羽化的寄生性天敌释放林中，既处理了害虫，又保护了天敌。

2. 诱杀成虫

利用诱虫灯诱杀成虫，压低虫口基数和密度。

3. 摘除虫叶

初孵幼虫群集危害期间，在果园、茶园、绿化带、苗圃内摘除虫叶，消灭幼虫于分散危害前。但要注意避免被幼虫刺伤皮肤。

4. 生物防治

选用苏云金杆菌(含孢量 100 亿/mL)制剂 1.5～2.0 L/hm^2 或刺蛾核型多角体病毒(含 PIB 10^9/g)制剂 1.5～3.0 kg/hm^2 兑水喷雾。

5. 化学防治

方法与药剂种类可参考蓑蛾类害虫的化学防治。

6.3 毒蛾类害虫

毒蛾(tussock moth)属鳞翅目毒蛾科。因其幼虫的体毛有毒,触及皮肤可引起红肿疼痒或皮肤过敏,故称毒蛾。全世界已知 2500 余种,国内 360 余种,是园艺植物上重要的一类多食性食叶害虫和卫生害虫。国内发生的主要种类是金毛虫 *Porthesia similis* Fueszly、舞毒蛾 *Lymantria dispar* L.、茶黄毒蛾 *Euproctis pseudoconspersa* Strand 和棉古毒蛾 *Orgyia postica* Wallker 等。现以金毛虫作重点介绍。

6.3.1 金毛虫的分布与危害

金毛虫又名盗毒蛾、桑毒蛾、黄尾白毒蛾,属东洋、古北、新北区系共有种。几乎遍布国内各省区。主要危害苹果、梨、桃、杏、李、梅、樱桃、板栗、柿、山楂、法桐、泡桐、刺槐、樱花、月季等果树林木。低龄幼虫啃食叶肉,形成窗斑;大龄幼虫蚕食叶片成孔洞或缺刻,仅留叶脉,严重时全树仅存枝条和叶柄,是我国果树、园林、风景区、防护林、经济林和行道树的重要食叶害虫种类之一。

6.3.2 金毛虫的识别特征

金毛虫的识别特征如图 6-3 所示。成虫体长 12～18 mm,体翅均白色,前翅后缘近臀角处有 1～2 个褐色斑纹。雌蛾腹部末端具金黄色毛丛。卵扁圆形,中央稍凹,灰黄色,卵块长带状,被覆黄色毛丛。末龄幼虫体长 25～35 mm,胴部黄色,背线红褐色,体背各节具黑色毛瘤 2 对,其中腹部第 1、2 节中间 2 个愈合成横带块状毛瘤。腹部第 6、7 节背面中央各具橙红色

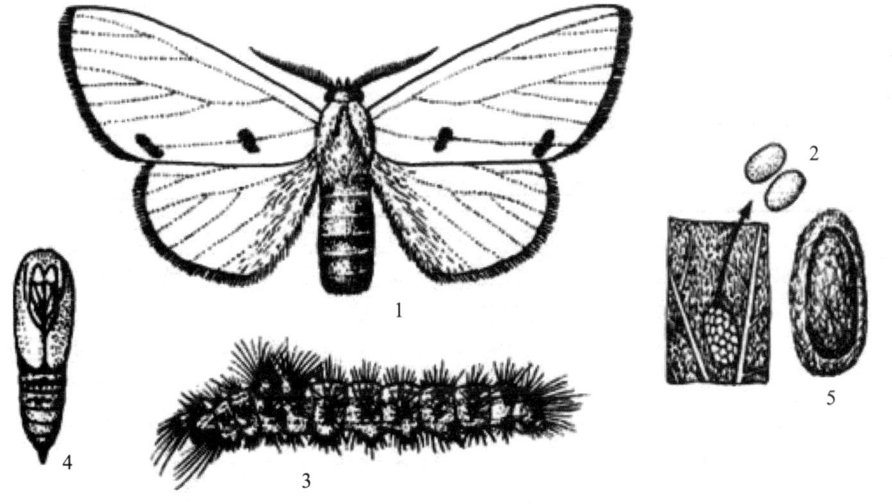

图 6-3 金毛虫

1. 成虫 2. 卵 3. 幼虫 4. 蛹 5. 茧

盘状翻缩腺。蛹体长 12～16 mm，圆筒形、黄褐色，臀棘较长，约 30 根，排列紧密，多数弯曲。茧长 13～18 mm，长椭圆形，淡褐色，被附幼虫脱落的体毛。

6.3.3 金毛虫的发生规律

在内蒙古每年 1 代，辽宁和黄淮地区 2 代，江苏、上海、浙江、四川 3 代，少数 4 代，江西 4 代，广东 6 代。各地均以 3～4 龄幼虫在枝干粗皮裂缝或枯叶内结茧越冬。翌年春季气温升到 16 ℃以上时，越冬幼虫破茧出蛰，开始危害新芽和嫩叶。各地幼虫出蛰期分别是：广东 3 月上旬，江西 3 月中下旬，江苏 4 月上旬，山东 4 月中旬，辽宁 5 月上旬，内蒙古 5 月中下旬。成虫昼伏，夜出活动、交配、产卵，具趋光性。卵产于叶背，单雌产卵量 200～558 粒，卵期 6～8 天。各地幼虫发生危害盛期见表 6-5。

表 6-5 金毛虫各地幼虫发生危害盛期

地区	第 1 代	第 2 代	第 3 代	第 4 代	第 5 代	第 6 代
河北	5—6 月	7 月上旬至 8 月上旬				
山东	6 月中下旬	8 月上中旬				
江苏	6 月中旬	8 月上旬	9 月上中旬	10 月上中旬		
江西	5 月中旬至 6 月中旬	6 月下旬至 7 月下旬	8 月上旬至 9 月上旬	9 月下旬至 10 月下旬		
广东	4 月中下旬	6 月上旬	7 月中旬	8 月中下旬	9 月下旬至 10 月上旬	11 月上旬

初孵幼虫群居叶背啃食叶肉，残留叶脉及表皮。3 龄后分散危害，蚕食叶片成缺刻或仅留主脉。幼虫一般夜间活动取食，白天静伏叶背。有弱假死性，受惊扰可吐丝下垂随风飘移至邻树。共蜕皮 5～7 次，幼虫历期 20～37 天。老熟后选择树皮裂缝或枝与叶柄间化蛹，蛹期 10～14 天。末代幼虫危害至 3 龄即分散潜藏结茧越冬。越冬代幼虫历期 150～250 天。

金毛虫的天敌主要有金毛虫黑卵蜂 *Telenomus abnormis* Crawford、金毛虫绒茧蜂 *Apanteles femoratus* Ashmead 等。

6.3.4 其他常见毒蛾类害虫

其他常见毒蛾类害虫见表 6-6。

表 6-6 其他常见毒蛾类害虫

害虫种类	识别要点与发生概况
舞毒蛾	又名柿毛虫。成虫雌雄异型。雌成虫大型，黄白色，前翅具 4 条黑色锯齿状波纹横线，中室中央有一黑色圆点，体末端密生黄褐色毛丛。雄成虫中型，茶褐色。幼虫体色多变，头黄褐色，具“八”字形黑纹，前胸至腹部第 2 节的毛瘤蓝色，腹部第 3～9 节的毛瘤红色。主要危害柿、苹果、板栗、杏、杨、柳、榆、桦等 500 余种植物。国内发生普遍，每年只发生 1 代，以卵（幼虫已发育完全但尚未孵化）在树干、皮缝、堰缝等处越冬。翌年 4 月下旬至 5 月上旬孵化，5 月上旬至 6 月下旬为幼虫危害期。初孵幼虫群聚叶片背面蚕食危害。1 龄幼虫在树上栖息危害，进入 2 龄后白天隐居树皮裂缝或树干基部，夜晚上树危害，黎明再下树潜藏。幼虫共 6～7 龄，猖獗时可将全树叶片吃光

续表 6-6

害虫种类	识别要点与发生概况
棉古毒蛾	又名灰带毒蛾。成虫雌雄异型。雌成虫无翅，黄白色。雄成虫前翅棕褐色，内横线黑色、波浪形外弯，外横线黑色、波浪形，前半部外弯，后半部内凹与内横线靠近，内、外横线间呈灰色宽带。末龄幼虫前胸背面两侧和第 8 腹节背面中央各有一棕色长毛束。国内分布于江南地区，主要危害木棉、台湾相思、红花羊蹄甲、山茶花、茉莉、洋紫荆、竹柏、落羽杉、杧果、榕树、月季、桉树等。在广东年发生 6 代，以幼虫越冬。幼虫共 5 龄，初孵幼虫群栖于树上啃食叶肉，残留下表皮；2 龄后分散危害，蚕食叶片成孔洞；4、5 龄时食量最大，进入暴食期，猖獗发生时可将整树叶片全部吃光

6.3.5 毒蛾类害虫的防治方法

1. 束草诱虫

越冬前将稻草绳束于树木主干，诱集幼虫潜藏越冬，出蛰前解除草束妥善处理。

2. 冬季清园

树木落叶后，结合冬剪，清除枯枝、落叶、杂草，刮除老翘皮，消灭越冬幼虫。

3. 摘卵除虫

结合园林日常管理，及时摘除卵块，消灭群居危害的幼虫。

4. 生物防治

选用苏云金杆菌(含孢量 100 亿/mL)制剂 1.5～2.0 L/hm^2 兑水喷雾，400 亿个孢子/g 球孢白僵菌可湿性粉剂 1500～2500 倍液兑水喷雾。

5. 化学防治

方法和药剂种类可参考蓑蛾类害虫的化学防治，喷雾要求喷细、喷匀、喷透，照顾树冠上下内外。

6.4 卷叶类害虫

6.4.1 卷叶害虫的种类

卷叶类害虫(leaf-curling insects)是指幼虫吐丝连缀植物叶片成苞，匿居其中食叶的昆虫。其种类很多，在各地园艺植物上发生危害较普遍的主要有鳞翅目卷叶蛾科苹小卷叶蛾 *Adoxophyes orana* Fischer von Rösslerstamm、褐带长卷叶蛾 *Homona coffearia* Nietner、黄斑长翅卷蛾 *Acleris fimbriana* Thunberg、苹大卷叶蛾 *Choristoneura longicellana* Walsingham、拟小黄卷叶蛾 *A. cyrtosema* Meyrick、苹褐卷叶蛾 *Pandemis heparana* Denis et Schiffermüller、柑橘褐卷叶蛾 *Archips eucroca* Diakonoff，小卷叶蛾科的顶梢卷叶蛾 *Spilonota lechriaspis* Meyrick、枣黏虫 *Ancylis sativa* Liu，巢蛾科的苹果巢蛾 *Hyponomeuta padella* L.，螟蛾科的棉大卷叶螟 *Sylepta derogate* Fabricius，麦蛾科的黑星麦蛾 *Telphusa chloroderces* Meyrick 等。本节重点介绍苹小卷叶蛾、顶梢卷叶蛾、褐带长卷叶蛾。

6.4.2 重要卷叶害虫

6.4.2.1 苹小卷叶蛾

1.分布与危害

苹小卷叶蛾又名棉褐带卷叶蛾、橘小黄卷叶蛾、茶小卷叶蛾、远东卷叶蛾。国外分布于印度、日本和欧洲一些国家;国内除西藏、新疆、云南外,各地均有分布。主要危害苹果、花红、海棠、山荆子、桃、杏,其次是梨、山楂、李、梅、茶、木瓜、蔷薇、樱桃,也危害柑橘、枇杷、龙眼、石榴、柿、醋栗、棉、花生、雪柳、刺槐、榆、杨、桦、丁香、忍冬等30多种植物。以幼虫危害幼芽、花蕾、嫩叶和果皮,是苹果等果树的重要害虫。

2.识别特征(图6-4)

成虫:体黄褐色。前翅棕黄色,基斑、中带、端纹褐色。中带外斜,其上端狭窄,下端渐宽而分叉,呈"h"形;端纹扩至臀角形成三角形斑。后翅浅灰褐色。

卵:扁平,椭圆形,淡黄色,孵化前深灰色。数十粒呈鱼鳞状排列。

幼虫:老熟幼虫体长13~17 mm,浅绿至翠绿色,头淡黄绿色,头侧后缘单眼区上方有一褐色斑纹,前胸盾片黄褐色。臀栉6~8齿。

蛹:体长9~11 mm,黄褐色。第2~7腹节背面各有两横列刺突,前列较粗而稀,后列细小而密。尾端有8根钩状刺。

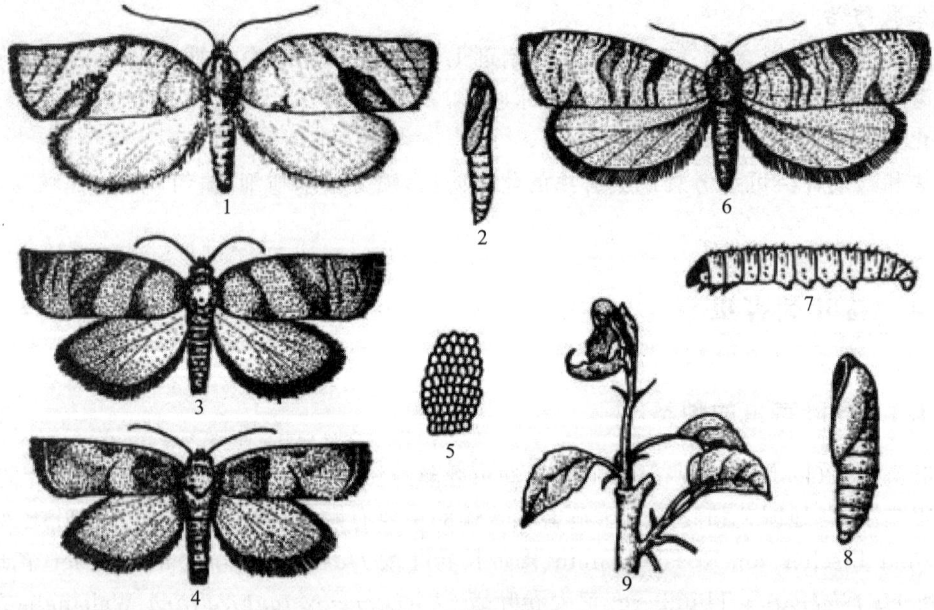

图6-4 重要卷叶蛾

苹小卷叶蛾:1.成虫 2.蛹 褐带长卷叶蛾:3.雌成虫 4.雄成虫 5.卵块

顶梢卷叶蛾:6.成虫 7.幼虫 8.蛹 9.被害状

3.发生规律

在辽宁、华北地区每年3代,山东3~4代,江苏、安徽、湖北、关中及中原地区4代,均以2龄幼虫在枝干翘皮下、粗皮缝、剪锯口周围裂缝、潜皮蛾危害的爆皮及枝上粘贴的枯叶下结白色茧越冬。翌年苹果花芽开绽时越冬幼虫出蛰，出蛰幼虫爬向花蕾、幼芽、嫩叶剥食。展叶后，开始将几片嫩叶缀连成苞食害。出蛰后25天左右老熟，在卷叶内或缀叶间化蛹。世代重叠现象严重，各代成虫发生盛期大体为：3代区，6月上中旬、7月下旬至8月上旬、9月上中旬；4代区，5月中下旬、6月下旬至7月上旬、8月上旬前后、9月中旬前后。平均卵期：第1代10.2天(19.4 ℃)，第2代6.7天(25 ℃)，第3代6.8天(25.7 ℃)。幼虫期18.7～26天。蛹期6～9天。

成虫昼伏夜间活动，有趋光性和趋化性，对果汁、果醋趋性很强。卵产于叶面上，排成鱼鳞状。初孵幼虫多分散在附近叶的背面，以及前一代幼虫危害遗留的叶苞内剥食芽、幼叶。稍大时，吐丝缀连梢部几片嫩叶成苞，匿居其中剥食叶肉成纱网或孔洞，并常将叶片缀贴在果实上，藏于其中啃食果皮及浅层果肉，造成虫疤，影响果品质量。因而，幼虫俗称"舔皮虫"。幼虫有转移危害的习性，且很活泼，触动头或尾即可后退或前进，或爬出卷叶，吐丝下垂逃逸。9～10月间，最后一代幼虫进入各种越冬场所越冬。卵的天敌有松毛虫赤眼蜂 *Trichogramma dendrolimi* Matsumura，幼虫天敌有卷蛾肿腿蜂 *Goniozus japonicus* Ashmead、广大腿小蜂 *Brachymeria obscurata* Walker、聚瘤姬蜂 *Gregopimpla kuwanae* Viereck、舞毒蛾黑瘤姬蜂 *Coccygomimus disparis* Viereck、卷叶蛾黄长距茧蜂 *Macrocenlrus abdominalis* 等。

6.4.2.2 顶梢卷叶蛾

1.分布与危害

顶梢卷叶蛾又名顶芽卷叶蛾、芽白小卷蛾。国外分布于日本和朝鲜；国内普遍分布于东北、华北、华东、华中及西北等果产区。常与苹小卷叶蛾混合发生，幼虫主要危害苹果、海棠、山荆子、花红、梨、杜梨、桃、山楂、枇杷、槟榔等果树顶梢的嫩芽和嫩叶。

2.识别特征(图6-4)

成虫：体翅银灰褐色，前翅斑纹暗褐色。前缘有6～8条平行的短纹；翅基部1/3处和中部各有1条向外凸出的弓形横带；后缘近臀角处有一块三角形斑。

卵：扁平，长椭圆形，乳白色，卵壳有多角形纹。卵系散产。

幼虫：老熟幼虫体长6～11 mm，较粗短，污白色，头部、前胸盾片及胸足皆为暗棕色至黑色。无臀栉。

蛹：体长9～11 mm，黄褐色。第2～7腹节背面各有两横列刺突，前列较粗而稀，后列细小而密。尾端有8根钩状刺。

3.发生规律

在辽宁、华北、山东每年2代，陕西关中、河南、安徽、江苏等地区3代，主要以2、3龄幼虫在顶梢卷叶苞内或芽侧结茧越冬。翌年苹果发芽时越冬幼虫开始出蛰，转移至附近新芽，吐丝将几片嫩叶卷缀成苞，并缠缀从叶背啃下来的绒毛作茧。取食时虫体探出茧外食害嫩叶。幼虫喜在顶梢吐丝缀连3～4片嫩叶成苞，潜于其中食害嫩芽、嫩叶，生长点被害后促使分杈，阻碍新梢延长生长，影响树冠扩展。幼虫共5龄，每蜕一次皮转移一次，经24～36天老熟，在卷叶内结茧化蛹。在2代区各代成虫发生期分别为：6月上旬至7月上旬，7月中旬至8月中下旬；3代区：5月中旬至6月底，6月下旬至7月下旬，7月下旬至8月底。卵期：第1代6～7天，第2、3代4～5天。蛹期：越冬代8～10天，以后各代5～8天。成虫寿命5～7天。成虫昼伏夜出，喜食糖蜜，略有趋光性，卵散产于顶梢上部嫩叶背面，尤喜产在绒毛多的叶片上。第1代幼虫危害春梢严重，尤其苗圃和幼树更重。第2、3代危害秋梢严重。幼虫危害至9—10月进入越冬状态。其寄生性天敌有舞毒蛾黑瘤姬蜂、中国齿腿姬蜂 *Pristomerus chinensis*

Ashmead、螟蛉黄茧蜂 *Meteorus narangae* Sonan 等。

6.4.2.3　褐带长卷叶蛾

1. 分布与危害

褐带长卷叶蛾又名柑橘长卷叶蛾、茶卷叶蛾、后黄卷叶蛾。主要分布于东洋生物区；国内分布于华东、华中、华南、西南(含藏东)及华北部分地区。寄主植物有柑橘、荔枝、枇杷、龙眼、茶、山茶、细叶桉、杨桃、苹果、梨、木瓜、山楂、桃、李、杏、梅、樱桃、银杏、石榴、柿、栗、蔷薇、丁香、菊花等植物。幼虫食害芽、花蕾、嫩叶和果实，是南方柑橘、荔枝和茶叶产区的重要害虫。

2. 识别特征(图 6-4)

成虫：体翅暗褐色，前翅斑纹黑褐色。其中基斑约占翅长的 1/5，中带自前缘 2/5 处斜向后缘 4/5 处，但不分叉；端纹三角形。后翅淡黄色。

卵：扁平，长椭圆形，淡黄色。约 200 粒呈鱼鳞状排列成卵块。

幼虫：老熟幼虫体长 20～23 mm，黄绿色。头部深褐至黑色，前胸盾片和胸足黑色。具有臀栉。

蛹：体长 8～13 mm，黄褐色。中胸背面后缘中央呈近平截状向后突出。第 2～8 腹节背面各有两横列钩状刺突，且排列较直。尾端有 8 根钩状刺。

3. 发生规律

在华北每年 3 代，长江中下游 4～5 代，华南地区 6～7 代，多以幼虫在卷叶内、枝干皮缝或杂草、落叶中越冬。每年第 1 代幼虫在广东 4—5 月、福州 5 月中旬至 6 月上旬、浙江 6 月至 7 月上旬发生，严重危害柑橘和荔枝的幼果，9 月又危害即将成熟的柑橘果实，造成大量落果。第 1 龄幼虫常躲在果与果或果与枝梢相贴的空间，当无隐蔽条件时，幼虫即吐丝黏附在果表面，啃食果皮或躲在果萼里。第 2、3 龄以后蛀入果内危害。被害果脱落后，幼虫转向附近叶片继续危害，或随果一起落地。一般果园四周树较园中心受害重；树冠外围果较冠顶果受害重。其余各代主要危害嫩芽、嫩叶，且虫口较少。幼虫卷叶危害、老熟化蛹和成虫的习性与苹小卷叶蛾相似。5—6 月平均温度 27 ℃时在室内饲养，卵期 7 天，幼虫期 12～19 天，蛹期 5～7 天，成虫寿命 4～11 天。

成虫多在清晨羽化，昼伏夜出，卵成块产在叶正面近主脉处，有时产在叶背或枝条上。幼虫孵化后迅速向四处分散或吐丝下垂，分散危害。幼虫很活泼，可转移重新结苞危害，老熟后在被害叶苞内或转到邻近老叶叠置在一起的地方结薄茧化蛹。

6.4.3　其他常见卷叶类害虫

其他常见卷叶类害虫见表 6-7。

表 6-7　8 种常见卷叶类害虫

害虫种类	识别要点与发生概况
黄斑长翅卷蛾	又名黄斑卷蛾。成虫夏型体色为橘黄色，冬型深褐色。前翅夏型金黄色，散有银白色鳞片；冬型暗褐色，微带浅红，散有黑色鳞片。幼虫黄绿色，老熟时黄褐色。以幼虫卷叶危害蔷薇科植物，偏嗜桃树，其次是苹果幼树等。在华北地区每年 3～4 代，以冬型成虫在杂草落叶等隐蔽场所越冬。3 月下旬越冬成虫开始活动，成虫白天活动，第 1 代卵散产于枝条及芽侧，以后各代卵产在叶正面，背面较少。成虫趋光性强

续表 6-7

害虫种类	识别要点与发生概况
苹大卷叶蛾	又名黄色卷蛾。成虫黄褐色，前翅基斑大，中带宽而斜向后缘，二者间具数条褐色细波纹。幼虫黄绿色，前胸背板和胸足黄褐色，臀栉 5 根。以幼虫危害蔷薇科果树及柿、鼠李、柳、栎、国槐、山槐等的芽、花蕾、叶片和果实。在辽宁、河北、山东、陕西每年 2 代。越冬虫态及其场所、翌春出蛰情况、危害情况、幼虫和成虫的习性与苹小卷叶蛾相似
拟小黄卷叶蛾	又名橘拟小黄卷蛾。成虫体黄色，前翅色纹多变，有褐色基斑、中带和端纹。幼虫黄绿色，胸足淡黄褐色。腹足趾钩环形单行三序，具臀栉。以幼虫危害芸香科、无患子科、酢浆草科、菊科、大戟科、唇形花科、茶科、豆科、鼠李科、木棉科、蔷薇科等多种植物，最喜食柑橘幼果、即将成熟果及嫩梢、嫩叶，是柑橘的重要害虫。在湖南、江西、浙江每年 5～6 代，福建 7 代，广东 8～9 代，多以幼虫在卷叶内越冬。成虫昼伏夜出，趋光性弱，喜食糖醋液及发酵物。卵块呈鱼鳞状产于叶背面。幼虫活泼，有吐丝下坠和转移危害习性
苹褐卷叶蛾	又名苹果褐带卷蛾。成虫前翅具深褐色网状纹，基斑、中带、端纹深褐色，斑纹边缘具黄褐色细线，中带斜向后缘，其内缘中部角状，外缘略弯曲。幼虫体深绿色，前胸背板后缘两侧各有一黑斑。以幼虫危害蔷薇科植物和鼠李、榛、桑、杨、柳、榆、栎、大丽花、小叶女贞、七姊妹、万寿菊等。危害情况、发生世代与发生期、越冬虫态及其场所、生活习性等均与苹小卷叶蛾相似
枣黏虫	又名枣镰翅小卷蛾。成虫体黄褐色。前翅长方形，顶角成尖状突出，黄褐色，略有光泽，前缘有黑褐色斜纹 10 多条，翅中部有黑褐色纵纹 2 条。老熟幼虫胴部黄、黄绿或绿色；腹末节臀板有“山”形赤褐斑纹；具臀栉 3～6 根。以幼虫卷叶危害大枣和酸枣，能将叶片吃光，并食害花蕾和幼果。在华北、陕西每年 3 代山东 3～4 代，浙江 5 代，均以蛹在枝干裂皮缝内越冬。一般以 7 月发生量最大。成虫昼伏夜出，有趋光性，卵散产于光滑小枝和叶背面。幼虫受惊吐丝下垂，迅速转移，老熟后在卷叶内吐丝结茧化蛹
黑星麦蛾	成虫前翅黑褐色，近长方形。靠近前缘 1/3 处有一淡黑褐色的斑纹，翅中央有 2 个不明显的星状黑斑。幼虫胴部有 6 条淡紫褐色纵条纹，条纹之间为白色。以幼虫群居嫩梢卷叶危害蔷薇科果树，管理粗放的幼树果园发生较重。华北每年 3 代，山东 4 代，以蛹在杂草和落叶中越冬。卵单产或几粒成堆产于梢端未展开的嫩叶基部，幼虫吐丝卷叶作巢，内有白色丝质通道，在苞内仅取食叶肉，残留下表皮成纱网状。发生多时，1 个苞内有 10 多头幼虫。老熟后在虫苞内化蛹
苹果巢蛾	成虫体、翅有丝质银色闪光。前翅有 30～40 个小黑点，排列成行；后翅正反面均为银灰色。幼虫体灰黑色，自中胸至第 9 腹节在背毛与亚背毛间有大块黑斑，腹足趾钩呈多行环状排列。以幼虫危害蔷薇科果树及桑等植物。初龄幼虫潜食嫩叶及花瓣，2 龄后在枝上吐丝结网缠缀叶成巢，群居巢内食害叶和花等，大龄幼虫还能危害果实。属专性滞育昆虫。翌春苹果花芽开放后幼虫出鞘危害。每年 1 代，以初孵幼虫在卵块下越冬，寄主萌芽时开始活动，6 月上中旬化蛹盛期，6 月中下旬成虫盛发并产卵，卵成块产于 2 年生枝梢腋芽附近。7 月初开始孵化，以初龄幼虫在卵鞘下越夏、越冬
棉大卷叶蛾	成虫前、后翅内横线、外横线、亚缘线和缘线，均为褐色波状纹；前翅中室内的深棕色圆环与外侧的深棕色肾纹形成似“OR”纹。幼虫浅绿色，前胸背板黑褐色，有不规则的暗色斑纹，体毛较长。以幼虫卷叶危害木芙蓉、木槿、锦葵、蜀葵、木棉、大红花、悬铃花、吊灯花、海棠、栀子花、女贞等园林花木及棉花、麻类。在黄淮地区每年 3～4 代，华南 5～6 代，以老熟幼虫在枯枝卷叶和草丛中越冬。成虫有趋光性，卵散产于叶背，幼虫老熟后在卷叶内化蛹。8 月前后发生危害较重；凡暖冬和降水量大的年份易发生严重

6.4.4 重要卷叶蛾的测报方法

1.越冬幼虫出蛰期调查

在果园的向阳和背阴处各选择苹小卷叶蛾或褐带长卷叶蛾越冬虫口多的早熟和晚熟品种果树2株,在2~3个主侧枝的基部和上部30 cm处涂粘虫胶或铅油成环。从树芽绽裂开始,每隔1~2天调查1次,记载出蛰幼虫数量。当幼虫大量出现而尚未卷叶时,定为用药适期。也可在不同部位标定越冬茧100个,每2~3天调查1次,以新空茧记为出蛰数。当累计出蛰率达40%时,应立即发出防治预报。顶梢卷叶蛾可参考执行。

2.成虫期调查

从成虫始盛期开始,利用诱虫监测灯、糖醋液或性诱剂诱集成虫,每天记载诱虫量。当成虫连续出现,且数量激增时,即是成虫发生盛期,约1周后,便为幼虫孵化盛期,应进行防治。此外,正确掌握成虫盛期和产卵期,也可为赤眼蜂实时释放提供依据。

6.4.5 卷叶类害虫的防治方法

1.果树休眠期灭树体越冬幼虫

越冬期间,彻底刮除老翘皮和粗皮,集中烧毁。此后,每公顷用90%晶体敌百虫或50%杀螟松乳油1~1.2 L,加水500倍,在枝干上细致地喷雾,或涂刷3~5 °波美度石硫合剂或刷石灰膏,消灭越冬幼虫。

2.人工摘除虫苞

结合冬剪和夏季果园管理,及时摘除虫苞或捏杀苞内幼虫。

3.诱杀成虫

有条件者可连片设置诱虫灯诱杀成虫,每2~3 hm^2一盏灯,如能配合糖醋液或各自的性诱剂诱芯诱杀效果会更好。

4.生物防治

产卵始期至盛末期,每4~5天释放松毛虫赤眼蜂一次,共4次,每次每公顷释放至少45万头,若遇阴雨连绵,应适当增加放蜂量和次数,以保证防效。或每公顷用苏云金杆菌可湿性粉剂1.5~2 L,兑水1200~1500 kg喷雾,防治效果也很好。

5.药剂防治

以越冬代幼虫出蛰期和第1代幼虫孵化盛期为防治重点。可选用3.4%甲维盐微乳剂3000~4000倍液、35%氯虫苯甲酰胺水分散粒剂15000倍液、24%甲氧虫酰肼悬浮剂2500~3750倍液、5%虱螨脲悬浮剂1000~2000倍液、20%虫酰肼悬浮剂1600~2000倍液、1%苦皮藤素水乳剂4000~5000倍液、2.5%溴氰菊酯乳油2500倍液等药剂喷雾防治。

6.5 枯叶蛾类害虫

枯叶蛾(lappet moth)属鳞翅目枯叶蛾科。其中危害园艺植物较普遍的主要有天幕毛虫*Malacosoma neustria testacea* Motschulsky、苹果枯叶蛾*Odonestis pruni* L.、李枯叶蛾*Gastropacha quercifolia* L.及杨枯叶蛾*Gastropacha populifolia* Esper等。现以天幕毛虫作重点介绍。

6.5.1 天幕毛虫的分布与危害

天幕毛虫又名黄褐天幕毛虫、天幕枯叶蛾、带枯叶蛾、梅毛虫、顶针虫等。国外分布于俄罗斯、蒙古、日本、朝鲜；国内分布于东北、华北、华东、华中及陕西、甘肃、四川等地。食性杂，危害梨、梅、桃、杏、李、樱桃、樱花、苹果、海棠、沙果、山楂、玫瑰、核桃、杨、柳、樟、槐、榆、栎、落叶松等果树、林木、花卉。以幼虫吐丝结网张幕，群居天幕中食害嫩芽、新叶及叶片，幼虫近老熟时分散活动。随着虫龄的增长，食量逐渐加大。大发生年份，能将全树叶片吃光，严重影响树木的生长、发育，是柞蚕业、园艺和林业的大害虫之一。

6.5.2 天幕毛虫的识别特征

天幕毛虫如图 6-5 所示。成虫雌雄异型。雌蛾体长约 20 mm，翅展 29～40 mm，褐色。触角为锯齿状。前翅中部有 2 条深褐色横线，两横线中间为深褐色的宽带，宽带外侧有黄褐色镶边，其外缘有褐色和白色缘毛相间。雄蛾体长约 16 mm，翅展 24～33 mm，黄褐色。触角为双栉齿状。前翅中部有 2 条深褐色横线，两横线中间色泽稍深，形成上宽下窄的宽带。卵圆筒形，高约 1.3 mm，直径 0.3 mm，灰白色，越冬后深灰色。每块卵约 200 粒围绕枝条密集成一卵环，状似“顶针”。

幼虫共 5 龄。老熟时体长 50～55 mm，蓝黑色。头部暗褐色，密生淡褐色细毛，散生黑点。胴部背线黄白色，身体两侧各有橙黄色纹 2 条，各节背面有黑色瘤数个，上生许多黄白色长毛，腹面暗灰色，气门上线和下线均为黄白色。初孵幼虫身体为黑色。蛹体长 17～20 mm，雌蛹较雄蛹稍大，黄褐色，有金黄色毛。茧黄白色至灰白色。

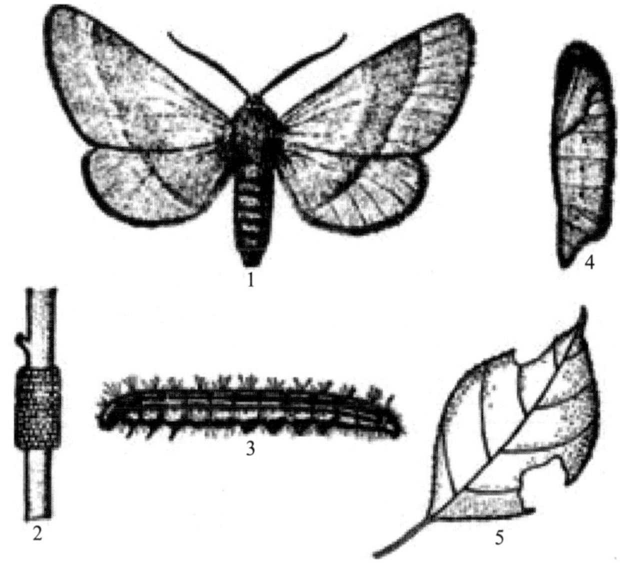

图 6-5 天幕毛虫

1. 成虫 2. 卵块 3. 幼虫 4. 蛹 5. 危害状

6.5.3 天幕毛虫的发生规律

专性滞育，每年1代，以完成胚胎发育的幼虫在卵壳内越冬。翌年当树木发芽，日均温度达11 ℃时，幼虫从卵壳内钻出，先在卵环附近危害嫩叶，并在小枝交叉处吐丝结网张幕而群居其中。白天潜居天幕上，夜间出来取食危害。天幕附近的叶片食尽后，再移至它处另张天幕。随着幼虫的长大，天幕范围也逐渐扩大，1个天幕可长达15 cm，宽9～12 cm。幼虫多在暖和的晴天活动取食，阴雨天则潜伏在天幕中不活动。幼虫历期6周左右，龄期愈大，食量愈增，易暴食成灾。近老熟时开始分散活动危害，遇振动有假死坠落习性。老熟后，多于叶片背面、树皮缝及附近杂草上结茧化蛹。蛹期11～12天，5月末至6月上旬成虫羽化，成虫羽化盛期为6月中旬左右。成虫晚间活动、交配、产卵，有趋光性。卵多聚产于被害树的当年生小枝条梢端，每块卵环有卵150～250粒，每雌产1块卵环，少数产2块。卵经过胚胎发育后以幼虫在卵壳中越冬。

6.5.4 其他常见枯叶蛾类害虫

其他常见枯叶蛾类害虫见表6-8。

表6-8 2种枯叶蛾

害虫种类	识别要点与发生概况
苹果枯叶蛾	又名苹毛虫、白点枯叶蛾。成虫赤褐或橙褐色。前翅内、外横线黑褐色弧形，近中室端有1个近圆形白斑。幼虫扁平，青灰色，体两侧具有灰褐色长毛，前胸气门前瘤突上具有黑色长毛束，中胸背面具有蓝黑色横列的短毛丛，第8腹节背面有1个瘤状突起。幼虫危害苹果、沙果、梨、李、杏、樱桃、梅、桃、栎、柳等的嫩芽和叶片，严重时将叶片吃光仅留叶柄。1年1～2代，以低龄幼虫贴伏在树皮或枝条上越冬。翌春寄主萌芽时开始活动，白天静伏在枝干上，夜晚取食，老熟后吐丝将叶纵卷，在其中作茧化蛹。成虫昼伏夜出，趋光性强，常3～4粒卵在一起产于枝干和叶上
李枯叶蛾	又名苹叶大枯叶蛾。成虫赤褐或茶褐色。前翅外缘和后缘略呈锯齿状，翅面上有3条波状黑褐色带蓝色荧光的横线，近中室端有1个黑褐色斑点，缘毛蓝褐色；后翅有2条蓝褐色波状横线，翅展时与前翅的波纹相接。幼虫扁平，青灰色，体两侧具有灰褐色长毛；前胸气门前瘤突上具有黑色长毛束，中胸背面具有蓝黑色横列的短毛丛，第8腹节背面有1个瘤状突起。寄主植物、生活习性与苹果枯叶蛾相似

6.5.5 枯叶蛾类害虫的防治方法

1. 人工防治

结合果树冬剪，彻底剪除枝梢上的越冬卵块，集中处理。幼虫发生期，结合栽培管理及时检查，捕杀在天幕中群居的幼虫；当幼虫分散后，可利用其假死性，摇树振落，予以消灭。

2. 保护利用天敌

天幕毛虫的天敌有赤眼蜂、寄生蝇、姬蜂、绒茧蜂和鸟类等，应加强保护。如为保护卵寄生蜂，可将卵块集中存放，消灭正常孵化幼虫后，将羽化的寄生蜂释放以重新进行寄生。

3. 灯光诱杀

利用诱虫灯大面积连片诱杀成虫。

4.药剂防治

在幼虫3龄前,每公顷用100亿活芽孢/g苏云金杆菌可湿性粉剂1.5～2.5 kg,50%辛硫磷乳油1.1～1.5 L,25%灭幼脲3号、25%除虫脲可湿性粉剂或5%抑太保乳油500～650 g(mL),20%米满悬浮剂、2.5%三氟氯氰菊酯乳油、10%联苯菊酯乳油、2.5%溴氰菊酯乳油、20%氰戊菊酯乳油或4.5%高效氯氰菊酯乳油350～450 mL,加水1200～2000 kg喷雾;林木较密地区可以使用2%敌敌畏烟剂7.5～10 kg/hm^{2}点燃放烟杀虫。

6.6 尺蠖类害虫

6.6.1 尺蠖类害虫的种类

尺蠖(inchworm,loopworm,spanworm)泛指鳞翅目尺蛾科的幼虫,由于腹部只有第六腹节上的1对腹足和1对臀足,爬行时身体可弯成弧状、一曲一伸,又称步曲。对园艺植物造成危害的主要有木橑尺蠖 *Culcula panterinaria* Bremer et Grey、枣尺蠖 *Sucra jujuba* Chu、梨尺蠖 *Apocheima cinerarius pyri* Yang、柿星尺蠖 *Percnia giraffata* Guenée、大叶黄杨尺蠖 *Calospilos suspecta* Warren、金银花尺蠖 *Heterolocha jinyinhuaphaga* Chu等。其中,木橑尺蠖寄主多、分布广,在丘陵山区危害较重;枣尺蠖为华北平原枣产区的主要害虫之一,有时在局部地区暴发危害。

6.6.2 重要尺蠖类害虫

6.6.2.1 木橑尺蠖

1.分布与危害

木橑尺蠖又名木橑步曲、黄连木尺蠖、核桃尺蠖、棍虫,主要分布于日本、朝鲜和我国的华北、华东、华中地区及陕西、四川、云南、广西等地。多食性,幼虫可危害杨、柳、榆、槐、木橑、黄连木、核桃、桃、板栗、美人蕉、吉祥草等30多科170多种植物的新芽、嫩叶和花蕾,尤喜食核桃和木橑。以幼虫取食寄主叶片,大发生时3～5天即可将树叶吃光,树冠呈火烧状。

2.识别特征(图6-6)

成虫:雌蛾触角丝状,雄蛾触角短羽状。前、后翅灰白色,近外缘有一串橙色及褐色组成的椭圆形斑,其中前翅7个,后翅5～6个,不明显;翅面有灰斑,灰斑的变异很大,前、后翅中室端部常各有1个大灰斑。

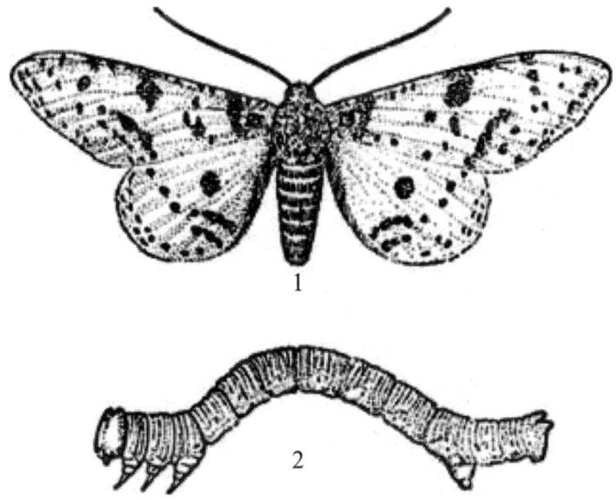

图6-6 木橑尺蛾

1.成虫 2.幼虫

卵:扁圆形,初为绿色,后变为灰绿色,孵化前变为暗绿色。卵块产,上覆一层黄棕色鳞毛。

幼虫:老熟时体长约75 mm,体色常随寄主而异:危害核桃、枫杨、臭椿、向日葵的多为淡黄褐色;危害刺槐、栎的为灰褐色或黄褐色;危害杏的为黑褐或红褐色。体上散生颗粒状突起。头部密生粗颗粒,头顶两侧具峰状突起,头与前胸在腹面连接处具一黑斑。

蛹：黑褐色有光泽。蛹体前端背面左右各有一耳状突起，每个突起由6～7瓣合成，故边缘不整齐。腹末臀棘短而宽，肛孔与臀棘两侧各有3个峰状突起。

3.发生规律

在华北地区每年1代，以蛹在树干周围的土中、梯田壁缝或碎石堆内越冬。成虫羽化期最早在5月上旬，7月中下旬为盛期，8月底为末期。7月上旬至8月下旬幼虫孵化，孵化盛期为7月下旬至8月上旬，幼虫危害期为7月上旬至10月下旬，7月下旬至8月为危害盛期。幼虫历期45天左右。

成虫多于夜晚9时至凌晨3时羽化，黎明前即可交配，交配时间长达16 h以上，交配后1～2天内产卵，产卵期5～10天。成虫不活泼，有较强的趋光性，多于夜间10～12时活动，寿命4～12天。卵多产于粗糙的树皮缝内或石块上，每雌产卵量多为1000～1500粒，最多可达3600粒。卵期9～11天。初孵幼虫有群集性，可吐丝下垂，借风力转移危害，2龄后分散危害，5～6龄时食量猛增，树叶被吃光后，即转害大田作物。幼虫停留时以腹足和臀足抓紧枝条，全身竖起，似一短棍，所以称作“棍虫”。8月中旬至10月下旬老熟幼虫坠地入土化蛹越冬。大发生年份，往往有几十或几百头幼虫聚在一起化蛹形成“蛹巢”。化蛹入土深度一般在3～6 cm。

越冬蛹的死亡率与土壤湿度关系密切，以土壤含水量10%最为适宜，在土壤含水量低于5%时成虫不能羽化，而在土壤含水量高于30%时大部分蛹死亡。所以，木橑尺蠖在冬季少雪、春季干旱的年份发生轻。5月的适量降雨有利于成虫羽化，幼虫发生量大。不同生态环境下越冬蛹的死亡率也不相同，阳坡死亡率高于阴坡，浅山区死亡率高于深山区，植被稀疏的荒山死亡率高于灌木丛生的荒山。成虫羽化的适宜温度为24.5～25 ℃，幼虫孵化的适宜温度为26.7 ℃，适宜的相对湿度为50%～70%，孵化率在90%以上。

6.6.2.2 枣尺蠖

1.分布与危害

枣尺蠖又名枣步曲，主要分布于辽宁、河北、山西、山东、河南、江苏、安徽、浙江、陕西等省。危害枣、苹果、梨和桑树的嫩芽、嫩叶及花蕾，严重发生年份，可将枣芽、枣叶及花蕾吃光，造成当年绝产，且影响翌年坐果。幼虫主要危害枣，对苹果的危害趋于严重。

2.识别特征(图6-7)

成虫：雌蛾灰褐色，无翅，触角丝状。雄蛾触角羽状；前翅灰褐色，内横线、外横线黑色清晰，中横线不太明显，中室端有黑纹，外横线中部折成角状；后翅灰色，中部有1条黑色波状横线，内侧有一黑点。

卵：椭圆形，初为淡绿色，有光泽，渐变为淡黄褐色，孵化前为暗黑色。常数十粒或数百粒聚集成一块。

幼虫：1龄幼虫黑色，有5条白色横环纹；2龄幼虫绿色，有7条白色纵条纹；3龄幼虫灰绿色，有13条白色纵条纹；4龄幼虫有13条黄色与灰白色相间的纵条纹；5龄幼虫灰褐色或青灰色，有25条灰白色纵条纹，老熟时体长约40 mm。

蛹：初为土红色，后变为红褐色。腹末较尖，端部分两叉，基部两侧各有一小突起。从蛹的触角纹痕可以区别雌雄。

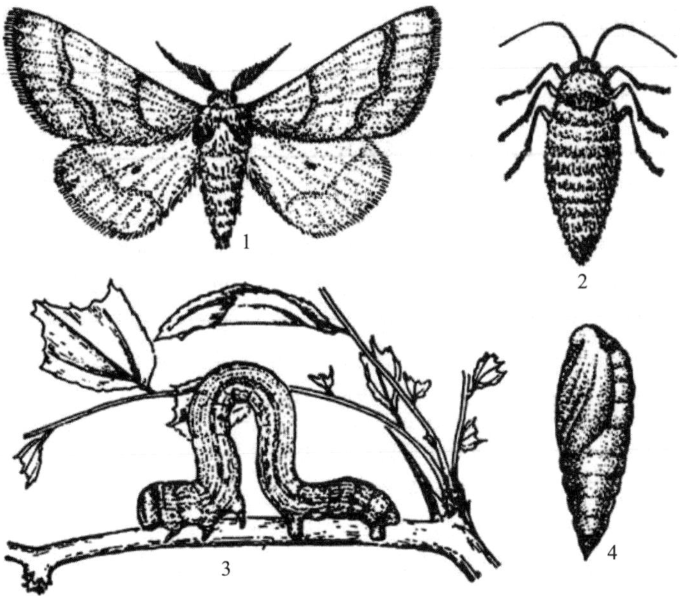

图 6-7　枣尺蠖

1.雄成虫　2.雌成虫　3.幼虫与危害状　4.蛹

3.发生规律

每年 1 代，以蛹在土中 5～15 cm 处越夏、越冬。蛹在土层中的分布因深度、位置而异，9～10 cm 土层占 42.5%，10～11 cm 土层中占 23.7%，约 70%的蛹分布于距离树干周围 21～60 cm 范围内。成虫于 3 月中旬开始羽化，苹果展叶、枣树萌芽时为羽化盛期。在河南、山东，幼虫从 4 月初至 5 月初孵化，4 月中旬为孵化盛期；幼虫危害期为 4—6 月，5 月上中旬危害严重；老熟幼虫于 5 月中旬开始吐丝下垂、入土化蛹，5 月下旬为化蛹盛期，6 月上旬结束。在山西，幼虫孵化期为苹果落花期，孵化末期为枣树初花期，老熟幼虫于 5 月下旬至 6 月中下旬开始入土，入土 6～7 天后化蛹。

每年春季 10 cm 深土层地温为 13.6 ℃左右时成虫羽化量最大，在小雨后天气转晴时羽化较多。羽化的雄蛾爬到树干主枝阴面静伏，雌蛾潜伏在土表，晚间交配。一般次日开始产卵，第 2、3 天为产卵高峰。成虫寿命可达 7 天，有假死性。卵成块产于枣树枝干粗皮裂缝内，每头雌蛾可产 1～10 个卵块，每个卵块有卵 73～350 粒，一生可产卵 1100 粒左右，卵历期 17～23 天。幼虫一般 5 龄，各龄幼虫期分别为 8 天、8 天、6 天、6 天、12 天。幼虫喜散居，爬行迅速，有假死和吐丝下垂的习性。1、2 龄幼虫爬过的地方即留下虫丝，嫩芽受丝缠绕难以生长。1～3 龄幼虫的食量仅占一生食量的 2.82%，4、5 龄幼虫则分别占 10.83%、86.35%。

4.测报方法

2 月底、3 月上旬选取 5 棵枣树，挖土检查树冠下的活蛹数，防治指标依树龄而异，10 年左右、20 年左右、40～60 年和 60 年以上枣树的防治指标分别为每株有蛹 3 头、9 头、18 头和 9 头，达此指标可进行树下防治。幼虫发生期的防治指标为 7.5 头/百株。

6.6.3 其他常见尺蠖类害虫

其他常见尺蠖类害虫见表6-9。

表6-9 其他常见尺蠖类害虫

尺蠖种类	识别要点与发生概况
梨尺蠖	成虫雌蛾无翅，雄蛾有翅。雄蛾体灰色至灰褐色，前翅密布小褐点，三条黑色横线与外缘略平行，后翅灰白密布小褐点，有不显著横线一或二条。雌蛾灰褐色，翅微小呈瓣状，腹背有两条黑色纵纹。老熟幼虫头部红褐色，背线与亚背线黄白色镶黑边，胸足红褐色，臀足深褐色。分布于华北和黄淮地区，危害梨、杏、苹果、山楂、柳、小叶杨、榆、槐等植物的叶片。每年1代，均以蛹在土中越冬。3—5月为幼虫危害期
柿星尺蠖	成虫体长25 mm左右，前后翅均为白色，上面分布许多黑褐色斑点，金黄色腹部背面每节两侧各有1个灰褐色斑纹。老熟幼虫头部黄褐色，躯干部第3、4节膨大并有椭圆形黑色眼形纹1对，暗褐色躯干背面分布有褐色弯曲的线纹。分布于华北、华东及河南、四川，以幼虫危害柿、核桃、梨、杏、李、山楂、苹果、酸枣等植物。在华北每年发生2代，以蛹在土中越冬。幼虫危害期为6月中旬至9月，低龄幼虫受惊后会吐丝下垂
大叶黄杨尺蠖	又名丝棉木金星尺蠖，成虫翅白色并有黑色和灰褐色大斑点甚多，前翅基部和内缘臀角附近、后翅内缘近臀角处各有大锈斑一个。腹部背板中央每节有一长方形黑点，并于两侧各有两个小黑点。老熟幼虫全体黑色，自背中线至腹中线两侧各有5条白色纵线，纵线间有黄色横线相连，形成长方形方格。分布于华东、华北、西北、中南等地区，主要危害大叶黄杨、丝棉木、欧洲卫茅、扶芳藤、榆、柳等植物，常造成大片黄杨绿篱枯死。华北每年发生3代，长江流域4代，以蛹在寄主附近土壤中越冬。4—10月为幼虫危害期
金银花尺蠖	成虫体色有季节性二型，春型（越冬代）为灰褐色，夏型（第1、2代成虫）为杏黄色。前翅前缘略拱，紫棕色内线波浪形，中室端部有一紫棕色圈。后翅中线明显呈紫棕色。老熟幼虫体长21～25 mm，体色为灰黑色，头部黄色，前胸黄色有2排黑斑，前4后8。背线灰白色，气门线橘黄色，复线、亚背线、气门上下线及亚复线均为灰白色。分布于山东、河南、浙江等地，幼虫主要危害药用植物金银花的叶片、花蕾，造成当年和翌年金银花严重减产。山东、河南1年3代，浙江1年4代，以幼虫和蛹在近表土枯叶下越冬。幼虫危害期为4月中旬到9月下旬。冬季温暖、发生期雨水多、湿度大有利于其发生

6.6.4 尺蠖类害虫的防治方法

1. 园艺措施防治

在秋季结合土壤深耕施肥和灌冬水，拣除并杀死越冬虫蛹；也可在晚秋上冻前或早春解冻后刨树盘，降低尺蠖有效越冬基数。

2. 物理机械防治

在7—8月，利用诱虫灯诱杀木橑尺蠖成虫。捣毁卵块，或在早晨露水未干前捕杀尺蠖成虫。对枣尺蠖，由于雌蛾不会飞，3月中、下旬可在树干基部离地表15 cm处上缠绕塑料薄膜裙，塑膜裙下部用沙堆封埋3～5 cm，阻止雌蛾上树交尾和产卵，并于每天早晨或傍晚捕杀。还可粘杀成虫，即直接将树干的粗皮刮去，涂10 cm宽的一圈粘虫胶或机油，以便将雌蛾直接粘杀在树干上。

3. 药剂防治

用药适期掌握在2～3龄幼虫盛发期，常用药剂有2.5%联苯菊酯水乳剂1.5～2 L/hm^2，5%甲维盐微乳剂180～240 mL/hm^2、0.5%苦参碱水剂1.1～1.3 kg/hm^2、15%茚虫威悬浮剂225～375 mL/hm^2、50%辛硫磷乳油1.2～1.5 L/hm^2、4.5%高效氯氰菊酯乳油330～600 mL/hm^2、2.5%溴氰菊酯乳油400～600 mL/hm^2。也可在幼虫孵化盛期用含孢量100亿/g以上的Bt制剂、20亿PIB/ mL的甘蓝夜蛾核型多角体病毒悬浮剂750～900 mL/hm^2。上述药剂加水1200～1500 kg均匀喷雾。

6.7 灯蛾类害虫

灯蛾(tiger moth)属鳞翅目灯蛾科，成虫在夜间活动，喜扑灯火，故称为“灯蛾”，幼虫身体多毛，以杂草、树木叶片为食。全世界已知6000余种，国内500余种，是园艺植物上重要的一类多食性食叶毛虫。园艺作物上发生的主要种类有美国白蛾 *Hyphantria cunea* Drury，红腹灯蛾 *Spilarctia subcarnea* Walker 和红缘灯蛾 *Amsacta lactinea* Cramer 等。现以美国白蛾做重点介绍。

6.7.1 美国白蛾的分布与危害

美国白蛾是林木、果树、花卉及农作物的重要食叶性害虫，也是一种世界性的检疫害虫，原产于北美洲。1979年我国辽宁省丹东地区首次发现，后又传播到陕西、北京、天津、山东等地。现在包括湖北、江苏和浙江等在内的14个省(自治区、直辖市)均有发生报道。美国白蛾寄主范围很广，在我国经初步调查寄主植物最低达37科94种植物，其中包括白蜡槭、杨树、柳树、榆、槐、椿等行道树，桃、苹果、山楂、樱桃和李等果树，及樱花、海棠、丁香、五叶枫等花木。喜食阔叶树，幼虫食害叶片，被害叶片仅留叶脉，严重发生时树木生长不良。在寄主树木缺乏或吃光树叶时，可取食临近农作物和杂草等。

6.7.2 美国白蛾的识别特征

美国白蛾的识别特征如图6-8所示。成虫体白色，头部和胸部背面被有浓密的白毛，体长9.5～15 mm，雌虫一般较雄虫大。雄虫触角黑色双栉齿状，翅展23～34 mm，前翅散生淡褐色斑点；雌虫触角褐色锯齿状，翅展33～44 mm，前后翅纯白色。卵块多产在叶片背面，卵近球形，直径约0.5 mm，初产的卵淡绿色或黄绿色，后逐渐加深变成灰绿色，近孵化时呈灰褐色，顶部呈黑褐色，具光泽，上面有规则刻点，单层有序排列，表面覆盖有雌蛾腹部脱落的毛和鳞片，呈白色。

幼虫体细长，圆筒形，1～3龄体黄绿色，4龄以后为橘黄或黑褐色。老熟幼虫体长28～35 mm，分为“黑头型”和“红头型”。“黑头型”头为黑色有光泽，背部具1条灰褐色的宽纵带，着生黑色毛瘤，体侧毛瘤多为橙黄色，毛瘤上生有白色长毛丛。气门白色，椭圆形，镶黑边。“红头型”头为柿红色，体色褐色具暗斑，背部纵线呈乳白色。我国发生的多为“黑头型”。茧为椭圆形，灰白色，常混以幼虫体毛。蛹长纺锤形，长8～15 mm，初淡黄色，后渐变为暗红褐色。

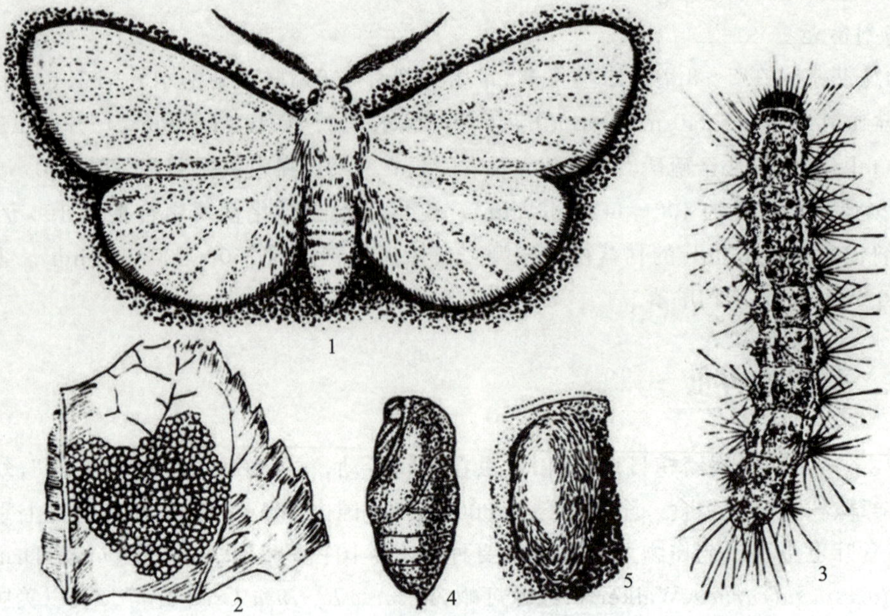

图 6-8　美国白蛾(仿蔡平和祝树德,2003)

1.成虫　2.卵　3.幼虫　4.蛹　5.茧

6.7.3　美国白蛾的发生规律

美国白蛾在辽宁 1 年发生 2 代,高温年份和辽南个别地区 3 代。以蛹在枯枝落叶下、建筑物缝隙、树皮裂缝、土石块下等处越冬。越冬代成虫发生期在 5 月中旬至 6 月下旬,7 月下旬至 8 月中旬第一代成虫发生。第一代幼虫发生期 5 月下旬至 7 月下旬;第二代幼虫发生期 8 月上旬至 11 月上旬。9 月初开始化蛹越冬。平均气温 18～28 ℃时,成虫寿命3～11 天,平均5 天,卵期 4～11 天,幼虫期 34～47 天,蛹期 9～11 天。美国白蛾在长江以南地区,如在芜湖 1 年发生 3 代,以蛹越冬。4 月上、中旬,越冬代成虫开始羽化,5 月上旬达到羽化高峰期。成虫始见期一般较苏北地区早 3～5 天,羽化高峰期基本一致。第 1 代卵在 5 月上旬可见,5 月中旬至 6 月下旬为第 1 代幼虫发生期,6 月中旬始见幼虫化蛹,6 月下旬至 8 月上旬为第 1 代成虫羽化期,7 月上旬进入羽化高峰期;第 2 代卵始见于 7 月上旬,幼虫发生期为 7 月中旬至 8 月中旬,7 月下旬进入蛹期,8 月上旬至 9 月上旬为第 2 代成虫发生期,8 月中旬为羽化高峰期;第 3 代卵在 8 月中旬始见,幼虫发生期在 8 月下旬至 10 月上旬,9 月下旬开始化蛹,9 月底 10 月初为化蛹高峰期。第 1 代幼虫发育较为整齐,各龄期较为同步,第 2、3 代由于同一世代的发育不同步,常出现世代重叠现象。

成虫喜夜间活动和交尾,飞翔力不强。繁殖力强,产卵于叶背,卵单层排列成块,每雌产卵量均在 500～700 粒,最高可达 2000 粒。幼虫在多数地区为 7 龄,1～3 龄吐丝结成网幕,在网幕内取食叶肉,其网幕通常包围树枝的枝梢;4 龄时幼虫即将分散,但仍在网幕中取食;5～6 龄幼虫爬出网幕单独行动,老熟幼虫停止取食,沿树干下行,在树干老皮或其他地方寻觅化蛹处。1 头幼虫一生可吃 10～15 片树叶,5 龄之后食量剧增。

美国白蛾的发育起始温度是 10 ℃,完成 1 个世代需要 800 日度,喜欢生活在阳光充足且温暖的地方。幼虫耐饥力强，最长可达15天，再加上老熟幼虫下树四处爬行寻找合适场所化蛹，极易随交通工具、包装物等远距离传播，多发生在公园、果园、居民庭院和休疗养院等处，车辆活动频繁的交通线两旁树木上尤为集中。高湿对幼虫发育有利。越冬蛹能忍受－30～－25 ℃的低温，但对早春温度骤然变动十分敏感。美国白蛾的天敌有日本追寄蝇 *Exorista japonica* Townsend、周氏啮小蜂 *Chouioia cunea* Yang 及草蛉、胡蜂、蜘蛛和鸟类等，病原菌有美国白蛾核型多角体病毒(NPV)和苏云金芽孢杆菌等。

6.7.4 其他常见灯蛾类害虫

其他常见灯蛾类害虫见表6-10。

表6-10 其他常见灯蛾类害虫

灯蛾种类	识别要点与发生概况
红腹灯蛾	又名人纹污灯蛾。成虫头胸部黄白色，腹部背面红色，腹面白色。前翅中央斜向顶角有1列黑点，两翅合拢时黑斑呈“人”字形。幼虫胴部黄褐色，各节上有毛瘤并生棕褐色长毛。以幼虫危害豆科、十字花科、茄科、葫芦科等多种蔬菜以及粮、棉作物和果树的叶片，严重时仅存叶脉，尚可危害花丝、嫩果等。江西、河北每年发生2～3代，以蛹在土下越冬。成虫昼伏夜出，有趋光性。卵多成块产于叶背，初孵幼虫群集叶背取食，3龄后分散活动，有假死性，老熟后入土结棕褐色茧化蛹
红缘灯蛾	又名红袖灯蛾、红边灯蛾。成虫体、翅白色，前翅前缘红色，中室上角常具黑点。腹部背面橙黄色并有黑色横带，腹面白色。幼虫深褐色，全身密被红褐色或黑色长毛，体侧具有1列红点。幼虫啃食白菜、萝卜、菜豆、玉米、大豆、苹果、梨等26科109种植物的叶、花、果实，危害盛期正值各种农作物的开花结果期，对产量影响较大。河北每年发生1代，南通2代，南京3代，均以蛹越冬。成虫和幼虫的习性同红腹灯蛾

6.7.5 灯蛾类害虫的防治方法

1. 植物检疫

为防止美国白蛾传播和蔓延，疫区调出的苗木、木材、鲜果、包装材料和交通工具等要实行严格的检疫。

2. 农业防治

美国白蛾1～4龄幼虫集中在网幕内取食，可人工摘网，集中销毁。利用老熟幼虫下树寻找化蛹场所习性，在树干上绑草把诱集老熟幼虫化蛹，蛹期后解下草把进行处理。

3. 生物防治

应用8000 IU/μL的苏云金芽孢杆菌悬浮剂250～300倍液，400亿孢子/g的球孢白僵菌可湿性粉剂1500～2500倍液树冠喷雾。可以在老熟幼虫期至蛹期，释放周氏啮小蜂进行防治。

4. 化学防治

在幼虫破网初期药剂防治最佳。可使用3%苦参碱水乳剂3000～6000倍液、5%环虫酰肼悬浮液40～80 mL/亩、5%甲维盐微乳剂2000～4000倍液、30%毒死蜱微囊悬浮液1000～2000倍液、25%灭幼脲悬浮液1500～2500倍液等喷雾防治。

6.8 菜蛾类害虫

小菜蛾 *Plutella xylostella* L. 属菜蛾科，是一种危害十字花科蔬菜的世界性重要害虫。由于小菜蛾自身的生理生化特性及化学药剂的持续使用，使其成为世界上抗药性最严重的农业害虫，几乎对所有化学药剂（近 100 种）均产生了不同程度的抗药性。现对其做详细介绍。

6.8.1 小菜蛾的分布与危害

小菜蛾又名方块蛾、吊丝鬼、两头尖等。以南方各地发生危害严重，以甘蓝、花椰菜、球茎甘蓝、白菜、萝卜、芥菜、油菜等蔬菜受害为主；也可危害紫罗兰、桂竹香等观赏植物及草大青、欧洲菘蓝等药用植物。

小菜蛾以幼虫危害叶片，初龄幼虫仅能取食叶肉，留下表皮，在菜叶上形成透明“窗斑”；3～4 龄幼虫食叶成孔洞和缺刻，严重时将菜叶取食成网状，降低蔬菜的食用价值。在蔬菜苗期，常集中心叶危害，影响菜苗的正常生长和后期包心。在留种株上，可危害嫩茎、幼荚和籽粒，影响结实。近年来，随着小菜蛾抗药性的发展，其发生日趋严重。

6.8.2 小菜蛾的识别特征

小菜蛾如图 6-9 所示。成虫灰褐色，体长 6～7 mm，翅展 12～15 mm。触角丝状，静止时伸向身体的前方。前翅披针形，缘毛极长，前缘灰褐色，后缘为三度曲折的黄白色波状带，两翅合拢时形成 3 个连串的菱形斑，缘毛翘起如鸡尾。

卵：椭圆形，长约 0.5 mm，宽 0.3 mm，淡黄绿色，具光泽。

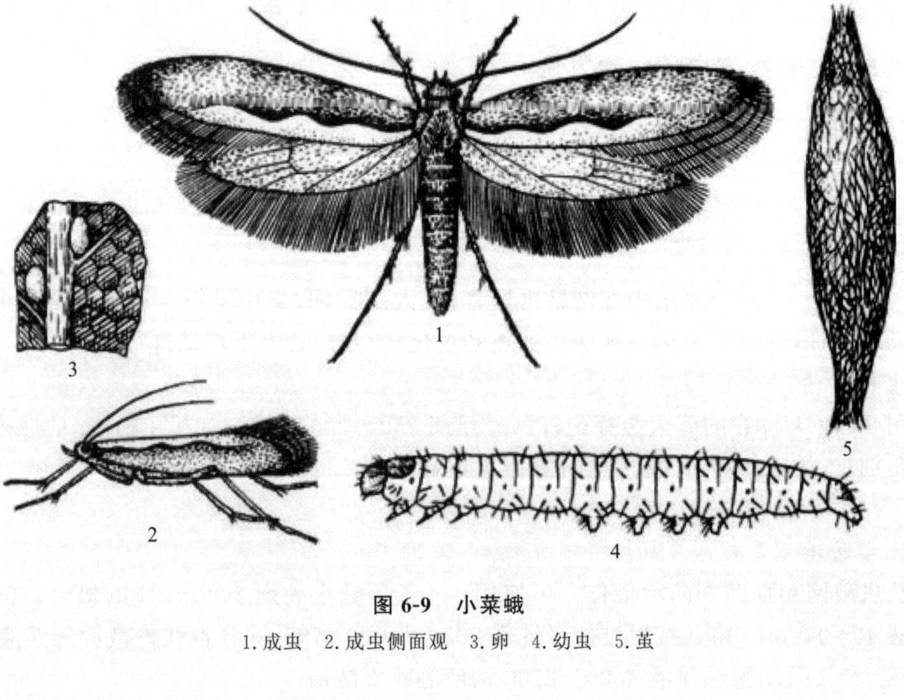

图 6-9 小菜蛾

1. 成虫 2. 成虫侧面观 3. 卵 4. 幼虫 5. 茧

幼虫：老熟幼虫体长 10～12 mm，体淡绿色，纺锤形。头部黄褐色。前胸背板上有淡褐色无毛的小点，排列成 2 个“U”字形纹。臀足向后伸，超过腹末。腹足趾钩单序缺环形。

蛹：长 5～8 mm，颜色变化较大，有绿、灰黑、粉红、黄白等色。无臀棘，肛门附近有钩刺 3 对，腹末有小钩 4 对。茧灰白色。

6.8.3 小菜蛾的发生规律

该虫每年发生代数因地而异，自北向南依次递增，东北地区 3～4 代，新疆 4～5 代，华北、山东、宁夏等地 5～7 代，长江流域 9～14 代，华南 17～22 代。世代重叠严重。在我国西、北部以蛹越冬，在长江流域及其以南地区，终年可见各种虫态，无滞育现象。小菜蛾全年发生危害情况各地不同，在新疆 7—8 月发生最重；华北、东北以春季为主，每年 4—6 月危害最盛；长江以南各省，每年有 2 次高峰期，分别为 3—6 月和 8—11 月，而秋季又重于春季。

成虫昼伏夜出，白天栖息在植株的隐蔽处，黄昏后开始活动，午夜前后为活动盛期。成虫具有趋光性，对黑光灯趋性强。成虫飞翔能力弱，但能随风作远距离迁移。成虫羽化当天即可交配，交配后 1～2 天开始产卵。产卵期 10 天左右，产卵高峰在前 3 天。卵多产于寄主叶片背面近叶脉的凹陷处，一般散产，时有几粒或十几粒聚集在一起。一般单雌可产 200 粒，最多可达 589 粒。产卵量与成虫的寿命、补充营养及外界环境温度密切相关。蜜源植物充足，温度适宜，则产卵量大。成虫产卵对寄主有选择性，喜欢在含有异硫氰酸酯类化合物的植物上产卵。成虫寿命一般为 11～28 天，越冬代可长达 2～3 个月，产卵期也随之延长，由此造成世代重叠。卵期一般 3～11 天，昼夜均能孵化。

幼虫共 4 龄。初孵幼虫潜入叶组织内，取食叶肉，形成小的隧道，到 1 龄末或 2 龄初才从隧道中退出来。2 龄后在叶背、叶心取食危害，叶片上形成“天窗”或缺刻、孔洞。4 龄食量大，占总食量的 80%以上。幼虫对食物质量要求极低，在老叶、黄叶上亦能完成其发育，故清洁田园是小菜蛾综合防治的一个重要环节。幼虫十分活泼，一遇惊动就扭动身体、倒退或吐丝下垂。幼虫老熟后在被害叶片背面结茧化蛹，也可在茎、叶柄、叶脉及枯草上化蛹。蛹茧稀薄，两端开放，以利于蜕皮和羽化。小菜蛾能否猖獗成灾则与环境条件密切相关。不同温度对小菜蛾生长发育的影响见表 6-11。

表 6-11 不同温度对小菜蛾生长发育的影响

温度/ ℃	世代历期/天	卵孵化率/%	幼虫化蛹率/%	蛹羽化率/%	成虫寿命/天	产卵量/(粒/雌)
16	51	58.06	48.61	42.85	13	124
20	34	68.23	58.90	40.91	11	170
25	28.5	88.94	94.26	94.42	11	235
29	20	81.25	49.23	37.50	6	80
32	15.5	57.50	17.39	25.00	4	40

来源：(扬州，1984)

由表 6-11 可知，最适宜菜蛾种群增长的温度为 25 ℃左右，这就是导致小菜蛾在春、秋季发生危害严重的主要原因之一。另外，小菜蛾各虫态的抗寒能力较强，0～10 ℃时，成虫可存活数月，且能产卵；日均温度在 0.3～1.7 ℃时，幼虫在中午尚能取食。据报道，老熟幼虫和蛹的过冷却点为－15.25 ℃和－17.00 ℃。空气相对湿度对小菜蛾生长发育的影响显著性不强，但暴雨或雷雨的冲刷，对卵及幼虫损害极大，长期阴雨对其发育和繁殖不利，因此在夏季及多雨的年份发生量少。小菜蛾的天敌种类很多，捕食性天敌有各种蜘蛛、瓢虫、草蛉、步甲、蛙类。寄生性天敌主要有菜蛾绒茧蜂 *Apanteles plutellae* Kurdjumov 和菜蛾啮小蜂 *Tetrastichus sokolowskii* Kurdjumov，自然寄生率很高。此外，菜蛾幼虫颗粒体病毒在田间自然感染量也很大。十字花科蔬菜周年连作、相互间作套种，大田临近苗床，管理粗放等，都有利于小菜蛾的发生。

6.8.4 小菜蛾的防治方法

1. 园艺措施防治

合理布局，尽量避免十字花科蔬菜周年连作或早、中、晚熟品种的邻作；对苗田加强管理，及时防治，避免将虫源带入本田；蔬菜收获后，及时清除残株败叶，并随即翻耕。

2. 诱杀成虫

在小菜蛾成虫发生盛期，每公顷设置 1～2 盏诱虫灯诱杀成虫，或应用人工合成的菜蛾性诱剂诱芯诱杀雄虫。如绿色天然橡胶塞型菜蛾性诱剂诱芯一般每公顷用 15～45 个，于成虫扬飞前，将小菜蛾性信息素引诱剂及配套棋盘式诱捕器悬挂于田间，以高出作物（蔬菜）10～15 cm为宜。通常情况下，1 个月左右更换一次诱芯。此法大面积连片应用，效果显著。

3. 生物防治

常用的生物制剂有 50000 IU/mg 的苏云金芽孢杆菌可湿性粉剂 450～750 g/hm^2、200 亿孢子/g 的球孢白僵菌可分散油悬浮剂 225～300 mL/hm^2、300 亿 病毒包涵体（occlusion body，OB）/mL 的小菜蛾颗粒体病毒悬浮剂 375～450 mL/hm^2 等进行防治，视蔬菜大小和密度酌情选用药液 750～1200 kg 喷雾。国内外已有多例小菜蛾对苏云金芽孢杆菌和阿维菌素等生物农药产生抗药性的报道，使用时注意轮换用药。

4. 化学防治

因小菜蛾发育期短，世代数多，常年发生，农药使用频繁，已对多种类型的农药产生了抗性，抗性程度各地不尽相同。故在防治时，要根据当地小菜蛾的抗性范围和程度，结合虫情慎重选择杀虫剂，注意轮换用药，切忌一种农药常年连续使用，以减缓抗性发展。防治适期掌握在幼虫孵化盛期至 2 龄前。由于小菜蛾有集中心叶危害习性，故尽可能把药喷入心叶和叶背。常用药剂有：5%氟啶脲乳油 0.6～1.2 kg/hm^2、5%氯虫苯甲酰胺悬浮剂 450～825 mL/hm^2、2.5%高效氯氰菊酯水乳剂 600～900 mL/hm^2、20%虫螨腈微乳剂 225～325 mL/hm^2、30%茚虫威水分散粒剂 135～165 g/hm^2、22%氰氟虫腙悬浮剂 1.05～1.20 L/hm^2、2%印楝素水分散粒剂 225～300 g/hm^2、0.5%苦参碱水剂 0.9～1.35 L/hm^2、5.7%甲维盐 30～45 g/hm^2、3%阿维菌素水乳剂 270～360 g/hm^2、6%乙基多杀菌素悬浮剂 300～600 mL/hm^2 等药剂。视蔬菜大小和栽植密度酌情选用药液每公顷 750～1200 kg 喷雾。

6.9 螟蛾类害虫

螟蛾（snout moth）所在的螟蛾科是鳞翅目最大的科之一，已知 17800 多种，我国已知 2000 多种，很多是重要的农林害虫，以取食植物叶片、钻蛀果实或茎秆等方式危害。在园艺植物上的螟蛾主要有瓜绢螟（*Diaphania indica* Saunders）、菜螟（*Oebia undalis* Fabricius）、草地螟

(*Loxostege sticticalis* L.)和黄杨娟野螟(*D. perspectalis* Walker)等。现以瓜绢螟作重点介绍。

6.9.1 瓜绢螟的分布与危害

瓜绢螟别名瓜野螟、瓜螟。在国内,主要分布北起辽宁,南至台湾,西至四川的广大地区;在国外,主要分布于伊朗、巴基斯坦、印度、印度尼西亚、日本、朝鲜、韩国、澳大利亚以及南美洲部分国家。瓜绢螟幼虫主要危害葫芦科植物如西瓜、丝瓜、苦瓜、黄瓜、甜瓜、冬瓜,番茄、茄子、马铃薯等。幼虫啃食叶片、花,严重时仅留叶脉,并能啃食瓜果,甚至蛀入果实和茎蔓。

6.9.2 瓜绢螟的识别特征

瓜绢螟的识别特征如图 6-10 所示。成虫前后翅白色半透明,略带紫光,前翅前缘和外缘、后翅外缘均为黑色,翅面其余部分为白色。瓜绢螟成虫与黄杨绢野螟极其类似,其主要区别在于后者在前翅前缘褐带中有 2 个白斑,一个位于距翅基 2/3 处,一个在前翅顶角前缘与外缘相交的内侧,呈新月形。卵扁平椭圆形,淡黄色,表面有网状纹。幼虫草绿色,亚背线粗、白色,气门黑色,各体节上有瘤状突起,上生短毛。蛹长约 11 mm,浓褐色,头部光滑尖瘦,翅芽伸及第六腹节。蛹外被薄茧。

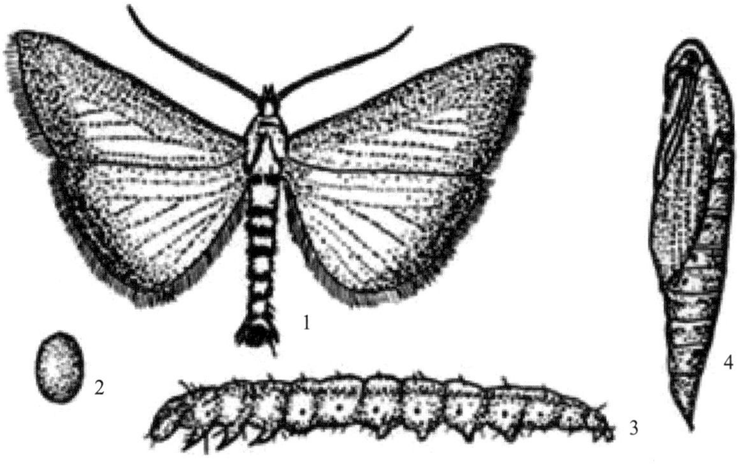

图 6-10 瓜绢螟(仿陆自强和祝树德,1990)

1.成虫 2.卵 3.幼虫 4.蛹

6.9.3 瓜绢螟的发生规律

由北向南每年发生 2～6 代,以老熟幼虫或蛹在枯卷叶中越冬。成虫昼伏夜出,趋光性弱。卵散产或几粒在一起产于叶背。幼虫 3 龄后,多缀叶危害或食花及幼瓜。幼虫活泼,遇惊吐丝下垂转移。老熟后在被害叶片上作白色薄茧越冬。

6.9.4 其他常见螟蛾类害虫

其他常见螟蛾类害虫见表 6-12。

表 6-12 其他常见螟蛾类害虫

螟蛾种类	识别要点与发生概况
菜螟	成虫前翅黄褐色，内横线、外横线和外缘线均为白色波纹状，内、外横线间有一深色肾状纹。幼虫中后胸各有 6 对毛瘤，横排成一行，腹部各节背、侧面有 2 排毛瘤，前排 8 个，后排 2 个。以幼虫危害萝卜、白菜、油菜、甘蓝、花椰菜等。由北到南每年发生 3～9 代，均以 8—10 月危害最重，以老熟幼虫在地面吐丝缀合土粒、枯叶成丝囊越冬，少数以蛹越冬。成虫昼伏夜出，趋光性差。卵多散产于菜苗嫩叶上。初孵幼虫蛀食心叶；3 龄时吐丝缀合心叶，在内取食，使心叶枯死；4～5 龄幼虫可蛀食叶柄、茎髓或根部。幼虫老熟后在菜根附近的土中化蛹。高温低湿，利于发生
草地螟	又名黄绿草螟。成虫前翅灰褐色至暗褐色，翅中央稍近前缘有 1 近长方形的淡黄色或淡褐色斑，外缘为黄白色，并有 1 串淡黄色小斑点连成条纹，后翅沿外缘有 2 条平行的黑色波状纹。幼虫头部黑色，胴部黑色或黑灰至黄绿色，前胸盾片有 3 条黄色纵纹，背部有 2 条黄色的断线。以幼虫取食甜菜、油菜、向日葵、豆类、马铃薯和梨等，以草地和新垦地区的寄主植物发生危害严重。1 年发生 2～4 代，以老熟幼虫在土内做茧越冬。成虫昼伏夜出，喜产卵于灰菜、刺蓟等植物近地面茎叶上，趋光性强。幼虫共 5 龄，3 龄后食量大增，危害草坪时常出现褐色的斑块

6.9.5 螟蛾类的防治方法

1. 农业防治

合理布局，避免葫芦科蔬菜连片种植、连作及轮作；及时清园，即在前茬蔬菜采收完毕后，及时将残存藤蔓、枯叶清除到田外集中深埋沤肥；设施蔬菜移栽瓜苗时确保不带虫进棚。采用高温闷棚的方法，先将地面深翻，覆盖地膜后灌水，再将大棚密闭。通过采用大棚膜和地膜进行双层覆盖，地表下 10 cm 处最高地温可达 70 ℃，经过 7～10 d 的热处理，可起到明显的杀虫效果。

2. 物理机械防治

当管理区域虫害处于点状或片状危害时，可以根据危害状人工捕捉；利用灯光诱捕成虫作为辅助措施配合整个防控体系，以降低每代虫源基数。此外，利用高压静电放电装置可以较好杀灭黄瓜幼苗上的幼虫，防效可达 60%以上。

3. 生物防治

可以利用性信息素诱杀成虫。运用生物源农药如印楝素、苦参碱、乙基多杀菌素、阿维菌素以及 Bt 制剂也可以较好地防控低龄幼虫。如每公顷用 32000 IU/mg 苏云金杆菌 G033A 可湿性粉剂 1.1～1.5 kg，兑水 450～750 kg 喷雾防治。

4. 化学防治

每公顷用 25%乙基多杀菌素水分散粒剂 180～210 g、3%阿维菌素水乳剂 270～350 g、10%溴氰虫酰胺可分散油悬浮剂 225～300 mL、虫螨腈微乳剂 225～325 mL 或 10%四氯虫酰胺悬浮剂 450～600 g 等，兑水 450 kg 喷雾防治，对瓜绢螟的防治效果均较好。喷施过程中应严格控制浓度，以免造成药害。蔬菜生产季节注意轮换用药，防止瓜绢螟抗药性快速增加。

6.10 夜蛾类害虫

6.10.1 夜蛾类害虫的种类

夜蛾(noctuid moth)属鳞翅目夜蛾科。其种类很多，在不同地区经常对园艺植物造成危害的主要有甜菜夜蛾 *Spodoptera exigua* Hübner、斜纹夜蛾 *S. litura* Fabricius、甘蓝夜蛾 *Barathra brassicae* L.、银纹夜蛾 *Plusia agnata* Staudinger、玫瑰巾夜蛾 *Parallelia arctotaenia* Guenée、石榴巾夜蛾 *P. stuposa* Fabricius、梨剑纹夜蛾 *Acronycta rumicis* L. 等。其中尤以甜菜夜蛾、斜纹夜蛾、甘蓝夜蛾为甚。

6.10.2 重要夜蛾类害虫

6.10.2.1 甜菜夜蛾

1. 分布与危害

甜菜夜蛾为世界性害虫，国内主要分布于东北、华北、西北和长江流域各省。原在黄河流域危害严重，近年来在我国广大地区频繁暴发，严重危害多种蔬菜作物。可取食 35 科、108 属、138 种植物，包括十字花科、茄科、豆科、伞形花科、百合科、葫芦科等。

2. 识别特征(图 6-11)

成虫：灰褐色。前翅外缘线由一列黑色三角形小斑组成，翅面有黑白二色双线两条，并有黄褐色肾状纹和环状纹。后翅银白色。

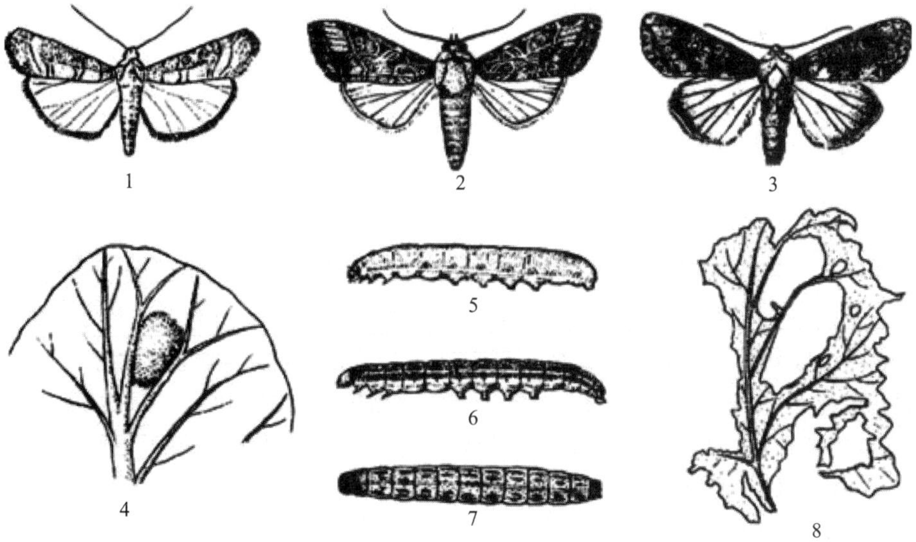

图 6-11 甜菜夜蛾、斜纹夜蛾和甘蓝夜蛾

甜菜夜蛾：1. 成虫 5. 幼虫 斜纹夜蛾：2. 成虫 4. 卵块 6. 幼虫

甘蓝夜蛾：3. 成虫 7. 幼虫 8. 3 种夜蛾的危害状

卵:半球形,白色。卵粒重叠成块,卵块表面覆盖有白色鳞毛。

幼虫:体色变化较大,有绿色、暗绿色、黄褐色、褐色、黑褐色等。体侧有一条黄白色纵带,末端直达腹末但不达到臀足。各体节两侧有一明显的白点,位于各体节气门后上方,以绿色个体最明显。

蛹:第3~7节背面、第5~7节腹面有粗刻点。臀棘2根,呈叉状,短刚毛2根。

3.发生规律

甜菜夜蛾在华北地区每年发生4~5代,在长江流域5~6代。在我国北方主要以蛹在土下越冬,在长江流域及以南地区可以幼虫或蛹在土下越冬,但在亚热带和热带地区可终年生长、繁殖与活动,无越冬现象。在江苏每年发生5~6代,少数年份可发生7代,各代发生时间是:第1代5月上旬至6月下旬,第2代6月上中旬至7月中旬,第3代7月中旬至8月下旬,第4代8月上旬至9月中下旬,第5代8月下旬至10月中旬,第6代9月下旬至11月下旬,第7代发生在11月上中旬,这一代由于气温低,不能发育完全,为不完全世代。全年主要发生在7—9月。

成虫白天隐蔽在作物枝叶下,夜间取食、交尾、产卵,对诱虫灯有较强的趋性。卵多产在叶背面,成块,卵块上覆盖有白色鳞毛。每头雌成虫可产卵100~600粒,最多可达1868粒。卵经3~6天后孵化。幼虫孵出后即在卵块附近的叶背群集危害,2龄后开始分散,3龄后进入暴食期,其食叶量占整个幼虫期的90%以上。幼虫具假死性,受惊后即卷曲落地。大龄幼虫具负趋光性,在7—9月,白天均潜入土中或栖息于地面,取食多在夜间进行。幼虫一般5龄,幼虫期11~39天,老熟后入土做土室化蛹,蛹期7~11天(表6-13)。

表6-13 不同温度下甜菜夜蛾各虫态的发育历期

温度/℃	卵期/天	幼虫期/天	幼虫期/天
20	4.26	18.91	12.28
22	4.07	16.67	10.96
24	3.46	13.78	9.23
26	3.12	12.71	8.57
28	2.96	11.82	8.26
30	2.45	10.61	7.43
32	2.30	10.83	7.41

高温干旱利于甜菜夜蛾大发生。研究表明:在40℃恒温下卵仍能正常孵化。在我国发生危害最严重的时期均出现在当地气温较高的时候。如广东、深圳等地可常年发生,以5—8月危害最重。福建省4—5月第1代甜菜夜蛾的虫源基数低,发生较轻,6—8月随着气温逐渐升高,甜菜夜蛾危害猖獗。在长江流域,甜菜夜蛾的大发生与上年和当年的气候密切相关,尤其是当年7—9月的气温和降雨量。据陆志平报道,苏州地区甜菜夜蛾在大田发生轻重与当年入梅和出梅的早迟以及7—9月3个月的气候密切相关,入梅早、夏季炎热少雨,秋季甜菜夜蛾发生重。

4.测报方法

每年3~10月份在青菜、豇豆、苋菜等甜菜夜蛾主要危害蔬菜上调查,每隔5天一次,每块地调查30~100株,记录卵、各龄幼虫数量。同时在菜地设置诱虫灯监测成虫消长动态。利用诱虫灯诱蛾和田间调查结果，结合气象资料及甜菜夜蛾各虫态发育历期，预测卵孵化高峰期，从而确定防治适期。

6.10.2.2 斜纹夜蛾

1. 分布与危害

斜纹夜蛾又名莲纹夜蛾，危害 99 科、290 余种植物，在蔬菜中可危害甘蓝、白菜、番茄、茄子、马铃薯、辣椒、苋菜、蕹菜、豆类、瓜类以及葱、蒜、藕、芋，花卉中可危害百合、丁香、大丽花、菊花、荷花、鸡冠花、唐菖蒲、月季、睡莲等。分布极广，为世界性害虫。幼虫危害植物叶部，也危害花及果实，虫口密度大时常将全田作物吃成光杆或仅剩叶脉，常蛀入心叶把内部吃空，造成腐烂和污染，且能转移危害，大发生时能造成严重减产。

2. 识别特征（图 6-11）

成虫：暗褐色，胸部背面有白色毛丛。前翅灰褐色，表面多斑纹，从前缘中部到后缘有一灰白色带状斜纹。后翅白色。

卵：扁平球形，表面有网纹。卵块产，不规则重叠成 2 层或 3 层，卵块上覆盖灰黄色绒毛。

幼虫：头部淡褐至黑褐色。胸腹部颜色多样，有黑色、黄色或暗绿色等色型。老熟幼虫背线及亚背线黄色。中胸至第 9 腹节亚背线内侧有近半月形或三角形黑斑，每体节 1 对，而以第 1、7 和 8 节黑斑最大。胸足黑色。

蛹：腹部第 4 节背面前缘及第 5～7 节背、腹面前缘密布圆形刻点。

3. 发生规律

斜纹夜蛾每年多代。在广东等南方地区，终年都可繁殖，冬季可见到各虫态，无越冬休眠现象；在长江流域每年发生 5～6 代，以幼虫或蛹在土中越冬。幼虫每年 7—10 月皆可危害，长江流域 7—8 月危害重，黄河流域 8—9 月危害重。

成虫夜间活动，飞翔力强，对诱虫灯的趋性强，需补充营养，补充营养显著影响其繁殖力，对糖醋液及发酵的胡萝卜、豆饼等也有很强的趋性。产卵成块，卵块由 3 或 4 层卵粒叠成，外覆盖有灰黄色绒毛，集中于叶片背面的叶脉分叉处。每雌可产卵 8～17 块，1000～2000 粒。卵历期在日平均温度 22.4 ℃下为 5～12 天，25.5 ℃下为 3～4 天，28.3 ℃下为 2～3 天。

幼虫共 6 龄，其活动习性与甜菜夜蛾相似。幼虫历期在日平均温度 21.2 ℃下为 24～41 天，25 ℃下为 14～20 天，26.8 ℃下为 16～18 天，29.5 ℃下为 3～17 天，30 ℃下为 11～13 天。老熟后即入土造一卵圆形的蛹室化蛹，深度多为 3～7 cm。危害水生蔬菜的老熟幼虫能浮到岸边化蛹。蛹期在 23～27 ℃下为 10～17 天，28～30 ℃下为 8～11 天。斜纹夜蛾为喜温而又耐高温的害虫，但抗寒能力弱，冬季低温冰冻易引起死亡。各地均以全年温度最高的季节发生危害最严重。水肥条件好、生长茂密的田块虫口密度大，土壤干燥对化蛹、羽化不利，大雨、暴雨对低龄幼虫均不利。

6.10.2.3 甘蓝夜蛾

1. 分布与危害

甘蓝夜蛾在全国分布极普遍，部分年份发生严重，一般北方地区较南方地区发生严重。甘蓝夜蛾能危害 30 科、120 种植物，主要危害甘蓝和牛皮菜，还危害瓜类、豆类、辣椒、番茄、茄子、马铃薯、甜菜、蕹菜、大丽花、紫荆、鸢尾等。严重时可以造成毁灭性灾害。

2.识别特征(图 6-11)

成虫:灰褐色。前翅有多条波状黑色横线,肾状纹和环状纹较接近,后者圆且大,环状纹下方有一黑色短棒状纹。近翅顶角前缘有 3 个小黑点。后翅白色,外缘有一宽的浅褐色纵带。

卵:半球形,黄白色,卵粒表面有三序放射状纵棱。卵块无绒毛。

幼虫:体色多变化。一般头部黄褐色,具不规则褐色花纹,体背褐色至暗褐色,腹面黄褐色。每体节背面有 2 个马蹄形斑纹。体侧有一条黄白色纵带延伸至臀足。

蛹:腹部第 4、5 节后缘和第 6、7 节前缘有深褐色横带。第 5～7 节前缘有小刻点。臀棘 2 根,末端球状。

3.发生规律

甘蓝夜蛾在东北和新疆每年发生 2～3 代,一般发生 2 代;江浙一带、北京、内蒙古、宁夏 2 代;四川 3～4 代。各地均以蛹在土中越冬,入土深度以 7～10 cm 为多,有明显的滞育现象。越冬蛹一般于翌年春季气温达 15～16 ℃时出土羽化。2 代地区,越冬代成虫于 5 月出现,3 代地区于 4 月,4 代地区于 3 月,由北向南发生期逐渐提早。各地幼虫严重危害时间不同,黑龙江及新疆在 8—9 月,西藏主要在 8 月,山东以 6—7 月发生最重,湖南、四川有 2 个高峰,分别在 4—5 月和 9—10 月。江浙危害高峰在 5—6 月和 9—10 月。各代成虫出现的时间是:越冬代于 4 月上旬至 5 月上旬,第 1 代 5 月下旬至 6 月中旬,第 2 代 9 月上旬至 10 月中旬。第 1 代幼虫于 5 月中下旬化蛹,极少部分化蛹早的于 6 月羽化成虫,可发生第 3 代,而化蛹迟的一部分,则以蛹在土中越夏,9 月开始羽化,这一部分只发生 2 代。

成虫昼伏夜出,以 21～23 时活动最盛。对诱虫灯及糖醋液有较强的趋性。羽化后于次日可交尾,交配后 2～3 天开始产卵。卵成块,多产在中下部叶片的背面,卵粒不重叠。每块卵平均有卵 140～150 粒。每雌产卵 5～6 块,总产卵量 500～1000 粒。产卵量与补充营养有关,补充营养不足,产卵量受影响。产卵的适宜温度为 21.8～35.2 ℃,温度较低或较高时产卵量都要下降。卵的发育最适温度为 23.5～26.5 ℃,在适温下卵历期为 4～5 天。初孵幼虫集中在叶背取食,3 龄后分散于产卵株附近植株上危害,4 龄后日间多潜伏于心叶、叶背或寄主根部附近表土中,夜间外出危害。此时食量逐渐增大,至 6 龄食量最大,常暴食成灾。当食料缺乏时,能成群迁移。在适温范围内,幼虫历期 20～30 天。幼虫老熟后入土化蛹,蛹期一般为 10 天,越夏蛹期约 2 个月,越冬蛹期可达半年以上。

甘蓝夜蛾各虫期的生长发育受到温湿度的严格限制。温暖和偏高湿度最适宜。一般日平均温度为 18～25 ℃,相对湿度为 70%～80%,对该虫的生长发育有利。温度低于 15 ℃或超过 30 ℃,相对湿度低于 65%或高于 85%就有不利的影响。这是导致间歇性大发生的主要原因之一。而成虫能否获得充足的补充营养,则影响很大。有的地区越冬代成虫期适逢十字花科蔬菜留种菜和果树开花,有丰富的蜜源植物,这是春季大发生的主要因素之一。

4.测报方法

4—10 月用诱虫灯监测成虫发生动态,每天记录诱蛾量,监测发生始盛期、盛期和盛末期。同时选择不同类型的甘蓝田,进行田间发生消长调查,每块随机选取 50 株,调查田间卵量和各龄幼虫数量。每 10 天查一次。根据诱虫灯诱蛾量的消长情况和田间调查结果,结合气象预测和发育历期预测 1～2 龄幼虫的发生期及发生量。

6.10.3 其他常见夜蛾类害虫

其他常见夜蛾类害虫见表 6-14。

表 6-14 其他食叶夜蛾类害虫

害虫种类	识别要点与发生概况
银纹夜蛾	成虫前翅深褐色，中央有一三角形银纹，还有 1 个马蹄形银斑。幼虫体淡绿，前端较细、后端较粗，腹足 2 对，背线与亚背线白色，行走曲伸状。以幼虫危害十字花科、豆科蔬菜以及一串红、翠菊、大丽花、菊花、美人蕉等多种植物。各地发生代数不同，均以蛹越冬。翌年 5—6 月出现成虫，7—9 月为幼虫危害期。成虫昼伏夜出，趋光性强。卵多散产于叶背，低龄幼虫在叶背取食叶肉，3 龄后分散危害，将叶片和花食成缺刻
石榴巾夜蛾	成虫中、内横线灰白色，顶角有 2 个黑褐色斑，后翅从前缘中部至后缘中部有一灰白色带。幼虫第 1 腹节背面有 1 对小黑斑，第 8 腹节前面有 2 个黑色毛突隆起。寄主为石榴，以幼虫危害枝梢及嫩梢皮。西安每年 2～3 代，以蛹在土中越冬。成虫昼伏夜出，具趋光性。卵多产于新梢叶腋间。幼虫姿态似尺蠖
梨剑纹夜蛾	梨产区普遍有分布。危害苹果、梨、桃、李、杏、山楂、樱桃等。北方每年 2 代，江苏 1 年 4 代左右，以幼虫在枯枝落叶下或土中结茧化蛹越冬。成虫具趋光性和趋化性，卵产于叶背，成块。初龄幼虫群居叶背啃食叶肉，3 龄后分散食害叶片成缺刻状
玫瑰巾夜蛾	成虫前、后翅均具白色中带。幼虫第 1 腹节背面有 1 对黄色小眼斑，第 8 腹节背面有 1 对黑色小眼斑，第 1、2 腹节常弯曲成桥形，臀足发达，常支持虫体竖立很久而不动。主要危害玫瑰、月季。幼虫危害叶片成不规则缺刻，也咬食花蕾和花。以蛹在土中越冬。从 5 月中旬至 10 月在玫瑰、月季上都可发现幼虫危害。成虫昼伏夜出

6.10.4 夜蛾类害虫的防治方法

1. 农业防治

在晚秋或冬季深耕土壤、铲除杂草、清洁田园，可以消灭大部分越冬蛹，减少来年的虫口基数。

2. 诱杀成虫

利用成虫的趋光性和趋化性，用诱虫灯和糖醋液进行诱捕，或用胡萝卜、甘薯、豆饼等发酵液加少量敌百虫进行诱杀。

3. 人工采卵和捕捉幼虫

3 种夜蛾的卵成块，易于识别，3 龄前的幼虫多群集在叶面危害，可实施人工捕捉防治。

4. 药剂防治

用药适期掌握在 1～3 龄幼虫盛发期，注意将药剂喷到叶片背面及下部叶片。常用药剂有：10％溴氰虫酰胺悬乳剂 150～345 mL/hm^2；5％甲维盐水分散粒剂 22.5～37.5 g/hm^2；150 g/L 茚虫威悬浮剂 210～270 mL/hm^2；240 g/L 虫螨腈悬浮剂 210～300 mL/hm^2；50 g/L 虱螨脲悬浮剂 450～600 mL/hm^2；10％虫酰肼乳油 2.1～3 L/hm^2；35％氯虫苯甲酰胺水分散粒剂 105～150 g/hm^2；60 g/L 乙基多杀菌素悬浮剂 300～600 mL/hm^2；0.5％苦参碱水剂 1.2～1.35 L/hm^2；32000 IU/mg 苏云金杆菌 G033A 2.25～3 kg/hm^{2}等。上述药剂加水均匀喷雾。

6.11 天蛾类害虫

天蛾类(hawk moth)属鳞翅目天蛾科。其种类较多,危害园艺植物较普遍的是甘薯天蛾 *Herse convolvuli* L.、豆天蛾 *Clanis bilineata* tsingtauica Mell、霜天蛾 *Psilogramma menephron* Cramer、桃天蛾 *Marumba gaschkewitschi* Bremer et Grey、葡萄天蛾 *Ampelophaga rubiginosa* Bremer et Grey、芋单线天蛾 *Theretra pinastrina* Martyn、芋双线天蛾 *T. oldenlandiae* Fabricius 等。现以甘薯天蛾作重点介绍。

6.11.1 甘薯天蛾的分布与危害

甘薯天蛾又名旋花天蛾。属世界性害虫,国内分布普遍,凡有甘薯栽培的地区均有发生。主要危害甘薯、蕹菜、牵牛花、日光花等旋花科植物,还能危害扁豆、赤豆、芋艿、葡萄、楸树等,是一种偶发性害虫。幼虫取食叶和嫩茎,食量很大,严重时能把甘薯叶吃光,导致巨大损失。

6.11.2 甘薯天蛾的识别特征

甘薯天蛾如图 6-12 所示。成虫体长 41～52 mm,翅展 100～120 mm。雄虫触角栉齿状,雌虫为棍棒状,两者均末端膨大,且有一小钩。体翅暗灰色,胸部有两丛黑褐色鳞毛构成“八”字纹。腹部背面中央有 1 条暗灰色宽纵带,各节两侧依次有白、粉红、黑色横带 3 条,似虾壳状。前翅上有多条锯齿状或云斑状纹,顶角有黑色斜纹;后翅淡灰色,有 4 条黑褐色横带。

图 6-12 甘薯天蛾

1. 成虫 2. 卵 3. 幼虫 4. 蛹 5. 危害状

卵球形,直径约 2 mm,初产时淡黄绿色,渐变为淡黄色,孵化前为黄白色。

幼虫体粗壮,光滑,老熟时体长 83～100 mm。头部两侧各有 2 条黑纹。胴部许多体节上有横皱,每节形成 6～8 个小环;第 1～8 腹节侧面有黑褐色斜纹,第 8 腹节背面有一尾状突。幼虫体色有 2 种:一种为绿色型,体绿色,头淡黄色,腹部斜线白色,气门杏黄色,尾角黄色,端部黑色;另一种为褐色型,体暗褐色,密布黑斑,腹部斜线黑褐色,气门红色。

蛹长约 56 mm,初为褐绿色,渐变为红褐色。喙很长而伸出,并弯曲呈象鼻状,后胸背面有粗糙刻纹 1 对,第 1~8 腹节各节背面近前缘也有刻纹;臀棘三角形,表面有颗粒突起。

6.11.3 甘薯天蛾的发生规律

每年发生代数因地而异,如北京每年 1~2 代,山东、河南、安徽等地 3~4 代,湖北、湖南、四川等地 4 代,福建 4~5 代,均以蛹在 10 cm 左右深的土中越冬。各地区成虫发生期见表 6-15。尽管各地发生代数不同,但均以 7 月下旬至 9 月发生数量最多。

表 6-15　各地甘薯天蛾各代成虫发生期

地点	越冬代	第 1 代	第 2 代	第 3 代	第 4 代
山东邹城	5 月中旬至 6 月下旬	7 月下旬至 8 月上旬	8 月下旬至 9 月上旬		
河南淅川	5 月上中旬	6 月中下旬至 7 月上旬	8 月上中旬		
湖北襄阳	5 月中旬	7 月上旬	8 月上中旬	9 月上中旬	
湖南长沙	5 月上旬至 6 月下旬	7 月上旬至下旬	8 月上旬至 9 月	9 月上旬至 10 月上旬	
四川成都	4 月下旬至 6 月中旬	6 月中旬至 7 月下旬	7 月下旬至 8 月下旬	8 月下旬至 10 月上旬	
安徽五河	5 月上旬至 6 月中旬	6 月下旬至 7 月下旬	8 月上旬至 9 月上旬	9 月下旬至 10 月下旬	
福建平潭	4 月下旬	6 月下旬	7 月中下旬	8 月下旬至 9 月上旬	10 月上中旬

成虫白天隐藏在荫蔽处,黄昏后飞出取食植物的花蜜、交配、产卵,晚 7~11 时为活动盛期,此后活动减弱。产卵前期一般 1~2 天,卵多散产在甘薯叶背面,也可产在叶正面或叶柄上。成虫产卵有较强的选择性,凡叶色浓绿、生长茂盛的薯田产卵多,单作薯田产卵量多于间作薯田。雌蛾平均产卵量为 1523 粒,最多达 2852 粒。成虫趋光性和飞翔力均很强。当环境条件不利时,有向适生区迁飞的习性,如干旱时,成虫趋向低洼潮湿地段或落雨地区,连续降雨湿度过大时则飞向高地,因此形成区域性危害。卵期在 26~29 ℃时 4~5 天,23~25 ℃时 6~7 天。

幼虫共 5 龄。初孵幼虫先取食卵壳,继而在叶背剥食叶肉,1~2 天后便吃叶成小孔,2~3 龄后幼虫吃叶成缺刻。1~4 龄幼虫食量小,食叶 3~4 片。5 龄为暴食期,可食叶 29~38 片,占总食量的 88%~92%。虫口密度高时,可将薯叶和嫩尖全部吃光,仅留梗、蔓,严重影响产量。食料缺乏时,幼虫能成群迁往邻近薯田危害。幼虫爬行速度达 50 m/h,迁移距离可达 200 m 以上。在食料不缺乏时,幼虫老熟后亦四处爬行寻找化蛹场所,所以甘薯天蛾不完全在薯田中化蛹。老熟后入土做土室化蛹,一般在松软的土壤里化蛹较多,如土地干硬,入土困难,也可在薯叶遮盖处化蛹。在 23~29 ℃时,幼虫历期为 16~23 天,预蛹期 1~3 天。蛹期在 26~29 ℃时为 10 天,21 ℃时 23~24 天。

甘薯天蛾发生轻重与气候因素密切相关,其中夏季雨量是影响其发生轻重的重要因素。雨量少、温度高,有利于发生。在 23~35 ℃时,各虫态的发育速率随温度升高而加快,但温度超过 37 ℃时，卵不能孵化，蛹亦不能存活。幼虫不耐低温，若秋季骤然降温或霜期提前，能抑制最后一代的发生，减少越冬基数。湿度主要影响成虫的羽化，相对湿度在 75%左右时有利羽化。据报道，甘薯天蛾卵寄生蜂主要有螟黄赤眼蜂、松毛虫赤眼蜂和黑卵蜂等。一般年份，对 2、3 代卵的寄生率达 30%～40%。幼虫的寄生蜂主要有黄茧蜂、螟蛉悬茧姬蜂等，捕食性天敌有金星步甲、赤胸步甲、中华螳螂、华姬猎蝽、青翅隐翅甲、蜘蛛、鸟类及两栖爬行类等。这些天敌对甘薯天蛾的发生起一定的抑制作用。

6.11.4 其他常见天蛾类害虫

其他常见天蛾类害虫见表 6-16。

表 6-16 6 种常见天蛾科园艺害虫

害虫种类	识别要点与发生概况
豆天蛾	成虫黄褐色，前翅狭长，有 6 条波状横纹，前缘近中央有一淡黄色半圆形斑；幼虫黄绿色，第 1～7 腹节两侧各有 1 条向背后方倾斜的淡黄色斜线，尾角黄绿色。以幼虫危害大豆及豇豆、紫藤、刺槐等豆科植物的叶片。在北方每年 1 代，南方 2 代，以老熟幼虫在土中 9～12 cm 处作室越冬。翌春化蛹和羽化，成虫飞翔力、趋光性较强，喜食花蜜，卵多散产于嫩叶背面。幼虫 3 龄前白天藏于叶背，夜间取食；4～5 龄昼夜取食。卵期 4～8 天，幼虫期平均 39 天，在 2 代区的蛹期 10～15 天
芋单线天蛾	又名芋天蛾、芋黑纹天蛾。成虫全体黄褐色，前翅中央有宽阔黑带，自翅基直伸至翅顶角，带的前方近中室处有 1 个小黑点，近外缘有 3 条深色线，伸至翅顶角而重合。幼虫体色有 2 型：一型为草绿色，第 1～7 腹节两侧具橄榄状眼状纹，眼状纹外围黑色，中间是大黑点。另一型为灰褐色，腹部第 1～7 节两侧有明显黑色眼状纹，眼状纹连线和气门下线间黄白色，成一条宽带。分布在华南地区。幼虫危害芋类、白薯、蕹菜等旋花科植物的叶片。在广东每年 6～7 代，以蛹在杂草丛中越冬。翌年以 7—8 月发生危害最重。成虫昼伏夜出，具趋光性、趋化性，飞翔力强，卵散产于叶背。幼虫共 5 龄，老熟后可吐丝卷叶或入土做土室化蛹
桃天蛾	又名桃六点天蛾、枣桃六点天蛾，几乎遍布全国。成虫黄褐至灰褐色。前翅外缘波状，各横线均为黑褐色波状，近臀角处有 1 个紫黑色斑点。后翅枯黄色，近后角处有 2 个黑斑。前后翅共 6 个黑斑，故称桃六点天蛾。幼虫黄绿色，胸部两侧各有 1 条白色纵线，腹部各节均有黄白色斜条纹，尾角甚长。幼虫蚕食桃、枣、李、杏、樱桃、枇杷、苹果、梨、葡萄等叶片，残留粗脉和叶柄。东北每年 1 代，黄淮流域 2 代，江西 3 代，以蛹在土中越冬。成虫昼伏夜出，具趋光性。卵多散产于枝干阴暗处或裂缝中，偶产于叶上。幼虫老熟后多于树冠下 4～7 cm 深处疏松的土内作室化蛹。幼虫期以绒茧蜂为优势种天敌
葡萄天蛾	又名葡萄车天蛾，几乎遍布全国。成虫茶褐色，体背中央从前胸至腹末有 1 条灰白色纵线。前翅各横线均为暗茶褐色，中横线较宽，外横线较细呈波纹状。幼虫绿色，体两侧各有 1 条白色亚背线，中胸至第 7 腹节两侧各有 1 条向背后方倾斜的黄白色斜线。另外，第 1～7 腹节背面具有呈"八"字形的黄白色短斜线。幼虫食害葡萄、黄荆、乌蔹莓等的叶片。每年 1～2 代，以蛹在表土层内越冬。成虫夜晚活动，有趋光性，卵多散产于叶背或嫩梢上。幼虫夜晚取食，活动迟缓，食光一枝叶片后再转移到邻近枝条危害，幼虫老熟后入土化蛹

表 6-16

害虫种类	识别要点与发生概况
霜天蛾	又名泡桐灰天蛾。几乎遍布全国。成虫胸部背面灰褐色，肩板两侧有黑色纵带，后缘有黑斑 1 对，组成 1 个黑框。体背中线棕黑色，腹部背中线两侧有棕色纵带。幼虫绿色，胸部背面有横列的白色颗粒 8～9 排，腹部两侧有 7 条白色斜带。幼虫蚕食泡桐、楸树、丁香、凌霄、樱花、桃、女贞、桂花、茉莉、栀子、猫尾木、樟树、白蜡树、悬铃木、楝树等的叶片。每年 1～3 代，以蛹在土中越冬。成虫昼伏夜出，趋光性强。卵散产于叶背。幼虫有转移它枝危害习性，老熟后落地潜入土中化蛹
芋双线天蛾	又名凤仙花天蛾、芋叶灰褐天蛾、凤仙花斜纹天蛾。成虫体、翅灰褐色，前翅具 2 条(一宽一细)自翅基直伸至翅顶角的黑色斜纹。幼虫胸部两侧各具 9 个排列整齐的小圆斑，腹部第 1～7 节背侧各有 1 个黄色眼状斑。几乎遍布全国。幼虫危害凤仙花、水芋、牡丹、芍药、花叶芋、葡萄、山核桃、黄麻、白薯等的叶片。每年 2～3 代，以蛹在土中越冬。成虫有趋光性，卵散产于嫩叶上。幼虫于 6—9 月间盛发，老熟后入土结粗茧化蛹

6.11.5 天蛾类害虫的防治方法

1. 农业防治

在晚秋或冬季翻耕田地，破坏自然越冬环境，促使越冬蛹冷冻死亡，或翻至土面的蛹被天敌啄食，以便减少越冬虫源。

2. 人工捕杀

结合甘薯田间管理，随时捕杀幼虫。

3. 诱杀成虫

在成虫盛发期的傍晚至夜间，利用成虫吸食花蜜的习性，用糖浆毒饵诱杀或到蜜源植物多的地方用网捕杀。同时，根据其趋光性可用诱虫灯大面积连片诱杀成虫。

4. 保护利用天敌

特别在化学防治时，应尽量选用对天敌杀伤力小的化学药剂或者生物源农药。例如，每公顷施用 1%甲维盐乳油 3000 倍液，1%印楝素水分散剂 700 倍液或者 8000 IU/mg 苏云金杆菌可湿性粉剂 1.5～2.25 kg，加水 1200～2000 kg 喷雾。每公顷施用 30%污泥蓼乳油 750 mL 对甘薯天蛾幼虫具有很好的持续控制作用，同时对其优势天敌螟蛉悬茧姬蜂 *Charops bicolor* Szépligeti 高度安全。

5. 药剂防治

当 3 龄前幼虫达 100 头/百株或 3～5 头/m^2时，每公顷可选用 50%辛硫磷乳油 1.1～1.5 L，25%灭幼脲悬浮剂 225～500 mL，25%除虫脲可湿性粉剂 0.9～1.05 kg，5%高效氟氯氰菊酯微乳剂 150～225 mL，10%联苯菊酯乳油、2.5%溴氰菊酯乳油或 4.5%高效氯氰菊酯乳油 350～450 mL，加水 1200～2000 kg 喷雾。

6.12 蝶类害虫

6.12.1 蝶类害虫的种类

蝶类(butterflies)属鳞翅目锤角亚目,多为观赏昆虫。但其中也有一些种类,如菜粉蝶 *Pieris rapae* L.、玉带凤蝶 *Papilio polytes* L.、香蕉弄蝶 *Erionota torus* Evans、柑橘凤蝶 *P. xuthus* L.、山楂粉蝶 *Aporia crataegi* L.、桂花蛱蝶 *Kironga ranga* Moore 等,其幼虫对蔬菜、果树等造成严重危害。现以前 3 种作为代表重点介绍。

6.12.2 重要蝴蝶的分布与危害

6.12.2.1 菜粉蝶

1. 分布与危害

菜粉蝶属粉蝶科,幼虫又名菜青虫,分布全世界。菜粉蝶幼虫主要取食、危害十字花科植物叶片,对叶片较厚的球茎甘蓝和结球甘蓝危害最重,将叶片咬成孔洞,严重发生时可将叶片全部吃光。幼虫造成的伤口又可引起软腐病的侵染和流行。在缺乏十字花科寄主时,也可危害白花菜科、百合科、金莲花科等 9 科 35 种植物。

2. 识别特征(图 6-13)

成虫:雌蝶体、翅乳白色。前翅正面近翅基部灰黑色,约占翅面的一半;顶角有三角形大黑斑,大斑下有 2 个小黑斑;沿后缘有 1 条灰黑色带。雄蝶前翅正面基部灰黑色部分较小,后缘无黑色带。

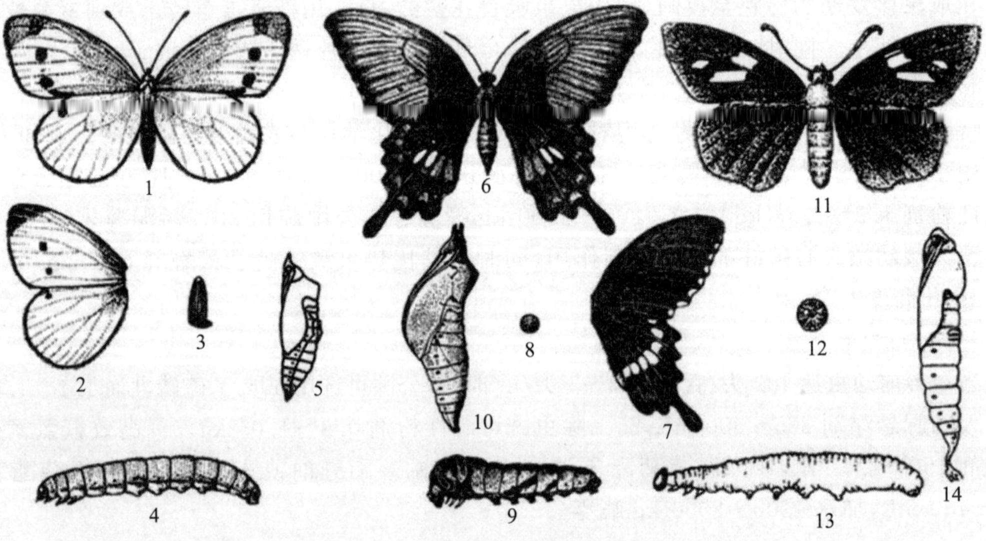

图 6-13 菜粉蝶、玉带凤蝶和香蕉弄蝶

菜粉蝶:1. 雌成虫 2. 雄成虫前后翅 3. 卵 4. 幼虫 5. 蛹

玉带凤蝶:6. 雌成虫 7. 雄成虫前后翅 8. 卵 9. 幼虫 10. 蛹

香蕉弄蝶:11. 成虫 12. 卵 13. 幼虫 14. 蛹

卵：近似瓶形，顶端收窄，初为淡黄色，后为橙黄色。

幼虫：老熟幼虫背面青绿色，腹面淡绿而带白色，背中线淡黄色。体表密布细小黑色毛瘤和细毛。每体节有4～5条横皱纹，各体节在气门线上有2个黄斑，其一为环状，围绕着气门。气门淡褐色，围气门片黑褐色。

蛹：蛹体灰黄、灰绿、灰褐、青绿等色。略呈纺锤形，头部前端中央有一短而直的管状突起。

3.发生规律

每年发生代数因地而异。黑龙江3～4代，华北地区4～5代，山东5代，南京7代，上海7～8代，成都、杭州、武汉8代，长沙8～9代，但长沙以南世代数又趋减少，如广西7～8代。由于越冬蛹较分散、环境差异大，春天羽化时间参差不齐，越冬代成虫出现期可长达1个月以上，故世代重叠，给防治带来了困难。

夜间或阴雨天，成虫栖息在植物丛中，白天活动，以晴朗无风的白天中午活动最盛。经常在蜜源植物与产卵寄主之间穿梭飞翔。成虫寿命2～5周，雌虫较长。雌虫产卵前期3～4天，产卵期2～6天。每雌产卵量多为10～100粒，最多达500余粒。产卵量与气候及补充营养有关，从春季到初夏，产卵逐渐增多；盛夏气温过高，产卵量渐减少。卵散产，夏季多产在寄主叶片背面，凉爽季节多在叶片正面。尤其喜好在十字花科厚叶类蔬菜如甘蓝上产卵，因为此类蔬菜含有较多可吸引成虫产卵的芥子油糖苷。菜地边缘尤其是蜜源植物附近的菜地，卵的密度常较大，因而呈嵌纹分布；而后随着幼虫的成长，又逐渐趋向随机分布。幼虫共5龄，大多在清晨孵化，孵化后先吃卵壳，再吃叶片。低龄幼虫皆停留在寄主叶面剥食、危害叶肉，形成窗斑。稍大后开始蚕食叶片，形成孔洞或缺刻，并能侵入菜球内取食，在心球中遗留大量虫粪。4～5龄时食量大增，可将叶片全部吃光。老熟后在较干燥的环境里化蛹，非越冬代蛹常在老叶背面、植株底部、叶柄里面等处以腹部末端黏附在其上，并吐一丝带束缚在身体第1腹节上。

阴凉的气候条件适宜菜粉蝶幼虫发育：温度16～31 ℃，相对湿度68%～86%，以25 ℃、相对湿度76%左右最为适宜。最适降水量为每周7.5～12.5 mm，雨水的机械冲刷作用可使卵和幼龄幼虫死亡。各虫态发育起点温度、有效积温、致死温度见表6-17。

表6-17　菜粉蝶发育适温的相关数据

参数	卵	幼虫	蛹	世代
发育起点温度/ ℃	8.4	6.0	7.0	—
有效积温/日度	56.4	217	150.1	423.5
致死低温/ ℃	—	<−9	—	—
致死高温/ ℃	—	>32	—	—

菜粉蝶种群数量常随季节、寄主植物的栽培方式和天敌数量等而变化。一般规律是：春季随气温变暖趋于适宜，虫口逐渐上升，在春夏之交达到高峰。盛夏温度偏高（日平均温度经常超过32 ℃）或雨季雨量过大，虫口迅速下降。秋季又因气温下降而虫口回升。春、秋两季十字花科蔬菜面积大，食料充足，而夏季其栽培面积较小、天敌多，因此春、秋两季危害严重。辽宁兴城以7、9月为盛发期，而武昌、合肥、南昌、长沙、杭州、南京等地则以春末夏初（4—6月）及秋末冬初（9—11月）危害重。在江苏扬州，第1代幼虫一般在4月上旬至5月中旬发生，第2代发生在5月上旬至6月下旬，该代发生量最大，危害最重。第3、4代在7—8月发生，第3

代种群数量开始下降，第 4 代数量极少。第 5 代发生在 8 月下旬至 9 月下旬，其种群数量明显回升。9 月下旬至 10 月中旬发生第 6 代，是秋季的危害高峰。第 7、8 代发生在 10—11 月。在南方春季盛发期稍早，秋季盛发期稍迟，而北方地区则反之。周年种植十字花科蔬菜的地区，夏季 7—8 月间气温略低的年份，菜粉蝶也会严重发生。另外，降雨量较多不利于菜粉蝶的生长发育，因而在华南地区发生较轻。

4. 测报方法

用期距法对当地菜粉蝶主要危害世代的发生期进行预测。选择当地有代表性的十字花科蔬菜，按早、中、晚播种或定植的类型田各 1 块，每块面积 500 m^2 以上。从卵初见起，在各类型田按"Z"字形选取 10 个样点，每样点 3～5 株，每 5 天调查 1 次，逐株记载卵、1～2 龄幼虫、3～4 龄幼虫、5 龄幼虫、蛹的数量，重点注意每次的新增卵量。一般卵高峰后 7 天左右、甘蓝包心前为药剂防治的最佳时机。结合表 6-18 中的防治指标，确定是否需要防治。

表 6-18　菜粉蝶的防治指标

甘蓝生育期	百株卵量/粒	百株 3 龄以上幼虫量/头
发芽期(2 叶)	10	5～10
幼苗期(6～8 叶)	30～50	15～20
莲座期(10～24 叶)	100～150	50～100
成熟期(24 叶以上)	200 以上	200 以上

6.12.2.2　玉带凤蝶

1. 分布与危害

玉带凤蝶属凤蝶科，以幼虫食害叶片和嫩梢，以柑橘苗木和幼树受害最重，山地或近山地橘园发生较多，国内各柑橘产区都有分布，以华南更为常见。玉带凤蝶除危害柑橘类植物外，还可危害花椒、黄檗和山椒子。

2. 识别特征(图 6-13)

成虫：体、翅黑色。雄蝶前翅外缘有 9 个或 7 个黄白色斑点，后翅中央横列大型黄斑 7 个，前后翅斑点相连，形似玉带。雌蝶前翅无斑纹；后翅外缘有半月形红色小斑点数个，在臀角处有深红色眼状纹，但斑纹常有变化。

卵：圆球形，初为黄绿色，后变深黄，孵化前紫黑色。

幼虫：1 龄幼虫淡褐色，头黑色，体被白色刺毛；低龄幼虫虫体呈鸟粪状，虫体上有较多突起的肉刺；老熟幼虫深绿色，后胸背板前缘有一齿状黑线纹，中间有 4 个灰紫色斑点，腹部第 4 节和第 5 节两侧各有 1 条灰黑色斜纹，这些斜纹不在体背相交。臭腺角紫红色。

蛹：蛹体灰黄、灰褐或绿色，肥胖，腹面弯突呈弧状，中胸背板突起短而钝。

3. 发生规律

在浙江黄岩每年 4 代，成都、南昌 4～5 代，福州和广州 6 代，均以蛹附着在橘树枝干或附近其他植物枝干上越冬。越冬蛹历期 103～121 天。在黄岩，各代成虫发生期分别为 5 月上旬至中旬、6 月中旬至下旬、7 月中旬至下旬及 8 月中旬至下旬。各代幼虫发生期分别为 5 月中旬至 6 月上旬、6 月下旬至 7 月上旬、7 月下旬至 8 月上旬、8 月下旬至 9 月中旬。南昌前 3 代成虫发生期分别为 3 月中旬至 5 月上旬、5 月下旬至 6 月上旬、6 月中旬至 7 月下旬，以后各世代重叠不易划分。田间 4—11 月都能见到幼虫。成虫于 10 月底或 11 月初终见。

成虫在傍晚至清晨多栖息于灌木丛中，白天活动，常飞舞于田间与庭园中吸食花蜜，多于 9～12 时交配，当日或次日产卵。卵多散产于柑橘嫩叶及嫩梢顶端，9～12 时产卵最多，每雌产卵量 48 粒以上。初孵幼虫先吃卵壳，再取食嫩叶边缘，长大后常把嫩叶吃光，老叶片仅留主脉。幼虫共 5 龄，食量随龄期增加而增大，1 头 5 龄幼虫一昼夜可食大叶 5～6 片。3 龄前的幼虫在叶片上很像鸟粪，受惊扰则伸出臭腺角，放出芳香气。幼虫老熟后，在枝干或叶背等隐蔽场所先吐丝固定其尾部，再作一丝环绕腹部第 2、3 节之间，将身体系在枝叶上化蛹。

6.12.2.3 香蕉弄蝶

1. 分布与危害

香蕉弄蝶属弄蝶科，又名香蕉卷叶虫、蕉苞虫，分布于福建、台湾、广东、广西、云南、湖南、江西等地，危害香蕉、粉蕉、紫蕉、芭蕉、美人蕉、马尼拉麻等蕉属(*Musa*)植物。幼虫卷结叶片成叶苞，食害蕉叶，发生严重的蕉园叶苞累累，蕉叶残缺不全，影响产量。

2. 识别特征(图 6-13)

成虫：体、翅黑褐色或茶褐色。触角黑褐色，近端膨大部白色。前翅前缘近基部有灰黄色鳞毛，翅中央有个黄色方形大斑，近外缘有一黄色方形小斑。前后翅缘毛均呈白色。

卵：馒头形，顶部平坦。初为黄色或粉黄色，后为深红色，顶部灰黑色。

幼虫：体被白色蜡粉。头黑色，略呈三角形。胴部(胸、腹部合称)第 1、2 节细小如颈，第 3～5 节逐渐增大，第 6 节以后大小均匀，各节具横皱纹 5～6 条，并密生微毛。

蛹：淡黄白色，略呈圆筒形。口喙伸达或超出腹末，末端与体分离。臀棘末端有许多钩刺。

3. 发生规律

在福建福州、沙县、永安等地每年 4 代，以老熟幼虫在叶苞中越冬。《中国果树病虫志》报道的生活史见表 6-19。广西南宁 1 年 5 代，越冬代幼虫于 3 月上旬始见，3 月中旬成虫盛发，第 1 代幼虫发生于 3—4 月，末代幼虫于 10—11 月发生，12 月下旬幼虫进入越冬期，但仍有部分幼虫继续取食。各代各虫态的发育历期见表 6-20。

表 6-19　香蕉弄蝶年生活史(福建沙县)

虫态	越冬代	第 1 代	第 2 代	第 3 代	第 4 代
幼虫	3 月上中旬	4 月中旬至 6 月中旬	6 月下旬至 7 月下旬	8 月中旬至 9 月上旬	10 月上旬至下旬 (11 月上旬越冬)
蛹	3 月上中旬	5 月下旬至 6 月下旬	8 月上中旬	9 月上旬至下旬	
成虫	3 月下旬至 4 月下旬	6 月中旬至 7 月上旬	8 月上中旬	9 月中旬至 10 月上旬	
卵		4 月上旬至 5 月中旬	6 月中旬至 7 月上旬	8 月上旬至下旬	9 月中旬至 10 月中旬

表 6-20 香蕉弄蝶各代各虫态发育历期(福建沙县) d

代别	卵期	幼虫期	蛹期	成虫期	全代
1	8.5～9.0	34.5～39.5	10～11	6～11	56～61
2	5.5～6.0	18.0～24.0	10～12	5～8	40～44
3	5.5～6.0	19.0～25.0	11～12	5～11	41～46
4	8.0～9.0	162.0～169.0	31～33	9～15	205～214

越冬代和第 1、2 代成虫的羽化时间多在 4～6 时,有部分延至中午前后;第 3 代多在 13～16 时,少数在 17～18 时。羽化约经 1 h 后展翅飞翔。成虫多在早晚活动和取食,一般以 5～7 时为多,部分在 16～18 时,主要以香蕉、芭蕉的花蜜为食,也吸食南瓜、丝瓜、美人蕉、金露果等的花蜜。成虫羽化当日或次日便可交配,交配后的第 2 天或第 3 天陆续产卵,时间多在 4～6 时。产卵的植物仅限于香蕉、芭蕉、阿加蕉和肥蕉。卵多散产,也有7～12 粒在一起的。卵排列无规则,多产于叶片背面,极少数产在叶柄或假茎上。

幼虫 5 龄,多在 4～6 时孵化。从咬破卵壳到孵化出壳的时间为 30～60 min。初孵幼虫先咬食卵壳,然后爬至叶缘咬一缺口,随即吐丝卷成筒状的叶苞以藏身。1、2 龄幼虫只吃成小缺刻,3 龄以后虫体增大、难以藏身,开始转苞危害,以后食量剧增,1 头老龄幼虫可卷起大半张叶片。整个幼虫期有 1～3 次转苞危害。幼虫多在早晚活动,阴天则可全天取食。取食时从叶苞上端与叶片相连的开口处伸出身体前端顺着叶肋方向自上而下取食,边吃边卷,加大叶苞。同时嚼食叶苞上端或卷苞内的叶片,被害蕉叶虫苞累累,严重时整株只剩下几根叶中脉。幼虫取食后,体表分泌白色蜡质物保护虫体,后随虫体增大而加多。老龄幼虫体肥胖,必需吐丝织一丝垫方可行进或固着。摇动寄主后,部分幼虫会落地,落地后容易饿死。越冬代老熟幼虫吐丝封闭苞口,并在苞内结丝囊,丝囊下端封闭,上端留有 1 个薄丝形成的开口作为羽化孔,虫体慢慢收缩,体表分泌很多白色粉状蜡质物,进入休眠越冬。

6.12.3 其他常见的蝶类害虫

其他常见的蝶类害虫见表 6-21。

表 6-21 其他常见的蝶类害虫

害虫种类	发生概况
柑橘凤蝶	分布于各柑橘产区,主要危害柑橘苗木和幼树,常将新梢和叶片吃光,还能危害花椒和黄檗。每年发生代数:长江流域 3～5 代,福建、广东 5～6 代,台湾 7～8 代。均以蛹附着在树叶背面、枝干及附近的隐蔽场所越冬。成虫白天活动,卵多散产于嫩叶及嫩芽上
山楂粉蝶	分布于东北、华北、西北、山东、河南、四川等地,主要危害山楂、苹果、海棠、梨、桃、李、杏、樱桃、山荆子、稠李、花楸等植物。每年 1 代,以 2～3 龄幼虫群集在树枝上的枯叶囊内越冬。幼龄幼虫群居吐丝结巢、夜伏昼出,老龄幼虫分散危害,有假死性。果树发芽至花期危害严重,可将山楂树的花芽、叶芽和花蕾全部吃光
桂花蛱蝶	主要危害桂花、女贞、卵叶小白蜡的叶片。在福州每年 5 代,以幼虫在寄主叶片上越冬。初孵幼虫取食叶片尖端成缺刻状,随即在叶片主脉尖端用丝缠绕粪粒连成 1 根小棒,取食后伏在小棒上。随着幼虫的长大,小棒也不断延长

6.12.4 蝶类害虫的防治方法

1. 农业防治

避免十字花科蔬菜连茬种植。十字花科蔬菜收获后，结合积肥及时清除田间残株，以消灭残留的菜青虫幼虫和蛹；早春，可以通过覆盖地膜，提早春甘蓝的定植期，避过第 2 代菜青虫的危害。

2. 保护天敌

冬季巡视果园，收集蝶类的越冬蛹、幼虫，在越冬虫量较大时，可杀死部分害虫，并将剩余的害虫置于干燥的细口瓶（如酒瓶）中，翌年春季害虫体内的天敌可羽化飞出，继续寄生田间的害虫，而蝴蝶羽化后无法飞出。

3. 药剂防治

在低龄幼虫盛发期进行药剂喷雾防治。常用药剂有：5%高效氯氟氰菊酯微乳剂 300～375 mL/hm^2、5%阿维菌素微囊悬浮剂 180～300 mL/hm^2、25%灭幼脲悬浮剂 225～300 mL/hm^2、150 g/L 茚虫威悬浮剂 75～100 mL/hm^2、0.3%苦参碱水剂 1.5～1.8 kg/hm^2、20%除虫脲悬浮剂 300～375 mL/hm^2、1×10^7 PIB/毫克菜青虫颗粒体病毒·0.2%苏云金杆菌悬浮剂 3～3.75 L/hm^2，16000 IU/mg 苏云金杆菌可湿性粉剂 1.5～4.5 kg/hm^2 等。

6.13 叶蜂类害虫

叶蜂（sawflies）属膜翅目。对园艺植物造成危害的主要有三节叶蜂科 Argidae 的月季叶蜂 *Arge pagana* Panzer、杜鹃花叶蜂 *Arge similes* Vollenhoven 和叶蜂科 Tenthredinidae 的黄翅菜叶蜂 *Athalia rosae japonensis* Rhower、桂花叶蜂 *Tomostethus* sp. 等。本节重点介绍月季叶蜂。

6.13.1 月季叶蜂的分布与危害

月季叶蜂又名蔷薇叶蜂、田舍三节叶蜂、玫瑰三节叶蜂。国内主要分布于北京、山西、河南、江苏、浙江、福建、广东、重庆等地。危害月季、蔷薇、玫瑰、黄刺玫、十姊妹等花卉。以幼虫群集于叶片取食，严重时将叶片吃光，仅留下叶柄和叶脉。成虫产卵于嫩梢组织内，导致嫩梢易折或枯萎。

图 6-14 月季叶蜂

1. 成虫 2. 幼虫及危害状

6.13.2 月季叶蜂的识别特征

月季叶蜂如图 6-14 所示。雌成虫体长 7.5～8.6 mm，翅展 17～19 mm。雄成虫体长 5.5～7.5 mm，翅展 12.5～15.0 mm。头、胸、足蓝黑色，有光泽。触角黑褐色，丝状。中胸背面具“X”形凹陷。翅黑色，半透明。腹部红黄色，其背面中央有由胸腹交界处向后延伸的舌状黑斑。卵椭圆形，长约 1 mm。初产时淡橙黄色，孵化前绿色。1～4 龄幼虫头部黑褐色，胸、腹部绿色；5 龄幼虫头部红褐色；老熟幼虫体长约 22 mm，头部橘红色，胸、腹部黄色或橙黄色，臀板黑色并着生细小刚毛。中胸至腹部第 8 节背面各有 3 横列黑色毛瘤，每列 6 个，其余各节有1～2 列毛瘤。腹部第 2～8 节气门下方各有 1 块较大的黑色毛瘤。蛹淡黄绿色。茧浅黄白色，椭圆形。

6.13.3 月季叶蜂的发生规律

在福建、广东 1 年 7～8 代，南京 5～6 代，河南、上海 3 代，北京 2 代，均以老熟幼虫在 5 cm 深土中作茧越冬。南京越冬代成虫于 4 月上旬羽化，福建、广东于 3 月中旬羽化。

在南京，第 1～4 代成虫发生期分别为 5 月下旬至 6 月中旬、7 月上中旬、8 月中旬至 9 月上旬、9 月下旬至 10 月上旬，世代重叠。10 月中下旬至 11 月老熟幼虫陆续入土越冬。

成虫一般于白天羽化，尤以 8～12 时为多，羽化后即可交配，交配后即可产卵。产卵以8～12 时和 15～17 时为多，卵多在 3 天内产完。可营两性生殖或孤雌生殖，但孤雌生殖的后代全为雄性。卵产于嫩梢组织内，产卵时用镰刀状的产卵器锯开枝条表皮，形成约 2 cm 长的纵向裂口，产卵于其中，卵粒呈“八”字形双行。产卵痕经 3～5 天纵裂，卵粒外露。每雌产卵30～40 粒。低龄幼虫群集取食嫩叶，随着虫龄增大，逐渐分散取食。1、2 龄幼虫食叶量较少，3 龄幼虫食叶量明显增加，占整个幼虫食叶量的 33.84%，4 龄幼虫进入暴食期，占整个幼虫期食叶量的 53.84%。幼虫多数 5 龄，少数 6 龄（6 龄为雌虫）。幼虫老熟后落地入土结茧化蛹或结茧越冬。

在自然变温条件下，平均温度 21.78 ℃时，卵历期 10 天左右；平均温度 20.14～22.39 ℃时，1～3 龄幼虫平均历期均为 3 天左右；22 ℃时，4 龄幼虫历期约 6 天；22～23 ℃时，预蛹期和蛹期分别为 4 天和 15 天。

6.13.4 其他常见的叶蜂类害虫

其他常见的叶蜂类害虫见表 6-22。

表 6-22 其他常见的叶蜂类害虫

害虫种类	识别要点与发生概况
杜鹃花叶蜂	雌成虫头蓝黑色，触角黑色，丝状，鞭节端部膨大，光滑无毛。复眼黑色，胸腹部蓝黑色，微具金属光泽。中、后足胫节近端部 1/3 处的外侧有一刺，端部有 2 个距。翅黑色，透明。雄虫触角鞭节细长，两侧密布细毛，其余特征与雌虫相似。幼虫体嫩绿色，体表有瘤突和毛。幼虫蚕食杜鹃叶片，石榴红、五月红等品种受害最重。浙江 1 年 3 代。以老熟幼虫在浅土层或落叶中结茧越冬，翌年 4 月中下旬为成虫羽化、产卵盛期，5 月、8 月和 9 月为各代幼虫危害期。10 月下旬幼虫陆续老熟，结茧化蛹
桂花叶蜂	成虫体黑色，具金属光泽。胸背有瘤状突起，后胸有 1 个三角形凹陷区。老熟幼虫黄绿色，头部黑褐色，体光滑无瘤，多皱纹。幼虫危害桂花。长江中下游地区发生普遍。1 年 1 代，以老熟幼虫在土中作茧越冬。在浙江杭州，翌年 3 月下旬至 4 月上旬成虫羽化，4 月中下旬为幼虫危害盛期。卵产于嫩叶边缘的表皮下，每次产卵 5～10 粒，单行排列，产卵处表皮微隆起。每雌产卵 50～70 粒。卵期约 7 天。幼虫孵化后群集在叶背取食叶肉，稍大后将叶片食成缺刻。幼虫期约 20 天，蛹期约 6 天，成虫寿命平均 27.5 天

续表 6-22

害虫种类	识别要点与发生概况
黄翅菜叶蜂	成虫体橙黄色，但头部、中后胸背面两侧、足胫节端部及各跗节端部黑色。翅基半部黄褐色，外半部色浅，翅尖透明，前翅前缘自基部至翅痣有一黑色带。幼虫头部黑色，体蓝黑色或灰绿色，多皱纹，并有许多小颗粒状突起。以幼虫危害芜菁、萝卜、白菜、甘蓝、油菜等十字花科蔬菜。在辽宁南部 1 年 5 代，以老熟幼虫在土中结茧越冬。每年春、秋季危害。东北北部危害盛期在 7—8 月，南部在 8—9 月。卵多产于叶背叶缘组织内，呈小隆起，常排成一列。幼虫取食叶片，造成孔洞或缺刻，在留种菜上，可食害花和嫩荚

6.13.5 叶蜂类害虫的防治方法

结合花木抚育，冬季翻耕土壤，消灭越冬幼虫，减少越冬基数。及时剪除成虫产卵枝梢和幼龄幼虫集中危害的枝叶，集中销毁。药剂防治以 1～3 龄幼虫盛发期为防治适期，此外也可在孵化前期在产卵痕上涂抹药液杀死初孵幼虫。常用药剂有：5%甲维盐水分散粒剂 90～120 g/hm^2，25%灭幼脲悬浮剂 450～900 mL/hm^2、2.5%溴氰菊酯乳油 300～600 mL/hm^2、5%氯虫苯甲酰胺悬浮剂 600～900 mL/hm^{2}等，加水均匀喷雾。

6.14 甲虫类害虫

6.14.1 甲虫类害虫的种类

甲虫(beetles)属鞘翅目。对园艺植物造成危害的主要有叶甲科的黄曲条跳甲 *Phyllotreta striolata* Fabricius、黄守瓜 *Aulacophora femoralis* Motschulsky、大猿叶虫 *Colaphellus bowringii* Baly、小猿叶虫 *Phaedon brassicae* Baly，马铃薯甲虫 *Leptinotarsa decemlineata* Say，铁甲科的柑橘台龟甲 *Taiwania obtusata* Boheman，瓢甲科的马铃薯瓢虫 *Henosepilachna vigintioctomaculata* Motschulsky、茄二十八星瓢虫 *H. vigintioctopunctata* Fabricius，鳃金龟科的黑绒金龟 *Maladera orientalis* Motschulsky，花金龟科的白星花金龟 *Potosia brevitarsis* Lewis、小青花金龟 *Oxycetonia jucunda* Faldermann 和丽金龟科的苹毛丽金龟 *Proagopertha lucidula* Faldermann 等，而铜绿丽金龟、大黑鳃金龟、暗黑鳃金龟等放入地下害虫一章介绍。本节仅重点介绍黄曲条跳甲、黄守瓜、马铃薯甲虫、马铃薯瓢虫、茄二十八星瓢虫和黑绒金龟。

6.14.2 重要甲虫类害虫

6.14.2.1 黄曲条跳甲

1. 分布与危害

黄曲条跳甲除新疆、西藏、青海无记载外，其余各省区均有分布。偏嗜萝卜、白菜、瓢儿菜、油菜、芥菜、甘蓝、花椰菜等十字花科蔬菜，也可危害茄类、瓜类、豆类及禾谷类。成虫常群集在叶背取食，使被害叶片布满稠密的椭圆形小孔洞，还可咬食留种菜株的嫩荚表面、果梗、嫩梢。以蔬菜幼苗期受害最重，常造成毁苗断垄，甚至毁种。幼虫在土中蛀食菜根表皮，形成不规则条状虫道，也可咬断须根，使叶片由外向内发黄萎蔫。幼虫还可传播软腐病。

2.识别特征(图 6-15)

成虫:体长 1.8～2.4 mm,椭圆形,黑色有光泽。前胸背板及鞘翅上有许多排成纵行的刻点。鞘翅中央有一黄色纵带,纵带外侧中部凹曲,内侧中部直形,仅前后两端向内弯曲。后足腿节膨大。

卵:椭圆形,长约 0.3 mm,淡黄色,半透明。

幼虫:老熟时长 4 mm 左右,黄白色。头、前胸背板及臀板淡褐色,各体节疏生不显著的肉瘤和细毛。腹部末端腹面有一乳状突。

蛹:长椭圆形,乳白色。头部隐于前胸下面,腹末有 1 对叉状突起,叉端褐色。

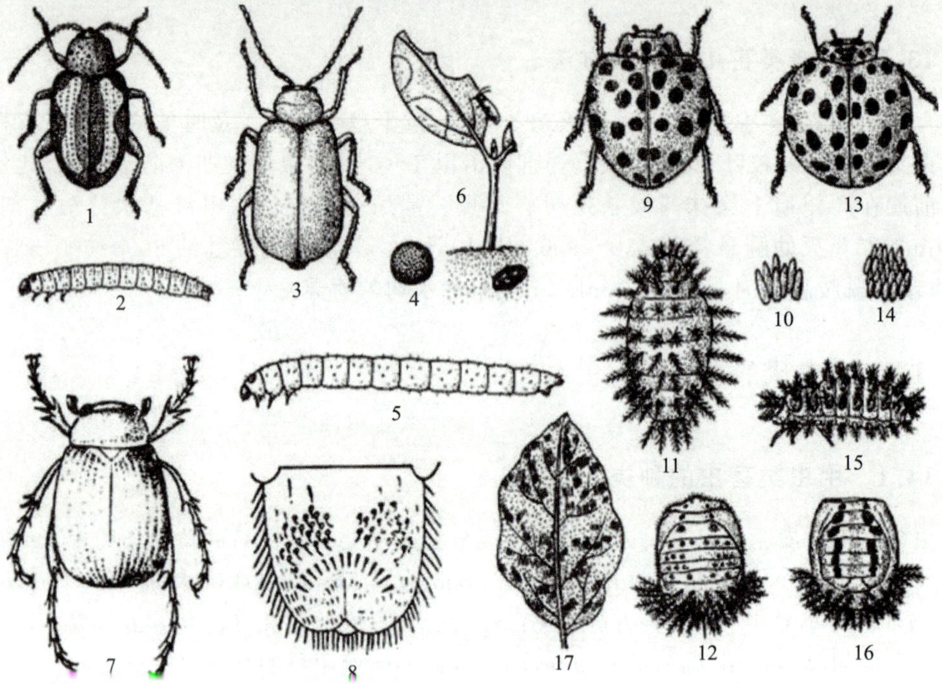

图 6-15　黄曲条跳甲、黄守瓜、马铃薯瓢虫、茄二十八星瓢虫和黑绒金龟

黄曲条跳甲:1.成虫　2.幼虫　黄守瓜:3.成虫　4.卵　5.幼虫　6.成虫危害状

黑绒金龟:7.成虫　8.幼虫腹部末节腹面　马铃薯瓢虫:9.成虫　10.卵　11.幼虫　12.蛹

茄二十八星瓢虫:13.成虫　14.卵　15.幼虫　16.蛹　17.茄叶被害状

3.发生规律

在华北、东北每年 4～5 代,华中 5～7 代,华南 7～8 代。以成虫潜伏在菜园、沟边、树林中的落叶下、草丛中越冬。在长江以南,冬季天暖时,越冬成虫仍可活动取食。在华南地区则无越冬现象,终年都可繁殖危害。各地均以春、秋两季危害较重,南方受害程度重于北方,华北和东北秋菜受害重于春菜。

成虫活泼、善跳,高温时还能飞翔。有趋光性。早晚和阴雨天常躲藏于叶背或土块下。温度 26 ℃时活动最盛,夏季中午前后温度高时则不大活动。成虫危害有群集性和趋嫩性,在萝卜、菜心、白菜等叶菜类蔬菜田呈聚集分布。其取食与温度有密切关系,一般 12 ℃时开始取食,15 ℃时食量渐增,20 ℃时激增,32～34 ℃时食量最大,34 ℃以上时食量又急减,温度再度升高,即入土蛰伏。成虫寿命可长达 1 年,产卵前期很长,但不尽相同,甚至同代个体间也有很大差异，如第1代为15～79天。产卵期可持续1～1.5个月，因此世代重叠，发生不整齐。

成虫产卵以晴天午后为多。卵散产于菜根周围湿润的土隙中或细根上，也可在近地面的茎基部咬一小痕，产卵于其中。不同世代成虫产卵量差异很大，以越冬代产卵最多，每雌最多可产卵600余粒，平均200粒。卵期的长短与温度有关，20 ℃左右时，卵期4～9天。卵的发育起点温度12 ℃，最适温度26 ℃。卵孵化要求相对湿度达100%，因此近畦沟的菜地幼虫危害严重，南方春季湿度高，受害较春季干旱的北方严重。

幼虫孵化后爬至根部，由须根食向主根，剥食根的表皮。幼虫在土中的深度与作物根系的深度有关，如萝卜地在4～5 cm处最多，白菜地则多在3～4 cm深处。幼虫发育起点温度11 ℃，最适温度24～28 ℃。幼虫3龄，幼虫期11～16天。老熟幼虫多在3～7 cm深的土中做土室化蛹。预蛹期2～12天，蛹期3～17天，蛹的发育起点温度11 ℃。

春和秋季雨水偏多，田间湿度大时，利于黄曲条跳甲的生长发育；雨后的持续晴朗天气有利于成虫大量羽化和出土，但短时间的大暴雨和持续降雨会引起成虫大量死亡。十字花科蔬菜连作区，食料丰富，有利于跳甲发生危害。

4. 测报方法

每年4—10月，选择不同类型的十字花科蔬菜（菜心、白菜、萝卜等）田各1块，五点取样，菜秧田每点查1/9 m^2，蔬菜定植后每点查5～10株，每隔5天查1次，记载菜苗数、受害苗数及跳甲成虫数。当菜苗受害率达10%～20%，定植后蔬菜被害率达15%～25%时，立即进行防治。

6.14.2.2 黄守瓜

1. 分布与危害

黄守瓜在国内各省区均有发生。可危害约19科69种植物，但以葫芦科为主，其中西瓜、黄瓜、甜瓜、南瓜等受害最重。成虫主要啃食叶片形成环形或半环形缺刻，可咬断嫩茎造成死苗，还能危害花和幼瓜。幼虫在土中咬食瓜根或蛀入根中，使瓜苗或结瓜期植株大量枯死，并可蛀入近地面的幼茎和瓜内取食，导致瓜果腐烂。

2. 识别特征（图6-15）

成虫：体长约9 mm，虫体除复眼、中胸至腹部腹面黑色外，其他皆为橙黄色。前胸背板长方形，中央有一弯曲横凹沟。雌虫腹部末节腹面有“V”形凹陷；雄虫腹部末节腹面有匙形构造。

卵：卵圆形，黄色，卵壳表面有六角形蜂窝状网纹。

幼虫：长圆筒形，头部黄褐色，前胸背板黄色，胸腹部黄白色，生有不显著的肉瘤。腹部末节腹面有肉质突。

蛹：黄白色，头缩于前胸下，各腹节背面疏生褐色刚毛，腹末端有巨刺2个。

3. 发生规律

在华北每年1代，长江中下游地区以1代为主，部分2代，华南3代，台湾3～4代。各地均以成虫在向阳的枯枝落叶及草丛、土隙中越冬。土温达6 ℃时越冬成虫开始活动，10 ℃时全部由潜伏处出来。瓜苗出土前，危害其他蔬菜和作物。瓜苗2～3片真叶时，即集中危害瓜叶。在1代区越冬代成虫5—8月产卵，5—6月危害瓜苗最严重，6—8月为幼虫危害期，其中长江下游地区6月中下旬、北方7月幼虫危害最烈，成虫8月羽化，10—11月逐渐进入越冬。在2代区，第1代成虫于7月上中旬羽化，7月中下旬可见第2代卵和幼虫，第2代成虫10月开始越冬。在秋季和冬初成虫需大量取食，准备过冬，此时瓜类稀少，黄守瓜主要取食十字花科蔬菜尤其是萝卜的叶片，因此越冬代成虫多集中在秋、冬十字花科寄主附近的草堆中越冬。

成虫喜在温暖的晴天活动和取食嫩叶，晚上静伏，次日露水干后开始取食，一般以 10～15 时活动最盛。成虫行动活泼，有假死性，但不易捕捉。阴天活动迟钝，雨天不活动。耐饥力强，10 多天不取食也不会死亡，因而在阴雨后天晴时，成虫往往因饥饿而暴食造成严重危害。成虫交配、产卵多在白天，产卵期可自 5 月份持续到 8 月，盛期在 5 月中旬至 6 月上旬。产卵与温湿度有关，24 ℃时产卵最盛，湿度越高，产卵越多，雨后大量产卵。雌虫一生产卵 4～7 次，产卵量 150～2000 粒。卵散产或成堆产于瓜根附近高湿的土壤里，深度 3～4 cm。卵期 10～14 天。幼虫孵化后危害细根，3 龄后食害主根，将根吃成条纹状，或蛀入根的木质部和韧皮部之间，造成整株枯死，也可蛀入接近地面的瓜，取食瓜肉，引起瓜果腐烂。幼虫共 3 龄，历期 19～38 天，老熟幼虫在根际附近筑土室化蛹。

黄守瓜喜温好湿，成虫耐热性强，抗寒力差，因而在南方发生较重。其发生除温湿度条件外，与土壤质地及栽培制度也有关系。一般保水良好的壤土，成虫产卵最多，黏土次之，沙土最少。与甘蓝、莴笋、芹菜等蔬菜间作的瓜田，瓜苗受害显著减轻，而且间作作物的植株愈高，瓜苗受害愈轻。

6.14.2.3 马铃薯瓢虫

1. 分布与危害

马铃薯瓢虫主要分布于我国北方，主要危害马铃薯、茄子、番茄、辣椒等茄科蔬菜，也危害豆科、葫芦科和十字花科植物，北方以马铃薯、茄子受害最重。成虫和幼虫均舔食叶肉，产生许多不规则、半透明的箩底状凹斑或透明窗斑。成虫还可啃食瓜果表皮，导致果面先形成凹纹，而后渐变硬或畸形干裂，并带有苦味，产量和品质下降。

2. 识别特征(图 6-15)

成虫：体半球形，赤褐色，全体密被黄褐色细毛。前胸背板前缘凹陷而前缘角突出，中央有一剑形黑斑，两侧各有 2 个小黑斑(有时合并成 1 个)。两鞘翅各具 14 个黑斑，鞘翅基部 3 个黑斑后方的 4 个黑斑不在一条直线上，两鞘翅合缝处有 1～2 对黑斑互相接触。

卵：弹头形。初产时鲜黄色，后变黄褐色。卵块中卵粒排列较松散。

幼虫：淡黄褐色，纺锤形，背面隆起，体背各节有黑色枝刺，其基部有淡黑色环纹。每枝刺上有小刺 6～8 根。

蛹：椭圆形，淡黄色，背面有稀疏细毛，上有黑色斑纹，尾端具黑色尾刺 2 根。蛹末端包有末龄幼虫的蜕皮。

3. 发生规律

在东北、华北地区每年 2 代，少数发生 1 代，以成虫群集于发生地附近背风向阳的树皮下、石缝内、篱笆下、土穴内等各种缝隙中越冬，尤喜在向阳的山坡或半坡地土中越冬，入土深度 6 cm 左右。

越冬成虫出蛰期与气温有关，一般日均温度 16 ℃以上时开始活动，20 ℃时进入活动盛期。在华北地区，越冬代成虫多在 5 月间马铃薯发芽时出现。初活动的成虫，一般不飞翔，只在附近枸杞、龙葵等茄科杂草上爬行取食，经 5～6 天取食后，再逐渐迁移到周围马铃薯、茄子田繁殖危害。6 月上中旬为越冬代成虫产卵盛期，6 月中下旬幼虫大量孵化，6 月下旬至 7 月上旬、8 月中旬分别为第 1 代、第 2 代幼虫危害盛期，第 2 代成虫于 9 月中旬开始迁移越冬，

10 月上旬基本进入越冬状态。

成虫白天活动，早晚蛰伏，一般 10～16 时最为活跃，有残食同种卵的习性。成虫具假死性，受惊即跌落地面，并分泌黄色臭液。成虫寿命很长，越冬代长达 300 天，第 1 代一般 45 天。产卵期亦长，一般 40 天。因此，马铃薯瓢虫在田间的生活史不整齐，两代间相互重叠。成虫产卵于叶背，在植株上着卵的位置因季节而异。越冬代成虫多产卵于马铃薯苗近地面的叶片上，以后则以上部叶片着卵较多。越冬代成虫每雌产卵 80～1000 粒，平均 400 粒，第 1 代每雌产卵 50～500 粒，平均 240 粒。卵常 20～30 粒产在一起，直立成块，卵块中卵粒排列较松散。卵期第 1 代约 6 天，第 2 代 5 天。幼虫 4 龄，1 龄幼虫多群集于叶背取食，2 龄后分散危害，绝大多数仍在叶背取食，只有少数老龄幼虫爬至叶面。幼虫亦有残食同种卵的习性。幼虫历期第 1 代约 23 天，第 2 代约 15 天。老熟幼虫多在受害株基部的茎上或叶背化蛹，也有在附近地面、杂草上化蛹的。蛹期第 1 代约 5 天，第 2 代约 7 天。

马铃薯瓢虫的发生与环境条件的关系非常密切。幼虫食料中如无马铃薯则发育不正常，越冬代成虫只有取食马铃薯才能安全过冬并于翌年产卵，第 1 代成虫也以马铃薯为寄主者繁殖力强。在春播秋收马铃薯区，各代成虫、幼虫均能取食马铃薯，因此发生危害重。若越冬场所土层薄，成虫越冬入土过浅，冬季严寒干燥，则成虫死亡率高。野生植物较多的地方和山地，四周荒地较多的田块，每年发生早，危害重。枝叶繁茂的田块，往往受害较重，而行距大、日照充足的田块，则受害较轻。

6.14.2.4 茄二十八星瓢虫

1. 分布与危害

我国各地均有分布，以长江以南地区发生量大、危害严重。主要危害茄子、马铃薯、辣椒和龙葵等茄科植物，也危害黄瓜和丝瓜等葫芦科蔬菜，南方以茄子和辣椒受害最重。危害状况同马铃薯瓢虫。

2. 识别特征（图 6-15）

成虫：体较小，半球形，黄褐色。全体密被黄褐色细毛。前胸背板多具 6 个黑斑（有时中间 4 个连成 1 个横而长的大黑斑）。两鞘翅各具近圆形的黑斑 14 个，鞘翅基部 3 个黑斑后方的 4 个黑斑几乎在一直线上，两鞘翅合缝处黑斑不相接触。

卵：弹头形。初产时黄白色，后变褐色。卵块中卵粒排列较紧密。

幼虫：初龄幼虫淡黄色，后变白色，纺锤形，体节枝刺白色，其基部有黑褐色环纹。

蛹：椭圆形，黄白色，背面有黑色斑纹，其余同马铃薯瓢虫。

3. 发生规律

江苏扬州每年发生 4～5 代，江西南昌 5 代，福建沙县、永安 5～6 代。以成虫在杂草丛、松土、篱笆、老树皮、墙缝等的间隙中越冬。世代重叠发生。越冬代成虫出蛰后先在龙葵、灯笼草、酸浆等野生寄主上取食，再迁移到茄科作物上繁殖危害。在广东，越冬代成虫 3 月下旬至 4 月中旬大量迁至早茄上危害，4 月中旬、6 月中旬分别为第 1 代和第 2 代幼虫盛发期，多危害春茄；7 月中旬第 3 代幼虫和 8—9 月间的第 4 代幼虫大量危害秋茄、冬茄苗及冬种马铃薯。10 月上旬以后成虫陆续迁入杂草丛、疏松土壤、树皮裂缝或篱笆、墙壁间隙等处，气温降至 18 ℃以下时，进入越冬状态。

各虫态历期因地区和发生世代不同而异。在江西南昌，成虫期 1～9 个月，卵期 3～6 天，幼虫期 15～20 天，蛹期 3～6 天。成虫羽化后 3 天交配，5 天开始产卵，一生产卵约 400 粒，高的可达1000余粒。成虫昼夜取食，以晴天白昼食量最大。略有群集现象，其他生活习性同马铃薯瓢虫。

高温高湿条件有利于该虫发生，其生长最适温度为25～28 ℃，相对湿度为80%～85%。6—9月茄果类、豆类等蔬菜生长旺盛，食料丰富，因此种群数量增长快，危害加剧，其中以茄果类受害最重。

4. 茄二十八星瓢虫测报方法

越冬代成虫出蛰活动后，选择有代表性的马铃薯和茄田，采用平行线或棋盘式取样方法，茄田每点不少于5株，马铃薯田每点不少于0.5 m^2，3～5天查1次，记载卵块、幼虫、蛹及成虫数。幼虫孵化盛期为防治适期。

6.14.2.5 马铃薯甲虫

1. 分布与危害

马铃薯甲虫属鞘翅目叶甲科，是马铃薯的主要害虫。原产地美洲中部墨西哥高地区域，随着马铃薯在世界范围内广泛种植，马铃薯甲虫短时间内从原产地扩散至欧洲、中东、中亚地区，并有进一步扩大到亚洲其余地区、南美、非洲和大洋洲的趋势。马铃薯甲虫在原产地原始寄主是刺萼龙葵 *Solanum rostratum* Dunal 和具角茄 *Solanum cornutum* Lam.，除此之外一些茄属植物也是马铃薯甲虫的寄主植物。马铃薯甲虫在我国仍属一类进境检疫有害生物，但在我国西北新疆和东北黑龙江、吉林等地已有分布报道。以成虫和幼虫危害马铃薯叶片和嫩尖，危害严重时，寄主植物会只剩光秆，在叶片匮乏的情况下，成虫有时会取食块茎，一般可造成30%～50%产量损失，严重者减产可达90%以上。

2. 识别特征

成虫：体长一般9～12 mm，宽为6～7 mm，形状为椭圆形。背部隆起，腹部呈深黄色，头部、胸部和腹部有黑色斑点均匀分布；鞘翅为浅黄色，每个翅上均匀分布5条黑色条纹，两边的鞘翅结合处形成1条黑色斑纹，头部具3个斑点，大多数情况下，雄虫的体型略小于雌虫。雄虫最末端腹板比较隆起，具一凹线，但雌虫无此特征。

卵：呈椭圆形，初产出的卵颜色为亮黄色，之后逐渐变成橙黄色或浅红色。卵长一般在1.5～1.8 mm，宽度一般在0.7～0.8 mm。

幼虫：共4龄。低龄幼虫为暗褐色，1～2龄幼虫的头部、前胸背板骨片及胸、腹部的气门片呈暗褐色和黑色，进入3龄后颜色逐渐变浅至黄色。3～4龄幼虫的腹部膨胀隆起呈驼背状且两侧均匀分布2排黑色斑点，触角稍可伸缩。

蛹：椭圆形，尾部略尖，长度为9～12 mm，橘黄色。

3. 发生规律

研究表明，在新疆北部地区1年发生1～3代，以2代为主，在田间有世代重叠现象。以滞育成虫在7.6～12.7 cm土层深度里越冬。成虫羽化24 h内交配，产卵前期5～10天，在马铃薯叶片背面产卵，卵块平均含10～30粒卵，产卵期长达数周，最高单雌产卵量可达2000粒(北美)。成虫具有迁飞习性。幼虫分四个龄期，在新疆，幼虫发育历期16～34天，蛹期10～24天。发育起点温度因不同发育阶段在8～12 ℃变化，最适发育温度25～33 ℃。环境因子和食物条件对其发生影响巨大。初孵幼虫如遇食物缺乏，高温干旱的天气，有明显自相残杀习性。大雨和强风对幼龄幼虫也能造成很高的致死率。短光照会诱导马铃薯甲虫进入冬眠滞育，温度对是否诱发滞育有明显影响，高温会导致其对光照诱导因子反应钝化。

6.14.2.6 黑绒金龟

1. 分布与危害

黑绒金龟在国内分布广泛，但以东北、华北及黄河故道地区发生普遍，尤其是山丘地带的果树受害比较严重。主要以成虫危害苹果、梨、桃、樱桃、葡萄、山楂、桑、榆、柳、臭椿、禾谷类、豆类、瓜类、烟草、棉花等植物的幼叶、嫩茎，对苗圃、新植果园危害最大。

2. 识别特征(图 6-15)

成虫：体卵圆形，黑褐或黑紫色，密被灰黑色短绒毛，有丝绒光泽。前胸背板及鞘翅外侧均具缘毛，两鞘翅各有 9 条纵隆线。前足胫节有 2 刺，后足胫节细长，端部内侧有沟状凹陷。

卵：椭圆形，乳白色，有光泽，孵化前色泽变暗。

幼虫：肛腹片后部覆毛区密布钩状刚毛；刺毛列呈横弧状排列，由 14～26 根锥状刺毛组成。肛孔呈三射裂。

蛹：长约 8 mm，黄褐色，腹部末端有臀刺 1 对。

3. 发生规律

每年发生 1 代，以成虫在 20～30 cm 土层内越冬，越冬场所主要在渠边、林带、地头等干燥、土质疏松、杂草较多的地方，而农田内越冬虫量较少。越冬代成虫出土迟早及全部成虫出土所需时间随各地气温不同而异。山东等地 3 月下旬至 4 月上旬即开始出土，4 月下旬产卵，5 月下旬已有 70%成虫产卵，尔后田间成虫逐渐消失。东北、内蒙古等地，4 月中下旬至 5 月初，5 日平均气温达 10 ℃以上时，成虫方大量出土。出土后先在蒲公英、羊蹄叶等杂草或杨、柳、榆等树上取食嫩芽、嫩叶，待果树发出新叶时，即转移到果树上危害。6 月份为产卵期，卵产在荒地、豆地、果园间作地，以 5～10 cm 土层内最多，单产，也有 10～30 粒堆在一起，每雌产卵 20～100 粒。卵期 9 天。幼虫孵化后取食寄主植物的幼根。幼虫共 3 龄，幼虫期 50～60 天。老熟幼虫入土做土室化蛹。蛹期 10～15 天，成虫羽化后不出土而进入越冬状态。

成虫飞翔力强，有较强的趋光性、假死性，嗜食榆、柳、杨树的芽、叶。日落前后从土中爬出，傍晚飞到果园内取食危害。温暖无风的天气成虫出现最多，其活动的适宜温度为 20～25 ℃。降水量大、湿度高有利于成虫出土危害。一般在 21～22 时，成虫入土潜伏。

6.14.3 其他甲虫类害虫

其他甲虫类害虫见表 6-23。

表 6-23 其他食叶甲虫

害虫种类	识别要点与发生概况
白星花金龟	成虫椭圆形，背面扁平，古铜色或青铜色，有光泽。前胸背板和鞘翅散布不规则的白色绒状斑，并具小点刻列。前胸背板两侧弧形，后缘中部向前凹。腹部两侧和末端也有白色斑点。寄主有苹果、梨、桃、杏、柑橘、月季、樱花、海棠等。每年 1 代，以幼虫在土中越冬。成虫于 5 月上旬开始出现，6—7 月为盛发期，苹果膨大期受害最重，成虫常数头乃至几十头群集于果实伤口处食害果肉。成虫有假死性，对糖醋和腐烂果实有较强的趋性。幼虫多以腐败物为食

续表 6-23

害虫种类	识别要点与发生概况
小青花金龟	成虫体暗绿色，头部黑色，复眼和触角黑褐色。胸、腹部的腹面密生深黄色短毛。前胸背板和鞘翅暗绿色或赤铜色，密生黄色绒毛，无光泽。鞘翅上有大小不等的白色绒斑。腹部两侧各有 6 个黄白色斑纹，末端有 4 个横列的黄白色绒斑。寄主有苹果、梨、杏、山楂、柑橘、月季、梅花、樱花等。每年 1 代，以成虫在土中越冬。翌年成虫出土期与果树花期吻合。成虫常群集于花序，取食花蕊和花瓣，有假死性。在晴天多于上午 10 时至下午危害，日落后成虫入土潜伏。卵多产在腐殖质土中，6—7 月出现幼虫
苹毛丽金龟	成虫体卵圆形，头胸背面紫铜色。全体除鞘翅和小盾片光滑无毛外，皆密被黄白色细绒毛。鞘翅茶褐色，半透明，有光泽。由鞘翅上可以透视出后翅折叠成"V"字形。鞘翅上有纵列细小点刻。腹部两侧有明显的黄白色毛丛，尾部露在鞘翅外。成虫除危害苹果、梨、桃、李、杏、樱桃、板栗、核桃、葡萄外，还危害豆类及杨、柳、榆等树木。每年 1 代，以成虫在土中越冬。果树萌芽期成虫开始出土，花蕾期危害最重。成虫取食花蕾、花、嫩梢，有假死性
大猿叶虫	成虫体椭圆形，暗蓝黑色，小盾片三角形，光滑无点刻，鞘翅上散生不规则大而密的点刻，后翅发达，能飞翔。幼虫体灰黑稍带黄色，头部漆黑有光泽，各体节有大小不等的肉瘤，气门下线及基线上的肉瘤最显著。成虫和幼虫危害白菜、萝卜、油菜、芥菜等十字花科蔬菜。北方每年发生 2 代，华南 5～6 代，均以成虫在枯叶、土隙、石块下越冬，春、秋两季危害最重。卵成堆产于根际土表、土隙或植株心叶内，初孵幼虫啃食叶肉，大龄幼虫和成虫啃食叶片成孔洞或缺刻，老熟幼虫在枯叶、土隙、石块下化蛹。成虫和幼虫均有假死性
小猿叶虫	成虫近圆形，蓝黑色，有金属光泽，小盾片近圆形，前胸背板短，有小刻点，鞘翅上有 11 排细密的点刻，后翅退化，不能飞翔。幼虫褐色，头部黑色有光泽，各体节具黑色肉瘤 8 个，瘤上有刚毛，沿亚背线的肉瘤最大，肛上板肉瘤黑色，其上黑色刚毛显著。湖南每年发生 3 代，寄主和生活习性与大猿叶虫基本相同，在我国南方常与大猿叶虫混合发生。卵散产于叶基部，以叶柄上最多，幼虫喜集中于心叶取食。老熟幼虫入土化蛹
柑橘台龟甲	成虫体长 4～4.5 mm，卵圆形或近圆形。头部、前胸背板及鞘翅边缘乳黄色，前胸背板稍具点刻，鞘翅顶端常呈疣状突，中部密布圆形凹陷，整体有金属光泽。老熟幼虫乳黄色，体侧有对称的棘刺。以幼虫和成虫取食鸡冠花、凤仙花、柑橘等寄主植物的叶片，特别喜食接近花瓣的嫩叶，造成叶片上密密麻麻的小白斑，后期白斑穿孔，使叶片孔洞累累。鸡冠花花期受害最重。成虫活泼，不易捕捉。幼虫常群集叶面取食

6.14.4 甲虫类害虫的防治方法

1. 诱杀成虫

利用黑绒金龟成虫的趋光性和嗜食杨、榆、柳叶的习性，在成虫发生期，用诱虫灯进行诱捕，或将 60 cm 长的杨、柳或榆树枝条在 80%敌百虫乳油 100 倍液中浸泡 2～3 h，取出后插在苗圃和果园诱杀成虫。

2. 人工采卵和捕捉成虫

在 2 种瓢虫产卵季节，人工摘除茄子和马铃薯叶上的卵块；在黑绒金龟和 2 种瓢虫成虫盛发期，利用其假死性振落捕杀。

3. 防止成虫产卵

采用地膜栽培或在瓜苗周围地面撒草木灰、谷糠、锯末等，可防止黄守瓜成虫在瓜苗周围土里产卵。

4. 园艺措施防治

冬季及时清除残株落叶和地边杂草，集中堆沤或烧毁，减少越冬虫源。

播前深耕晒土，造成不利于跳甲幼虫发生的条件，并可杀灭部分蛹。

十字花科蔬菜与其他蔬菜或作物轮作，可减轻跳甲、瓢虫的危害；瓜类与甘蓝、芹菜、莴苣适当间作，能减少黄守瓜对瓜苗的危害。

调节瓜苗移栽期，利用温床育苗，适时早定植，使瓜苗 3～4 片真叶期赶在黄守瓜越冬成虫活动取食盛期以前，减轻成虫对瓜苗的危害。

移栽时选用无虫苗。如发现根部有虫，可用 90%晶体敌百虫 1000 倍液浸根灭虫。

5. 药剂防治

阻止成虫产卵和防治成虫是黄守瓜的防控重点，在瓜苗移栽前后到 5 片真叶前为防治适期；2 种瓢虫防治适期为幼虫孵化盛期；跳甲防治适期为十字花科蔬菜苗期；黑绒金龟防治适期为成虫发生盛期。喷雾防治成虫时应从田边向田内围喷，以防成虫逃逸。常用药剂有：5%啶虫脒乳油 0.9～1.8 L/hm^2，20%联苯菊酯·噻虫胺悬浮剂 300～600 mL/hm^2，100 g/L 溴虫氟苯双酰胺悬浮剂 200～240 mL/hm^2，2.5%高效氟氯氰菊酯乳油 300～450 mL/hm^2，25 g/L 溴氰菊酯乳油 300～600 mL/hm^2，80 亿孢子/mL 金龟子绿僵菌 CQMa421 可分散油悬浮剂0.9～1.35 L/hm^2，5%鱼藤酮微乳剂 1.5～2.25 L/hm^2兑水 1000～1200 L 均匀喷雾。对于黑绒金龟成虫，也可利用其入土习性，于发生前在树下撒 5%辛硫磷颗粒剂 30～37.5 kg/hm^2，施后耙松表土，使入土的成虫触药中毒死亡。

防治黄守瓜和黄曲条跳甲幼虫，可采用药剂灌根的方法。具体做法是：每公顷施用 10%高效氯氰菊酯乳油 300～600 mL、300 g/L 氯虫·噻虫嗪悬浮剂 420～520 mL 或 50%辛硫磷乳油 1000～2000 mL 加水 1000～2000 kg，进行灌根。

6. 新的防控手段——RNA 干扰防控

自从在线虫中发现 RNA 干扰现象以来，RNA 干扰技术就被视为一种最具潜力的新型防控害虫的手段，鞘翅目昆虫对 RNA 干扰极其敏感的特点也让全世界研究人员投入了相当热情去研究如何利用 RNA 干扰防控重要甲虫。在国内，两个团队研究人员对重要入侵生物马铃薯甲虫胰岛素通路、保幼激素和蜕皮激素代谢途径的重要基因进行 RNA 干扰效果测试，找到了高致死 dsRNA 60 个，并对其中 10 个进行了田间应用试验，结果表明表达 dsRNA 的细菌菌液发酵后，dsRNA 可以在马铃薯叶片上稳定存在 4 周以上，马铃薯甲虫取食后 7 天致死率可达 100%。多个团队研究人员还对茄二十八星瓢虫进行了类似筛选，在营养代谢途径胆固醇吸收相关基因、能量代谢物质转运途径、细胞凋亡途径和解毒酶 P450 基因家族找到一批高效致死基因可以用于未来的 RNA 干扰防控。作为一种全新的防控手段，鞘翅目中的 RNA 干扰具有专一性强、高效、不易脱靶的优势，在未来是最有可能实现全面商业化应用的领域。

6.15 蝗虫类害虫

蝗虫类(locusts)是指属于直翅目蝗总科的昆虫，其种类很多，国内记载了 1000 余种，均为典型的植食性、食叶性害虫。其中东亚飞蝗 *Locusta migratoria manilensis* Meyen 是我国的重大农作物害虫。危害蔬菜、果树、花卉及园林等植物的主要蝗虫是短额负蝗 *Atractomorpha sinensis* Bolivar。

6.15.1 短额负蝗的分布与危害

短额负蝗属直翅目、锥蝗科,又名尖头蚱蜢。国内自东北至华南均有分布。能危害多种蔬菜、果树、花卉、林木及粮食作物等。以成虫和若虫咬食叶片,使成孔洞和缺刻,发生多时,常把大部分叶片吃光,仅剩枝干。

6.15.2 短额负蝗的识别特征

短额负蝗如图 6-16 所示。成虫体长 21～30 mm,体绿色或枯黄色,局部褐色。头呈圆锥形,头顶呈水平状向前突出,复眼至头端的距离为复眼直径的 1.1 倍;前翅绿色,后翅基部红色,端部绿色。卵单粒乳白色,弧形。卵块外有黄褐色分泌物封固,卵囊长筒形,无卵囊盖。若虫初为淡绿色,布有白色斑点;复眼黄色;前、中足有紫红色斑点,呈鲜明的红绿色彩。

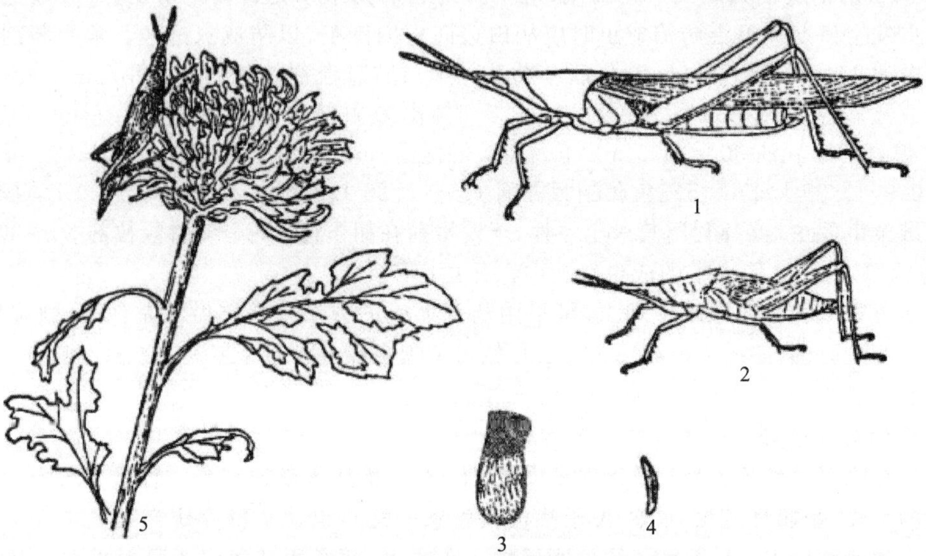

图 6-16 短额负蝗

1.成虫 2.若虫 3.卵囊 4.卵粒 5.危害状

6.15.3 短额负蝗的发生规律

长江流域每年 2 代,山西大同为 1 代,以卵在土中越冬。在长江流域 5 月上旬越冬卵开始孵化,5 月中旬至 6 月上旬为孵化盛期,7 月上旬第 1 代成虫开始产卵,7 月中下旬为产卵盛期,第 2 代若虫自 7 月下旬开始孵化,8 月上中旬为孵化盛期,9 月中下旬至 10 月上旬第 2 代成虫开始产卵,10 月下旬至 11 月上旬为产卵盛期,以卵入土中越冬。在山西大同越冬卵在 6 月上旬开始孵化,6 月下旬为孵化盛期,8 月中旬开始羽化,8 月下旬为羽化盛期,9 月上中旬为产卵盛期,10 月上旬成虫开始死亡。初孵若虫有群集性,2 龄后分散危害,交尾时雄虫在雌虫背上随雌虫爬行数天而不散,故而得名“负蝗”。

6.15.4 蝗虫类害虫的防治方法

可以通过精耕细作、铲除杂草以压低虫口。初龄若虫集中危害时，发现危害可随时捕捉。药剂防治可以在若虫危害期每公顷喷施4.5%高效氯氰菊酯水乳剂300～600 mL、25 g/L溴氰菊酯乳油300～600 mL、10%氯氰菊酯乳油500～700 mL、0.3%苦参碱水剂2.25～3 L、0.2亿孢子/mL蝗虫微孢子虫悬浮剂0.9～1.2 L或400亿个孢子/g球孢白僵菌可湿性粉剂1.2～1.5 kg等药剂喷雾防治。

思考题

1. 请分别列出果树、蔬菜、花卉的主要食叶类害虫种类。
2. 区别各种卷叶类害虫幼虫的形态特征和危害状，并说明冬季管理防治此类害虫的综合措施。
3. 请根据美国白蛾的发生特点，探讨其综合防治措施。
4. 试分析小菜蛾抗药性产生的原因，并提出相应的综合治理措施。
5. 夜蛾类和菜粉蝶等是十字花科植物上发生的主要食叶性害虫，请阐述十字花科植物食叶害虫的绿色综合防控措施。
6. 菜粉蝶在贵省(自治区、直辖市)每年发生几代？以何虫态在何处越冬？为何在夏季发生轻？
7. 请查阅相关资料，列出甲虫类食叶害虫的新型防控手段。

7 潜叶性害虫

潜叶性害虫(leaf mining insects)是指以幼虫潜入叶内取食组织、残留表皮危害的昆虫,包括鳞翅目的潜叶蛾类和双翅目的潜叶蝇类等害虫。由于该类害虫体型微小,生活周期短,繁殖力强,隐蔽取食,早期不易被发现,能在短期内造成危害,不易防治。严重危害时,园艺植物叶面虫道密布,叶片早期枯死或脱落,影响光合作用与产量。本章将对潜叶蛾和潜叶蝇类分节介绍。

7.1 潜叶蛾类害虫

园艺植物潜叶蛾类主要有鳞翅目橘潜蛾科的柑橘潜叶蛾 *Phyllocnistis citrella* Stainton,细蛾科的金纹细蛾 *Lithocolletis ringoniella* Matsumura,潜叶蛾科的菊花潜叶蛾 *Lyonefiide* sp.、旋纹潜叶蛾 *Leucoptera scitella* Zeller、桃潜叶蛾 *Lyonetia clerkella* L. 等,其中柑橘潜叶蛾在南方各橘园危害严重,金纹细蛾在北方苹果园危害较严重。本节将重点介绍柑橘潜叶蛾。

7.1.1 柑橘潜叶蛾的分布与危害

柑橘潜叶蛾分布于各大洲和我国长江流域及其以南各省区。寄主植物有柑橘、枳壳等,是柑橘嫩梢期最重要的害虫之一。以幼虫在柑橘新梢嫩茎、嫩叶表皮下蛀食叶肉,叶表形成白色蜿蜒的隧道。被害叶片卷缩、变硬,光合作用严重受阻,易于脱落,新梢生长停滞,影响树势和来年产量。受害叶片又常是柑橘螨类、卷叶蛾等害虫的越冬场所。另外,潜叶蛾危害造成的伤口易侵染溃疡病菌。

7.1.2 柑橘潜叶蛾的识别特征

柑橘潜叶蛾如图 7-1 所示。成虫银白色,体长 2.0 mm,翅展 5.3 mm。前翅披针形,翅基部有 2 条褐色纵脉,约为翅长之半,翅中部有黑色"Y"字形纹,翅尖缘毛形成一黑色圆斑。后翅针叶形,缘毛极长。

卵椭圆形,长 0.3~0.6 mm,白色透明。幼虫体黄绿色,初孵时体长 0.5 mm,胸部第 1、2 节膨大近方形,腹部短小,足退化,形似蝌蚪。老熟时体扁平,长约 4.0 mm,头部尖,胸腹部每节背面在背中线两侧各有 4 个凹孔,排列整齐,腹部末端尖细,具有一对细长的尾状物。蛹体长 2.8 mm,纺锤形,初为淡黄色,后渐变为黄褐色,腹部可见 7 节,第 1~6 节两侧各有瘤状突,突上生有 1 根长刚毛,末节后缘每侧有明显肉质刺 1 个,茧呈褐色。

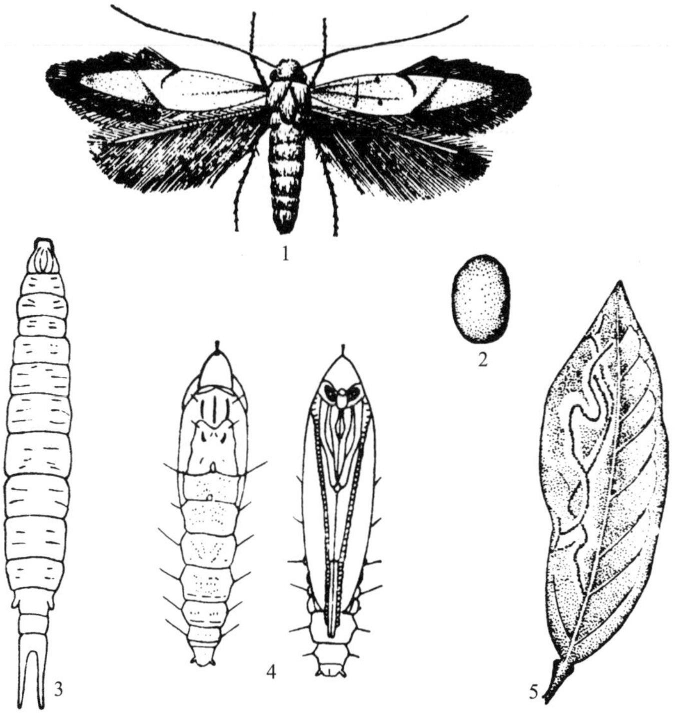

图 7-1 柑橘潜叶蛾

1.成虫 2.卵 3.幼虫 4.蛹(背面和腹面) 5.被害状

7.1.3 柑橘潜叶蛾的发生规律

柑橘潜叶蛾在江苏、浙江、四川等地每年发生 9～10 代,福建 11～14 代,广东、广西 12～15 代,世代重叠,多以蛹和老熟幼虫在晚秋梢或冬梢上越冬,部分地区(如广西岑溪等地),其在冬季没有明显的休眠期,终年可发生危害,这与当地气温及柑橘潜叶蛾的发育起点温度密切相关。据报道,各虫态的发育起点温度及有效积温分别为:卵期,(11.8±0.8) ℃,(30.8±3.1)日度;幼虫期,(8.4±0.5) ℃,(112.8±3.4)日度;蛹期,(10.1±1.3) ℃,(114.5±9.3)日度;产卵前期,(10.6±2.5) ℃,(33.7±5.2)日度。春梢期发生最轻,7—9 月夏、秋梢期发生严重,尤以 8—9 月秋梢受害最烈。秋梢被害除影响树势外,还影响结果母枝的培养,导致翌年产量降低。10 月以后,随气温下降、食料的缺乏,发生量逐渐下降。每代各虫态发育历期,因季节和气温而异,综合各地生活史资料表明:均温 26～29 ℃时,15～20 天完成一代,卵期 2～3 天,幼虫期 5～6 天,蛹期 6～8 天,产卵前期 2 天,成虫寿命 5～10 天。

成虫多在清晨羽化,飞翔敏捷,趋光性弱,羽化后即可交配,2～3 天开始产卵,以 18～21 时产卵最盛,卵多散产于嫩叶背面中脉附近,一般每叶 1～2 粒卵。但在秋梢期,如果虫量多,嫩叶少,则叶正面也可着卵。成虫产卵时对柑橘嫩叶的大小有较严格的选择性,选择产卵嫩叶的长度:芦柑 0.3～4.0 cm,蕉柑 1.0～3.3 cm,夏橙 0.8～3.6 cm,玳玳 0.5～4.0 cm,橙类 1.0～4.5 cm。超过以上长度的嫩叶,极少产卵,所以抹芽控梢,避过成虫产卵高峰期,是防治柑橘潜叶蛾最有效的一项措施。

幼虫孵化后即从卵的底面潜入叶表皮下取食叶肉,边食边前进,叶表形成银白色弯曲的隧道。幼虫共4龄。1龄取食量少，虫道宽0.3 mm；2龄时虫道增至0.5～1.0 mm；3龄为暴食期，白天黑夜均可取食，虫道达1.0～2.0 mm；4龄后期停止取食，虫体稍缩小，排完粪便后即变成淡黄色的预蛹，并于叶缘附近将叶卷起包围身体，吐丝结茧化蛹其中。成虫羽化从茧端飞出，羽化后，蛹衣一半留在外面，一半仍留在卷叶内。

柑橘潜叶蛾发生与环境、营养条件密切相关。气温在26～28 ℃时，对种群数量增长最有利，超过30 ℃时成虫寿命缩短，产卵量降低，20 ℃以下生长发育缓慢，11 ℃以下停止发育，且低温持续时间越长，幼虫和蛹的死亡率越高，卵的孵化率越低。例如，当日平均温度为5 ℃时，如持续10天，则卵不能孵化，1～2龄幼虫不能存活，3～4龄幼虫死亡率为70.15%，蛹的死亡率为64.67%。由此可见，冬季低温是决定越冬虫口基数的关键因子。嫩叶含水量对幼虫的存活无显著影响。大气湿度对柑橘潜叶蛾的存活有一定的影响作用，相对湿度在85%～95%时，卵的孵化率最高，75%～90%时利于蛹的存活和羽化。柑橘潜叶蛾幼虫主要以嫩梢新叶为食，如果新梢陆续不断，大量抽发，则食料充足，利于种群的繁殖。另外，该幼虫的适应能力较强，食料缺乏时，幼虫可通过高密度完成发育，使种群维持一定数量。夏、秋季柑橘新梢丰富，加之适宜的温度，使得柑橘潜叶蛾猖獗成灾。

柑橘潜叶蛾幼虫期有多种小蜂寄生，其中以橘潜蛾短腹啮小蜂 *Citrostichus phyllocnistoides*（Narayanan）为优势种，寄生于2、3龄幼虫，对柑橘潜叶蛾有明显的自然控制作用。

7.1.4 其他常见潜叶蛾类害虫

其他常见潜叶蛾类害虫见表7-1。

表7-1 4种潜叶蛾类害虫

种类	识别特征	发生规律
金纹细蛾	又名苹果细蛾。成虫体小型，前翅金褐色，基部至中部有3条银白色纵带，端部前、后缘各有3个银白色爪状纹。幼虫扁平，黄色，单眼3对。主要危害苹果，其次是梨、李、桃、樱桃、海棠、山楂等。幼虫在叶背表皮下取食叶肉，叶面呈现黄白色网眼状小斑点，叶背表皮鼓起呈椭圆形泡囊状斑，虫口密度大时，整叶枯焦脱落	北方1年4～6代，以蛹在被害叶片内越冬，翌年苹果树发芽时，成虫开始羽化，有趋光性，卵散产于嫩叶背面绒毛间。幼虫孵化后从卵与叶相接处咬破蛀入叶内危害，老熟后于受害处化蛹。羽化时，蛹皮常留在羽化孔处。此虫一般春季发生较轻，秋季发生严重，后期世代重叠
桃潜叶蛾	成虫小型，体及前翅银白色。前翅狭长，中室端部有1个椭圆形黄褐色斑，来自前、后缘的2条黑色斜纹汇合在它的末端，外侧具有1个黄褐色三角形端斑。前、后翅缘毛长。可危害桃、李、杏、樱桃、苹果、梨、山楂、稠李等，幼虫蛀食叶肉，叶表形成弯曲隧道，以后虫道干枯破裂，致使叶片脱落	1年6～8代，以蛹在叶表结白色透绿茧越冬。翌年4月桃展叶后成虫羽化，卵散产在叶组织内，叶表形成一个圆形的卵包。幼虫老熟后脱叶，爬到或吐丝下垂飘到枝条下部或叶背吐丝结茧化蛹。20～30天完成一代，世代不整齐

续表 7-1

种类	识别特征	发生规律
旋纹潜叶蛾	又名苹果潜叶蛾。成虫小型，银白色。前翅基部银白色，端部金黄色（前缘有 7 条黑色或褐色短斜纹），翅端下方有 2 个深紫色斑。幼虫乳白色，后胸及腹部第 1～2 腹节两侧各有 1 个管状突起，上生 1 根刚毛。主要危害苹果，其次是梨、沙果、海棠、山楂等。幼虫在叶内呈螺旋状潜食叶肉，粪便排于隧道中，形成近圆形黑褐色虫斑。严重时，叶片上布满虫斑，造成早期落叶，影响树势和果产量	1 年 3～4 代，以蛹在枝干缝隙及粗糙的树皮处结茧越冬。成虫白天活动，卵多散产于较光滑的叶背面。幼虫老熟后脱叶，吐丝下垂到下部叶片或枝条上结"I"形茧化蛹
菊花潜叶蛾	菊花的一种常见害虫，主要危害叶片	1 年 2～3 代，以蛹越冬。5 月中旬，成虫羽化，在叶片上产卵。初孵幼虫潜入叶表皮下蛀食叶肉形成潜道，导致叶片枯萎，早期脱落

7.1.5 潜叶蛾类害虫的防治方法

1. 农业防治

(1)抹芽控梢。抹芽控制夏梢和早发秋梢，减少落卵量，中断幼虫食物来源，以抑制虫源，是防治该虫的根本措施。但要注意将摘下的嫩梢和虫叶集中处理，以直接消灭其中害虫。

做好预测工作，掌握在成虫低峰期统一放梢，是防治潜叶蛾的关键。低峰期的预测，可以系统观察新梢顶部 5 片叶，当卵或初孵幼虫数量显著减少时，抹净最后一次芽，然后统一放梢，此时可加强水、肥管理，促使夏秋梢抽发整齐健壮。统一放梢既有利于集中喷药，也有利于树冠整形。

(2)清洁果园。对金纹细蛾等以蛹在落叶内越冬的潜叶蛾类害虫，晚秋及早春彻底清扫果园内落叶，集中处理，消灭越冬蛹。

2. 生物防治

(1)保护利用天敌　自然界中柑橘潜叶蛾幼虫及蛹的天敌有 10 多种，其中以姬小蜂为优势种，寄生于幼虫，对潜叶蛾有明显的自然控制作用，应予注意保护。

(2)性信息素诱杀或迷向　采用性信息素迷向技术防治柑橘潜叶蛾。将柑橘潜叶蛾迷向丝悬挂于柑橘树冠外围嫩枝旁，高度在 1/3 树冠处，每 0.07 hm^2 悬挂 70 个迷向丝。

3. 化学防治

防治适期在潜叶蛾成虫或 1～2 龄幼虫盛发期。常用药剂有 1.8%阿维菌素乳油 2000～3000 倍液、20%甲氰菊酯水乳剂 2000～3000 倍液、2.5%高效氯氟氰菊酯水乳剂 1000～2000 倍液、4.5%高效氯氰菊酯乳油 2250～3000 倍液、20%氰戊菊酯乳油 10000～20000 倍液、5%吡虫啉乳油 1000～2000 倍液、25%除虫脲可湿性粉剂 2000～4000 倍液、5%虱螨脲悬浮剂 2000～2500 倍液等喷雾防治。

7.2 潜叶蝇类害虫

7.2.1 潜叶蝇类害虫的种类与寄主

该类害虫是指双翅目蝇类中以幼虫潜食植物叶片的一类害虫。它们以幼虫在寄主叶片的上下表皮之间穿行取食寄主绿色的叶肉组织，致使被害叶片上呈现出灰白色弯曲的线状蛀道或上下表皮分离的泡状斑块。在我国园艺植物上发生的潜叶蝇类害虫，主要有潜蝇科斑潜蝇属 *Liriomyza* 的美洲斑潜蝇 *Liriomyza sativae* Blanchard、南美斑潜蝇 *L. huidobrensis* (Blanchard)、三叶草斑潜蝇 *L. trifolii* (Burgess)、番茄斑潜蝇 *L. bryoniae* Kaltenbach、葱斑潜蝇 *L. chinensis* (Kato)、彩潜蝇属 *Chromatomyia* 的豌豆潜叶蝇 *Chromatomyia horticola* (Goureau)及花蝇科的菠菜潜叶蝇 *Pegomya hyoscyami* (Panzer)等，其中，美洲斑潜蝇、南美斑潜蝇、三叶草斑潜蝇和番茄斑潜蝇是从国外传入我国的入侵性害虫，美洲斑潜蝇、南美斑潜蝇和三叶草斑潜蝇在国内迅速传播蔓延，造成了严重的经济损失，已成为我国园艺植物上的重要害虫；豌豆潜叶蝇在国内则为常发性害虫，发生面广，危害较严重。下面重点介绍美洲斑潜蝇和豌豆潜叶蝇。

7.2.2 重要潜叶蝇类害虫

7.2.2.1 美洲斑潜蝇

1. 分布与危害

美洲斑潜蝇为世界检疫性害虫，国外分布于亚洲、非洲、北美洲、中美洲及加勒比海地区、南美洲及大洋洲的部分地区，现已在 40 多个国家和地区严重发生。该虫 1993 年由国外传入我国海南，之后迅速传播蔓延，目前已分布我国 31 个省(自治区、直辖市)，并造成了严重的经济损失。美洲斑潜蝇寄主植物多，在国内已记载 22 科 110 种以上，主要有豆科、葫芦科、茄科、十字花科蔬菜，锦葵科的棉花及菊科的多种花卉和杂草，其中尤以豆类、瓜类、茄果类蔬菜和菊科花卉受害最重，已给我国的蔬菜和花卉生产造成了严重威胁。该虫以幼虫潜叶危害，仅在叶片正面出现灰白色线状弯曲的蛀道，蛀道中的虫粪多呈虚线状排列，蛀道端部无蛹(幼虫脱叶化蛹)，可与豌豆潜叶蝇危害状相区别。受害严重的叶片布满虫道，以植株中、下部叶片发生重。据广州报道，一张西葫芦叶片有虫道 200 余条，严重影响光合作用，导致寄主植物早衰、落花、落果，丧失商品或观赏价值，甚至绝收。另外，雌成虫用产卵器刺破寄主叶片产卵和吸食汁液，留下密密麻麻的灰白色小点，而且还可传播植物病毒病。

2. 识别特征

美洲斑潜蝇如图 7-2 所示。成虫体小，长 1.3～2.0 mm，浅灰黑色。触角第 3 节黄色。中胸背板亮黑色，中胸小盾片及体腹面和侧板黄色；足基节、腿节鲜黄色，胫、跗节色深。M_{3+4} 脉末段长是次末段长的 3～4 倍。幼虫蛆状，老熟幼虫体长 2.0～2.5 mm。初孵化时半透明，后变为橙黄色。后气门呈圆锥状突起，末端具 3 孔。蛹椭圆形，长 1.3～2.3 mm，初化蛹时橙黄色，渐变为黄褐色。卵 0.2 mm 左右，白色半透明，椭圆形。

3. 发生规律

美洲斑潜蝇在海南 21～24 代，周年发生，无越冬现象。广东 14～17 代，浙江温州 13～14

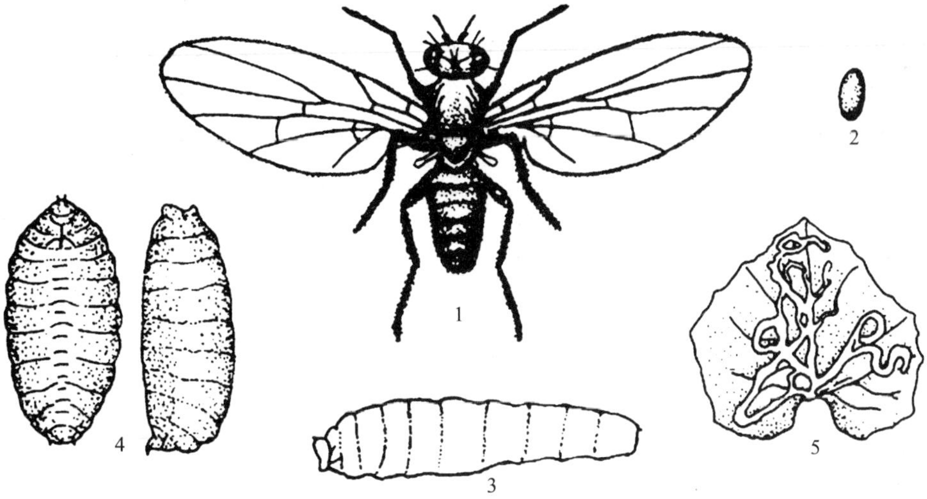

图 7-2 美洲斑潜蝇

1.成虫 2.卵 3.幼虫 4.蛹 5.叶片虫道

代，黄淮地区 9～11 代，山东露地 6～8 代、保护地冬季 3～4 代，北京 8～9 代，辽宁 7～8 代。在北方田间自然条件下不能越冬，在保护地中可越冬和继续危害。各地危害盛期一般在 5—10 月，是夏秋蔬菜上的重要害虫。北方露地危害盛期为 8—9 月，保护地为 11 月和翌年 4—6 月。该虫世代重叠严重。

成虫羽化高峰在 8～11 时，白天活动，飞翔能力不强，一般在早、晚行动缓慢，8～14 时活动较盛，取食并寻偶交配，交配后当天即产卵。卵喜欢产在已伸展开的第 3、4 片叶上，随着寄主植物的生长，逐渐向上转移，一般不越叶位产卵，不喜欢将卵产在顶端嫩叶上。产卵时，雌成虫用产卵器刺破寄主叶片上表皮，然后吸食汁液或产卵；雄虫不能刺伤叶片，但取食雌虫刺伤点中的汁液。叶面上可见到大量灰白色小斑点。卵散产在叶片表皮下，每一产卵痕中产 1 粒卵。产卵痕长椭圆形，较饱满、透明；而取食痕略凹陷，扇形或不规则圆形。叶片伤孔中仅有 15%左右为产卵痕。在恒温 24 ℃和 29 ℃条件下，平均单雌产卵量 70.5～120.8 粒，成虫平均寿命 8.7～12.7 天，产卵高峰在羽化后 3～7 天。根据河南洛阳观察，成虫喜欢在迎风的田边地头植株上产卵，地中间较少；在日光温室中靠北边的植株较南边的落卵多，受害重。成虫在无营养条件下能活 2～4 天。对橙黄色趋性强。

幼虫孵化后潜食叶肉，每蛀道中 1 头幼虫，随着幼虫龄期的增大，蛀道逐渐加长增粗。幼虫仅在叶片的栅栏组织中危害，多不危害下部的海绵组织，所以仅在叶片正面可见蛀道。幼虫共 3 龄，头咽骨长度是区分龄期的主要依据：1 龄虫头咽骨长为 0.100 mm，2 龄 0.168 mm，3 龄 0.265 mm。幼虫期 3～17 天，蛹期 7～42 天。老熟幼虫在蛀道端部咬破叶片表皮爬出蛀道，在叶面或落到土壤中，身体缩短成为预蛹，2～4 h 后化蛹。

该蝇属喜温性害虫，温度是制约其发生危害的重要因素，而大气相对湿度对其影响不大。在各地发生危害最严重的时期均为温度较高的阶段。据报道，温度对生长发育有显著的影响（表 7-2）。在 36 ℃高温条件下，幼虫可以继续生长发育（与潜叶习性有关），但卵和蛹不能正常发育。因此，36 ℃是美洲斑潜蝇发育的上限温度。整个世代的有效积温为 283.2 日度，发育起点温度为 9.2 ℃。美洲斑潜蝇耐寒能力弱，蛹的过冷却点较高，为－9.96 ℃。蛹怕湿，土壤过湿，叶面积水，影响其羽化率。暴风雨的机械作用亦可造成田间成虫和幼虫的大量死亡。因此，暴风雨过后，田间虫量迅速下降。美洲斑潜蝇寄主植物多，但最喜食豆科和葫芦科植物，取食不同寄主各虫态的发育历期及幼虫死亡率差异明显。如在茄科植物的番茄、茄子和辣椒叶片上，幼虫死亡率较高。

表 7-2　不同温度下美洲斑潜蝇发育历期　d

温度/ ℃	卵期	幼虫期	蛹期	世代
13	11.03	17.27	41.73	70.53
16	7.61	12.43	24.64	44.88
19	4.83	7.49	15.79	28.33
22	3.77	5.15	11.49	20.58
25	2.94	4.51	10.28	17.86
28	2.35	4.32	8.09	15.30
31	2.00	3.70	6.94	12.73
34	1.88	3.18	6.59	11.75
36	—	3.29	—	—

该虫在发生区内的近距离传播，主要是通过成虫的迁移或随气流的扩散。其远距离传播主要靠寄主植物或产品，如菜苗、花苗、叶菜、切花的人为调运和携带。

美洲斑潜蝇的天敌主要有潜蝇茧蜂 *Opius* sp.、豌豆潜蝇姬小蜂 *Diglyphus isaea*(Walker)、芙新姬小蜂 *Neochrysocharis* formosa(Westwood)等，自然情况下，对其种群数量有一定的控制作用。

4. 测报方法

选择发生期有代表性的田块悬挂诱蝇板(带)、诱捕器或放蛹盘等进行监测，根据成虫消长动态，结合各虫态历期，预测卵孵化盛期、幼虫发生期；根据成虫诱集量和田间虫口密度，预测发生程度；根据各历期推算虫态发生高峰，确定防治适期。当百叶虫道达 100 条时，即可防治。

7.2.2.2　豌豆潜叶蝇

1. 分布与危害

豌豆潜叶蝇国外分布于非洲、美洲、欧洲和亚洲；国内除西藏尚未报道外，其他各省(自治区、直辖市)均有分布。已知寄主植物有 21 科 77 属 149 种，主要危害十字花科蔬菜、豌豆、蚕豆、莴苣、茼蒿、多种草本花卉及杂草，北方以十字花科蔬菜留种株受害最严重。幼虫在寄主叶片下潜食绿色叶肉组织，受害叶片正反面均出现灰白色迂回曲折的蛇形蛀道，内有很细小的颗粒状虫粪，蛀道端部可见椭圆形、淡黄白色的蛹。受害严重的植株，叶片布满蛀道，以植株基部叶片受害最重。影响蔬菜的产量和质量及花卉的观赏价值。

2. 识别特征

豌豆潜叶蝇如图 7-3 所示。成虫较美洲斑潜蝇大，体长 1.8～2.5 mm，灰黑色，全身多鬃毛，翅长于身体很多。复眼红褐色，触角黑色。胸部发达，上生 4 对粗大的背中鬃，平衡棒黄白色。足黑色，但腿、胫节连接处为黄色。卵长椭圆形，长约 0.3 mm，乳白色。幼虫老熟时体长约 3 mm，黄白色，全体透明，从体外可透视到体内的消化道、头咽器和通往后气门的气管。头咽器的咽骨上臂较长，分两叉，向后方略弯成弧形；咽骨下臂较短，左右合并成一片。前气门成叉状，向前方伸出，后气门略突起，末端褐色。老熟幼虫在蛀道端部化蛹。蛹体长 2.1 mm 左右，淡黄白色，长扁椭圆形，体节清楚可见(13 节)。头端前气门向前方伸出成二短叉状；腹末 1 对后气门褐色略突出。第 13 节背中央有黑褐色纵沟。

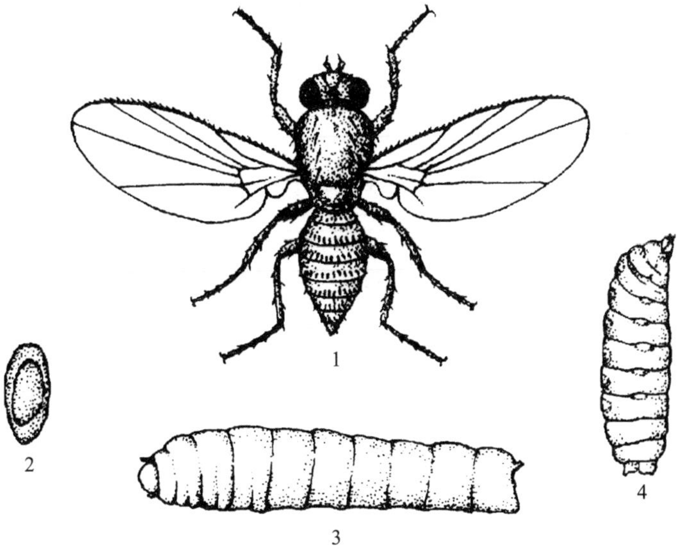

图 7-3 豌豆潜叶蝇

1.成虫 2.卵 3.幼虫 4.蛹侧面观

3.发生规律

豌豆潜叶蝇在辽宁每年 4～5 代，华北地区 5 代，江苏南通 12～13 代，福建福州 13～15 代。在辽宁至淮河以蛹在被害叶片内越冬；长江以南、南岭以北则以蛹越冬为主，也有少数以幼虫和成虫越冬；在华南地区可在冬季继续发生。各地均从早春起虫口数量逐渐上升，春末夏初危害猖獗，随着气温的升高和夏熟寄主的成熟枯老，逐渐以蛹越夏；秋天再继续危害。在河南郑州每年 5 代，3 月上旬为越冬代成虫和第 1 代卵盛期，3 月中下旬为第 1 代幼虫盛期，田间出现第 1 个幼虫小高峰，此时虫量相对较少而集中，仅在越冬寄主和蜜源植物上危害，主要危害豌豆和十字花科蔬菜留种株，是集中防治的有利时机。5 月上中旬为第 2 代幼虫盛期，是田间第 2 个幼虫高峰期，虫量大，寄主植物分散，危害严重，是全年危害最严重的时期，应重点防治。夏季 7—8 月很少见到幼虫危害，部分存活的幼虫以蛹越夏。8 月底以后随着气温下降，成虫数量逐渐增多，9 月中下旬第 4 代幼虫形成第 3 个危害高峰期，其程度仅次于第 2 个高峰期。10 月下旬后，第 5 代幼虫继续发生，数量少。从 11 月开始，幼虫陆续化蛹越冬。此虫世代重叠现象较严重。

成虫白天活动，性活泼，善飞。在气温 20 ℃左右，晴天和无风条件下最活跃，喜食花蜜和嫩叶汁液作为补充营养。叶片上被取食处呈现圆形白斑痕，呈点线分布在叶片的边缘，近中部的较少，且排列不规则。斑痕上一般有 1～2 个刺孔，少数 3 个。取食痕与产卵痕形状相同，但产卵痕仅有 1 个刺孔，取食痕数是产卵痕数的 4 倍左右。成虫喜产卵于嫩叶的边缘，以叶尖处最多，产卵时间以上午和中午最盛，卵散产，单雌产卵量 45～98 粒。成虫寿命一般 7～20 天，气温高时 4～10 天。幼虫共 3 龄，孵化后即潜食叶肉。随着虫体长大，蛀道不断加宽延长，潜道多由叶片边缘向中部延伸,但不穿过叶片的主脉。老熟幼虫在蛀道端部化蛹,并在化蛹处穿破叶表皮而羽化。

豌豆潜叶蝇在13～15 ℃条件下,卵期3.9天,幼虫期11天,蛹期15天。23～28 ℃下,卵期2.2天,幼虫期5.5天,蛹期6.8天。豌豆潜叶蝇喜偏低的温度,不耐高温,幼虫在略高于20 ℃时发育最快,成虫在35 ℃以上时大量死亡。蜜源植物也是影响其发生的重要因素。

7.2.3 其他潜叶蝇类害虫

3种其他潜叶蝇类害虫介绍见表7-3。

表7-3 3种其他潜叶蝇

种类	识别特征	发生规律
南美(拉美)斑潜蝇	成虫体较美洲斑潜蝇大,M_{3+4}脉后段长是前段长的1.5～2.5倍。幼虫后气门突6～9孔。蛹淡褐色至黑褐色	国内局部分布,寄主植物较美洲斑潜蝇范围更广,喜食豇豆、莴苣、菠菜、白菜、芹菜、洋葱及鸡冠花等花卉。幼虫蛀道沿叶脉延伸,叶片正反面均可见蛀道,有时还可潜食叶柄和茎秆。北方露地危害盛期在5—6月
菠菜潜叶蝇	成虫体大,灰黄色,复眼砖红色;足大部分淡黄褐色,但跗节黑色,爪垫大,灰白色,明显。幼虫体乳白色,口钩下缘有3～4个大齿,前气门具7～10个短分枝。腹末周缘有6对乳头状突起	主要分布于北方。寡食性,危害菠菜、甜菜、灰藜等藜科植物。被害叶片出现灰白色上、下表皮分离的泡状大斑块。北方每年发生2～4代,以蛹在土中越冬。春、秋两季危害
葱斑潜蝇	成虫体小,小盾片黑色,触角黄色,第3节呈角状。幼虫后气门突8～10孔	主要危害葱、圆葱和韭菜。受害叶片出现曲线状或乱麻状的灰白色蛀道。华北年发生4～6代,山东省年发生6～7代,以蛹在土中越冬,完成1代需18～30天,危害盛期6—9月

7.2.4 潜叶蝇类害虫的防治方法

潜叶蝇类害虫寄主植物多,发育周期短,繁殖能力强,世代重叠严重,幼虫隐蔽,耐药性强,防治较困难。在防治策略上应采取以农业防治措施为基础的综合防治措施。北方地区,尤其要抓好秋末潜叶蝇类由露地转向温室(10月)和大棚转向露地(4—5月)2个重要时期的防治,以有效地降低虫源。潜叶蝇类害虫虽已普遍分布,但也应加强检疫,严防向保护区传播。

1. 农业防治

(1)清洁田园。及时清除田间和田边杂草及栽培寄主植物的老叶。收获后及时清除残株,集中高温堆肥或烧毁。保护地栽培条件下,在育苗移栽前,尤其要注意棚室内的清洁。

(2)深翻土地,将蛹埋至土壤深处。

(3)种植抗虫作物及品种。种植苦瓜(美洲斑潜蝇)、芹菜(美洲斑潜蝇)、大蒜(豌豆潜叶蝇)等潜叶蝇类害虫不喜食的蔬菜种类及多毛的番茄等抗虫品种(三叶草斑潜蝇)。

2. 物理防治

(1)保护地栽培,通风口用50～60目纱网阻隔潜叶蝇成虫,可兼防温室白粉虱。

(2)利用黄板和粘蝇纸诱杀潜叶蝇成虫，可兼治温室白粉虱和有翅蚜；悬挂大批银白色薄膜，趋避潜叶蝇成虫在寄主蔬菜上危害和产卵。

(3)棚室内蔬菜换茬时或耐热蔬菜生长季高温闷棚，闷棚前1天浇1次透水，次日闭棚升温至45 ℃保持2h，降低潜叶蝇虫口数量。

3. 生物防治

(1)保护天敌，我国蔬菜潜叶蝇的寄生蜂种类至少在56种以上，分属于4个科(姬小蜂科、金小蜂科、茧蜂科和瘿蜂总科)21个属，其中姬小蜂科寄生蜂种类和数量最多为36种；金小蜂科包括5属6种；茧蜂科有3属14种，瘿蜂总科2种。其中，潜蝇茧蜂 *Opius* sp.、西伯利亚离颚茧蜂 *Dacnusa sibirica*、潜蝇姬小蜂 *D. isaea*、芙新姬小蜂 *N. formosa* 和万氏潜蝇姬小蜂 *D. wani* 是潜叶蝇类害虫的优势天敌。减少高毒化学农药的使用，可增加潜叶蝇天敌数量，维持农田生态平衡。

(2)释放潜叶蝇天敌，日本释放豌豆潜蝇姬小蜂和西伯利亚离颚茧蜂有效控制了温室内番茄上的三叶草斑潜蝇的危害；许多欧洲国家应用西伯利亚离颚茧蜂防治美洲斑潜蝇；我国应用潜蝇姬小蜂防治美洲斑潜蝇取得了一定效果。

4. 化学防治

潜叶蝇类害虫的蛹和卵耐药性非常强，在生产上应以地上喷雾防治成、幼虫为主。在田间成虫发生初盛期至叶片上出现小蛀道时及时用药。在防治技术上要抓好“早”“准”和“连续用药”。做好寄主苗期和初见小蛀道时的早期防治工作；喷药防治时，以早晨露水干后8～11时用药为宜，顺着植株从上往下喷，以防成虫逃跑，尤其要注意叶片正面药液的均匀分布；在危害高峰期，应每隔5天左右，连续喷药2～3次。菜豆上发生的美洲斑潜蝇可使用50%灭蝇胺可湿性粉剂20～25 g/亩、20%灭蝇胺可溶粉剂50～70g/亩、1.8%阿维菌素乳油40～80 g/亩、31%阿维·灭蝇胺悬浮剂15～20 mL/亩、20%阿维·杀虫单微乳剂30～60 mL/亩喷雾防治；黄瓜上可使用70%灭蝇胺可湿性粉剂17.5～21 g/亩、1.8%阿维·高氯乳油55～110 g/亩、25%乙基多杀菌素水分散粒剂11～14 g/亩、1.8%阿维·啶虫脒微乳剂45～60 mL/亩喷雾防治；丝瓜上可使用25%噻虫嗪水分散粒剂23～30 g/亩喷雾防治。

思考题

1. 从寄主和危害状上区别园艺植物上常发的4种潜叶蛾和潜叶蝇。
2. 潜叶蛾类害虫的非化学防治措施有哪些？
3. 调查或从文献中找出4种主要潜叶蛾和潜叶蝇各虫态的识别特征及天敌种类。
4. 设计美洲斑潜蝇的综合治理方案，在防治技术上应注意什么？

8 花果类害虫

花果类害虫是指取食花器、果实和种子的各类害虫，也称为种实类害虫。由于它们咬食花器，蛀食果实和种子，造成落花落果，直接影响园艺作物产量的形成，并且造成品质变劣，故被认为是重要的园艺害虫类群。这类害虫多属于鳞翅目蛾类、鞘翅目象甲类和双翅目蚊蝇类等。它们多在花期或幼果期产卵，随着种实的生长而逐渐发育成长，成熟后自行脱果。这类害虫多隐蔽危害，不易发现，防治也较困难。控制其危害时，应该着重及时灭杀成虫及未侵入种实的幼虫，对某些检疫对象严格检查及时处理，控制其广为传播。

8.1 蛾类害虫

8.1.1 蛾类害虫的种类和寄主

危害园艺植物花果的主要蛾类包括螟蛾科的豆野螟 *Maruca testulalis* Geyer、豆荚螟 *Etiella zinckenella* Treitschke、茄黄斑螟 *Leucinodes orbonalis* Guenée、桃蛀螟 *Dichocrocis punctiferalis* Guenee、梨大食心虫 *Myelois pirivorella* Matsumura，夜蛾科的棉铃虫 *Helicoverpa armigera* (Hübner)、烟青虫 *H. assulta* (Guenée)、吸果夜蛾 *Oraesiae*，卷叶蛾科的梨小食心虫 *Grapholita molesta* Busck、苹小食心虫 *G. inopinata* Hein-rich、苹果蠹蛾 *Laspeyresia pomonella* (L.)，果蛀蛾科的桃蛀果蛾(桃小食心虫)*Carposina niponensis* Walsingham，举肢蛾科的核桃举肢蛾 *Atrijuglans hetaohei* Yang、柿蒂虫 *Kakivoria flavofasciata* Nagano 和麦蛾科的桃条麦蛾 *Anarsia lineatella* Zeller。其中尤以豆野螟、棉铃虫、烟青虫、桃蛀螟、梨小食心虫、桃蛀果蛾(图 8-1)发生普遍且危害严重，这也是本节介绍的重点。

8.1.2 重要蛾类害虫

8.1.2.1 豆野螟

1. 分布与危害

豆野螟又名豇豆荚螟、豇豆蛀野螟、大豆螟蛾。主要分布于山东、河北、河南、陕西、四川、云南、江苏、浙江、广东、台湾等地。豆野螟主要危害大豆、菜豆、芸豆、豌豆、绿豆、刀豆、扁豆、豇豆、莱豆等豆类作物，以幼虫蛀食豆类作物的花蕾、果荚和种子，蛀食早期果荚造成落荚，蛀食后期果荚内的种子，蛀孔堆有腐烂状的绿色粪便。此外，幼虫还能吐丝缀卷几张叶片在内蚕食叶肉，以及蛀食花瓣和嫩茎，造成落花、枯梢，对产量和品质的影响很大。

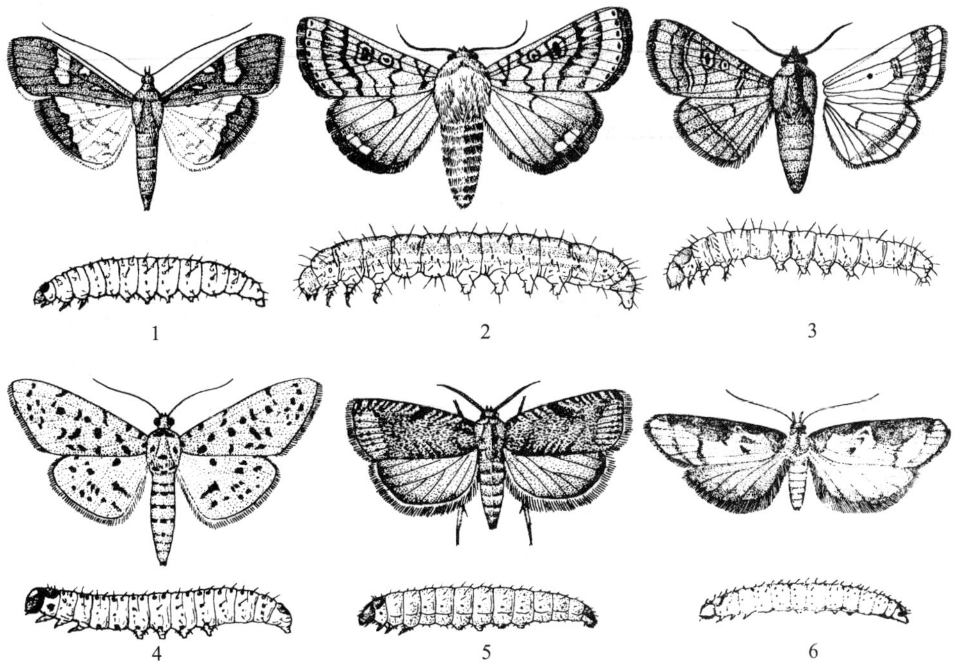

图 8-1 6 种重要蛾类花果害虫的成虫和幼虫

1.豆野螟 2.棉铃虫 3.烟青虫 4.桃蛀螟 5.梨小食心虫 6.桃蛀果蛾

2.识别特征

成虫:体长 12～13 mm,翅展 24～26 mm。体黄褐色。前翅黄褐色,中室端部有一白色半透明长方形斑,中室中间近前缘处有一肾形白斑,其后方有一圆形小白斑点。

卵:黄绿色,椭圆形,0.4～0.6 mm。表面有近六角形的网状纹。

幼虫:体长 16～18 mm,体淡黄绿色至桃红色。中后胸背板上每节前排有毛瘤 4 个,各生 2 根刚毛,后排有斑 2 个,无刚毛。

蛹:体长 11～13 mm,淡褐色。臀棘褐色,上生钩刺 8 枚。

3.发生规律

豆野螟 1 年 4～9 代、其中西北各省 4～5 代,长江流域 5～6 代,福建、广西、台湾 6～7 代,广州 9 代。在西北以蛹在土中越冬。每年 6—10 月为幼虫危害期。江苏扬州、南通地区 1 年发生 5 代;越冬代成虫出现在 5 月上中旬,各代幼虫发生时间是第 1 代 6 月上中旬、第 2 代6 月下旬至 7 月上中旬、第 3 代 7 月下旬至 8 月中旬、第 4 代 8 月上中旬至 9 月份、第 5 代 8 月下旬至 11 月,11 月后进入越冬;第 2、3 代为主害代,即田间以 6 月中旬至 8 月下旬危害最严重;受害最重的是豌豆和四季豆,前期(6 月上旬)在四季豆上,中后期(6 月中旬至 8 月)在豌豆上,而后期(9 月后)则在扁豆上发生量较大。在福建以幼虫越冬,每年 4—6 月为主要危害期,尤以 6 月危害最重。在广东、广西无明显越冬现象,1 月仍见有较多幼虫危害,并可找到蛹和成虫。

成虫有趋光性,白天潜伏在茂密的豆株叶背下,受惊作短距离飞翔,一般只飞翔 3～5 m。成虫卵散产于嫩荚或花蕾和叶柄上,一般为 1～2 粒。卵期 3～4 天。初孵化幼虫蛀入嫩荚危害或蛀入花蕾,取食花药和幼嫩子房,被害花蕾和嫩荚不久脱落。3 龄后的幼虫大多数蛀入果荚内食害豆粒,蛀入孔圆形,蛀入处多在两荚碰接处或在荚与花瓣、叶片及茎梗贴靠处。粪便排于蛀孔外，一般1个被害荚内只有1头幼虫，少数有2～3头。1头幼虫一生可钻蛀花蕾20余朵。也可以蛀茎或卷叶，危害叶片及嫩茎时常危害一侧，将两叶粘贴在一起，蛀食叶肉，留下叶脉。幼虫5龄，老熟幼虫脱荚在植株附近浅土层内作土茧化蛹。

豆野螟卵期、幼虫期及蛹期均随温度的升高发育历期缩短，不同温度间各虫态历期均差异显著，各虫态的平均历期见表8-1。

表8-1　不同温度对豆野螟卵生长发育的影响

温度	发育历期/d(X±SD)*				发育速率(1/d)			
/℃	卵期	幼虫期	蛹期	合计	卵期	幼虫期	蛹期	合计
15	9.6±1.1a**	37.8±5.6a	26.3±4.1a	73.7±5.9a	0.1042	0.0265	0.0380	0.0136
20	5.0±0.4b	19.6±0.9b	16.1±1.7b	40.7±2.0b	0.2000	0.0510	0.0621	0.0246
25	3.1±0.3c	11.3±0.7c	7.9±0.5c	22.2±0.9c	0.3226	0.0885	0.1266	0.0450
30	2.1±0.4d	9.1±0.2d	7.1±0.6d	18.3±0.6d	0.4762	0.1099	0.1408	0.0546

*表中数据为平均值±标准差。

**同列不同字母表示差异显著($P<0.05$)。

引自：迟玉成等，2008年。

8.1.2.2　棉铃虫

1.分布与危害

棉铃虫又名玉米穗虫、番茄蛀虫、钻心虫，别名棉铃实夜蛾、红铃虫、绿带实蛾。是多食性害虫，其寄主范围非常广泛，目前已知棉铃虫的寄主植物达30多科250余种。在蔬菜中主要危害番茄、茄子、豌豆、蚕豆、扁豆、莴苣、南瓜、冬瓜、甘蓝、花菜，还可危害棉花、玉米、小麦、高粱、苜蓿、油菜、芝麻、胡麻、花生、红花、向日葵、苹果等，在杂草中有苘麻、野苋菜、曼陀罗、锦葵、马鞭草等。

2.识别特征

成虫：体长15～20 mm，翅展30～38 mm。雌虫红褐色，雄虫灰绿色。前翅有黑色的环状斑和肾状纹。后翅灰白色，沿外缘有黑褐色宽带，在宽带中央有2个相连的白斑。

卵：白色，半球形，(0.51～0.55) mm×(0.44～0.48) mm。上有纵棱，纵棱分叉26～28条。

幼虫：幼虫体长40～45 mm。体色有绿、黄绿、红褐、黄褐等色。前胸气门前2根刚毛基部连线延长通过气门，或与气门相切。

蛹：体长17～20 mm。腹部末端具有臀棘2枚，臀棘基部相距较远。

3.发生规律

棉铃虫在辽宁省、河北省北部、内蒙古自治区和新疆的北疆1年3代，华北和新疆南疆4代，新疆吐鲁番5～6代，长江以南5～7代。以蛹在寄主根际附近土中越冬。翌年春季越冬代成虫陆续羽化，华北地区4月中下旬开始，5月上中旬为羽化盛期，相继进入第1代卵和幼虫危害期，主要在麦类及苜蓿上危害。露地番茄常年蛀果率为1%。第2代是主要危害世代，卵盛期在6月中下旬，6月下旬至7月上旬为幼虫危害盛期，一般年份蛀果率为5%～10%，严重地块达20%～30%。第3代卵高峰出现在7月下旬至8月，主要危害夏播茄子，发生较轻。8月下旬至9月上旬为第4代卵高峰，9月至10月上中旬第4代幼虫主要危害秋大棚和温室番茄，严重地块蛀果率可达10%。随着保护地栽培的迅速发展，棉铃虫第1～3代的危害有加重的趋势。第4代老熟幼虫产生滞育蛹于10月底以前全部越冬。棉铃虫各虫态的历期主要取决于温度和食料。据陕西省棉花研究所饲养结果，第2、3代卵期为2～4天，幼虫期11～17天，预蛹期1～4天，蛹期9～17天，成虫产卵前期2～3天，成虫寿命9～12天。完成1个世代，第1代为40～45天，第2、3代为32～34天。

成虫昼伏夜出，以傍晚7～9时和清晨3～4时活动最盛，羽化后需吸食花蜜作补充营养，傍晚7～9时常在开花的蜜源植物如大葱、胡萝卜、沙枣、向日葵、紫穗槐上边飞翔边取食。成虫飞翔力强，对黑光灯有较强的趋性，尤其以波长333 nm、383 nm和405 nm的黑光灯对棉铃虫成虫的诱集作用最强。另外，棉铃虫成虫对杨柳树枝把有较强的趋性，而对糖醋液趋性较差。一般每代棉铃虫雌蛾比雄蛾早羽化1～2天。雌蛾羽化后2～4天开始产卵，再后延2天即达产卵高峰期。产卵期5～10天，每头雌蛾一般可产卵1000粒，最高可达3000粒。卵散产在生长茂盛，花蕾多的植株上。雌蛾寿命约半个月，雄蛾寿命仅1周。

幼虫共6龄，初孵幼虫通常先吃掉大部分或全部卵壳，然后取食附近的嫩叶、嫩梢、幼蕾等器官，这时由于食量小，危害状不明显。第3天幼虫蜕皮长成2龄幼虫，2～3龄吐丝下垂转株蛀害蕾、花，一般3龄开始蛀果，4～5龄有转果和自相残杀习性，一头幼虫可蛀果3～5个。老熟幼虫多在9时30分至12时左右吐丝下坠入土筑土室化蛹，土室直径约为10 mm，长约20 mm，土室多在原落地的1 m范围内，仅个别在果实内化蛹。蛹期10～14天。

棉铃虫属喜温喜湿性害虫，成虫产卵适温为23 ℃以上，幼虫发育以25～28 ℃和相对湿度75%～90%为宜。北方6—7月多雨年份发生重。雌虫产卵量与补充营养有关，如成虫期正值蜜源植物如油菜、茄子、洋葱、豌豆等开花、成虫补充营养充足，产卵量大，发生重。天敌有草蛉类(中华草蛉、大草蛉、丽草蛉、叶色草蛉)、蜘蛛类(灰背狼蛛、蟹蛛、跳蛛、球腹蛛、草间小黑蛛等14～19种)、蜂类(马蜂、胡蜂、赤眼蜂、棉铃虫多胚跳小蜂、姬蜂等)、食虫蝽(华姬猎蝽、窄姬猎蝽、大眼蝉长蝽、小花蝽)、瓢虫类(七星瓢虫、龟纹瓢虫、多异瓢虫、异色瓢虫)、鸟类(燕子、丝光椋鸟)、线虫等。田间天敌数量多，对棉铃虫的发生有抑制作用。

4. 测报方法

一般成虫产卵盛期，正是幼虫孵化初期，以有卵株率超过10%为标准。产卵盛期后5～9天为幼虫孵化盛期。查卵地块固定5个点，每点10～20株，根据产卵部位仔细检查。每3天查1次，把每次发现的卵抹掉，以免下次重复记入。根据当天所调查的卵量和累计百株卵量及幼虫数及时发出虫情预报，指导田间防治。

杨树枝诱蛾：把60 cm左右的杨树枝，5～7根捆成一把，上部捆紧，茎部绑一根木棒，将木棒插入土中。两把相距5 m，共放20把，为一个测报点。每天早晨检查蛾数，10天更换一次树枝。一般雌雄蛾达到1∶1时，为发蛾盛期。

性诱剂诱蛾：昆虫性信息素进行害虫种群监测，由于其专一性和敏感性的优势，不需要进行种类鉴定，近年来已优先应用于现代测报工作中。

棉铃虫测报仪：专为棉铃虫测报而研制，该灯利用现代光、电、数控技术，实现了虫体远红外自动处理、自动散虫、自动拍照上传、自动清虫、整灯自动运行等功能。

昆虫雷达：昆虫雷达可以揭示昆虫的迁飞过程，它不但可以瞬间完成较大空间的取样，给出空中昆虫的密度分布，而且可以监测到昆虫的迁移方向、空中速度、振翅频率、个体大小等参数，使昆虫迁飞研究由迁飞规律的定性描述发展到起飞—运转—降落过程的定量分析。

8.1.2.3 烟青虫

1.分布与危害

烟青虫又名烟草夜蛾,烟青虫和棉铃虫形态极相似,但它们的寄主并不相同,烟青虫的寄主亦多,主要有辣椒、烟草、番茄、玉米、高粱和酸浆等。常在番茄上发现棉铃虫、烟青虫混合发生。棉铃虫和烟青虫在茄、椒作物上,都以幼虫蛀食蕾、花、果为主,也可食害幼嫩茎、叶和芽。蛀果是造成减产的重要原因。

2.识别特征

成虫:体长 15～18 mm,翅展 27～35 mm。头部复眼黑色。雌雄虫色一般均为黄褐色。斑纹较清晰。后翅黄褐色,脉窄,黑色宽带上的白斑不明显。

卵:白色,半球形。纵棱不分叉,通常 22～24 条。

幼虫:成长幼虫体长 31～41 mm,头部黄褐,体色一般夏季为绿色或青绿色,秋季为红色或暗褐色,位于前胸气门前的一对刚毛的连线不穿过气门。

蛹:体长 16 mm 左右,浓褐色,在腹部末端有 2 根刺,2 根刺的基部似相连。

3.发生规律

在东北地区 1 年 2 代、在京津地区 2～3 代、黄淮地区 4 代左右、江南一般 5～6 代。除华南和云南部分地区终年发生危害外,其他地区均以蛹在土中做土室越冬。在 6 代区,第 1～4 代幼虫主要危害烟草、辣椒等,第 5 代幼虫危害扁豆,第 6 代幼虫危害冬豌豆。

成虫一般潜伏在叶背面和杂草丛中,夜晚活动。趋光性较弱,趋蜜源较强。卵散产于叶片正面、反面具绒毛处及嫩芽、嫩茎、花蕾和果实上。成虫喜在烟草和辣椒上产卵,着卵量高。产卵期 4～5 天。

初孵幼虫日夜活动危害,食叶肉,仅留表皮或蛀食成小孔。3 龄后昼伏夜出。幼虫蜕皮 4～6 次,一般为 5 次。有假死性及自相残杀习性。幼虫老熟后,即钻入土下 3～5 cm 作土茧化蛹。在安徽凤阳地区,成虫历期 5～7 天,产卵期 4～5 天,卵历期 3～4 天,幼虫历期 11～25 天,蛹历期 10～17 天。凡植株生长茂密,温湿度适宜,烟青虫往往发生严重。

8.1.2.4 桃蛀螟

1.分布与危害

桃蛀螟俗称桃蠹螟、桃野螟蛾、豹纹斑螟,以幼虫蛀食果实,造成“豆沙馅”“坏仁”“中空”等症状,受害果一般果梗处留有附着虫粪的丝筒,果内留有颗粒状虫粪,还能引起流胶(桃)、腐烂、脱落;干果、向日葵、蓖麻的种子被蛀后,种仁被食尽仅剩空壳。玉米主要是雌穗受害,严重影响其产量和质量。寄主包括桃、梨、李、杏、苹果、石榴、板栗、荔枝等果树,向日葵、玉米、蓖麻等作物。

2.识别特征

成虫:体长 10 mm 左右,翅展 20～26 mm,全体黄色。胸部、腹部及翅上都具有黑色斑点。前翅有黑斑 25～26 个,后翅约 10 个。

卵:椭圆形,初产时白色,以后为红褐色。

幼虫:末龄幼虫体长 18～25 mm,体暗红色,头黑褐色,各体节有明显的黑褐色毛瘤。

蛹:体长 10～15 mm,黄褐色至红褐色。末端生臀刺 4～5 根。

3.发生规律

辽宁南部 1 年 2 代,山东 3 代,一般华北地区 2～4 代,均以老熟幼虫在树皮裂缝、树洞、土、石缝、玉米、高粱秆(穗)向日葵盘中越冬。翌年5—6月出现越冬代成虫,6月上旬为产卵盛期,5月下旬至7月中旬发生第1代幼虫,7月下旬至8月上旬为第1代成虫发生盛期,7月中旬至8月底发生第2代幼虫,8月上旬至9月上中旬发生第3代幼虫,9月底幼虫陆续越冬。

成虫有强的趋光性,羽化后1天多即行交配,经3~5天便开始产卵,皆趋向果树的果实上或扬花期的高粱穗上、向日葵花盘上产卵。卵多产在果子的胴部、肩部、梗洼、两果紧贴的缝隙及果实背阴面等处,高粱上则将卵产到颖壳上。卵期一般3~6天。卵多于清晨孵化,初孵幼虫先在果梗、果蒂基部吐丝蛀食果皮,随后从果梗基部沿果核蛀入果心危害,蛀食幼嫩核仁和果肉。一个桃果内常有数条幼虫,部分幼虫可转果危害。幼虫5龄,老熟后一般在果内、结果枝上及两果相接触处,结白色茧化蛹,也有在果内化蛹的。桃蛀螟常被黄眶离缘姬蜂 *Trathala flavoorbitalis* Cameron、绒茧蜂 *Apantelessp*、广大腿小蜂 *Brachymeria obscurata* Walker、抱缘姬蜂 *Temeluchasp*、赤眼蜂 *Trichogrammatid* 等天敌所寄生。

8.1.2.5 梨小食心虫

1. 分布与危害

梨小食心虫俗称东方果蛾、桃折梢虫、针眼虫、黑膏药、水香眼,春夏季发生的幼虫主要蛀食桃梢,造成新梢枯萎下垂,最后纵裂流胶,影响树冠的正常发育。夏秋季发生的幼虫主要蛀食果实,蛀道直达果心,果实表面的蛀果孔常被病菌侵入,腐烂变黑所以称“黑膏药”。寄主包括桃、李、杏、梨、苹果、木瓜、山楂等。

2. 识别特征

成虫:体长约6 mm,翅展10.6~15 mm。体灰褐色,无光泽。前翅灰褐色,前缘具有10组白色斜纹,翅中部有一明显的小白点。

卵:扁椭圆形,初产下透明,以后白色。

幼虫:末龄幼虫体长10~13 mm。体黄白色或粉红色。腹足趾钩单序环式,袋状腹末具有臀栉。

蛹:体长7 mm左右。黄褐色。腹末端有8根钩刺。

3. 发生规律

在辽南、新疆及华北大部分地区1年3~4代,黄河故道、陕西关中1年4~5代,南方各省1年6~7代。以老熟幼虫在树体主干、主枝翘皮裂缝及树干基部近地面处结茧越冬,茧的颜色与树皮接近,不易发现。也有幼虫在果仓、果品包装箱及石块旁越冬。越冬代成虫翌年4月中旬开始羽化,5月中下旬为羽化盛期,并开始产卵于桃梢端叶背面。初孵幼虫蛀入桃梢,1个幼虫可危害3~4个嫩梢,幼虫老熟后在桃树上结茧化蛹。第1代成虫发生及产卵盛期为6月上中旬。孵化出的幼虫仍危害桃、杏梢。第2代成虫发生及产卵盛期在7月中下旬,晚发生者常和第3代成虫重叠。第2代成虫开始向梨树上转移,产卵于梨、晚熟桃、山楂、中晚期苹果等果实的果面、萼洼、两果相接处等。第3代幼虫8—9月发生,主要危害果,还有少量幼虫危害梨梢。第3代成虫8月中旬为羽化盛期,多产卵于梨、山楂和晚熟品种的桃上。第4代幼虫8—10月发生,完全危害果实。

成虫白天多静伏在叶、枝和杂草等处,黄昏后活动,对糖醋液和果汁及黑光灯有趋性,尤其对合成性诱剂诱芯有强烈趋性。成虫在羽化当天至6天内交配,多数成虫一生交配1次,少数2~3次。羽化后1~3天内开始产卵,夜间产卵较多,1头雌虫产卵量可达100粒,卵散产于叶背、果底、柄洼等处。成虫寿命一般5~7天,最长可达15天;我国中部第1代卵期7~10天,以后各代为4～6天；幼虫期14～18天；蛹期11～15天；从卵至成虫的发育周期为30～50天。

初孵幼虫爬行速度很快，20分钟即可蛀果(梢)危害，幼虫一生转移危害2～3梢。在苹果、梨果实上可从萼洼附近蛀入，深入果心危害。一般一果只有1头幼虫。幼虫老熟后一般在枝干翘皮裂缝、果实萼洼处化蛹。也有幼虫老熟后不出果，就在果内化蛹。

梨小食心虫一般在雨水多、湿度高的年份，成虫产卵数量多，危害严重，桃、梨混栽园发生重。

4.测报方法

重点测报成虫发生期，尤其是第2代转果世代。桃园：早春用黑光灯、糖醋液或性诱剂诱捕成虫。一旦进入高峰期，则喷药防治。梨园：选几个主栽品种每品种固定5～10株树早熟品种6月中旬中晚熟品种7月中旬开始每2天查1次果，每株均匀查果100个，当卵果率达到1%左右时为防治适期。

8.1.2.6　桃蛀果蛾

1.分布与危害

桃蛀果蛾俗称苹果食心虫、豆沙馅、猴头果、枣蛆，以幼虫蛀果。初孵幼虫蛀果后，果面有蛀果孔，孔内常流出透明水珠状果胶，被称为“眼泪滴”，干后呈白色。幼虫在果内串食，直达果心，在蛀道内留有虫粪。果实受害严重时，幼果常形成木栓化的“猴头果”。幼虫脱果后，果面还有小米粒大小的圆形脱果孔。寄主包括梨、苹果、枣、山楂等。

2.识别特征

成虫：体长7～8 mm，翅展16～18 mm。体灰白色或浅灰褐色。前翅中部有一灰蓝色三角形大斑。基部及中央部分具有7簇黄褐色的斜立鳞片。

卵：椭圆形，深红色，卵上有“Y”形刺。

幼虫：末龄幼虫体长13～16 mm。全体为桃红色，幼龄幼虫体白色。腹足趾钩排成单序环式，无臀栉。

蛹：体长6.5～8.6 mm。体淡黄白色至黄褐色。体壁光滑无刺。

3.发生规律

桃蛀果蛾在辽宁、山东、河北、山西、陕西等苹果产区1年1代，也有部分个体发生第2代，即有局部世代现象。在甘肃天水一带发生1代。以老熟幼虫在3～13 cm土层内结冬茧越冬。山地、坡地、杂草丛生的梯田果园，幼虫多在树冠外围土层或土块下越冬。在平地果园，幼虫多在树干周围、树冠内土层中结茧越冬。越冬幼虫翌年5月中旬开始出土，6月中下旬为出土盛期。这期间，如遇适当的雨水或灌水，幼虫出土集中，出土的时间短。如干旱无水，幼虫出土不整齐，出土时间长，可达60多天。幼虫出土后，在1～2天内爬向树干基部附近的土块、杂草等缝隙处作夏茧，在其中化蛹。蛹期10～18天。越冬代成虫7月上旬为羽化盛期。羽化的成虫2～3天后开始产第1代卵。第1代幼虫主要蛀食杏及桃果，幼虫在果内发育完成后，往外咬一圆孔脱出果外，直接落地作夏茧化蛹，时间最早在7月中旬，在辽宁省南部地区可继续发生第2代。7月中旬以后脱果者入土作冬茧直接越冬。第1代成虫7月底至8月上中旬羽化，第2代卵盛期在8月中下旬，此代成虫卵量高于越冬代数倍。第2代幼虫在8月下旬后开始脱果。

成虫羽化后白天不活动，栖息在树上或杂草上，日落后1～3h内最活跃，无明显趋光性和趋化性。羽化后经过1～3天后产卵，卵多散产于苹果萼洼处，少数产于梗洼和叶背，1头雌虫能产卵 10～100 多粒不等。卵期一般 7～10 天。

幼虫孵化后在果面上爬行数十分钟或数小时，寻找适当部位开始啃咬果皮，咬下的果皮并不吞食，大部分幼虫从果实胴部蛀入果内，幼虫入果后直入果心，取食果实种子，然后食果肉。幼虫蛀果后 2～3 天蛀果孔开始流出果胶。幼虫期 13～25 天，蛹期平均 14 天，成虫期 3～6 天，长者达 10 天。

4. 测报方法

性诱剂诱集法，用于成虫发生期预测。方法是在成虫发生期前，将桃蛀果蛾的诱芯挂在树上，离地面约 1.5 m 下面挂一口径约 20 cm 的碗（离诱芯约 10 cm），内装含 0.1%洗衣粉的水。果园内方圆 25 m 挂 1 个碗，每天观察碗内诱集的成虫数，记录后去掉成虫。花盆埋茧法，观察越冬幼虫出土始盛期，指导地面施药适期。田间调查法选上一年受害严重的果园，固定调查树 10 株，苹果园从 6 月中旬（指辽南地区）开始，每 3 天查卵 1 次，每株查 100 个果，记载卵果数，一般卵果率达到 0.5%～1%时，即可开始喷药。

8.1.3 其他常见蛾类害虫

其他常见蛾类害虫见表 8-2。

表 8-2 其他常见蛾类害虫

害虫种类	发生概况
豆荚螟	寄主为大豆等 60 余种豆科植物，以幼虫危害果荚和种子。各地发生代数不同，均以老熟幼虫在土中越冬。成虫昼伏夜出，喜欢把卵散产在有毛大豆品种的荚毛间，幼虫咬破荚皮蛀害豆粒，有转荚危害的习性。高温干旱发生重
茄黄斑螟	以低龄幼虫危害茄子花，蛀食嫩茎梢，秋季老熟幼虫蛀果。在湖北 1 年 5 代，7—8 月危害最盛，冬季以滞育幼虫越冬。成虫昼伏夜出，卵多散产在嫩叶反面
梨大食心虫	主要危害梨的花芽和幼果。各地发生代数不同，均以幼龄幼虫在芽内结茧越冬。翌年越冬幼虫的出蛰期为梨花芽萌动期，初孵幼虫先危害芽后再害果，卵多散产于萼洼、芽旁等
苹小食心虫	寄主有苹果、梨、沙果、海棠等，以幼虫蛀食果实，造成"干疤"。1 年 2 代，以老熟幼虫潜伏在晚熟品种的树皮裂缝等处越冬。成虫昼伏夜出，对苹果醋、糖蜜、茴香油、黄樟油有趋性
核桃举肢蛾	主要以幼虫在果内纵横穿食，干缩后为"核桃黑"。1 年 1～2 代，以老熟幼虫在土内或石块与土壤间结茧越冬。成虫多产卵在两果相接的缝内
柿蒂虫	幼虫钻食柿果，造成柿子早期发红、变软、脱落。1 年 2 代，以老熟幼虫在树皮裂缝或树干基部附近的土里结茧越冬。成虫多产卵在果梗与果蒂缝隙处，幼虫有转果的习性
苹果蠹蛾	在我国分布于新疆、甘肃等地。2020 年 9 月 15 日，被农业农村部列入一类农作物病虫害名录。以幼虫蛀食苹果、沙果、香梨等果实。1 年 2～3 代，以老熟幼虫在树皮下作茧越冬。卵散产在果实和叶片的表面.幼虫蛀果时吐掉果皮碎屑，蛀食果肉，偏食种子
吸果夜蛾类	我国普遍发生的有 10 余种，在柑橘成熟期成虫刺果危害，造成落果或贮藏期腐烂。如嘴壶夜蛾是南方的优势种，1 年 4～6 代，以幼虫越冬。成虫昼伏夜出，卵散产，嗜食糖液，略具假死性
桃条麦蛾	幼虫以蛀食核果类的桃梢及桃果为主，在新疆 1 年 4 代，以幼龄幼虫在桃树或杏树枝梢的冬芽内越冬。成虫趋糖醋，卵散产于果面

8.1.4 蛾类害虫的防治方法

1.农业防治

实行轮作，与非豆科蔬菜轮作1～2年，并防止与豆科蔬菜和豆科绿肥邻作。及时清除田间落花、落荚以及摘除被害的卷叶和果荚，消灭其中的幼虫。棉铃虫和烟青虫均以蛹在土下越冬，所以对其危害较重的各类作物田、菜田，在秋收后至封冻前实行秋耕冬灌，减少越冬密度，来不及秋耕冬灌的田块，要抓紧在越冬蛹羽化前完成春耕春灌。在梨小食心虫越冬幼虫脱果前，于8月中旬在树干上束草诱集其过冬茧集中销毁。或者在早春果树发芽前刮除老翘皮，连同果园附近的玉米、高粱、向日葵等秸秆一起处理，可防治梨小食心虫和桃蛀螟。在桃蛀果蛾脱果期间，于8月下旬在树冠周围培土，或在树冠下铺草引诱桃蛀果蛾在树冠下作茧，可在地面施药时消灭绝大部分幼虫。

2.物理防治

在豇豆、菜豆大片种植地区，成虫羽化期用黑光灯诱杀。杨树枝把诱杀，设置高压汞灯、双波灯诱杀棉铃虫和烟青虫成虫。用黑光灯或用梨小食心虫、桃蛀果蛾性诱捕器诱杀食心虫。

3.生物防治

注意保护天敌，尽量选择对天敌较安全的农药品种，减少用药次数。使用微生物杀虫剂3.2%苏云金杆菌可湿性粉剂1.2 kg/hm^2，对3龄前的幼虫防治效果较好。

4.化学防治

花期是最易受害的生育期，也是防治的关键时期。目前以拟除虫菊酯类药剂防治效果较好，如2.5%功夫乳油、20%鼠戊菊酯乳油300 mL/hm^2，也可用3.2%苏云金杆菌可湿性粉剂600～900 mL/hm^2。豆野螟低龄幼虫主要危害花器，因此喷药部位主要是花和荚。豌豆开花一般在8～10时，10时后闭合，在豌豆上用药应掌握在8～10时为好。同时对落地花也应喷药，注意农药交替使用。

科学使用化学农药，实施药剂挑治，减少施药面积。依据虫情监测和防治指标，防治时间应掌握在产卵高峰期，在半数卵变黑色时喷药效果更好。一般在产卵初盛期开始，孵化盛期结束。要正确选用化学药剂，交替、轮换使用。当百株卵量骤然上升达15粒左右(卵株率15%以上)，或百株幼虫数达5头以上，天敌数量又不足时，应立即进行药剂防治。防治后5～7天进行检查。如又达到上述标准，再继续防治。防治棉铃虫的农药品种有：20%的氯氰·辛硫磷乳油4.67～6.67 mL/hm^2、25%的氯氰菊酯水乳剂1.60～2.13 mL/hm^2、26%的氯氰·辛硫磷乳油6.67～10.00 g/hm^2、3%的阿维·氟铃脲悬浮剂4.00～6.00 mL/hm^2、4.5%的高效氯氰菊酯乳油2.67～4.00 mL/hm^2、1.8%阿维菌素乳油600 mL/hm^2、2.5%联苯菊酯乳油300～450 mL/hm^2、25%西维因可湿性粉剂3.75 kg/hm^{2}等。

由于烟青虫属钻蛀性害虫，所以必须抓住卵期及低龄幼虫期(尚未蛀入果实中)施药，最好使用杀虫兼杀卵利于辣椒高产栽培的药剂。在幼虫孵化盛期，选用2.5%氯氟氯菊酯乳油2000～4000倍液，5%顺式氯氯菊酯乳油3000倍液，或20%甲氯菊酯乳油2000～2500倍液，或10.8%四溴菊酯乳油5000～7500倍液喷雾。每隔6～7天喷1次，连喷2～3次。在辣椒第一次采收前10天停止使用化学农药。此后，如需防治，只能使用生物制剂，可用0.3%印楝素乳油50～100 g/667 m^{2}兑水50 L喷雾。

树下防治：5月中旬，在桃蛀果蛾出土始期用50%辛硫磷喷洒于整个树盘，每次用药量

0.81 mL/m^2，每隔 15 天喷药 1 次，连续 2 次。

树上防治：在各代食心虫成虫羽化产卵盛期喷洒 2.5%三氟氯氰菊酯乳油 500 mL/hm^2、20%甲氰菊酯乳油 600 mL/hm^2、2.5%联苯菊酯乳油 120～360 mL/hm^2、50%辛硫磷乳油 1.2 L/hm^2，每隔 15 天喷 1 次。

8.2 象甲类害虫

8.2.1 象甲类害虫的种类与寄主

象甲类花果害虫种类很多，对各地区果树花果造成严重危害的主要有卷象科的梨象甲 *Rhynchites foveipennis* Fairmaire、杏虎 *R. faldermanni* Schonh.、桃虎 *R. fragossicollis* Voss、樱桃虎 *R. auratus* Scopoli，象甲科的栗实象甲 *Curculio davidi* Fairmaire、核桃象甲 *Alcidodes juglans* Chao、香蕉象甲 *Cosmopolites sordidus* Germar、杧果果肉象甲 *Sternochetus frigidus* Fabricius、杧果果核象甲 *Sternochetes mangiferae* Fabricius、杧果果实象甲 *Sternochetus olivieri* Faust 等。其中梨象甲、栗实象甲、杧果果肉象甲（图 8-2）为本节介绍的重点。

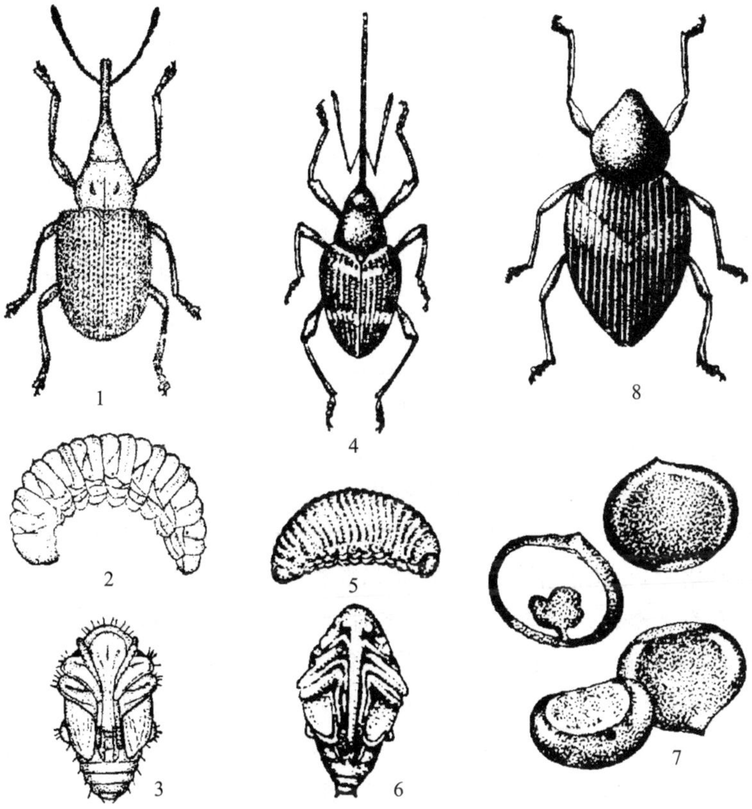

图 8-2 梨象甲、栗实象甲和杧果果肉象甲

梨象甲：1. 成虫 2. 幼虫 3. 蛹；

栗实象甲：4. 成虫 5. 幼虫 6. 蛹 7. 被害状

杧果果肉象甲：8. 成虫

8.2.2 重要象甲类害虫

8.2.2.1 梨象甲

1.分布与危害

梨象甲在国内分布普遍，吉林、辽宁、河北、山东、山西、河南、江苏、浙江、江西、福建、广东、四川、湖北等地均有发生，危害严重。主要危害梨，亦可危害苹果、山楂、杏、桃等。成虫、幼虫都危害。成虫取食嫩芽，啃食果皮果肉，造成果面粗糙，俗称“麻脸梨”，并于产卵前咬伤产卵果的果柄，造成落果。幼虫于果内蛀食，使被害果皱缩成凹凸不平的畸形果。

2.识别特征

成虫：体紫铜色，有金属光泽。前胸背面有一倒“小”字形凹陷。翅鞘上的刻点粗大，排成9列。

卵：椭圆形，乳白色，近孵化时乳黄色，表面光滑。

幼虫：乳白色，体表多横皱，略弯曲。头部小，黄褐色，大部缩入前胸内。

蛹：初乳白色，渐变黄褐色至暗褐色，体表被细毛。

3.发生规律

梨象甲在辽宁西部、四川的喜德梨区绝大部分1年1代，以成虫潜伏在树冠下深约6 cm的土室内越冬；有少数个体2年发生1代，第1年以幼虫越冬，翌年夏秋季羽化，不出土继续越冬，第3年春季出土。

越冬成虫在梨树开花时开始出土，梨果拇指大时出土最多，出土时间很长。华北地区从4月下旬至7月上旬均有出土者，以5月下旬至6月中旬为盛期；贵州、四川地区从3月下旬开始出土，4月中旬为盛期，5月下旬结束。成虫出土数量与当时的降雨情况有关。当落花后如有透雨可促使其大量集中出土；如果春旱，出土数量少，时间也推迟。成虫全天都可以出土，其中以18时左右出土最多。出土后，先飞到梨树树冠下部枝条上食害幼果，早期出现的成虫食害嫩枝和花丛。成虫取食1～2周之后开始交配产卵，这时成虫活动范围逐渐扩大到整个树冠。产卵时先把果柄基部咬伤，然后转到果实上咬一小孔，产1～2粒卵于其中，再以分泌的黏液封口，产卵处呈黑褐色斑点，至果实长大时被害处凹陷。产卵期约2个月，即6月上旬至8月下旬，盛期为6月下旬至7月上旬。每头雌虫一生可产20～150粒，一般为70～80粒。着卵果由于果柄被成虫咬伤极易脱落，脱落迟早与咬伤程度和产卵后风雨大小有关，咬伤严重或产卵后风雨大则脱落早，否则脱落较迟。着卵果脱落的时间最早为产卵后4天，最迟者为20天，一般为10天左右。卵期约7天。幼虫孵化后，向果内蛀入至果心，并可取食种子，达果心后掉头向外蛀食，在果皮处咬一近圆形浸润状褐色脱果孔。幼虫在果内蛀食14～52天后，从果内脱出入土，在地表下1～10 cm处做土室(8 mm×8 mm)化蛹。幼虫入土最早者为7月上旬，至8月中下旬全部结束。入土后经30余天化蛹，8月中旬至10月上旬为化蛹期，蛹期1～2个月，9月下旬陆续羽化为成虫，当年不出土即在蛹室内越冬，尚有部分幼虫当年不化蛹即行越冬。成虫有假死性，早晚气温低时，受惊扰后即假死落地。在中午前后气温较高时，遇惊扰虽假死落下，但多数于半空中即飞去。梨品种之间受害程度不同，香水梨最重，鸭梨、白梨稍轻。

8.2.2.2 栗实象甲

1. 分布与危害

栗实象甲在东北、华北、华中、华东和西南各大区的板栗栽培区均有发生，主要危害板栗及某些栎类树种(如麻栎、栓皮栎)的果实。幼虫在栗实内取食子叶，并形成大形坑道，内部充满虫粪，被害栗实完全丧失食用价值和发芽能力。成虫食害芽及嫩叶，但危害不明显。

2. 识别特征

成虫：全身黑褐或黑色。前胸背板后缘两侧各有 1 个白色斑纹与鞘翅后缘角的白斑相连。鞘翅上有 2 条横带状白斑，并有纵刻点 10 列。

卵：椭圆形，白色透明，近孵化时乳白色，表面光滑有光泽。

幼虫：乳白色，头部黄褐色，体表多横皱并疏生短毛，体略弯曲。

蛹：初乳白色，渐变为灰黑色，头管伸向腹部下方。

3. 发生规律

栗实象甲在云南 1 年 1 代，而在长江流域以北地区均为 2 年 1 代，以老熟幼虫在栗林中和堆栗场处土层内做土室越冬。越冬幼虫于 6 月开始化蛹。6 月下旬至 7 月上旬为化蛹盛期，蛹期 20～25 天，7 月中旬至 8 月上旬为成虫羽化盛期。羽化后仍在蛹室内潜居 5～10 天，当土壤湿度适宜时，成虫便钻出地面。成虫出土后需补充营养约 10 天，然后交配产卵，9 月上旬至下旬为产卵盛期，卵期 8～15 天。幼虫在果实中生活 1 个月左右，9 月下旬至 10 月幼虫老熟后陆续脱果，入土越冬。

初羽化成虫取食嫩芽和嫩叶。在板栗园中，如混生有茅栗，成虫则多喜欢在茅栗上活动取食。受害板栗叶片表面呈不规则刻槽状。成虫白天活动于栗树枝叶间，稍受惊扰即迅速展翅飞去或假死落地，日落后多栖息于板栗叶重叠处，趋光性极弱。雌雄成虫可交配多次，多在下午 3～5 时交配，交配后 2～3 天产卵，卵多产在果蒂附近。产卵时，先在果蒂附近咬一深入子叶的产卵孔，然后产卵于其中，产卵后种皮上留一褐色圆孔。一般每孔产卵 1～3 粒，多则可达 5 粒，而每个果实通常有 1～2 个产卵孔。每头雌虫一生可产卵 10～15 粒。雌虫寿命平均 15 天左右，雄虫寿命平均 10 天左右。初孵化幼虫仅在子叶表层取食，虫道宽 1 mm 左右。2 龄以后，随着幼虫发育，虫道逐渐扩大加深，最后宽达 8 mm 左右，内部充满黑褐色虫粪，虫道呈弧形。果实早期被害往往引起落果，后期被害果通常不脱落，甚至采收后至晒场上，幼虫仍在果内危害，直到幼虫老熟后在果壳上咬一圆形出果孔(直径 2～4 mm)而外出，直接入土做长椭圆形土室越冬。土室内壁光滑。幼虫入土深度视土壤疏松程度而有差别，一般入土深度在 6～10 cm，最深可达 15 cm。

栗实象甲的发生危害与板栗品种、林地条件及人为活动有密切关系。板栗栗蓬上的针刺长硬而密、球壳厚的品种受害轻；反之，针刺短软而疏、球壳薄的品种，便于成虫产卵，受害则重；早熟品种受害较轻。山地栗园、同时混生或附近存在其他栎类(如茅栗、栓皮栎和麻栎)的栗园受害重；平坦地区的纯栗林受害较轻。凡采收彻底，对脱粒场所或栗实进行灭虫处理可以大量减少越冬虫口，减轻翌年受害。

8.2.2.3 杧果果肉象甲

1. 分布与危害

杧果果肉象甲在国外分布于缅甸、泰国、马来西亚、印度尼西亚、印度、巴基斯坦、新几内亚，在国内主要分布于云南的景洪、勐腊、芒市、瑞丽、保山、腾冲、景谷、勐海、永德、双江、耿马等县，在广西与四川部分地区亦有相关分布报道。幼虫主要蛀食杧果果肉，使果肉内形成不规则的纵横蛀道，其内充满虫粪，致使果实不堪食用。

2. 识别特征

成虫：体黑褐色。额中间无窝。前胸背板中隆线细，被鳞片遮蔽。鞘翅行纹宽，刻点长方形。

卵：长圆筒形，乳白色。

幼虫：黄白色，头部淡褐色，体表长有白色软毛。

蛹：初乳白色，渐变为米黄色。腹末着生尾刺1对。

3. 发生规律

杧果果肉象甲在云南西双版纳一年1代，以成虫在杧果枝叶茂密处或树干裂缝、树洞中越冬。翌年3月中旬，越冬成虫陆续从越冬场所飞到枝叶、花穗上活动，4月中旬开始交配产卵。5月上旬在幼果上出现幼虫，5月中下旬为幼虫盛期，此时幼虫危害达到全年最高峰。5月下旬开始化蛹，化蛹盛期为6月上中旬。越冬代成虫于6月中旬以后全部死亡。6月下旬至7月中旬为第1代成虫羽化高峰，新羽化成虫取食杧果树的嫩叶和嫩梢，9月以后隐藏于枝叶茂密处，或树皮裂缝、树洞中散居或群居越冬，每处有1～7头。

每年4月中旬，当杧果果实长到30～35 mm时，越冬成虫即产卵于幼果上（幼果大小为4.5 cm×2 cm以上），产卵时，雌虫在幼果上咬一小孔，将卵产于其中，或直接将卵产在幼果的裂隙中。产卵后，孔口被杧果的分泌物覆盖。卵多产在幼果顶部。每果有卵1～3粒，最多达7粒。卵期4～6天，初孵幼虫有很强的钻蛀能力，先在果皮内钻蛀，然后蛀入果肉内取食，使果肉内形成纵横交错的隧道，并将粪便堆积在隧道内。至幼虫老熟时果肉被蛀食一空并充满深褐色虫粪。幼虫期13～15天。老熟幼虫在蛀道内将虫粪围成蛹室化蛹，蛹室内面比较光滑。预蛹期2～3天，蛹期6～10天。羽化出来的成虫暂时逗留在杧果内，至杧果采收时，成虫将成熟的杧果或候熟的杧果果皮咬出一个圆形孔洞，飞出到杧果林内活动，取食嫩叶和嫩梢作为补充营养。

成虫白天多静伏在枝叶背面，晚上取食和交配。成虫有假死性，遇惊扰落地假死。成虫有一定的飞翔能力，耐饥饿性强。果肉象甲发生危害与杧果品种、管理水平有密切关系。野生小芒受害最重，三年芒、蜜芒和椰香芒受害次之，鹰嘴芒、大青蜜和鹦鹉芒受害较轻，马切苏、缅甸球芒和901（印度芒）等品种抗性较强。稀植园、园内通风透光良好的果园危害轻，疏于管理和管理差的杧果园害虫发生多、危害重。

8.2.3 其他常见象甲类害虫

其他常见象甲类害虫见表8-3。

表8-3 其他常见象甲类害虫

害虫种类	发生概况
桃虎	主要危害桃，也危害李、杏、梅等。成虫危害花、叶及果实，以蛀食幼果为主，造成落果。幼虫在果内蛀食，使果实干腐脱落。以成虫和幼虫在土中越冬

续表 8-3

害虫种类	发生概况
樱桃虎	此虫分布于新疆。成虫主要取食和产卵危害杏、灌木酸樱桃、毛樱桃、西洋李，其次危害海棠果、苹果。成虫蛀果时不咬食果柄，卵产于蛀孔中。幼虫在种核内取食种仁。在新疆伊犁地区 2 年 1 代
杏虎	主要危害桃，也危害樱桃、李等。北方果区 1 年 1 代，多数以成虫静伏地下土室中越冬。成虫蛀食幼果并蛀断果梗。成虫产卵于蛀孔中。幼虫孵化后即蛀入果内危害
核桃象甲	陕西、河南、湖北、四川均有分布。幼虫蛀食幼嫩核桃果仁，蛀入孔有黑色虫粪。1 年 1 代，以成虫在向阳处杂草及表层土内越冬。核桃开花时成虫出蛰，卵产于果实青皮中。幼虫孵化后，蛀入果内危害
香蕉象甲	香蕉主要产区都有。华南地区 1 年 4～5 代，世代重叠。以幼虫在假茎内越冬。成虫、幼虫均能危害，致使香蕉茎中虫道纵横交错，引起腐烂死亡
杧果果核象甲	主要分布在四川、云南。在云南 1 年 1 代，以成虫在土壤内越冬。成虫产卵于幼果内，初孵幼虫钻入核仁内危害。幼虫近老熟时，被害果大量脱落，落地后经 3～5 天，幼虫脱果钻入土中(3～5 cm)营造土室化蛹
杧果果实象甲	分布于云南。1 年 1 代。幼虫孵化后即蛀入食害果肉，在果实发育中期，侵入果核，蛀食子叶，幼虫老熟后即在核内化蛹，羽化时蛀入羽化孔而外出

8.2.4 象甲类害虫的防治方法

1. 农业防治

(1)选用抗虫品种。栗实象甲危害严重地区应尽可能选用栗苞大、苞刺稠密而坚硬的抗虫品种。

(2)改善栗园条件及堆棚场所。在栗园内及周围清除其他栎类植物，可减少虫源；堆棚场所修成水泥地或坚硬场地，可阻止脱果幼虫入土越冬；翻耕栗园土壤，可破坏其蛹室。

(3)及时采收栗果。栗果成熟后，及时采收，彻底拾净，不让幼虫在栗林中脱果入土越冬。

2. 物理防治

(1)捕杀成虫。在成虫出土期清晨振树，下接布单，塑料薄膜等物捕杀振落的成虫。由于成虫出土期长，因此在成虫出土期间需经常进行，特别是降雨之后，成虫出土集中，尤应抓紧时机捕杀成虫，可获得良好防治效果。

(2)捡拾落果。及时捡拾落果集中处理，消灭其中幼虫，对减轻翌年危害有显著的作用。

(3)栗实脱粒后可在 50～55 ℃热水中浸泡 10 min，可杀死栗实中各龄幼虫。水量为栗实的 2～3 倍。

3. 生物防治

可引进天敌黄猄蚁 *Oecophylla smaragdina* Fabricius，放在杧果树上营巢定居，以进行防治。

4. 化学防治

(1)地面喷药。在常年虫害发生严重的梨园，于越冬成虫出土始期，尤其是雨后，在树冠下喷施 50%辛硫磷乳油 2.25～3 L/hm^2，药后 15 天再施 1 次。在每年的三四月份做好对出土成虫的预防工作,可以在梨树根系附近撒施一些化学药剂防治,比如敌百虫、辛硫磷等颗粒剂,直接触杀成虫,能明显降低后期虫口基数。在成虫高发期建议进行药剂防治,象甲类害虫防治较为轻松,推荐使用30%高氯·啶虫脒1000倍液、35%氯虫苯甲酰胺3000倍液等防治。

(2)树上喷药。树上喷80%敌敌畏乳油或50%马拉硫磷乳油1.87 L/hm²,或90%晶体敌百虫1.87 kg/hm²,10～15天1次,共喷2～3次。

(3)栗实熏蒸。栗实脱粒后进行熏蒸处理,每立方米用溴甲烷25～35 g熏蒸处理20 L或挖地窖1 m³,用磷化铝40 g熏蒸72 h(上方覆盖塑料薄膜和一层土)。

(4)毒杀成虫和幼虫。成虫出土前或出土初期,于地面喷50%辛硫磷乳油1～1.2 kg/hm²。施药后及时划锄,将药混入土中,毒杀出土成虫;在堆棚场边缘可撒施5%辛硫磷颗粒剂,毒杀脱果幼虫。

(5)树冠喷药。受害严重的板栗园在成虫活动时期进行树冠喷药防治成虫,可用2.5%溴氰菊酯乳油750 mL/hm²或50%辛硫磷乳油1～1.2 L/hm²,每隔10天喷1次,连续2～3次,即可控制危害。

在幼果期使用20%叶蝉散乳油、2.5%溴氰菊酯乳油0.6～1.2L/hm²或25%喹硫磷乳油1.5 L/hm²喷洒树冠,每隔7～10天喷药1次,连续用药3～4次,可基本达到保果作用。

8.3 蚊蝇类害虫

8.3.1 蚊蝇类害虫的种类与寄主

在不同地区经常对园艺植物造成危害的主要种类包括实蝇科的柑橘大实蝇 *Bactrocera minax* Enderlein、蜜柑大实蝇 *Tetradacus tsuneonis*、柑橘小实蝇 *B. dorsalis* Hendel、瓜实蝇 *B. cucurbitae* Coquillett,瘿蚊科的柑橘花蕾蛆 *Contarinia citri* Barnes 等。本节将重点介绍柑橘大实蝇和柑橘花蕾蛆。

8.3.2 重要蚊蝇类害虫

8.3.2.1 柑橘大实蝇

1.分布与危害

柑橘大实蝇国外有记录的分布区域主要包括印度、不丹、日本和越南等国家。在中国通常分布在重庆、四川、云南、贵州、湖南、广西、湖北、台湾、陕西等地。主要危害柑橘类的甜橙、酸橙、柚子、红橘,也能危害柠檬、香橼和佛手。幼虫在果实内部穿食瓢瓣,常使果实未熟先黄,提前脱落,而且被害果极易腐烂,使果实丧失食用价值,严重影响产量和品质。

2.识别特征

成虫:体黄褐色,复眼金绿。胸背具6对鬃,中央有"人"形深茶褐色斑纹,两旁各有一宽的直斑纹;腹部第3节前缘有一黑色横带,与腹背中央的黑色纵纹相交成"十"字形(图8-3)。

卵:长椭圆形,一端稍尖,微弯曲,卵中央乳白,两端则较透明。

幼虫:乳白,圆锥状。前气门片扇形,上有乳状突30多个;后气门片新月形,上有3个长椭圆形气孔,周围具扁平毛丛群4丛。

蛹:椭圆形,金黄色,羽化前变黄褐色,纺锤形。

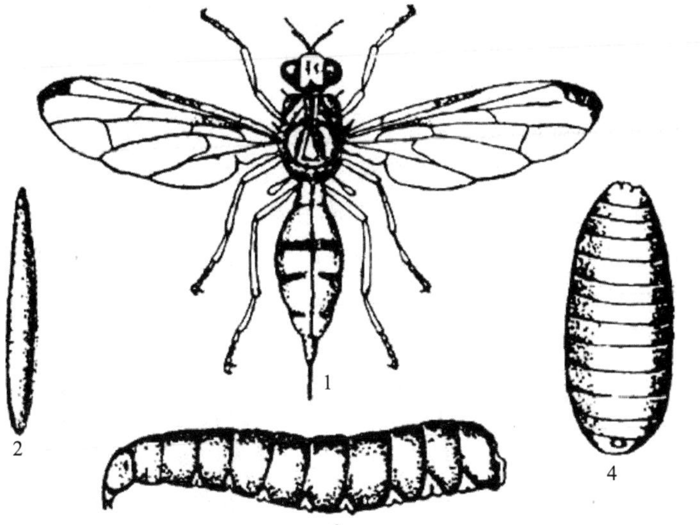

图 8-3 柑橘大实蝇识别特征

1.成虫 2.卵 3.幼虫 4.蛹

3.发生规律

柑橘大实蝇1年1代，以蛹在土壤内越冬。在四川越冬蛹翌年4月下旬开始羽化，4月底至5月上中旬为羽化盛期，成虫活动期可持续到9月底。雌成虫产卵期由6月上旬至7月中旬。幼虫于7月中旬开始孵化。9月上旬为孵化盛期，10月中下旬被害果大量脱落，虫果落地后数日幼虫即脱果入土化蛹越冬。在贵州惠水4月下旬越冬蛹开始陆续羽化，5月中下旬成虫盛发，6月中旬至7月上旬为交配产卵盛期。幼虫于7月下旬开始孵出，在果内危害。9月下旬被害果开始脱落，10月中下旬落果最盛，虫果落地后7～10天幼虫即离果入土，一般脱果后1～4天化蛹，10月下旬为化蛹盛期。极少数迟发的幼虫和蛹能随果实运输，在果内越冬，到1—2月老熟后脱果。

成虫羽化出土一般集中在9～12时，特别是雨后的晴天，气温较高时羽化最盛。成虫出土后先在土面爬行一段距离，待翅伸展后开始飞行，飞行极为迅速。新羽化的成虫都栖息在橘园附近的青杠林和竹林内，1周内不取食，也很少飞来果园活动，13～16时活动最烈。成虫在晴天进行交配，每雌产卵量约为150粒。成虫寿命最长可达40多天，短的仅数日。卵产于柑橘类植物的幼果内，产卵部位随柑橘种类不同而有差异：广柑的果脐与果腰间，橘的近脐部，柚的近蒂部。雌虫产卵时以产卵管刺入果皮形成产卵孔，每孔产卵2～6粒不等，最多的达28粒。被害果产卵部位的症状随柑橘种类而异，如甜橙被害处呈乳状突起，被害果常出现未熟先黄，黄中透红的特点；红橘被害处呈黑色圆点；柚子被害处则呈圆形或椭圆形内陷的褐色小孔。卵在果内孵化，幼虫一直在果内危害至老熟，老熟后随果实落地或在果实未落地前即穿孔爬出，入土化蛹。入土深度通常在土表下3～7 cm，以3 cm处最多，超过10 cm者极为罕见。主要以幼虫随被害果和种子进行传播，越冬蛹也会随带土苗木转运。

8.3.2.2 柑橘花蕾蛆

1.分布与危害

柑橘花蕾蛆在国内分布于四川、贵州、湖南、湖北、江西、浙江、江苏、广西、广东、福建等地，是柑橘、杧果花蕾期的重要害虫，以幼虫在花蕾内蛀食，受害的花蕾不能开放和授粉，以致脱落，影响产量甚大。

2. 识别特征

成虫：体暗黄褐色或灰黄色，像小蚊子。雌虫触角鞭节各节圆筒形，密生刚毛，雄虫各节则呈哑铃状，球部有放射状刚毛。翅上密生黑褐色细毛，足细长（图 8-4）。

卵：长椭圆形，无色透明，卵外包有一层胶质，在卵末端延伸成一条线。

幼虫：乳黄，长纺锤形。前胸腹面有一褐色“Y”形剑骨片，腹部末端圆钝，有 2 个角化的圆突起，在外围有 3 个小刺。

蛹：黄褐色，纺锤形。体外有胶质透明的蛹壳。

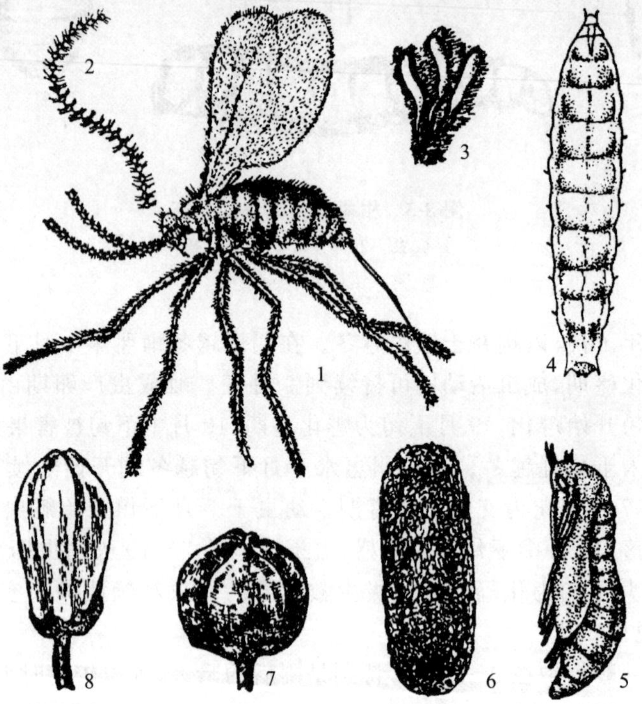

图 8-4　柑橘花蕾蛆识别特征

1. 雌成虫　2. 雄成虫触角　3. 卵放大　4. 幼虫　5. 蛹　6. 土茧　7. 被害花蕾　8. 正常花蕾

3. 发生规律

柑橘花蕾蛆在浙江黄岩、湖北宜昌 1 年 1 代，四川金堂、江西新干 1 代为主，部分 2 代，福建漳州 1～2 代，广东潮汕 2 代，均以幼虫在柑橘树下土中滞育越夏越冬。柑橘现蕾时各地成虫陆续羽化，至花蕾现白时，达羽化出土盛期。各地成虫出现盛期时间不一。四川江津及川东、川南一带为 3 月下旬至 4 月上旬，浙江黄岩、湖南长沙和江西南昌等地为 4 月上中旬，福建漳州、广东广州、潮州和云南西双版纳等地在 2 月下旬和 3 月中旬。成虫羽化后在树冠上飞翔 1～2 天即交配产卵。在江津 4 月上旬至 4 月中下旬为幼虫盛发期，幼虫共 3 龄。盛花至谢花期，3 龄幼虫开始出蕾入土，直至翌春 3 月中旬开始化蛹。

初羽化出土的成虫，在土面爬行后潜伏在树冠下面杂草或间作作物上，多于早晨或傍晚活动，以傍晚活动最盛，飞翔力强，扩散范围在 3～4 m。多在傍晚产卵，凡花蕾顶部结构不紧密或有裂缝、小孔的都有利于产卵，结构紧密的花蕾很少被害。卵多产在花丝、花药和子房周围，一朵花蕾内数粒或数十粒排列成堆，同一花蕾常被多次重复产卵。每头雌虫一生可产卵60～70粒。成虫寿命一般2天。幼虫在花蕾内蛀食，约10天后从花蕾中爬出，将身体蜷缩，弹落地面，钻入土中，或随花蕾落地，再脱蕾入土，在土中结椭圆形薄茧滞育越夏越冬，直到翌年春季。幼虫出蕾时间以清晨和阴雨天最多。以表土7 cm以内虫口密度最大，愈深愈少。入土位置在树冠周围34 cm内外的土中较多，树干附近的土中较少。滞育的幼虫在翌年早春开始先脱离土茧，逐渐向土面移动，再作新茧化蛹。

柑橘花蕾蛆发生数量受环境影响很大。每年柑橘现蕾初期（成虫羽化）和谢花初期（幼虫入土）多阴雨天，有利于幼虫入土、成虫羽化和产卵，发生危害严重。一般山地发生比平原浅丘少；阴湿低洼橘园发生较多，阴山园比阳山园发生多；冬春很少翻耕园土的橘园比常翻耕的园发生多。土壤含水量19%～25%和沙壤土适宜于幼虫存活。柑橘的现蕾盛期正逢花蕾蛆的盛发期，受害就严重。如果现蕾期气候干旱，土壤温度低和持水量少时，则当年花蕾蛆发生少而危害轻。

8.3.2.3 瓜实蝇

1.分布与危害

瓜实蝇起源于印度，广泛分布于温带、亚热带和热带的30多个国家和地区；在我国主要分布于福建、海南、广东、广西、贵州、云南、四川、湖南、台湾等地。成虫产卵管刺入幼瓜表皮内产卵，幼虫孵化后即在瓜内蛀食，受害的瓜先局部变黄，而后全瓜腐烂变臭，造成大量落瓜，即使不腐烂，刺伤处凝结着流胶，畸形下陷，果皮硬实，瓜味苦涩，严重影响瓜的品质和产量。

2.识别特征

成虫：褐色，额狭窄，两侧平行，宽为头宽的1/4。前胸左右及中、后胸有黄的纵带纹；腹部第1、2节背板全为黄色或棕色，无黑斑带，第3节基部有1黑色狭带，第4节起有黑色纵带纹。翅膜质透明，杂有暗黑色斑纹。腿节具有1不完全的棕色环纹（图8-5）。

卵：卵细长，长约0.8 mm，一端稍尖，乳白色。

幼虫：老熟幼虫体长约10 mm，乳白色，蛆状，口钩黑色。蛹长约5 mm，黄褐色，圆筒形。

蛹：椭圆形，长4.4～5.5 mm，宽1.8～2.2 mm。初化蛹时淡黄色，后逐步变成红褐色，蛹体上前端有气门残留的突起，后端气门处稍收缩。

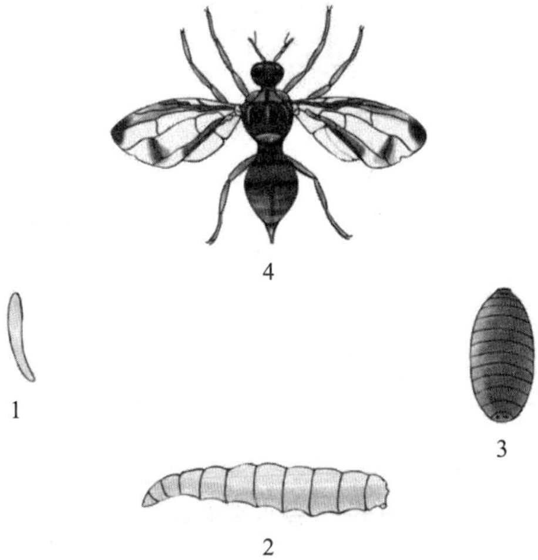

图8-5 瓜实蝇识别特征

1.卵 2.幼虫 3.蛹 4.成虫

3.发生规律

通过室内饲养观察发现，成虫羽化后9～11天营养补充达到性成熟出现交尾行为，黄昏时开始交尾直到第二天早晨分开；该虫具有多次交尾习性，一生交尾4～8次，交尾容易受到温湿度影响，同时受到日出日落早晚的影响而出现差异。瓜实蝇雌虫交尾2～3天后开始产卵，喜在幼嫩瓜果表皮和破损部位产卵，卵块竖状排列，同一产卵孔可被多头雌虫多次产卵，雌虫未交尾也能产卵，但卵不会孵化。雌虫一生中平均产卵764～943粒，每天产卵9～14粒，产卵期长达48～68天。瓜实蝇偏好在谢花25天和28天后的苦瓜上产卵。瓜实蝇偏好在丝瓜和黄瓜上产卵，寄主物理屏障如坚硬的表皮也会影响其产卵。初孵幼虫从产卵孔向瓜心中央水平危害，然后向下端危害，最后再向上端危害，导致瓜肉糜烂发臭。幼虫期历期不受光照长短影响，但受温度影响较大，老熟幼虫弹跳能力强，可连续弹跳超过 2 m，落地后即可钻入土中 2～3 cm 深处化蛹。土壤湿度对蛹的影响很大，土壤含水量在 25%以内有利于老熟幼虫化蛹，这个湿度范围内蛹的羽化率较高。不同温度下，蛹历期随温度的升高而变短，当温度为 30 ℃历期最短，平均(6.39±0.02)天。成虫的羽化和趋性成虫羽化整齐，多出现在 5～6 时，少数在 8 时左右。室内饲养表明，瓜实蝇成虫晚上几乎不取食，成虫对香瓜和蛋白胨的趋性最为明显；瓜实蝇成虫还具有强趋光性，对紫色光和白光趋性最强，黄色光次之，红色、绿色和蓝色最差。

8.3.2.4　橘小实蝇

1. 分布与危害

橘小实蝇首先发生于亚洲热带和亚热带地区，国外主要分布于印度、菲律宾、泰国、美国、澳大利亚等国，国内分布在台湾、香港、广东、云南等地，其种群有不断向北扩散的趋势。近年，长江以北省份也发现橘小实蝇危害桃、枣、石榴、苹果。其雌成虫产卵器锋利细长，可一次将多个卵粒产在新鲜果实的表皮下，造成机械损伤，为其他病菌的入侵提供有利条件。卵在果实内很快孵化，幼虫群集取食果肉，随龄期增加和虫体长大，食量增加，在果实内纵横窜食，导致果实腐烂、脱落。

2. 识别特征

成虫：体色深黑色和黄色相间，胸部背面大部分黑色，上有明显的黄色“U”形斑纹，小盾片黄色。腹部椭圆形，红褐色，第 1、2 节背面各有 1 条黑色横带，从第 3 节开始中央有 1 条黑色的纵带直抵腹端，构成一个明显的“T”字形斑纹。额上有 3 对褐色侧纹和一个中央的褐色圆斑。触角长棒状。1 对前翅透明，翅展 14～16 mm，翅脉黄褐色，有三角形翅痣。雌虫产卵管发达，尖锥形，由 3 节组成(图 8-6)。

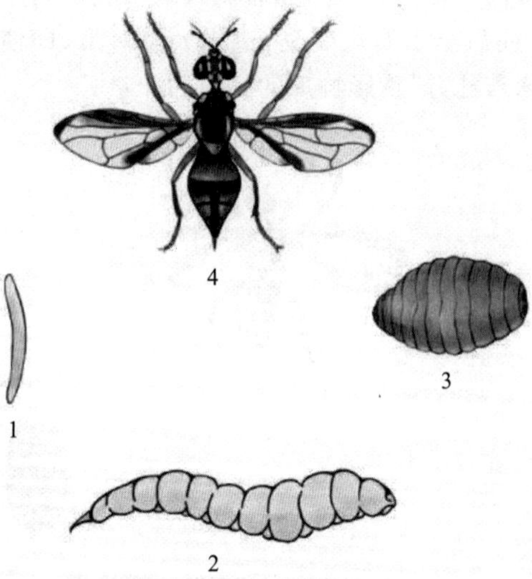

图 8-6　橘小实蝇识别特征

1. 卵　2. 幼虫　3. 蛹　4. 成虫

卵：梭形且微弯，一端尖细另一端钝圆，长 0.8～1.2 mm，宽 0.1～0.3 mm。初产时乳白色，后渐变成浅黄色。

幼虫：体圆锥状蛆形，头部尖细，尾部粗，口黑色。幼虫期一般分为 3 龄，1 龄幼虫体长 0.6～1.5 mm；2 龄幼虫体长 2.1～5 mm；3 龄幼虫体长 3.4～10.0 mm。

蛹：圆筒形，长约 5 mm，初为米黄色，后黄褐色。

3. 发生规律

研究发现，12 月上旬至次年 5 月上中旬，果园中基本无橘小实蝇的迁飞活动。5 月下旬至 6 月上中旬极少数橘小实蝇开始出现，7 月上中旬后果蔬园中有橘小实蝇成虫的迁飞活动，但数量较少，危害较轻。8 月中下旬果实成熟，果园中虫口密度逐渐增大，虫量迅速增加，是防治的关键时期。10 月中下旬后随着温度的降低，橘小实蝇成虫诱集数量急剧减少，果实中各龄期幼虫死亡数量增加。

华南地区每年发生 9～12 代，无明显的越冬现象，田间世代发生叠置。成虫羽化后需要经历较长时间的补充营养(夏季 10～20 天；秋季 25～30 天；冬季 3～4 个月)才能交配产卵，卵产于将近成熟的果皮内，每处 5～10 粒。每头雌虫产卵量 400～1000 粒。卵期夏秋季 1～2 天，冬季 3～6 天。幼虫孵出后即在果内取食为害，被害果常变黄早落；即使不落，其果肉也必腐烂不堪食用，对果实产量和质量贻害极大。幼虫期在夏秋季需 7～12 日；冬季 13～20 日。老熟后脱果入土化蛹，深度 3～7 cm。蛹期夏秋季 8～14 日；冬季 15～20 日。

据 2007 年的记录数据显示，广州地区冬春季(1～3 月)平均温度在 15～20 ℃，橘小实蝇可以卵、幼虫和成虫在果园或大自然中的其他场所存在。若气温降至 14 ℃以下，橘小实蝇成虫停止活动；气温高于 14 ℃，成虫可飞翔寻食；春夏季节，气温达 20 ℃以上，橘小实蝇寄主食物日渐增多，可完全满足其生存和繁殖条件的需要。1981—1999 年的调查情况显示，1981、1987、1989、1999 年是广州地区暴发橘小实蝇较大发生的年份。从调查发现，每次的大发生都以番石榴为其中的首要受害对象，当然杨桃、杧果以及其他零星种植的桃、蒲桃等均不同程度地受害。在冬季仍然比较温暖的广州地区，由于寄主植物周年存在，橘小实蝇可终年发生，尽管由于 12 月至翌年 3 月以前气温偏低，橘小实蝇的活动受到一定的抑制，但并未影响其生存。根据 2007 年的调查，橘小实蝇第一代成虫出现在 3、4 月间，5 月下旬出现全年第 1 个成虫盛发高峰期，8、9 月间出现全年第 2 个成虫盛发高峰。8 月，是果园中的水果受害最严重的季节。

8.3.3 其他常见实蝇类害虫

其他常见实蝇类害虫见表 8-4。

表 8-4 其他常见实蝇类害虫

害虫种类	发生概况
蜜柑大实蝇	主要寄主为柑橘类，被害果干缩不堪食用。1 年 1 代，多以蛹在土壤内越冬。成虫多在雨后晴天羽化，卵产在被害果的果腰部。幼虫蛀食瓤瓣，偶尔蛀食种仁，隐蔽缺少阳光处受害严重
柑橘小实蝇	危害柑橘类，也能危害桃、李、杧果、枇杷等。1 年 3～5 代，无严格的越冬过程，世代重叠。成虫产卵于寄主果内，幼虫可群集蛀食果肉，老熟后脱果，入土化蛹
瓜小实蝇	主要分布在南方，以幼虫危害瓜类的幼瓜，蛀食后被害瓜腐烂、变臭，造成落瓜。在广州 1 年5 代，以蛹越冬。成虫日出性，飞翔力强，对甜味有趋性，卵几粒或几十粒产于瓜内

8.3.4 蚊蝇类害虫的防治方法

1. 农业防治

在冬季低温到来之前，深翻园土，以增加蛹的机械伤亡，或因蛹体位置变动、不适生存而死亡。结合橘园中耕除草，于冬季和早春翻耕园土，杀死部分越冬幼虫，压低虫口基数。清除虫害果蔬、翻耕灭蛹、套袋等措施。一经发现被害果随时摘除，采取集中挖坑深埋或生石灰灼杀等措施，达到灭卵除幼虫的目的。冬春翻耕，以减少或杀死土中越冬的虫蛹。成虫产卵前给瓜果套袋，防治产卵危害。合理布局，减轻危害。橘小实蝇对不同果蔬种类或同一种类的不同品种存在选择性差异。翻耕灭蛹。冬、春季翻耕果蔬园内及周边土地，可有效降低害虫越冬基数，降低次年危害。受害果处理。要避免随地丢弃受害果，应及时摘除受害果和捡拾落果，集中通过水浸、沤肥、深埋或石灰处理，降低幼虫入土化蛹风险。

2. 物理防治

及时拾集落果，摘除有虫青果，用水浸、深埋、焚烧、水烫等方法处理。诱杀成虫、释放不育雄虫、果实套袋。粘板或粘球诱杀。

3. 生物防治

瓜实蝇的生物防治包括利用天敌、病原微生物、植物源提取物、引诱物质和不育技术等防治瓜实蝇。天敌一般包括寄生性天敌或捕食性天敌。病原微生物对瓜实蝇有一定的防治效果。引诱物质有水解蛋白类、化学合成引诱剂、食物引诱物质。植物源提取物与实蝇觅食、寻找寄主及产卵场所有关，寄主植物挥发性次生物质对瓜实蝇的味觉和嗅觉具有一定的趋性作用。昆虫不育技术(Sterile insect technique，SIT)是通过大量释放不育雄虫，使交配产下的卵不能孵化，进而逐渐减少种群数量达到控制害虫的目的。保护和利用桔小实蝇天敌，充分发挥其自然控制作用。已经发现，橘小实蝇寄生性天敌种类有 70 余种，如实蝇茧蜂、跳小蜂、黄金小蜂等。应对寄生蜂进行保护与大量繁放，使其有效控制橘小实蝇。在果园中放养山鸡，以鸡吃落地虫蛹，同时吃掉落地上的烂果，降低下一代的害虫繁殖系数，经济有效。

4. 化学防治

毒饵诱杀、树冠喷药、土壤处理(适时、适度开展地面喷药处理，毒杀新脱果准备入土化蛹的幼虫或初羽化成虫)。瓜实蝇因其为害特点，幼虫孵化后药剂防治十分困难，且易导致农残超标和抗药性的产生。成虫活动盛期，用 90%敌百虫 1.2 kg/hm^2 加 3%红糖液喷洒树冠浓密处，成年树用量 1～1.5 L/株，每隔 4～5 天喷 1 次，连续用药 3～4 次，可大量杀伤害虫而减轻危害。地面撒药，在花蕾蛆成虫出土前 7～10 天(或花蕾露白期)，用 90%敌百虫 1.4 kg/hm^2，或辛硫磷、杀螟松、氯氰菊酯喷洒地面，隔 1 周再喷 1 次，也可杀灭大量成虫。幼虫入土初期，即谢花初期，在地面喷药，消灭入土幼虫，可以减少翌年花蕾蛆的发生。树冠喷药。在现蕾期，发现成虫大量上树尚未产卵时，用 90%敌百虫 1.2 kg/hm^2 或 50%杀螟松乳油 1.4 L/hm^2，也可用 48%乐斯本乳油 500 mL/hm^2 或 10%氯氰菊酯乳油 400 mL/hm^2 喷洒，喷药时间最好在傍晚，喷后 5～7 天需再喷 1 次。

思考题

1. 棉铃虫和烟青虫在外部形态和危害特点上有什么不同？如何防治这 2 种害虫？
2. 怎样利用棉铃虫的重要习性实施农业防治和诱杀防治？
3. 桃蛀螟、梨小食心虫和桃蛀果蛾的危害特点有哪些相同和不同？如何防治这 3 种食心虫？
4. 梨象甲、栗实象甲、杧果果肉象甲的危害及生活习性上有哪些特点？如何进行防治？
5. 柑橘大实蝇和柑橘花蕾蛆的发生和危害有何特点？如何针对此特点进行害虫防治？

9 蛀杆类害虫

蛀杆类害虫为钻蛀枝梢及树干的害虫，危害园林植物的主要有天牛、吉丁虫、透翅蛾等类群。由于钻入茎秆危害具有很大的隐蔽性，给药剂防治带来很大困难。

9.1 天牛类害虫

9.1.1 天牛类害虫的种类与寄主

天牛类属鞘翅目天牛科，种类较多。国内危害各类园艺植物的主要有星天牛 *Anoplophora chinensis* (Förster)、桃红颈天牛 *Aromia bungii* (Fald.)、橘褐天牛 *Nadezhdiella cantori* (Hope)、梨眼天牛 *Chreonoma fortunei* Thomson、瓜藤天牛 *Apomecyna neglecta* Pascoe 葡萄虎天牛 *Xylotrechus pyrrhoderus* Bates、菊天牛 *Phytoecia rufiventris* Gautier 和苹枝天牛 *Linda fraterna* (Chevrolat)等，尤以星天牛、桃红颈天牛及橘褐天牛危害最为严重，本节重点介绍。

星天牛寄主主要包括杨柳科的杨、柳，榆科的榆，楝科的苦楝、红椿，豆科的洋槐、树豆，悬铃木科的悬铃木，槭树科的银糖槭，胡桃科的核桃、胡桃，紫葳科的楸树，壳斗科的栎树、板栗，桑科的无花果、桑树，蔷薇科的苹果、梨、樱桃、枇杷、杏、蔷薇，鼠李科的枣，无患子科的荔枝，芸香科的柑橘类，山龙眼科的银桦等阔叶树种以及杉科的柳杉等针叶树。桃红颈天牛主要危害核果类果树，以桃、杏、樱桃受害最重，也危害其他蔷薇科如苹果、梨、李、梅等果树以及杨柳科的杨、柳。橘褐天牛寄主较为单一，主要危害柑橘、柚、甜橙、柠檬等芸香科果树，也危害凤梨科和葡萄科的凤梨、葡萄。

9.1.2 重要天牛类害虫

9.1.2.1 星天牛

1. 分布与危害

星天牛主要以幼虫钻蛀危害寄主的主干基部和主根，破坏树体养分和水分的输送，造成树干中空，导致树势衰退甚至整株枯死。其成虫也能取食寄主幼嫩枝叶，影响长势。该虫在国内分布广泛，目前在吉林、辽宁、安徽、江西、云南、台湾、河北、山东、江苏、浙江、山西、陕西、甘肃、湖北、湖南、四川、贵州、福建、广东、海南、广西等地区均有分布。

2. 识别特征(图 9-1)

成虫:体长 19～39 mm,宽 6～13.5 mm,漆黑色略具金属光泽;触角第 3～11 节基部有淡蓝色毛环,雄虫触角超过体长 4～5 节,雌虫则稍长于体躯;前胸背板中瘤明显,侧刺突粗长,小盾片及足的跗节被淡青色细毛;鞘翅基部密布颗粒,表面具白色细绒毛组成的小斑点,每翅约有 20 个,排列成不整齐的 5 行。

幼虫:老熟时体长 40～50 mm,淡黄白色,头褐色,前胸背板淡黄色,偏后部位有一"凸"字形纹,其上方具 2 个飞鸟形纹。胸足退化消失。

蛹:长约 30 mm,初乳白色,后转为黑褐色,触角细长卷曲。

卵:长椭圆形,长 5～6 mm,初产时乳白色,孵化前黄褐色。

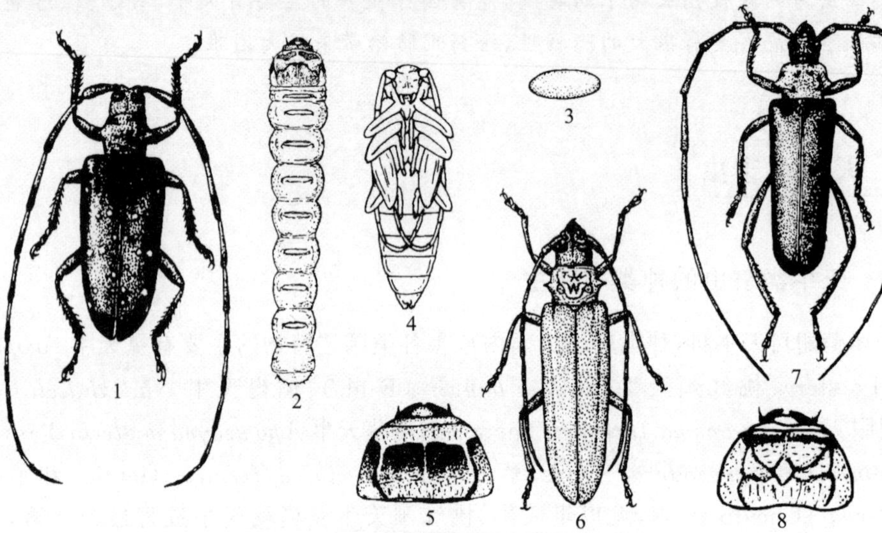

图 9-1　星天牛、桃红颈天牛和橘褐天牛

星天牛:1. 成虫　2. 幼虫

橘褐天牛:3. 卵　4. 蛹　5. 幼虫头部和前胸背板　6. 成虫

桃红颈天牛:7. 成虫　8. 幼虫头部和前胸背板

3. 发生规律

重庆、福建、广东、海南、台湾等南方地区通常 1 年 1 代,北方地区多 3 年 2 代或 2 年 1 代,以幼虫在树干基部或主根木质部蛀道内越冬。

越冬幼虫一般于翌年 3 月恢复为害,4 月份气温稳定在 15 ℃以上时开始化蛹,各地蛹期长短不一,一般 20～40 天,5—7 月为羽化盛期。成虫 4—8 月出现,在海南可延迟至 10 月。

成虫羽化后,先于蛹室停留 1 周左右,然后咬破蛹室自羽化孔飞离,取食树冠嫩枝皮层和叶片补充营养,喜食苦楝及银糖槭。星天牛飞翔力不强,晴天中午多于树冠丛枝内或阴暗处栖息,阴雨天较少活动。一般在黄昏前后交尾,交尾 10～15 天后开始产卵。

卵多产于树干近地面处。雌虫先在树皮上咬一深可达木质部的"T"形或倒"T"形刻槽,然后产卵于刻槽皮层下,每槽虫卵多为 1 粒。产卵部位一般稍隆起,有树脂泡沫流出。每雌通常产卵 80 粒左右,取食苦楝的雌虫产卵可达 180 粒。卵历期 9～14 天。

初孵幼虫就近于刻槽处蛀食皮层,并逐渐向下危害主干基部及根部,深可达地下 30 cm,

蛀道多横向迂回，对输导组织破坏较大。被害株同时受数头幼虫危害时，常造成树干基部环状蛀损，即“围头”，阻碍水分和养分输导，影响植株生长，甚至枯死。幼虫孵化约 2 个月后，开始为害木质部，蛀道多与树干平行，少数弯曲或斜向，虫粪、木屑则从近地面处的气孔排出。幼虫于 11—12 月越冬。化蛹前老熟幼虫爬到近地面的蛀道内，用粪便和木屑塞紧蛀道末端，于蛀道上端筑一宽大蛹室，然后在蛹室顶部咬一羽化孔，头部向上化蛹。羽化孔多在产卵刻槽附近，浙江调查显示：木麻黄上星天牛的羽化孔分布在其产卵刻槽上方 25 cm 距离以内的概率为 100%，在 20 cm 以内的概率为 96.3%。幼虫历期约 10 个月。

造林密度大或果园郁闭，以及树龄偏大、树势衰弱者受害较重。星天牛对 1～2 年生的木麻黄基本不危害，4～5 年生树木危害率最高，6 年生以上树木危害率相对下降。另外，不同砧木的果树受害状况差异明显：红橘砧受害较枳砧严重得多，而酸柚砧的柚树受害程度轻于红橘砧和枳砧，且发生时间也有延迟。

9.1.2.2　桃红颈天牛

1. 分布与危害

桃红颈天牛在我国各桃产区均有分布，特别是在华中、华东、华南危害甚烈。桃红颈天牛幼虫主要危害寄主的枝干部分，被害主干及主枝蛀道扁宽，且不规则，蛀道内充塞木屑和虫粪，危害重时，主干基部伤痕累累，并堆积大量红褐色虫粪和蛀屑，严重时可致整株枯死。其成虫还可作为媒介传播松材线虫。

2. 识别特征(图 9-1)

成虫：体长 28～37 mm，宽 8～10 mm，黑褐色具光泽，雌虫体型稍大；触角 11 节，雄虫触角超过体长 4～5 节，雌虫触角超过体长 2 节；前胸背面大部分光亮棕红色，或完全黑色；前胸背板具多个瘤状突，雄虫前胸腹板密布刻点，雌虫密布横皱纹；鞘翅基部略宽于胸，表面光滑。

幼虫：老熟时体长 42～50 mm，淡黄色，头部小，黑褐色，前胸宽阔，前胸背板扁平方形，侧缘和前缘具黄褐色云状斑纹，胸足退化、极短小。

蛹：长 25～37 mm，淡黄白色，前胸两侧各具一刺突。

卵：上端较尖，下端钝圆，略似芝麻，长约 1.68 mm，宽约 0.78 mm，初产时浅绿色，孵化前淡黄色。

3. 发生规律

大部分地区 2 年 1 代，以低龄幼虫(第 1 年)或老熟幼虫(第 2 年)在蛀道内越冬；晋中地区 3 年 1 代，第 1 年以幼龄幼虫在木栓层或皮层蛀道内越冬，第 2 年以中龄幼虫在韧皮部与木质部间蛀道内越冬，第 3 年以老熟幼虫在木质部蛀道内越冬。每年 5—7 月化蛹，蛹期约 25 天，成虫于 5—9 月出现。

成虫羽化后，先于蛹室中停留几天，待鞘翅转硬后自羽化孔飞出，雨后较为集中。飞出后可立即追逐交尾，飞翔能力较强。成虫喜食露水及烂桃汁，对糖醋液有趋性，且雄虫强于雌虫。晴天中午多于枝上停栖，受惊后雌虫飞逃，雄虫多躲避或坠地。卵多产在主干基部或主枝的粗皮裂缝内、树皮伤口和裸露缝隙等处，散产，每处 1～6 粒，多数为 1 粒。主干上产卵位置以距地面 50 cm 以下居多，主枝上以距主干 33 cm 以内较多，阳面卵量略多于阴面。成虫产卵有间隔性，间隔时间 1～5 天。

初孵幼虫就近向下蛀食疏松的老树皮，深者可达韧皮部，当年体长至 6～10 mm 后于钻蛀处越冬，此时蛀孔朝上。翌春幼虫恢复活动，继续向下危害韧皮部或木质部边材，体长至20～30 mm后，向上蛀入木质部，此时蛀孔朝下。老熟幼虫在木质部中心用分泌物和蛀屑将蛀道末端堵死，筑长4～5 cm的椭圆形蛹室化蛹。幼虫一生钻蛀隧道长可达50～60 cm，隔一定距离蛀一气孔与外界相通，树干蛀孔外及地面可见大量红褐色虫粪和碎屑。受害树木因主干韧皮部遭环蛀而整株死亡，或因木质部被蛀空及蛀道腐朽而易风折。主要危害10年生以上桃树，树势衰弱者受害较重。

9.1.2.3 橘褐天牛

1.分布与危害

橘褐天牛是常见的柑橘害虫之一，广泛分布于我国长江流域以南各省区以及山东、河南、陕西等地。橘褐天牛主要以幼虫蛀害寄主枝干木质部，影响水分和养分输导，以致树势逐渐衰弱。

2.识别特征(图9-1)

成虫：体长28～51 mm，宽7～15 mm，黑褐色，被灰黄或灰褐色绒毛；头顶至后头中央有一极深的纵沟；雄虫触角为体长的1.5倍，雌虫触角略短于体长，触角柄节膨大，密布刻点及不规则的横皱纹；前胸长略小于宽，背板密生不规则的瘤状皱纹，侧刺突尖锐；鞘翅肩部隆起，末端外角钝圆。

幼虫：老熟时体长45～56 mm，乳白色，呈扁圆筒形。头部坚硬，前胸背板具横列的4段棕色宽带，中央的2段较长。胸足细小。

蛹：淡黄色，翅芽叶形，伸达腹部第3节。

卵：椭圆形，表面具网状纹及细刺状突起，初产时乳白色，孵化前灰褐色。

3.发生规律

2年1代，每年5月至7月上旬及8—9月有2次产卵高峰，上半年产卵数量明显居多。7月以前孵化的幼虫多以当年生幼虫(第1年)和2年生幼虫(第2年)在蛀道内越冬；8月以后孵化的幼虫则多以蛀道内的当年生幼虫(第1年)和蛹室中的成虫(第2年)越冬，蛹期约20天，成虫3—9月出现。

成虫昼伏夜出，一般黄昏时分出现，20～24时最为活跃，多在主干部或主枝上活动，闷热天气活动频繁。产卵时间多为21～23时。产卵部位多在离地面30 cm以上的主干或主枝的裂缝以及伤口、树皮凹陷处和两枝并生的缝隙内等处。卵散产，每处通常一粒，有时四五粒或七八粒不等，阳面数量多于阴面。

初孵幼虫蛀入树皮危害，受害部位有流胶现象，其后深入蛀食木质部，流胶消失，可见虫粪排出。低龄幼虫虫粪呈白色粉末状，中龄幼虫虫粪为黄白色木屑状，高龄幼虫虫粪颗粒状，老熟幼虫的虫粪内含有较粗的长丝状木质纤维。初蛀入木质部的幼虫通常横向蛀食，然后转而向上，如遇障碍则改变蛀道方向形成岔道。幼虫在第1年越冬前逐渐转向表皮蛀食，在树干表面蛀成气孔，每个蛀道有气孔3～5个，虫粪、木屑由该处排出。幼虫越冬前用虫粪和木屑堵塞蛀道，进入冬眠。翌春回暖后，幼虫又转向木质部继续蛀食，至老熟在蛀道内筑长椭圆形蛹室化蛹。管理粗放，树势衰弱，树龄较大的橘园受害较重。

9.1.3 其他常见天牛类害虫

其他常见天牛类害虫见表 9-1。

表 9-1 其他常见天牛简介

害虫种类	识别要点与发生概况
梨眼天牛	成虫体长 8～11mm，宽 3～4mm，呈圆筒形，橙黄色或橙红色，被棕色竖毛；触角 11 节，基部 5 节淡棕黄色，端部 4～5 节颜色较深；复眼黑色，上下两叶完全分开；鞘翅蓝绿色或蓝紫色，具金属光泽。幼虫长筒形，背腹略扁平，头黄褐色，长大于宽，前胸背板方形，足退化呈刺瘤状，腹部前 8 节两侧各具气门 1 对。该虫国内广布，主要危害苹果、梨、海棠、杏、梅、桃、石楠、野山桂等。梨眼天牛 2 年 1 代，多以 3 龄以上幼虫在蛀道内越冬。成虫飞翔能力不强，多选择直径 15～25 mm 位置向阳的枝干产卵。幼虫孵化后即在韧皮部皮下蛀食，逐渐蛀入木质部。一生蛀食隧道长 50～60 mm，只有 1 个气孔，烟丝状木屑纤维粪便堆积孔外长期不落。成虫取食叶脉、叶柄或嫩枝表皮，被害处呈褐色伤痕。主要天敌有管氏肿腿蜂等
瓜藤天牛	成虫体长 8～12 mm，宽 2.3～3.3 mm，红褐至黑褐色，密生棕黄色短绒毛；头、足及腹板上杂有不规则的豹纹状白色小斑点；触角 11 节，长度仅及体长之半；前胸背板中区有 1 块由白色小点组成的不明显的横行斑纹；鞘翅前部有 2 个大白斑，末端有 4 个白点和若干小点排成的一条白色曲线，横列。老熟幼虫 13～17 mm，扁长筒形；头小，前胸黄褐色、发达，背板坚硬，足退化，腹部末端平截。该虫国内分布于长江以南地区，危害葫芦科作物，以瓜蒌、南瓜、丝瓜受害较重。幼虫在寄主枯蔓中越冬，安徽地区 1 年 1～2 代，江西地区 1 年 2～3 代，海南地区无越冬现象。成虫昼伏夜出，活动力弱，具假死性及弱趋光性。卵多产在蔓围 14～20 mm 的藤蔓上，散生。幼虫蛀食藤茎成不规则的隧道，蛀孔处有组织液外流，并有粪便排出，无转枝现象，亦能取食枯藤。成虫主要取食叶片、叶柄、活蔓和嫩梢，在蔓上仅食表皮，受害处呈不规则下陷斑块，一般对产量的影响不大，但越冬代成虫有可能造成瓜苗死亡。棚架寄主被害率高于匍匐生长寄主
葡萄虎天牛	成虫体长 8～15 mm，宽 3～4.5 mm，体形狭长，末端稍尖，胸部腹板及小盾片深红色，其余黑色；触角近体长；前胸背板球形，长略大于宽；鞘翅密布极细刻点，合并时，基部呈一“X”形横斑，近端部有一黄色斑纹。老熟幼虫体长 10～12 mm，淡黄色，无足，胸部较头部宽。该虫在华北、华中、东北均有发生，是葡萄的主要害虫。1 年 1 代，以幼虫在葡萄藤内越冬。成虫具弱趋光性，产卵于当年生新梢芽鳞包缝内或芽与叶、芽与枝蔓的夹缝间。幼虫蛀入新梢皮下危害，渐蛀入髓部，虫粪不排出蛀孔外，被害枝蔓没有瘤状隆起，不易发现，但落叶后被害处表皮变为黑色，易于辨别。成虫亦能取食葡萄细枝蔓、幼芽及叶片，常常导致被害枝不开花，或易风折，严重时引起大量枝条枯死
菊天牛	成虫体长 6～11 mm，宽 1.5～3 mm，圆筒形，体全黑色或黑褐色，腹部及足的大部分为橘黄色；触角 10 节，雄虫触角比体略长；前胸背板中部具一大且略呈卵圆形的棕红色凸起；鞘翅薄，密被灰色稀疏绒毛。老熟幼虫体长 9～10 mm，圆筒形，乳白色，头部小，黑色。国内分布于东北、西北、华北、华东、西南及福建、台湾等地，该虫除危害菊花、向日葵外，还取食多年生杂草如艾蒿、一年蓬、小飞蓬以及野生蔬菜马兰、菊花脑等多种菊科植物。1 年 1 代，以各种虫态在寄主根部越冬。成虫具假死性，有趋粗壮植株产卵的习性，受害茎梢迅速萎蔫，易风折。幼虫孵化后即蛀入茎内，沿茎秆向下蛀食直到根部，有转株危害的习性，被害菊花不能开花，甚至枯死。成虫取食茎尖表皮，受害处呈长条斑状

续表 9-1

害虫种类	识别要点与发生概况
苹枝天牛	成虫体长 11～18 mm，宽 2～4 mm，长圆筒形，复眼、触角（第 4～6 节基部除外）及鞘翅黑色，其余橙红色或橙黄色；头顶两侧复眼上叶后各具一显著黑斑。老熟幼虫体长 26～30 mm，橙黄色，前胸较大，背板有"W"形刚毛丛。该虫国内广布，危害苹果、海棠、梨、桃、樱桃及梅树等蔷薇科植物。1 年发生 1 代，以老熟幼虫在枝条木质部内越冬。成虫喜在当年生枝条上咬一长三角形刻槽，产卵其中。初孵幼虫先在槽内蛀食，然后沿髓部向下危害，隔一定距离蛀一圆形气孔。受害枝内部呈空筒状，枝条枯干，叶片变黄，严重影响果树枝条生长和树形。成虫亦危害叶片、树皮和新梢

9.1.4 天牛类害虫的防治方法

1. 农业防治

(1)加强栽培管理，促进植株旺盛生长，保持树干光滑，保证剪枝断面光滑，以使伤口愈合良好，均可减少成虫产卵。及时伐除虫口密度大的老、弱树，以免殃及其他。避免单一树种造林并注意选择抗性品种，如沿海地区应提倡营造木麻黄与湿地松、相思树、桉树等树种的混交林。

(2)使用天牛成虫引诱剂或将滤纸卷成小筒与粉碎的苦楝幼嫩枝叶一同放入甲苯溶剂中浸泡 1 天取出阴干后悬挂林间，可以诱集星天牛成虫加以消灭，也可利用性诱剂或用糖醋液（糖：酒：醋＝1：0.5：1.5）诱捕桃红颈天牛成虫。

(3)依据天牛成虫的假死性，于成虫盛发期进行人工捕杀，清晨、傍晚及雨后初晴时效果更佳。

(4)于天牛产卵盛期在寄主主干基部及近主干分叉处均匀涂抹涂白剂，可防止天牛成虫产卵。"涂白剂"通常由生石灰 10 份，硫黄 1 份，食盐 2 份，加水 40 份均匀调和而成，使用时尽量把树皮裂缝、空隙涂实。星天牛、桃红颈天牛等有集中产卵于主干和主枝基部的习性，可于产卵前用 0.02 mm 厚塑料薄膜包扎枝干主要着卵部位，防止产卵。

2. 物理防治

幼虫孵化期经常检查树干、主枝，发现虫粪、木屑时，即用锥子锥杀（钢丝钩杀）皮下幼虫，或用小刀于受害部位顺树干纵割三四刀杀死幼虫。

3. 生物防治

利用斯氏线虫 *Steinernema* sp. Beijing 品系、苹果蠹蛾线虫 *Steinernema carpocapsae* Agriotose 品系及 Mex-kapow（简称 MK）品系等防治桃红颈天牛幼虫：将浓度为 30000～40000 条/mL 的线虫悬浮液自蛀孔注入，气温在 20～30 ℃时使用效果较好。浓度为 10000 条/mL 的小卷蛾线虫 *Steinernema carpocapsae* A24 品系对星天牛幼虫也具有一定的防治效果。另外，幼虫期及蛹期有花绒坚甲 *Dastarcus longulus* Sharp、天牛长尾啮小蜂 *Aprostocetus fukutai* Miwa et Sonan、管氏肿腿蜂 *Scleroderma guani* Xiao et Wu 等天敌，应注意保护与利用。

将含孢量为 80 亿/g 的球孢白僵菌 *Beauveria bassiana* 菌粉与生产蔗糖的下脚料—废糖蜜均匀混合制成的菌膏涂抹于寄主蛀孔处，既能使星天牛幼虫染病，又可诱集蚂蚁取食幼虫，起到双重防治的效果。

4.化学防治

将蛀孔内的虫粪、木屑清除干净,用注射器将药剂自蛀孔注入或将浸满药剂的药棉塞入蛀孔,可以防治天牛幼虫。常用药剂有5%溴氰菊酯乳油2500倍液、80%敌敌畏乳油50倍液以及马拉硫磷和杀螟松等。也可将磷化铝、磷化锌药片、药丸塞入蛀孔,再用黄泥堵死,熏杀幼虫及蛹,一般幼虫期磷化铝用量0.03~0.3 g,蛹期用量0.6 g。星天牛成虫有取食寄主幼嫩枝叶的习性,可在其羽化盛期向寄主树冠及枝干部喷施80%敌敌畏乳油300倍液等药剂防治成虫。

9.2 吉丁虫类害虫

9.2.1 吉丁虫类害虫的种类与寄主

吉丁虫类害虫属鞘翅目吉丁虫科,多数是危害园林植物茎干的钻蛀性害虫,蛀道处于树皮下或根部。另有些幼虫生活在草本植物的茎中,少数潜叶或形成虫瘿,成虫色彩鲜艳,具有强烈的金属光泽。危害园艺树木的吉丁虫常见的有柑橘爆皮虫 *Agrilus auriventris* Saunders、柑橘溜皮虫 *A. inamoenus* Kerremans、金缘吉丁虫 *Lampra limbata* Gebler、苹小吉丁虫 *A. mali* Matsumara、六星吉丁虫 *Chrysobothris affinis* Fabricius 和梨绿吉丁虫 *L. bellula* Lewis。其中以柑橘爆皮虫、柑橘溜皮虫和苹小吉丁虫危害较重。

9.2.2 重要吉丁虫类害虫

9.2.2.1 柑橘爆皮虫

1.分布与危害

柑橘爆皮虫也称柑橘锈皮虫、柑橘长吉丁虫。国内江西、浙江、福建、广东、广西、台湾、湖南、湖北、四川、贵州、云南和陕西等地均有发生,国外分布于日本。寄主植物仅限于柑橘类,是一种毁灭性害虫。幼虫蛀害主干或大枝,在皮下造成许多虫道,被害处树皮整片爆裂,使整株或大枝枯死。

2.识别特征(图9-2)

成虫:体古铜色,具金属光泽。雄虫头部腹面中央从下唇至后胸有密而长的银白色绒毛。雌虫在这一带的绒毛短而稀。鞘翅紫铜色,上有小刻点和细绒毛。腹面青银色。

卵:扁椭圆形,初产时乳白色,后变为土黄色,孵化前呈淡褐色。

幼虫:体扁平,细长,乳白色或淡黄色,表面多皱褶。前胸特别膨大,扁圆形,背、腹面中央均有1条明显的褐色纵沟。腹部末端有1对黑褐色坚硬的钳状突。

蛹:扁圆锥形,初为乳白色,柔软多褶,后转为淡黄色至蓝黑色,呈现金属光泽。

3.发生规律

柑橘爆皮虫在我国1年发生1代,以不同龄期的幼虫在树干皮层下或木质部内越冬,而低龄幼虫常在韧皮部越冬,老熟幼虫则在木质部越冬,以后者居多。由于越冬幼虫虫龄不一,故翌年发生很不整齐。在浙江衢江区和重庆巴南区,越冬后的幼虫,翌年2月中旬开始活动,一般在3月下旬开始化蛹,4月下旬化蛹最盛,同时开始羽化为成虫,5月上旬羽化最

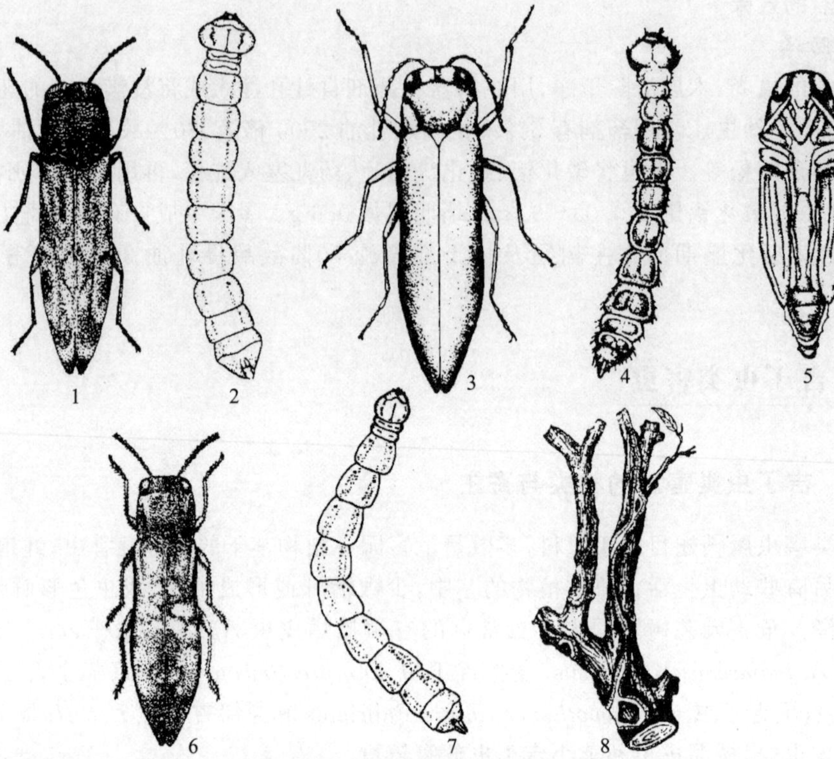

图 9-2 柑橘爆皮虫、柑橘溜皮虫和苹小吉丁虫

柑橘爆皮虫:1. 成虫 2. 幼虫

苹小吉丁虫:3. 成虫 4. 幼虫 5. 蛹

柑橘溜皮虫:6. 成虫 7. 幼虫 8. 危害状

盛,5 月中旬成虫开始活动,5 月下旬为出洞盛期,首批出洞成虫 5 月下旬开始产卵,6 月中下旬为产卵盛期,6 月中旬卵开始孵化,7 月上中旬为盛孵期。江西新干和湖南邵阳的发生期与上述日期接近。而福建、四川的发生期约早半个月,广东更为早发,在 2—3 月即有化蛹,3 月下旬即有成虫出现。

成虫羽化后通常在蛹室中匿居 7～10 天,然后咬穿木质部和树皮作"D"字形羽化孔而出洞。出洞以晴天闷热无风之日为多。成虫出洞后即能飞翔,天气晴暖时在树冠取食嫩叶形成小缺刻,如遇阴雨则栖息在橘树基部枝叶或周围草丛中,不食不动。成虫具假死性。

成虫出洞 1 周左右开始交尾,一生交尾 2～3 次,交尾 1～2 天后产卵。卵散产或 2～10 粒密排成块。雌成虫一生产卵 20～45 粒。卵多产在树干细小裂缝处,少数在树干寄生的地衣、苔藓下面。在浙江衢江区 6 月下旬卵期为 10～20 天。幼虫在白天孵化,孵出之后,侵入树皮浅处危害,树皮上出现芝麻大小的流胶现象。随着幼虫的长大,在树皮内逐层向内深入,在形成层中向上或向下蛀食,形成不规则的虫道,并排泄虫粪充塞其中,使树皮与木质部分离,韧皮部干枯,树皮爆裂,幼虫老熟后侵入木质部约 5 mm 处并在其中越冬。月平均温度 20 ℃时,蛹期为 32 天左右。

爆皮虫危害的轻重与柑橘不同品种、树势的好坏和树龄的大小有关。另外,管理不善,肥水不足时,也有大量发生和危害的可能。

9.2.2.2 柑橘溜皮虫

1.分布与危害

柑橘溜皮虫别名缠皮虫、车皮虫。在我国分布于浙江、福建、广东、广西、四川、湖南和江西等柑橘产区。寄主植物也仅限于柑橘类植物，以山地果园发生较为严重，幼虫主要蛀食枝条，造成虫道，使枝条上部干枯。

2.识别特征(图 9-2)

成虫：体黑色，微带金属光泽，雄虫颜面呈青蓝色，雌虫古铜色。鞘翅黑色，密布细小刻点，上有由白色细毛形成的不规则花斑。前、中胸腹面的两侧密被白色绒毛。

卵：馒头形，初产时乳白色，渐变黄色，孵化前为黑色。

幼虫：扁平，白色。前胸背板大，圆形。腹部各节呈梯形，各节两侧近后缘处突出呈角状，腹部末端具 1 对钳状突。

蛹：纺锤形，化蛹初期为乳白色，将近羽化时呈黄褐色。

3.发生规律

柑橘溜皮虫在我国浙江、四川、福建等柑橘产区 1 年发生 1 代，以不同龄期的幼虫在枝条木质部中越冬。四川江津于翌年 4 月初开始化蛹，4 月下旬至 5 月初为成虫盛发期，羽化后 5～6 天开始交尾，交尾后 1～2 天产卵，每交尾 1 次仅产卵 1 粒，一生产卵 6 或 7 粒。卵多产在直径 15～20 mm 粗的枝条上。早期出洞的成虫多在 6 月上旬产卵，下旬开始孵化，6 月下旬至 7 月上旬为孵化盛期，孵期在 6 月 15～24 天，平均 19.4 天，危害甚重，俗称夏溜。后期出洞的成虫，一般在 7—8 月产卵，幼虫孵化危害也较迟，俗称秋溜。

幼虫孵出后，先在树枝皮层啃食危害，被害枝条外表呈现泡沫状流胶。以后幼虫自枝条上部向下蛀食，在皮层与木质部之间啃食形成虫道，夏季幼虫危害，虫道常出现 2 个或 3 个螺旋状，秋季幼虫危害的虫道仅呈钩状。凡受幼虫蛀害经过之处，枝条皮层剥裂，泡沫流胶物质渐渐消失。若缠绕树枝危害则养分不能运送而枯死。幼虫老熟后潜入木质部虫道的最后一个螺旋处越冬。其潜伏部位与进口角度约为 45°，两者之间的距离大多为 10～11 mm。

9.2.2.3 苹小吉丁虫

1.分布与危害

苹小吉丁虫，又名金蛀甲、串皮干、旋皮虫。国内分布于辽宁、吉林、黑龙江、内蒙古、河北、河南、山东、山西、陕西、甘肃、宁夏、湖北、四川和广西等地。国外的日本、朝鲜、俄罗斯也有报道。此虫主要危害苹果、梨、桃、杏、樱桃、花红、沙果、海棠、秋子、槟子及榅桲果等果木。以幼虫在枝干皮层内纵横蛀食造成皮层干裂枯死、凹陷、变黑褐色，虫疤上常有红褐色黏液渗出，俗称“冒红油”。此虫可随苗木传播，危害性大，是国内检疫对象。

2.识别特征(图 9-2)

成虫：全体紫铜色，有金属光泽。各部密布小刻点，头顶有明显的中脊，鞘翅窄，基部明显凹陷，翅端尖削，紧靠鞘翅缝 2/3 处各有一淡黄色茸毛斑纹，腹部背板呈亮蓝色。

卵：椭圆形，初产时乳白色，后渐变为黄色。

幼虫：扁而细长，乳白或淡黄色。头小，褐色。前胸特别宽大，其背面和腹面的中央各有 1 条下陷纵纹，中区密布粒点。腹部末端具 1 对褐色尾铗。

蛹：纺锤形，初期乳白色，渐为黄白色，羽化前由黑褐色变为紫铜色。

3. 发生规律

苹小吉丁虫在辽宁、河北、甘肃、陕西等地1年发生1代，在黑龙江、山西等地3年2代，有的2年完成1代。多以幼虫在枝干被害处皮层下越冬。在辽宁兴城翌年3月中下旬幼虫继续在皮层内串食危害。5月下旬至6月中旬是严重危害期。5月中旬开始化蛹，盛期在6月上旬至7月上旬。5月下旬开始羽化，盛期在6月下旬至7月中旬。成虫产卵盛期为7月下旬至8月上旬，幼虫孵化后蛀入表皮危害，11月底开始越冬。

在陕西凤县和甘肃天水部分地区，主要以老龄幼虫在木质部越冬，个别以蛹越冬。翌春幼虫可不经取食直接化蛹，5月中旬出现成虫，5月下旬至6月下旬为盛发期，另有少数可延续到9月上旬羽化。

成虫羽化后一般在蛹室停留8～10天，将皮层咬1个直径约2 mm的半圆形羽化孔后爬出枝干，具有假死性。早晨、傍晚或阴天，多隐藏在枝干或叶背静伏不动。喜光，在中午气温较高时经常围绕树冠飞迁，但飞行能力不强。成虫取食叶片边缘，咬成缺刻，但食量不大。经取食8～24天后开始产卵，卵多散产在枝干向阳面嫩皮上或芽的两侧等不光滑之处，每处产卵1～3粒。每雌可产卵20～70粒，成虫寿命20～30天，卵在幼树主干、主枝的向阳面多，大树外围多，衰弱树多。其危害在一个果园中多呈核心分布现象。

卵经10～15天孵化出幼虫，此时幼虫仅在表皮下蛀食，隧道蜿蜒如线，表面多破裂，有2排小孔。随着龄期的增大逐渐向皮层深处蛀食至形成层。受害皮层的形成层被切断，逐渐失水凹陷干裂，形成黑褐色坏死伤疤。老熟幼虫蛀入木质部3～5 mm，作一船形蛹室，并在其中化蛹，蛹室多在隧道圈的近中央处。

白蜡吉丁肿腿蜂 *Sclerodermus pupariae* Yang et Yao、乌黑刻柄茧蜂 *Atanycolus denigrator* L. 及球腹蒲螨 *Pyemotes* sp. 对苹小吉丁虫的老熟幼虫或蛹有较好的寄生效果，啄木鸟也是此虫的天敌。

9.2.3 其他常见吉丁虫

其他常见吉丁虫见表9-2。

表9-2 其他常见吉丁虫

种类	识别要点与发生概况
金缘吉丁虫	成虫全体翡翠绿色，带金黄色光泽。前胸背板及鞘翅外缘红色。前胸背板密布小刻点，背面有5条蓝黑色纵纹。幼虫前胸背板中央有1个明显凹入的“∧”形纹，腹部末端圆钝、光滑。国内分布于华东、华中、华北。幼虫和成虫均可危害梨、苹果、桃、杏、山楂、沙果、花红和樱桃等寄主植物。发生代数因地而异，江西1年1代，山西2年1代，陕西3年1代。大多以老熟幼虫、少数以中小幼虫在被害枝干木质部的浅处或皮层下越冬。翌春越冬幼虫继续危害。成虫发生期一般在5月上旬至6月下旬。成虫具假死性，日间极为活跃。卵多产在寄主植物的皮缝内，散产。幼虫在枝干皮层纵横串食，破坏输导组织，造成树势衰弱。成虫危害寄主的叶片

续表 9-2

种类	识别要点与发生概况
六星吉丁虫	成虫体黑色，发紫铜色金属光泽，鞘翅上各有3个金黄色的圆形星坑。幼虫头黑色，前胸膨大呈椭圆形，中、后胸窄小，腹节为圆筒形。在湖南、浙江、福建、广东等地少数橘区危害。在北方危害柑橘、苹果、梨、杏、桃、樱桃、枇杷等果树。江西1年1代，多以老熟幼虫在寄主皮下木质部做蛹室越冬，6—7月为成虫盛发期，具假死性。成虫取食嫩枝和果柄，雌成虫产卵于树皮裂缝或伤口处，散产，每处1～3粒。幼虫围绕枝干串食皮层，导致树枯、干死，危害症状与爆皮虫近似，但蛀食虫道较爆皮虫宽大
梨绿吉丁虫	前胸背板和鞘翅的外缘具明显的金红色边缘。前胸中间有黑色纵脊，其两侧各有黑色宽纵带1条。幼虫黄白色，前胸背面有“人”字形纹，腹部各节有1条横缝。国内已知辽宁、河北、山东、青海、山西有发生，主要危害苹果、梨、桃、杏等。在晋中地区2年1代，以不同龄期的幼虫在蛀道内越冬。以幼虫在枝干皮层内的韧皮部和木质部之间蛀食。成虫可少量取食叶片。成虫早晚多静伏在树冠内枝叶上，日间气温较高时活动，具假死性。卵散产于枝干的向阳皮缝中，尤其在日灼病疤处产卵较多

9.2.4 吉丁虫类害虫的防治方法

吉丁虫类害虫以农业防治为主，加强栽培管理。做好树种的抗旱、防冻、防病、除虫等工作，以提高抗虫性。其次，在冬、春季要进行清园工作，清除枯枝和枯死树，在成虫出洞前（一般在4月前）处理完毕。另外，根据实情也可进行必要的药剂防治，现就柑橘吉丁虫（柑橘爆皮虫和柑橘溜皮虫）和苹小吉丁虫的防治，方法如下。

1. 植物检疫

对于苹小吉丁虫要做好苗木、接穗的检疫，防止向新区和保护区传播蔓延。加强疫区的防治工作，带虫苗木、接穗需经熏蒸处理。

2. 农业防治

（1）被害的死树和枯枝中，潜存着大量幼虫和蛹，应在冬、春季结合清园在成虫出洞前清除烧毁。

（2）于春季成虫出洞前，将去年受害严重的树，用稻草搓绳，从树干基部自下而上边搓边捆，紧密捆孔，并涂刷泥浆，使柑橘吉丁虫成虫被阻隔而不易出洞，同时又有助于树干伤口的愈合，并防止成虫产卵。

（3）对于溜皮虫，可在虫道的最后一个螺旋纹处顺转45°，距进口1 cm处，用小刀刺入将其杀死。

3. 化学防治

（1）毒杀成虫　掌握成虫羽化盛期，在其即将出洞时，刮除树干被害部分的翘皮，再涂80%敌敌畏乳油3倍液，或用80%敌敌畏乳油加10～20倍黏土加水调成糊状进行树干涂封，使羽化后的柑橘吉丁虫成虫在咬穿树皮后中毒死亡。也可在成虫出洞高峰期，选用90%晶体敌百虫或50%马拉硫磷乳油600 mL/hm^2等，进行树冠喷药，杀灭成虫。在成虫发生期，树上喷布80%敌敌畏乳油600 mL/hm^2，可杀死苹小吉丁虫成虫，并可兼杀虫卵以及刚蛀入表皮内的幼虫。

(2)灭杀幼虫　在6—7月幼虫盛孵期,根据被害部流出胶质的标志,用小刀刮去流胶被害处一层薄树皮,再涂刷80%敌敌畏乳油3倍液,触杀皮层内的柑橘吉丁虫幼虫。秋季落叶后至春季发芽前,在黄色胶滴处即冒红油的虫疤处,用刷子涂抹煤油敌敌畏液(即煤油1 kg加80%敌敌畏乳油0.05 kg搅匀),杀死其中的苹小吉丁虫幼虫。

9.3 透翅蛾类害虫

9.3.1 透翅蛾类害虫的种类与寄主

属鳞翅目透翅蛾科,在我国不同地区经常对园艺植物造成危害的主要有葡萄透翅蛾 *Paranthrene regalis* Butler、苹果透翅蛾 *Conopia hector* Butler、板栗透翅蛾 *Aegeria molybdoceps* Hampson 等。葡萄透翅蛾主要危害葡萄,还可加害野葡萄。苹果透翅蛾主要危害苹果,同时亦加害梨、桃、李、杏、梅、樱桃、海棠等果树。板栗透翅蛾寄主主要是板栗,也可危害锥栗和毛栗,是板栗的一种主要害虫。

9.3.2 重要透翅蛾类害虫

9.3.2.1 葡萄透翅蛾

1.分布与危害

葡萄透翅蛾别名葡萄透羽蛾,在国内分布于山东、河南、河北、内蒙古、辽宁、吉林、山西、陕西、江苏、浙江、江西、安徽、湖北、四川等地,在国外分布于日本、朝鲜。以幼虫蛀食葡萄枝蔓、髓部,被害部位膨大成瘤状,影响营养的输送,导致叶片发黄,果实脱落,受害严重的茎蔓呈现折断枯死。

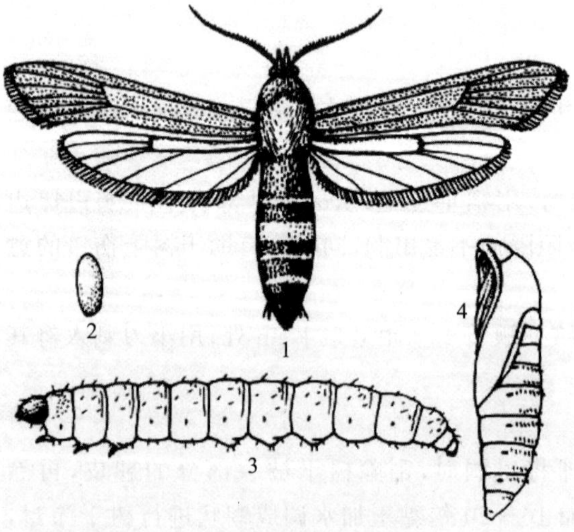

图 9-3　葡萄透翅蛾

1.成虫　2.卵　3.幼虫　4.蛹

2.识别特征(图9-3)

成虫:全体黑褐色,触角紫黑色,前翅赤褐色,后翅透明,头顶、颈部、后胸两侧腹部有3条黄色横带。雄蛾腹部末端左右各有长毛丛一束,雌蛾则无。

卵:呈椭圆形,略扁平,红褐色,长径约1.1 mm。

幼虫:全体略呈圆筒形,头部红褐色,腹部黄白色,老熟时带紫红色,前胸背板有倒"八"形纹,胸足淡褐色,爪黑色。

蛹:红褐色,圆筒形,腹部第2～6节各节有刺2行,7～8节各节背面有刺1行,末节腹面有刺1列。

3.发生规律

在各地均是1年1代,以幼虫在被害葡萄枝蔓中越冬。翌春在被害处先咬一圆形羽化孔,以丝封闭,然后作茧,当气温上升到15 ℃左右时，越冬幼虫开始化蛹，蛹期1个月左右。化蛹时期则因地而异，大多于翌年4—5月在被害梢的内侧化蛹，5—6月羽化。一般葡萄发芽期为化蛹初期，开花期为成虫羽化期，成虫多在7～12时羽化。有趋光性，雌蛾能释放信息素，吸引雄蛾。成虫行动敏捷，飞翔能力强，羽化后当天交尾，次日产卵，卵散产于当年生枝条的腋芽间或嫩茎上及叶柄和叶脉处。产卵期4～14天，单雌产卵50～100粒。性比约为1∶1，成虫寿命3～6天。幼虫孵化后多从新梢叶柄基部蛀入嫩茎中蛀食，危害髓部，形成长形孔道，被害处上方的枝条枯死。幼虫因食料缺乏，常转移到粗茎叶食害，被害粗茎常膨大或形成瘤状，致使叶片枯黄，果实未成熟即行落果，严重影响产量。幼虫一般可转移1～2次，多在7—8月转移。在生长势弱，节间短及较细的枝条上转移次数多，较高龄幼虫转入新枝后，常先在蛀孔下环蛀一较大的空腔，故受害枝呈现折断和枯死。

9.3.2.2 苹果透翅蛾

1.分布与危害

苹果透翅蛾又名苹果旋皮虫、苹果小透羽，俗称串皮干。分布于我国东北、华北、西北、华东及西南等地区，近年四川苹果产区也有所发现。主要危害苹果，同时亦加害梨、桃、李、杏、梅、樱桃、海棠等果树。以幼虫危害树干、主枝和枝杈处的树皮，食害韧皮部，被害伤口易遭受苹果腐烂病菌侵染，引起溃烂。一般在衰老和管理粗放的果园危害较重。

2.识别特征

成虫：全体蓝黑色，具光泽。头部后缘呈黄白色，触角全部为黑色，翅大部分透明，前缘至后缘有1条较粗的黑纹，翅脉和翅缘黑色，前翅前缘和后翅有黄色鳞片。

卵：椭圆形，初产时为淡黄色，近孵化时为黄褐色，表面具六角形的刻纹。

幼虫：头部黄褐色，胴部乳白色至淡黄色，背线浅红色，腹足趾钩单序，列成双横带。

蛹：黄褐色，羽化时为黑褐色，腹部第4～8节背面前后缘各有一排刺状突起，尾端具6～8个小突起并生有细毛。

3.发生规律

在我国辽宁、河北、山东、甘肃等地1年1代。以3～4龄幼虫在被害枝干的虫道中作茧越冬。翌春当苹果芽开始萌动时，幼虫开始活动，继续蛀食皮层，4月中下旬是幼虫危害盛期，受害部位下方有孔口，经常排出红褐色成团的粪便。化蛹期为5月上旬至7月上旬，化蛹盛期在6月份。老熟幼虫化蛹前，先在被害部位内咬一圆形羽化孔，但不咬穿表皮，随即于孔口吐褐色胶质黏液做一薄膜，然后吐丝缀缠虫粪和木屑，做成长椭圆形的茧化蛹。蛹期10～15天，成虫于5月中旬至8月中旬羽化，盛期是6月中旬至7月中旬。成虫白天活动，喜食花蜜，往返飞行于树行间，交尾后2～3天产卵。成虫多在生长弱的树干或大枝上的粗皮、裂缝、伤疤边缘、枝杈等处产卵，单粒散产。雌成虫一生产卵20余粒，卵期10余天。产卵前先排出黏液，以便幼虫孵化后能立即蛀入皮层危害，幼虫从6月上旬开始危害，直到11月开始作茧越冬。幼虫在皮层内危害，喜欢半腐朽的物质，多沿被害处的边缘蛀食已成褐色的皮层，将韧皮部食成近长条的蛀孔，因而老龄树和枝势弱的果树受害严重。啄木鸟是苹果透翅蛾的重要天敌。

9.3.2.3 板栗透翅蛾

1.分布与危害

板栗透翅蛾又名赤腰透翅蛾，俗称串皮虫，分布于我国河北、山东、山西、河南、江西、浙江等栗产区，在山东各栗产区普遍发生，以幼虫串食枝干皮层。

2. 识别特征

成虫：形似黄蜂。触角两端尖细，基半部为橘黄色，端半部赤褐色，顶端具一毛束。腹部有橘黄色环带，翅透明。足侧面黄褐色，中、后足胫节具黑褐色长毛。

卵：淡红褐色，扁卵圆形，长约 0.9 mm。

幼虫：污白色，头部褐色，前胸背板淡褐色，具一褐色倒“八”字纹，臀板褐色。

蛹：黄褐色，体形细长，两端略向下弯。

3. 发生规律

一般 1 年 1 代，极少数地区 2 年 1 代。多数以 2 龄幼虫在被害处皮层下越冬。翌年当气温达 3 ℃以上时，越冬幼虫开始出蛰，3 月中旬为出蛰盛期，出蛰后即开始取食，5—7 月为幼虫危害盛期。7 月上旬幼虫老熟，开始作茧化蛹，8 月上中旬为化蛹盛期，蛹期 23～25 天。化蛹前先向树下外皮咬一直径 5～6 mm 的圆形羽化孔，然后即在羽化孔下部吐丝连缀木屑和粪便结一长椭圆形厚茧化蛹。幼虫危害部位不同，化蛹早晚也显著不同，向阳面比背阴面提早 15 天左右。树干中下部较上部提前 15～20 天。8 月中旬成虫羽化，8 月下旬至 9 月上旬为羽化盛期。成虫羽化时，顶开羽化孔，露出蛹壳的 1/2～2/3。羽化均在白天，成虫白天活动，具趋光性，寿命 3～5 天，当天交尾，次日产卵。卵散产于主干粗皮缝或翘皮下面，一生产卵 300～400 粒。其危害有一定的特点，老树比幼树受害重，树干下部比上部受害重。

9.3.3 透翅蛾类害虫的防治方法

1. 利用抗虫品种

选栽抗虫品种，加强栽培管理，增强树势，避免在树体上造成伤口。

2. 农业防治

积极开展清园工作，结合修剪，剪除被害的枝条或枝蔓，以消灭越冬虫源，剪除的枝蔓要及时处理。发现树上有幼虫危害时，及时用刀刮除，并于幼虫孵化期，用刀刮除距地面 1 m 以内的主干上的粗皮，集中烧毁。

3. 生物及化学防治

掌握成虫期及幼虫孵化期，选用 1％甲维盐乳油 4000 倍液，1.8％阿维菌素乳油 3000 倍液，0.3％苦参碱乳油 1500 倍液喷雾，或用 50％敌敌畏 500 倍稀释液或柴油乳剂 25～30 倍稀释液，涂抹被害部位，消灭幼虫及阻止成虫羽化。

9.4 潜皮类害虫

9.4.1 潜皮类害虫的种类与寄主

危害园林植物的蛀杆类害虫除了前面介绍的几类外，重要的还有梨茎蜂 *Janus piri* Okamoto et Muramatsu、梨潜皮蛾 *Acrocercops astaurota* Meyrick、玫瑰茎蜂 *Neosyrista similis* Moscary、大丽花螟蛾 *Ostrinia nubilalis* (Hubner)、杧果尾夜蛾 *Chlumetia transversa* Walker、木棉织蛾 *Tonica niviferana* (Walker)、木蠹蛾 *Cossus cossus* L. 等。本节重点介绍危害梨树的梨茎蜂和梨潜皮蛾。梨茎蜂可危害梨、苹果、海棠等；梨潜皮蛾寄主植物有 25 种，属蔷薇科的果树和观赏植物，其中以苹果、梨受害最重。

9.4.2 重要潜皮类害虫

9.4.2.1 梨茎蜂

1. 分布与危害

梨茎蜂属膜翅目茎蜂科，俗称折梢虫、切芽虫。分布于江苏、浙江、江西、湖南等南方省和北方梨区。当新梢长至 6～7 cm 时，上部被成虫用锯状产卵器锯伤，下部留 3～5 cm 短橛，新梢被锯后萎缩下垂，干枯脱落，幼虫在残留的小枝内蛀食。

2. 识别特征(图 9-4)

成虫：翅透明，除前胸后缘两侧，翅基部、中胸侧板及后胸背板的后端黄色外，其余身体各部黑色，后足腿节末端及胫节前端褐色，其余黄色。

卵：乳白色，透明，长椭圆形，稍弯曲。

幼虫：头部淡褐色，胸腹部黄白色，胸足退化，体稍扁，头胸部向下弯，尾端向上翘。裸蛹，全体乳白色，复眼红色，近羽化前变为黑色。

茧：棕褐色膜状，长椭圆形。

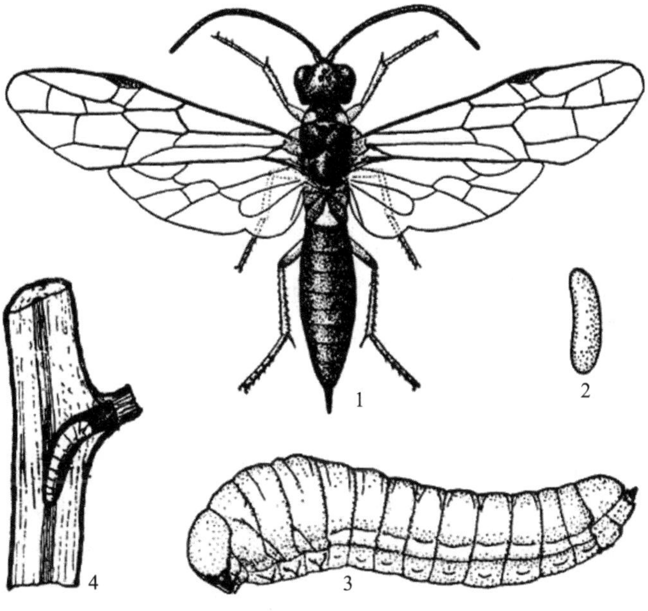

图 9-4 梨茎蜂

1. 成虫 2. 卵 3. 幼虫 4. 幼虫在被害枝内休眠

3. 发生规律

在南方 1 年 1 代，以老熟幼虫在被害枝内越冬。发生期因各地气温不同而异。在河北翌年 3 月化蛹，4 月间羽化，鸭梨盛花后 5 天，新梢抽出 7～9 片叶时开始产卵，盛花后 10 天，新梢大量抽出时为产卵盛期。在辽宁西部梨区，4 月间化蛹，5 月上中旬为成虫发生期。据江西南昌报道，成虫出现期在 3 月上旬至 3 月下旬。

梨茎蜂成虫羽化、交尾、产卵等活动多在中午前后、气温高时进行，早晚及夜间气温低时停息在树冠下部叶片背面，成虫取食花蜜和露水，对糖蜜和糖醋液无趋性，也无趋光性。成虫出枝后，当天即可交尾产卵。产卵以中午前后最盛，成虫产卵在梨新梢大量抽出时，将产卵器刺入断口下方 2～4 mm 处韧皮部和木质部之间产卵，产卵期比较集中，前后 1 周左右。在产卵处的嫩茎表皮上不久即出现一黑色小条状产卵痕。老梢上不产卵，也有将嫩梢切断而不产卵的。江西南昌观察各虫态历期：卵期 28～56 天，幼虫取食期 50～60 天，连同越冬期共达 8 个月，蛹期 42～65 天，成虫寿命雌 6～14 天，雄 3～9 天。品种间受害程度有差异，凡抽梢期与成虫出枝高峰期相吻合的品种受害重。天敌有白僵菌和茎蜂啮小蜂。

9.4.2.2 梨潜皮蛾

1.分布与危害

梨潜皮蛾属鳞翅目细蛾科，又名串皮虫、梨潜皮细蛾。分布于辽宁、河北、河南、山东、江苏及陕西等地。该虫以幼虫在枝干及梨果表皮下蛀食，初期出现弯曲线状隧道，后期隧道汇合成片，枯死的表皮翘起，影响树势生长。

2.识别特征

成虫：复眼红褐色，触角丝状，长达前翅末端，前翅狭长白色，具 7 条褐色横带，后翅狭长灰褐色，均有极长的缘毛，腹面白色。

卵：椭圆形，水青色半透明，背面稍隆起，具网状花纹，腹面扁平。

幼虫：幼虫共 8 龄。1～6 龄幼虫全体扁平，头部褐色、近三角形，体乳白色。7～8 龄幼虫体近圆筒形，稍扁，胸足 3 对，无腹足。

蛹：由淡黄色渐变为深黄色，近羽化时有黑褐色花纹。复眼为橙红至红褐色。触角超过腹末。

3.发生规律

在东北的北部 1 年 1 代，其他地区 1 年 2 代。以幼虫在被害枝条皮层下虫道内越冬。据在陕西关中地区观察，翌春 3 月下旬开始活动危害，5 月中旬老熟，于潜皮下结茧化蛹，5 月底至 6 月初为化蛹盛期，6 月上旬越冬代成虫开始羽化，6 月下旬为羽化盛期，6 月中下旬为卵孵化及幼虫蛀入盛期，7 月中下旬幼虫老熟。化蛹第 1 代成虫羽化期 8 月中旬至 9 月初，幼虫于 8 月下旬入侵危害，11 月上旬越冬。

成虫于夜间羽化，并在夜间交尾和产卵，飞翔力弱。卵散产，每雌产卵平均 11 粒，喜选择在表皮光滑无毛的幼嫩枝条上产卵，以 1～3 年生枝上为多。初孵幼虫以汁液为食，随幼虫龄期的增加、虫体的增大造成虫道加宽。梨潜皮蛾在低湿地或近水源地，郁闭度大的果园危害重。其寄生蜂有潜蛾姬小蜂，旋小蜂科 1 种，稀棘小蜂科 1 种，圆顶跳蜂科 1 种，长尾小蜂科 1 种。

9.4.3 其他常见潜皮类害虫

其他常见潜皮类害虫见表 9-3。

表 9-3 其他潜皮类害虫

种类	发生概况	防治要点
木棉织蛾	危害木棉，在广州 1 年约 3 代，以幼虫越冬，翌年 4 月上旬至 5 月上旬化蛹。低龄幼虫一般只在韧皮部取食，3 龄后钻入枝条的髓部取食，粪便排于蛀口处	人工摘蛹，减少羽化成虫的数量，降低下代虫口密度。药剂防治：在幼虫低龄期，可采用 50%杀螟松 900 mL/hm^2 喷杀，在幼虫蛀入枝条髓心后，可采用棉花蘸敌敌畏等乳油 1∶10 堵塞蛀口

续表 9-3

种类	发生概况	防治要点
玫瑰茎蜂	在国内分布于华东、华北和西北等地区，1 年 1 代，以幼虫在玫瑰茎基部越冬。翌年 4 月中下旬开始化蛹，5 月中旬末羽化、交尾和产卵，下旬出现幼虫，10 月幼虫开始越冬。初孵幼虫先在卵壳周围取食，然后从木质部外层向上或向下螺旋形蛀食，边蛀食边排出褐色粪便堵塞虫道。蛀入髓部后即沿髓心向下钻蛀，甚至茎基或地下根茎外	人工防治：结合玫瑰冬、夏 2 次修剪整枝，将有虫的枝条剪除，集中销毁；发现玫瑰茎蜂成虫，立即捕捉杀死；利用天敌防治玫瑰茎峰
大丽花螟蛾	我国 1 年 1～6 代，南昌 3～5 代。以老熟幼虫在茎秆内等处越冬。幼虫危害期在 6—9 月，以 8—9 月危害严重。成虫昼伏夜出，有趋光性。幼虫有趋糖、趋醋、趋温及背光 4 种特性。幼虫 5 龄，4 龄前为潜藏，4 龄后为钻蛀。卵多产于花芽和叶基部	消灭越冬虫源，及时剪除并烧毁被害植株；黑光灯诱杀成蛾；药剂防治：在幼虫孵化期，喷 50% 杀螟松乳剂 1.2 L/hm^2 或 40% 乐果乳剂 600 mL/hm^2；以蜂治螟：利用赤眼蜂寄生其卵，可以控制危害
杧果尾夜蛾	广西南宁 1 年约 8 代，世代重叠，以蛹或预蛹越冬，翌年 3—4 月温度回升时羽化。成虫昼伏夜出，取食花蜜，卵多散产于老叶、枝条或嫩梢上。初孵幼虫，先危害嫩叶的叶脉和叶柄，近 3 龄时，转移钻蛀嫩梢花穗。被害后枯梢，幼果脱落。幼虫 5 龄	农业防治：冬季剪除枯枝烂木，枝干涂刷 3∶10 的石灰水；药剂防治：在嫩梢长 3～6 cm、花蕾未开放前，喷药防治，药剂有 90% 晶体敌百虫 1 kg/hm^2，50% 敌敌畏乳油 1.2 L/hm^2
木蠹蛾	多为 2 年 1 代，跨 3 个年度。以幼虫在被害树的枝干内越冬，有的种类以老龄幼虫在土里作茧过冬。成虫昼伏夜出，有趋光性。成虫喜在树干枝的伤疤处、裂皮缝处产卵，卵成堆。幼虫喜群居危害，蛀食树木造成千疮百孔。3 月中旬至 10 月下旬为幼虫危害期	清理虫源：修剪或伐除虫枝虫树，进行药剂熏蒸处理；适期消灭幼虫：3 月下旬到 5 月中旬和 9—10 月用药剂注射或熏蒸剂堵孔；黑光灯诱杀成虫；加强检疫工作；保护和利用天敌

9.4.4 潜皮类害虫的防治方法

1. 植物检疫

苗木接穗用溴甲烷 45 g/m^3 密闭熏蒸处理 6h 可有效杀灭梨潜皮蛾。

2. 农业防治

梨树落花期，可振落梨茎蜂成虫捕杀。在开花后的半个月内，发现有萎缩的产卵梢及时剪除烧毁。

3. 物理防治

在梨树初花期，于1.5～2.0 m高的2～3年生枝条上悬挂20 cm×30 cm黄色双面粘虫板，每亩12块，诱杀梨茎蜂成虫。

4. 化学防治

果树休眠期、发芽期喷施3～5波美度石硫合剂。当新梢长至5～6 cm时(梨茎蜂成虫发生期)，及时喷施90%晶体敌百虫1 kg/hm^2。在梨潜皮蛾成虫羽化期喷药1～2次，可基本控制危害。可选用80%敌敌畏乳油600～900 mL/hm^2。

思考题

1. 试说明天牛的综合防治措施。
2. 危害柑橘树的蛀杆害虫主要有哪些种类？
3. 蛀杆类害虫的危害隐蔽性很高，在进行化学防治中有哪些注意事项？

10 地下害虫

地下害虫是指生活史的全部或大部分时间在土壤中生活，主要危害植物的地下部分（如种子、根、茎等）和近地面部分的一类害虫，亦称土壤害虫。目前我国记载的地下害虫有320余种，分属于昆虫纲8目38科，包括蛴螬、金针虫、蝼蛄、地老虎、根蛆、拟地甲、根蚜、根蝽、根象甲、根叶甲、根天牛、根蚧、白蚁、蟋蟀、弹尾虫、根螨等近20类，其中以蛴螬、蝼蛄、金针虫、地老虎的发生面积最广，危害最重，其他类群在局部地区有时也能造成较大的危害。

地下害虫发生危害的特点主要有：①寄主范围广。各种农作物、蔬菜、果树、林木、牧草等的幼苗和播下的种子都可受害。②生活周期长。主要地下害虫如金龟甲、叩头甲、拟地甲、蝼蛄等，一般少则1年1代，多数种类2～3年发生1代。③与土壤关系密切。土壤为地下害虫提供了栖居、保护、食物、温度、空气、通路等必不可少的生活条件和环境条件，土壤的理化性状对地下害虫的分布和生命活动有直接的影响，是地下害虫种群数量消长的决定性因素之一。④危害时间长，防治比较困难。地下害虫从春季到秋季，从播种到收获，为害期贯穿整个作物生长季节，加之其在土壤中潜伏危害，不易及时发现，土壤成为地下害虫的保护性屏障，因而增加了防治上的困难。

地下害虫的危害方式大体分为：①长期在土壤中生活，主要为害植物地下部分的种子、根、茎、块根、块茎、鳞茎等，如蛴螬、金针虫、拟地甲、根蛆、根蝽等；②幼虫白天生活在土中，夜出近地面上危害作物的地上部分，如地老虎等；③成虫和若虫对作物的地上或地下部分均为害，如蝼蛄、蟋蟀等。

地下害虫种类多，适应性强，分布广，危害重。从全国发生危害情况来看，北方重于南方，旱地重于水田。随着农业产业结构的调整和栽培措施的改变，目前地下害虫的发生情况是蛴螬的危害仍居首位；金针虫的危害在多个省区有加重趋势；随着地膜覆盖的推广，使土温升高，蝼蛄和金针虫的为害期也相应提早；地老虎在许多地区仍然严重发生；地蛆在北方地区普遍危害较重；其他类群则有时在局部地区猖獗危害。

10.1 蛴螬类害虫

10.1.1 蛴螬类害虫的种类与寄主

蛴螬是鞘翅目金龟子总科幼虫的通称，俗称壮地虫、白土蚕、地狗子等。蛴螬是地下害虫种类最多、分布最广、危害严重的一个类群。国内有记载的危害农、林、牧草的蛴螬种类共有

110余种。在一个地区常有多种混合发生危害,其中发生普遍、危害严重的种类主要有:大黑鳃金龟 *Holotrichia diomphalia* Bates、暗黑鳃金龟 *H. parallela* Motschulsky、铜绿丽金龟 *Anomala corpulenta* Motschulsky 等。蛴螬是多食性害虫,可以危害多种农作物、蔬菜、果树、林木、牧草的地下部分。取食萌发的种子,咬断幼苗的根、茎,轻则缺苗断垄,重则毁种绝收。成虫主要取食各种作物、果树及林木的叶片。

10.1.2 重要蛴螬类害虫

10.1.2.1 大黑鳃金龟

1.分布与危害

大黑鳃金龟是一个是由几个近缘种组成的复合种群,国内除西藏尚未报道外,各省(区)均有分布。依其在国内主要分布区域命名为东北大黑鳃金龟 *H. diomphalia* Bates,主要分布于东北三省;华北大黑鳃金龟 *H. oblita* Faldermann,主要分布于河北、山东、山西、河南、辽宁西部等地;华南大黑鳃金龟 *H. sauteri* Moser,主要分布于福建、台湾、江西、浙江等地;江南大黑鳃金龟 *H. gebleri* (Faldermann),主要分布江苏、浙江、安徽等地;四川大黑鳃金龟 *H. szechuanensis* Chang,主要分布于四川、贵州和甘肃南部地区。大黑鳃金龟咬断幼苗的根、茎,断口整齐平截,常造成地上部幼苗枯死。成虫主要取食各种植物叶片,如东北大黑鳃金龟能取食32科、94种植物叶片,如白菜、油菜、马铃薯、茄子、韭菜、菠菜、甜菜及多种果树叶片;华北大黑鳃金龟可取食杨、柳、榆及果树叶片。

2.识别特征(图10-1)

成虫:东北大黑鳃金龟体长16～22 mm,宽8～11 mm,黑色或黑褐色,具光泽。鞘翅长为

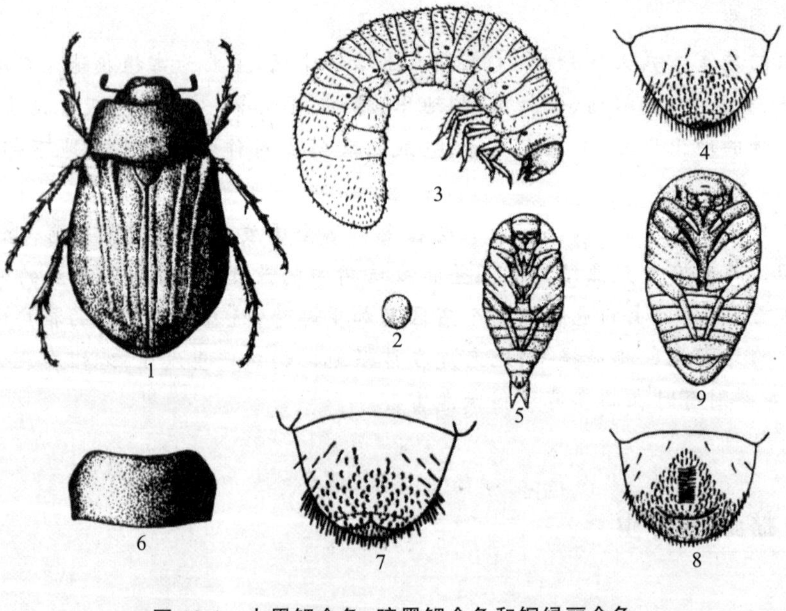

图10-1 大黑鳃金龟、暗黑鳃金龟和铜绿丽金龟

大黑鳃金龟:1.成虫 2.卵 3.幼虫 4.幼虫臀节腹面观 5.蛹

暗黑鳃金龟:6.成虫前胸背板 7.幼虫臀节腹面观

铜绿丽金龟:8.幼虫臀节腹面观 9.蛹

前胸背板宽的 2 倍，每侧有 4 条明显的纵肋。前足胫节外齿 3 个，内方有距 1 个，后足胫节末端有端距 2 个。臀节外露，背板向腹下包卷，与肛腹板会合于腹面。雄虫前臀节腹板中部具有三角形凹坑，雌虫前臀节腹板中部无三角形凹坑，但具 1 横向的枣红色菱形隆起骨片。

卵：椭圆形，长约 3.5 mm，乳白色，表面光滑，略具光泽。

幼虫：老熟幼虫体长 35～45 mm，胴体多皱褶，静止时体呈"C"形。头部黄褐色，胸腹部乳白色。头部前顶区刚毛每侧 3 根，排一纵列。肛门孔呈三射裂缝状，钩状刚毛排列不整齐，无刺毛列。

蛹：体长 21～23 mm，初化成的蛹为白色，后变为橙黄色。腹末端具 1 对尾刺。

华北大黑鳃金龟与东北大黑鳃金龟极为相似，主要区别如表 10-1 所示。

表 10-1 两种大黑鳃金龟的主要区别

虫期	特征	东北大黑鳃金龟	华北大黑鳃金龟
成虫	臀板	臀板弧形，顶端呈球形	臀板后缘较直，顶端虽钝，但为直角
	雄性外生殖器	阳基侧突下部分叉，成上下两突，上突呈尖齿状，下突短钝，不呈尖齿状	阳基侧突下部分叉，成上下两突，两突均呈尖齿状
幼虫	肛腹片	两侧无此裸区或不明显	肛腹片后部的钩状刚毛群紧挨肛门孔裂缝处，两侧具明显的横向小椭圆形的无毛裸区

3. 发生规律

大黑鳃金龟在我国仅华南地区 1 年发生 1 代，以成虫在土壤中越冬。在其他地区一般 2 年完成 1 代，但存在局部世代现象，即部分个体 1 年可以完成 1 代；在黑龙江省部分个体 3 年完成 1 代。以成虫和幼虫在土壤中越冬。

东北大黑鳃金龟在辽宁 2 年 1 代，以成虫和幼虫交替越冬，逢奇数年以幼虫越冬为主，逢偶数年以成虫越冬为主。以幼虫越冬为主的年份，翌年春季麦田和春播作物受害重，而夏秋作物受害轻；以成虫越冬为主的年份，翌年春播作物受害轻，而夏秋作物受害重，出现隔年严重为害的现象。越冬成虫 5 月出现，9 月上旬绝迹；5 月下旬产卵，6 月中下达盛期，6 月中旬出现初孵幼虫，7 月中下旬出现 2 龄幼虫，8 月则进入 3 龄，10 月中下旬下潜，越冬则在 11 月下旬以后。第 2 年 5 月幼虫上移危害作物，6 月下旬开始化蛹，8 月上旬开始羽化，不出土，在羽化处越冬。成虫期约 300 天，卵期 15～22 天，幼虫期 340～400 天，蛹期约 20 天。成虫喜食大豆叶、花生叶、榆树叶、洋蹄草等，可多次交配，交配后 10～25 天开始产卵，每雌平均产卵 102 粒，卵大多散产在 6～12 cm 深的表土层。喜在大豆、花生、甘薯等田产卵，牲畜粪、腐烂的有机物常能招引成虫产卵。幼虫共 3 龄，全部历期在土壤中度过，其中以 3 龄幼虫历期最长、食量最大、为害最重。幼虫常沿垄向移动，上下垂直活动能力较强。

华北大黑鳃金龟在黄淮地区多为 2 年 1 代，以成虫和幼虫交替越冬，少数 1 年可完成 1 代。越冬成虫 4 月份 10 cm 土温 15 ℃左右开始出土，高峰为 5 月上、中旬；产卵高峰为 5 月下旬至 6 月上旬；幼虫为害盛期为 7 月下旬至 10 月中旬，10 月底 3 龄幼虫向深土层移动，进入越冬，越冬深度为土下 11～34 cm。翌年 4 月上旬气温达 14 ℃左右，越冬幼虫上升危害，6 月下旬老熟幼虫在土中 20 cm 处筑室化蛹，7 月中旬成虫羽化至 10 月上旬结束。当年羽化的成虫仍在蛹室内潜伏，直接进入越冬。各虫态历期（沧州、合肥、赣榆三地综合）：卵期 15～17 天，幼虫期:1龄26～28天,2龄28～54天,3龄307～338天,蛹期18～20天,成虫期282～346天。

华北大黑鳃金龟与东北大黑鳃金龟是近缘种,在习性上二者有许多相同和相近之处可供参考,但前者单雌平均产卵量仅约38.7粒。

10.1.2.2 暗黑鳃金龟

1.分布与危害

暗黑鳃金龟在我国除西藏、新疆未见报道外,其余各省(直辖市、自治区)均有分布,为长江流域及其以北旱作农业区的重要地下害虫,尤以黄淮海流域发生严重。幼虫危害同大黑鳃金龟,成虫能取食数十种果树、林木及蔬菜叶片。

2.识别特征(图10-1)

暗黑鳃金龟与东北大黑鳃金龟是近缘种,其形态特征极其相似,两者的主要区别是:暗黑鳃金龟体被黑色或黑褐色绒毛,无光泽,东北大黑鳃金龟有光泽。暗黑鳃金龟前胸背板最宽处位于两侧缘中点以后(靠基部),而东北大黑鳃金龟则位于中点或以前;暗黑鳃金龟鞘翅两侧缘彼此基本平行,腹部臀板呈三角形,且较钝圆,雄性外生殖器阳基侧突下部不分叉,相当于上突部分呈尖角状,东北大黑鳃金龟阳基侧突分叉。幼虫的不同之处是头部前顶毛每侧各1根,位于冠缝两侧;内唇前侧褶区退化,折面不明显,间隔较窄密,每侧10多条,有的个体消失不见。

3.发生规律

暗黑鳃金龟在各地均1年1代,多以3龄老熟幼虫越冬,也有少数当年发育为成虫越冬。幼虫越冬深度平均为23.14 cm,成虫平均为16 cm,越冬幼虫至翌年化蛹前一直停留在土室中。一般春季不危害,5月中下旬为化蛹盛期,7月中旬为成虫羽化高峰,8月下旬后成虫渐少,9月绝迹。成虫产卵盛期在7月上中旬,幼虫7月中下旬盛孵,8月中下旬幼虫发育至3龄进入危害盛期。9月中旬前后,老熟幼虫开始下移、越冬。以成虫越冬的,翌年4月下旬以后出土。各虫态历期:卵期8～13天,幼虫期:1龄15.6～20.1天,2龄15.8～19.3天,3龄232.2～280.5天,蛹期17.4～21.5天,成虫期40～60天。

成虫趋光性强,有假死性和群集性。成虫羽化后在土中蛰伏13～15天,待鞘翅硬化后出土活动。黄昏时出土,有隔日出土习性。晚上8～9时活动最盛,交配,产卵,黎明时入土潜藏。雌虫交尾后5～7天产卵,产卵深度3～17 cm,单雌产卵40粒左右。成虫喜食榆、杨、槐、柳、桑、梨、苹果叶片,也可取食玉米和大豆叶。幼虫有自相残杀的习性。

10.1.2.3 铜绿丽金龟

1.分布与危害

铜绿丽金龟在我国除西藏、新疆未见报道外,其余各省(直辖市、自治区)均有分布,以气候较湿润而多果树、林木的地区发生较多。幼虫危害同大黑鳃金龟,成虫是林果区的重要食叶性害虫,能取食30余种果树、林木及蔬菜叶片。

2.识别特征(图10-1)

成虫:长椭圆形,体长19～21 mm,触角黄褐色,鳃叶状。前胸背板及鞘翅铜绿色具闪光,上面有细密刻点;前胸背板两侧缘、鞘翅侧缘色浅黄褐色,两鞘翅各具有明显的三条纵肋。腹部背面深褐色,末端露出鞘翅部分黄至黄褐色。腹部腹面雄虫黄褐色,雌虫黄白色;前足胫节外侧具两齿,较钝,内方具一距。

卵:椭圆形,乳白色。孵化前呈圆形。

幼虫:老熟幼虫体长30～33 mm,头部前顶刚毛每侧各6～8根,排成一纵列。肛腹片后部腹毛区正中有两列黄褐色长的刺毛,每列15～18根,两列刺毛尖端大部分相遇和交叉。在刺毛列外边有深黄色钩状刚毛。肛门孔横裂。

蛹:长椭圆形,淡黄色或土黄色。

3.发生规律

铜绿丽金龟在各地均是1年1代,以幼虫越冬。春季10 cm土温高于6 ℃时,越冬幼虫开始活动,在4—5月有短时间为害。各地成虫出现盛期不同,北京为5月中下旬至7月上中旬;山西长治为7月上旬;河南及河北南部为6月上旬至7月上旬;江苏徐州为6月上旬至7月下旬。

在辽宁,5月上、中旬越冬幼虫有短时间危害,5月下旬进入预蛹期。6月中、下旬为化蛹盛期。成虫羽化出土盛期为7月上、中旬。8—9月是幼虫危害盛期。10月中旬大多数以3龄幼虫、少数以2龄幼虫开始越冬。在河北沧州越冬幼虫4月活动,5月化蛹,6月下旬至7月上旬成虫盛发,6月下旬开始产卵,7月即孵化幼虫,至10月全部进入3龄,12月起以3龄幼虫越冬。综合各地研究结果,各虫态历期为:卵期7～12.8天;1龄幼虫20～28.7天,2龄幼虫23～28天,3龄幼虫265～279天,蛹期7～10.8天,成虫期24.9～30天。

成虫羽化后3天出土,发生期较整齐,高峰期明显而集中。黄昏出土后多群集在杨、柳、梨等树上先交配,后取食,后半夜虫量渐减,黎明潜回土中。成虫食量大,是果树、林木的重要食叶性害虫。成虫有假死性,飞翔力和趋光性强,卵散产在作物根际3～10 cm土中,单雌产卵量40粒左右。成虫在气温25 ℃以上时活跃,低温和雨天少活动,以闷热或晴朗无风的夜晚发生量多,活动最盛。

10.1.3 蛴螬类害虫的预测预报

1.越冬种类和数量调查

调查时间分晚秋和早春两季进行,但一般北方诸省以晚秋、秋收后尚未秋翻前开始调查比较适宜。早春调查的时间可在土地解冻后至播种前进行。

调查方法一般是选择有代表性的耕地与非耕地,分别按不同地势、土质、茬口、水浇地、旱地等做调查,采用"Z"形10点取样法取点,取样数量一般1 hm^2内取8点,1 hm^2以上每增加1 hm^2样点增加2个。每点挖土50×50 cm,深度30～50 cm,调查内容包括:种类、虫量、虫态等,边挖土边检查,土块要打碎。

2.成虫发生期预测

大黑鳃金龟,在东北应从5月开始调查;而华北、西北各省则应从4月上旬开始。调查方法包括:①灯光诱测。对有趋光性的种类,均可以灯光诱测;②野外、田间观测。对趋光性弱的大黑鳃金龟、无趋光性或白天活动的金龟子,可按其成虫出土规律,于始见前进行田间观察;③期距法。据辽宁丹东观察,东北黑鳃金龟成虫出土后的10～15天,正是成虫练飞后期和产卵前期,是最好的防治适期。

10.1.4 蛴螬类害虫的防治方法

1.农业防治

实行深耕多耙、轮作倒茬,有条件的地方实行水旱轮作,中耕除草,不施未经腐熟的有机肥。消灭地边、荒坡、沟渠等处的蛴螬及其栖息繁殖场所。

2. 物理防治

(1)灯光诱杀　对于趋光性强的铜绿丽金龟及暗黑鳃金龟成虫，可以进行灯光诱杀，尤其是利用黑绿单管双光灯的诱杀效果很好。

(2)人工捕杀　结合犁地，随犁拾虫；利用金龟甲成虫的假死性，在其夜晚取食树叶时，震动树干，将假死坠地的成虫捡拾起来杀死；蔬菜定植后如田间发现有蛴螬危害，可逐株检查，捕杀幼虫。

3. 生物防治

日本金龟子芽孢杆菌 *Bacillus popilliae*、卵孢白僵菌 *Beauveria tenella*、绿僵菌 *Metarhizium anisopliae* 和一些昆虫病原线虫对蛴螬都有较好的防效。常采用菌土菌肥形式施药，虫口减退率可达 50%～100%，持效性好。在美国，乳状菌制剂 Doom(即甲型日本金龟甲乳状杆菌 *B. popilliae*)和 Japidemic(即乙型日本金龟甲乳状杆菌 *B. lentimobus*)已做商品出售，每公顷用量 22.5kg 菌粉，防治效果达 60%～80%。法国将卵孢白僵菌施入土中，施用孢子量为 $2.0\times10^9/m^2$，1 年后仍有效果。

国内利用绿僵菌与低剂量的药剂混用防治东北大黑鳃金龟，不仅可以明显地提高防治效果，还可以加速绿僵菌感染致死幼虫的进程；每公顷用 55.5×10^9 头斯氏线虫科的小卷蛾线虫 *Steineernema feltrae*，防治蛴螬效果可达 100%；Bt 制剂也能够防治蛴螬、蝼蛄、小地老虎及金针虫等多种地下害虫。

4. 药剂防治

(1)药剂拌种　玉米、高粱、谷子、大豆、甜菜、马铃薯等都可采用药剂拌种的方法防治地下害虫。常用的药剂有 50%辛硫磷、40%乐果乳油等。用药量为种子量的 0.1%～0.2%。喷雾或喷拌于种子上，闷种 12～24 h 避光晾干后即可播种，可兼治蝼蛄和金针虫等。近年来，种衣剂的研制和应用为种子处理防治地下害虫提供了新的方法。近年来研发的 16%噻虫·高氯氟种子处理微胶囊悬浮剂防治花生蛴螬，一次处理可有效控制花生全生育期的地下害虫危害，防治效果可达 95%以上。

(2)土壤处理　土壤处理方法有多种：①将农药均匀撒施或喷雾于地面，然后犁入土中；②将农药与粪肥、肥料混合施入；③施用颗粒剂，与种子混合施入；④毒土盖种；⑤条施、沟施或穴施等。为减少污染和避免杀伤天敌，提倡局部施药和施用颗粒剂。如辛硫磷土壤处理，每公顷用 50%辛硫磷乳油或 25%辛硫磷微胶囊剂，每公顷用毒土为药剂 1.5 kg，加水 7.5 kg 加细土 300 kg，撒于种苗穴中，注意种苗与毒土隔开，免生药害。覆一层细土后播种、覆土，或顺垄条施，但施药后随即浅锄或浅耕；撒施 0.08%噻虫嗪颗粒剂 40～50 kg/亩。

(3)药液灌根　对出苗或定苗后幼虫发生量大的地块或苗床，可采用药液灌根的方法防治幼虫。如 50%辛硫磷乳油用水稀释 1000 倍灌根，一般每株灌药液 250 mL 左右。

(4)药枝诱杀　在大黑鳃金龟、暗黑鳃金龟、铜绿丽金龟等成虫出土盛期，用长 20～30 cm 的榆、杨、刺槐树枝浸于 40%氧化乐果乳油 30～40 倍液浸泡 10 h 左右，于傍晚前取出插入田间，每公顷插 150～225 把。一次药液可浸 3 次，隔日插枝。

(5)药剂喷雾　在金龟甲成虫发生季节，喷洒 40%乐果或氧化乐果乳油于寄主植物上，防治大黑鳃金龟和暗黑鳃金龟效果很好。

10.2 蝼蛄类害虫

10.2.1 蝼蛄类害虫的种类与寄主

蝼蛄属直翅目蝼蛄科，俗称拉拉蛄、地拉蛄、土狗子。我国记载有 6 种：华北蝼蛄（单刺蝼蛄）*Gryllotalpa unispina* Saussure、东方蝼蛄 *G. orientalis* Burmeister、台湾蝼蛄 *G. formosana* Skiraki、金秀蝼蛄 *G. jinxiuensis* You et Lin、河南蝼蛄 *G. henana* Cai et Niu 和普通蝼蛄 *G. gryllotapa*（L.），其中华北蝼蛄和东方蝼蛄危害最为严重。蝼蛄是最活跃的地下害虫，食性杂，成、若虫均危害严重。能危害多种作物，包括各种蔬菜、果树、林木、花卉的种子和幼苗，在菜园中以苗床菜苗及刚移栽的辣椒、甘蓝、番茄等受害重。蝼蛄成虫、若虫都在土中咬食刚播下的种子和幼芽，或将幼苗咬断，使幼苗枯死。苗床、谷苗、麦苗最怕蝼蛄窜，一窜就是一大片，损失非常严重。

10.2.2 重要蝼蛄类害虫

10.2.2.1 华北蝼蛄

1.分布与危害

华北蝼蛄在国外分布于西伯利亚、土耳其等国家和地区，在我国主要分布在北方盐碱地、沙壤地，如河南、河北、山东、山西、陕西、辽宁和吉林的西部。以成、若虫咬食各种作物种子和幼苗，特别喜食刚发芽的种子，咬食幼根和嫩茎，受害株的根部呈乱麻状。由于蝼蛄活动，将表土窜成许多隧道，使苗土分离，幼苗失水干枯而死，造成缺苗断垄。在温室、温床、苗圃里，由于气温高，蝼蛄活动早，加之幼苗集中，受害更重。

2.识别特征（图 10-2）

成虫：华北蝼蛄体长 36～55 mm，黄褐色，近圆筒形。头暗褐色，卵形。前胸背板盾形，中央具 1 个心形暗红色斑。前翅短小，仅达腹部的 1/2。前足腿节下缘呈 S 形弯曲，后足胫节背侧内缘有刺 1～2 根或消失。

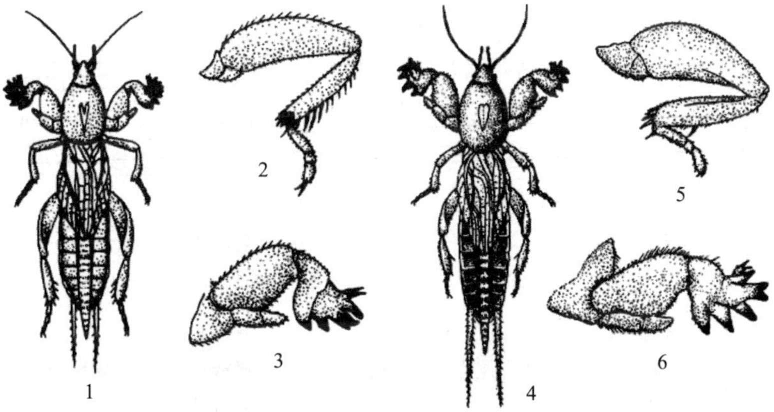

图 10-2 东方蝼蛄和华北蝼蛄

东方蝼蛄：1.成虫 2.后足 3.前足

华北蝼蛄：4.成虫 5.后足 6.前足

卵:椭圆形,初产乳白色,有光泽,后变黄褐色,孵化前呈暗灰色,长 2.4～2.8 mm,宽 1.5～1.7 mm。

若虫:初孵若虫白色,体 2.6～4 mm,腹部大,以后体色逐渐变深,5～6 龄后体色与成虫相似。末龄若虫体长为 36～40 mm。

3.发生规律

华北蝼蛄需 3 年左右完成 1 代。在北京、河南、山西、安徽等地以成虫和若虫越冬。越冬成虫于翌春开始活动,6 月开始产卵,6 月中下旬孵化为若虫,到 10—11 月,以 8～9 龄若虫越冬。越冬若虫,第 2 年 4 月上中旬开始活动危害,当年蜕皮 3～4 次,至秋季以大龄若虫越冬,第 3 年春季越冬后又开始活动,8 月上中旬若虫老熟,蜕最后一次皮羽化为成虫。成虫经过补充营养,进入越冬期,至第 4 年 5—7 月交配,6—8 月产卵继续繁殖。据在河南郑州饲养结果,华北蝼蛄完成 1 代共需 1131 天。其中卵期为 11～23 天,若虫共 12 龄,历期为 692～817 天,成虫期 278～451 天。

北方菜区早春苗床内的菜苗及阳畦、地膜覆盖地定植的蔬菜,因温度上升快,比露地温度高,华北蝼蛄活动和危害的时间也提早。苗床和田间施用未充分腐熟的有机肥,均可招引其为害。

10.2.2.2 东方蝼蛄

1.分布与危害

东方蝼蛄分布于亚洲各国,在我国各地均有分布,过去仅在南方发生严重,现在在北方亦成为优势种。其危害与华北蝼蛄相似。

2.识别特征(图 10-2)

成虫:体长 30～35mm,体色较深呈灰褐色。腹部颜色较其他部位浅些。全身密布同样的细毛。前胸背板从背面看呈卵圆形,中央具 1 个凹陷明显的暗红色长心脏形坑斑。前足特化为开掘足,后足胫节背面内侧内缘有刺 3～4 个。腹部末端近纺锤形。

卵:椭圆形,初产时为乳白色,有光泽,以后变灰黄色或黄褐色,孵化前呈暗褐色或暗紫色,长 3～4 mm,宽 1.8～2.0 mm。

若虫:初孵化时全身乳白色,腹部漆红或棕色,2、3 龄以后若虫,体色接近成虫,末龄若虫体长 24～28 mm。

东方蝼蛄与华北蝼蛄的主要区别如表 10-2 所示。

表 10-2　2 种蝼蛄形态特征的区别

虫态	特征	华北蝼蛄	东方蝼蛄
卵	大小	近孵前长 2.4～2.8 mm	近孵前长 3.0～3.4 mm
	颜色	乳白色-黄褐色-暗灰色	黄白色-黄褐色-暗紫色
若虫	体色	黄褐	灰褐
	腹部	末端近圆筒形	末端近纺锤形
成虫	体长	36～55 mm	30～35 mm
	体色	黄褐色	灰褐色
	前胸	背板中央长心脏形斑大,而凹陷不明显	背板中央长心脏形斑小,而凹陷明显
	腹部	末端近圆筒形	末端近纺锤形
	前足	腿节内侧外缘弯曲,缺刻明显	腿节内侧外缘较直,缺刻不明显
	后足	胫节内侧有棘 1 根或者消失	胫节内侧有棘 3～4 根

3. 发生规律

东方蝼蛄在长江以南地区1年1代，而在陕北、山西、辽宁等地2年1代。据江苏省徐州地区农科所观察，东方蝼蛄2年1代，以成、若虫越冬。越冬成虫于5月份开始产卵，盛期在6—7月，产卵期长达120余天。雌虫产卵3～4次，单雌产卵量百余粒，卵历期15～28天。当年孵化的若虫发育至4～7龄后，在土中越冬，至第2年再蜕皮2～4次，羽化为成虫。若虫共9龄，历期400余天。当年羽化的成虫少数可产卵，大部分越冬后，于翌年方产卵，成虫寿命为8～12个月。

根据东方蝼蛄的活动规律，可将其一年的活动危害分为4个时期：①越冬休眠期：从11月上旬(立冬)至翌年2月下旬，成、若虫停止活动，一洞一虫，头部朝下，在40～60 cm深处土中休眠。②苏醒危害期：2月上旬(立春)气温回升到5 ℃左右，蝼蛄洞穴深度由45.3 cm上升到36.2 cm；3月上旬(惊蛰)沿穴深度上移到31.8 cm，中午气温超过10 ℃以上，开始危害幼苗；4月上旬(清明)至5月下旬(小满)，20 cm土温已上升到14.9～26.5 ℃，此时是危害最严重时期。③越夏繁殖危害期：6—8月气温高，平均23.5～29 ℃，此时是蝼蛄产卵盛期，对夏播作物危害严重。④秋播作物暴食危害期：8月(立秋)以后，新羽化的成虫和当年孵化的若虫已达3龄以上，均待取食，为生长发育积累养分，以抵御寒冷做越冬准备，故危害秋播作物严重。11月上旬后停止危害。

华北蝼蛄和东方蝼蛄均是昼伏夜出，晚9～11时为活动取食高峰。其主要习性有：①群集性。初孵若虫有群集性，怕光、怕风、怕水。东方蝼蛄孵化后3～6天群集一起，以后分散危害；华北蝼蛄孵化后群集的时间要比东方蝼蛄还要长些。②趋光性。蝼蛄昼伏夜出，具有强烈的趋光性，在40 W黑光灯下，可诱到大量东方蝼蛄，而且雌性多于雄性，故可用灯光诱杀。华北蝼蛄，因身体笨重，飞行能力弱，诱量小，但在气温16.2 ℃以上，10 cm地温13.5 ℃以上，相对湿度在43%以上，风力在3级以下的环境条件下，均可诱到华北蝼蛄。③趋化性。蝼蛄对香、甜物质气味有趋性，特别嗜食煮至半熟的谷子、棉籽及炒香的豆饼，麦麸等。因此可制毒饵来诱杀之。④趋粪性。蝼蛄对马粪、有机肥等未腐烂有机物有趋性，所以，在堆积马粪、粪坑及有机质丰富的地方蝼蛄就多，可用毒粪进行诱杀之。⑤喜湿性。蝼蛄喜欢在潮湿的土中生活，所以有"蝼蛄跑湿不跑干"之说。东方蝼蛄比华北蝼蛄更喜湿，所以它总是栖息在沿河两岸、渠道两旁、菜园地内的低洼地、水浇地等处，而盐碱地和湿地则是华北蝼蛄的栖息场所。⑥产卵习性。东方蝼蛄多在沿河、池埂、沟渠附近产卵。产卵前雌虫多在5～15 cm深处做一鸭梨形卵室，每个卵室内所产的卵数不尽相同，一般30～50粒。华北蝼蛄对产卵地点有严格的选择性，多在轻盐碱地内的缺苗断垄、无植被覆盖的高燥向阳地埂畦堰附近或路边、渠边和松软油渍状土壤里。产卵前先在15～30 cm深处做一"Y"形窝，每雌可产卵120～160粒，最多可达500粒。

蝼蛄的活动受土壤温湿度的影响很大。气温在12.5～19.8 ℃、20 cm土温在15.2～19.9 ℃是蝼蛄活动适宜温度，也是蝼蛄危害盛期。若温度过高或过低，便潜入土壤深处。在10～20 cm深的土层中，土壤含水量在20%以上时，活动最盛；小于15%时，活动减弱。

10.2.3 蝼蛄类害虫的预测预报

1. 田间观测

早春3—4月间，在蝼蛄出洞前接近地表活动时，根据华北蝼蛄于地面呈现10 cm左右的新鲜虚土隧道和东方蝼蛄在洞顶拱起一小堆新鲜虚土的特征，及时选择各类地块，目测记载隧道和虚土小堆数，依此预报田间虫种、虫量和分布范围。

具体方法是：于蝼蛄春、秋两季活动初期（春、秋播前），选择代表不同地势、土质、茬口等地块，用对角线或“Z”字形5点取样，每点为1 m^2，调查蝼蛄隧道数。河北沧州农科所苗春生等观察，地表有2条新隧道就趋于有1头蝼蛄。特别在下雨后或浇地后新隧道更明显，在10时前很容易识别。凡隧道宽在3 cm以下的多为若虫，在3 cm以上的多为成虫，有的成虫（华北蝼蛄）隧道宽达5.5 cm。

2. 黑光灯诱测

利用蝼蛄成虫的趋光性进行诱测，记载每天诱虫数量与性比。

3. 防治适期预报

如果地面上有较多的新鲜隧道，或听见蝼蛄叫声，就证明蝼蛄已在表土层活动，参照历年危害时期资料，结合天气预报，发布指导当地防治的预报。

10.2.4 蝼蛄类害虫的防治方法

改造环境是防治蝼蛄的根本方法，通过改良盐碱地，并结合人工防治和药剂防治进行。

1. 农业防治

参考蛴螬的防治方法。

2. 药剂防治（可兼治其他地下害虫）

（1）药剂拌种　参照蛴螬的防治方法。

（2）施毒饵　是防治蝼蛄的理想方法之一。可用500 mL 40％乐果乳油或90％晶体敌百虫0.5 kg加水5 L，拌50 kg毒饵（饵料有麦麸、炒香的豆饼、米糠、谷子等），将药、水、饵料充分拌匀，在无风、闷热的傍晚每隔3～4m挖1个碗大的浅坑，放一捏毒饵再覆土，每隔2 m挖一趟，每公顷施毒饵22.5～37.5 kg。

（3）施毒土　每公顷用50％辛硫磷乳油200～250 mL，混细沙10～15 kg（先用10倍于药液的水稀释后喷洒于细沙拌匀）撒施后旋耕，在当地有条件的情况下，应集中实行统一的拌种处理。

3. 灯光诱杀

蝼蛄有趋黑光灯和强光的习性，可使用黑光灯或强光灯、生火诱杀。灯下放置盛有敌百虫或菊酯类农药毒液的水盆，盆体埋入地面以下，盆口与地面平齐，有利于蝼蛄落入水盆中被毒杀。但应注意人、畜禽安全。

4. 挖窝灭虫（卵）

根据蝼蛄早春可在地表造成虚土堆的特点，查找虫窝。发现虫窝，挖到45 cm深即可找到蝼蛄。或夏季在蝼蛄盛发地、蝼蛄产卵盛期，查卵室，先铲表土，发现洞口，往下挖10～18 cm可找到卵，再往下挖8 cm左右可挖到雌虫，将雌虫及卵一并消灭。

10.3 地老虎类害虫

10.3.1 地老虎类害虫的种类与寄主

地老虎幼虫俗称土地蚕、黑地蚕、切根虫、夜盗虫等，属于鳞翅目夜蛾科。在农业生产上能造成危害的有10多种，其中以小地老虎 *Agrotisypsilon* (Rottemberg)危害最重，全国各地普遍发生；黄地老虎 *A. segetum* Schiffermüller 在我国北方地区发生也较普遍；大地老虎

A. tokionis Butler 在长江流域常与小地老虎混合发生；八字地老虎 *A. cnigrum*（L.）、白边地老虎 *Euxoa oberthuri* Leech、警纹地老虎 *E. exclamationis* L.、冬麦地老虎 *Rhyacia auguroides*（Rothschild）、绛色地老虎 *Peridroma saucia*（Hübner）等常在局部地区猖獗成灾。

地老虎是多食性害虫，可危害多种蔬菜，如茄科、豆科、十字花科、百合科、葫芦科以及菠菜、莴苣、茴香等，危害的花卉幼苗有菊花、万寿菊、金盏菊、大丽花、孔雀草、百日草、雏菊、鸡冠花、香石竹、桂花、含笑、广玉兰、蜀葵、芙蓉和海桐等，还可危害玉米、高粱等禾本科作物，棉花、烟草等经济作物以及多种果树、林木幼苗。此外，还能取食多种杂草如小旋花、小蓟、藜、猪毛菜、野龙菜、荠菜、苍耳等。地老虎主要危害作物的幼苗，切断幼苗近地面的茎部，使整株死亡。各地均以第 1 代幼虫的危害最重。

10.3.2 重要地老虎类害虫

10.3.2.1 小地老虎

1. 分布与危害

小地老虎属于世界性大害虫，国外分布于世界各洲，国内各省（自治区、直辖市）均有分布，以长江中下游和东南沿海及北方低洼内涝和灌区发生尤为严重。

小地老虎属多食性害虫，寄主范围十分广泛，已经记载的寄主植物达 106 种。以幼虫危害多种农作物、蔬菜、林木及果树等的幼苗，1～2 龄幼虫取食作物心叶或嫩叶，3 龄以上幼虫咬断作物幼茎、叶柄，严重时造成缺苗断垄，甚至毁种重播。

2. 识别特征（图 10-3）

成虫：体长 16～23 mm，翅展 42～52 mm。触角雌蛾丝状，雄蛾双栉齿状，栉齿仅达触角之半，端半部则为丝状。前翅黑褐色，亚基线、内横线、外横线及亚外缘线均为双波线；在肾形纹外侧有 1 个明显的尖端向外的楔形纹，在亚缘线上有 2 个尖端向内的黑褐色楔形纹，3 斑尖端相对，是其最显著特征。后翅淡灰白色，外缘及翅脉黑色。

卵：馒头形，直径 0.61 mm，高 0.5 mm 左右，表面有纵横相交的隆线。初产时乳白色，孵化前变成灰褐色。

幼虫：老熟幼虫体长 41～50 mm，宽 7～8 mm，黄褐色至黑褐色，体表粗糙，密布大小颗粒。头部后唇基等边三角形，颅中沟很短，额区直达颅顶，顶呈单峰。腹部 1～8 节背面各有 4 个毛片，后 2 个比前 2 个大 1 倍以上。腹末臀板黄褐色，有 2 条深褐色纵纹。

蛹：体长 18～24 mm，红褐色或暗褐色。腹部第 4～7 节基部有 1 圈刻点，背面的大而色深，腹末具臀棘 1 对。

3. 发生规律

小地老虎每年发生 1～7 代，发生世代数自南向北呈阶梯式逐渐下降。在南岭以南年发生 6～7 代区，幼虫冬春危害小麦、油菜、蔬菜、绿肥等作物，此处为国内的虫源地；南岭以北黄河以南年发生 4～5 代区是我国的主要危害区，以 1 代幼虫在 4—6 月危害春播作物幼苗；年发生 2～3 代区大致位于黄河以北及西北海拔 1600 m 以上的地区，在 7—8 月危害蔬菜及旱作作物幼苗，此处是小地老虎在我国的主要度夏场所和秋季向南回迁的虫源地。就全国范围看，除南岭以南地区有 2 代危害：冬季危害蔬菜、油菜及绿肥，春季危害蔬菜、玉米等外，其他地区，当地无论有几个世代，都是以当地发生最早的一代造成生产上的危害，其后各代种群数量骤减，不造成灾害。国内部分地区小地老虎发生代数及越冬代成虫和第 1 代幼虫的发生期见表 10-3。

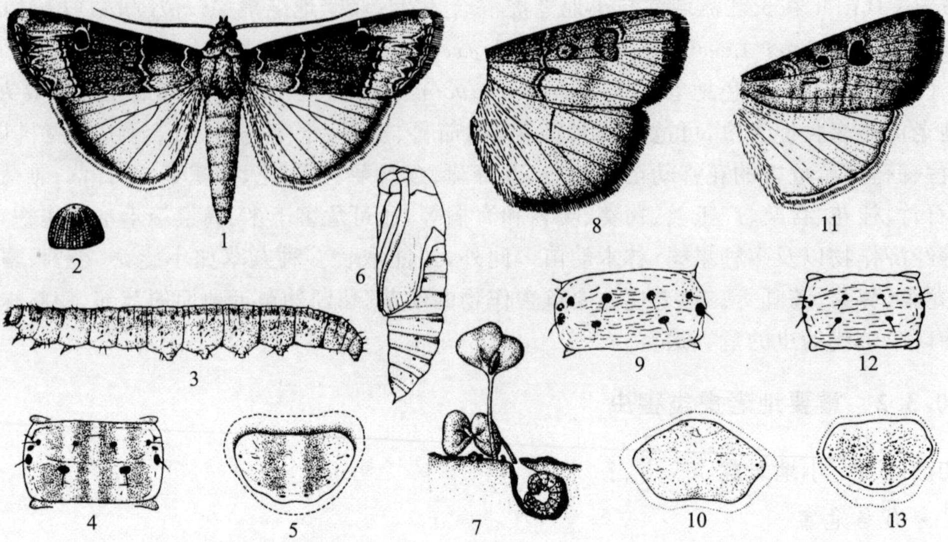

图 10-3　小地老虎、大地老虎和黄地老虎

小地老虎：1. 成虫　2. 卵　3. 幼虫　4. 幼虫第 4 腹节背面观　5. 幼虫末节背板　6. 蛹　7. 幼苗被害状
大地老虎：8. 前翅　9. 幼虫第 4 腹节背面观　10. 幼虫末节背板
黄地老虎：11. 前翅　12. 幼虫第 4 腹节背面观　13. 幼虫末节背板

小地老虎为迁飞性害虫，现已基本明确在我国的越冬北界为 1 月 0 ℃等温线或北纬 33°一线。在南岭以南 1 月高于 10 ℃等温线的地区，可终年繁殖；南岭以北 1 月 0 ℃等温线以南的地区，可以少量幼虫和蛹越冬，1 月 0～4 ℃等温线之间的江淮区，越北越冬的虫口密度越低，甚至难以发现。

表 10-3　小地老虎越冬代成虫和第 1 代幼虫在各地发生期

地区	代数	越冬代成虫		第一代幼虫	
		始见期	发蛾盛期高峰期	危害期	危害盛期
黑龙江	2	4 月	5—6 月	5—6 月	6 月中下旬
辽宁	2～3		4 月中下旬		5 月下旬至 6 月上旬
北京	3～4	3 月下旬	第一次高峰期为 4 月初 第二次高峰期为 4 月 20 日左右		5 月上中旬
陕西关中	4		3 月中旬至 4 月下旬	4 月中旬至 5 月下旬	5 月上旬至 5 月下旬
武汉	4～5		第 1 次高峰期 2 月下旬 第 2 次高峰期 3 月中下旬		4 月中下旬
江苏	5	2 月中下旬 3 月上旬	第 1 次高峰期 3 月中下旬 第 2 次高峰期 4 月中下旬		5 月上中旬
福建福州	6	12 月中旬	第 1 次高峰期 2 月中下旬 第 2 次高峰期 3 月下旬	2 月下旬至 3 月上旬	3 月中旬至 4 月上旬

成虫昼伏夜出，以黄昏以后活动最强，并交配产卵。成虫活动受气候条件影响很大，10～16 ℃时活动最盛，低于 3 ℃或高于 20 ℃时很少活动。夜间微风或阴雨天活动性强，但遇有大风或降雨活动减弱或停止活动。成虫具强烈的趋化性，喜食糖蜜等带有酸甜味的汁液作为补充营养，故可用糖、醋、酒混合液诱杀。成虫对普通灯光趋性不强，但对黑光灯趋性强。成虫羽化后 3～5 天交配，交配后第 2 天产卵。卵产在 5 cm 以下矮小杂草上，特别喜欢产在贴近地面的叶背面或嫩茎上，卵多散产，植物表面粗糙多毛者，落卵量大，产卵量多在 800～1000 余粒，最高达 3000 粒以上。

幼虫共 6 龄，个别 7～8 龄。3 龄以前幼虫多集中在表土，或田间杂草，或寄主植物的叶背或心叶里，昼夜进行取食而不入土，这时食量小、危害不大。3 龄以后，白天潜伏在 2～3 cm 的表土里，夜间出来活动并大量迁入农田垄间危害，咬断幼苗，并将断苗拖入穴中。有的幼虫还可蛀入菜心危害，如对甘蓝能钻入球茎里，危害马铃薯时，不仅咬断幼苗，还可蛀食薯块。幼虫动作敏捷，性残暴，3 龄以后能自相残杀。老熟幼虫有假死习性，受惊后缩成环形。小地老虎各世代各虫态历期见表 10-4。

表 10-4 小地老虎各世代的各虫态历期

世代	卵			幼虫			蛹			成虫		
	历期/天		平均	历期/天		平均	历期/天		平均	历期/天		平均
	幅度	平均	气温/ ℃	幅度	平均	气温/ ℃	幅度	平均	气温/ ℃	幅度	平均	气温/ ℃
1	8～17	12	15.8	35～49	38.9	21.2	12～19	16.5	23.7	7～21	13.2	25.1
2	3～4	3.7	24.6	22～39	25.3	25.3	10～14	11.7	26.6	6～17	11.1	26.9
3	2～3	2.8	28.5	21～62	28.0	26.6	11～27	16.9	20.14	5～23	13.8	18.8
4	4～10	7.1	18.3	32～54	5.9	19.1	23～39	25.6	14.4	3～29	15.4	12.7

小地老虎在北部地区的危害盛期在成虫盛发后 20～30 天，南部地区约在成虫盛发后 15～20 天。浙江一带 4 月中旬开始危害，4 月下旬到 5 月上中旬危害最烈，5、6 月之交开始化蛹。秋播时期也有危害，但其程度远不及春播时期重。

小地老虎喜温喜湿，18～26 ℃、相对湿度 70%左右、土壤含水量 20%左右，对其生长发育及活动有利。高温对其生长发育极其不利，30 ℃左右即出现蛹重减轻、成虫羽化不健全、产卵量下降和初孵幼虫死亡率增加的现象，因此，各地均为 1 代多发型，第 1 代成虫羽化后即向北迁飞。一般河渠两岸、湖泊沿岸、水库边发生较多，壤土、黏壤土、沙壤土发生重，杂草丛生、管理粗放地发生重。

10.3.2.2 黄地老虎

1. 分布与危害

黄地老虎国外分布于欧、亚、非洲，国内除广东、广西、海南未见报道外均有分布，其危害之重，分布之广，仅次于小地老虎。食性杂，可危害多种农作物和蔬菜及牧草，常切断幼苗近地面的茎部，使整株死亡，造成缺苗断垄，甚至毁种。

2. 识别特征(图 10-3)

成虫：体长 14～19 mm，翅展 32～43 mm。触角双栉齿状部分达全长的 2/3。体黄褐色，前翅在肾形纹外方没有任何斑纹，后翅白色。

卵：扁圆形，直径 0.7 mm，高 0.5 mm 左右，表面有纵横相交的隆线。初产时乳白色，后逐渐变为黄褐色，孵化前变成黑色。

幼虫：老熟幼虫体长 33～43 mm，宽 7～8 mm，黄褐色至灰褐色，体表颗粒不明显，多皱纹。腹末臀板有两大块黄褐色斑。

蛹：体长 16～19 mm，红褐色。腹部第 1～3 节无明显横沟，腹末具臀棘 1 对。

3. 发生规律

黄地老虎在西藏、新疆北部、辽宁、黑龙江 1 年 2 代；北京、河北、南疆 1 年 3 代，少数 4 代；河南、山东 4 代。在福建 1 月 10 ℃等温线以南无冬蛰现象，1 年 5 代以上。主要以老熟幼虫在土中越冬，少数以 3～4 龄幼虫越冬。在东部地区，常随各年气候和发育进度而异，无严格的越冬虫态。越冬场所主要集中在田埂和沟渠堤坡的向阳面。

老熟幼虫越冬后，早春不再取食即化蛹，未老熟幼虫当土壤解冻后陆续上升至表土层，继续取食萌发较早的野生寄主，然后进入老熟状态后化蛹。各地发蛾期见表 10-5。

表 10-5　各地黄地老虎的发蛾期

地点	越冬代	第 1 代	第 2 代	第 3 代
西藏拉萨	4 月下旬至 6 月上旬	7 月中旬至 9 月下旬		
黑龙江龙江	5 月上旬至 6 月中旬	7 月底至 8 月中旬		
新疆伊犁	5 月上旬至 5 月下旬	7 月上旬至 10 月上旬		
甘肃	4 月中旬至 6 月上旬	6 月上旬至 7 月下旬	8 月下旬至 9 月上旬	
山东济南	4 月下旬至 6 月上旬	6 月下旬至 8 月上旬	8 月上旬至 9 月下旬	10 月下旬至 11 月下旬
河南郑州	3 月中旬至 5 月上旬	5 月下旬至 6 月下旬	7 月上旬至 8 月上旬	9 月下旬至 11 月中旬
河北沧州	5 月上旬至 5 月下旬	7 月中旬至 7 月下旬	8 月下旬至 9 月上旬	9 月上旬至 10 月上旬

卵的发育起点温度 10.03 ℃，历期一般为 5～9 天。幼虫多为 6 龄，个别 7 龄。非越冬代幼虫历期为 25～36 天，在 25 ℃条件下为 30～32 天，越冬幼虫历期约为 150 天。幼龄幼虫主要食害植物心叶，2 龄以后昼伏夜出，咬断幼苗。老熟幼虫越冬在土中做土室，低龄幼虫越冬只潜入土中不做土室。越冬幼虫春季化蛹，在新疆的化蛹进度比较整齐。自 3 月下旬至 4 月上旬 10 天左右。在我国东部地区，因越冬虫态不一，春季化蛹进度也相对拉长，历时约 1 个月。蛹的历期 10～30 天不等。

成虫习性与小地老虎近似，但越冬代发生较小地老虎晚 15～20 天，此时蜜源植物较多，故用糖诱集的蛾量不多，且蛾峰不明显。黄地老虎喜欢在大葱上取食。羽化后成虫 2～3 天产卵，卵多产在地表的枯枝、落叶、根茬及植物距地表 1～3 cm 处的老叶上，卵多散产。产卵期一般为 10 天左右。越冬代成虫产卵量最多，一般为 800～1000 粒。

黄地老虎在全国都是春、秋两季危害，而以春季危害最重。每年第 1 代幼虫数量与危害程度同越冬基数大小有关。冬季愈寒冷，越冬代幼虫死亡率高，翌年发生危害程度轻，反之则重。黄地老虎耐旱，从分布范围看，年降雨量低于 300 mm 的我国西部干旱区，正是适于黄地老虎生长发育的常发区。适宜的土壤湿度对幼虫和蛹的生存显得十分重要。凡是土壤湿度适中、土质松软的向阳地埂，黄地老虎幼虫密度大；与此相反，地埂土壤干燥、土质坚硬而又无植被覆盖的环境，越冬密度极小。灌水可造成土壤板结，通气不畅，使泥土中的幼虫和蛹窒息死亡，这对控制各代幼虫危害有重要作用。灌溉对大幅度压低越冬代幼虫的越冬基数尤其显著，但是，起垄栽培作物田，漫灌时幼虫可向垄背逃逸，杀伤作用不大。

10.3.2.3 大地老虎

1.分布与危害

大地老虎分布于俄罗斯和日本一带，国内主要发生于长江下游沿海地区，多与小地老虎混合危害，在我国其他有分布的省区，虽有发生，但较少造成灾害。

2.识别特征(图 10-3)

成虫：体长 20～23 mm，翅展 52～62 mm。触角双栉齿状部分近达末端。体灰褐色，前翅在肾形纹外侧有 1 个不定形黑斑，端部不尖，后翅淡褐色。

卵：半球形，直径 1.8 mm，高 1.5 mm 左右，表面有纵横相交的隆线。初产时浅黄色，后逐渐变为褐色，孵化前变成灰褐色。

幼虫：老熟幼虫体长 40～60 mm，宽 8～10 mm，黄褐色，体表颗粒不明显，多皱纹。腹末臀板为深褐色，全面布满龟裂皱纹。

蛹：体长 23～29 mm，黄褐色。腹部第 1～3 节有明显横沟，腹末具臀棘 1 对。

3.发生规律

大地老虎在国内均是 1 年 1 代，以老熟幼虫滞育越夏，以低龄幼虫越冬。在南京以 2～4 龄幼虫在杂草地或苜蓿田土层内越冬，翌年 3 月份天气回暖，田间温度近 8～10 ℃时，开始取食活动，4 月是危害盛期，温度达 20.5 ℃，幼虫陆续成熟，停止取食，在土下 3～5 cm 处筑土室滞育越夏，到秋季羽化为成虫。越冬、越夏幼虫历期均在 100 天以上。

成虫趋光性不强。交配后第 2 天产卵，卵散产在地表土块、枯枝落叶及绿色植物的下部老叶上。卵期 14～26 天。成虫寿命雄蛾为 15～30 天，雌蛾 10～23 天，每头雌蛾平均产卵 500～1000 粒，多达 1500 粒左右。产卵前期为 3～4 天，产卵期平均 6 天左右。

幼虫食性杂，共 7 龄。以 3 龄幼虫 12 月在表土或草丛潜伏越冬，3 月中旬天气回暖开始危害直至 6 月中下旬。4 龄前不入土蛰伏，常啮食叶片。4 龄后的幼虫白天伏于表土下，夜出活动危害。随着幼虫的老熟，5 月中旬开始滞育越夏至 9 月下旬。滞育幼虫潜伏在土壤中的深度因土壤类型不同而异，在黏土中浅于沙壤土。越冬幼虫抵抗低温的能力很强，在南京常年 1 月气温为－5～－10 ℃，甚至－14 ℃时，越冬幼虫几乎无一死亡。越夏幼虫对高温也有较高的抵抗能力，但是，由于滞育幼虫在土壤中的历期很长，受天气变化、土壤过湿或过干、寄生物及人为耕作的机遇多，因此自然死亡率极高。

10.3.3 地老虎类害虫的预测预报

防治地老虎的关键是掌握在 3 龄以前，因为这时幼虫昼夜在地面上活动，食害幼苗心叶，食量小，抗药力弱；3 龄后白天钻入表土层下，夜出扩散危害，抗药力强。因此做好发生期预测是至关重要的。现以小地老虎为例，介绍一般常用的测报方法。

越冬代成虫盛发期和 2 龄幼虫盛发期的预测，从 3 月上中旬至 5 月下旬，用糖醋诱蛾器或黑光灯诱蛾，逐日记载雌、雄蛾数，当蛾量突增，雌蛾比例占蛾量总数的 10%左右时，表示成虫进入盛发期，诱到雌蛾最多的一天就是发蛾高峰期。发蛾高峰期加上产卵前期(4 天)、卵历期、1 龄幼虫历期、2 龄幼虫历期的半数，就是第 1 代小地老虎 2 龄幼虫盛发期，即防治适期。成虫盛发期后，每隔 1～3 天到田间查卵 1 次，自查得产卵高峰日起，根据气温条件，加上卵期和 1 龄幼虫期，即为 2 龄幼虫盛发期。

应用糖醋诱蛾器诱集成虫,因受蜜源植物的干扰,往往不能反映发蛾的实际情况,为校正2龄幼虫盛发期,可选择有代表性的棉田、玉米田各1块,每块地选5～10个点,每点1 m^2,或每点调查10～20株苗,每3～5天查1次,共查3～5次。检查幼苗和杂草上及受害株附近的干湿土层之间的虫数。当1～2龄幼虫占70%以上,其中幼龄幼虫占40%左右,就是2龄幼虫盛发期。

在菜田,辣椒、番茄等蔬菜定苗前平均每平方米有幼虫1.5头以上,定苗后有幼虫0.1～0.3头时,应立即开展全面防治。

10.3.4 地老虎类害虫的防治方法

地老虎的防治,各地使用的行之有效的方法很多,但应根据不同作物受害的生育阶段、危害幼虫的龄期、害虫的发生规律、种群的田间分布状况及数量以及防治投资的效益等,结合当地实际情况,综合考虑选择使用。

1.农业防治

(1)早春铲除地头、地边、田埂路旁的杂草,并带到田外及时处理或沤肥,能消灭一部分卵或幼虫。

(2)春耕多耙,消灭土面上的卵粒;秋季施行土壤翻犁晒白,土壤曝晒2～3天,可杀死大量幼虫和蛹;或进行秋耕冬灌,能破坏黄地老虎越冬场所,减少越冬基数。

(3)黄地老虎喜产卵在小白菜和苘麻上,可作为诱集产卵植物,引诱成虫产卵。当诱集产卵植物出苗后,每5天在其上喷一次药,20天后处理掉,防治效果显著。

(4)秋白菜防治黄地老虎。据新疆经验,在秋菜定苗前先喷药,然后灌水(防止灌水过多冲掉菜苗),灌后及时中耕松土,效果比较明显。

2.诱杀成虫和幼虫

(1)利用糖醋液诱杀器(盆)或黑光灯诱杀成虫。用糖、醋、酒诱杀液(诱剂配方是糖∶酒∶醋∶水＝6∶1∶3∶10,加少量90%晶体敌百虫或50%二嗪磷1份调匀)或甘薯、胡萝卜、烂水果等发酵液,在成虫发生期进行诱杀。

(2)利用泡桐树叶能诱集地老虎,将比较老的泡桐树叶用水浸湿,每公顷均匀放置1000～1200片叶,次日晨人工捉拿幼虫。如果将泡桐树叶先放入90%晶体敌百虫150倍液中浸透,再放到田间,可将地老虎幼虫直接杀死,药效可持续7天左右。

3.捕捉幼虫

对高龄幼虫可在每天早晨到田间土,扒开新被害植株的周围或畦边田埂阳坡表,捕捉幼虫杀死。

4.药剂防治(可兼治其他地下害虫)

(1)撒施毒土　移栽的果菜类如番茄、辣椒、茄子、瓜类等作物以及花卉、苗圃以条施或围施的方法保苗。用药种类及剂量:50%辛硫磷乳油、25%辛硫磷微胶囊缓释剂1.5 kg,加水5 kg,细土300 kg拌匀后,顺垄撒施于幼苗根际附近。也可在移栽前用10%二嗪农颗粒剂30～45 kg/hm^2或5%辛硫磷颗粒剂15～22.5 kg/hm^2,细土225～450 kg混匀施于移栽穴内。

(2)撒施毒饵或毒草　一般虫龄较大时可采用毒饵诱杀。每亩用0.05 kg酒、0.05 kg醋、0.15 kg白糖、0.2 kg农药(辛硫磷或氯氰菊酯或氰戊辛硫磷)、10 kg鲜草加1 kg麸皮或0.75 kg酒糟。具体做法是:将0.15 kg白糖用1 L温水溶化后倒入白酒、醋、农药,配制成混合毒液,喷洒到切碎的鲜草麸皮上均匀搅拌，堆闷 1 h 左右，于傍晚均匀撒入地内。

10.4 金针虫类害虫

10.4.1 金针虫类害虫的种类和寄主

金针虫是鞘翅目叩甲科昆虫幼虫的统称，多为植食性地下害虫，是危害园艺植物及其他作物地下部分的重要类群。我国常见危害园艺植物的种类有沟金针虫 *Pleonomus canaliculatus* (Faldermann)、细胸金针虫 *Agriotes subvittatus* Motschulsky、褐纹金针虫 *Melanotus caudex* Lewis、宽背金针虫 *Selatosomus latus* Fabricius 等，其中以沟金针虫和细胸金针虫分布最广、危害较重，是本节介绍的重点。

金针虫长期生活于土壤中，危害各种作物、蔬菜和林木，咬食播下的种子，伤害胚乳使之不能发芽；咬食幼苗须根、主根或地下茎，使之不能生长甚至枯萎死亡；还能蛀入块茎或块根，有利于病原菌的侵入而引起腐烂。

10.4.2 重要金针虫类害虫

10.4.2.1 沟金针虫

1. 分布与危害

沟金针虫是亚洲大陆的特有种类，分布于蒙古及我国的东北、华北、西北、华东等地，近年来已上升为我国北方旱作区的重要地下害虫，尤其是黄淮海地区回升蔓延迅速。食性杂，主要以幼虫危害各种蔬菜、花卉及多种农作物和林木的地下部分，咬食刚发芽的种子或幼苗的细根和嫩茎，使小苗枯死。根茎被咬断的部位呈刷状。其幼虫也常钻入大粒种子、地下根茎和薯类等作物的地下块根块茎内部取食危害，同时传播病原菌引起腐烂。其成虫可取食地上部分的叶片，但危害轻微。

2. 识别特征(图 10-4)

成虫：紫褐色，密生金黄色细毛，雌雄异型；雄成虫体长 14～18 mm，宽 3.5～4 mm，雌成虫体长 16～17 mm，宽 4～5 mm；前胸背板宽大于长，呈半球形隆起，可见腹板 6 节。

卵：椭球形，长径 0.7 mm，短径 0.6 mm，乳白至黄色。

幼虫：末龄幼虫体长 20～30 mm，金黄色，体宽而略扁平；胸腹部背中央有 1 条细纵沟，腹末节骨化强，黄褐色，背面凹入，密布刻点，侧缘隆起，每侧有 3 个齿状突起，末端分两叉，向上弯曲，叉内侧各有 1 个小齿。

蛹：纺锤形，淡绿至深绿色，雌蛹长 16～22 mm，宽 4.5 mm，雄蛹长 15～19 mm，宽 3.5 mm。

3. 发生规律

沟金针虫一般需 3 年多完成 1 代，以成虫和幼虫在土中越冬，越冬深度因地区和虫态而异，多数在 15～40 cm，最深可达 100 cm 左右。在华北地区，越冬成虫通常在 3 月初开始活动，4 月上旬为成虫出土活动盛期，产卵期从 3 月下旬到 6 月上旬，卵期约 35 天。5 月上中旬为卵孵化盛期，幼虫期长达 1150 天左右，直至第 3 年 8—9 月，幼虫老熟后在 15～20 cm 深的土中化蛹，蛹期 12～20 天，9 月初开始羽化为成虫。成虫当年不出土，第 4 年春才出土交配、

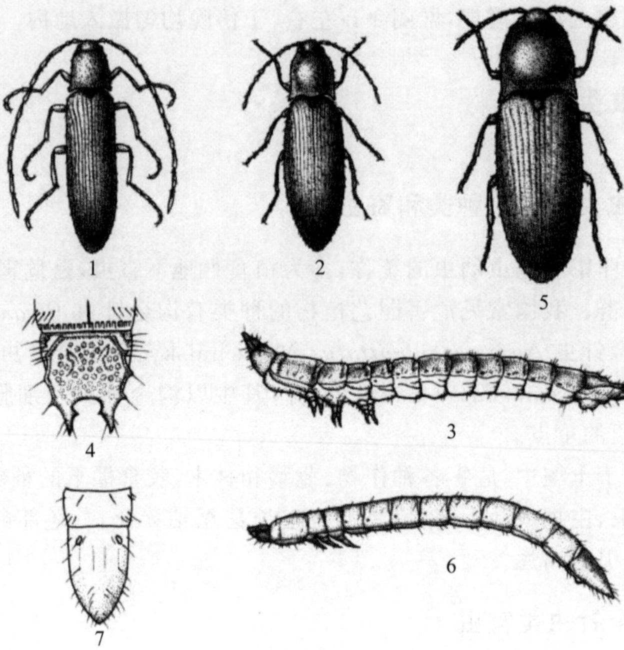

图 10-4　沟金针虫和细胸金针虫

沟金针虫:1.雄成虫　2.雌成虫　3.幼虫　4.幼虫末节特征

细胸金针虫:5.成虫　6.幼虫　7.幼虫末节特征

产卵,成虫寿命约 223 天。

成虫昼伏夜出,夜间进行取食、交配和产卵等活动。雄虫善飞,雌虫无后翅,只能爬行。两性成虫均有假死习性,并对有机肥、炕洞土等有一定趋性。卵散产于 3～7 cm 深土中,单雌平均产卵 200 余粒,最多可达 400 多粒。

温度对幼虫在土壤中活动危害的影响较大。随季节温度的变化,幼虫在土壤中一年分别有 2 次上移危害和 2 次下移休眠过程。春季当 10 cm 地温旬平均达 2.4～4.8 ℃时,幼虫开始上移,当地温达 9.4～9.8 ℃时,少量幼虫移至地表 2～3 cm 处进入危害初期,当地温稳定在 12 ℃以上时,进入春季危害盛期。春季危害早晚和严重程度与这一时期的气温变化有关。一般春季气温回升早、上升快,则幼虫上移危害早而重。地温升到 18.2～23.9 ℃,幼虫开始下移,当地温升至 27～35 ℃时,幼虫下移至 15 cm 以下土层越夏,之后随秋季地温逐渐下降,幼虫又上移危害秋苗根系,但一般不造成明显危害。随着地温进一步下降,幼虫下移至深土层越冬。土壤类型和土壤水分与幼虫发生危害程度也有密切关系。沙壤土地块虫口密度最高,壤土次之,黏土和沙土最少。幼虫适宜的土壤含水量为 11.1%～16.3%,平均 13.1%,高于或低于此范围均不利于其发生。因此,在北方旱作区,春季降小雨常加重危害,但田间灌水可抑制其发生危害。耕作栽培制度与沟金针虫发生也有一定关系,精耕细作地区发生较轻,间、套、复种的地块发生较重,新开垦的荒地发生较重。

10.4.2.2　细胸金针虫

1. 分布与危害

细胸金针虫分布于俄罗斯、日本及我国的东北、华北、西北、华东等地,是农业生产水平较高、灌溉面积较大地区地下害虫的优势种,危害日趋严重。危害特点同沟金针虫。

2. 识别特征(图 10-4)

成虫:茶褐色,密被黄白色细毛,有金属光泽;体长 8～10 mm,宽 2.5～3.2 mm;前胸背板长大于宽,不呈半球形隆起,可见腹板 5 节。

卵:近球形,长径 0.53 mm,短径 0.5 mm,乳白色,半透明。

幼虫:末龄幼虫体长 20～25 mm,淡黄色,圆筒形;腹末节无明显骨化,末端呈圆锥形,不分叉,背面近基部两侧各有 1 个褐色圆斑,其下方有 4 条褐色纵纹。

蛹:近纺锤形,乳白至黄色,蛹长 8～10 mm。

3. 发生规律

细胸金针虫在陕西关中地区大多 2 年 1 代,在甘肃、内蒙古及东北等地大多 3 年 1 代,以成虫、幼虫越冬。在陕西武功地区,细胸金针虫为比较整齐的 2 年 1 代。越冬成虫于 3 月上旬始见,4 月中下旬盛发,4 月中下旬开始产卵,5 月上中旬为产卵盛期;卵期 13～38 天,幼虫期平均 451 天,老熟幼虫在 20～30 cm 深土中筑室化蛹,预蛹期 4～11 天;6 月下旬开始化蛹,蛹期 8～22 天;7 月上旬成虫开始羽化,羽化成虫直接在土中越冬。在甘肃河西地区,大多需 3 年 1 代。主要以幼虫在土壤深层越冬,极少数以成虫在隐蔽场所越冬。越冬幼虫于 2 月下旬开始上移,3 月下旬至 4 月上旬达表土层活动。越冬老熟幼虫于 5 月上旬进入预蛹期,5 月中下旬为预蛹盛期,5 月中旬开始化蛹,6 月上中旬为化蛹盛期。5 月下旬开始羽化,6 月下旬达羽化盛期。当年羽化出土成虫经补充营养后,7 月中旬开始产卵,7 月下旬为产卵盛期。8 月下旬以后羽化的少数成虫未经交配而直接越冬。

成虫昼伏夜出,多数个体黄昏后开始活动,通常前半夜交配行为较多,午夜后以取食为主。雌雄成虫取食葫芦、番瓜等植物的花瓣和花蕊,也咬食小麦、玉米、马铃薯、白菜等作物及灰条等杂草的嫩叶,被害叶片残留表皮和叶脉。因取食量很少,故对作物无明显危害。雌雄成虫均有重复交配习性,一夜期间交配多达 6 次,交配多在地面或枯枝落叶下及土块下进行。卵产于背风向阳、靠近水渠、杂草多、施有机肥料较多的田间土中 0～7 cm 处,散产。产卵延续 9～29 天,平均 21 天,单雌产卵量多数为 30～40 粒。成虫对禾本科杂草及作物枯枝落叶等腐烂发酵气味有趋性,并有群集在烂草堆下和土块下的习性。具有较强的假死性和微弱的趋光性。幼虫分 11 龄,有随土壤温度、湿度变化而垂直迁移的习性,喜钻入种子和幼苗的地下部分取食危害,有明显的趋湿性。幼虫老熟后做土室化蛹。

土壤温度对细胸金针虫垂直迁移和危害的影响与沟金针虫情况相似,但细胸金针虫比较耐低温,春季活动较早,秋后危害持续时间长。在陕西关中地区,春季危害高峰在 3—5 月间,主要危害刚萌发的种子及幼苗的根茎。秋季危害高峰在 9—10 月间,主要危害马铃薯、甜菜、胡萝卜等作物的块根、块茎。土壤湿度影响其分布和发生量。细胸金针虫多分布于终年湿润的灌溉区及河谷川区,干旱情况下灌水往往导致其危害加重,但当土壤含水量超过 20%时,则可抑制其危害。灌溉条件好的壤土地有利于其发生,尤其是土质较疏松、富含有机质的田块虫口密度大,危害严重。

10.4.3 预测预报

金针虫类害虫的测报方法为每年春播期或秋季收获后至结冻前,选择有代表性地块,分别按不同土质、地势、茬口、水浇地、旱地进行调查,采用平行线或棋盘式取样法,每样点 1 m^2,挖土深度 30～60 cm,3～5 点/hm^2,当虫口密度大于 3 头/m^2时,应确定为防治田块。

10.4.4 重要金针虫类害虫的防治方法

1.农业防治

春、秋翻地与整地可压低越冬虫源;加强中耕除草可机械杀死部分蛹和初羽化成虫;搞好田间清洁和增施腐熟的有机肥料可减轻危害;及时浇灌和合理轮作倒茬也可以有较好的效果。

2.诱杀成虫

以细胸金针虫危害为主的地区,在成虫大量产卵前(4—5月间),将春锄杂草堆于田间,可诱杀大量成虫。堆草10 cm厚,300~750堆/hm^2,次日晨翻草捕杀。

3.生物防治

充分发挥各种益鸟、蟾蜍、步甲、微生物等对金针虫类的灭虫作用。

4.药剂防治

可用药剂拌种、土壤处理和药液灌根的办法,可参照蛴螬的防治。

10.5 地蛆类害虫

10.5.1 地蛆类害虫的种类与寄主

地蛆又称根蛆,是指为害农作物和蔬菜地下部分的双翅目蝇、蚊类的幼虫,它们是农业生产特别是蔬菜生产中的常发性害虫。我国常见的有花蝇科的灰地种蝇(种蝇)*Delia platura* (Meigen)、葱地种蝇(葱蝇)*D. antiqua* (Meigen)、萝卜地种蝇(萝卜蝇)*D. floralis* (Fallen)、毛尾地种蝇(小萝卜蝇)*D. pilipyga* (Villeneuve)和尖眼蕈蚊科的韭蛆(韭菜迟眼蕈蚊)*Bradysia odoriphaga* Yang et Zhang。其中以灰地种蝇分布最广、危害最重,其他种类常在局部地区猖獗为害。地蛆类在土中危害发芽的种子或植物的根茎部,同时因为能够传播白菜软腐病,往往还会造成比直接危害更为惨重的间接损失。

10.5.2 重要地蛆类害虫

10.5.2.1 种蝇

1.分布与危害

种蝇为世界性害虫,国内各省份都有分布;种蝇为多食性害虫,能危害葫芦科、豆科、百合科、黎科和十字花科蔬菜以及棉花、玉米、麻类、薯类等多种农作物。主要以幼虫为害播种后的种子、幼根和地中茎,种子受害后不能发芽,危害地中茎时,常钻入茎内向上蛀食,以致幼苗不能出土或整苗枯死;成株期危害常在根部蛀食。

2.识别特征(图10-5)

成虫:体长4~6 mm,灰黄色。雄虫两复眼间几乎在单眼三角区的前方相接;触角芒较触角全长为长。前翅基背毛极短小,长不及盾间沟后的背中毛之半。后足胫节的内下方,内有稠密、末端稍曲而等长的短毛。胸部背面有3条明显的黑色纵纹。腹部各节背面中央整个贯穿1条黑色纵纹。雌虫复眼间距约为头宽的1/3,中足胫节的外上方生有1根刚毛。

卵:长椭圆形,长约1.6 mm,透明而带白色。

幼虫:成长幼虫体长8~10 mm,乳白色略带黄色。头部极小,腹部末端有7对不分叉的肉

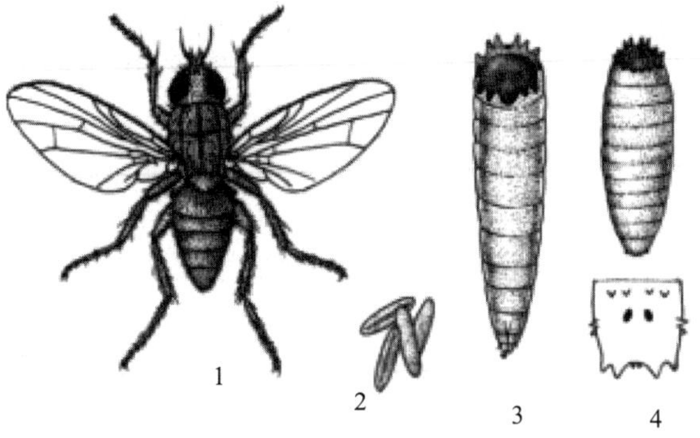

图 10-5　种蝇

1.成虫　2.卵　3.幼虫　4.蛹

质突起，第 1 对与第 2 对突起等高，第 5 对与第 6 对几乎等长。

蛹：长 4～5 mm，宽约 1.8 mm，圆筒形，黄褐色，两端略带黑色。前端稍扁平，后端圆形也有 7 对突起。

3.发生规律

在黑龙江 1 年发生 2～3 代、辽宁 1 年发生 3～4 代、陕西 1 年发生 4 代、江西和湖南 1 年发生 5～6 代。北方各地以蛹在土中越冬，南方以幼虫越冬或无明显的越冬现象。在华北越冬代成虫春季 4 月上中旬开始发生，4 月下旬至 5 月上旬为成虫交配产卵盛期。第 1 代幼虫发生期在 5 月上中旬至 6 月上旬，主要危害白菜、甘蓝、黄瓜幼苗及豆类蔬菜刚播下的种子；第 2 代幼虫在 6 月下旬至 7 月中旬，主要危害洋葱、韭菜、蒜类等；第 3 代幼虫于 9 月下旬至 10 月中旬危害洋葱、韭菜、大白菜、秋萝卜等。10 月下旬以后老熟幼虫潜入 7 cm 土层中化蛹越冬。1 年中以春季第 1 代幼虫发生数量最多，秋季次之，夏季最少。江西南昌成虫于 1 月开始羽化，3 月始见幼虫危害，3 月下旬至 5 月上旬是危害盛期，而后渐轻。有的年份在 9—10 月可见第 4 代幼虫危害。

成虫对腐败的有机物和发酵霉味物有很强的趋性。因此，当施用的粪肥不腐熟，或粪肥裸露在地表，便可诱集大量成虫产卵。成虫产卵有趋湿性，多产在比较湿润的、有机肥料附近的土缝下，新翻耕的潮湿土壤易招引成虫产卵。

10.5.2.2　韭蛆

1.分布与危害

国内分布于北京、天津、山东、山西、辽宁、江西、宁夏、内蒙古、台湾等地。主要危害韭菜和大蒜。以幼虫聚集为害韭菜叶鞘、幼芽和鳞茎，引起鳞茎腐烂、叶片枯死，轻者造成缺苗断垄，重者全田毁灭。危害大蒜时幼虫聚集在大蒜根部和根茎部危害，偶尔还可钻入鳞茎，被害蒜皮呈黄褐色，蒜根腐烂，蒜头被幼虫钻蛀成孔洞，残缺不全，蒜瓣裸露，炸裂。地上部植株矮化，叶片失绿、变软呈倒伏状，严重受害的整株枯死。

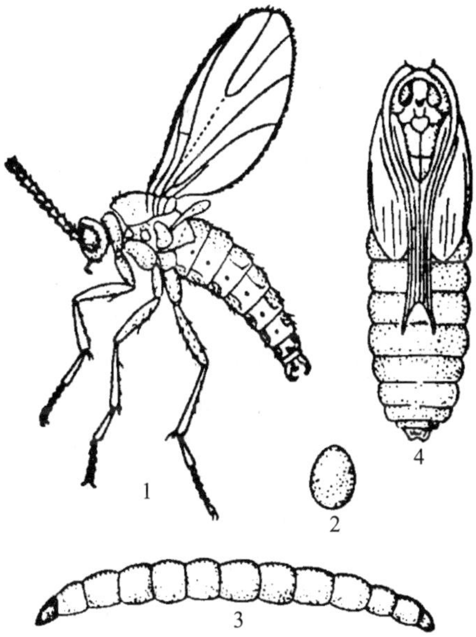

图 10-6　韭蛆

1.成虫　2.卵　3.幼虫　4.蛹

2.识别特征（图 10-6）

成虫：体长 2.4～4 mm，翅展 4.2～5.5 mm。体黑褐色。头部小，复眼很大，被微毛，在头顶由眼桥使 1 对复眼左右相遇，单眼 3 个。触角丝状，16 节。胸部隆起向前突出，足细长、褐色、胫节末端有 2 个距。前翅淡烟色，脉褐色；后翅退化为平衡棒。腹部细长，8～9 节；雄虫外生殖器较大且突出，末端有 1 对抱握器；雌虫尾端尖细，末端有分 2 节的尾须。

卵：椭圆形，乳白色，长 0.24 mm，宽 0.17 mm，孵化前变白色透明状。

幼虫：老熟时体长 6～7 mm，头漆黑色，体白色，无足。

蛹：裸蛹，头铜黄色，有光泽。体初为黄白色，后变为黄褐色，羽化前呈灰黑色，尾端铜黄色，无光泽。

3. 发生规律

在黄淮流域 1 年发生 6～7 代，以幼虫在韭菜鳞茎内或韭根周围 3～4 cm 深的土中越冬，在保护地内无越冬现象，可终年繁殖危害。在天津 3 月下旬开始化蛹，持续至 5 月中旬。4 月下旬至 5 月下旬出现第 1 代幼虫，6 月上旬出现第 2 代幼虫，7 月上旬出现第 3 代幼虫，9～10 月发生第 4 代幼虫，次年 4 月成虫羽化。每年 4—6 月和 9—10 月两个阶段危害严重。

成虫善飞翔，畏强光，常聚集成群。成虫不取食，羽化后很快分散至地表交尾产卵，产卵趋向隐蔽场所，多产于土缝、植株基部和土块下，平均每雌产卵量 100 粒左右。初孵幼虫大多向下向内移动，以近地面的烂叶、伤口及寄主含水分高的部位先受害。该虫属半腐生性害虫，即使寄主叶片腐烂成泥状，仍能取食和正常生长发育。幼虫可集中取食寄主某一部位，随伤口的腐烂由浅入深。昼夜均可取食，有群集性和转株危害习性，怕光，终生栖息在寄主地下部危害。在露地韭菜中幼虫大多分布于离地面 2～3 cm 处，在温室、大棚以 4 cm 处分布最多。老熟幼虫多离开寄主到浅土层内作薄茧化蛹。该虫喜阴湿怕干，凡地面作物覆盖度大，又处于郁闭状态的田块虫量大，危害重，反之则轻。此外，施用未经腐熟的有机肥，特别是饼肥之类易招致该虫危害；施肥量越大发生越重。

10.5.3 其他常见地蛆类害虫

其他常见地蛆类害虫见表 10-6。

4 种花蝇科成虫形态比较见图 10-7，4 种花蝇科老熟幼虫腹部末端形态比较见图 10-8。

表 10-6 其他常见地蛆类害虫

种类	分布与危害	识别特征	发生规律
葱蝇	在欧洲、北美、北非和朝鲜、日本都有记载。国内北起黑龙江、内蒙古、新疆，南至河南、江西等地均有分布。寡食性害虫，只危害百合科植物，以大蒜、洋葱和葱受害较重，有时也危害韭菜。主要以幼虫群集于植物的鳞茎中蛀食危害，严重时不仅可以蛀空鳞茎，同时还能引致鳞茎腐烂。地上部分叶片枯黄、萎蔫甚至整株死亡。韭菜受害后常出现缺苗断垄甚至全田毁种	成虫体长约 6 mm。雌虫灰黄色，两复眼间距较宽，约为头宽的 1/3。胸腹部背面无斑纹。中足胫节外方生有 2 根刚毛；雄虫略小，暗褐色，两复眼非常接近，复眼间最狭部分比中单眼的宽度小，但两复眼仍可看出是明显分离的。胸部背面有 3 条黑色纵纹，腹部背中央有 1 黑色纵纹，各腹节间有 1 条黑色横纹。后足胫节内下方中部生有 1 列稀疏等长的刚毛。雌、雄前翅基背毛短，其长度不及背中毛长的 1/2。幼虫老熟时体长约 7 mm，乳白色。头部极小，腹部末端有 7 对不分叉的肉质突起，第 1 对突起略高于第 2 对突起，第 7 对很小	在甘肃 1 年 2 代、山东 1 年 3 代，以蛹在韭菜、葱等寄主植物根际周围 5～10 cm 土中越冬。喜干燥，在高燥较干旱的地区危害严重

续表 10-6

种类	分布与危害	识别特征	发生规律
萝卜蝇	在日本、欧洲及北美洲都有分布，国内主要在华北北部、东北、西北、内蒙古和新疆等地。仅危害十字花科蔬菜，以白菜和萝卜受害最重。为害白菜时，幼虫先在白菜上窜食基部及周围的菜帮，然后向下蛀钻，食害菜根或钻入包心，蛀食菜心，轻者植株发育不良、畸形或脱帮，重者不堪食用。危害萝卜时，不仅可以窜食表皮，留下大量不规则弯曲的虫道，也可以钻入皮内蛀食块根，留下虫道并引起腐烂	成虫体长约 7 mm。雌虫体粗，全体黄褐色，胸、腹背面无斑纹。雄虫略瘦小，暗褐色。胸背有 3 条黑色纵纹。腹部背中央有 1 条黑色纵纹，各腹节均有黑色横纹，后足腿节外下方生有 1 列稀疏长毛。雌雄虫前翅基背毛与盾间沟后背中毛大致相等。幼虫尾端具 6 对突起，第五对大且分叉	各地均是 1 年发生 1 代，以蛹在受害植株附近 3～4 cm 深的土中越冬。危害盛期在 9 月中下旬。喜欢在日出前后及日落前或阴天活动
小萝卜蝇	分布只局限于我国内蒙古和黑龙江省。为寡食性害虫，主要为害白菜、萝卜等十字花科蔬菜。幼虫先钻入叶柄基部向菜心蛀食，再深入根部食害。其危害造成的伤口，易导致软腐病侵染及流行而使菜株死亡	成虫体长约 5.5 mm。雌虫灰黄色，腹部背面中央有暗色纵带，两侧有不规则的暗色花纹。雄虫两复眼间最狭部分比中单眼宽 2 倍，后足腿节的下方只有近末端部分有显著的长毛。雌、雄前翅基背毛很长。幼虫尾端具 6 对突起，第六对分成很浅的两叉	1 年发生 3 代，以蛹在土中越冬，亦能在萝卜中越冬。三代成虫发生时期分别为：5 月下旬～6 月上旬，7 月及 8 月。卵期约 5 天，幼虫期 20～30 天

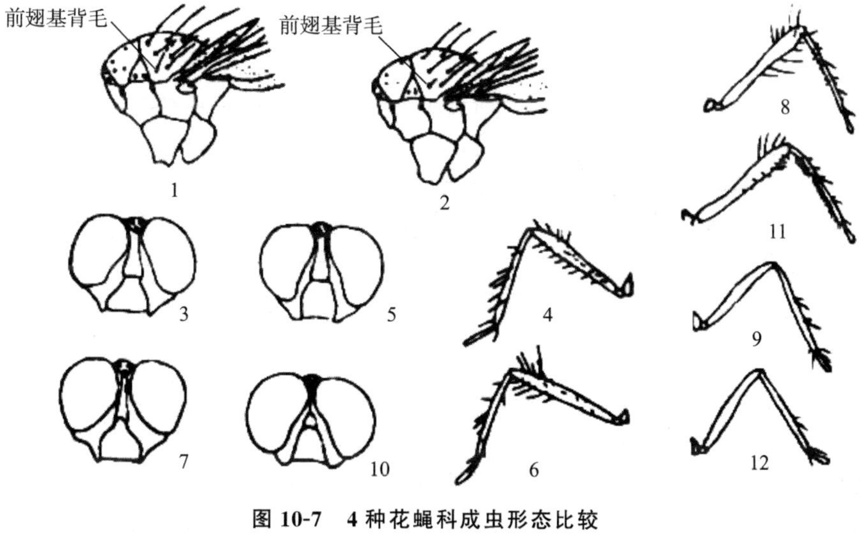

图 10-7　4 种花蝇科成虫形态比较

1,2. 胸部侧面观翅基背毛的位置和不同长度　3. 萝卜蝇雄虫头部(正面观)　4. 萝卜蝇雄虫右后足(内面观)　5. 小萝卜蝇雄虫头部(正面观)　6. 小萝卜蝇雄虫右后足(内面观)　7. 葱蝇雄虫头部(正面观)　8. 蝇雄虫右后足(内面观)　9. 葱蝇雌虫左中足　10. 种蝇雄虫头部(正面观)　11. 种蝇雄虫右后足(内面观)　12. 种蝇雌虫左中足(仿管致和)

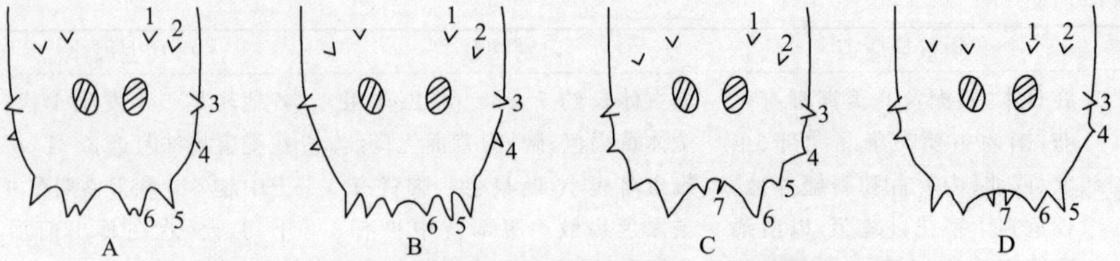

图 10-8　4 种花蝇科老熟幼虫腹部末端形态比较

A. 小萝卜蝇　B. 萝卜蝇　C. 葱蝇　D. 种蝇

10.5.4　地蛆类害虫的预测预报

利用地蛆成虫的趋化性，在成虫发生期，选择有代表性的菜地 1～2 块，每地块设置 3～4 个诱蝇器（可用口径 33 cm 的糖醋盆），盆内事先放入少许锯末，然后再倒入适量诱剂（诱剂配方是红糖：醋：水＝1：1：2.5，并加入少量敌百虫拌匀），加盖，盆距地面 15～20 cm。每天在成虫活动盛期开盖，如萝卜蝇为 15 时，次日早 8 时以前取回诱测到的成虫；韭蛆在 9～11 时，16 时后取回。并重新盖好盖子，以防诱剂挥发。诱剂每隔 5 天加半量，10 天换一次。如遇天气炎热，蒸发量大时，应随时补充诱剂。每天将诱集到的成虫拿到室内，鉴定种类及雌雄比例。每天在成虫活动时间开盖，及时检查诱集虫数和雌雄比，并注意补充和更换诱剂。当盆内诱蝇数量突增或雌雄比接近 1：1 时，是成虫发生盛期，应立即防治。

10.5.5　地蛆类害虫的防治方法

防治种蝇和葱蝇以农业防治为主，药剂防治为辅。防治萝卜蝇和小萝卜蝇以化学防治为主。

1. 农业防治

(1)不施用未经腐熟的粪肥和饼肥；施肥时做到均匀、深施，种肥隔离。也可在施肥后立即覆土或在粪肥中拌入一定量具有触杀和熏蒸作用的药剂。作物生长期内不要追施稀粪。蒜在烂拇子前，随浇水追施氨水两次，可减轻为害。

(2)选用无虫韭根，瓜类、豆类在播种前进行催芽处理，大蒜精选壮种，播种时剥去蒜皮，以缩短烂拇子期，减轻危害。在地蛆发生地块，必要时大水浸灌，抑制地蛆活动或淹死部分幼虫，大水浸灌对种蝇和葱蝇有效，但对萝卜蝇无效。

(3)对于寡食性的葱地种蝇、萝卜地种蝇和小萝卜蝇可与非寄主作物轮作。

2. 物理防治

用糖醋液诱杀成虫。

3. 药剂防治

(1)土壤处理：在作物播种或定植前，重地块可用 90％晶体敌百虫 2.25 kg、或 50％辛硫磷乳油 3 L 拌细土 750 kg 配成毒土，或使用 2％吡虫啉颗粒剂、2％联苯·噻虫胺颗粒剂沟施。

(2)喷雾防治：在作物生长期内，当幼虫刚开始发生危害，田间发现个别虫害株时，可用1.8％阿维菌素乳油、21％增效氰·马乳油、4.5％高效氯氟氰菊酯乳油、2.5％溴氰菊酯乳油 3000 倍液，5％氟铃脲乳油 2000 倍液在植株周围地面和根际附近喷洒，隔 7～10 天再喷 1 次，共喷 2～3 次。

(3)浇灌或灌根：当发现幼虫为害时，可用 80％敌敌畏乳油、90％晶体敌百虫、50％辛硫磷乳油、25％增效喹硫磷乳油 1000 倍液浇灌或 20％虫螨腈·灭蝇胺悬浮剂 100～150 g/亩灌根。

10.6 白蚁类害虫

白蚁是等翅目昆虫的通称，全世界已知种类有3000种左右，我国已知种类有470多种。在我国广布于长江以南地区，某些种类延伸至华北及东北的辽宁等地。白蚁有木栖、土木两栖性和土栖性三类。危害园林植物的主要有土白蚁属 *Odontotermes*、大白蚁属 *Macrotermes*、乳白蚁属 *Coptotermes*、散白蚁属 *Reticulitermes* 等许多种类。在白蚁的食谱中，纤维素占有重要的地位。白蚁在促进自然界物质循环和能量流动的同时，也严重危害江河堤坝、房屋建筑、通信设施以及农林作物和园艺植物。白蚁能蛀食多种大田作物、经济作物、林木、果树和种苗。现以黑翅土白蚁 *O. formosanus* Shiraki 为例进行介绍。

10.6.1 黑翅土白蚁的分布与危害

黑翅土白蚁属白蚁科土白蚁属。国内在北纬35°以南都有其分布，是破坏水库堤坝、危害农林作物的主要白蚁，也是危害园林植物最严重的白蚁种类之一。

其工蚁食性很杂，可危害许多种树木，主要危害这些树木的树干、树皮，造成树木尤其是幼苗的死亡。除危害马尾松、杉、洋槐、榆、桉、樟、橡胶等林木外，还可危害板栗、桃、柑橘等果树以及黄杨、玉兰等花卉苗木。黑翅土白蚁对甘蔗等经济作物更是能造成严重的危害。

10.6.2 黑翅土白蚁的识别特征(图10-9)

白蚁为小型至中型昆虫，白色柔软。多态型。头大，前口式。口器咀嚼式，上颚很发达。触角念球状。有大翅、短翅、无翅等情形，有翅成虫翅狭长且前后翅相似，不用时平放在腹部上，能自基部特有的横缝脱落。足的跗节4或5节，有2爪。尾须短，1～8节。黑翅土白蚁的识别特征可参照表10-7和图10-9。

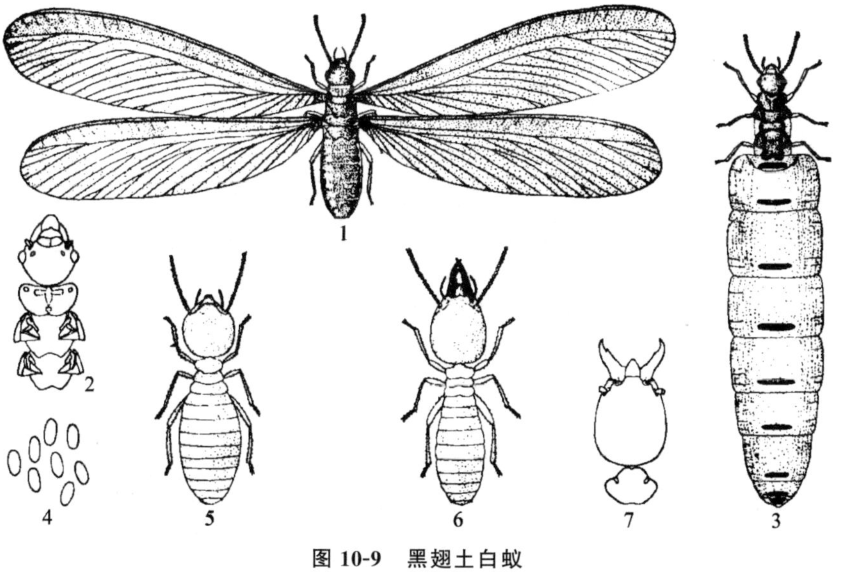

图10-9 黑翅土白蚁

1.有翅成虫 2.有翅成虫的头和胸部 3.蚁后 4.卵 5.工蚁 6.兵蚁 7.兵蚁的头和胸部

表 10-7　黑翅土白蚁的主要识别特征

有翅成虫	兵蚁	工蚁
头背面及胸、腹部背面为黑褐色，腹面为棕黄色，上唇前半部橙红色，后半部淡橙色，中间有 1 条白色横纹，上唇前缘呈白色透明，翅黑褐色。全身有浓密的毛。头圆形，复眼单眼为椭圆形。触角 19 节。前胸背板中央有淡色"+"字形斑，其两侧各有一个圆形淡色点。翅长大，前翅鳞略大于后翅鳞	头暗黄色，腹部淡黄至灰白。头卵圆形，长大于宽，额部平坦，后颏短粗，前端狭窄，略突向腹面。上颚镰刀状，上唇舌形，上唇沿侧边有 1 列直立的长刚毛，触角 16～17 节。前胸背板元宝形，前部和后部在两侧交角处各有一条斜向后方的裂沟，前、后缘中央有明显的凹刻	头黄色，胸、腹部灰白，头侧缘与后缘连成圆弧形，囟孔位于头顶中央，呈小圆形凹坑，后唇基显著隆起，长等于宽之半，中央有纵缝，触角 17 节

10.6.3　黑翅土白蚁的发生规律

黑翅土白蚁的成熟群体中有蚁王、蚁后、工蚁、兵蚁和繁殖蚁等各种不同的品级类型，多为 1 王 1 后，也可 1 王 2～3 后。在群体中担负取食、筑巢、饲喂等工作的为工蚁，约占群体 80% 以上；兵蚁专司捍卫群体，约占 5%；原始繁殖蚁通常一对，俗称蚁王和蚁后，专司交配产卵。个体之间有相互清洁身体的习性。黑蚁土白蚁成熟群体每年 4—6 月分飞，分群期自南向北推迟，多发生于傍晚，天气闷热或伴随雷阵雨天气。分飞前工蚁筑分群孔—外形呈不规则的圆锥体小土堆。一个群体分飞的有翅成虫总数可达数千或过万。分飞后片刻即降落地面，多数脱翅。雌雄配对后，寻找合适的地点建立新群体。黑翅土白蚁的巢为土栖性蚁巢。初建巢时称"无菌圃期"，一般配对后 4 个月开始建菌圃，后来发展为"单菌圃期"，进一步发展为"多菌圃期"，然后出现"繁殖蚁"。成熟群体所有成员的总数可达 200 万～300 万。黑翅土白蚁能在菌圃中培养真菌供群体食用，长出地面的子实体叫鸡枞菌 *Termitomyces albuminosus* Heim。在死亡菌圃上能长出鹿角菌(炭棒菌)*Xylaria migripes* Klotz。

10.6.4　其他常见白蚁类害虫

其他常见白蚁类害虫见表 10-8。

表 10-8　其常见白蚁类害虫

种类	发生概况
黄翅大白蚁 *Macrotermes barneyi*	为土栖性白蚁，主要巢居由大、小菌圃所组成。白蚁品级极为分化，除有长翅繁殖蚁外，兵蚁和工蚁均分为大、小二型。我国长江以南各省区均有分布。危害农林作物和园林植物
台湾乳白蚁 *Coptotermes formosanus*	为土木两栖性白蚁。成熟群体的有翅成虫每年 4—6 月的黄昏分飞，配对后定居筑巢，巢有主副之分，巢居于地上或地下。有长翅型和短翅型的繁殖蚁，兵蚁的头前额中央的囟孔遇敌时分泌乳状液体。国内分布于淮河流域以南的省区，国外分布于北美、南非及亚洲大部。能危害多种作物和树木

续表 10-8

种类	发生概况
黄胸散白蚁 *Reticulitermes flaviceps*	为土木两栖性白蚁。有翅成虫通常在巢居中过冬，在第 2 年的 2—4 月如遇气温和气压合适分飞，时间多在中午前后。无定型的蚁巢。群内很难见到原始的蚁王、蚁后，而短翅型和无翅型补充蚁后相当普遍。国内分布于长江以南的许多省区。危害果树、林木等

10.6.5 白蚁类害虫的防治方法

长期的白蚁防治实践表明，控制环境、降低蚁害发生率是白蚁防治工作的一个重要内容，也是最有效、最经济与最根本的防治方法。具体防治措施归纳起来有以下几个方面。

1. 植物检疫

等翅目昆虫 6 个科中，木白蚁科 Kalotermitidae 和鼻白蚁科 Rhinotermitidae 的某些种类容易随林木调运传播蔓延危害。其中，麻头堆砂白蚁 *Cryptotermes brevis*、曲颚乳白蚁 *Coptotermes curvignathus*、浅褐乳白蚁 *Coptotermes testaceus*、非洲乳白蚁 *Coptotermes sjostedti* 是我国重要的检疫性害虫。因此，林木的调运应事先做好检疫工作。通过检查有无蛀孔、泥路以及排泄物等检疫措施，确定林木有无蚁害。只有未携带白蚁的林木才能调运。

2. 物理防治

利用成虫的趋光性，用诱虫灯进行诱杀。

3. 农业防治

栽种白蚁不喜食的树种。林木的抗蚁性与林木的密度、木质素含量以及内容物有关，如苦楝、红椿等含有对多种昆虫有驱避、拒食及抑制生长发育的有效成分，具有较强的抗蚁蛀蚀能力。另外，种植园林植物时不同种类合理搭配，可减少白蚁对植物和林木的危害。

4. 生物防治

保护白蚁天敌，利用天敌控制蚁害。白蚁的天敌有蟾蜍、蜥蜴、蝙蝠、穿山甲等捕食性的脊椎动物，也有蜘蛛、隐翅虫、步甲等节肢动物。同时一些螨类、线虫以及病原微生物如绿僵菌对白蚁也有一定的控制作用。尤其利用昆虫病原真菌是微生物防治白蚁研究的主要焦点。有研究表明，白蚁接触金龟子绿僵菌 5～35 min 后，其种群的死亡率可达 85%，如果接触时间达 40 min，白蚁死亡率可上升至 100%。

5. 化学防治

有土壤处理、植株预防处理、直接喷粉或喷液处理和诱杀处理等多种处理措施。目前，用于喷洒的药剂主要有氯氰菊酯、联苯菊酯、吡虫啉、氟虫腈和辛硫磷等，用于直接喷粉的药剂主要是伊维菌素，用于诱杀的药剂主要是氟铃脲、杀虫脲、除虫脲、灭幼脲、伊维菌素、氟虫胺、伏蚁腙、氟虫腈、吡虫啉等。在化学防治措施中，最有效、最经济、最持久的是诱杀处理。诱杀处理的具体做法是：在白蚁活动的主路、取食蚁路、泥被泥线及分飞孔处，设置诱杀堆、诱杀坑、诱杀桩、诱饵管或白蚁活动监测装置，待引诱到白蚁后，即投放毒饵，让白蚁自由取食。通过工蚁的交哺行为，使毒饵中的有效成分在白蚁群体内传播，最后导致整巢白蚁死亡。对灭治黑翅土白蚁这类土栖性白蚁而言，诱杀效果好坏的关键是引诱材料的引诱力。对土栖性白蚁具较大引诱力的材料很多，主要有糖、甘蔗渣、蕨类植物、桉树皮、松花粉等。如在使用前，将这些引诱材料用密褐褶孔菌等进行发酵处理,可显著提高引诱效果。另外,将伊维菌素粉剂喷在外出觅食的工蚁身上,只要有足够的工蚁沾染到药粉并回到巢内,就可通过群体内个体间的清洁行为,使整巢白蚁死亡。

10.7 蟋蟀类害虫

10.7.1 蟋蟀类害虫的种类和寄主

蟋蟀类害虫在我国久有发生,其别名油葫芦、促织,北方俗称蛐蛐,属直翅目蟋蟀科。我国蟋蟀已知有40余种,危害蔬菜、果树和花卉的常见蟋蟀有北京油葫芦 *Teleogryllus emma* Ohmschi et Matsumura、大蟋蟀 *Brachytrupes portentosus* Lichtenstein、大扁头蟋 *Loxoblemmus doenitzi* Stein、斗蟋 *Velarifictorus micado* Saussure、长颚蟋 *Velarifictorus asperus* (Walker)等。

蟋蟀是杂食性害虫,寄主范围很广,能危害花生、大豆、甘薯、麦类、高粱、玉米、甘蔗、芝麻、蔬菜、棉花、果树、林木和花卉等植物的幼苗。

10.7.2 重要蟋蟀类害虫

10.7.2.1 北京油葫芦

1. 分布与危害

北京油葫芦在我国南北均有分布,尤以华北地区发生重,是造成危害的主要种类。以成、若虫危害果树、林木及花卉,在土下危害各类植物的根部,在地面食害小苗,切断嫩茎,造成严重缺苗断垄,甚至翻犁改种;大发生时也能咬食寄主植物的嫩茎、叶、花蕾、种子和果实,造成减产。

2. 识别特征(图10-10)

成虫:体长22～25 mm。体背黑褐色,有光泽。腹面为黄褐色。头顶黑色,复眼周围及颜面土黄色。前胸背板黑褐色,隐约可见1对深褐色月牙形纹,中胸腹板后缘中央有小切口。前翅淡褐色有光泽,后翅端部纵折且伸出腹末很长,形如尾须。后足胫节有距6个,具刺6对。产卵器甚长,褐色,微曲。卵长2.5～4 mm,略呈长筒形,两端微尖,乳白色,微黄,表面光滑。

若虫:共6龄,成长若虫21～22 mm,体背面深褐色,前胸背板月牙形明显。雌若虫产卵管较长,露出尾端。

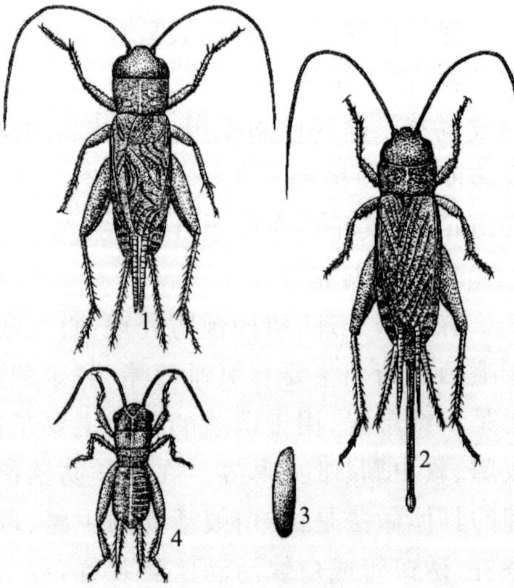

图10-10 北京油葫芦

1.雄成虫 2.雌成虫 3.卵 4.若虫

3. 发生规律

北京油葫芦每年发生1代,以卵在土中越冬。在山东、河北、陕西等地,越冬卵从4月底或5月初开始孵化，5月为若虫出土盛期，6月中下旬进入3龄盛期，立秋后进入成虫盛期，9月至10月上中旬为产卵盛期，10月中下旬以后，成虫陆续消亡。安徽淮北一带越冬卵于5月中旬孵化，9月上中旬为成虫发生盛期，9月中旬左右成虫开始产卵。江苏常州、无锡8—9月发生严重。

成虫白天隐伏，夜间外出觅食、交配，尤以午夜前后活动最盛。成虫对黑光灯具有较强的趋光性，对萎蔫的杨树枝叶、泡桐叶等亦有较强趋性。成虫有多次交配习性，交配采用背负式，雌上雄下。卵多产在成虫经常活动的场所，以杂草郁闭的地头、田埂等处落卵量多，在没有植被覆盖的裸地很少产卵。产下的卵不结块，常4～5粒成堆，深度2～3 cm，产在地表的卵不能孵化。若虫6龄，低龄若虫昼夜均能活动，4龄后白天隐藏，夜间危害。成、若虫均喜群栖。

10.7.2.2 大蟋蟀

1. 分布与危害

大蟋蟀又名花生大蟋，俗称“大土狗”，是我国南方旱地作物的重要害虫，危害特点同北京油葫芦。

2. 识别特征(图10-11)

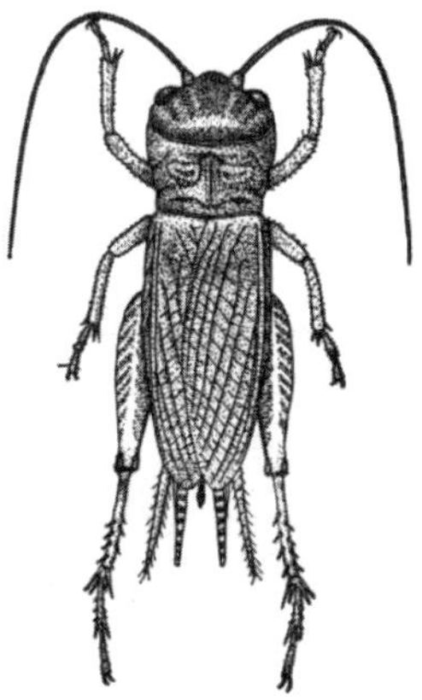

图10-11 大蟋蟀成虫

成虫：体长30～40 mm，暗褐色或棕褐色。头部半圆形，较前胸宽；复眼间具Y形纵沟；触角丝状，约与身体等长。前胸背板前方膨大，尤以雄虫为甚，前缘后凹呈弧形，背板中央有一细纵沟，两侧各有一羊角形斑纹。后足腿节粗壮，胫节背方有粗刺2列，每列4个。腹部尾须长而稍大。雌虫产卵管短于尾须。

卵：长约4.5 mm，近圆筒形，稍有弯曲，两端钝圆，表面光滑，浅黄色。

若虫：共7龄，外形与成虫相似，但体色较浅，随龄期增长体色逐渐变深。2龄后出现翅芽，翅芽与体长随龄期而增长。

3. 发生规律

大蟋蟀每年1代，以3～5龄若虫在土穴内越冬。越冬若虫于翌年3月开始大量活动，3—5月出土危害幼苗。5—6月成虫陆续出现，7月为成虫羽化盛期，9月为产卵盛期，10—11月若虫常出土危害，12月初若虫开始越冬。

该虫为穴居性，昼伏夜出，喜欢在疏松地营造土穴生活，除交配期和初孵若虫外，多独居，一穴一虫。雌虫产卵于穴底，常30～40粒1堆。每头雌虫约产卵500粒以上，卵经15～30天孵化。初孵若虫群栖于母穴中，取食母虫预贮的食料，数日后分散营造洞穴独居。天黑后出外咬食近地面的植物幼嫩部分，并拖回穴内嚼食，平均每5～7天出穴一次，以晴天雨后出穴最盛。雄虫生性好斗，常于黄昏时振翅高鸣求偶。喜干燥，多发生于沙壤土或沙土、植被疏松或裸露、阳光充足的地方，潮湿壤土或黏土很少发生。

10.7.3 蟋蟀类害虫的防治方法

应采取农业防治为基础，化学防治、物理防治、生物防治相结合的综合防治措施。防治适期应掌握在若虫二、三龄盛期和成虫发生盛期。

1. 农业防治

秋后或早春土地进行深耕翻，能降低北京油葫芦卵的孵化率或破坏大蟋蟀的土穴。根据油葫芦喜藏身于草堆的习性，在田间按5 m×3 m间距放一堆厚度为10 cm的杂草，次日揭草并集中捕杀，或在草堆下放毒饵或撒施敌百虫粉等进行毒杀。用杨树枝或泡桐叶也可取得同样甚至更好的效果。

2. 诱杀成虫

利用蟋蟀成虫的趋光性，用黑光灯诱杀。

3. 药剂防治

(1)毒饵诱杀　用90%敌百虫晶体50 g，加水5 kg，拌入炒香的棉籽饼或麦麸5 kg配成毒饵，于闷热的傍晚顺垄撒施。

(2)撒施毒土　每公顷用50%辛硫磷乳油750～900 mL，拌细土1125 kg，撒入田中。施药时要从田四周开始，向中间推进效果好。

(3)喷雾　每公顷可用1.8%阿维菌素乳油300 mL喷雾，用药时宜采用封锁式，即从田块四周开始，向田块中心推进，使外逃的蟋蟀也能触药而死。药剂防治的重点应放在作物的幼苗期和某些特殊环境，作物封垄后施药往往很难达到预期的效果。

思考题

1. 我国常见的地下害虫有哪几类？地下害虫的危害有何特点？
2. 试述蛴螬危害的季节性与周期性现象，并分析其原因。
3. 如何利用挖土法进行地下害虫种类和虫口密度的调查？
4. 怎样区分沟金针虫和细胸金针虫？它们有怎样的危害特点？如何防治？
5. 我国常见的地蛆有哪些种类？怎样对其进行防治？
6. 蛴螬、蝼蛄、金针虫和地老虎危害幼苗后的主要被害状各是什么？
7. 如何根据你们当地地下害虫的发生情况制定合理的综合治理措施？

11 害螨

害螨是以刺吸园艺植物汁液的方式为害的微型节肢动物，影响园艺植物光合作用和整体长势，目前为害较重的有朱砂叶螨、二斑叶螨、山楂叶螨、苹果全爪螨、茶黄螨等，部分种类还传播植物病毒。害螨具有种群数量大、繁殖力强、寄主范围广泛、对高温耐受性强、易对杀虫剂产生抗药性等特点。这类有害生物成虫期无翅，决定了防治措施方面，以诱杀为主的绿色防控是无效的，在用药方面特别注重适时用药，生物防治方面以蜱螨目的捕食性种类应用较多。本章选择代表性害螨种类，系统介绍其生物学习性、发生规律和防治方法。

11.1 螨类的概述

螨类属节肢动物门 Arthropoda 蛛形纲 Arachnida 蜱螨亚纲 Acari。该亚纲全世界已记录3万余种。危害果树、蔬菜及园林花卉植物的害螨多属蜱螨亚纲真螨目 Acariformes 的种类，分布于叶螨总科 Tetranychoidea、跗线螨总科 Tarsonemidae 及瘿螨总科 Eriophyoidae，而捕食性螨类多属于植绥螨总科。

螨类体长 0.1～2.0 mm，近圆形或椭圆形。身体由颚体部及躯体部构成(图 11-1)。颚体相当于昆虫头部，具有口器。口器由 1 对螯肢、1 对须肢(颚肢)及口下板组成。躯体部可按照足的着生位置划分为前足体(足Ⅰ、Ⅱ着生的体段)、后足体(足Ⅲ、Ⅳ着生的体段)及末体(足Ⅳ后的体段)。前足体及后足体各生有 2 对足。足一般由 6 节构成，即基节、转节、腿节、膝节、胫节和跗节，跗节末端 1 爪、2 爪或无爪。肛门和生殖孔一般开口于末体腹面。此外，身体上还有许多刚毛，这些刚毛的位置和名称常作为物种鉴定依据。大多数螨类躯体呈囊状，叶螨科的许多雄螨体呈菱形，细须螨科背腹高度扁平，瘿螨科呈蠕虫状。

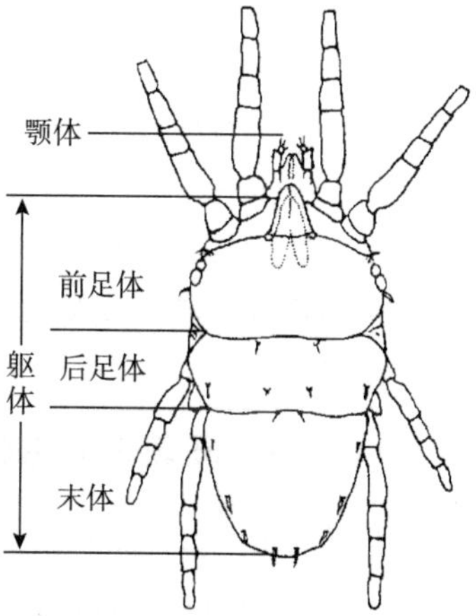

图 11-1　螨类体躯分段
(以短须螨属为例)

蜱螨与蜘蛛、昆虫的区别见表 11-1。

表 11-1　蜘蛛、蜱螨与昆虫的区别

特征	昆虫纲	蛛形纲(蜘蛛)	蛛形纲(蜱螨)
体躯	分头、胸、腹 3 部分	分头胸部、腹部 2 部分	头部、胸部和腹部合一
腹节	有明显节	无明显节	无明显节

续表 11-1

特征	昆虫纲	蛛形纲(蜘蛛)	蛛形纲(蜱螨)
触角	有触角,与口器功能分离	无触角,但有具备嗅觉功能的螯肢(口器附肢)	无触角
眼	有单眼和复眼	只有单眼	无复眼,有的有单眼
口器	咀嚼式或吸收式口器	吮吸式口器	多吮吸式(针刺状),也有咀嚼式(螯钳状)
成体足的数量	3 对	4 对	4 对(柑橘锈螨 2 对)
翅	多数 2 对或 1 对	无	无
纺器	除纺足目之外均无纺器	成蛛有复杂纺器	无纺器

螨类分布极广泛,食性极杂,有植食性、捕食性、寄生性、菌食性和腐食性。不但直接吮吸作物汁液,有些还能传播病毒(如瘿螨)和病原真菌(如穗螨)。捕食性和寄生性螨类能有效抑制害螨种群数量。腐食性和菌食性螨类以植物碎片、苔藓和真菌为食,参与自然界物质循环。螨类通过爬行主动扩散,被动扩散主要是通过:①吐丝下垂,随风飘荡;②被气流携带至高空,作远距离传播;③借助缓慢水流或落叶扩散;④附着在其他物体上传播;⑤搭载人类交通工具远距离传播。

11.2 叶螨科害螨

11.2.1 叶螨科种类与寄主

叶螨科重要种类有:朱砂叶螨 *Tetranychus cinnabarinus* Boisduval、二斑叶螨 *T. urticae* Koch、山楂叶螨 *T. viennensis* Zacher、柑橘全爪螨 *Panonychus citri* McGregor、苹果全爪螨 *P. ulmi* Koch、截形叶螨 *T. truncatus* Ehara、麦岩螨 *Petrobia latens* Müller 和果苔螨 *Bryobia rubrioculus* Schenten 等。朱砂叶螨原来主要分布在南方温热地区,但近 10 多年来在华北广大地区和西北部分地区都有危害报道;二斑叶螨在北方发生危害程度远重于南方;山楂叶螨、苹果全爪螨和果苔螨主要分布于北方果区。在苹果园,二斑叶螨、山楂叶螨和苹果全爪螨种间竞争优势排序为:二斑叶螨>山楂叶螨>苹果全爪螨。

11.2.2 叶螨类形态特征

成螨体长 0.4～0.6 mm,圆形或椭圆形,体色为红色、绿色、黄绿色、黄色及褐色等。表皮柔软,背面无盾板。螯肢特化为口针和口针鞘,须肢 6 节,具有拇爪复合体结构。气门沟发达,末端形状各异。成螨、若螨具 4 对足,幼螨 3 对。足Ⅰ、Ⅱ跗节上有双毛。爪和爪间突上有或无黏毛。雌雄异型,雌螨末体圆钝,雄螨末体尖削(图 11-2)。

5 种叶螨的主要识别特征如表 11-2 所示。

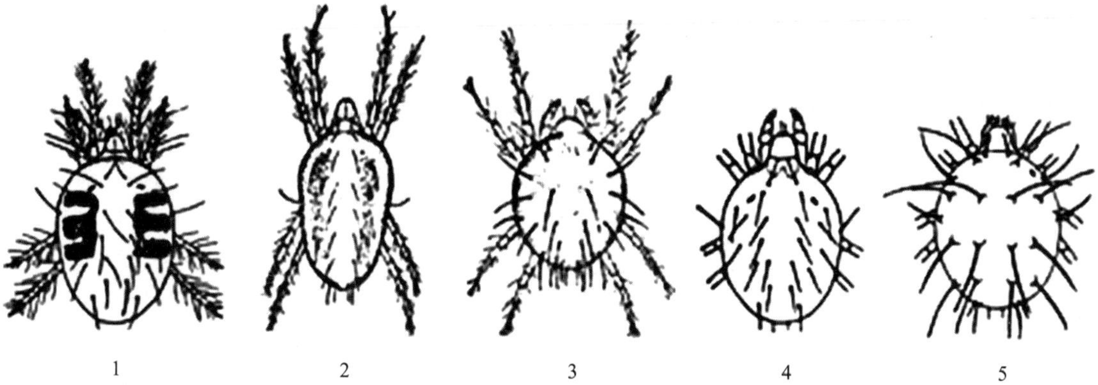

图 11-2 几种重要叶螨的成螨

1.二斑叶螨 2.山楂叶螨 3.苹果全爪螨 4.朱砂叶螨 5.柑橘全爪螨

表 11-2 5 种叶螨的主要识别特征

识别特征	苹果全爪螨	柑橘全爪螨	山楂叶螨	李始叶螨	果苔螨
雌成螨体形	半卵圆形,体背隆起	广卵圆形,体背隆起	椭圆形,体背隆起	长椭圆形	卵圆形,扁平,体背边缘有缘饰,前端有 4 个明显叶突,各生一毛
雌成螨体色	红褐色,取食后成褐红色	紫红色	越冬型鲜红色,夏型雌成螨深红色	淡黄色,活动期背面两侧有 3～4 个黑斑	深红色,取食后变成褐红至黑绿色
雌成螨背刚毛	13 对,粗长,生在黄白色毛瘤上	13 对,粗长,生在红色毛瘤上	12 对,细长,不生在毛瘤上	13 对,细长,不生在毛瘤上	16 对,扁平,叶片状
雌成螨气门沟	端部膨大成不规则小球状	端部膨大成不规则小球状	端部膨大,圆囊状,分隔成数室	末端有 1～2 个小室膨大,弯曲成钩状	端部膨大成圆柱状,较小
卵	表面有放射状细凹陷,有刚毛状卵柄	卵柄上端有 10～20 条呈散射状伸展的细丝	表面光滑,无柄	表面光滑,无柄	表面光滑,无柄

叶螨一般要经过卵、幼螨、第 1 若螨、第 2 若螨和成螨 5 个时期,多数雌螨一生仅交配 1 次。螨类生殖方式分为两性生殖、孤雌生殖和卵胎生。两性生殖后代通常雌性比例较大。孤雌生殖分为产雌孤雌生殖和产雄孤雌生殖。营卵胎生的种类从母体中可以直接产下幼螨、若螨、休眠体或成螨。螨类的卵呈现出白色、乳白色、绿色、橙色或红色,多数产在寄主植物上或越冬场所。

11.2.3 重要叶螨种类

11.2.3.1 朱砂叶螨

1.分布与危害

在世界范围内,朱砂叶螨可以危害100多种大田和温室作物,主要有辣椒、番茄、茄子、瓜类、豆类等蔬菜,桑、蔷薇、月季、金银花、中国槐、草莓、柑橘、枣、山桃等果树和花卉,以及棉花、玉米等大田作物。常群集于叶背基部沿叶脉危害,并吐丝结网。受害蔬菜叶片初期出现白色小斑,后褪绿变黄白色,叶片变红、干枯、脱落,甚至整株枯死。初为点片发生,后以受害株为中心,靠爬行或吐丝下垂借风雨扩散传播。

2.识别特征

朱砂叶螨雌螨体长483 μm,体宽322 μm。体形椭圆,锈红色或深红色。须肢端感器长约2倍于宽;背感器梭形,与端感器近等长。口针鞘前端圆钝,中央无凹陷。气门沟末端呈典型的"U"形弯曲。后半体背表皮纹构成菱形图形。肤纹突呈三角形至半圆形。背毛正常。各足爪间突裂开为3对针状毛。足Ⅰ跗节和胫节的毛数经常有变异,一般足Ⅰ跗节双毛近基侧有4根触毛和1根感毛,但也有具4根触毛和3根感毛或4根触毛和2根感毛;胫节一般具9根触毛和1根感毛,有时则具有9根触毛和3根或4根感毛。足Ⅱ跗节双毛近基侧具3根触毛和1根感毛,另一触毛在双毛近旁;胫节有7根触毛。足Ⅲ跗节有9根触毛和1根感毛;胫节有6根触毛。足Ⅳ跗节有10根触毛和1根感毛;胫节有7根触毛。

朱砂叶螨雄螨体长(包括喙)359 μm,宽195 μm。须肢端感器长约3倍于宽;背感器稍短于端感器。足Ⅰ跗节爪间突呈一对粗爪状,其背面具粗壮的背距。足Ⅰ跗节双毛近基侧有4根触毛和3根感毛;胫节有9根触毛和4根感毛。足Ⅱ跗节双毛近基侧有3根触毛和1根感毛,另一触毛在双毛近旁;胫节有7根触毛。足Ⅲ、Ⅳ跗节和胫节的毛数同雌螨。阳具弯向背面形成端锤,其近侧突起尖利或稍圆,远侧突起尖利,长度约等。端锤背缘形成一钝角。端锤形状和大小在个体之间常有变异。

3.发生规律

在长江中下游,朱砂叶螨每年发生18~20代,以雌成螨及其他螨态群集越冬。越冬场所包括蚕豆、冬绿肥、杂草上,土缝内、菜田落叶下,树皮裂缝内,以及设施蔬菜苗圃。越冬期间气温上升仍能活动取食。翌年2月下旬至3月上旬5日内平均气温上升至5~7 ℃时活动,先在越冬或早春寄主上繁殖2代,4月中下旬转移到茄子、辣椒、瓜类等蔬菜上。6—8月是危害高峰,一般9月下旬至10月越冬。

朱砂叶螨繁殖力强,除两性生殖外,还具产雄孤雌生殖现象。雌螨一生只交配1次,雄螨可多次交配。雌螨交配后1~3 d,分散产卵于叶背,一生平均产卵50~100粒。雌成螨有2个若螨期,而雄螨只有1个若螨期。

朱砂叶螨发育起点温度为10.49 ℃,完成1个世代的有效积温为163.25日度,不同温度下的发育历期见表11-3。

此外,朱砂叶螨发育起点温度和从卵到成螨的有效积温常数也有不同的报道,可能与试验方法或使用的寄主植物有关。木薯饲养的朱砂叶螨发育起点温度为10.8 ℃,有效积温常数为142.4日度。20 ℃产卵期最长,28 ℃时繁殖力最强,32 ℃时内禀增长率最大。菜豆叶片饲养的朱砂叶螨,全世代发育起点温度和有效积温常数分别为11.29 ℃、157.07日度。朱砂叶螨成螨对叶面降雨积水有一定耐受能力。雌、雄成螨在水中最短存活时间分别为 48 min 和 45 min,最长存活时间分别为 773 min 和 856 min。

表 11-3 不同温度下朱砂叶螨的发育历期 d

温度/ ℃	卵	幼螨	若螨	产卵前期	全世代
18	7.2	3.0	5.3	2.4	17.9
22	6.7	3.0	5.3	2.0	17.0
26	4.1	1.7	3.0	1.0	9.8
29	3.7	1.7	2.7	1.1	9.2
32	3.3	1.6	2.7	1.1	8.7
35	2.1	1.4	1.9	1.3	6.7

菜豆、茄子、番茄、黄瓜和甜椒共存时,该螨最喜食菜豆,且在菜豆上种群增长速度最快,其次是茄子、番茄和黄瓜,相对不喜食甜椒。在大豆、马铃薯、桃树、苹果、甘薯、茄子、玉米、棉花、豇豆中,该螨对大豆选择偏好性最强,对马铃薯偏好性略高于花生,其他寄主偏好性较差,但在花生、大豆上生长表现更好。

11.2.3.2 二斑叶螨

1. 分布与危害

二斑叶螨寄主植物有 50 余科 200 多种,包括各种瓜类、豆类等蔬菜,桃、杏、梨、李、苹果、柑橘、樱桃、柠檬等果树、各种花卉以及油菜、棉花、高粱、小麦、玉米等大田作物。近年在甘肃还发现该螨严重危害啤酒花。

二斑叶螨一般集中于叶背、丝网下栖息危害,大发生年份或季节,成螨也可以转向叶面、叶柄、果柄、嫩果及其他绿色部分危害。雌螨交尾后半天就可以产卵,卵单产,多产于叶背主脉两侧或丝网下,螨口密度大时,也能产于叶表、花萼、叶柄和果柄上。

2. 识别特征

二斑叶螨外部形态与朱砂叶螨极相似,仅有以下区别:①体色为淡黄或黄绿色;②后半体的肤纹突呈较宽阔的半圆形;③卵初产时为白色;④雌螨有滞育习性。

3. 发生规律

南方 1 年发生 20 多代,北方 7～15 代。在北方,以受精雌成螨在枝干树皮裂缝、剪锯口翘皮内及树干基部周围土缝、残枝落叶下,或杂草根际等处吐丝结网越冬。在北方,越冬雌成螨 3 月中旬至 4 月上中旬出蛰,南方则在 2 月下旬至 3 月上旬即可出蛰。

在甘肃天水,越冬雌成螨于当地 3 月中旬陆续出蛰,3 月下旬(25～31 日)达出蛰盛期,4 月初(元帅系苹果初花前 1 周)出蛰结束,此期绝大部越冬雌成螨已经出蛰上树,但尚未产卵,是早春化学防治的第 1 个关键期;越冬代雌成螨于 4 月中旬元帅苹果幼叶未展、花序初露期产卵,5 月中旬早产的 1 代卵已经孵化甚至发育为雌成螨,但尚未产卵,后期产的卵也大都孵化为幼若螨,是春季化学防治的第 2 个有利时期;5 月中下旬集中于近中央干的内膛危害,6 月逐渐向冠中和外围扩散,7—8 月为危害盛期,其间冠中和外围的螨口密度明显大于近中央干处,外围叶片受害更加严重;9 月初二斑叶螨雌成螨陆续开始越冬,至 11 月下旬完全进入越冬态。在山东,二斑叶螨越冬雌成螨 3 月下旬至 4 月中旬出蛰,4 月中旬至 5 月中旬为缓慢增殖期，集中在树内膛危害；麦收前后(6月上旬至7月上中旬)为扩散蔓延期，随温度升高种群密度急剧上升，由内膛向外扩散，内膛叶片受害严重；7月下旬至8月中旬是全年危害高峰，其间高温干旱更有利于其危害。9月下旬后陆续进入越冬场所，10月后出现越冬态。

二斑叶螨既可两性生殖，也可营孤雌生殖。二斑叶螨两性生殖雌螨的产卵量多于孤雌生殖的雌螨，且随雌雄螨配对时间延长而增加；孤雌生殖的成螨平均寿命显著长于有性生殖的成螨。雌成螨平均寿命随配对时间延长而延长。孤雌生殖的后代孵化率较有性生殖的后代低，两性生殖中孵化率随配对时间延长而降低。孤雌生殖的后代多为雄螨，雌雄比为0.11∶1，随着二斑叶螨配对时间延长，后代雌雄比值不断减小，趋近于3∶1。

二斑叶螨发育起点温度为7 ℃，世代有效积温为99日度，发育最适温区为25～31 ℃，相对湿度为35%～55%。高温干燥是其猖獗发生的条件。低温、短日照和恶化的食料条件会导致滞育，影响年世代数。较大的温度变幅对二斑叶螨种群增长起着负面作用。

二斑叶螨的寄主选择偏好性和生长发育表现随着地理种群、供试植物种类等表现出较大变异。在贵州的二斑叶螨种群对豇豆、茄子及丝瓜的嗜食性强，对辣椒的嗜食性弱。在花生、豇豆、玉米、辣椒、茄子中，二斑叶螨最适宜在花生上繁殖，发育历期最短，但豇豆和花生上的落卵量相当。以花生为参照比较二斑叶螨对大豆、马铃薯、桃树、苹果、甘薯、茄子、玉米、棉花、豇豆等植物的选择偏好性和生长表现时，发现二斑叶螨更喜欢选择豇豆和桃树，而生长表现方面则是在花生和马铃薯上发育时最好。北京市5种常见温室寄主上二斑叶螨种群密度调查发现，寄主偏好顺序为辣椒＞草莓＞番茄、茄子和人参果。

此外，二斑叶螨对某些作物品种也有寄主选择偏好性。在甜瓜品种“IVF168”上选择性强、适合度高，而对甜瓜品种“IVF58”和“IVF118”选择性差；对紫黑圆茄类的“京茄6号”选择性较强、适合度较高，对紫黑长茄类的品种“布利塔”的选择性和适合度中等，对野生品种蒜芥茄 *Solanum sisymbriifolium* 的选择性和适合度最差。

11.2.3.3 苹果全爪螨

1.分布与危害

苹果全爪螨几乎遍及全国各大苹果产区，主要寄主有苹果、梨、桃、李、杏、山楂、沙果、海棠、樱桃及观赏植物樱花、玫瑰等。幼螨、若螨和雄螨多在叶背活动取食，雌成螨则多在叶正面。受害初期的叶片出现失绿小斑，随后连成斑块，在叶片上留下螨蜕和丝网。严重受害的叶片枯焦，似火烧状，但仅受害严重的情况下才提前落叶。

2.识别特征

雌成螨体红色，取食后呈暗红色。体长0.35 mm左右，体躯呈半圆形，体背显著隆起。体背有刚毛13对，其中8对由后体部至体端之间排成4列。刚毛粗长，着生于明显的黄白色瘤状突起上，向体末端伸出。颈气管细长，向左右两方伸长而末端弯曲呈“φ”形。足黄白色，较体短。雄成螨体长0.28 mm左右，体后端较尖削。

3.发生规律

苹果全爪螨的年世代数因地而异，辽宁兴城6～7代，山东莱阳4～8代，河北昌黎9代，西北地区7～8代。以滞育卵在2～4年生的小枝条、短枝和果苔上越冬，大发生的年份在大枝条的背阴面也会有大量越冬卵。据辽宁兴城观察，越冬卵的孵化始期与国光苹果的花序分离期或元帅苹果的花蕾变色期相吻合，苹果开花前基本结束。由于越冬卵的孵化集中，所以是苹果全爪螨早春防治的第1个关键时期。越冬代成螨发生期与“元帅”品种的花期基本一致，即始花期(5月上旬初)为盛发期,盛花期(5月中旬前后)达高峰,终花期(5月下旬初)发生量下降,5月底至6月初基本结束。盛花期始见第1代卵,花后1周左右(5月底6月初),1代卵大部分孵化,并有部分刚达成螨,但尚未产卵,为第2个防治适期。此后,世代重叠,危害越来越严重,药剂防治更难。全年危害最重期为7—8月。8月中下旬至9月上旬左右,随营养条件的恶化和光周期变化,越冬螨陆续出现,开始产下越冬卵越冬。

苹果全爪螨在苹果树冠整体范围内前期和中期符合负二项分布,呈聚集型,基本成分为个体群,且个体间相互吸引。聚集强度随种群密度消长而波动,表现出高密度、低聚块及低密度、高聚块的规律,在树冠不同方位和不同层面存在一定差异:个体群聚块性在树冠南部最高,西部最低;树冠中、下层高于上层,内层高于外层。

11.2.3.4 柑橘全爪螨

1.分布与危害

柑橘全爪螨是世界性分布种类。国内遍布各柑橘产地,是柑橘害螨优势种。柑橘全爪螨主要危害柑橘属植物如橙、柑、橘、柚、柠檬等。叶片正反面都可被害,但蜕皮多在叶背边缘及主脉两侧。卵多散产于叶片正反面、果实及嫩枝上,以叶背主脉两侧最多。春梢出现前,主要危害2年生梢上的叶片,春梢伸展后,便从老叶迁往嫩叶危害。

2.识别特征

雄成螨体长0.33 mm,后端略尖,呈楔形。卵直径0.13 mm,扁球形,初产时鲜红色后渐退色。卵上有一垂直小柄,柄端有10～12条细丝向四周散射伸出,附着于产卵处。幼螨体长0.2 mm,初孵时淡红色,足3对。若螨个体略小,足4对。

3.发生规律

在年平均气温20 ℃的地区,1年20代,18 ℃地区16～17代,15 ℃地区12～15代,陕西12～14代,四川绵阳15代。世代重叠,多以卵和成螨在叶背及枝条裂缝内越冬,南方无明显越冬现象。

种群数量消长因地而异:在广东以夏、秋梢生长阶段危害较重。四川省的江津、巴县则在春梢抽发期危害较重。陕西省汉中市以春、秋两季发生最重,即3月螨口数量开始增长,4—5月春梢期种群数量达到高峰,并开始从1～2年生老叶上转移到春梢的嫩叶上危害,1个月左右便会成灾。6月螨口密度开始下降,7—8月高温季节数量很少。秋季9—10月随着气温降低,种群数量复升,严重危害秋梢。在湖北蜜柑产区,柑橘全爪螨一年有2次螨口高峰,分别在5—6月和9—10月。温度是影响橘全爪螨生长发育的主要因素,在旬平均气温为15～20 ℃时螨与卵的田间增长最快。螨口高峰一般出现在22～27 ℃、相对湿度为75%～83%时。长期阴雨不利于种群发展,旬雨量超过100 mm引起种群密度急剧下降。

在20～25 ℃范围内,各螨态发育历期随温度升高而缩短。卵发育起点温度为8.2 ℃,有效积温109.6日度,发育和繁殖的适宜温度为20～28 ℃。在25 ℃、相对湿度85%时,卵期为6.5 d,幼螨期2.5 d,前若螨2.5 d,后若螨3 d,成螨产卵前期1.5 d,世代历期约16 d。在30 ℃、相对湿度85%时,卵期为5 d,幼螨期2.5 d,前若螨2 d,后若螨2 d,成螨产卵前期1.5 d,完成1代需13～14 d。

大多营两性生殖,也可营孤雌生殖。雌成螨出现后即可交尾,单雌产卵量31.7～62.9粒。春季世代的产卵量大于秋季世代,夏季世代产卵量最少。

11.2.3.5　山楂叶螨

1. 分布与危害

山楂叶螨主要危害苹果、梨、桃、杏、山楂、核桃、樱桃等，也危害槐、枫等多种林木。

2. 识别特征

雌成螨卵圆形，体长 0.54～0.59 mm，冬型鲜红色，夏型暗红色。雄成螨体长 0.35～0.45 mm，体末端尖削，橙黄色。卵圆球形，春季产卵呈橙黄色，夏季产的卵呈黄白色。初孵幼螨体圆形、黄白色，取食后为淡绿色，3 对足。若螨 4 对足。前期若螨体背开始出现刚毛，两侧有明显墨绿色斑。

3. 发生规律

山楂叶螨的越冬螨态、场所和早春药剂防治的关键时期与二斑叶螨基本相同。年世代数因地而异。北方果区 1 年 3～13 代，如辽宁 3～6 代，河北 3～7 代，河南 12～13 代，甘肃天水、兰州等地为 6～7 代，河西地区 3～5 代，新疆库尔勒 11 代。当日平均气温 9～10 ℃，苹果花芽膨大期(华北、西北地区分别在 4 月上中旬前后)，越冬雌成螨开始出蛰。当芽开绽、露出绿顶时，即转到芽上危害，苹果展叶后转往叶片上危害。展叶到花序分离、初花期(西北地区约为 4 月下旬前后，华北地区约 4 月中旬前后)是出蛰盛期，越冬雌螨出蛰盛期至产卵前是早春化学防治第 1 个关键期。雌螨危害嫩叶 7～8 d 后开始产卵，盛花期前后产卵最多，落花后 1 周左右卵基本孵化完毕，出现第 1 代幼、若螨和尚未产卵的雌成螨，发生较集中，是第 2 个防治关键期。此后世代重叠严重，防效不理想。进入高温季节后，若不及时控制，很容易形成全年危害高峰。8—10 月产生越冬型成螨。

山楂叶螨发育起点温度为 11.15 ℃，有效积温 190.77 日度。

11.2.4　其他常见叶螨种类

其他常见叶螨种类的分布与危害如表 11-4 所示。

表 11-4　其他叶螨种类的分布与危害

种类	发生概况
截形叶螨	我国大部分地区有分布，北方危害较南方广泛而严重。寄主种类主要包括玉米、瓜类、豆类及其他蔬菜和花卉。关中灌区年发生 12～13 代，陕南 13～14 代，陕北 9～10 代，以雌成螨吐丝结网聚集在向阳的玉米等枯枝落叶内、杂草根际、树皮和土壤裂缝内过冬。7 月中旬至 8 月下旬是危害高峰及防治关键期。在 7—8 月极端高温出现时间短的年份害螨种群数量大，危害重
李始叶螨	主要危害梨树和苹果。分布于西北地区。20 世纪 70～80 年代是甘肃河西地区苹果害螨优势种。甘肃酒泉 7～9 代，以雌成螨在果树翘皮、树缝、树冠下、土壤缝隙、石块下越冬。7 月中旬至 8 月中旬为危害盛期。高温低湿有利其发育繁殖，遇风雨或惊扰时藏于叶腋等处
柑橘始叶螨	四川 1 年 20 代，以卵和雌成螨在树冠内膛中下部叶片的背面越冬，在卷叶蛾危害造成的卷叶中螨口较多。4 月间春梢伸展后即转向春梢危害叶片，4—5 月为危害盛期。6 月后螨口密度急剧下降，10 月后又出现短暂危害高峰，主要危害秋梢叶片。卵在 36 ℃下不能孵化，世代发育起点温度和有效积温分别为 12.38 ℃和 220.00 日度。每雌产卵量、卵孵化率、幼若螨存活率在 27 ℃下最高，18 ℃下最低。21～30 ℃是柑橘始叶螨生长发育和繁殖的最适温度范围

续表 11-4

种类	发生概况
果苔螨	主要危害苹果、桃、槟子和梨等。1 年 3～7 代，以卵在枝条阴面、枝杈间以及果苔、枝叶痕、剪口等处越冬。苹果树发芽时，越冬卵开始孵化，落花后基本孵化完毕。全年发生危害盛期在 6、7 月，性极活泼，多在叶片正面危害，无结网习性。孤雌生殖

11.2.5 重要叶螨的预测预报

1. 山楂叶螨、二斑叶螨越冬雌成螨出蛰调查

在代表性果园内选择 3 株被害较重的树，每株标定 10 个内膛顶芽，逐一挂牌编号。从越冬雌螨出蛰开始，每天观察 1 次爬上芽的螨数，并挑除芽上雌螨。上芽雌螨数量剧增时(约在苹果开花 1 周后)，及时发布出蛰盛期信息并组织防治。

2. 越冬卵孵化调查

选择有代表性果园的易感品种或主栽品种，标定不少于 500 粒越冬卵。用针挑除灰白色死卵，周围涂以虫胶或凡士林。从越冬卵孵化开始每天观察 1 次，直至孵化结束。每次检查时将已孵化幼螨挑除，按下式计算日孵化率和累计孵化率：

$$日孵化率=\frac{调查日前孵化幼螨数}{标定卵数}\times 100\%$$

$$累计孵化率=日孵化率+调查日前孵化率$$

11.3 细须螨科害螨

在本科中，种类和数量较多的属是短须螨属、细须螨属和新须螨属。其中，有些种类是果树等经济作物重要害螨：加州短须螨 *Brevipalpus californicus* Banks 世界性分布，危害多种作物和观赏植物，在美国和亚洲南部(包括中国台湾)严重危害柑橘。葡萄短须螨 *Brevipalpus lewisi* McGregor 分布于美洲、大洋洲、亚洲和中国，在美洲危害柑橘、胡桃和多种观赏植物，在中国北方果区是葡萄重要害螨。卵形短须螨 *Brevipapus obovatus* Donnadieu 分布于世界各地，已记载近百种寄主，是中国南方各省区茶树重要害螨。柿细须螨 *Tenuipalpus zhizhilashviliae* Reck 危害柿、葡萄等果木。丽新须螨 *Cenopalpus pulcher* Canestrini et Fanzago 分布于欧洲、亚洲和北非，危害苹果、梨、李、桃等果树。菠萝长叶螨 *Dolichotetranychus floridanus* Banks 分布于亚洲南部和美洲，危害菠萝。

11.3.1 丽须新螨的分布与危害

丽新须螨属叶螨总科细须螨科。我国各地造成危害的主要有短须螨属、细须螨属和新须螨属种类。和叶螨类明显区别，体形更小，多扁平，色泽也不像叶螨类那样鲜艳，多为乳白、黄色和红色，胫节上无“拇爪复合体”，足粗短，多具环状皱缩。我国北方部分省份有分布。以成螨和幼若螨集中在叶片危害，受害严重的叶片常变为灰褐色，甚至呈焦枯状，影响果树发育和结果。

11.3.2 丽须新螨的识别特征

成螨体长 0.2～0.3 mm，背面观呈卵形或梨形，体扁平。体色多呈深红色。体壁骨化较强，背面常有纹饰。须肢 0～5 节，无爪，无拇爪复合体。前足体前缘多数有喙盾（一对薄膜状突起）。成、若螨具足 4 对，幼螨 3 对，个别种类成螨只有 3 对足。足粗短，有横皱。雌、雄异型，雌螨后半体完整，而雄螨有横缝将其分为后足体与末体两部分。

雌成螨体椭圆形，两侧缘近平行。红色，越冬态鲜红色。喙长达足Ⅰ股节，顶端尖。喙板中央深凹，两侧呈峰形突起，顶端具横纹，基部具细小的网状纹。须肢端节具 2 根刚毛和 1 根枝状毛。前足体具锯齿状刚毛 3 对，其中第 1 对最长。背面表皮纹呈蜂窝状。前足体腹面具 1 对刚毛，后足体腹面具 2 对刚毛。腹板中部有 1 对刚毛。生殖板和肛板各具 2 对刚毛。雄螨体形较雌螨细长，末体有若干条平行褶纹，其前后方均具网状纹。若螨体椭圆，背面无网状纹，后足体均具平行横纹。

11.3.3 丽须新螨的发生规律

在山东烟台、辽宁朝阳等地危害苹果、梨等。主要以成螨、部分若螨在老树皮下、芽鳞苞叶内或短果枝的粗糙面越冬。翌年 5 月上中旬出蛰，5 月中旬开始产卵，6—8 月为发生盛期，9 月下旬开始越冬。

11.4 瘿螨科害螨

瘿螨属真螨目瘿螨总科，中国已记录 180 多种，严重危害园艺植物的有柑橘锈螨 *Phyllocoptruta oleivora* Ashmead、柑橘瘤螨 *Eriophyes sheldoni* Ewing、柑橘瘿螨 *Phyllocoptruta oleivora* Ashmead、荔枝瘿螨 *E. litchi* Keifer、葡萄缺节瘿螨 *Colomerus novahebridensis* Newkirk & Keifer、枣顶冠瘿螨 *Tegolophus zizyphagus* Keifer、梨叶肿瘿螨 *Briophyes pyri* Pagenstecher 等。瘿螨大多发生在多年生植物上，危害多种果树、花卉和绿化行道树，寄主高度专化。多在叶、芽或果实上吸取汁液，常形成畸形或虫瘿，能传播植物病毒。

11.4.1 柑橘锈螨的分布与危害

柑橘锈螨属蛛形纲真螨目瘿螨科，又名橘锈螨、柑橘锈蜘蛛、锈壁虱、橘皱叶刺瘿螨等。柑橘锈螨在国外分布于南北美洲、澳大利亚及叙利亚、菲律宾、日本和俄罗斯。国内分布于四川、云南、贵州、广西、广东、湖南、湖北、江西、福建、台湾、浙江、江苏、海南等地。

柑橘锈螨仅危害柑橘类植物，对金柑危害轻，对其他种类和品种如柑、橘、橙、柠檬等危害严重，近年来对沙田柚危害非常重。以成、若螨在叶背、嫩枝及果面吸汁危害。严重时叶片大量变黄脱落；果实受害后，果面粗糙，变黑褐色，果肉酸度增加，产量和品质下降。

11.4.2 柑橘锈螨的识别特征

成螨体长 0.1～0.2 mm，前端大，后端尖，形似胡萝卜或蛆形，体色淡黄至浅橙色。头胸部背面平滑，仅前足体上有足 2 对；腹部背面环纹 28 节，腹面 56 节。喙常较小，即使喙大，口针仍短。雌螨生殖盖通常有肋，腹末有 1 对长毛。卵圆球形，表面光滑，灰白色，半透明。若螨形似成螨，但体较小。腹部光滑，环纹不明显，尾端尖细，有足 2 对。第 1 若螨灰白色，第 2 若螨淡黄色(图 11-3)。

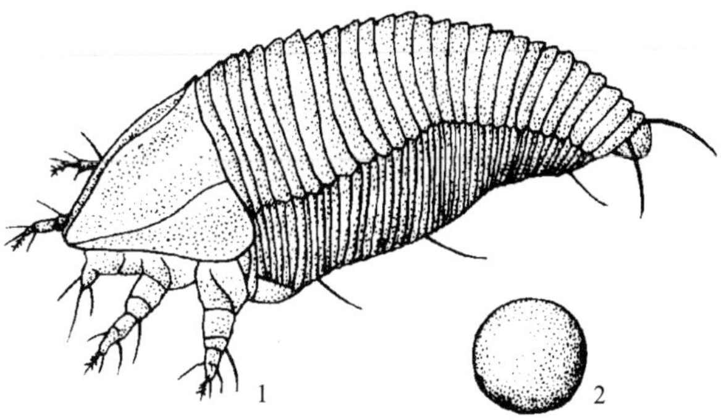

图 11-3 柑橘锈螨

1.成螨 2.卵

11.4.3 柑橘锈螨的发生规律

柑橘锈螨的发育经过卵、第 1 若螨、第 2 若螨和成螨等阶段，有世代重叠现象。浙江黄岩年发生 18 代，湖南 18～20 代，福建龙溪 24 代，台湾 30 代。在四川、浙江等柑橘区，以成螨在秋梢的腋芽、卷叶内或花果萼片下越冬，在福建以各种螨态在绿色枝条上越冬，在广东无越冬现象。

柑橘锈螨喜荫蔽，常栖息于叶背或果的背光面。数量多时才转移到光面。内膛嫩梢和果上数量较多。该螨营孤雌生殖。产卵于叶背或果面凹陷处。平均每雌产卵 14 粒，最多可产 35 粒。可借助果和苗的传播，也可靠工具的重复使用或其他生物传播。

浙江黄岩越冬螨 3 月中旬开始产卵繁殖，5 月上旬起移至新梢，6 月下旬开始上果，7—9 月发生严重。湖南 5 月上旬危害春梢，5 月下旬至 6 月上旬上果危害，7—8 月危害严重。福建龙溪 4 月初上春梢，5 月上旬上果，7 月达到高峰，并延至 9 月上旬。广州 1 年 2 个发生高峰，第 1 高峰 4—6 月，第 2 高峰是 8 月下旬至 10 月下旬，9 月上中旬黑皮果迅速增加。

柑橘锈螨最适温度为 28 ℃左右，相对湿度为 70％～80％，高温干旱有利于生长繁殖，因此，夏、秋两季危害严重。橘园栽培管理对柑橘锈螨种群增长也有很大影响。土壤干旱、管理粗放、树体衰弱的橘园，发生较重；相反，橘园内橘树生长茂盛、覆盖率高、水分充足，或天旱时适当灌溉与施肥可减轻危害。天敌对柑橘锈螨也有较强控制作用，特别是多毛菌和具瘤神蕊螨。在高温多雨季节，多毛菌寄生率很高。在广东 4—5 月及 11—12 月，具瘤神蕊螨在用药较少的果园中数量很多，每片叶上可达数十头(包括卵)。经常使用波尔多液的果园，柑橘锈螨往往会大发生。

11.4.4 其他常见瘿螨种类

其他常见瘿螨种类的分布与危害如表 11-5 所示。

表 11-5 其他瘿螨的分布与危害

种类	发生概况
柑橘瘤螨	主要分布于云南、贵州和四川，邻近的广西、湖南、湖北及陕西的部分地区也有分布。危害柑橘类，集中在腋芽、花芽、花苞、花萼、嫩枝、叶柄、嫩叶和果柄等部位危害，形成胡椒状螨瘿。1 年多代，以成螨在瘿内越冬。3—4 月成螨离开老瘿，集中于春芽和春梢上危害，形成新螨瘿。5—6 月繁殖迅速，数天就能完成 1 代。7 月以后极少产生新瘿，一般不危害夏秋梢
荔枝瘿螨	分布于云南、广西、广东、福建、海南和台湾等，危害荔枝和龙眼。1 年多代，世代重叠。在受害处过冬，无明显越冬。春梢萌发后即上新梢危害，也危害花穗和小果。危害后产生毛瘿，先灰白色，渐转黄褐色，后转为深褐色。多在叶背危害，叶面很少。4 月中旬后渐多，5—6 月危害最重。茂密、通风透光差的植株受害严重；树冠内部和下部受害重。禾荔品种受害严重，其次是糖驳、灵山香荔等品种。丁香、糯米糍、桂味、大造等品种受害轻。冬暖翌年发生严重

续表 11-5

种类	发生概况
枣顶冠瘿螨	分布于河北、河南、山东和江苏等。危害枣树嫩芽、叶、花蕾、花及果实的绿色部分。受害后叶片灰白、增厚、卷曲、变脆，引起早落，花蕾干枯，果有锈斑或脱落。1年9～10代。以成螨在枣芽鳞片间越冬。以两性生殖为主，也营产雄孤雌生殖。4月下旬为出蛰期，5月至6月上旬为初发期，6月中旬至7月中旬为盛发期，平均每叶130多头，多的达500～600头。7月中旬至10月中旬渐少。后转入越冬。喜温怕热，树冠内层数量多。多雨年份发生轻，反之则重
梨瘿螨	分布于东北、华北、西北及华东部分地区。寄主有梨、苹果和山楂。危害嫩叶，严重时也危害叶柄、幼果和果梗等。1年多代，以成螨在芽鳞下越冬。越冬成螨于春季梨叶展开后，从气孔进入叶内危害。5月上旬出现淡绿色疱瘿，中下旬发生最严重。成螨在瘿内产卵和危害，整个生长期均在瘿内。疱瘿继续增大，颜色加深，红色、褐色，后变黑色。高温可抑制其繁殖。9月出瘿寻找越冬场所

11.5 跗线螨科害螨

该科中的侧多食跗线螨 *Polyphagotarsonemus latus*（旧称"茶黄螨"）可危害多种蔬菜和果树林木，虫寄螨属 *Iponemus* 和食螨螨属 *Acaronemus* 的种类能寄生或捕食昆虫和其他螨类。乱跗线螨 *Tarsonemus confusus* Ewing 可以引起套袋梨、套袋桃的果实黑点病。

11.5.1 侧多食跗线螨的分布与危害

侧多食跗线螨属蜱螨目跗线螨科，为世界性大害螨。国内分布于辽宁、北京、江苏、安徽、浙江、湖北、四川、贵州、台湾等地。寄主有30多科70多种植物，主要有辣椒、茄子、马铃薯、番茄、豆类、瓜类、萝卜、蕹菜、芹菜等蔬菜。此外，还有茶、柑橘、烟草及菊属的多种观赏植物，以辣椒、茄子、黄瓜等蔬菜和茶树受害最重。随着北方保护地蔬菜的发展，危害日趋严重。

侧多食跗线螨以成螨和若螨集中在嫩尖、花、幼果等较幼嫩的部位刺吸危害，因此又称"嫩叶螨"。受害叶片变硬、变脆，呈现油质光泽或油浸状。当叶片背面灰褐或黄褐，叶片边缘向下卷曲，嫩茎、嫩枝、嫩花、蕾变为黄褐色、木质化，顶部干枯时，危害已相当严重。茄子受害后表面木栓化、龟裂，呈开花馒头状。青椒受害后，叶片变窄，僵硬直立，皱缩或扭曲畸形。黄瓜受害后，叶片边缘卷曲，稍重时叶片变为黄褐色、浅褐色。

11.5.2 侧多食跗线螨的识别特征

成螨体长0.1～0.3 mm，椭圆形，有分节痕迹。螯肢小，针状须肢小。雌螨前足体背面有假气门器，雄螨无。第Ⅱ～Ⅳ跗节爪间突为宽阔膜质垫。雌螨Ⅳ跗节有两长鞭状毛，无爪和膜质间突，雄螨Ⅳ足粗大。雄成螨体长0.19～0.21 mm，雌螨略大，体躯阔卵形，淡黄色至橙黄色，半透明，有光泽。身体分节不明显，体背有1条纵向白带。腹部末端平截，足4对，较短，第4对足纤细，其跗节末有端毛和亚端毛。雄螨体近似六角形，腹部末端为圆锥形。足较长而粗壮，第3、4对足的基节相连，第4对足胫跗节细长，向内侧弯曲，远端1/3处有1根特别长的鞭毛，爪退化为纽扣状。卵椭圆形，长约0.1 mm，无色透明，表面具有纵向排列的5～6行白色的小瘤。幼螨近椭圆形，淡绿色。体背有 1 条白色纵带，躯体明显分 3 节，近若螨时分节逐渐消失。足 3 对。腹部末端渐尖，具 1 对刚毛。变为若螨时前体趋明显。若螨被幼螨表皮所包围，半透明，菱形。雄若螨瘦细尖长，雌若螨较为丰满(图 11-4)。

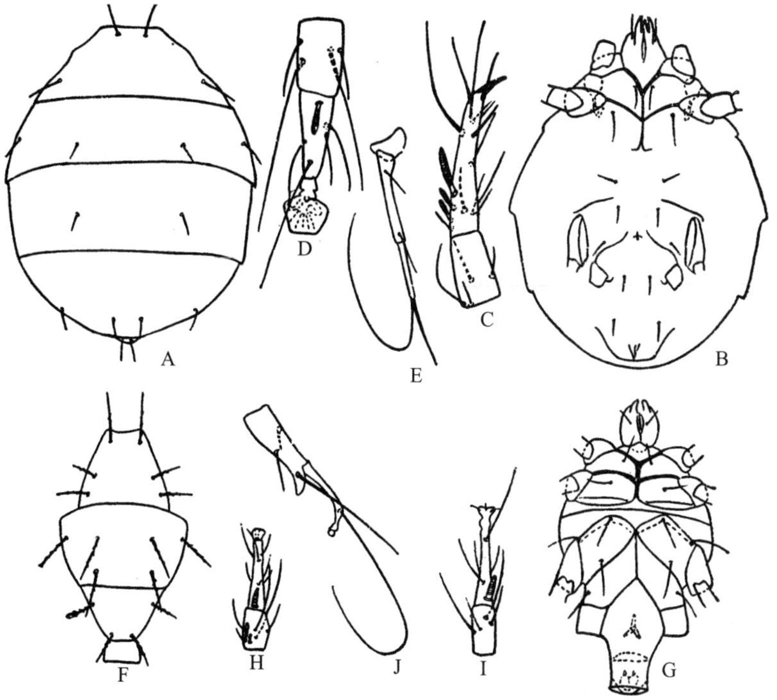

图 11-4 侧多食跗线螨(茶黄螨)

E(雌螨)：A. 背面观 B. 腹面观 C. 足Ⅰ胫跗节和膝节背面 D. 足Ⅱ胫节和跗节背面 E. 足Ⅳ腹面

F～J(雄螨)：F. 背面观 G. 腹面观 H,I. 足Ⅰ、Ⅱ胫节和跗节背面 J. 足Ⅳ腹面

11.5.3 侧多食跗线螨的发生规律

南方露地 1 年发生 25～30 代，以雌成螨在避风的寄主植物卷叶中、芽心、芽鳞内和叶柄缝隙中越冬，冬暖地区及北方温室可周年繁殖危害，世代重叠严重。在北京、天津等地露地不能越冬，冬季主要在设施保护地中继续繁殖危害与越冬。在北方保护地，一般 5 月活动危害，6 月下旬至 9 月中旬为盛发期。露地蔬菜 6 月发生，7—9 月危害最重，10 月以后逐渐越冬。茄子受害发生裂果高峰在 8 月中旬至 9 月上旬。在湖南，5 月上旬辣椒移栽时即陆续迁入；5 月中下旬田间出现第 1 次危害高峰，多呈点片发生；6 月中下旬出现第 2 次危害高峰，也是全年为害高峰；7 月高温干旱对其发生不利，但雨水较多、温度适宜，7 月中旬仍可见第 3 次盛发；8 月一旦伏旱解除，随着降雨，辣椒抽发大量新梢，于 8 月中下旬出现第 4 次盛发。侧多食跗线螨繁殖很快，在夏季高温情况下约 5 d 可繁殖一代。在田间主要靠风传播，但成螨爬行也很敏捷，在田间往往先形成中心被害点，然后向四周扩散。

侧多食跗线螨有强烈的趋嫩性，尤其喜在嫩叶背面栖息和取食。成螨较活跃，一头雌螨可产卵百余粒，卵多散产在嫩叶背面和果实的凹坑处。初孵幼螨不太活动，常停留在卵壳附近取食，随个体的生长，活动力逐渐增强，变为成螨前停止取食，静止不动，即为若螨阶段。侧多食跗线螨完成一个世代通常只要 5～7 d，其中卵 2～3 d，幼螨期 1～2 d，若螨期一般只有 0.5～1 d。两性生殖为主，也能进行产雄孤雌生殖。

侧多食跗线螨种群增长适宜温度为 28～30 ℃，相对湿度为 80%以上，高湿对幼螨和若螨生存皆有利。在 7 ℃条件下，卵不能存活 17 d 以上，幼螨暴露 14 d 和 49 d 存活率下降 13～53%，2 日龄雌成螨暴露长达 42 d 没有显著死亡，但返回 25 ℃时产卵速度下降。雌成螨在 2 ℃下暴露 13 d 存活率不到 40%；只有 20%个体能恢复繁殖。侧多食跗线螨 15 ℃、17 ℃、20 ℃、25 ℃、30 ℃和 33 ℃时世代发育历期分别为 13.3 d、10.5 d、6.6 d、4.2 d、3.5 d 和 4.0 d，完成成螨前阶段的发育需要的有效积温是 66.7 日度。极端温度下存活率很低，15 ℃和 33 ℃时存活率分别只有 31.8%和 23.6%。

11.6 园艺害螨的综合防治

近年来，园艺作物害螨呈现逐渐加重的趋势，其中最重要的原因之一是广谱性化学杀螨剂滥用导致果园生物多样性的下降。提升果园生态系统的多样性、稳定性、持续性，逐渐减少对化学杀螨剂的依赖，大力推广生物防治技术。针对各类害螨，筛选最适用的天敌种类，从园艺生态系统的整体出发，选种果园或菜田的伴生植物，从而营造适合天敌发育的温度、湿度、光照环境，并在害螨种群衰退期间，利用这些伴生植物为天敌提供花粉、花蜜等替代性食物，从而在果园长期维持丰富的天敌数量，抑制害螨种群，避免爆发成灾。

11.6.1 农业防治

在果园刮除、刷除、擦除树上越冬成螨或冬卵；害螨进入越冬态后挖除距树干 0.3～0.6 m 范围的表土或早春害螨出蛰前用土埋压该范围内的表土；二斑叶螨、朱砂叶螨严重危害的田块或果园，可通过铲除果园或田埂杂草，减少越冬雌成螨数量。

11.6.2 生物防治

园艺害螨生物防治技术，主要包括自然天敌保护与利用以及人工释放天敌。例如，在果园种植藿香蓟、油菜、紫花苜蓿等显花植物，可为天敌提供潜所和补充食料，提高天敌对害螨的自然控制效果。已经报道的天敌种类主要包括塔六点蓟马 *Scolothrips takahashii* Prisener、深点食螨瓢虫 *Stethorus punctillunt* Weise、拟小食螨瓢虫 *S. parapauperculus* Pang，以及蜱螨目内部的天敌种类真桑钝绥螨 *Amblyseius makuwa* Ehara、加州新小绥螨 *Neoseiulus californicus* McGregor 和智利小植绥螨 *Phytoseiulus persimilis* Athias-Henriot 等。在胶东半岛，加州新小绥螨和东方钝绥螨 *A. orientalis* 均能适应当地果园生态环境。其中，加州新小绥螨对叶螨的控制作用达到 84.8%～100%，东方钝绥螨对叶螨的控制作用达到 90%～100%。青海省海东市设施黄瓜上释放胡瓜钝绥螨 *A. cucumeris* Oudemans、斯氏钝绥螨 *A. swirskii* Athias-Henriot 30 d 后，叶螨复合群密度均低于 1 头/叶，释放 45 d 后害螨密度分别为 16.70 头/叶和 5.20 头/叶。而化学药剂螺虫乙酯处理 30 d 后叶螨密度为 16.60 头/叶，45 d 后急剧上升至 125.10 头/叶。因此，释放捕食螨有助于叶螨复合群的长期可持续控制。

11.6.3 植物源杀螨剂

植物源杀螨剂具有各种不同的作用机制，在未来绿色防控中有可能发挥重要的作用。如迷迭香油,侧柏叶、羊蹄根、地锦、石榴籽等提取物,肉桂油+藿香油,肉桂油+薰衣草油,香茅精油微乳液等。某些植物提取物的活性成分已经研究清楚,未来有望开发为新型杀螨剂,如东莨菪内酯、姜黄素、6,7-二甲氧基香豆素、辣椒碱类物质等。

11.6.4 化学防治

根据国家苹果产业技术体系 25 个病虫害监测点 2009—2017 年的数据,我国苹果园优势叶螨种类是山楂叶螨(65%)、二斑叶螨(23%)和苹果全爪螨(12%)。杀螨剂单剂使用频次最高的是阿维菌素,其次是哒螨灵和三唑锡,近几年螺螨酯等新型杀螨剂使用频次有所增加。其他常用药剂还有 43%联苯肼酯悬浮剂、11%乙螨唑悬浮剂和 73%炔螨特乳油等。需要注意的是,炔螨特和丁醚脲存在较强交互抗性,不适宜混用,但二者均适宜与溴虫腈混用。其中,炔螨特与溴虫腈以 96.5∶3.5 和 96.0∶4.0 的比例混合、丁醚脲与溴虫腈以 94.0∶6.0 或 93.5∶6.5 的比例混合。

1. 果树休眠期防治

果树发芽前喷布 5%蒽油乳剂、3～5 波美度石硫合剂对山楂叶螨越冬雌螨效果很好,喷施 0.7%螨卵酯对越冬卵的杀灭效果很好。

2. 花前、花后防治

掌握关键时期,降低螨口基数,控制后期猖獗危害。针对山楂叶螨、李始叶螨和二斑叶螨,第一个防治关键期为越冬雌螨出蛰期,华北地区约在 4 月中旬前后(苹果花序分离至初花期,花前 1 周左右);第二个防治关键期为当年第 1 代卵的孵化盛期(苹果落花后 1 周左右)。最好选择兼有杀成螨、若螨和杀卵作用的药剂。针对苹果全爪螨,第一个防治关键期是越冬卵的孵化盛期(苹果花前 1 周左右,约 5 月上旬);第二个防治关键期是第 1 代卵的孵化盛期(苹果落花后 1 周左右,约 5 月底)。选用选择性强、低温型或对温度不太敏感的药剂,如 1.8%阿维菌素乳油、5%唑螨酯悬浮剂、10%喹螨特乳油、25%三唑锡可湿性粉剂和 20%杀螨酯可湿性粉剂等。

3. 生长期防治

6 月下旬至 7、8 月是叶螨快速繁殖期,应及时防治。要求防治药剂具备杀卵活性。可选药剂:50%四螨嗪悬浮剂、5%氟虫脲悬浮剂、5%噻螨酮乳油、73%克螨特乳油、20%复方浏阳霉素乳油和 20%双甲脒乳油等。

思考题

1. 根据柑橘全爪螨的特性拟定其防治方案。
2. 如何做好瘿螨的防治工作?
3. 侧多食跗线螨(茶黄螨)的取食危害有哪些特点?防治时应注意哪些问题?
4. 怎样防治朱砂叶螨?请阐明依据。

12 园艺植物害虫综合治理

园艺植物害虫综合治理是对按照危害特征设置的各类害虫章节的补充和扩展，其主要内容包括蔬菜、果树、观赏植物、茶树和食用菌等园艺植物整个生育期害虫发生种类与危害规律，基于相应生态环境特征、植物栽培管理特点的害虫综合防治措施，以及不同园艺植物在采后储藏时发生的害虫种类及综合防治方法。本章力图从植物整体角度反映园艺植物害虫发生与综合治理策略。

12.1 蔬菜害虫综合治理

12.1.1 蔬菜害虫概况

蔬菜生长周期短，多数种类具有周年连作的特点，相应地，蔬菜害虫的发生也呈现种类多、发生规律复杂的特点。据记载，能危害蔬菜的害虫可达700多种。它们咬食或蛀食作物的组织、器官，刺吸植株汁液，干扰和破坏作物的正常生长、发育，造成减产和质量下降。同时蔬菜是一类以新鲜菜叶或果实使用的作物，因此，其安全生产非常重要。蔬菜害虫综合治理就是协调运用多种有效的防治措施，通过充分发挥生物技术、农业、生物、物理机械等非化学防治方法的作用，控制害虫的危害，尽可能地减少药剂的使用，确保蔬菜的生产安全和生态环境安全。

十字花科蔬菜是我国消费量最大的一类蔬菜，包括包心菜、花菜、青花菜、白菜、萝卜和各种青菜等。这些蔬菜在南方可周年栽培。在生长发育过程中，十字花科蔬菜遭受多种虫害：南北菜区常年发生的主要害虫有小菜蛾 *Plutella xylostella* L.、菜粉蝶 *Pieris rapae* L.、菜蚜 *Lipaphis erysimi* 和甜菜夜蛾 *Spodoptera exigua* Hiibner 等，向北发生的还有甘蓝夜蛾 *Mamestra brassicae* 和根蛆类害虫，而蚜虫与根蛆分别与病毒病和软腐病流行有关，也常成为蔬菜减产的重要原因。在蔬菜生长前期以菜螟 *Hellula undalis* Fabricius、黄曲条跳甲 *Phyllotreta striolata* Fabricius 危害为主，北方菜地还有牧草盲蝽 *Lygus pratensis* 及菜蝽类危害较重，在生长后期以菜粉蝶、斜纹夜蛾 *Spodoptera litura* Fabricius 和甜菜夜蛾危害较重。

茄科蔬菜主要包括茄子、番茄、辣椒和马铃薯等作物。茄科蔬菜在生产中遭受多种害虫侵害，包括危害茎叶的二十八星瓢虫和粉虱类害虫；危害果实的烟青虫 *Helicoverpa* assulta；危害幼苗的小地老虎 *Agrotis ypsilon*，发生严重时常造成缺苗断垅。蚜虫虽不造成直接危害，但因其可传播病毒病也成为限制番茄、辣椒生产的主要因素。马铃薯块茎蛾 *Phthorimaea operculella* 是国内检疫对象，是危害马铃薯的一大害虫，除在生长期危害外，在马铃薯的贮藏期也有发生。此外，棉红蜘蛛 *Tetranychus cinnabarinus*、棉叶蝉 *Empoasca biguttula*、茄黄斑螟 *Leucinodes orbonalis* Guenee、棕榈蓟马 *Thrips palmi* Karny 在南方，温室白粉虱 *Trialeurodes vaporariorum* Westwood、侧多食跗线螨 *Polyphagotarsonemus latus* Banks 在北方，都已成为茄科蔬菜上的重要害虫。

葫芦科蔬菜包括黄瓜、冬瓜、南瓜、丝瓜、苦瓜等重要的夏秋季蔬菜。在不同的生长发育时期，虫害发生的种类和严重程度均有所不同。危害较严重的有黄守瓜 *Aulacophora indica* Gmelin、瓜蚜 *Aphis gossypii* Glover、红蜘蛛 *Tetranychus cinnbarinus*、瓜实蝇 *Bactrocera cucurbitae*等。苗期危害较重的是小地老虎、黄守瓜、蛞蝓 *Agriolimax agrestis* L.、蜗牛等；生长期有瓜蚜、红蜘蛛、温室白粉虱、棕榈蓟马和瓜绢野螟 *Diaphania indica* Saunders 为害。害虫组成南北有异。瓜蚜、红蜘蛛全国均有发生危害，北方危害更重。守瓜类也普遍发生，但以南方危害较重。温室白粉虱是北方温室内的主要害虫，而瓜绢野螟、棕榈蓟马、瓜实蝇则主要在长江流域以南地区发生。

豆科蔬菜主要包括菜豆、豇豆、豌豆、蚕豆、毛豆、扁豆、刀豆、花生等作物，在这类作物上危害的有钻蛀性的大豆食心虫 *Leguminivora glycinivorella* Matsumura、豆荚螟 *Maruca testulalis* Geyer、豌豆象 *Bruchus pisorum*、蚕豆象 *Bruchus rufimanus*；食叶性的豆天蛾 *Clanis bilineata tingtauica*、银纹夜蛾 *Argyrogramma agnata* Staudinger、斜纹夜蛾、大豆小夜蛾 *Ilattia octo* Guenée、豆小卷叶蛾 *Matsumuraeses phaseoli* 及各种土蝗等；还有刺吸汁液的苜蓿蚜 *Aphis craccivora*、豌豆蚜 *Acyrthosiphon pisum*、大豆蚜 *Aphis glycines*、棉红蜘蛛 *Tetranychus cinnabarinus*、多种蓟马等。豆科作物在苗期还可遭受地老虎、蝼蛄等地下害虫的危害。

此外，葱蓟马 *Thrips alliorum* Priesner、葱地种蝇 *Delia antigua* Meigen 等危害葱、洋葱、大蒜、韭菜等百合科蔬菜。芋单线天蛾 *There pinastrina pinastrina* 危害毛芋，长绿飞虱 *Saccharosydne procerus*、二化螟 *Chilo suppressalis* 危害茭白，莴苣指管蚜 *Uroleucon formosanum* 危害莴苣、苦荬菜等菊科蔬菜。各种蔬菜还可遭到地下害虫如地老虎、蝼蛄、蛴螬等的危害。

12.1.2 蔬菜害虫综合治理策略

由于蔬菜产品价值高，往往是鲜食的，无明显贮藏期，且食用部位大都是喷药防治时的受药部位，因此在蔬菜害虫的综合治理中，应保证作物不受损失的同时，力求减少环境污染和产品上的农药残留。还需要特别注意加强田间管理、适时进行化学防治，注意轮换用药，并严格执行用药安全间隔期。目前蔬菜害虫综合治理的主要手段包括：

1. 农业防治

利用各种耕作、栽培技术和田间管理措施，创造有利于蔬菜生长而不利于害虫的发生的生态环境条件，增强蔬菜植株的抗性，可控制或减少虫源。

(1)种植抗虫品种　因地制宜，选择抗逆性强、抗虫害、优质、高产的蔬菜品种是切实控制蔬菜虫害，实现高产优质蔬菜生产的关键。如选择早熟、结荚期短、荚上毛少或无毛的品种，可以减轻豆荚螟 *Maruca testulalis* Geyer 的危害；在北方，种植于露地的黄瓜、番茄等多毛的作物应尽量避免与种植黄瓜、番茄等的温室相连，可减少温室内的白粉虱在开棚时直接迁往露地作物上的虫量。选择葫芦素较高的黄瓜品种可增强对棉红蜘蛛的抗性，而葫芦素较低的品种，则对瓜甲类害虫抗性较强。而在种植有机蔬菜时，严禁使用经化学药物处理过的蔬菜品种。

(2)科学施肥　根据种植的蔬菜种类、蔬菜生长发育时期，合理配施化肥，能改良作物的营养条件，提高作物的抗虫能力，加速虫伤部分的愈合，减轻作物受害程度，促进作物生长，还可以改良土壤性状，恶化土壤害虫的生活环境，有时还可直接杀死害虫(如茶籽饼肥)。配方施肥时，注意氮、磷、钾合理搭配，根部追肥与叶面施肥相结合，少施化肥。针对绿色蔬菜、有机蔬菜的特质，优先选择农家、有机肥料进行施肥，尤其在有机蔬菜的种植过程中，对肥料的使用量要进行规范，不能使用具备化学成分的肥料。但在地蛆发生严重地区，施用未腐熟的有机肥，则会加重地蛆的危害。对于常年种植蔬菜的保护地，应当施用适量的生物菌肥，保持土壤中微生物的动态平衡，为蔬菜根系生产创造良好的环境。

(3)加强田间管理　加强田间管理，保证种植前土地的洁净度，可减少害虫发生:豆荚螟危害严重地区，在豆荚螟老熟幼虫入土化蛹时进行田间灌水，可以增加蛹的死亡率，从而减轻豆荚螟的危害。金龟子危害严重地区，加强田间肥水管理，也可减轻金龟子的危害。地膜覆盖，可使棕榈蓟马、美洲斑潜蝇 *Liriomyza sativae* Blanchard 难以入土化蛹，从而增加其死亡率，不利于其发生。适时中耕除草，可以减轻小地老虎、蜗牛等的危害。适时播种可减轻菜螟的危害。及时清除有虫植株、枯枝、落叶、落果及收获后的残余物，种植诱集作物，深翻土地等对减轻害虫危害也能起到一定的效果。实行蔬菜轮作时，应考虑根系深浅不同的蔬菜互相轮作;同科作物病虫害容易互相传染，应避免连作。

2. 生物防治

蔬菜害虫生物防治手段包括天敌、病原菌、病毒、昆虫病原线虫等的利用。生物防治也是绿色蔬菜、有机蔬菜害虫综合防治技术的重要组成部分，可以减少化学农药的用量，有利于保护生态平衡。菜地天敌种类十分丰富，有的发生相当普遍，如绒茧蜂、瓢虫、食蚜蝇等，这些天敌对遏制害虫的数量增长起着重要作用:1 头大灰食蚜蝇 *Syrphus corollae* 可捕食近 400 头蚜虫，此外烟蚜茧蜂 *Aphidius gifuensis* Ashmead 对十字花科蔬菜中的蚜虫也有较好的控制潜力。

近年来各地大力推广应用对天敌杀伤力较小或安全的微生物杀虫剂，如 Bt 制剂可以防治多种鳞翅目害虫，如小菜蛾、甜菜夜蛾、菜青虫等;昆虫病毒是一种新型的生物农药，已应用于蔬菜害虫防治的昆虫病毒有菜青虫颗粒病毒、小菜蛾颗粒体病毒、甜菜夜蛾和斜纹夜蛾核型多角体病毒，这些病毒作为专门防治虫害的病毒，主要存在于鳞翅目昆虫体内，通过害虫产生的粪便可把病毒传染给其他同类害虫，使其呈现大规模死亡的现象，继而达到害虫治理的效果。

3. 物理防治

物理防治在无公害、绿色和有机蔬菜害虫防控体系中发挥着重要作用。利用遮阳网、防虫网等对蔬菜作物进行浮面覆盖，可有效地阻止小菜蛾、菜青虫等鳞翅目害虫和温室白粉虱、蚜虫等小型昆虫的侵入和繁殖。这项措施常与蔬菜栽培中防高温、防寒结合起来，既防虫，又有利于作物生长，还可减轻蚜传病毒病的发生。在保护地使用防虫网效果更好。但要注意网眼的大小，网眼过大，产在网上的斜纹夜蛾、甜菜夜蛾的卵孵化后，幼虫易从网眼钻入危害作物，起不到防虫的作用。

在蔬菜种植过程中，也可以利用害虫的趋光性、趋化性以及对颜色的趋、避性等对害虫进行诱杀或驱避，如在温室悬挂黄色粘板，可以诱杀大量温室白粉虱、美洲斑潜蝇和有翅蚜，在小白菜菜垄上悬挂黄色粘板也可对黄曲条跳甲起到诱杀作用，且具有防效持久的特点。蔬菜移栽后，黄板在田间呈棋盘式悬挂，悬挂高度以 30～40 cm 为宜。夏秋季将银灰膜条悬挂在育苗棚上、露地覆盖或植株上方，可驱避蚜虫，以减轻番茄、青椒病毒病。杀虫灯是利用昆虫对不同波长、不同波段光的趋性进行诱杀。在晚上用风吸式杀虫灯可以诱杀小菜蛾、斜纹夜蛾和甜菜夜蛾等鳞翅目害虫。使用杀虫灯应注意根据不同作物选择合适高度，十字花科蔬菜移栽后，放置杀虫灯，挂灯高度为 80～100 cm，葫芦科蔬菜中的棚架蔬菜挂灯高度以 100～120 cm 为宜。

4. 化学防治

化学农药目前仍是蔬菜害虫防治中重要且有效的手段。很多蔬菜可周年栽培，给害虫提供丰富的食料，导致害虫一年四季均可发生。用药防治次数增加，进而导致害虫抗药性形成速度加快，抗性水平不断增高。蔬菜害虫的发生危害往往是连续性的，蔬菜采收期长、间隔期短，在采收期进行化学防治，就很容易造成产品上农药残留量超标。蔬菜产品食用部分在喷药防治时几乎全部是受药部位，叶菜类更为明显。这使产品上的残留对人体健康的影响比其他农业产品如粮食、棉花、水果等中的农药残留更为直接、更具危险性。因此，使用化学防治手段时，应根据害虫发生的种类、时期和轻重不同，选用高效低毒、对昆虫具特异性作用的药剂：在苗期采用噻虫嗪灌根可有效控制番茄和黄瓜上粉虱、蓟马的为害；防治小菜蛾、菜青虫、甜菜夜蛾可采用虫螨腈、氯虫苯甲酰胺、茚虫威、甲维盐等；防治黄曲跳甲可选择的农药有氯虫·噻虫嗪、溴氰菊酯、联苯菊酯·噻虫嗪等；防治蚜虫可选择的农药有：啶虫脒、苦参碱、吡蚜酮等。

在无公害和绿色蔬菜生产中应首选生物源农药，如苦参碱、蛇床子素等植物源农药，波尔多液、铜盐等矿物源农药，或对昆虫特异、不易使害虫产生抗性的昆虫生长调节剂。施用时注意保护天敌，同时掌握防治适期。许多蔬菜害虫是在苗期进入菜地繁殖，尚未建立稳定种群，此时害虫集中在小苗上，菜苗受药面积也小、距收获期时间长，是较理想的用药时机。因此，针对性地开展蔬菜害虫化学防治需要全面了解害虫的发生期和发展期，加强虫害预测预报，注意轮换用药，合理复配混用，延缓和克服害虫的抗药性。此外，施药时注意各种农药的安全间隔期，做到施用农药后至少经过安全间隔期再采收上市。

12.2 果树害虫综合治理

12.2.1 果树害虫概况

果树种类多，品种复杂，又是多年生植物，是害虫繁衍与暴发的有利场所。目前我国已记载的果树害虫种类有 1000 多种，其中重要害虫有 80 多种。

蔷薇科果树害虫约达 500 种。主要有危害仁果类的苹果、梨、山楂、木瓜；核果类的桃、李、杏、梅、樱桃；浆果类的树莓等果树的害虫。除种苗期主要受地下害虫危害外，结果期主要有蛀果危害的各种食心虫、苹果蠹蛾 *Cydia pomonella* L.、桃蛀螟 *Conogethes punctiferalis* Guenée 等，害螨类的山楂叶螨 *Tetranychus viennensis*、苹果全爪螨 *Panonychus ulmi* (Koch) 等；吸汁危害的各种蚧类如朝鲜球坚蚧 *Didesmococcus koreanus* Borchsenius、梨圆蚧 *Quadraspidiotus pemiciosus* Comstock 等，还有梨木虱 *Psylla chinensis* Yang et Li、多种蚜虫、黑蚱蝉 *Cryptotympana atrata* Fabricius；蛀杆类的各种天牛、吉丁虫、苹果透翅蛾 *Conopia hector* Butler、咖啡豹蠹蛾 *Zeuzera coffeae* Nietner；卷叶潜叶潜皮类的苹小卷叶蛾 *Adoxophyes orana*、梨星毛虫 *Illiberis pruni*、旋纹潜叶蛾 *Leucoptera scitella* Zeller 等；以及金龟甲、各种蛾类等有关食叶类害虫发生危害。在防治对象上，一般以蛀果类、刺吸类为重点，兼治其他害虫。

亚热带主要栽培果树柑橘、荔枝、龙眼、香蕉、菠萝、杧果、枇杷、番石榴、火龙果、莲雾等的害虫有400多种，主要有吸汁危害茎叶的柑橘全爪螨 *Panonychus citri* McGregor，蚧类如红蜡蚧 *Ceroplastes rubens* Maskell、矢尖蚧 *Unaspis yanonensis* Kuwana、糠片蚧 *Parlatoria pergandi* Comstock、吹绵蚧 *Icerya purchasi* Maskell 、菠萝粉蚧 *Dysmicoccus brevipes* Cockere等，以及各种蚜虫、粉虱、柑橘木虱 *Diaphorina citri* Kuwayama、荔枝蝽 *Tessaratoma papillosa* Drury、荔枝瘿螨 *Eriophyes litchii* Keifer、龙眼鸡 *Pyrops candelaria* L.、蓟马等；咬食幼嫩梢枝的食叶类害虫，如卷叶蛾类、尺蠖类、夜蛾类、凤蝶等鳞翅目幼虫和金龟子、食叶象甲等鞘翅目成虫；蛀果类的橘小实蝇 *Bactrocera dorsalis* Hendel、荔枝蒂蛀虫 *Conopomorpha sinensis* Bradley、荔枝小灰蝶 *Deudorix epijarbas* Moore、果象甲等；蛀茎类的各种天牛、吉丁虫、小蠹类、香蕉假茎象甲 *Odoiporus longicollis* Olivier、白蚁等。在防治上，柑橘一般以吸汁危害茎叶的害虫为重点，香蕉以蛀茎害虫为重点，兼顾食叶类害虫。荔枝、龙眼、杧果一般以蛀果类为重点，兼顾食叶类害虫。除了荔枝和龙眼外，各种水果均要重点防治橘小实蝇。

干果类害虫有近200种。板栗害虫中蛀果类主要有桃蛀螟 *C. punctiferalis* 、板栗栗实象 *Curculio davidi* Fairmaire、栗剪枝象甲 *Cyllorhynchices cumulatus* Voss、板栗雪片象 *Niphades castanea* Chao、栗皮夜蛾 *Characoma ruficirra* Hampson、栗实蛾 *Laspeyresia splendana*；危害芽类有栗瘿蜂 *Dryocosmus kuriphilus* Yasumatsu、栗绛蚧 *Kermes roboris* Fourcroy、栗大蚜 *Lachnus tropicalis* Vander Goot、栗角斑蚜 *Nippocallis castanocallis*、金龟子；蛀杆类有天牛类、木蠹蛾类、透翅蛾、白蚁等；危害叶片的有吸食汁液的栗小爪螨 *Oligonychus ununguis* Jacobi 和咬食嫩叶的卷叶蛾等鳞翅目害虫等。核桃害虫中蛀果类主要有核桃举肢蛾 *Atrijuglans hetaohei* Yang、桃蛀螟、核桃长足象 *Alcidodes juglans* Chao；危害芽类有草履蚧、金龟子、蚜虫等；蛀杆类有云斑天牛 *Batocera horcfieldi* Hope、木蠹蛾、吉丁虫等；食叶类有核桃缀叶螟 *Locastra muscosalis*、核桃瘤蛾 *Nola distribute* Walker、木橑尺蛾 *Culcula panterinaria*、大蚕蛾类、刺蛾类、核桃叶甲等。在防治上一般以蛀果类为重点，兼顾害芽类、蛀杆类和食叶类害虫。

12.2.2 果树害虫综合治理策略

果园生态系统较农田生态系统稳定，生态平衡是果园病虫害控制的关键。水果产品主要用于鲜食，对农残要求极高，果品要求外观质量也很高，不能受到病虫害的为害。因此果树害虫的防治策略上应以栽培防治包括农事措施和营林措施为基础，协调运用物理的、生物的和化学的调控措施，将害虫控制在经济损失水平之下，并通过植物检疫避免或延缓危险性害虫人为传播蔓延。目前果树害虫综合治理的主要手段包括：

1. 植物检疫

许多果树苗木和接穗调运频繁，加上果实调运，检疫性害虫会随着调运携带从疫区传播至新区，由于新区无天敌控制，新传入的害虫极易暴发成灾害，因此，加强苗木和接穗调运的检疫措施，严防果树苗木、接穗、果实上及包装箱中的苹果绵蚜 *Eriosoma lanigerum* Hausmann、苹小丁吉虫 *Agrilus mali* Mats、苹果蠹蛾、美国白蛾 *Hyphantria cunea* Drury、杧果象甲、柑橘实蝇，以及一些蚧、螨等危险性害虫传播蔓延。做好植物检疫工作，是防止检疫性害虫传播的关键。

2. 农业防治

农业措施防治是害虫综合治理的重要基础。害虫的发生消长与外界环境条件密切相关，害虫是以农作物为中心的一个生态组成部分，利用农业栽培管理和生产技术措施，有目的地改变某些环境因子，即创造一个有利于果树生长而不利于害虫发生的生态环境条件，可以预防和避免或减少害虫的发生。

(1)果园的栽培管理　适时修剪，统一放梢，可避免嫩梢期害虫辗转危害。柑橘木虱、蚜虫、潜叶蛾是柑橘嫩梢期三大主要害虫，依据害虫发生特点，抹掉早、晚期不整齐芽梢，控制秋梢放梢时间，避过害虫发生盛期，以减轻危害。

(2)加强果园肥水管理，增强树势，提高树体的抗逆能力和补偿作用　果园合理施肥，增施有机肥，一方面有利于根系生长，同时为果树提供全面、稳定的营养，树体长势健壮，有助于提高对害虫的抗性。

(3)果园生草、合理间作　可以增加有机质，同时为天敌提供栖息场所。果园地面种植覆盖植物如藿香蓟、印度豇豆、黑麦草等，在干旱季节可保持果园阴湿环境，避免杂草丛生，有利树株强壮，同时还有利于多种害虫天敌如捕食螨、瓢虫、草蛉、小花蝽等的繁育。

(4)翻耕除草，深耕改土　许多果树害虫，如金龟子类幼虫蛴螬，在土中生活、化蛹、羽化为成虫；柑橘花蕾蛆老熟幼虫脱果入土越冬；果树象虫类幼虫、蚱蝉若虫在土中生活等，均可通过果园锄草耕翻破坏其栖息场所，造成不利害虫的环境，或有利于天敌捕食而起到机械杀伤的作用。北方果园结合施肥，深翻树盘内表土，使越冬害虫暴露在地面或破坏越冬场所冷冻死亡，从而有效地压低害虫的越冬基数，减轻来年的发生程度。

(5)果园清洁，降低虫源　捡拾落果，清除落叶和杂草。苹果、梨的食心虫钻蛀果实、柑橘实蝇类幼虫取食果肉，荔枝蒂蛀虫蛀食荔枝、龙眼果实都能导致落果，及时拾毁虫害落果，可减少果园内的虫口密度。在秋末和冬初进行田间清洁，清除园内的枯枝、落叶、落果和杂草等杂物，消灭害虫的越冬场所，减少下一代虫源。

(6)及时剪除有虫枝梢　结合冬、夏季的修剪，及时苹果剪除苹果全爪螨、荔枝瘿螨、龙眼角颊木虱、梨圆蚧、枝天牛等虫枝，带出果园集中销毁。

(7)摘除虫苞、虫卵　枇杷重要害虫枇杷瘤蛾初龄幼虫群集食害新梢嫩叶、香蕉弄蝶幼虫结叶苞隐藏、荔枝蝽卵块产于荔枝、龙眼叶背，巡视果园易见初孵幼虫聚集卵块周围，产卵盛期摘除卵块和初孵幼虫，摘除虫叶或捏压卷叶虫虫苞，是有效可行的辅助防治方法。

(8)冬季刮除老翘皮及粗皮，清除虫株残体，消灭越冬虫源　苹果树的翘皮、粗皮、裂缝是山楂叶螨、梨星毛虫、苹小卷叶蛾、梨小食心虫、苹小食心虫等害虫的越冬场所，冬季刮除树干和主侧枝的老翘皮及粗皮，集中深埋或焚烧，可消灭部分藏匿其中的害虫。在枝干上涂刷石灰水，能消灭大量的蚜虫、螨、蚧、食心虫、卷叶虫等害虫。香蕉双带象虫是香蕉重要害虫，成虫藏匿于腐烂的叶鞘内侧，产卵于皮层叶鞘组织内，幼虫蛀食叶鞘，冬季清除残株，割除枯鞘，可大量减少虫源。

3.物理防治

(1)人工捕杀　利用人力或简单器械，对具有群集性或假死性的害虫进行捕杀。如冬季利用震落法捕杀荔枝蝽的成虫，每年 3 月中下旬或 4 月上旬，结合疏花采摘荔枝蝽的卵块或捕杀低龄若虫。蛀杆害虫天牛成虫产卵在树干基部，产卵处隆起润湿，易于识别，可用小刀刮杀皮下卵粒和初孵幼虫，防治幼虫于蛀入韧皮部之前，或用铁丝钩杀枝干虫道内的蛀杆害虫。

(2)诱杀　主要采用诱虫灯、有色粘虫板、食物引诱剂、性诱剂等诱杀害虫。诱虫灯可诱杀蛾类、金龟子成虫和其他具有趋光性的害虫，目前果园可采用不同波长的 LED 灯对不同种类的害虫进行有针对性的诱杀，大大减少了对天敌的影响。色板主要用黄板诱杀柑橘木虱、潜叶蛾、蚜虫、粉虱类、实蝇类害虫，蓝板诱杀蓟马类害虫。在南方果园，常常应用食物引诱剂（甲基丁香酚等）诱杀果实蝇类害虫。

（3）阻隔　根据害虫的传播、侵染和扩散行为，人为设置物理性障碍，以阻止害虫的危害、传播和扩散行为的措施。如利用树干涂胶、刷白阻止天牛类等害虫在树皮上产卵和危害；果实套袋能有效阻隔实蝇成虫产卵，是目前防治橘小实蝇很常用且最见效的方法。

4. 生物防治

（1）保护利用果园自然天敌　如在果园间作种植藿香蓟、油菜、紫花苜蓿等，为捕食螨、瓢虫、花蝽等天敌提供潜所和食料。合理使用农药，如选用树干基部环涂包扎的施药方法（核果类不宜使用）或用选择性强的药剂喷雾，可以减少对天敌的杀伤。对栗瘿蜂危害严重的栗林，8月以后采集有大量的天敌寄生蜂中华长尾小蜂 *Torymus sinensis* Kamij 在其内的枯瘿，放置于篮子中，于次年 3—4 月悬挂于栗园中，使寄生蜂自然羽化，用于寄生防治栗瘿蜂。

（2）人工释放天敌　释放已商品化生产的天敌，是生物防治的一项重要手段。如在苹小卷叶蛾产卵始盛期，每公顷每次释放松毛虫赤眼蜂 *Trichogramma dendrolimi* Matsumura 60 万头，每隔 5 天释放 1 次，共 3 次，防治效果可达 85%以上。在广东、广西、福建等荔枝龙眼主产区，每年 3 月初开始至 5 月在荔枝蝽成虫产卵期，挂放平腹小蜂 *Anastatus japonicus* Ashmead 卵卡，可有效控制控制荔枝蝽的危害。管氏肿腿蜂 *Scleroderma guani* Xiao et Wu 能从虫害蛀洞钻入木质部寄生天牛幼虫和蛹。山东大面积释放管氏肿腿蜂防治青杨天牛，寄生率达 41.9%～82.3%；广东释放该蜂防治粗鞘双条杉天牛，寄生率为 25.9%～66.2%。在主要柑橘产区大量释放、助迁和保护利用捕食性天敌食螨瓢虫 *Stethorus* spp.，可以在控制柑橘红蜘蛛中取得显著成效。20 世纪 90 年代广东利用捕食螨 *Amblyseius* spp. 大面积控制柑橘红蜘蛛也获得成功。

（3）昆虫病原微生物的应用　在果树害虫生物防治中，常用的病原微生物制剂有苏云金芽孢杆菌、球孢白僵菌 *Beauveria bassiana*、绿僵菌 *Metarhizium anisopliae* 及虫霉 *Entomophthora* spp. 等。目前应用最广泛的是苏云金芽孢杆菌，主要用于防治鳞翅目害虫。如在桃小食心虫初孵幼虫蛀果前，用 Bt 乳油 300～500 倍液喷雾；在柑橘嫩梢期，用 Bt 乳油 800 倍液，可防治柑橘刺蛾，兼治柑橘潜叶蛾等鳞翅目害虫。利用病原线虫 *Neoaplectana faeltionagriotos* 防治桃小食心虫，每平方米土壤施入 46 万～91 万条，在秋季对脱果入土幼虫有 98%的防效；在春季对出土幼虫有 83%～93%的防治效果。此外，利用卵孢白僵菌处理树盘土壤，盖草喷水保湿，也可防治桃小食心虫出土幼虫。

5. 化学防治

柑橘和蔷薇科果树害虫的化学防治均以果树休眠期和春季防治为基础；荔枝、龙眼、香蕉、菠萝、杧果等害虫的防治以虫口密度为依据，准确预测防治适期是成功防治的关键，同时与生物防治有机协调，做到减少施用农药数量和次数，科学用药。因此应对害虫和天敌的发生和种群消长进行准确的预测预报，查明虫口密度和防治适期，避免盲目用药。此外，采果后往往疏于管理，致使某些后期性害虫大发生，造成早期落叶，影响树势和来年产量。因此，应加强防治。在防治果园害虫的同时，要防治好其他寄主植物上的同类害虫。

（1）果树休眠期和春季防治　在蚜、螨、蚧、木虱等害虫发生严重的果园，可以在芽萌动前用石硫合剂、机油乳剂、高效氯氰菊酯等药剂进行清园，以压低越冬后残存的虫口密度。

(2)地面施药　对桃小食心虫、梨虎、杏虎、杏仁蜂等在土下越冬的害虫，在出土或入土的始盛期和盛期分别用辛硫磷微胶囊剂处理树盘土壤。

(3)药剂熏杀　用敌敌畏、磷化铝(毒签)等药剂放入枝干虫道蛀孔内，然后堵孔口，可有效地将天牛等蛀木害虫熏杀。

(4)药剂涂干或包扎　当蚜、螨、蚧、木虱等刺吸类害虫严重发生时，可选择有效的内吸性高效杀虫剂(加水或柴油 1∶10)进行刮皮涂干或涂干后包扎，3～5 天后可以收到良好防效。

(5)树冠喷雾　一般选用高效、低毒、低残留的、选择性强的农药和适当的剂量在准确预测预报的前提下适时喷雾。大力推广应用生物农药和特异性农药。果实采收前 15 天应停止用药。

12.3　观赏植物害虫综合治理

12.3.1　观赏植物害虫概况

据不完全统计，观赏植物(包括木本花卉、草本花卉、地被物、攀缘植物、肉质植物、水生观赏植物和观赏树木)中共发现害虫 8200 余种，这些害虫主要危害观赏植物的根、茎、叶、花、果等部位。根据害虫的为害方式不同，可以把观赏植物害虫大致分为食叶害虫、蛀干害虫、吸汁害虫和地下害虫(表 12-1)。

表 12-1　观赏植物主要害虫

危害方式	主要害虫
食叶类	刺蛾 *Parasa consocia*、蓑蛾 *Psychidae*、毒蛾 *Porthesia similis*、灯蛾 *Arctia caja* L.、夜蛾 *Noctuidae*、尺蛾 *Geometridae*、舟蛾 *Notodontidae*、卷叶蛾 *Adoxophyes orana*、金鱼子
蛀干类	天牛、木蠹蛾、透翅蛾、小蠹 *Scolytidae*、蝙蝠蛾 *Hepiaua larva*
吸汁类	介壳虫 *Coccoidea*、叶螨、蚜虫、木虱 *bedbug*、粉虱、网蝽、叶蝉、蓟马
地下害虫	蛴螬、地老虎 *Agrotis ypsilon*、蝼蛄、大蟋蟀、白蚁

我国大部分地区，食叶类、蛀干类和刺吸类害虫对观赏植物危害较为严重。食叶类害虫对观赏植物叶形影响较大，将叶和花咬成缺刻或孔洞状，失去观赏和经济价值。刺蛾不仅食性杂，毒毛还能刺痛人的皮肤，直接影响人们的生产与生活。刺桐姬小蜂对刺桐属植物造成一定危害，刺桐姬小蜂卵寄生在植物幼嫩组织内，幼虫孵化后在组织中取食幼嫩组织形成虫瘿，影响植株生长。蛀干类害虫尤以天牛、蠹虫等对观赏植物为害，幼虫或成虫钻蛀木本花卉(樱花、月季等)的茎干或枝条，形成大小不一的小坑道，造成枝条枯死，严重会使整株死亡。刺吸类害虫常见的有蚧虫、蚜虫、粉虱、叶蝉、螨等，刺吸寄主汁液后往往会引起植株畸形生长，造成叶片皱缩、卷曲、虫瘿、脱落以及植株枯萎、死亡。锉吸式害虫蓟马以成虫和若虫锉吸植株幼嫩组织等方式危害蔷薇科、菊科等花卉，常见有西花蓟马、烟蓟马、花蓟马、黄蓟马等。介壳虫不仅吸取植株汁液，还分泌蜜露引起煤污病，使树枝及叶片表面发黑，影响观赏价值。蚜虫除直接刺吸汁液危害外，还能传播各种病毒病。花卉苗圃常见的地下害虫主要取食苗木的种子、幼根和嫩茎，生产上往往会造成缺苗断垄。

12.3.2 观赏植物生态环境特点

观赏植物生态环境主要有农业生产生态系统与城市生态系统两种，这两种生态系统间既有联系又有区别。观赏植物生产以保护地栽培和露地栽培为主，近年来保护地栽培发展迅速。保护地栽培可以人工手段调控植物生长环境，打破了环境原有的季节属性，利于作物的季节性生产；同时适宜的小气候环境也为植物病虫害的发生提供了有利的生态条件，易发生严重的虫害，致使害虫周年活动、发生和流行频繁，危害方式和分布格局发生变化，新、旧虫害叠加影响。

城市观赏植物种类较丰富，结构层次、立地条件复杂，生长周期长，小环境、小气候多样化，为害虫繁衍提供了有利条件。许多害虫来自城市近郊蔬菜、果树、农作物，害虫互相转主危害或越夏、越冬。城市绿地面积较小，人为干扰严重，致使城市绿地系统难以建立起稳定平衡的生态系统，害虫易于发生危害。另外，由于城市绿地间隔离屏障多，害虫扩散传播机会较少，各绿地间虫害差异大。因此，应加强监测，尽可能将害虫彻底消灭在初发阶段。

12.3.3 观赏植物害虫综合治理策略

目前随着经济社会的发展与进步，人们的物质生活水平显著提高，观赏植物越来越多进入人们工作生活中。观赏植物作为一种具有观赏价值的园艺植物，有别于其他园艺植物，既不是人们生活必需品，也不直接被人们食用。针对观赏植物的生态环境特点，在“预防为主，综合治理”的方针指导下，强化植物检疫，在农业防治的基础上积极开展生物防治和物理防治，合理使用化学农药，协调各种防治方法，将害虫控制在观赏、生态和经济损失允许水平之下，达到既控制害虫对观赏植物的危害，又维护城市生态系统平衡和良性循环的目的。

1. 植物检疫

加强植物检疫，严防危险性害虫侵入是观赏植物害虫综合治理的首要工作。社会经济高速发展促使人流、物流频繁，为观赏害虫的传播蔓延创造了有利的条件。蚧类、蚜虫、蓟马、粉虱、叶螨、蠹虫、潜叶类等害虫由于虫体微小，不易察觉，极易随苗木、接穗和物品传播。因此，在观赏植物苗木及其他材料引种调运过程中，一定要加强检疫，严格把关，严禁将危险性害虫传入或传出。

熏蒸杀虫技术可有效抑制害虫传播，成为害虫检疫的一项重要举措。溴甲烷是常用的熏蒸杀虫药剂，但施用剂量、熏蒸时间和环境条件对不同观赏植物有明显区别。对勿忘我、天堂鸟、玫瑰、百合、叶上黄金、金鱼草、洋桔梗和橙菠萝等观赏植物，要严格控制剂量，一般不能高于 $40g/m^3$，时间不能长于 3h；菊花和孔雀草则不能用溴甲烷熏蒸。密闭环境中的氮气或二氧化碳虽然对害虫无杀灭作用，但有助于低剂量条件下溴甲烷熏蒸效果的提升，可实现减少溴甲烷用药量。

2. 农业防治

农业防治是害虫综合治理中的一项基本措施，通过科学选种、种植、栽培管理等一系列农业技术措施，创造适宜花卉生长、不适宜害虫滋生繁衍的生态环境，从而达到预防或减少害虫发生的目的。

(1)选用抗性品种　一般对逆境抗性强的品种往往抗虫害优于其他品种，推广抗性品种尤其是抗虫品种是防治害虫的重要措施。例如，针对城市行道树植物种类单纯容易发生害虫危害的特点，选用抗虫的树种和品种如银杏、樟树、女贞、广玉兰等，以减少害虫防治及农药的使用。

(2)栽培管理　育苗及定植前必须彻底清除栽培基质周边的杂草和枯枝落叶等，深耕土壤，并进行土壤消毒，以彻底清除病原菌和虫卵。对于在土壤中化蛹或越冬的天蛾、夜蛾、尺蛾、金龟子等害虫，深耕可以将地面或浅土中的害虫埋入深土层，又可将原来土中的害虫翻至地面，暴露于地表被晒死、冻死或被益鸟啄食。秋冬季普遍进行清园，这对消灭越冬虫源、减少翌年发生基数很有作用。对于冬季寒冷的地区，冬耕深翻土地，消灭害虫的作用尤为显著。杂草还是小绿叶蝉、柳圆叶甲成虫等的越冬场所，勤锄杂草并及时烧毁或深埋可消灭越冬成虫。

(3)合理密植　结合整形修剪，去除虫梢、病虫枝叶、枯死树干，可以直接消灭部分卷叶蛾、潜叶蛾、蚧类、天牛、木蠹蛾、透翅蛾等害虫。通常栽种过密、枝丛，苗间湿度高、温度低、温湿度昼夜变化小，通风透光差，虫害一般较重，以介壳虫、粉虱尤为明显。此外，通过测土配方施肥和水肥一体化技术，根据不同观赏植物需水需肥规律随时供给，以满足观赏植物生长发育的需要。在已栽植的绿地，补植各类灌木、花草植物，扩大蜜源植物，为天敌昆虫创造良好的生活环境，有利于发挥自然因素控制害虫的作用。

(4)合理轮作和间作　同一块地连年用作苗圃，易导致多种根部害虫的发生。如唐菖蒲的连作常引起退化，花序由原来的十几朵减少到只剩几朵。合理施肥与灌溉可增进花卉生长，提高抗逆能力。施肥不当常会助长害虫的发生。施用未充分腐熟的厩肥，不仅花卉无法吸收，还往往会造成种蝇、金龟子等地下害虫的发生。干旱季节，适时灌溉，保持圃地阴湿环境，可减轻螨类危害，同时对螨类天敌的繁育有利。合理间作套种，把一茬有两种或两种以上生育季节相近的作物，在同一地块上成行或成带间隔种植，可有效防治土传虫害。

3. 生物防治

观赏植物生物防控技术的研发与应用近年来得到了迅速发展，应用面积逐年扩大，在虫害防治中取得明显成效。天敌昆虫和鸟类资源有广泛的挖掘和开发利用前景，微生物农药、植物源农药等种类防治产品丰富，相关配套、联合技术在不断优化完善。

(1)天敌昆虫和鸟类防治　观赏植物害虫天敌种类较多，天敌昆虫、有益的蛛形纲动物、致病微生物和鸟类均是重要的天敌类群。良好的天敌生存环境，有利于害虫天敌建立起较稳定的种群，发挥出自然控制害虫的作用。因此，为了保护、利用自然天敌，首先应注意改善天敌生存的环境条件，补充天敌的食料和寄主，创造有利于天敌越夏、越冬的场所，使天敌种群能够顺利地生存、繁衍。采取挂人工鸟巢招引啄木鸟、灰喜鹊及其他益鸟，防治蛀干类和鳞翅目害虫效果十分显著。观赏植物"以虫治虫"的生物防控技术依赖于捕食性天敌和寄生性天敌两大类。捕食性天敌主要有蜻蜓、螳螂、猎蝽、姬猎蝽、花蝽、草蛉、瓢虫、步甲、虎甲、食蚜蝇、胡蜂、土蜂等；寄生性天敌主要包括寄生蜂类、寄生蝇和捻翅虫类等。人工繁殖、释放或引进捕食性天敌是防治观赏植物害虫行之有效的方法。在介壳虫危害地区，引入澳大利亚瓢虫、大红瓢虫或红环瓢虫，可以有效地控制危害。花绒坚甲是寄生光肩星天牛、星天牛、桃红颈天牛、桑天牛幼虫的重要天敌，可采集释放和加强保护利用。瓢虫、草蛉等已用于生物防治，如利用日本方头甲控制多种介壳虫、利用大草蛉、瓢虫和食蚜蝇控制蚜虫等。寄生性天敌以寄生蜂和寄生蝇种类最多。上海青蜂产卵于黄刺蛾幼虫体上，10 月后幼虫在寄主越冬茧内越冬，寄生率高达 58.4%。花卉的介壳虫种类很多，大多数介壳虫都有相应的寄生蜂。大袋蛾雌幼虫被家蚕追寄蝇寄生，9—10 月寄生率可达 70%左右，有的高达 98%。丽蚜小蜂防控温室白粉虱和烟粉虱不同隐种生物防治已纳入农业农村部行业标准《丽蚜小蜂使用规范》(NY/T 3265.1—

2018)。

(2)微生物农药 可防治害虫的病原微生物资源非常丰富，据不完全统计，其中病毒有160余种、真菌410余种、原生动物1500余种、细菌50余种、线虫150余种；但用于生产的或正在研发的昆虫病原微生物仍是很小的一部分。苏云金芽孢杆菌(Bt)、昆虫病原真菌、病原线虫、病毒等是广泛用于害虫防治的微生物农药。Bt和枯草芽孢杆菌是我国最常见的两类微生物农药，产量和使用量都占据微生物农药的前两位。在对南美番茄潜叶蛾的低龄幼虫防治中，苏云金芽孢杆菌G033A防效可高达90%以上。核型多角体病毒(NPV)和颗粒体病毒(GV)和质型多角体病毒(CCPV)是生物防治主要病毒形式。幼虫被病毒侵染后，往往会体弱且行动缓慢，易被捕食。防治中病毒需要在活体上或活细胞内进行复制才能达到防治效果，因此喷洒宜在早晨和傍晚或阴天进行。白僵菌、绿僵菌、蜡蚧轮枝菌、虫瘟霉和拟青霉等昆虫病原真菌已在害虫防治上获得成功，目前我国已登记的白僵菌和绿僵菌产品50余种。病原真菌借助昆虫表皮气孔侵入昆虫体内，随后孢子在血腔中萌发，依靠菌丝能杀死寄主。病原真菌除侵染昆虫外，还能侵染节肢动物，甚至侵染植株和蚂蚁等。

(3)植物源农药 植物源农药是有效成分直接来源于植物体的特殊生理活性物质，包括生物碱、甙类、单宁、脂类、酮类、精油以及毒性蛋白等化合物，对害虫产生忌避、拒食、引诱或毒杀作用，因具有害虫不易产生抗药性、对人畜安全、自然界中易降解等优点被广泛关注。在我国已有很多产品被登记，常见的有苦参碱、鱼藤酮、印楝素、除虫菊素等，其中苦参碱是植物源农药使用中最大的一类。苦参碱可防治夜蛾、菜青虫、小菜蛾、蚜类、白粉虱、红蜘蛛、二十八瓢虫、潜叶蛾等害虫，与球孢白僵菌混剂对粉虱药后5天防效达70%，毒力和防效较单一使用效果明显，纳米助剂可再提升防效10%。烟碱是毒性强大的植物源农药，对蚜虫、蓟马、叶蝉等昆虫有很好的防治效果。印楝素对螟虫、叶蝉、菜青虫、蚜虫等杀灭效果可达90%以上。植物源农药、微生物农药、化学农药可混配使用，提升防效、广谱性及速效性。

4. 物理防治

根据一些害虫习性，利用简单的工具器械以及各种物理因素(如光、电、热、辐射等)加以防治。常用的方法有：

(1)诱杀 对天蛾、夜蛾、舟蛾、毒蛾、灯蛾、叶蝉、金龟子等具有趋光性的害虫，在其成虫发生盛期，设置黑光灯进行诱杀。秋季在害虫越冬前，结合树干束草防冻或绑扎报纸等物，诱集叶螨、木虱、网蝽等害虫潜入越冬，来年早春解下烧毁，可以消灭各种越冬害虫。利用蚜虫、粉虱对黄色具有正趋性，可以设置黄色粘虫板或粘虫带进行诱杀。早春在树干基部绑扎塑料薄膜环，可以有效地阻隔草履蚧、枣尺蠖上树危害或产卵，达到防治的目的。

(2)热处理 持续提高温度可以杀死种苗、鳞球茎或土壤中害虫。温水浸种所用的温度和时间随花卉和害虫的种类而不同，如对危害水仙、郁金香、苍兰等球茎的刺足根螨，用44～45 ℃的温水浸泡球茎3～4 h，可杀死所有根螨。通过覆盖塑料薄膜进行高温闷棚，杀灭棚内及土壤表层的害虫。

5. 化学防治

虽然观赏植物一般不会像水果、蔬菜那样直接食用，但很多观赏植物与我们生活密切相关，甚至直接接触。因此，观赏植物的化学防治也必须要选择一些高效、低毒、低残留的化学农药。准确选择农药剂型和施药方法，改进农药使用技术，尽量采用根部施药、涂茎、浇灌、树干注射等方法，避免树冠喷洒。推广使用颗粒剂、微胶囊剂等不易飘散、缓慢释放的农药剂型，可以收到延长药效、节省用量、减少污染的效果。

蓟马、蚜虫、粉虱等这类害虫种繁殖速度快，群数密度高，防治难度大，及早施药是化学防治成功的关键，通常害虫种群数量较低时应及时进行防治。当设施栽培条件害虫种群数量大，错失早期防控时机，可采用熏烟等应急措施；但需要注意的是，应严格按照推荐剂量使用烟剂，切不可随意增施药量。熏烟一般对成虫外的其他虫态基本无效，建议在种群数量大的设施中，熏烟 3 天后结合喷施防治害虫若虫和卵的杀虫剂。化学防治还可以与生物防治相结合，充分保护和利用天敌，并经常变换药剂品种以减少害虫抗药性的产生。

12.4 茶树害虫综合治理

12.4.1 茶树害虫概况

我国记载的茶园害虫有 800 余种，其中，造成经济损失需要及时防治的约 80 种。我国茶区分为华南、西南、江南、江北四大区，不同产区害虫优势种类不同。全国普遍发生的种类有茶小绿叶蝉（小贯小绿叶蝉）*Empoasca vitis* Gothe、茶橙瘿螨 *Acaphylla steinuwedeni* Keifer、卵形短须螨 *Brevipalpus obovatus* Donnadieu、长白蚧（日本长白盾蚧）*Lopholeucaspis japonica* Cockerell、角蜡蚧 *Ceroplastes ceriferus* Anderson、黑刺粉虱 *Aleurocanthus spiniferus* Quaintance、油桐尺蠖 *Buzura supressaria* Guenee、茶小卷叶蛾 *Adoxophyes honmai* Yasuda、茶毛虫 *Euproctis pseudoconspersa* Strand、茶蓑蛾 *Cryptothelea minuscula* Butler 等。此外，华南茶区突出的种类还有茶角胸叶甲 *Basilepta melanopus* Lefevre、茶角盲蝽 *Helopeltis fasciaticollis* Poppius、可可广翅蜡蝉 *Ricania cacaonis* Chou et Lu、茶黄蓟马 *Scirtothrips dorsalis* Hood、咖啡小爪螨 *Oligonychus coffeae* Nietner、茶潜叶蝇 *Chlorops theae* Lefroy 等，西南茶区突出的种类还有茶跗线螨 *Polyphagotarsonemus latus* (Banks)、茶网蝽（茶脊冠网蝽）*Stephanitis chinensis* Drake、茶牡蛎蚧 *Paralepidosaphes tubulorum* Ferris 等，江南茶区有茶卷叶蛾 *Homona coffearia* Nietner、茶角刺蛾（茶奕刺蛾）*Iragoides fasciata* Moore、茶丽纹象甲 *Myllocerinus aurolineatus* Voss 等，江北茶区有茶蚕 *Andraca bipunctata* Walker、茶叶斑蛾 *Eterusia aedea* L.、茶堆沙蛀蛾 *Linoclostis gonatias* Meyrick、绿盲蝽 *Apolygus lucorum* Meyer-Mur、茶蚜 *Toxoptera aurantii* Boyer de Fonsco Lombe 等。其中茶小绿叶蝉、茶毛虫、黑刺粉虱发生危害最为严重。

12.4.2 茶树害虫综合治理

1. 农业措施

农业措施对预防茶树害虫发生具有重要的作用，茶园害虫综合治理应以农业措施为基础。具体措施包括：选择在生态环境良好的山区建立茶园、采用抗虫茶树品种、茶园周围种植防护林、土壤翻耕、适当留草、施用微生物有机肥、及时采摘茶芽等。其中，防护林可以阻止部分害虫从园外迁入；土壤翻耕可暴晒杀死部分地下害虫，如茶角胸叶甲的卵、幼虫和蛹；茶园行间和周围适当留藿香蓟可增加捕食螨数量，减少茶树害螨的发生；用微生物有机肥代替化肥，可显著减少刺吸式口器害虫的发生；及时分批多次采摘，可减少茶小绿叶蝉等为害嫩芽害虫的适宜寄主，并随芽梢带走虫卵，从而减少这些害虫的发生。

2. 物理防治

主要采用杀虫灯和色板诱杀害虫。杀虫灯可诱杀蛾类、金龟子成虫及其他具有趋光性的害虫,目前茶园使用的杀虫灯已由宽波段范围改为窄波段范围,以减少对天敌的影响。色板主要用黄板、红板、蓝板、绿板4种,其中黄板可诱杀茶小绿叶蝉、茶蚜、粉虱类害虫和茶潜叶蝇成虫,红板、绿板可诱杀茶小绿叶蝉,蓝板可诱杀蓟马类害虫。此外,可以采用性诱剂制作诱捕器诱杀鳞翅目等害虫。

3. 生物防治

(1)保护利用茶园原有天敌　茶园捕食性天敌有蜘蛛、捕食螨、瓢虫、草蛉、食蚜蝇、步甲、食虫蝽等,其中蜘蛛占的比例最大。寄生性天敌昆虫主要是寄生蜂和寄生蝇,如寄生于茶小绿叶蝉的三棒缨小蜂、寄生于尺蠖的尺蠖原绒茧蜂、寄生于茶毒蛾和茶毛虫的黑卵蜂、寄生于多种鳞翅目害虫的赤眼蜂和日本追寄蝇等。可通过少用或不用广谱性杀虫剂加以保护利用。

(2)释放天敌　在保护原有天敌的同时,可以释放具有商品化生产的天敌,如释放捕食螨防治茶橙瘿螨,在卵盛发期释放赤眼蜂防治茶毛虫、茶尺蠖及其他鳞翅目害虫等。

(3)施用生物源和植物源农药　茶园害虫的病原微生物主要是细菌、真菌和病毒,如茶尺蠖核型多角体病毒、茶毛虫核型多角体病毒、Bt、短稳杆菌、白僵菌等,常作为微生物农药加以应用。在茶园中多以高毒力的Bt单剂或与昆虫病毒混合来防治鳞翅目害虫。此外,茶角胸叶甲可于每年幼虫发生期土壤施用昆虫病原线虫。常用于茶园的植物源农药有印楝素、除虫菊素、苦参碱、鱼藤酮、藜芦碱等。其中,印楝素杀虫谱较广,对多种茶树害虫有效;除虫菊素可用于茶蓟马、茶网蝽、茶小绿叶蝉、害螨的防治;苦参碱可用于防治茶尺蠖、灰尺蠖、茶毛虫低龄幼虫的防治;鱼藤酮、藜芦碱对茶尺蠖、茶小绿叶蝉都有理想的防治效果。

4. 喷施矿物源农药

矿物油是有机食品许可使用的安全农药,在非采摘季节喷施0.5%～1%的矿物油,可直接杀死茶小绿叶蝉、茶蚜、粉虱等体型小的害虫,同时通过驱避、拒食和驱避成虫产卵等作用,保护茶树免受茶角胸叶甲、杀小绿叶蝉、粉虱、茶潜叶蝇的危害。在采摘季节使用高质量的矿物油,间隔5天后采摘茶芽对茶叶口感也不会产生影响。除矿物油外,冬季喷施石硫合剂、松脂合剂进行清园,对减少次年害虫的发生具有重要的作用。

5. 化学防治

茶叶不同于其他农作物,因为喝的是茶汤,除了禁止使用高毒农药之外,还应禁止在采摘季节使用高水溶性的农药。如果选择在水中容易溶解的化学农药,将会导致茶汤中农药残留偏高,如吡虫啉、啶虫脒、噻虫嗪、呋虫胺等新烟碱类农药,干茶中残留的药量80%～90%可转移到茶汤中,导致安全风险。因此,化学防治应尽量避免在采摘季节使用,在农药的选择上,应该选择绿色食品生产许可使用而且水溶解度低的化学农药种类。

12.5 食用菌害虫综合治理

12.5.1 食用菌害虫概况

食用菌自古以来有着"山珍"的美誉,具有非常高的营养价值。我国常见的栽培食用菌有平菇、香菇、金针菇、双孢蘑菇、杏鲍菇、草菇、木耳、银耳、灵芝等。目前食用菌栽培的主要方式为轻简化设施栽培，包括塑料大棚、日光温室、连栋大棚等。食用菌的栽培基质主要以各种农副产品，如木屑、作物秸秆、蔗渣等作为主要原料，添加一定量的麦皮、米糠、饼粉等辅助料，配制成培养基以代替传统的木材栽培培养料为主，这种栽培方式称为代料栽培。由于栽培基质营养丰富为虫害生长和繁殖提供了良好的生存条件，因此危害食用菌的害虫种类繁多。

我国食用菌害虫种类复杂，目前已经报道的超过 90 种。其中危害最严重的种类主要有双翅目的蚊蝇类、蛛形纲螨类、弹尾纲的跳虫类等害虫，其他的次要害虫数量较少，危害程度较低，例如缨翅目的蓟马类、鞘翅目的甲虫类、鳞翅目的夜蛾类以及直翅目等种类的害虫。此外，蛞蝓、蜗牛、线虫、鼠等也可取食食用菌的子实体和菌丝为食。

食用菌蚊蝇类害虫主要有平菇厉眼蕈蚊 *Lycoriella pleuroti* Yang et Zhang、韭菜迟眼蕈蚊 *Bradysia odoriphaga* Yang et Zhang、宽翅迟眼蕈蚊 *B. latiala*(Yang et Zhang et Tan)、尖眼菌蚊 *B. minpleuroti* Yang et Zhang、食菌瘿蚊 *Mycophila fungicola* Felt、草菇折翅菌蚊 *Allactoneuta valvaceae* Yang et Wang、粪蚊科 Scatopsidae、蚤蝇科 Phoridae、果蝇科 Drosophilidae 等害虫，这些害虫的幼虫为白色蠕虫，统称为“菌蛆”，幼虫主要以食用菌的子实体和菌丝为食，通过从菇柄基部开始到蛀食到内部，从而引起菌丝发黄、发黑、萎缩等，最终导致食用菌死亡。蚊蝇类成虫活跃，喜欢腐殖质，常在培养料袋上或大棚的薄膜上爬行或交尾；具趋光性，喜欢在菇房电灯周围飞翔或停在墙壁上，在有玻璃的菇房常常在窗上爬行或交尾。蚊蝇类害虫喜阴暗、潮湿地区，繁殖能力强，而食用菌的生存环境与其一致，所以该类害虫是一种常见而又最难以清除的害虫种类之一，春季温度最适合蚊蝇类繁殖，危害程度也是最严重的，温度上升时，危害程度随着减轻。

食用菌螨类也叫“菌虱”，种类繁多，属于蛛形纲，最常见和危害严重的螨类有腐食酪螨 *Tyrophagus putrescentiae*、食菌嗜木螨 *Caloglyphus mycophagus* Mégnin，以及蒲螨属 *Pyemotes* 和粉螨科 Acaridae 害虫。螨类个体小、呈椭圆形、活动范围广、繁殖能力强，世代周期短，在温度 23 ℃、相对湿度 80%的栽培房内 14～21 d 完成一代，发育低限 7～10 ℃，高限 35～37 ℃，条件不适宜螨类会进入静息状态，有的栖息在培养料中。螨类主要危害子实体和菌丝，危害菌丝时，使其萎缩，严重导致孔洞，螨类聚集危害时能在短时间快速吃掉菌丝，重则能使食用菌生产绝收。此外，螨虫还能传播病菌，只要食用菌栽培棚内发生了螨类虫害，则很难控制，甚至造成连年受灾。

食用菌跳虫类害虫俗称为“烟灰虫”，属于弹尾纲，常见的跳虫类有菇疣跳虫 *Lachorutes* sp.、短角跳虫 *Folsomia fimeraria* L.、紫跳虫 *Hypogastrura comunis* Folsom 等。跳虫一年可发生 6～7 代，有世代重叠现象，生长季节各虫态同时存在。在菌丝生长期一般聚集在菌丝体的表面取食菌丝，毁坏菌种、片根，抑制发菌。主要以若虫和成虫在菌褶内取食，也可在菌体表面其他部位取食。被取食的菇体表面皱缩，不光滑，出现缺刻或孔道，菇体含水量减少，渐萎缩。此外，跳虫还能传播病毒。

食用菌蛞蝓类害虫，一般俗称为“鼻涕虫”，属于软体动物一类，身体周围没有外壳，因而非常害怕光和热，白天在石块土缝中躲藏，到了夜晚才出来取食。食用菌栽培场地常发生的主要是双线嗜粘蛞蝓，蛞蝓雌雄同体，异体受精，气候温暖潮湿的地区周年均可繁殖，在春季和秋季发生和危害最重。蛞蝓可直接取食各种食用菌子实体，一般直接伏在子实体上啃食，将子实体咬成缺刻，严重影响食用菌质量。蛞蝓爬行过的地方，常留下一条白色黏质痕迹，影响食用菌产品质量。

12.5.2 食用菌害虫综合治理策略

食用菌的虫害防治有其特殊性。在食用菌生长发育的生活条件和生态环境中，有营养丰富的培养基质、食用菌菌丝和子实体，这是容易滋生虫害的基础。由于目前食用菌栽培形成了设施化、专业化、周年化、产业化模式，栽培空间相对密闭，温度适宜，阴暗潮湿，在这种环境条件下，稍不注意极易引起特定虫害的发生。目前食用菌害虫综合治理的主要手段包括：

1. 农业防治

在食用菌的栽培过程中，很多措施可以改变栽培条件，使之不利于害虫的发生而有利于食用菌的生长或通过农事操作直接减少虫源。

(1)科学选址　在进行食用菌栽培基地的地址选择过程中，要尽量远离一些牲畜养殖场、腐烂物质堆积场、杂草丛生的荒地边等场所。依据当地气象资料，设计食用菌菇房或菇棚，栽培基地要利于通风换气，门窗和通气孔装纱门、纱窗，防治蚊蝇类成虫飞入菇房再培养料或原基处产卵繁殖。食用菌菇房或菇棚在使用前应彻底消杀，减少场地及其周边环境中虫源量。

(2)清洁场所　食用菌栽培要确保菇房或菇棚内外环境始终干净卫生，收菇后马上清理旧料，在第二批菇播种前应彻底消毒。并且对于菇棚内外存在的垃圾必须及时清理，特别是对于烂菇、老菌块以及废弃培养料的定期、定点处理一定要及时。同时还可以适当调节温度，增强菇棚内部的通风工作，让蚊蝇类害虫的生存环境和繁殖温床的条件不断恶化，达到高效除害的目的。

(3)严格入场　严格选择无菌无虫的菌种，避免把残留害虫卵、害螨等带入菇房或菇棚。在堆制培养料消毒灭螨，培养料及覆土均应暴晒 2～3 d，同时培养料提倡二次发酵，以高温杀死跳虫、蚊蝇卵等有害生物。

2. 生物防治

食用菌栽培场所相对密闭，购买一些害虫的自然天敌也能起到一定的防治效果。例如小菌蚊蛹期常被一种姬蜂寄生，寄生率为 50%以上，这种姬蜂为小菌蚊的天敌，可以在菇房或菇棚引入并注意保护利用。如果出菇期发生跳虫、蚊蝇等，取新鲜老烟叶捣烂榨汁与一半量的湿润油丝烟类混合加少量清水，继续捣烂，并充分搅拌，浸泡 12 h 滤汁兑水 3 倍喷在菌床及四周和玻璃门窗上，每 10 m^2用药液 0.75 kg，隔 5～7 天再喷一次。

3. 化学防治

化学防治措施对于大规模发生的食用菌害虫具有快速压低虫口的优势。由于危害食用菌的害虫大多数体型较小，因此发生危害往往具有一定的隐蔽性，经常在发现危害后，害虫已经大量繁殖，需要进行必要的化学防治。在食用菌虫害的化学防治中要选用高效、低毒、选择性强的已登记化学农药，严格掌握用药量，因为大多数食用菌对药剂也十分敏感。目前正式登记可以用于食用菌化学防治的杀虫剂仅有以下 3 种：4.3 %氯氟·甲维盐乳油用于防治食用菌中菌蛆和害螨，3～5 g/100m^2进行喷雾处理；80%灭蝇胺水分散粒剂用于防治平菇中的菇蝇，0.5～0.63 g/100 kg 湿料进行拌料处理；20%呋虫胺悬浮剂用于防治双孢菇中的菇蚊，20～40 mL/亩进行喷雾处理。

4. 物理防治

利用食用菌害虫对光、色、温度、湿度的趋性，如蚊蝇类成虫有趋光性，常常飞到菇房窗上或灯光附近停息或交尾，可用蝇拍扑打。在发菌、覆土、出菇过程中可采用猪骨头烤香或煮熟，也可用棉团蘸取含有1%红糖的粥汤涂在黑色薄膜上，涂液朝下覆盖在菇房各处诱集害螨，集中杀灭，此法可反复使用。利用蛞蝓昼伏夜出，阴雨天危害的特点，早晨或晚上进行人工捕捉，或者在蛞蝓经常出现的地方，傍晚用生石灰粉或草木灰撒成封锁带，蛞蝓爬过后会因身体脱水而死亡。

12.6 采后储藏物害虫的综合治理

12.6.1 储藏物害虫概况

储藏物害虫(stored product pest)，是指为害贮藏物的害虫和害螨，该类害虫发生特点是种类多、分布广、寄主范围大、繁殖力强、危害严重。初步调查统计，危害储藏与销售期园艺植物种子、干果、干菜及其加工品的仓储害虫达80多种，包括昆中纲的鳞翅目、鞘翅目、蜚蠊目、啮虫目、双翅目、膜翅目，蛛形纲蜱螨亚纲的粉螨目及辐螨目的蒲螨总科等有关种类。

园艺植物的仓储有害蛾类主要有鳞翅目谷蛾科的欧洲谷蛾 *Nemapogon granella* L.，螟蛾科的印度谷螟 *Plodia interpunctella* Hübner、干果斑螟 *Cadra cautella* Walker、可可粉螟 *Ephestia elutella* Hübner、粉缟螟 *Pyralis farinalis* L.、一点谷螟 *Aphomia gularis* Zeller 和米黑虫 *Aglossa dimidiata* Haworth 等。主要以幼虫食害各种粮食及加工品、豆类、油料、干果、奶粉、烟叶、药材、中成药等。其中，以禾谷类粮食、豆类、油菜籽及谷粉受害最重。幼虫喜食粮粒胚部，影响种子发芽率；常吐丝连缀被害物及排泄物，使被连缀粮粒呈块状，并排出大量粪便造成污染，使储粮严重变质。

危害园艺植物储藏期产品的有害甲虫主要有鞘翅目窃蠹科的药材甲 *Stegobium paniceum* L.、烟草甲 *Lasioderma serricorne* Fabricius，露尾甲科的脊胸露尾甲 *Carpophilus dimidiatus* Fabricius、黄斑露尾甲 *Carpophilus hemipterus* L.，拟步甲科的赤拟谷盗 *Tribolium castaneum* Herbst、小菌虫 *Alphitobius laevigatus* Fabricius，长角象科的咖啡豆象 *Araecetus fasciculatus* De Geer，豆象科的豌豆象 *Bruchus pisorum* L.、绿豆象 *Callosobruchus chinensis* L.、四纹豆象 *Callosobruchus maculatus* Fabricius，长蠹科的谷蠹 *Phizopertha dominica* Fabricius，锯谷盗科的锯谷盗 *Oryzaephilus surinamensis* L.、米扁虫 *Cathartus advena* Waltl，扁甲科的长角扁谷盗 *Cryptolestes pusillus* Schoenherr、土耳其扁谷盗 *Cryptolestes turcicus* Grouville、锈赤扁谷盗 *Cryptolestes ferrugineus* Steppens，谷盗科的大谷盗 *Tenebroides mauritanicus* L.，蛛甲科的拟裸蛛甲 *Gibbium aeguinoctiale* Boieldieu、日本蛛甲 *Ptinus japonicus* Reitter，大蕈甲科的凹黄甲 *Dacne japanica* Cortch、二纹大蕈甲 *Dane picta* Crotch，小蕈甲科的毛蕈甲 *Typheas stercorea* L.等。鞘翅目昆虫食性复杂，主要以幼虫危害中药材、干果、干菜、茶叶、烟草、谷物、面粉、麸皮、碧干、干肉、干鱼、皮毛、面包、酒曲、图书、档案、动植物标本等，甚至也能穿透铂箔、铅板。

在储藏期危害园艺植物常见的害虫还有啮虫目书虱科的嗜卷书虱 *Liposcelis bostrychophilus* Badonnel，蛛形纲蜱螨亚纲粉螨科的腐嗜酪螨 *Tyrophagus putrescentia* Schrank、粗脚粉螨 *Acarus siro* L.、甜果螨 *Carpoglyphus lactis* L.和家食甜螨 *Glycyphagus domestrcus* de Geer 等。书虱类害虫以成虫和若虫喜在潮湿的库房、栈房危害禾谷类及其加工品、油料、干果、干菜、中药材、烟草、茶叶、衣服、书籍、纸张等。主要啮食粉屑、淀粉糊及霉菌，大量发生时能造成一定经济损失。螨类害虫常大量发生于蛋粉、火腿、肉干、鱼干、干果、花生、稻谷、大米、小麦、面粉、麸皮、米糠以及烟草、动植物标本等储藏物中。面粉受害后，常因大量蜕皮和排泄物而变色并有异味。

12.6.2 储藏物害虫综合治理策略

防治储藏物害虫必须贯彻"预防为主，综合防治"的方针，着眼于整个仓库生态系统，合理利用各种措施，以达到控制害虫生长发育和传播蔓延，保障仓储物安全、优质的目的。储藏物害虫的具体防治措施包括清洁卫生、植物检疫、物理机械防治、生物防治和化学防治。

1. 环境治理

严密合理的仓房结构和整洁的仓库内外环境是储藏物害虫综合治理中最重要的条件和基础。保持仓库等的清洁卫生，是预防仓储害虫发生危害的根本措施。对仓房、货场及加工厂应尽量做到"仓内面面光、仓外三不留"，即对仓内墙壁、天花板上的孔洞、缝隙进行嵌补，做好粉刷工作；对仓外附近的杂草、垃圾、污水及时清除，使害虫无栖息场所。对于一切相关物品、工具和机械设备等都应保持清洁。

除对仓库、加工厂、机器设备以及仓周围环境经常保持清洁以外，还要及时进行消毒处理，常用药剂有敌百虫、敌敌畏、辛硫磷、拟除虫菊酯类及防虫磷等。此外，还应做好隔离工作，专仓保存或专容器保存，并经常检查。防止害虫的再度感染，可在储粮周围喷布防虫药带等。

2. 植物检疫

储藏物害虫极易随粮食的调运而进行人为传播，为了杜绝国外危险性害虫的传人以及国内局部分布的害虫蔓延危害，加强对仓储害虫的检疫工作具有重要意义。2021 年农业农村部、海关总署第 413 号联合公告生效，《中华人民共和国进境植物检疫性有害生物名录》中仓储害虫有 7 种：谷斑皮蠹 *Trogoderma granarium* Evers、菜豆象 *Acanthoscelides obtectus* Say、四纹豆象 *Callosobruchus maculatus* Fabricius、鹰嘴豆象 *Callosobruchus analis* Fabricius、灰豆象 *Callosobruchus phaseoli* Chevrolate、大豆象 *Prostephanus truncatus* Horn 和巴西豆象 *Zabrotes subfasciatus* Boheman。

3. 物理机械防治

常用机械、高温、低温、气调、电离辐射(如微波、高频、超声波以及核辐射)等处理方法杀虫。机械防治主要是利用人工或动力操作的各种机械来清除储粮中的害虫。具体方法主要有风车除虫、筛子除虫、压盖粮面或揭面、竹筒诱杀、离心撞击机治虫和抗虫粮袋等措施。其中，压盖粮食或种粮面主要用于防治麦蛾等单食性和寡食性害虫，而揭粮食或种粮面是对在其表层 30 cm 以内危害的害虫进行防治，每年开春气温回升时，用席子、木板、袋装草木灰或异种粮紧密压盖在粮食或种粮面上，以阻止羽化的成虫飞出粮堆产卵并导致其死亡。物理防治的基本原理是用物理作用直接消灭仓储害虫或恶化仓储害虫的生活环境，抑制害虫发生和危害的措施。

(1)高温杀虫　一般仓储害虫较适宜的温度为 18～35 ℃，而 40～50 ℃处理数小时，能杀死大量害虫；在 45～48 ℃时处于热昏迷状态；若在 52～55 ℃时，很短时间就会死亡。但高温处理必须特别注意的是对种子的发芽率无影响。夏季利用日光暴晒可使温度达到 50 ℃左右，几乎能把所有仓储害虫都杀死。一般将食品等储藏物摊放在晒帘上或摊平于晒谷场上。暴晒时，在晒场周围喷布杀虫剂作为隔离带，以防害虫外逃。利用烘干机、烘干塔等设备处理蘑菇或感染害虫的高水分食品等贮藏物。对于香菇，采收后先稍加晾晒，35～40 ℃烘干 7～8 h，待水分散发 80%时，保持 50 ℃数小时，取出储藏。沸水烫杀，适用于处理感染豆象类害虫的少量豆类。将有虫豆类放入箩筐，然后浸入沸水中，蚕豆浸 30 s，豌豆浸 25 s，并要求受热均匀，取出放入凉水中稍冷后，即可摊开用布吸水、晾干。套囤，用于防豌豆象。在豆获后，在囤底铺谷糠一层，经压实后不低于 35 cm，上铺一层席子，在席子上做圆囤，其高度与直径相近，放入豌豆后再于囤外做一套囤，两囤间相距大于 35 cm，并填满谷糠，豌豆上面铺一层席子，然后填入谷糠，压实后需达 35 cm 以上。密闭时间可随气温高低调节，气温 30 ℃时为 25～30 d，一般 30～50 d。囤内温度应在 50 ℃以上。

(2)低温杀虫　仓外薄摊冷冻，利用北方冬季严寒进行仓外冷冻，来杀死大量害虫。仓内冷冻，在北方冬季严寒季节，选择干燥晴朗的晚上，打开仓库门窗，使冷空气进入仓内进行冷冻。机械通风，可用排风或鼓风的办法使仓内温度尽快降低，以消除粮堆发热，抑制害虫和霉菌的滋生。机械制冷，采用机械制冷的方法，即建造低温库，用于储存蔬菜、果品、成品粮及其他易被仓虫危害的贵重物品等。

(3)气调防治　气调防治是人为地改变粮堆中的气体成分，造成缺氧，以此抑制粮堆中的害虫及微生物的生长，保证储粮完全的一种措施。常用的方法有缺氧储藏、充氮、充 CO_2 等。

(4)其他物理方法　目前，在储粮害虫防治中研究比较多的物理方法还有电离辐射(其中以 γ 射线最普遍)红外线、高频加热、微波加热、声波、低真空、臭氧、加速电子等。这些技术有的已在实际工作中推广应用。

4. 生物防治

目前，利用储粮害虫的外激素、生长调节剂、抑制剂、病原微生物、天敌昆虫以及利用粮食品种的抗虫性来防治和抑制害虫的发生危害已获得了新的进展。外激素，现已提取并人工合成的外激素有谷蠹雄虫的聚集激素以及谷斑皮蠹、杂拟谷盗 *Tribolium confusum* du Val、黄粉虫 *Tenebrio molitor* L.、麦蛾 *Sitotroga cerealella* livier、印度谷螟等数十种储粮害虫的性外激素。这些外激素可用于储粮害虫的调查和防治。生长调节剂和抑制剂，保幼激素类似物对印度谷螟、粉斑螟、谷象、锯谷盗等十几种害虫均有良好的防治效果。生长抑制剂灭幼脲 1 号对米象、谷象、赤拟谷盗、锯谷盗等均有明显的抑制作用。病原微生物，储粮害虫防治中应用最广泛的病原微生物是苏云金杆菌，将苏云金杆菌制剂拌入粮堆或喷施粮面，对印度谷螟、粉斑螟、麦蛾等鳞翅目幼虫的防治效果良好。但对鞘翅目害虫效果不明显。另外，应用颗粒体病毒防治印度谷螟非常有效。天敌昆虫，寄生和捕食储粮害虫的天敌种类很多，米象金小蜂可寄生于多种甲虫，仓双环猎蝽、黄色花蝽能捕食多种害虫的成虫、卵、幼虫和蛹。

5. 化学防治

用于防治仓储害虫的化学药剂可分为防护剂和熏蒸剂两类。防护剂是均匀地拌入尚未发生害虫的原粮中，用以防止仓储害虫发生的一类药剂，具有高效、低毒、药效长、适应性强、使用范围广等特点。它只能阻止害虫的危害，应在粮食尚未受害时使用。

熏蒸剂具有渗透性强、防效高、易于通风散失等特点。施药时，要有良好的密封条件和一定的温度，操作时必须严格遵守操作规程，确保人身和财产安全。目前，应用最多的熏蒸剂为磷化铝，其剂型有片剂和粉剂两种。商品片剂是用磷化铝、氨基甲酸铵、硬脂酸镁及石蜡等混合压制而成，磷化铝片吸收水分后分解，释放出磷化氢毒气而杀虫。磷化氢在空气中上升、下沉和侧流等方向的扩散速度差异不大，渗透力强，适用范围广，既能熏蒸原粮，又能熏蒸种子和仓储器材，可用于仓库和帐幕内害虫、害螨的熏蒸防治，但不能毒杀休眠期的螨类。磷化氢一般不降低种子发芽率，但若气温高、熏蒸剂量大、时间长时，也能使三叶草、甘蓝、绿豆、棉花等作物种子发芽率降低。有些带硬壳的干果，如瓜子、胡桃、松子可以用此药熏蒸，而其他食品如桂圆、枣柿饼、鱼干、虾干、腌鱼、蜜饯果品和直接入口的糕点等均不能用此药剂熏蒸。熏蒸时，严防人、畜中毒，操作人员必须戴防毒面具和胶皮手套，做好安全防护，不能在仓库内停留时间太久。此外，采用双低法可用于长期保存粮食，即用塑料薄膜帐密封，放入少量磷化铝，利用自然降氧的方法，使帐幕内形成低氧低药的环境来抑制和消灭害虫。

思考题

1. 蔬菜害虫综合治理的手段主要有哪些？
2. 实行蔬菜轮作时，应掌握哪些原则？
3. 与其他作物相比，茶叶害虫的化学防治有什么特殊要求？
4. 简述农业措施对果树害虫防治的重要性。
5. 与其他作物相比，食用菌害虫的发生和防治有什么特殊性？
6. 试分析登记用于食用菌害虫防治的化学杀虫剂种类较少的原因。
7. 与其他作物相比，茶叶害虫的化学防治有什么特殊要求？
8. 简述冬季清园对茶叶害虫防治的重要性。
9. 如何使用防护剂和熏蒸剂防治储藏物害虫？应注意哪些事宜？

参考文献

彩万志，庞雄飞，花保祯，等.普通昆虫学[M].2版.北京：中国农业大学出版社，2011.

蔡平，祝树德.园林植物昆虫学[M].北京：中国农业出版社，2003.

陈向荣，韩杜斌，吴晓霞，等.蓝光对保护地蔬菜烟粉虱的控制作用[J].应用昆虫学报，2021，58(5)：1159-1165.

陈亚丰，王甦，邸宁，等.利用功能反应模型评价球孢白僵菌对东亚小花蝽捕食二斑叶螨的影响[J].昆虫学报，2021，64(8)：967-975.

陈运康，梅宇宇，杨中侠，等.湖南瓜类实蝇的发生及其关键气象影响因子[J].湖南农业大学学报(自然科学版)，2022，48(4)：443-448.

程杰，赵鹏，李建瑛，等.我国落叶果树主要害虫及其防治技术60年研究进展[J].植物保护学报，2022，49(1)：87-96.

程明明，成禄艳，王莉，等.乙唑螨腈和腈吡螨酯对柑橘全爪螨的亚致死效应[J].果树学报，2021，38(5)：782-791.

初炳瑶，陈法军，马占鸿.农业生物多样性控制作物病虫害的方法与原理[J].应用昆虫学报，2020，57(1)：28-40.

崔晓宁，刘德广，刘爱华.苹果小吉丁虫综合防控研究进展[J].植物保护，2015，41(2)：16-23.

翟肇裕，曹益飞，徐焕良，等.农作物病虫害识别关键技术研究综述[J].农业机械学报，2021，52(7)：1-18.

董易之，全林发，李文景，等.荔枝蝽发生期预测与化学防治方法研究[J].中国南方果树，2022，51(1)：54-58，66.

范伟彦，张嘉宇，杨德松，等.5种杀虫剂对梨冠网蝽室内毒力测定及药剂筛选[J].新疆农业科学，2020，57(2)：303-310.

方小端，卢慧林，宋子伟，等.植绥螨在桔树、藿香蓟和假臭草上的时空分布[J].应用昆虫学报，2019，56(4)：760-765.

付开赟，郭文超，吐尔逊·阿合买提，等.RNA干扰在马铃薯甲虫中的基因功能和应用技术研究进展[C].第五届全国入侵生物学大会——入侵生物与生态安全会议摘要，2018：68.

高吉鑫，姬亚男，李渊，等.黄瓜新小绥螨对二斑叶螨的捕食效应研究[J].环境昆虫学报，2021，43(3)：710-715.

高灵旺，陈继光，于新文，等.农业病虫害预测预报专家系统平台的开发[J].农业工程学报，2006，22(10)：154-158.

郭铁群，周娜丽.我国3种梨茎蜂的生物学特性及形态比较[J].植物保护，2002，28(2)：

31-32.

郭文超，吐尔逊，程登发，等.我国马铃薯甲虫主要生物学、生态学技术研究进展及监测与防控对策[J].植物保护，2014，40(1)：1-11.

韩召军，杜相革，徐志宏.园艺昆虫学 [M].2版，北京：中国农业大学出版社，2009.

何嘉，张陶，李正跃，等.我国食用菌害虫研究现状[J].中国食用菌，2005，24(1)：21-24.

贺静，杜素洁，程鑫斐，等.甘肃白银地区潜叶蝇及其寄生蜂的组成和发生调查[J].昆虫学报，2022，65(4)，533-540.

贺静，叶福宇，杜素洁，等.补充非寄主源食物显著提高万氏潜蝇姬小蜂孤雌产雌品系对美洲斑潜蝇的控害潜力[J].昆虫学报，2022，65(2)，218-227.

胡昌雄，雷志远，张倩，等.南方小花蝽对西花蓟马成虫的捕食功能及种内互残行为[J].植物保护学报，2022，49(3)：758-766.

黄宏明，廖惠红，王茜，等.7种杀虫剂对柑橘木虱的室内毒力测定及田间防效[J].江苏农业科学，2021，49(16)：107-111.

黄婕，王蔓，门兴元，等.加州新小绥螨对苹果全爪螨各螨态的捕食作用[J].植物保护学报，2020，47(1)：46-52.

黄瑛.园林植物病虫害防治实训教程[M].北京：中国电力出版社，2016.

黄云，吴沛卓，郑钧月，等.棉铃虫对化学杀虫剂的抗性现状及分子机制研究进展[J].植物保护学报，2022，49(1)：336-350.

姜玉英，刘杰，曾娟，等.中国棉花害虫测报：70年回顾[J].植物保护学报，2021，48(5)：940-946.

焦蕊，张林林，刘金利，等.4种杀虫剂对桃蚜的田间防治试验[J].北方果树，2022(4)：11-13.

金桂华，宫亚军，潜宗伟，等.二斑叶螨对不同品种茄子的选择性与适合度[J].昆虫学报，2016，59(3)：328-336.

金瑞华.检疫性危险害虫苹果蠹蛾在我国分布的调查研究[J].中国科学基金，1997，11(2)：124-126.

黎健龙，唐劲驰.广东茶树病虫害诊断及防治原色图谱[M].广州：广东科技出版社，2018.

李建荣，石万成，刘旭.梨潜皮蛾在四川省发生为害情况初步调查[J].植物保护报，1996，23(1)：91-92.

李建一，曹雅忠，张帅，等.小地老虎食诱剂糖醋液配方筛选及发酵增效作用[J].昆虫学报，2019，62(3)：358-369.

李磊，韩冬银，张方平，等.多寄主型寄生蜂蝇蛹俑小蜂对新寄主的选择与适应性[J].昆虫学报，2022，65(9)：1177-1184.

李密，李永松，何振，等.橘褐天牛幼虫二维空间分布格局研究[J].中国植保导刊，2018，38(9)：26-30.

李强，门兴元，徐清芳，等.苹果园二斑叶螨高效防治药剂筛选[J].应用昆虫学报，2019，56(6)：1264-1271.

李青超，王立达，赵秀梅，等.烟盲蝽和丽蚜小蜂协同防治设施蔬菜温室白粉虱技术研究[J].安徽农业科学，2022，50(4)：144-145，152.

李素，郭兆春，王聪，等．信息技术在农作物病虫害监测预警中的应用综述[J]．江苏农业科学，2018，46(22)：1-6．

李卫东，曹欢欢，杨银娟，等．瓜绢螟和黄杨绢野螟的甄别[J]．长江蔬菜，2011(7)：40-41．

李鑫，尹翔宇，马丽，等．茶翅蝽的行为与控制利用[J]．西北农林科技大学学报，2007，35(10)：139-145．

李兆群．我国茶园有害生物生物防治技术研究及应用[J]．中国茶叶，2002，44(5)：8-12．

李照会．园艺植物昆虫学 [M]．2 版．中国农业出版社，2015．

刘超，徐翔，伍兴隆，等．2 种生物防治方法对瓜蚜的防治效果[J]．中国植保导刊，2021，41(9)：59-61．

刘乃森，刘福霞，鄢贵龙，等．BP 人工神经网络在植物病虫害预测中的应用[J]．安徽农业科学，2007，35(25)：7765-7766 ．

卢玉鹏，高柱，张小丽，等．果园生态系统复合经营的开展模式及生态机制综述[J]．中国果树，2021(12)：9-15

罗宏伟，庄小吁，符柯兰，等．黑刺粉虱在海南发生为害的初步调查[J]．中国植保导刊，2020，40(9)：44-46，55．

马罡，林清彩，李佳乐，等．葡萄根瘤蚜的生物学特征及管理[J]．中国果树，2021，(9)：78-81．

马茁，姜春燕，秦萌，等．全国农业植物检疫性昆虫的分布与扩散[J]．应用昆虫学报，2018，55(1)：1-11．

门金，曹丹丹，赵斌，等．不同寄主来源种群花绒寄甲成虫对桃红颈天牛幼虫虫粪的行为趋性和种群控制效果[J]．昆虫学报，2017，60(2)：229-236．

彭成绩，蔡明段，彭天埃．南方果树病虫害原色图鉴[M]．北京：中国农业出版社，2016．

乔岩，张正伟，张涛，等．联合应用智利小植绥螨与丁氟螨酯防治草莓二斑叶螨[J]．中国生物防治学报，2018，34(4)：514-519．

沈志杰，房明华，洪文英，等．不同生境果园梨小食心虫各代成虫高峰期差异[J]．植物保护，2021，47(3)：222- 225．

师光禄，王有年，刘永杰，等．果树害虫及综合防治[M]．北京：中国林业出版社，2013．

史彩华，胡静荣，杨玉婷，等．不同药剂和施药方法对韭蛆的田间防治效果[J]．植物保护学报，2018，45(2)：282-289．

宋子伟，方小端，张宝鑫，等．香橼柠檬捕食螨和叶螨发生动态初报[J]．应用昆虫学报，2019，56(4)：766-771．

谭德龙，廖伟涛，郑苑，等．丁氟螨酯对二斑叶螨生长发育的影响[J]．生物安全学报，2021，30(1)：50-55．

唐文颖，曲诚怀，杨勤民，等．两种捕食螨对苹果园叶螨的控制效果[J]．应用昆虫学报，2021，58(1)：181-186．

涂洪涛，张金勇，陈汉杰．4 种杀螨剂对二斑叶螨不同发育阶段的联合毒力作用[J]．农药，2016，55(2)：146-149．

王莉，周贤文，付世军，等．巴氏新小绥螨对柑橘全爪螨的田间防效试验[J]．中国南方果树，2021，50(5)：21-25．

王音,雷仲仁,问锦曾,等.美洲斑潜蝇的越冬与耐寒性研究[J].植物保护学报,2000,27(1):32-36.

王宇飞,李海平,马强,等.不同杀虫剂对油菜萝卜蚜的毒力、作用机制及在油菜叶片的残留[J].中国油料作物学报,2021,43(4):716-723.

王哲,钟涛,赵彤华,等.重要地下害虫东北大黑鳃金龟研究进展[J].环境昆虫学报,2019,41(5):1023-1030.

魏书军,郑宏海,皇甫伟国,等.柑橘爆皮虫幼虫龄期的划分[J].昆虫学报,2006,49(2):302-309.

吴朝辉,肖志高.3S技术在森林病虫害监测预警中的应用与展望[J].测绘与空间地理信息,2018,41(2):131-133,137.

吴霜,张谊模,刘玉英,等.6种颜色粘虫板对春季菜地昆虫的诱集效应[J].环境昆虫学报,2021,43(6):1589-1595.

相君成,雷仲仁,王海鸥,等.三种外来入侵斑潜蝇种间竞争研究进展[J].生态学报,2012,3(5):1616-1622.

徐丹丹,李文静,张友军,等.二斑叶螨对不同甜瓜品种的取食和产卵选择性[J].环境昆虫学报,2019,41(5):1070-1075.

徐华苹,贺小勇,蒋洪丽,等.球孢白僵菌对二斑叶螨的致病性和对天敌智利小植绥螨的间接影响[J].中国生物防治学报,2021,37(3):436-442.

徐长宝,谢戈亮,柯伟政,等.矿物油对茶园小贯小绿叶蝉的控制效果和对茶叶感官品质的影响[J].环境昆虫学报,2020,42(4):1012-1020.

闫硕,李慧婷,朱家林,等.光对棉铃虫和烟青虫杂交的影响[J].应用昆虫学报,2016,53(5):988-995.

杨绮静,杨月梅,杜素洁,等.温度对芙新姬小蜂孤雌产雌品系成虫控制斑潜蝇的潜力的影响[J].昆虫学报,2022,65(5):621-625.

尤士骏,刘昭霞,熊磊,等.小菜蛾对苏云金芽胞杆菌(Bt)的抗性研究进展[J].应用昆虫学报,2018,55(6):951-962.

庾琴,范仁俊,刘中芳,等.雾滴密度、药液量和器械对苹果全爪螨防效的影响[J].果树学报,2016,33(1):81-87.

袁红银,张芳,王学平,等.豌豆潜叶蝇发生的影响因子及非化学防控技术[J].植物医生,2022,1(2):89-93.

张丹,林文忠,刘巍巍,等.巴氏新小绥螨对苹果树苹果全爪螨的生物防治效果[J].中国果树,2021(7):62-64.

张海滨,王建伟,朱小峰,等.星天牛幼虫龄期的划分[J].应用昆虫学报,2011,48(3):688-694.

张汉鹄,谭济才.中国茶树害虫及其无公害治理[M].合肥:安徽科学技术出版社,2004.

张瑾,邢玉娴,韩涛,等.茶树诱导抗虫性的研究进展[J].昆虫学报,2022,65(3):399-408.

张孝羲,张跃进.农作物有害生物预测学[M].北京:中国农业出版社,2006.

张艳菊,戴长春,李永刚.园艺植物保护学及实验[M].北京:化学工业出版社,2014.

赵龙龙,付振鑫,赵志国.中国梨木虱的越冬特点及其防治研究[J].植物医生,2021,34

(4):56-61.

郑华英,徐丽丽,刘云鹏,等.长江以南美国白蛾发生现状分析——以芜湖为例[J].江苏林业科技,2018,45(2):17-20.

朱琳,薛少平,李群卓,等.利用高压静电杀灭瓜绢螟的优化试验[J].西北农业学报,2013,22(8):118-121.

朱崧琪,梁柱伟,汪绍文.《中华人民共和国进境植物检疫性有害生物名录》更新项目简介[R].中国海关,2021.

Bangels E, Alhmedi A, Akkermans W, et al. Towards a knowledge-based decision support system for integrated control of woolly apple aphid, *Eriosoma lanigerum*, with maximal biological suppression by the parasitoid *Aphelinusmali*[J]. Insects, 2021, 12(6):479.

Bozorov T A, Luo Z, Li X, et al. *Agrilus mali* Matsumara(Coleoptera: Buprestidae), a new invasive pest of wild apple in western China: DNA barcoding and life cycle[J]. Ecology and Evolution, 2019, 9(3):1160-1172.

Chen ZM. Development and application of green pest control technology in teagarden[J]. Plant Diseases and Pests, 2022, 13(1):26-30.

Funayama K, Komatus M, Sonoda S, et al. Management of apple orchards to conserve generalist phytoseiid mites suppresses two-spotted spider mite, *Tetranychus urticae*(Acari: Tetranychidae)[J]. Experimental and Applied Acarology, 2015, 65(1):43-54.

Guo, M., Nanda, S., Chen, S., et al. Oral RNAi toxicity assay suggests clathrin heavy chain as a promising molecular target for controlling the 28-spotted potato ladybird, *Henosepilachna vigintioctopunctata*[J]. Pest Management Science. 2021, 78(9):3871-3879.

Jiang, LH., Mu, LL., Jin, L., et al. RNAi for chitin synthase 1 rather than 2 causes growth delay and molting defect in *Henosepilachna vigintioctopunctata*[J]. Pesticide Biochemistry and Physiology. 2021, 178, 104934.

Luypaert G, Witters J, Berkvens N, et al. Cold hardiness of the broad mite *Polyphagotarsonemus latus*(Acari: Tarsonemidae)[J]. Experimental and Applied Acarology, 2015, 66(1):29-39.

Qasim M, Ronliang J, Islam W, et al. Comparative pathogenicity of four entomopathogenic fungal species against nymphs and adults of citrus red mite on the citrus plantation[J]. International Journal of Tropical Insect Science, 2021, 41(1):737-749.

Ze, LJ., Wang, P., Peng, YC, et al. Silencing tyrosine hydroxylase or dopa decarboxylase gene disrupts cuticle tanning during larva-pupa-adult transformation in *Henosepilachna vigintioctopunctata*[J]. Pest Management Science, 2022, 78(9):3880-3893.

Zou Z, Xi J, Liu G, et al. Effect of temperature on development and reproduction of the carmine spider mite, *Tetranychus cinnabarinus* (Acari: Tetranychiae), fed on cassava leaves [J]. Experimental and Applied Acarology, 2018, 74(4):383-394.

[illegible]

[illegible]

[illegible]

[illegible] Treatment [illegible] with potential [illegible]

[illegible]

[illegible] in western China [illegible]

[illegible] technology [illegible]

[illegible]

[illegible]

[illegible]

[illegible]

[illegible] temperature [illegible] Applied [illegible]

斑须蝽

菜青虫

横纹菜蝽

黄翅菜叶蜂

黄曲条跳甲

棉铃虫危害玉米

棉铃虫危害辣椒

棉铃虫危害苘麻

害虫原色照片（沈阳农业大学高萍 供图）

暗黑鳃金龟成虫

北京油葫芦

韭蛆

韭菜受韭蛆危害症状

萝卜蝇幼虫（引自何振昌）

萝卜蝇成虫（引自何振昌）

华北大黑鳃金龟成虫

铜绿丽金龟成虫

地下害虫彩图

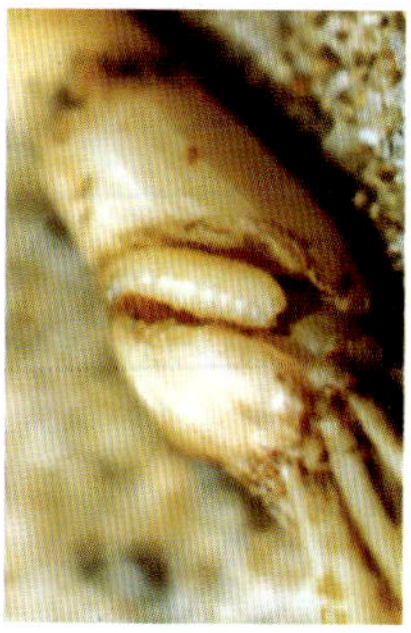

葱蝇幼虫及大葱被害状（引自何振昌）

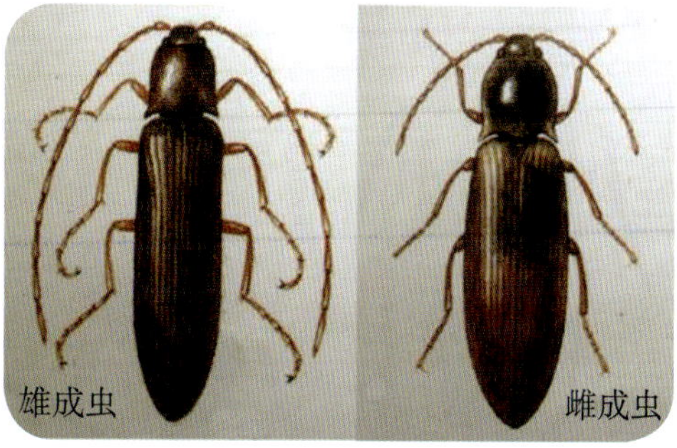

沟金针虫成虫

东方蝼蛄成虫

华北蝼蛄成虫

细胸金针虫成虫

小地老虎成虫

东北大黑鳃金龟幼虫

东北大黑鳃金龟成虫

地下害虫彩图